Inhaltsübersic[ht]

Werden Einzelheiten gesucht: Sachwo[rtverzeichnis]

HOLZ

ZAHL

FORM

HOLZ ZAHL FORM

TABELLEN FÜR HOLZ- UND KUNSTSTOFF-VERARBEITER

von **FERDINAND THUNACK**, Braunschweig

4. Auflage 1978
Verlagslektorat: Ernst Karl Schneider (verantwortlich)
Seitengestaltung und Ausführung: Technisch-graphische Abteilung Westermann
Gesamtherstellung: Westermann, Braunschweig 1978

ISBN 3-14-**20 5026**-4

Aus dem Vorwort zur 3. Auflage 1975

Dieses Buch bietet denjenigen eine wertvolle Hilfe, die im Hochbau, im Innenausbau und beim Möbelbau Holz und Kunststoffe und daraus bereitete Werkstoffe verarbeiten. Zu diesen Bereichen, vom Rohholz bis zum Fertigprodukt, liefert das Buch zuverlässige und, sofern der Gegenstand von der Normung erfaßt ist, normgetreue Angaben und Maße, Gütemerkmale und -bedingungen. Das gilt vor allem für Schnitthölzer, plattenförmige Werkstoffe, profilierte Bretter, Parkett- und Rahmenhölzer, aber auch für die benötigten und genormten Werkzeuge, Schleifkörper, Beschläge und Verbindungsmittel. Unter den Kunststoffen ist eine zweckmäßige Auswahl getroffen worden. Es wurde versucht, Eigenschaften und Besonderheiten wichtiger Kunststoffarten, die als Bindemittel, Leime, Lacke oder Dämmstoffe eine Rolle spielen, verständlich zu machen. Bei diesen und bei anderen Erläuterungen sind die Grenzen zwischen einem Tabellen- und einem Fachbuch bewußt überschritten, statt tabellarischer Darstellungen knappe und lesbare Texte bevorzugt worden.
Zahlreiche Rechenhilfen und Erklärungen zu wichtigen physikalischen Begriffen ergänzen die fachlichen Angaben und tragen wie diese dazu bei, bessere Arbeit zu verrichten, Zeit und Mühe zu sparen und das Gedächtnis zu entlasten, sei es auf dem Bau, im Betrieb, in der Berufsschule, in Kursen oder bei der Fortbildung nach eigenem Plan.
Der bisherige Inhalt des Buches ist gründlich und sorgfältig überarbeitet, an vielen Stellen erweitert und ergänzt worden.

Vorwort zur 4. Auflage 1978

Schon nach relativ kurzer Zeit ist eine neue Auflage erforderlich. Diese Gelegenheit wurde genutzt, die genormten Angaben zum Thema des Buches auf den neuen Stand (bis Januar 1978) zu bringen, die nun geltenden gesetzlichen Einheiten im Meßwesen und die neuen sicherheitstechnischen Anforderungen in der Holzbearbeitung zu berücksichtigen. Es kam mehr Neues hinzu, als Überholtes entfernt wurde.
Die Normung entwickelt zunehmend klarere Begriffe und Unterscheidungen, strengere Anforderungen und Gütemerkmale. Seit 1975 sind davon betroffen und hier neu dargestellt: Schnittholz, Rotbuchen-Blockware, Laubholz für Treppen, Sperrholz, verschiedene Plattenwerkstoffe, Möbel, Büromöbel, hochpolymere sowie verstärkte Kunststoffe, Beschichtungen, Glas und Glasfalze, Maße und Toleranzen, um die wichtigsten Fälle zu nennen. Neu sind die Norm-Maße für Bretter, Bohlen und der profilierten Bretter. Aus der ständig wachsenden Anzahl der textlosen Bildzeichen und Kurzzeichen wurde eine noch überschaubare Auswahl getroffen. Wichtige Eigenschaften bestimmter Kunststoffe wurden stärker als bisher beachtet.
Dem Verlag, insbesondere seiner technisch-graphischen Abteilung sei der besondere Dank ausgesprochen für die sorgfältige Ausführung der neuen Auflage!

Braunschweig, März 1978 **Ferdinand Thunack**

HOLZ

1. Europäische Nadelhölzer

	Erscheinung	Eigenschaften
Tanne, Weißtanne gemeine Tanne, Edeltanne	Holz gelblichweiß bis rötlichweiß, glanzlos, harzfrei. Ungefärbter Kern, wasserärmer als der Splint. Das grobe, harte, schmale und braune Spätholz ist scharf vom hellen und weichen Frühholz abgesetzt.	Mäßig leicht, weich, sehr leicht zu spalten, ziemlich elastisch, biegsam, grobfaserig, reißt beim Hobeln leicht ein, schwindet wenig. Auch bei ständiger Nässe und Feuchte ziemlich dauerhaft.
Fichte, Rottanne engl.: Common spruce (Picea excelsa)	Holz gelblichweiß bis bräunlich, an feuchten Standorten gewachsen etwas rötlicher, ungefärbter und glänzender Kern, Splint matter. Frühholz geht allmählich ins Spätholz über; spärliche Harzgänge, doch ziemlich harzreich.	Mäßig leicht, weich bis mittelhart, sehr leicht zu spalten, ziemlich elastisch, weniger biegsam, gut zu bearbeiten, schwindet wenig; ungeschützt im Freien und unter Wasser ziemlich, im Erdboden wenig dauerhaft. Leicht zu entzünden.
Kiefer, Föhre Forle, Forche, Weißkiefer, Rotkiefer, Pine (engl.), (pinus silvestris)	Splint breit, gelblich oder rötlichweiß, Kern bräunlichrot, heller als bei Lärche. Spätholz gegen Frühholz scharf abgegrenzt. Im Unterschied zur Lärche nur Astquirle. Im Längsschnitt erscheinen die kleinen Harzgänge als deutliche Längsstreifen.	Mäßig leicht, weich bis mittelhart, leicht zu spalten, grobfaserig, wenig zäh und elastisch, biegsam, leicht zu bearbeiten; harzreich bis zur Verkienung (stößt Anstriche ab!). Kernholz alter Bäume ist dauerhaft, auch im Wasserbau. Bläuegefahr.
Schwarzkiefer Österreichische Schwarzföhre	Holz ähnlich dem der gemeinen Kiefer; von diesem durch breiteren Splint ($^1/_2$ bis $^2/_3$ des Halbmessers) und zahlreichere Harzgänge unterschieden. Holz etwas dunkler, im Sehnenschnitt braunstreifig.	Mäßig schwer, weich, etwas schwerer zu spalten und zu bearbeiten als gewöhnliches Kiefernholz, grobfaserig, zähe, elastisch und fest fast wie Lärchenholz. Außerordentlich dauerhaft.
Zirbelkiefer Arve, Sibirische Zeder	Splint schmal, gelblich; Kern sehr hell rötlich, an Licht und Luft bald stark nachdunkelnd. Jahrringe ziemlich eng und gleichmäßig ohne deutliche Trennung von Früh- und Spätholz. Meist zahlreiche Harzgänge und rotbraune, eingewachsene Äste.	Leicht, sehr weich, ziemlich leicht zu spalten, weniger fest und elastisch als andere Nadelhölzer. Infolge gleichmäßigen Aufbaues leicht zu bearbeiten. Arbeitet wenig; kann einseitig furniert werden. Sehr dauerhaft. Duftet angenehm nach Harz.
Lärche, gemeine engl.: common larch	Splint schmal, gelblichweiß bis rötlichweiß; Kern rotbraun bis braunrot. Sehr breites, dunkles Spätholz, vom Frühholz scharf abgegrenzt. Wenige, kaum sichtbare Harzgänge, verschieden häufige Harzgallen. Zahlreiche zerstreute Äste, keine Astquirle wie bei der Kiefer. Stark abholzig. Dunkelt an Licht und Luft nach.	Mäßig schwer, ziemlich hart, gut zu spalten, im Alter meist feinjährig, sehr fest, sehr tragfähig, elastisch und zähe, gut zu bearbeiten und zu polieren, vor dem Beizen muß das Holz entharzt werden. Schwindet wenig, außerordentlich dauerhaft, auch im Erdboden, im Wasser und gegen schwache Säuren. Gerbstoffhaltig (beim Beizen beachten!).

2. Europäische Laubhölzer			
	Erscheinung	Eigenschaften	
Ahorn: **1. Bergahorn** gemeiner Ahorn, Traubenahorn, Waldahorn, Sykomore	Holz gelblichweiß, später nachdunkelnd, vereinzelt dunkle Streifen und Flecken. Splint und Kern kaum unterschieden. Jahrringe scharf abgesetzt, Markstrahlen sichtbar. Längsschnitt fein nadelrissig, glänzend, fein und dicht gestrichelt, im Radialschnitt querstreifig, seidenglänzend. Neigung zum Verstocken, oft drehwüchsig.	Mäßig schwer, sehr hart, schwer-, aber geradspaltig, gleichmäßig dicht, fest, zäh, ziemlich fein- und kurzfaserig, ziemlich elastisch, gut biegsam, leicht zu bearbeiten, gut zu beizen und zu polieren, schwindet mäßig. Trocken sehr, im Freien und unter Wasser wenig dauerhaft. Wird kaum von Pilzen und Insekten befallen.	
2. Feldahorn Maßholder	Wie bei Bergahorn, aber rötlichweiß bis hellbraun, feinere Markstrahlen, häufig Maser- und Wimmerwuchs. „Vogelaugenahorn"-Furniere stammen vom Holz des amerikanischen Zuckerahorns.	Wie bei Bergahorn, aber schwerer, zäher, weniger biegsam, kurzfaseriger. Weniger geschätzt.	
3. Spitzahorn	Farbton zwischen Berg- und Feldahorn, Splint etwas heller als der rötlichweiße Kern. Bräunliche, im Alter feinwellige Spätholzlinien; feine Markstrahlen.	Wie bei Bergahorn, aber schwerer, dichter, grobfaseriger, mit größeren Festigkeiten, im übrigen weniger gutes Tischlerholz. Im Trocknen sehr dauerhaft.	
Birke Weißbirke gemeine Birke Rauhbirke Moorbirke	Holz gelblich bis rötlichweiß gefärbt; kein Farbunterschied zwischen Splint und Kern. Im Längsschnitt schwach glänzend, fein nadelrissig. Jahrringe nur im Querschnitt zu erkennen. Äußerst feine Markstrahlen, kleine Spiegel. Fehler: falscher Kern, braune Markfleckchen. Birkenmaser beliebt. Zerstreutporig.	Mäßig schwer, weich, aber fest und zähe, sehr schwer zu spalten, fein- und langfaserig, elastisch und tragfähig, gut zu bearbeiten, leicht zu biegen, gut zu messern, wird jedoch beim Dämpfen grau; schwindet mäßig bis stark; gut zu beizen und zu mattieren. Wenig dauerhaft, besonders unter Wasser.	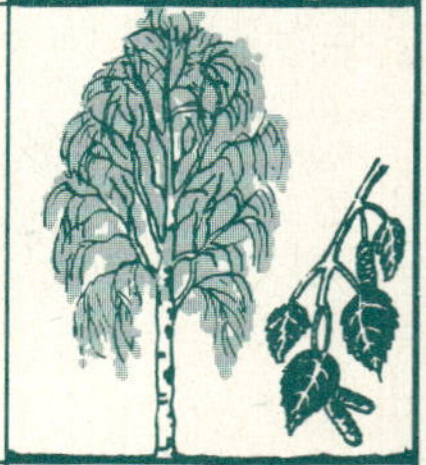
Birnbaum	Holz gleichmäßig rötlichbraun, häufig mit Wimmerwuchs und Markfleckchen. Reifholzbaum, Kernbildung selten. Keine Gefäße und Markstrahlen sichtbar. Längsschnitt glanzlos, fein nadelrissig. Das dunklere Spätholz macht Jahrringe sichtbar. Zerstreutporig.	Ziemlich schwer und hart, schwer zu spalten, kurz- und feinfaserig, wenig elastisch, ziemlich biegsam, gut zu bearbeiten und zu polieren, schwindet beträchtlich, wird durch Dämpfen gleichmäßig hellbraunrot, arbeitet dann sehr wenig. Schwarz gebeizt, bester Ersatz für Ebenholz. Im Trocknen sehr dauerhaft.	

Fortsetzung: 2. Europäische Laubhölzer			
	Erscheinung	Eigenschaften	
Eiche Quercus 1. Stiel- oder Sommereiche (Quercus pedunculata) 2. Trauben-, Stein- oder Wintereiche (Quercus sessiliflora)	Splint gelblichweiß, schmal, unbrauchbar; Kern gelblichbraun bis gelbrötlich, dunkelt nach. Im Längsschn. geflammte Zeichnung, durch fein querstreifige, deutlich ringporige Jahrringe und dunkle, langgestreckte Poren hervorgerufen. Im Sehnenschnitt bilden die Markstrahlen dunkle, verschieden dicke, bis zu 5 cm lange, senkrechte Linien, im Radialschnitt verschieden große unregelmäßige Spiegel. Stieleiche hat breitere Jahrringe und schmalere Markstrahlen. Spessart-Eichen sind völlig gesunde, fast astreine Traubeneichen mit hellrötlichem bis hellbraunem, goldschimmerndem Kernholz. Stieleiche: Früchte lang-, Blätter kurzstielig	Schwer, hart, leicht bis schwer zu spalten, dicht, langfaserig, fester und elastischer als andere europäische Hölzer, außerordentlich tragfähig, milde Sorten sehr gut, härtere Sorten ziemlich gut zu bearbeiten, schwindet mäßig, wirft sich wenig, besonders schwierig zu trocknen, da es leicht innen reißt und außen verschalt; auch im Wechsel von naß und trocken außerordentlich dauerhaft, sehr gerbstoffreich, schwärzt sich im eisenhaltigen Wasser („Mooreiche") und verfärbt sich mit alkalischem Leim; Messingschrauben verwenden; vorzüglich zu räuchern u. zu wachsen, polieren nicht zu empfehlen. — Stieleiche ist etwas härter, schwerer zu bearbeiten und dauerhafter als Traubeneiche; Furniere sind meist aus Traubeneiche.	
Andere Eichen 3. Flaumeiche Schwarzeiche französ. Eiche (Qu. pubescus) 4. Roteiche Red oak spanish oak (Qu. rubra) 5. Weißeiche White oak, amerikanische Weißeiche (Qu. alba) 6. Zerreiche	3. Splint vom Kern oft wenig unterschieden; Kern ähnlich dem der Stieleiche; sehr schmale Jahrringe, breite, eng stehende Markstrahlen, meist krummschäftig. 4. Splint hell, schmal; Kern hellrot bis lichtbraun. Im Frühholz zahlreiche rötliche Poren, die den Längsschnitt gestreift erscheinen lassen; Markstrahlen im Radialschnitt als hellglänzende bandförmige Spiegel, im Sehnenschnitt als braune Linien. Fehlerfreie, große Stämme. 5. Kern rötlichbraun, scharf abgesetzte, meist sehr schmale Jahrringe. Deutliche, eng stehende, rötliche Markstrahlen, gerades, fast astreines Holz. 6. Splint gelbbraun, Kern bei alten Bäumen rötlichbraun; breite, eng stehende, rote Markstrahlen.	3. Schwer, besonders hart, schwer zu spalten, fest, wenig elastisch, aber sehr biegsam, sehr schlecht zu bearbeiten, wenig beliebt. 4. Schwer, hart, mäßig, fest, dichtfaserig, leicht zu spalten, weniger gut zu bearbeiten als deutsche Eichen, arbeitet stark, da sehr porös und durchlässig, nicht für Faßdauben und dünne Furniere, sonst gutes Möbelholz. 5. Schwer, hart, Güte, Eigenschaften und Festigkeitswerte fast wie bei einheimischen Eichen, schwindet, reißt und arbeitet jedoch viel stärker. 6. Schwer, hart, schwer zu spalten, grob- und langfaserig, sehr elastisch, schwer zu biegen, wenig dauerhaft, wenig zu gebrauchen.	

Fortsetzung: 2. Europäische Laubhölzer			
	Erscheinung	Eigenschaften	
Erle Roterle Schwarzerle	Holz ohne abweichend gefärbten Kern, frisch rötlichweiß, an Licht und Luft bald gelbrot bis braunrot; Längsschnitt fein nadelrissig. Markstrahlen erscheinen zu „unechten Markstrahlen" gebündelt; diese erscheinen im Radialschnitt als Spiegel, im Sehnenschnitt als dunklere Längsstreifen. Holz oft braunfleckig (Markflecken) und leicht stockig.	Ziemlich leicht, weich, fest, leicht zu spalten, wenig elastisch und tragfähig, grobfaserig, leicht zu biegen und zu bearbeiten, gut zu beizen und zu polieren, schwindet mäßig und verhältnismäßig gleichmäßig (Modell-Drechsl-holz). Im Trocknen wenig, im Wechsel von naß und trocken sehr wenig, unter Wasser sehr dauerhaft. Oft von Anobien befallen und zerstört.	
Esche, gemeine	Holz gelblichweiß bis rötlichweiß, oft mit hellbraunem bis lehmfarbigem, verschieden breitem Kern. Deutliche Jahrringe, deutlich ringporig. Gefäße sind im Längsschnitt sichtbar, im Frühholz als gröbere, im Spätholz als feinere Furchen. Markstrahlen im Radialschnitt als helle Querstreifen, im Sehnenschnitt als sehr feine Striche. „Slavonische" und „ungarische" Esche wegen welliger Maserung beliebt (Blumenesche).	Schwer, ziemlich hart, sehr schwer, aber gerade zu spalten, sehr elastisch, breitjähriges Holz am zähesten, tragfähig, fein- und langfaserig, nicht immer gut zu bearbeiten, gedämpft leicht zu biegen, wenig schwindend, schlecht zu beizen, sehr gut zu polieren, wobei das lebhaft gezeichnete, schon an sich glänzende naturfarbene Holz prächtige Wirkungen zeigt. Unter Wasser nicht haltbar, immer trocken: dauerhaft. Bestes europäisches Holz für stoßartige, elastische Belastung.	
Kirschbaum	Splint rötlichweiß, Kern rötlichgelb bis rotbraun. Keine sichtbaren Poren. Radialschnitt durch verschieden getönte Jahrringzonen gestreift; feine hellglänzende Spiegel.	Mäßig schwer, hart, dicht, fest, feinfaserig, schwer zu spalten, elastisch, ziemlich biegsam, leicht zu bearbeiten, gut zu beizen, sehr gut zu polieren. Wenig dauerhaft.	
Linde A. Kleinblättrige (Winter-) Linde; B. Großblättrige (Sommer-) Linde, Frühlinde	Kein Farbkern; Holz gelblich, bei A teils etwas weißer, häufig leicht bräunlich oder rötlich getönt, A und B sonst kaum zu unterscheiden. Jahrringe, Poren und Markstrahlen kaum zu erkennen, fein nadelrissiger, leicht glänzender Längsschnitt, im Radialschnitt feine Spiegel, querstreifig.	Leicht, gleichmäßig sehr weich, gleichmäßig dichtfaserig, leicht zu spalten. A biegsam, B wenig biegsam, aber ziemlich elastisch. Leicht zu bearbeiten, in jeder Richtung gut zu schnitzen; A stark, B mäßig schwindend. Wirft sich wenig, reißt wenig. Leicht zu beizen, Holz wird durch Dämpfen fleckig; wenig dauerhaft, unter Wasser nicht haltbar.	

Fortsetzung: 2. Europäische Laubhölzer			
	Erscheinung	Eigenschaften	
Nußbaum Walnußbaum, Gemeine Walnuß nach Herkunft: französisch Nußbaum; italienisch Nußbaum; kaukasisch Nußbaum; eigentliche Heimat: westliches Asien Die verschiedenen Standortrassen der Walnuß gehören alle zur gleichen Gattung Juglans regia, Linn.	Splint grauweiß, breit; Kern je nach Alter und Standort matt- bis schwarzbraun, oft dunkel gestreift, wolkig und geflammt; italienisch N. ist lichtbraun, schön gemasert; französ. N. ist gleichmäßiger hellbraun, etwas grau getönt, und kaukasisch N. zeigt schöne schwarze Aderung auf gelbbraunem Untergrund. Poren groß, offen, im Frühholz zahlreicher, Anordnung zwischen zerstreut und ringporig; in Längsschnitten deutlich nadelrissig, durch wellige Jahrringe und Fasern ansprechend gefladert, geflammt, geriegelt; schwach glänzend.	Mäßig schwer; mittelhart; feinfaserig; zäh, biegsam, jedoch wenig elastisch, langsam, aber ziemlich gut zu trocknen, schwindet mäßig bis stark, steht nach dem Trocknen gut; läßt sich gut bearbeiten, glätten, drechseln, beizen, polieren. Schwer zu spalten. Mäßig witterungsfest, anfällig gegen Insekten; riecht frisch verarbeitet angenehm säuerlich, gerbsäurehaltig. Walnuß zählt zu den wertvollsten Möbelhölzern und wird heute vorwiegend zu Furnier verarbeitet. Besonders begehrt ist das Maserholz vom untersten Stammteil u. vom Wurzelstock.	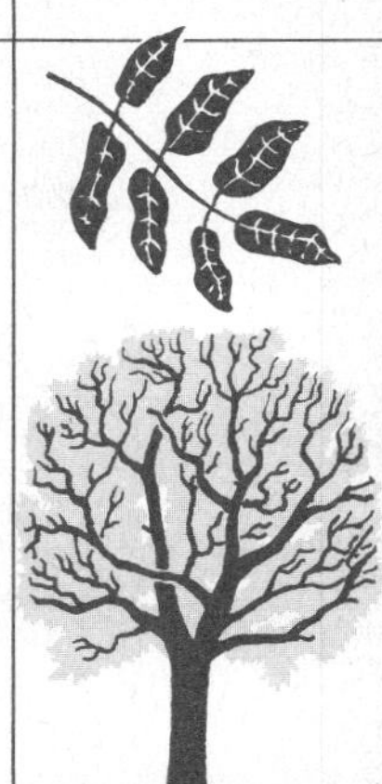
Pappel A. Schwarzpappel B. Kanadische Pappel, eastern cotton-wood; C. Zitterpappel, Aspe, Espe	Splint weiß bis gelblichweiß. A: Kern hellbraun bis hellgrünlich braun, auch graugelb, nahe der Markröhre oft etwas rötlich; B: Kern hellbraun bis graubraun, glänzend; C: Splint und Kern nicht zu unterscheiden, oft bräunlich gestreift, glänzend. Zerstreutporig, deutliche Jahrringe, und zwar bei A: breit, durch dunkle Herbstlinien getrennt; B: sehr breit (schnellwüchsig), gleichmäßig deutlich, im Alter wellig; C: breit und regelmäßig. Die kleinen Poren sind sehr zahlreich, daher Längsschnitt fein nadelrissig.	Leicht, sehr weich, ziemlich grob- und langfaserig, leicht zu spalten (B äußerst leicht), A weniger, B und C zäh und schlecht zu hobeln (wollige, haarige Oberfläche durch zähe Fasern); A und C schwinden, reißen und werfen sich wenig, B wirft sich ziemlich stark, B und C ziemlich biegsam, A weniger; A und B schwach elastisch, C elastisch und fest, B sehr wenig, A wenig fest, wenig dauerhaft, C im Trocknen ziemlich dauerhaft.	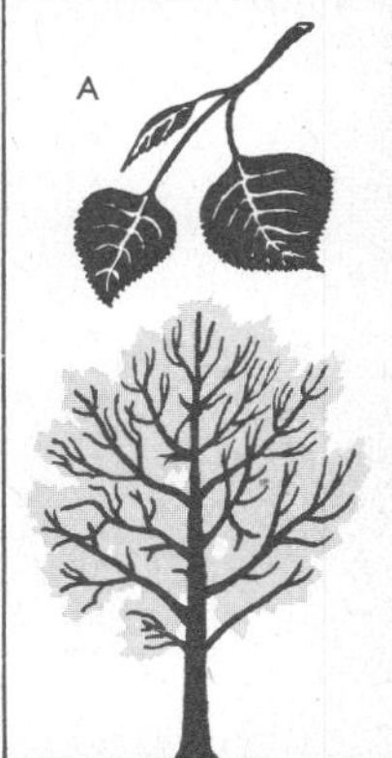
Platane ahornblättrig Bastard aus Platanus orientalis und Platanus occidentalis	Splint breit, sehr hell, weißlich bis schwach rötlich oder hell rötlichbraun; Kern hellbraun bis braun, geflammt, glänzend, ähnlich Rotbuchenholz. Breite, an dunkleren Linien erkennbare Jahrringe, keine sichtbaren Poren. Sehr zahlreiche Markstrahlen bilden im Radialschnitt große, glänzende Spiegel, im Sehnenschnitt etwa 3 mm lange rötliche Streifchen auf hellerem Grund, dicker und gröber als bei Rotbuche; zerstreutporig.	Mäßig schwer bis schwer, ziemlich hart, schlecht zu spalten, dicht, fest, zähe, biegsam, mäßig gut zu bearbeiten, dabei eigentümlicher Geruch, gut zu polieren, reißt beim Trocknen ziemlich leicht und schwindet stark, Leim schlägt leicht durch Furniere; wird durch Dämpfen gleichmäßig rotbraun. Nicht witterungsfest. Wird wenig verarbeitet, als Ausstattungsholz und für Furniere von schöner Wirkung geeignet.	

Fortsetzung: 2. Europäische Laubhölzer			
	Erscheinung	Eigenschaften	
Robinie falsche Akazie, gemeiner Schotendorn, Black locust	Splint sehr schmal, gelblichweiß bis hellgelbgrün. Kern gelbgrün bis braungrün, dunkelt an der Luft nach. Breite deutliche Jahrringe. Die erkennbaren Gefäße sind ringförmig angeordnet. Wenige glänzende, helle, längsstreifige Spiegel im Radialschnitt.	Hart, schwer, schwer zu spalten, zäh, elastisch u. biegsam, gut bis mäßig gut zu bearbeit., auf Hochglanz zu polieren, mäßig gut zu verleimen, m. alkalischem Leim dunkle Gerbstoff-Flecke, schwindet sehr wenig, sehr dauerhaft. Ausgezeichnetes Wagner- u. Geräteholz, Drechslerarbeiten.	
Rotbuche Buche	Holz rötlichweiß bis rötlichbraun, gesundes Holz ohne Kern: „roter (falscher) Kern" ist Schutzholzbildung gegen Pilze, ähnlich „Frostkern" nach kalten Wintern. Jahrringe deutlich mit dunklerem Spätholz. Keine sichtbaren Poren. Markstrahlen im Radialschnitt als hellbraune Spiegel, im Sehnenschnitt als zahlreiche dunkle Streifchen.	Schwer, mittelhart, leicht bis schwer zu spalten, sehr zähe, fest, wenig elastisch, gedämpft noch warm leicht zu biegen, sehr tragfähig, schwindet, reißt und arbeitet sehr stark, gut zu beizen, gut zu polieren, aber zu ausdruckslos, trocken dauerhaft, fault feucht schnell. Gedämpft, imprägniert, verdichtet, mit Kunststoff verbunden technisch sehr brauchbar.	
Rüster, Ulme A. Feldulme, gemeine Rüster, Rotrüster; B. Bergulme, -rüster, Haselulme, C. Flatterulme, Bastulme, Weißrüster	Reifkernholzbaum, ringporig. Splint gelblichweiß bis schmutziggelb, bei A und B schmal, bei C oft ziemlich breit; Kern bei A und B schmal, bei C oft ziemlich breit; Kern bei A und B meist lebhaft rötlichbraun bis dunkelbraun, bei C matt hellbraun. Im Querschnitt verlaufen die Poren in Wellenlinien, im Radialschnitt parallel, im Sehnenschnitt zu welligen Streifen verschiedener Breite geordnet. Die feinen Markstrahlen ergeben im Radialschnitt glänzend hellbraune Flecken auf hellerem Grund, im Sehnenschnitt feine kurze dunkelbraune Striche. Durch „Ulmensterben" stark gelichtete Bestände.	Mäßig schwer, ziemlich hart bis hart, zähe, schwer zu spalten, A sehr grob- und langfaserig, B und C grob- und langfaserig, elastisch, biegsam, wimmerige Stücke weniger, mäßig gut bis schlecht zu bearbeiten, schwindet mäßig. A gebeizt als Ersatz für Nußbaum, ölen und wachsen beliebt, sehr gut zu polieren. Sehr dauerhaft, im Wasser und Erdboden gut haltbar (A und B besser als C), frisch: stark wasserhaltig, trocknet langsam, dunkelt an der Luft nach. Vorzügliches Wagnerholz, doch vielseitig verwendet.	
Weißbuche Hainbuche Hagebuche Steinbuche	Holz fast weiß, grauweiß bis gelblichweiß getönt, matt, ohne abweichend gefärbten Kern. Die zahlreichen Poren sind kaum sichtbar, Jahrringe im Hirnschnitt wellig, Spätholz kaum dunkler als Frühholz. Zahlreiche Markstrahlen erscheinen als helle Linien, zu Scheinmarkstrahlen gebündelt im Radialschnitt als breite, matte Bänder, im Sehnenschnitt als dunklere, lebhafte Streifen.	Schwer, gleichmäßig sehr hart und dicht, zähe, sehr schwer zu spalten, schwer zu bearbeiten, splittert oft beim Hobeln, schwindet stark, sehr nagelfest. Nur im Trocknen dauerh., unter Wasser mäßig. Nach Ahorn das empfindlichste Holz; im Frühjahr einschneiden, gut stapeln, nicht entrinden. Das härteste einheimische Holz, kein Tischlerholz. Für Hobel und Werkzeughefte.	

Verzeichnis u. Kurzzeichen (K.-Z.)[1] der außereuropäischen Hölzer Seite 11 bis 29

[1]) Kurzzeichen nach DIN 4076, Bl. 1, April 1970

Verzeichnis u. Kurzzeichen der außereuropäischen Hölzer Seite 11 bis 29

Verzeichnis u. Kurzzeichen der außereuropäischen Hölzer Seite 11 bis 29

Einteilung der Nadelhölzer:

Die wegen ihres Holzes verwendeten Nadelhölzer (Coniferen) entfallen vor allem auf:

1. die Familie „Araucariaceae" mit etwa 12 Arten in der südlichen gemäßigten Zone (Amerika, Australien, Neuseeland);

2. die Familie „Pinaceae" (= „Abietaceae") mit den Gattungen:
   - a) Abies (Tanne) mit etwa 40 Arten in der nördlichen gemäßigten Zone;
   - b) Picea (Fichte) mit 2 Arten in Europa, 7 in Nordamerika und 13 in Asien;
   - c) Tsuga (Hemlock) mit 14 Arten in Nordamerika, Ostasien, Himalaja;
   - d) Pseudo - Tsuga (Douglasie) mit zahlreichen Standortrassen;
   - e) Pinus (Kiefer) mit etwa 80 Arten in der nördlichen gemäßigten Zone bei zahlreichen Klimarassen;
   - f) Larix (Lärche) mit 10 Arten in der nördlichen gemäßigten Zone;

3. die Familie „Cupressaceae" mit 4 Unterfamilien: a, b, c, und d:
   - a) u. a. mit der Gattung Fitzroya mit 2 Arten; Beispiel: Alerce;
   - b) u.a. mit der Gattung Thuja mit 3 Arten;
   - c) mit den Gattungen Cupressus (Zypresse) mit 12 Arten und Chamaecyparis (Scheinzypresse) mit 5 Arten;
   - d) mit der Gattung Juniperus (Wacholder) mit 30 Arten.

3. Wichtige außereuropäische Nadelhölzer

Agathis

(Agathis dammara)
East Indian oder Sarawak kauri; damar;

Südostasien

Merkmale: Stämme, ϕ bis 3m, in großen Längen astfrei, gut geformt; bräunlich gelb bis rötlich braun ohne besondere Kernfärbung; keine Farbstreifen, keine Harzkanäle; Spätholz schmal, fast linienartig., Spiegel deutlich als feine rötliche Schüppchen; geradfaserig.

Eigenschaften: Mäßig leicht; gut zu trocknen; schwindet mäßig; steht mäßig gut; nicht witterungfest; gegen Pilze und Insekten nicht dauerhaft, bläueanfällig; mäßig hart, ziemlich fest; leicht und gut zu bearbeiten, zu messern, zu schälen, zu polieren. Gehobelte Flächen glänzen; Holz ohne besonderen Geruch. Das oberflächlich ähnliche New Zealand kauri (Agathis australis) ist dauerhafter.

Verwendung: Bauholz für Innenbau; Deck- und Schälfurnier.

Alerce

lahuan (Chile)

Mittelchile

Sehr ähnliches Holz: Sequoie

Merkmale: Stämme, ϕ 1 bis 3 m, in großen Längen astfrei; Splint schmal, fast weiß, wertlos; Kernholz hellrot, stark rotbraun nachdunkelnd, oft goldglänzend, ohne auffälligen Geruch; geradfaserig; enge, im hohen Alter sehr feine Jahrringe; Spätholz als sehr schmales, welliges, dunkles Band, einseitig scharf begrenzt, als lebhafte Fladern oder feine Streifen auffällig; Harzkanäle fehlen.

Eigenschaften: Leicht; leicht zu trocknen; schwindet gering; steht gut; fast unbegrenzt witterungsfest; sehr dauerhaft gegen Pilze und Insekten; etwas härter als Fichte; etwa so fest wie beste polnische Kiefer, nicht so druckfest; gut zu bearbeiten und zu leimen; leicht zu spalten.

Verwendung: Holz für fugen- und formfesten, schönen Innen- und Außenausbau; Vertäfelungen; Furnier.

Fortsetzung: 3. Wichtige außereuropäische Nadelhölzer	
Araucarie fälschlich: „Brasilkiefer" oder „Parana pine" (Araucarien sind keine Kiefern (≙ pine); bilden eine eigene Familie) Südbrasilien bis Nordargentinien	**Merkmale:** Stämme, ⌀ bis 2m, in großen Längen astfrei, gut geformt; Splint sehr breit, gelblich; Kernholz rötlich hellbraun nachdunkelnd, oft auffällig rot-braun gestreift; Spätholz linienartig schmal, etwas dunkler; Spiegel deutlich als feine rötliche Schüppchen; keine Harzkanäle; geradfaserig. Ausgeführt wird „Prime Quality" mit mindest 80% Holz I. Kl. (wenige Punktäste auf einer Seite zugelassen). **Eigenschaften:** Mäßig leicht; langsam, vorsichtig zu trocknen; schwindet mäßig; steht nicht gut; nicht witterungsfest, gegen Pilze und Insekten nicht dauerhaft, bläueanfällig; mäßig hart, elastisch; mäßig fest; leicht und gut zu bearbeiten, zu leimen, oberflächlich zu behandeln; gehobelte Flächen glänzen matt; ohne besonderen Geruch. **Verwendung:** Bauholz für Innenbau, Treppen; für Innenausstattung, Vertäfelung, Leisten.
Douglasie (Pseudotsuga taxifolia) Küstendouglasie irreführende Namen: „Oregon Pine" unterteilt in a) yellow fir b) red fir „Oregon spruce" „Douglas fir" Westküste Nordamerikas (34...52°)	**Merkmale:** Stämme, ⌀ zwischen 1 und 4m, in großen Längen astfrei; Splint schmal, weißlich; Kernholz gelblich bis rotbraun, nachdunkelnd, je nach Alter und Herkunft der Bäume verschieden beschaffen: „yellow fir" aus Altbeständen ist besonders feinjährig, blaß gelb, weich, leichter und sehr begehrt; „red fir" ist grob, breitringig, rotbraun, dunkler, härter, meist schwerer; Spätholz stets beidseitig scharf begrenzt, dunkler, bildet auffällige Fladern oder Streifen; geradfaserig; verschieden harzig, Harzkanäle vorhanden; frische Flächen duften eigenartig aromatisch, sind matt. (Douglasien bilden eine eigene Gattung neben: Abies = Tanne = fir, Picea = Fichte = spruce, Pinus = Kiefer = pine.) **Eigenschaften:** Mäßig leicht; gut zu trocken; schwindet mäßig; steht gut; mäßig witterungsfest; gegen Pilze mittelmäßig dauerhaft; bläueanfällig, Kern weniger; Festigkeiten verschieden, meist mäßig hart, fester als Kiefer; leicht spaltbar; mäßig gut zu bearbeiten, gröberes schwieriger; ziemlich säurebeständig. In Deutschland angebaute Douglasie liefert bisher ästiges, ziemlich minderwertiges Nutzholz. **Verwendung:** Bauholz für Außen- und Innenbau, Innenausbau, Fußböden, Parkett, Möbel; Sperrholz.
Hemlock (Tsuga heterophylla) Western hemlock Westküste Nordamerikas zwischen 38 und 62°. Ähnlich, kleinere ⌀: Eastern hemlock (Tsuga canadensis)	**Merkmale:** Stämme, ⌀ um 2m, in großen Längen astfrei; Splint und Kernholz gleich weißlich bis bräunlich hellgrau, älteres Holz rotviolett getönt; geradfaserig, feine Jahrringe; Spätholz einseitig scharf begrenzt, wenig dunkler, tangential als feine Fladern auffällig; keine Harzkanäle; harzarm; gehobelte Flächen mattglänzend, geruchlos. Namen mit Zusatz: spruce, pine, fir führen irre: Tsuga-Arten bilden eine eigene Gattung neben Fichte, Kiefer, Tanne. **Eigenschaften:** Mäßig leicht; frisch sehr feucht, mäßig gut zu trocknen; schwindet mäßig, steht gut; nicht witterungsfest; gegen Pilze nicht dauerhaft; schwer zu imprägnieren; weich, Frühholz sehr weich, Äste hart und spröde; etwas weniger fest als gute Tanne; mit scharfen Werkzeugen gut zu bearbeiten, zu schälen. **Verwendung:** Bauholz für mäßig beanspruchten Innenausbau; Blindholz; Schälfurnier; Leisten; Verpackung.
Longleaf Pine (= „Langnadel-Kiefer") Sortierungsnamen: Longleaf yellow pine, Southern yellow pine; Pitch pine = Kernware, Red pine = Splintware (ursprünglich nur Pinus palustris) Südöstl. Küstenstaaten der USA	**Merkmale:** Stämme, ⌀ um 0,8m, in großen Längen astfrei; Splint schmal, gelblich; Kernholz rötlich braun, nachdunkelnd; auffällige Jahrringe, Fladern oder Streifen, weil Spätholz breit, beidseitig scharf begrenzt, dunkler; Harzkanäle vorhanden. **Eigenschaften:** Mäßig schwer; ziemlich gut zu trocknen; schwindet mäßig; steht gut; mäßig witterungsfest; gegen Pilze ziemlich dauerhaft, aber bläueanfällig, besonders Red pine; Frühholz ziemlich, Spätholz hornig hart; fest; meist gut zu bearbeiten; viel Harz kann Werkzeuge verschmieren, später stören; ziemlich säurebeständig; angenehmer Harzduft. **Verwendung:** Bauholz für stark beanspruchten Innen- und Außenbau; Fenster; Türen; Parkett; Fußböden; Fassaden; Innenausstattung; Bootsbau. Das meiste Pitch pine europäischen Handels ist Pinus caribaea = Nicaragua pine von ähnlicher Güte wie P. palustris; aus den USA kann als Pitch pine stammen: Pinus elliottii = slash pine; Pinus virginiana = Jersey pine; unter „Carolina pine" die Gattungen: Pinus echinata = Shortleaf pine und Pinus taeda = Loblolly pine, beide besonders splintreich, bläueanfällig, grobjährig; gleichmäßiger rötlich gelb und weniger harzig. Das Pitch pine der Amerikaner ist Pinus rigida = Pechkiefer mit ziemlich wertlosem Holz: oft Anlaß zu Irrtümern.

Fortsetzung: 3. Wichtige außereuropäische Nadelhölzer	
Scheinzypresse (Chamaecyparis lawsoniana) Lebensbaum Oregon cypress White cypress White cedar (Weder Zeder noch Zypresse) Pazifikküste der USA	**Merkmale:** Stämme, ϕ um 2m, in großen Längen astfrei; Splint schmal, weißlich; Kernholz gelblich bis rötlich hellbraun; Spätholz linienartig schmal, unauffällig; feinjährig und gleichmäßig beschaffen; keine Harzkanäle, Absondern von Harz möglich; scharf wohlriechend; matt glänzend. **Eigenschaften:** Leicht; gut zu trocknen; schwindet mäßig; steht gut; witterungsfest; dauerhaft gegen Pilze und Insekten; weich; verhältnismäßig fest; sehr gut und sauber zu bearbeiten; schlecht zu biegen. **Verwendung:** Holz für Innen- und Außenbau; Bootsbau; Orgelbau; Zündhölzer.
Sequoie (Sequoia sempervirens) Redwood Westküste der USA Verwandt u ähnlich: Holz des Mammutbaums (Sequoiadendron giganteum)	**Merkmale:** Stämme, ϕ um 4m, in sehr großen Längen astfrei; Splint schmal, gelblich weiß; Kernholz hellrot, sehr stark nachbräunend, oft bläulich getönt; geradfaserig; Jahrringe deutlich, eng bis sehr breit; Spätholz schmal, dunkler, einseitig scharf begrenzt; tangentiale Flächen derb bis zierlich gefladert; harzarm, ohne Harzkanäle, gerbstoffreich; gehobelte Flächen mattglänzend. **Eigenschaften:** Leicht; gut zu trocknen; schwindet gering; steht sehr gut; witterungsfest; gegen Pilze und Insekten dauerhaft; weicher als Fichte und Tanne; fest, aber weniger als polnische Kiefer; gut zu bearbeten, glatt zu spalten; Oberflächen meist gut zu behandeln. **Verwendung:** Bauholz für mäßig beanspruchten Außen-und Innenbau; Sperrholz; Innenausstattung.
Thuja (Thuja plicata) (Western) red cedar Riesenlebensbaum (Mit Zypressen, nicht mit Zedern verwandt) Westliches Nordamerika	**Merkmale:** Stämme, ϕ um 2m, in großen Längen astfrei; Splint schmal, weißlich; Kernholz rötlich braun, stark nachdunkelnd; geradfaserig; harzarm, keine Harzkanäle, aromatisch duftend; Jahrringe deutlich; Spätholz dunkler, schmal, einseitig scharf begrenzt, als Fladern auffällig. Die dunkelbraune „Thujamaser" stammt von der Wurzelknolle des kleinen „Sandarakbaumes" (Tetraclinis articulata) des Atlasgebirges u. Südspaniens. **Eigenschaften:** Sehr leicht; meist gut zu trocknen; schwindet gering; steht sehr gut; witterungsfest; greift feucht Eisen an (Verfärbung); gegen Pilze und Insekten dauerhaft; weich; ziemlich fest; schwer zu spalten; kann (bei älteren Bäumen) spröde sein; gut zu bearbeiten; Holz geschmacklos (Unterschied zur ähnlichen „Weihrauch Zeder" (incense cedar, USA), deren Holz scharf schmeckt.) **Verwendung:** Bauholz für gering beanspruchten, sehr form- und fugenfesten Innenausbau und Außenbau: Fassaden, Jalousien, Schindeln.
Wacholder, Virginischer (Juniperus virginiana) irreführend, da keine Zeder, sind: „Eastern red cedar" „Bleistiftzeder" Östl. Nordamerika (Ontario- See bis Texas)	**Merkmale:** Abholzige Stämme, ϕ um 1m, ziemlich astfrei; Splint schmal, weiß; Kernholz blaß violett bis rosenrot, später rotbraun; ziemlich feinjährig; Spätholz linienartig schmal, wenig dunkler, unauffällig; sehr gleichmäßiges, geradfaseriges Holz; kräftiger Wohlgeruch; keine Harzkanäle. **Eigenschaften:** Mäßig leicht; gut zu trocknen; schwindet gering; steht gut; witterungsfest; gegen Pilze beständig, von Insekten, auch Termiten, gemieden; weich, ziemlich fest, gut zu bearbeiten, sehr gut zu schälen, leicht zu spalten. Anbauversuche in Deutschland haben nicht befriedigt. **Verwendung:** Bleistifte, Zigarrenkisten; Wäscheschränke; Möbelinnenwände.
Weymouthskiefer (pinus strobus) Strobe North. white pine East. white pine White pine Yellow pine Östl. Nordamerika	**Merkmale:** Stämme, ϕ um 1m, in großen Längen astfrei; Splint schmal, gelblich; Kernholz rötlich hellbraun, nachdunkelnd; sehr gleichmäßig, geradfaserig; Spätholz sehr schmal, linienartig, unauffällig, nur einseitig scharf begrenzt; harzarm, weite Harzkanäle; ohne besonderen Geruch; glänzend. Sehr ähnlich: Western white pine (pinus monticola). **Eigenschaften:** Leicht; wegen Verfärbung vorsichtig, aber gut zu trocknen; schwindet gering; steht gut; nicht witterungsfest; gegen Pilze nicht dauerhaft; mäßig schwer zu imprägnieren; weich, wenig fest; sehr leicht und gut zu bearbeiten; leicht zu spalten. **Verwendung:** Bauholz für gering beanspruchten, form- und fugenfesten Innenausbau; Modelle; Blindholz, Mittellagen; Profilleisten.

4. Wichtige außereuropäische Laubhölzer

Abachi fälschlich „African whitewood" samba, wawa Westafrika	**Merkmale:** Hirnschnitt: Ungleiche, bis zu mehreren cm breite Zuwachszonen durch wenige große, ungleich verstreute Poren angedeutet. Längsschnitt: Leicht gewundene Porenrillen, schlichter Faserlauf, streifig durch unregelmäßigen Wechseldrehwuchs; seidiger Glanz, besonders der hellen Spiegel. Splint breit, blaß graustichig gelb, vom Kernholz, gelegentlich olivbraun getönt, kaum unterscheidbar. Stockwerkartig angeordnet feine Querbänder aus Speicherzellen. Astrein, meist gleichmäßig gesund, gelegentlich weichfaserig. **Eigenschaften:** Sehr leicht, weich, verhältnismäßig stoß- und druckfest; schnell und gut zu trocknen, dabei verschwindet Geruch; schwindet wenig, steht gut; nicht dauerhaft, wird frisch sehr leicht von Pilzen und Insekten befallen; leicht widerspänig, sonst gut und leicht zu bearbeiten, gut zu verleimen, zu biegen, zu messern, zu schälen, zu beizen, nach Porenfüllung zu polieren. **Verwendung:** Rahmen, Füllungen, Bekleidungen, Leisten, Sperrplatten usw. für wenig belasteten Innenausbau geringen Eigengewichts bei hohen Ansprüchen an Maßhaltigkeit; Schälfurnier; Kisten.
Abura fälschlich „Afrikanische Pappel" Trop. West - bis Ostafrika	**Merkmale:** Hirnschnitt: Sehr viele, zerstreute, mittelgroße Poren; undeutliche Zuwachszonen; Längsschnitt: Porös, sehr schlicht, geradfaserig, unregelmäßig schwach wechseldrehwüchsig, daher oft fleckig oder streifig; Splint breit, von gleicher Färbung wie das Kernholz: gleichmäßig blaß rötlichgraubraun, später schmutzig rot. **Eigenschaften:** Leicht bis mäßig schwer; mäßig weich; frisches Holz riecht unangenehm, ist sehr pilz- und insektenanfällig, schnell und gut zu trocknen; schwindet mäßig, steht sehr gut; nicht witterungsfest; Splint gut, Kern schlecht zu imprägnieren, ziemlich beständig gegen Säuren. Das gleichmäßige Holz ist mäßig fest, leicht zu bearbeiten, gut zu leimen, zu nageln, oberflächlich leicht und gut zu glätten und zu beizen. Stumpft Werkzeugschneiden sehr; Staub reizt Schleimhäute. **Verwendung:** Blind- u. Schälholz; Möbelteile und Innenausbau bei mäßigen Ansprüchen; Leisten; gutes Drechslerholz für Massenartikel (Ersatz für Erlenholz); Modellbau, Batteriekästen.
Agba tola branca; Weißes Tola; fälschlich „Goldkiefer", „Angola Mahagoni", „Nigerian cedar" (Holz eines harzhaltigen Laubbaumes) Westafrika	**Merkmale:** Hirnschnitt: Mittelgroße Poren, zerstreut, mit unscharf begrenzten Rändern aus Speicherzellen; Zuwachszonen erkennbar; viele feine, deutliche Markstrahlen; Längsschnitt: Porenrillen fein, oft mit dunkler Füllung; geradfaserig bis schwach wechseldrehwüchsig, dann ansprechend streifig; Harzkanäle, nur mit Lupe sichtbar; Splint breit, rötlich hellgrau, unscharf vom etwas dunkleren Kern abgesetzt; Kernholz gelbrot bis rötlich hellbraun, radial feine, etwas dunklere Streifen von Spätholz; matt glänzend; frisch nach Harz duftend. **Eigenschaften:** Mäßig leicht; gut zu trocknen, bei Harzfluß Temperatur senken; schwindet mäßig; steht gut; weich bis mittelhart, kurzfaserig, mäßig elastisch u. tragfähig; ziemlich druckfest; leicht zu spalten; splittert nicht; trockenes Holz gut zu bearbeiten, zu leimen, zu drechseln, zu beizen, zu lackieren, bei feuchtem stört der Harzgehalt: alte Bäume enthalten oft Zonen weichfaserigen Holzes, seltener Harztaschen; als helles, leichtes Laubholz erstaunlich witterungsfest und dauerhaft gegen Pilze und Insekten, auch Termiten. **Verwendung:** Fehlerfrei als Bauholz für mäßig belasteten Innen- und Außenbau; Blind-, Sperrholz; Vertäfelung; Möbel; Parkett; Decksplanken; Drechslerarbeiten.
Amarant Amaranth; Violettholz: purpleheart Nördöstl. Südamerika	**Merkmale:** Hirnschnitt: Mittelgroße Poren, zerstreut, von kleinen Feldern aus Speicherzellen augenförmig umgeben; solche Zellen, zu dünnen Bändchen vereinigt, begrenzen auch die unundeutlichen Zuwachszonen; sehr feine Markstrahlen; Längsschnitt: Hell besäumte Porenrillen, den dunklen Untergrund belebend; geradfaserig oder unregelmäßig wechseldreh- bis wimmerwüchsig, entsprechende feine Streifen; Splint weißlich grau, schmal; Kernholz, frisch geschnitten, hell oliv bis graubraun, sehr schnell violett – rotbraun nachdunkelnd; sehr dekorativ. **Eigenschaften:** schwer bis sehr schwer: vorsichtig ziemlich gut zu trocknen: schwindet mäßig, steht gut, witterungsfest, auch bei Feuchte sehr dauerhaft gegen Pilze und Insekten; ziemlich beständig gegen Säuren; sehr hart, fest und zäh, aber nicht schwierig zu bearbeiten; Werkzeugschneiden stumpfen stark; gut zu leimen, schwer zu nageln, messerbar; gut zu drechseln; sehr gut zu polieren, Poreninhalt löst sich in Alkohol! **Verwendung:** Stark beanspruchtes Parkett; stark beanspruchtes Bauholz für schweren Außen- und für Innenbau, Wasserbau; Sportgeräte; hochwertige Deckfurniere für Möbel- und Innenausbau bei besonderen Ansprüchen an Farbwirkungen.

Fortsetzung: 4. Wichtige außereuropäische Laubhölzer	
Amerikan. Nußbaum black walnut Schwarznuß (Juglans nigra) Nordamerika	**Merkmale:** Hirnschnitt: Fast ringförmig geordnete Poren, im Frühholz zahlreicher und gröber, teils mit dunkler Masse gefüllt, deutliche Zuwachszonen; Längsschnitt: Porenrillen deutlich bis groß, dadurch und durch oft vorhandenen gewellten Faserlauf feine, ruhige Fladerung; Splint schmal, hellgrau; Kernholz lichtecht grau- bis schokoladenbraun, deutlich violett getönt, mit dunkleren und helleren Adern und Streifen; gröber strukturiert als europ. Nußbaum. **Eigenschaften:** Mäßig schwer; gut bis mäßig gut zu trocknen, schwindet mäßig, steht gut, mäßig witterungsfest; mäßig hart und fest; grobfaserig, gut zu bearbeiten, wegen großer Poren nicht gut zu polieren, frisch von bemerkenswert säuerlichem Geruch, nicht so angenehm wie der der europ. Walnuß; Eigenschaften sonst ähnlich wie bei europ. Walnuß. **Verwendung:** Ausstattungs- und Furnierholz für Innenausbau, Möbel ähnlich europ. Nußbaum.
Andiroba crabwood; bastard mahagoni; cedro macho; nach Färbung: „Red crabwood" und „White crabwood" Trop. Amerika	**Merkmale:** Hirnschnitt: Mittelgroße Poren, zerstreut; schmales, helles Band aus Speicherzellen deutet Zuwachszonen an;Längsschnitt: Porenrillen meist gerade, teilweise sehr auffallend durch dunklen Inhalt; zahlreiche Markstrahlen, tangential als Striche, bis 1mm hoch, radial als kleine Spiegel gut sichtbar; gelegentlich Harzkanäle; Faserlauf gerade bis nur schwach wechseldrehwüchsig; Splint rötlich bis grau; Kernfärbung schwankt: hellrötlich braun bis dunkelbraun, nachdunkelnd oft Goldglanz wie bei echtem Mahagoni; schmückend. **Eigenschaften:** leicht bis schwer, je heller, desto leichter und weicher; vorsichtig zu trocknen, schwindet unterschiedlich, steht gut bis mäßig gut; mäßig witterungsfest, gegen Pilze mittelmäßig dauerhaft: unschwierig, aber schwieriger als Mahagoni zu bearbeiten; gehobelte Flächen glatt und matt glänzend: polierbar. Oft großer Verschnitt durch Insektenfraßstellen. **Verwendung:** Bauholz für mittlere Beanspruchung im Innen- und im Außenbau, Treppen, Parkett; massiv und als Deckfurnier für schmückende Innenausstattung, Möbel.
Angelique basralocus; fälschlich „Guayana Teak" (ist kein Teak!) hellere Sorten: „Angelique gris" oder „A. blanc", dunklere, schwerere: „Angelique rouge" Guayana, Nordbrasilien	**Merkmale:** Hirnschnitt: Wenige grobe Poren, zerstreut; etwa Hälfte der Fläche nehmen fast porenbreite, krause Bänder aus Speicherzellen ein, bilden im Längsschnitt radial feine, dunklere Linien, tangential zackige Flader; sehr weite, lange, parallele Porenrillen mit hellem Inhalt; sehr feine Markstrahlen, ganz regelmäßig stockwerkartig angeordnet; Splint schmal, hellgrau bis blaß braun; Kernholz rosarot, schnell violettbraun nachdunkelnd: „A. rouge" = dunkler, meist purpurstreifig; „A. blanc" = „A. gris" = heller, oft mit Goldglanz. Holz meist geradfaserig; schmückende Wirkung. **Eigenschaften:** a) „A. rouge": sehr schwer; schwindet sehr stark; steht nicht gut; sehr dauerhaft gegen alle Holzzerstörer, sogar Schiffsbohrwurm und Bohrmuschel; „A. blanc": schwer, schwindet weniger stark, steht etwas besser, ist weniger dauerhaft und leichter zu bearbeiten als „A. rouge"; allgemein gilt: schwierig zu trocknen, große Rißgefahr; hart, gute Festigkeitseigenschaften, sauber und ziemlich gut zu bearbeiten, leicht zu spalten, stumpft Werkzeugschneiden stark; ziemlich säurefest, witterungsfest. **Verwendung:** Das dunkle für schweren Außen- und Wasserbau, das helle für Innenausbau und Innenausstattung, Parkett.
Antiaris (Antiaris africana, wird von anderen, ähnlichen Antiaris-Arten nicht immer klar geschieden) bonkonko Trop West- und Zentralafrika oberflächlich ähnlich, aber nicht verwandt: Abachi	**Merkmale:** Hirnschnitt: Große Poren, zerstreut, nicht sehr zahlreich, je von unscharf begrenztem Ring aus Speicherzellen eingefaßt; Markstrahlen dicht und deutlich; dunkleres Spätholz deutet Zuwachszonen an; Längsschnitt: sehr deutliche Porenrillen, nicht selten dunkel infolge Pilzbefalls; schlichte Struktur; radial viele bis 1mm hohe Spiegel; deutlicher Wechseldrehwuchs; Splint sehr breit, weißlich; Kernholz wenig dunkler, blaß gelb bis strohfarben, gehobelte Flächen mit Goldglanz; der unangenehme Geruch frischer Schnittware verschwindet beim Trocknen. **Eigenschaften:** leicht; trocknet schnell, ist aber sehr schonend zu trocknen, neigt zum Verformen; schwindet mäßig, steht gut; nicht witterungsfest, anfällig für Pilze und Ambrosiakäfer (deren Brut von Pilzen lebt), bläueempfindlich; leicht zu imprägnieren und zu beizen; Kern dicker Blöcke kann schwammig sein; radiale Oberflächen reißen beim Hobeln leicht aus, werden wollig; feste Stücke sind schäl- und messerbar, mit allen Werkzeugen und geringer Kraft leicht zu bearbeiten, spröder als Abachi; gut zu leimen. **Verwendung:** Kisten-, Blind- und Schälholz; Holz für gering beanspruchte Teile im Innenausbau.

Fortsetzung: 4. Wichtige außereuropäische Laubhölzer	
Avodire fälschlich „Afrikanische Goldbirke" (nicht mit Birke verwandt, Hölzer ähneln sich nur oberflächlich) Westafrika	**Merkmale:** Schlecht geformte, oft spannrückige Stämme; Hirnschnitt: Mittelgroße Poren, zerstreut; Zuwachszonen und Markstrahlen kaum erkennbar; Längsschnitt: Porenrillen fein; Faserlauf unregelmäßig wechseldrehwüchsig, häufig wellig, bewirkt riegelartige oder kurzflammige Zeichnung; feine, deutlich sichtbare Spiegel; gleiche Splint- und Kernholzfärbung: anfangs blaß gelb bis hellbraun, später goldgelb bis hell goldbraun; gehobelte Flächen glänzen stark. **Eigenschaften:** Mäßig schwer; vorsichtig ziemlich schnell und gut zu trocknen, kann sich verwerfen und reißen; schwindet mäßig, steht gut, nicht witterungsfest, gegen Pilze nicht dauerhaft, sehr schwer zu imprägnieren; mäßig hart, mäßig fest, mit allen Werkzeugen leicht zu bearbeiten; gut zu leimen, zu biegen, zu schnitzen, zu drechseln, zu glätten, zu polieren, messer- und schälbar, platzt leicht beim Nageln. **Verwendung:** Messerfurnier für schmückende, auf Lichtwirkungen zielende Ausstattung, Möbel, Vertäfelungen; ähnlich wie Birke, massiv oder als Furnier, für Innenflächen, Schiffsinnenausbau; Kehlleisten.
Azobe bongossi; fälschlich „Afrikanische Eiche", „Red ironwood" oder „Westafrikanisches Eisenholz" Trop. Westafrika „Eisenholz" = „ironwood" ist in Australien ein für „Grey myrtle" genormter Name	**Merkmale:** Stämme, ϕ bis 1,5m, astfrei, basisverdickt; Hirnschnitt: Wenige, große Poren, zerstreut, im Kernholz durch ihren Inhalt als weiße Punkte auf dunklem Grund; Markstrahlen und Zuwachszonen undeutlich; feingewellte, auffallend regelmäßige Bänder aus Speicherzellen, im Längsschnitt als schwache Flader oder Linien erkennbar; Wechseldrehwuchs häufig; Porenrillen mit weißem Inhalt deutlich: Splint schmal, hell rotbraun; Kernholz purpurrot mit violetter Tönung bis tief rotbraun. **Eigenschaften:** Besonders schwer, Darrwichte über 1; trocknet langsam und ist außerordentlich langsam zu trocknen, neigt sehr zum Reißen; schwindet stark, steht, wenn trocken, gut; auch ungeschützt witterungsfest, sehr widerstandsfähig gegen alle Holzschädlinge: Pilze, Termiten, Schiffsbohrwurm; schwer entflammbar; besonders hart und fest, sehr elastisch, schlagbiege- und abriebfest; säurebeständig; zu nageln nur nach Vorbohren; schwer zu leimen; schwer zu bearbeiten, ziemlich gut zu sägen; Werkzeuge werden schnell stumpf. **Verwendung:** Schweres Konstruktionsholz für besonders hohe Beanspruchung und Belastung im Land- und im Wasserbau: Brücken, Schleusen, Schwellen, Bodenbelag, Treppenbelag usw. ohne Oberflächenschutz.
Balsa (mehrere, nicht unterschiedene Arten) Trop. Amerika, in trop. Asien und Afrika angebaut (in 6…12 Jahren schlagreif)	**Merkmale:** Hirnschnitt: Wenige grobe Poren, zerstreut; Zuwachszonen undeutlich oder nicht erkennbar; deutliche Markstrahlen; Längsschnitt: Porenrillen bräunlich, sehr deutlich Markstrahlen tangential als eng benachbarte Linien, radial als Spiegel; Splint sehr breit, fast weiß, schwach rötlich oder bräunlich; Kernholz, unklar begrenzt, blaß rötlich braun, bei älteren Bäumen in Splintnähe bis dreimal schwerer als bei Jungholz. **Eigenschaften:** Außergewöhnlich leicht, zwischen 0,05 und 0,35, bei besseren Qualitäten 0,12...0,15g/cm³; nicht leicht zu trocknen; schwindet gering; steht gut; leicht von Pilzen befallen und verfärbt; nur der Splint ist imprägnierbar; sehr weich, nur mit besonders scharfen Werkzeugen mit flachem Schnitt saubere Oberflächen; äußerst leicht zu spalten, gut zu schneiden, schlecht zu hobeln und zu feilen; nicht mehr nagel- und schraubfest, sehr elastisch, leichtere Sorten spröder; isoliert Wärme und Schall gut. **Verwendung:** Korkersatz für Schwimmkörper (nach Tränkung mit Paraffin); Isolation, Spezialverpackung, Modellbau (Flugzeug-)Spielzeug; Prothesen; für tragende, belastete Teile ungeeignet.
Bilinga opepe Trop. West- und Zentralafrika	**Merkmale:** Hirnschnitt: Poren groß, mäßig zahlreich, einzeln oder in schräg angeordneten Gruppen zerstreut; Markstrahlen und Zuwachszonen undeutlich; Längsschnitt: Porenrillen oft auffallend gewunden, Faserlauf unregelmäßig wechseldrehwüchsig bis lockig; Splint schmal, hellgelb; Kernholz sattgelb, teilweise schmal orangerot gestreift, bräunlich orange nachdunkelnd, glänzend; sehr ansprechende Oberflächen. **Eigenschaften:** Schwer bis sehr schwer; vorsichtig zu trocknen, neigt sehr zu Oberflächenrissen; schwindet mäßig; wetterfest, sehr dauerhaft gegen Pilze und Insekten, auch Termiten und den Schiffsbohrwurm; sehr hart und fest, verhältnismäßig gut zu bearbeiten, etwas schwierig zu hobeln; stumpft Schneiden wenig; messer- und schälbar. **Verwendung:** Bauholz für Außen- und Innenbau; Parkett, Trittbretter und Bodenbelag, Schwellen; Wasserbau; Furniere mit schmückender Wirkung für Möbel und Innenausstattung.

Fortsetzung: 4. Wichtige außereuropäische Laubhölzer	
Bosse guarea; white guarea fälschlich: „cedar mahagoni", „Westafrikanisch. Zedernholz" Trop. West- bis Zentralafrika verwandt, aber dunkler u. schwerer: Diambi = black guarea	**Merkmale:** Stämme, ϕ etwa 1m, in großen Längen astfrei; Hirnschnitt: Mittelgroße Poren, zerstreut, zahlreich, teils mit dunkler Füllung; Markstrahlen sehr fein, quer dazu viele schmale, wellige Bänder aus Speicherzellen, bilden mit schwachem Wechseldrehwuchs schöne Längsflächen: radial riegelartig fein liniert, tangential zackig gefladert, gehobelt seidig glänzend; Porenrillen fein; Splint breit, rosa; Kernholz ähnlich hell lachsfarben bis rosarot, später rotbraun mit Goldglanz; weniger streifig als Mahagoni. **Eigenschaften:** Mäßig schwer; trocknet schnell und ziemlich gut: Harzfluß mit Fleckenbildung möglich; schwindet gering; steht gut; witterungsfest, gegen Pilze und Insekten dauerhaft; mäßig hart und fest; elastisch; biegsam; leicht und gut zu bearbeiten; spaltet leicht, gut zu drechseln; messer- und schälbar; frische Flächen duften längere Zeit zedernartig; nur mäßig gut zu polieren. **Verwendung:** Bauholz für mittelmäßig beanspruchten Außen- und Innenbau, als Furnier oder massiv für schöne Innenausstattung, Möbel, Parkett, Treppen, Boots- und Fahrzeugbau; Drechslerholz, Zigarrenkisten.
Bubinga (Messerfurnierholz) **Kevazingo** (Schälfurnierholz) essingang; fälschlich „Gambia-Rosenholz" oder „Westafrikanisch. Rosenholz" Äquatorzone Westafrikas	**Merkmale:** Stämme, ϕ bis 1,5m, astfrei; Hirnschnitt: Mittelgroße Poren, teils mit dunklem Inhalt, nicht zahlreich, zerstreut, von kleinen augenförmigen Feldern aus Speicherzellen eingefaßt; deutliche Zuwachszonen, von dünnen Bändchen aus Speicherzellen begrenzt; feine Markstrahlen; Längsschnitt: Porenrisse fein; Faserlauf wechseldrehwüchsig oder unregelmäßig anders gekrümmt, Radialschnitt meist schmal gestreift; Splint schmal, rötlich hellgrau; Kernholz rot, rotbraun oder rotviolett, schmal dunkelrot- violett geadert, natürlicher Glanz; Handelssorten: schlicht, gestreift, bunt, je nach Art des Faserlaufs. **Eigenschaften:** Schwer bis sehr schwer; schonend zu trocknen, verfärbt sich leicht; zu trocken gelagerte Furniere mit unregelmäßigem Faserlauf werden leicht beulig und dann querrissig; schwindet mäßig; steht gut; witterungsfest; gegen Pilze und Insekten dauerhaft; hart, zäh und fest, nicht leicht, aber gut zu bearbeiten, gut zu polieren, besonders schöne Wirkung; kein aromatischer Duft wie bei Bahia Rosenholz. **Verwendung:** Messer- und Schälfurniere als Deckfurniere für schöne Möbel, Vertäfelungen, Einlegearbeiten; Drechslerholz.
Canarium Aiélé, fälschlich „Weißes Mahagoni". Trop. Afrika Verwandt und ähnlich: Okoume	**Merkmale:** Hirnschnitt: grobe, leere Poren, zerstreut; feine Markstrahlen, gut sichtbar; Zuwachszonen schwach angedeutet; Längsschnitt: Deutliche, meist gewundene Porenrillen; radial feine, eng benachbarte Spiegel; deutliche Streifen durch Wechseldrehwuchs; Splint breit, weiß bis hell rosa, oft verfärbt infolge Pilzbefalls; Kernholz unscharf begrenzt, gelblich bis rötlich grau, wie bei Okoume später leicht unansehnlich; frisch angenehm duftend; gehobelte Flächen glänzen auffallend silbrig. **Eigenschaften:** leicht; neigt beim Trocknen zu Endrissen u. zur Verformung, daher langsam zu trocknen; schwindet stark, steht mittelmäßig; gegen Pilze nicht dauerhaft, nicht witterungsbeständig, sehr schwer zu imprägnieren; mäßig hart, geringe Festigkeiten; in jeder Weise gut zu bearbeiten, Werkzeugschneiden werden schnell stumpf; gut zu leimen und zu beizen (Mahagoni-Nachahmung!), schwer zu spalten, kann gemessert oder geschält werden. **Verwendung:** Schälfurnier; massiv oder als Deckfurnier für Möbel, Vertäfelung und Innenausbau, wenn besondere Lichtwirkungen erstrebt werden.
Cedrela Cedro; fälschlich: „Zigarrenkisten - zeder", „Honduras Zeder"; „Tabasco Zeder"; „Nicaragua Zeder" „Central American cedar". (keine Zeder, sondern Laubbaum; verwandt und ähnlich: Mahagoni, Khaya)	**Merkmale:** Stämme, ϕ um 1,5m, in großen Längen astfrei; Hirnschnitt: Große Poren, im Frühholz häufiger und größer; Zuwachszonen deutlich, begrenzt durch Bänder, Poren betont durch Ränder aus hellen Zellen; Markstrahlen unauffällig; Längsschnitt: Porenrillen deutlich, durch körnige Füllung dunkler; mäßig wechseldrehwüchsig; Splint schmal, rötlich hellgrau; Kernholz gelb- bis rotbraun, nachdunkelnd; frische Flächen duften zederartig, gehobelte glänzen matt. **Eigenschaften:** Mäßig leicht; trocknet meist befriedigend kann Harz ausschwitzen, dadurch fleckig werden; schwindet gering; steht sehr gut; witterungsfest, gegen Pilze dauerhaft, von Insekten gemieden; weich, dabei ziemlich fest, kurzfaserig und etwas spröde; leicht und gut zu bearbeiten, messer- und schälbar; gut zu polieren: schöne Oberflächen. **Verwendung:** Schälfurnier; Deckfurnier oder massiv für Möbel (Innenflächen!); Bauholz für gering beanspruchten Innen- oder Außenbau bei hochfesten Fugen und Formen; Sportboote; Zigarrenkisten.

Fortsetzung: 4. Wichtige außereuropäische Laubhölzer	
Ceiba Baumwollbaum fromager Tropische Gebiete, vorwiegend Afrika Verwandt und ähnlich: Balsa	**Merkmale:** Hirnschnitt: Wenige große Poren, zerstreut, an den Grenzen der breiten Zuwachszonen verschieden häufig; Längsschnitt: Porenrillen verschieden gerichtet, etwas gewunden; Markstrahlen bilden tangential dunkle Striche, radial bräunliche Spiegel; Splint und Kernholz gleich gefärbt: unschön grau bis graubraun, gelblich bis rötlich getönt; breitstreifig wechseldrehwüchsig; schlicht; frisch unangenehm duftend. **Eigenschaften:** Besonders leicht, um 0,25 g/cm³; schnell und gut zu trocknen, verfärbt sich aber leicht; schwindet mäßig; steht gut; nicht witterungsfest; sehr pilzanfällig und dadurch mißfarbig; gut zu imprägnieren; sehr weich; wenig fest; mühelos, aber gut nur mit sehr scharfen Werkzeugen zu bearbeiten; schälbar. **Verwendung:** Schälfurnier; Mittellagen; Blindholz; Modellbau.
Courbaril locust guapinol Tropisches Amerika	**Merkmale:** Gut geformte Stämme, ⌀ bis 2m; Hirnschnitt: Mittelgroße bis große Poren, nicht zahlreich, zerstreut; Speicherzellen bilden Ränder („augenförmig") um Poren und feine Bänder an den Grenzen der deutlichen Zuwachszonen; Markstrahlen fein; Längsschnitt: Porenrillen parallel, im Kernholz oft mit dunkler Füllung; selten, dann nur schwach wechseldrehwüchsig; Splint breit, hell graubraun; Kernholz bräunlich orange bis rotbraun, auch violett getönt, häufig unregelmäßig dunkel geadert bis gestreift, stark glänzend und nachdunkelnd. Große Schmuckwirkung. **Eigenschaften:** Sehr schwer; langsam, aber gut zu trocknen; schwindet mäßig, steht gut; witterungsfest, gegen Pilze und Insekten dauerhaft; hart., sehr fest, zäh und elastisch; mit größerer Kraft gut zu bearbeiten; gehobelte Flächen auffallend glatt und glänzend; Werkzeuge werden schnell stumpf; gut zu leimen; gut und glatt zu drechseln; messerbar. **Verwendung:** Bauholz für stark beanspruchten Innen- oder Außenbau, Treppen; Parkett; Schiffbau; Drechslerholz; Deckfurnier für schmückende Zwecke.
Dabema West- bis Ostafrika	**Merkmale:** Hirnschnitt: Große Poren, zerstreut, teils schräg gestaffelt, von unscharf begrenzten Feldern aus Speicherzellen umsäumt; Markstrahlen undeutlich, im Längsschnitt tangential deutlicher, oft gestuft; stark wellige Fasern oder kräftiger Wechseldrehwuchs, Radialflächen dann regelmäßig gerade gestreift; Splint schmal, grau; Kernholz grau- bis gelbbraun, oft grünstichig, gehobelt stark glänzend. **Eigenschaften:** schwer; hat frisch üblen Fischgeruch; dieser verschwindet beim Trocknen; sehr langsam, schwierig zu trocknen, dabei sorgfältig zu dämpfen: neigt zum Werfen und zum Zellzusammenfall (Kollaps); schwindet ziemlich stark; steht nicht gut; witterungsfest, gegen Pilze dauerhaft; Kern schlecht zu imprägnieren; z.T. fester als Eiche, schwer zu spalten oder zu biegen; schwierig zu glätten, besonders auf Radialflächen; feuchtes Holz gibt mit Eisen Flecke; Holzstaub kann Schleimhäute reizen. **Verwendung:** Bauholz im Austausch für Iroko oder Eiche für Innen- und Außenbau, wenn keine dichten Fugen gefordert werden müssen; Schwellen.
Dao Paldao fälschlich: „Dao Nußbaum" Inseln Südostasiens, vor allem Philippinen	**Merkmale:** Hirnschnitt: Wenige mittelgroße Poren, zerstreut, fast zugewachsen; Markstrahlen dicht, fein, nur radial als kleine Spiegel deutlich; Zuwachszonen undeutlich; Längsschnitt: Porenrillen deutlich; Splint bis sehr breit, rötlich gelb; Kernholz grau- bis hell olivbraun, nachbräunend, in Abbständen von 0,5 bis 2cm durch schmale dunkelbraune Zonen lebhaft gestreift oder gefladert, zusätzlich streifig durch Wechseldrehwuchs; gehobelt glatt und seidig glänzend; sehr dekorativ. **Eigenschaften:** Mäßig schwer; mit Vorsicht unschwierig zu trocknen; schwindet mäßig; steht gut bis mäßig gut; mäßig witterungsfest, mäßig dauerhaft gegen Pilze und Insekten; mäßig hart, fest; leicht zu bearbeiten; Radialflächen neigen zum Ausreißen; gut zu messern und zu polieren. **Verwendung:** Fast ausschließlich für furnierte Möbel und Innenausstattung wie Nußbaum, durch olivgraue Färbung, Glanz und Streifung jedoch von besonderer Eigenart.
Dibetou (Lovoa-Art) congowood; fälschlich: „African walnut", „Nigerian walnut", „Gold coast walnut" oder	**Merkmale:** Hirnschnitt: Mäßig kleine Poren, zerstreut, radial zu zweit oder dritt beisammen; Markstrahlen sichtbar; Längsschnitt: Porenrillen oft mit dunklem Inhalt;gelegentl. Markstrahlen sichtbar; Längsschnitt: Porenrillen oft mit dunklem Inhalt; gelegentlich in ungleichen Abständen tangential gerichtete, schwarz glänzende, schmale Adern aus Harzkanälen; Splint schmal, blaß graubraun; Kernholz stark glänzend gold- bis kaffeebraun, dunkelt nach; gerade gestreift durch Wechseldrehwuchs, nicht nußbaumähnlich; **Eigenschaften:** Mäßig leicht; mäßig schnell zu trocknen, reißt und verwirft sich leicht; schwindet mäßig; steht mäßig gut; mäßig witterungsfest, Pilzbefall möglich; schwer zu

Fortsetzung:	4. Wichtige außereuropäische Laubhölzer
„Afrikanisch(er) Nußbaum" Afrikanische Guineaküste	imprägnieren; mäßig fest, wenig schlagbiegefest, (viel weniger als Nußbaum!); leicht zu bearbeiten, stumpft Schneiden wenig; radiale Flächen neigen zum Ausreißen; gut zu leimen, mit hervorragender Wirkung zu polieren. **Verwendung:** Vorwiegend für streifige Deckfurniere, auch massiv für Möbel und jede Art Innenausstattung im „antiken" Geschmack und für besondere Lichtwirkungen.
Doussie **Afzelia** Tropisches Afrika Verwandt und ähnlich: Limbali	**Merkmale:** Hirnschnitt: Große Poren, teils gelblich gefüllt, zerstreut, von Feldern aus hellen Zellen augenförmig umgeben; Zuwachszonen noch, Markstrahlen kaum erkennbar; Längsschnitt: Porenrillen ungleich gerichtet, hell besäumt; schwach wechseldrehwüchsig; Splint schmal, grau; Kernholz gelblich hellbraun, warm rotbraun nachdunkelnd; gehobelte Flächen glänzen matt, sind schön. **Eigenschaften:** (Kernholz): schwer; langsam verlustfrei zu trocknen; schwindet gering; steht gut; gegen Pilze und Insekten, auch Schiffsbohrwurm und Termiten, sehr dauerhaft; schwer zu beizen; ziemlich säurebeständig; ziemlich hart; ziemlich fest, nicht auf Zug quer zur Faser: beim Nageln stets vorbohren! Gut und sauber zu bearbeiten, stumpft Schneiden mäßig; Poreninhalt wirkt chemisch: nur Flächen mit Isoliergrund sind dauerhaft zu lackieren. **Verwendung:** Bauholz für stärker beanspruchten Innen- und Außenbau, wenn geringer Schwund erforderlich: Rahmen, Fenster, Türen, Treppen, Parkett, Wasserbau, Schiffbau, Säurebottiche; Labortischplatten.
Ebenholz (Diospyros crassiflora) Verwandt und ähnlich: Madagaskar Ebenholz, Ceylon Ebenholz, Mauritius Ebenh. siehe: Makassar	**Merkmale:** Hirnschnitt: Wirkt porenlos, arm an Merkmalen; Längsschnitt: Poren durch glitzernden Inhalt noch erkennbar; Splint sehr breit, rötlich bis bräunlich grau; Kernholz scharf abgegrenzt, tief schwarz oder sehr dunkel grauschwarz; graues oder grünstreifiges wird nicht geschätzt; Schwarzes Ebenholz nach Standorten: Benin, Gabun, Kamerun, Nigeria Ebenholz. **Eigenschaften:** Besonders schwer (1,05...1,2 $^{g}/cm^{3}$) wird nach Gewicht verkauft; schwierig zu trocknen, reißt sehr leicht; schwindet stark; witterungsfest, gegen Holzschädlinge dauerhaft; sehr hart, schwer zu bearbeiten, spröde, neigt zum Ausreißen und Splittern, bildet sehr glatte, gut polierbare Oberflächen; Schleifstaub reizt die Haut. **Verwendung:** Sägefurnier, Einlegearbeiten; Drechsler-, Schnitzholz: Kunstgewerbe, Griffe, Instrumentenbau.
Echtes Mahagoni (Gattung Swietenia) Amerik. Mahagoni; Honduras Mahag.; Tabasco Mahagoni Zentralamerika, trop. Südamerika Cuba u. San Domingo Mahagoni (feiner, fester, schwerer und dunkler) ist fast ausgerottet worden.	**Merkmale:** Stämme, ϕ etwa 1,5m, in großen Längen astfrei; Hirnschnitt: Mittelgroße Poren, zerstreut; feine Bänder aus Speicherzellen nur als Zuwachsgrenzen, im Längsschnitt als feine Fladerung sichtbar; Porenrillen durch meist dunklere, auch durch hellere Kernstoffe auffällig; Markstrahlen deutlich, tangential stockwerkartig geordnet; geradfaserig und schlicht bis wenig wechseldrehwüchsig; Holz gleichmäßig beschaffen; Splint breit, grau; Kernholz gelblich rotbraun, kräftig rotbraun nachdunkelnd; sehr schöner Goldglanz, der sich erhält. **Eigenschaften:** Mäßig leicht; schnell und ziemlich gut zu trocknen; schwindet gering; steht gut; witterungsfest, gegen Pilze und Insekten dauerhaft; ziemlich hart, im Verhältnis zum Gewicht überraschend fest; leicht und sauber zu bearbeiten, zu leimen, zu messern, zu polieren; gerbstoffhaltig, gibt mit alkalischem Leim oder mit Eisen Flecken. **Verwendung:** Massiv oder als Furnier für Möbel und dekorative Ausstattung; massiv für außergewöhnlich maß- und formbeständigen, mittelmäßig beanspruchten Innen- und Außenbau.
Framire black afara Trop. Westafrika siehe: Limba = frameri oder white afara	**Merkmale:** Hirnschnitt: Große, ovale Poren, in den deutlichen, unterschiedlich gefärbten Zuwachszonen zerstreut bis ringporig verteilt, von schmalen, hellen Ringen aus Speicherzellen umsäumt, z.T. halbiert; feine Markstrahlen; Längsschnitt: Porenrillen sehr deutlich, meist gewunden; gelegentlich breitzoniger Wechseldrehwuchs, dann auffällig gestreift, sonst schlicht; Splint farblich wenig vom Kern unterschieden, schmal, gelblich; Kernholz blaß grünstichig gelb, kurzfristig eichenähnlich gelb bis gelbbraun nachdunkelnd; schmückend. **Eigenschaften:** Mäßig leicht; schnell und gut zu trocknen; schwindet mäßig, steht gut; witterungsfest; gegen Pilze nicht sehr dauerhaft, Splint sehr leicht von Insekten befallen; feuchtes Holz gibt gelben Farbstoff ab, verfärbt sich fleckig mit Eisen und greift dieses

Fortsetzung: 4. Wichtige außereuropäische Laubhölzer

	an;mäßig hart, fest und zäh, weniger als Eiche; gut zu bearbeiten, stumpft Werkzeuge nur wenig; leicht zu spalten; messer- und schälbar; dicke Stämme sind innen oft kurzbrüchig und spröde. **Verwendung:** Bauholz für mäßig beanspruchten Innen- und Außenbau bei höheren Forderungen an Form und Fugen; Schälfurnier.
Freijo cordia wood fälschlich: „Brasilianisches Teak", „Brasilianischer Nußbaum" „Brazilian walnut" Amazonasstromgebiet	**Merkmale:** Hirnschnitt: Mittelgroße, runde Poren, zerstreut, von helleren Speicherzellen schmal umsäumt; Markstrahlen sehr deutlich; Zuwachszonen deutlich durch dunkleres Spätholz; Längsschnitt: Porenrillen deutlich; Markstrahlen auffällig, tangential als sehr dichte Striche, radial als glänzend-helle Spiegel; Splint schmal, graubraun; Kernholz unterschiedlich mal heller, mal dunkler grauoliv- bis goldbraun; durch dunklere Spätholzfladern dekorativ, sonst geradfaserig-schlicht; gehobelte Flächen matt glänzend. **Eigenschaften:** Mäßig leicht, stark schwankende Dichte; trocknet schnell und ziemlich gut; schwindet gering; witterungsfest, gegen Pilze dauerhaft; fest im Vergleich zu Hölzern gleichen Gewichts; zäh; leicht und gut zu bearbeiten, Flächen leichterer Sorten werden leicht wollig. **Verwendung:** Bauholz für Innen- und Außenbau; Bootsbau; massiv oder als Deckfurnier für Möbel und Innenausbau. Hellere Sorten ähneln Cedrela, dunklere Stücke können Nußbaum oder Teak vortäuschen.
Greenheart Guayana	**Merkmale:** Stämme, ϕ etwa 1m, in großen Längen astfrei; Hirnschnitt: Mittelgroße Poren, zerstreut, fast zugewachsen, von Ringen aus Speicherzellen umgeben, mit den Poren viele weiße Punkte bildend; Markstrahlen nicht ohne Lupe sichtbar; keine Zuwachszonen erkennbar; Längsschnitt: Porenrillen hell besäumt, deutlich; Splint meist schmal, grünlich gelb; Kernholz oliv-braun, teils unregelmäßig dunkel- bis schwarzbraun gestreift; Faserlauf meist gerade; schlicht bis schmückend. **Eigenschaften:** Sehr schwer; langsam zu trocknen, neigt sehr zum Reißen; schwindet mäßig; steht gut; witterungsfest, gegen Pilze und Insekten, auch Schiffsbohrwurm, teils auch Termiten, dauerhaft; sehr hart, sehr fest, nur mit Maschinenwerkzeugen mit Hartmetallschneiden gut zu bearbeiten, greift auch diese stark an;kaum zu leimen; ohne Vorbohren schlecht zu nageln., sehr elastisch und bruchfest. **Verwendung:** Holz für stark beanspruchten Außen-, insbesondere Wasserbau; Werkholz für stark auf Biegung beanspruchte Geräte, Stiele, Angelruten.
Grenadill African blackwood fälschlich: „Purpur – Ebenholz" „Senegal ebony" (ebony = Ebenholz) Tropisches Afrika	**Merkmale:** Mittelgroße Poren, zerstreut, von dunklen Kernstoffen fast völlig verstopft, die Flächen wirken daher porenlos; Markstrahlen sehr fein, stockwerkartig angeordnet; Splint gelb, im Gegensatz zum Ebenholz sehr schmal; Kernholz schwarzviolett bis braunschwarz. **Eigenschaften:** Rohdichte $\sim 1{,}2\,{}^{g}/cm^{3}$; schwindet gering; trocknet langsam, nimmt sehr träge Wasser auf und steht gut; witterungsfest; gegen Pilze dauerhaft; außerordentlich hart, sehr fest, nur schwer, mit großem Aufwand an Kraft zu bearbeiten; sehr glatte, dichte, matt glänzende Flächen, an Inhaltstoffen reich. **Verwendung:** Holzblasinstrumente, Messerschalen und andere kleinere Gegenstände, die dichtes, form- und wasserbeständiges Holz verlangen. Grenadill ist nächst Ebenholz das dunkelste Holz des Handels.
Hickory Echte Hickory white heart hickory hognut hickory (hog = Schwein) Südöstl. Nordamerika (schon selten) verwandt, weniger hart und zäh, dem Eichen- und Eschenholz noch	**Merkmale:** Hirnschnitt: Große, meist zugewachsene Poren, im Spätholz einzeln, im Frühholz gehäuft zu schmalen Ringen; zum Unterschied von allen anderen ringporigen Hölzern: viele feine Bänder aus Speicherzellen bilden mit den zahlreichen feinen Markstrahlen ein engmaschiges Netz (Lupe!). Ungleich breite, meist schmale Jahrringe; Längsschnitt: Porenrillen im Frühholz grob, eschenähnlich; Splint außergewöhnlich breit, gelblich weiß, gilt als der wertvollere Teil (im Handel: „weißes Hickory"); Kernholz rötlich braun, erinnert an Nußbaum (im Handel:„ rotes Hickory„), auch brauchbar; **Eigenschaften:** Schwer (Gewicht und Härte hängen wesentlich von der Jahrringbreite ab); schwieriger zu trocknen als Eiche oder Esche; schwindet stark; nicht witterungsfest, gegen Pilze und Insekten nicht dauerhaft. Splint besonders anfällig für Verfärbung infolge Pilzbefalls; hart, besonders zäh und elastisch, bestes Biegeholz, schwierig zu bearbeiten, sehr schwer zu spalten, sehr nagelfest, schlecht zu leimen, gut zu polieren. Fester und zäher als Esche.

Fortsetzung: 4. Wichtige außereuropäische Laubhölzer	
überlegen: Pecan Hickory (mehrere Arten)	**Verwendung:** Werkzeugstiele, Sportgeräte, Wagenbau.
Ilomba Tropisches Afrika Verwandt u. ähnlich: Virola nur ähnlich: Okoume	**Merkmale:** Hirnschnitt: Große, oft paarige Poren, nicht zahlreich, zerstreut; feine Markstrahlen, engstehend; Zuwachszonen undeutlich; Längsschnitt: Porenrillen sehr gerade und lang, offen, dunkler; radial deutliche hellbraune Spiegel; Splint und Kernholz gleichfarbig grau bis gelblich-bräunlich, oft verfärbt infolge Pilzbefalls; Holz besonders gleichartig, schlicht, nicht wechseldrehwüchsig. **Eigenschaften:** Leicht; kann schnell trocknen, darf es wegen drohender Schäden aber nicht; schwindet mäßig; steht gut; äußerst leicht von Pilzen und Insekten befallen, doch sehr gut zu imprägnieren (schon kurz nach dem Fällen nötig); weich, für geringe Ansprüche befriedigend fest; mit geringer Kraft gut zu bearbeiten, stumpft Werkzeugeschneiden schnell; leicht zu spalten. Spaltflächen glänzen seidig; gehobelte Flächen glänzen matt, sind oft etwas rauh, sonst schön; nicht biegefest; nur frisch mit unangenehmen Geruch; messer- und schälbar. **Verwendung:** Schälfurnier für Sperrholz; Blindholz; Kistenholz; Tischlerholz für gering beanspruchten Innenausbau.
Iroko kambala; fälschlich: „Afrikanische Eiche", „Afrikanisches Teak", „Kambala Teak" Trop West-bis Ostafrika	**Merkmale:** Stämme, ⌀ bis 2m, in großen Längen astfrei; Hirnschnitt: Große Poren, zerstreut, fast verstopft, von hellen, zackigen Bandfetzen aus Speicherzellen umgeben; Zuwachszonen nicht immer deutlich; Längsschnitt: Porenrillen unregelmäßig, hell besäumt von Speicherzellen, bilden tangential Fladern; Splint schmal, grau; Kernholz blaß gelb, später (beim Trocknen!) oliv- bis kaffeebraun, teils dunkelbraun; matt goldglänzend; durch Wechseldrehwuchs streifig; sehr schmückend; gelegentlich gelb gefüllte Hohlräume im Holz. **Eigenschaften:** schwer; ziemlich gut zu trocknen; schwindet mäßig; steht ziemlich gut; witterungsfest; sehr dauerhaft gegen Pilze und viele Insekten, ziemlich dauerhaft gegen Termiten; mittelhart, fest, jedoch wenig zugfest quer zur Faser; gut zu bearbeiten; messerbar; Schneiden stumpfen stark; Poreninhalt wirkt chemisch, bei Anstrichen usw. Nicht so biegefähig und druckfest, nicht so form- und insektenbeständig wie Teak. **Verwendung:** Bauholz für stärker beanspruchten Außen- und Innenbau (außer Fußböden, wegen Neigung zum Splittern), Türen, Tore, Fenster, Boots-und Fahrzeugbau.
Karri (Eucalyptus diversicolor) Jarrah (Eucalyptus marginata) fälschlich „Australisches Mahagoni" Südwestliches Australien	**Merkmale:** (Karri): Stämme, ⌀ über 3m, in großen Längen astfrei; Hirnschnitt: Große ovale Poren, fast zugewachsen, einzeln oder in kleinen Gruppen; Markstrahlen und Zuwachszonen kaum erkennbar; Längsschnitt: Porenrillen durch grauen Saum etwas betont; Faserlauf leicht gewunden bis sichtbar wechseldrehwüchsig; Splint schmal, rötlich; Kernholz rotbraun, auch etwas gelb oder violett getönt; **Eigenschaften:** (Karri): Sehr schwer; sehr langsam und schwierig zu trocknen: neigt zum Reißen; schwindet stark; steht nicht gut; mäßig witterungsfest; äußerst hart, sehr fest, von Hand sehr schwer zu bearbeiten; biegsamer als Jarrah; messer- und schälbar, im Vergleich zu Karri ist oder hat **Jarrah:** kleinere Stamm-⌀, Porenrillen ohne Saum, stärker wechseldrehwüchsig, Farbe dunkler rot; etwas leichter; witterungsfester und sehr dauerhaft gegen Pilze und Insekten, etwas weniger hart und etwas leichter gut zu bearbeiten. Beide Hölzer können durch die Brennprobe (Dadswell u. Burnell, 1932) unterschieden werden: Späne von Karri verbrennen zu weißer Asche, Späne von Jarrah verkohlen. **Verwendung:** Bauholz für mechanisch stark beanspruchten Außen- und Innenbau, wenn das Holz bei wechselnder Feuchte arbeiten darf; schweres Wasserbauholz (Jarrah), Tischlerholz, Furnier.
Khaya Khaya Mahagoni Benin mahagoni Lagos mahagoni Afrikanisches Mahagoni	**Merkmale:** Stämme, ⌀ bis über 2m, in großen Längen astfrei; Hirnschnitt: Große Poren, zerstreut, mit dunklen, häufig auffälligen Inhaltstoffen; Zuwachszonen nur angedeutet; Längsschnitt: Struktur meist gröber als bei amerikanischem Mahagoni, aber ähnlich; Markstrahlen tangential als Striche, radial als Spiegel sehr deutlich; meist geradfaserig, oft durch Wechseldrehwuchs gestreift, nicht so gleichmäßig wie Sapelli; Splint schmal, rötlich grau; Kernholz hellrot, wird bald rotbraun, glänzt goldig, kann sehr unterschiedlich getönt sein; sehr gleichmäßiges Holz.

Fortsetzung: 4. Wichtige außereuropäische Laubhölzer	
Afrikanische Guineaküste Verwandt und ähnlich: Echtes Mahagoni (Swietenia)	**Eigenschaften:** Mäßig leicht; schnell und gut zu trocknen; schwindet mäßig, steht gut, weniger gut als Echtes Mahagoni; mäßig witterungsfest, mittelmäßig dauerhaft gegen Pilze und Insekten; mäßig hart, ziemlich fest, in jeder Weise leicht und gut zu bearbeiten, zu messern, zu schälen, zu leimen, zu polieren. **Verwendung:** Massiv oder als Deckfurnier wie Echtes Mahagoni: Möbel, Innenausstattung; Bootsbau; Bauholz für Innenbau, weniger für Außenbau; Schälfurnier für Sperrplatten.
Kokrodua Afrormosia; asamela; fälschlich „Gold-Teak" (ist kein Teak!) Afrikanische Guineaküste	**Merkmale:** Hirnschnitt: Mittelgroße Poren, ziemlich zahlreich, zerstreut, umsäumt von hellen Speicherzellen, diese oft bandartig vereinigt. Zuwachszonen undeutlich; Längsschnitt: Porenrillen gut erkennbar; feine Markstrahlen, deutlich stockwerkartig angeordnet; regelmäßige, enge Streifen infolge ausgeprägten Wechseldrehwuchses; Splint sehr schmal, fast weiß, Kernholz deutlich abgegrenzt, glänzend, frisch olivgrünlich- bis bräunlich-gelb, später gelbbraun bis dunkelolivbraun; die dunkleren Streifen erhöhen die schmückende Wirkung. **Eigenschaften:** Mäßig schwer; nur langsam, aber gut zu trocknen, schwindet gering (stärker als Teak!), steht gut, witterungsfest, gegen Pilze sehr dauerhaft, nicht widerstandsfähig gegen Termiten (im Gegensatz zu Teak), ziemlich hart und fest, jedoch wenig spaltfest, ohne Schwierigkeit zu bearbeiten, stumpft Werkzeugschneiden nur mäßig; feuchtes Holz wird durch Eisen verfärbt (wie Eiche) und wirkt chemisch (reizt die Haut, fördert Korrosion, bedroht Anstriche.) **Verwendung:** Bauholz für innen und außen; Parkett; massiv für schmückenden Innenausbau; streifige Deckfurniere; Schiff- u. Wagenbau.
Kosipo fälschlich „heavy mahagoni" (heavy = schwer) Tropisches Westafrika	**Merkmale:** Stämme, ⌀ 1,2 bis 2m, in großen Längen astfrei; Hirnschnitt: Grobe Poren, zerstreut, nicht zahlreich, teilweise in kleinen radialen Gruppen und mit dunklem Inhalt; breite Bänder aus Speicherzellen, im Längsschnitt tangential als dichte Fladern, radial als feine Linien sichtbar; die unauffälligen Markstrahlen nicht stockwerkartig geordnet wie bei Sapelli und Sipo, Porenrillen gröber als bei beiden, nicht so regelmäßig wechseldrehwüchsig und gestreift wie Sapelli; Splint schmal, grau; Kernholz dunkelrot-violettbraun, dunkler als Sipo; schmückend. **Eigenschaften:** Schwer; langsam und vorsichtig zu trocknen, neigt zum Werfen; schwindet mäßig; steht mäßig gut; mäßig witterungsfest; mäßig dauerhaft gegen Pilze; mäßig hart und fest, allseitig unschwer zu bearbeiten, Schneiden, besonders Sägen, stärker stumpfend, gut zu leimen, wegen grober Poren nicht gut zu polieren; ohne Duft. **Verwendung:** Leichteres Bauholz für Innen- und Außenbau; Parkett, Stufen, für Rahmen nicht zu empfehlen.
Kotibe Danta Afrikanische Oberguineaküste	**Merkmale:** Hirnschnitt: Viele feine Poren, zerstreut; Zuwachszonen undeutlich; Längsschnitt: Porenrillen noch deutlich, oft dunkel gefüllt; Splint rötlich und schmal; Kernholz rot bis violett, wird blasser rötlich braun; Markstrahlen radial als feine, eng liegende Spiegel, tangential als regelmäßig stockwerkartige Linierung sichtbar; enge Streifen durch deutlichen Wechseldrehwuchs; frische Flächen riechen eigenartig, gehobelte sind wachsig, glänzend, fein strukturiert und dekorativ. **Eigenschaften:** Schwer; muß langsam getrocknet werden; schwindet mäßig; steht gut; mäßig witterungsfest, gegen Pilze ziemlich dauerhaft, schwer zu imprägnieren; sehr fest, besonders abriebfest; nicht leicht, aber gut zu bearbeiten; Werkzeugschneiden stumpfen stark; sehr gut zu biegen; neigt zum Spalten beim Nageln. **Verwendung:** Bauholz für mäßig beanspruchten Innen-oder Außenbau; Parkett; wirkungsvolle Deckfurniere; Drechslerholz; Ersatz für Eschenholz.
Landa Afrikanische Guineaküste	**Merkmale:** Hirnschnitt: Mittelgroße Poren, zahlreich, zerstreut; Markstrahlen und Zuwachszonen kaum, Speicherzellen nicht erkennbar; Längsschnitt: Porenrillen meist gewunden und deutlich; Splint schmal, rötlich grau; Kernholz rötlich bis hellbraun, etwas nachdunkelnd; meist unregelmäßig wechseldrehwüchsig, gleichmäßig beschaffen und schlicht. **Eigenschaften:** Mäßig schwer; ziemlich gut zu trocknen; schwindet mäßig; steht mäßig gut; witterungsfest; dauerhaft gegen Pilze, Insekten und viele Termitenarten; mäßig hart, fest, leicht und sauber zu bearbeiten, Radialflächen reißen jedoch leicht aus; gut zu

Fortsetzung: 4. Wichtige außereuropäische Laubhölzer	
	messern und zu polieren. **Verwendung:** Bauholz für mittelmäßig beanspruchten Außen- und Innenbau; massiv oder als Furnier für Möbel u. Innenausstattung; Parkett.
Limba white afara frameri Tropisches West- und Zentralafrika siehe: Framire = black afara	**Merkmale:** Hirnschnitt: Meist große Poren, zerstreut, oft mehrere durch Bänder aus Speicherzellen verbunden; Zuwachszonen undeutlich am oliv getönten Spätholz, Markstrahlen kaum erkennbar; Längsschnitt: Porenrillen lang, deutlich; unregelmäßiger Faserlauf und Wechseldrehwuchs häufig; Splint breit, vom Kern farblich kaum unterscheidbar: hell graugelb bis grünlich gelbbraun, unregelmäßige Streifen oder Anteile des inneren Kerns häufig grau- bis schwarzbraun; gehobelte Flächen glänzen seidig, dunkel gestreift besonders schmückend. **Eigenschaften:** Mäßig schwer; helles Limba gut, sonst ziemlich gut zu trocknen; schwindet mäßig; steht gut; auch Kernholz sehr leicht von (Bläue-) Pilzen und von Insekten befallen; mäßig schwer imprägnierbar; mäßig hart, mäßig fest, auf Zug quer zur Faser wenig fest: platzt leicht; leicht und sehr gut zu bearbeiten und oberflächlich zu behandeln. **Verwendung:** Schäl- und Deckfurniere für Sperrholz; Bauholz für mäßig beanspruchten, insbesondere großflächigen Innenausbau; Möbel mit größeren Flächen.
Macassar Makassar Ebenholz, Macassar ebony, Gestreiftes Ebenholz, Coromandel Celebes, Molukken	**Merkmale:** Hirnschnitt: Wenige feine Poren; auf sauberer Fläche erkennbar: viele schmale, wellige Bänder aus Speicherzellen, quer zu den sehr feinen Markstrahlen; Längsschnitt: Porenrillen auf hellen Teilen sehr deutlich durch dunkle Kernstoffe; Splint breit bis sehr breit, rötlich grau bis rötlich hellbraun; Kernholz schwarz, durch unterschiedlich ausgedehnte rötlich braune Schichten ungleichmäßig gestreift; sehr schön **Eigenschaften:** Besonders schwer (1,10 g/cm^3); wird nach Gewicht verkauft; trocknet langsam, neigt zum Reißen; schwindet mäßig; witterungsfest, gegen Pilze und Holzschädlinge dauerhaft; sehr hart und fest, trotzdem nicht sehr schwer zu bearbeiten, gut zu leimen, zu drechseln; leicht zu polieren; messerbar; die Holzfärbung ist beständig. **Verwendung:** Schmuckholz für hochwertige Möbel und Gegenstände; Drechslerholz.
Makore fälschlich: „Afrikanisch(er) Birnbaum" Trop Westafrika	**Merkmale:** Stämme, ⌀ über 2m, gut geformt, in großen Längen astfrei; Hirnschnitt: große Poren, in radialen Gruppen, dazu quer sehr feine, wellige Bänder; Markstrahlen nur mit Lupe sichtbar; Längsschnitt; Porenrillen radial in Gruppen, daher anscheinend gröber, mit dunklerem Inhalt; häufig welliger Faserlauf und Wechseldrehwuchs, radial schlicht bis streifig und unruhig gefleckt, tangential leicht gefladert; Splint mäßig breit, hell graurosa; Kernholz hellrot, bis dunkelrotbraun nachbräunend; gehobelte Flächen mit leichtem Goldglanz, sehr ansprechend. **Eigenschaften:** Mäßig schwer bis schwer; mäßig schwer zu trocknen;schwindet mäßig; steht gut; witterungsfest; gegen Pilze und Holzschädlinge, auch Termiten, sehr dauerhaft; gut zu bearbeiten, ergibt sehr glatte, gut polierbare Flächen; stumpft Werkzeuge (Sägen!) stark; Schleifstaub reizt Augen und Schleimhäute; messer- und schälbar, gut zu biegen, sehr druckfest und tragfähig. **Verwendung:** Vorwiegend für Möbel oder Innenausstattung, massiv oder als Furnier; Bauholz für Außen- und Innenbau, Treppen, Parkett; Fahrzeugbau; Schälfurnier.
Mansonia bete fälschlich: „Nigeria Nußbaum", „Afrikanische Schwarznuß", „African black walnut" Afrikanische Oberguineaküste Ähnlich gefärbt: Amerikan. Nußbaum, Kotibe	**Merkmale:** Hirnschnitt: Ziemlich kleine Poren, zerstreut, zahlreich; Zuwachszonen und Markstrahlen undeutlich; Längsschnitt: Porenrillen fein; viele feine Markstrahlen, nur tangential durch Stockwerksbau auffallend; geradfaserig, wenig wechseldrehwüchsig; Splint schmal, fast weiß, scharf abgegrenzt; Kernholz oliv bis violettbraun, graubraun verblassend, teilweise unterschiedlich, aber nicht lichtbeständig purpurn oder dunkler oliv gestreift. **Eigenschaften:** Mäßig schwer; mäßig gut zu trocknen; schwindet mäßig, steht ziemlich gut; witterungsfest; sehr dauerhaft gegen Pilze und Insekten; mäßig hart und fest, aber härter, gleichmäßiger und fester als Nußbaum und Dibetou, auf Zug quer zur Faser weniger fest; sehr elastisch; leicht, gut und glatt zu bearbeiten, zu messern, zu schälen; stumpft Schneiden stark; gut zu beizen und zu polieren; vor dem Lackieren dünnen Isoliergrund aufbringen. Schleifstaub des Holzes kräftig absaugen: stark reizende und gesundheitsschädliche Wirkung! **Verwendung:** Als Furnier oder massiv für Möbel, Innenausstattung, Sitzmöbel; Bauholz für nicht übermäßig beanspruchten Innen- und Außenbau, Rahmen, Parkett.

Fortsetzung: 4. Wichtige außereuropäische Laubhölzer	
Massaranduba balata (Nahe verwandt und sehr ähnlich: balata rouge = beefwood = Pferdefleischholz) Amazonasstromgebiet Verwandt, oberflächlichlich ähnlich: Makore	**Merkmale:** Stämme, ⌀ um 1m, in großen Längen astfrei; Hirnschnitt: Poren, Markstrahlen und Querbänder aus Speicherzellen sehr fein; Zuwachszonen durch verschiedene Porendichte angedeutet; Längsschnitt: Porenrillen hell, meist gerade; Splint schmal, rötlichgrau; Kernholz fleischfarbig bis purpurrotbraun, später dunkelbraun, geradwüchsig, außerordentlich fein und gleichmäßig beschaffen. **Eigenschaften:** Sehr schwer; schwer zu trocknen: trocknet langsam, neigt zum Reißen; schwindet stark; nimmt Wasser sehr langsam auf; äußerst dauerhaft gegen Pilze und Insekten, auch Termiten; äußerst hart, sehr fest, jedoch verhältnismäßig gut zu bearbeiten; stumpft Schneiden stark; schlecht zu leimen, gut zu polieren; Schleifstaub kann Augen und Schleimhäute reizen. **Verwendung:** Schweres Bauholz für stark beanspruchten Außen- und Innenbau; Fußböden in Werkhallen; Schwellen; Rampen; Parkett; Brücken- und Wasserbau; Furnier.
Movingui fälschlich: „Nigerian yellow satinwood" „Afrikanisches Zitronenholz" Afrikanische Guineaküste	**Merkmale:** Hirnschnitt: Mittelgroße Poren, zerstreut, auffällig durch schmale Bänder umrandet und tangential verbunden; Zuwachszonen deutlich; Längsschnitt: Porenrillen unregelmäßig, deutlich; Markstrahlen sehr deutlich stockwerkartig angeordnet; Struktur ziemlich fein; Faserlauf oft stark wechseldreh- bis wimmerwüchsig; Splint schmal, grau; Kernholz auffällig glänzend zitronengelb, leicht rotgolden nachbräunend, oft dunkler gestreift; sehr schön. **Eigenschaften:** Schwer; langsam ziemlich gut zu trocknen: Oberflächen reißen leicht; schwindet mäßig; steht gut; witterungsfest, dauerhaft gegen Pilze und fast alle Insekten; mäßig hart, meist fester als Eiche, sehr elastisch, weniger schlagbiegefest, meist schwer zu spalten, verschieden gut zu bearbeiten, Radialflächen reißen beim Hobeln leicht aus; stumpft Schneiden stark, dunkleres Holz stärker; ziemlich säurebeständig; färbt feucht durch gelbgrünen Poreninhalt; gut zu polieren, wirkt sehr dekorativ. **Verwendung:** Deckfurnier oder massiv für Möbel und Innenausstattung; Bauholz für stärker beanspruchten Innen- und Außenbau; Rahmen, Treppen, Parkett, Wagenbau; Ski; Bottiche.
Muninga Braunes Afrikanisches Padauk; Ostafrikanisches Padauk Südlicheres Afrika	**Merkmale:** Hirnschnitt: Wenige große Poren, zerstreut, von Bändern aus hellen Speicherzellen umrandet und tangential verbunden; diese bilden auf Tangentialflächen hellere, zackige Fladern; Markstrahlen und Zuwachszonen undeutlich; Längsschnitt: Porenrillen deutlich; geradfaserig bis wechseldreh- oder wimmerwüchsig; Splint schmal, schmal, weißlich; Kernholz scharf abgesetzt, rötlich braun gestreift; gehobelte Flächen glänzen ansprechend. **Eigenschaften:** Mäßig schwer: Dichte streut stark; langsam fehlerfrei zu trocknen; schwindet sehr gering; steht sehr gut; witterungsfest, gegen Pilze und Insekten, auch des Meeres, sehr dauerhaft; je nach Dichte unterschiedlich fest, gut schlagbiegefest; ohne Anstrengung gut, von allen Padauk-Hölzern am besten, zu bearbeiten, zu drechseln, zu schnitzen, zu polieren. **Verwendung:** Bauholz für besonders maß- und formbeständigen Außen- und Innenbau; Schiffbau; Fenster; Türen und anderes Rahmenwerk, dekoratives, sehr strapaziertes Parkett; Messerfurnier und massiv für schöne Möbel und Ausstattung.
Mutenye fälschlich „Jaspis Nußbaum", „Kongo Nußbaum" Tropisches Westafrika	**Merkmale:** Hirnschnitt: Ziemlich kleine Poren, zerstreut, sehr zahlreich; Zuwachszonen undeutlich, durch feine Bänder aus Speicherzellen begrenzt; Markstrahlen fein; Längsschnitt: die vielen Porenrillen erscheinen als feine, helle Adern; Faserlauf häufig wellig oder wechseldrehwüchsig; Splint schmal, grau; Kernholz gelblich graubraun bis hell olivbraun mit dunkleren Adern und Streifen; gehobelte Flächen stark glänzend, schön, nicht nußbaumähnlich. **Eigenschaften:** Sehr schwer; vorsichtig und langsam zu trocknen, neigt zum Reißen; schwindet mäßig; steht mäßig gut; witterungsfest, gegen Pilze und Insekten dauerhaft; hart, zäh und fest, nicht leicht zu bearbeiten und zu glätten, gut zu leimen; messerbar. **Verwendung:** Für schmückende Flächen bei Möbeln und im Innenausbau; Furnier; Treppen; Parkett.

Fortsetzung: 4. Wichtige außereuropäische Laubhölzer	
Niangon Angi Trop. Westafrika	**Merkmale:** Hirnschnitt: Wenige große Poren, zerstreut, darin häufig dunkle Stoffe; keine Zuwachszonen und Speicherzellen erkennbar; Längsschnitt: Porenrillen gekrümmt, dunkler und auffällig; Markstrahlen deutlich, radial als kleine, dunklere Spiegel auf glänzender Fläche, tangential als 1mm hohe Striche, ungenau stockwerkartig geordnet; ungleichmäßig wechseldrehwüchsig; Splint breit, rötlich grau; Kernholz unscharf abgegrenzt, in breiter Farbskala rötlich hellbraun bis dunkelrotbraun; infolge geringer ölartiger Ausscheidung fettig-wachsige Flächen, frisch mit eigentümlichem Geruch; **Eigenschaften:** Schwer; ziemlich gut zu trocknen; schwindet mäßig, steht gut; mäßig witterungsfest; gegen Pilze mäßig dauerhaft; sehr schwer zu imprägnieren; mäßig hart, fest und zäh; der innere Kern alter Bäume kann kurzfaserig- spröde und wenig feste Zonen enthalten; meist mit allen Werkzeugen ziemlich gut zu bearbeiten, stumpft sie wenig, kann sie aber verschmieren; platzt leicht beim Nageln, nicht gut zu leimen und zu polieren; schmückende Wirkung. **Verwendung:** Bauholz für Innen- und Außenbau, Innenausbau: Rahmen, Bekleidungen, Treppen, Parkett.
Niove Trop. Westafrika	**Merkmale:** Hirnschnitt: Kleine Poren, zerstreut, zahlreich; keine auffälligen Merkmale; Längsschnitt: Porenrillen sehr fein, auffallend lang und gerade, mit dunklen, fettigen Inhaltstoffen; Holz geradfaserig, außerordentlich gleichmäßig beschaffen; Splint breit, gelblich bis rötlich hellbraun; Kernholz orangebraun, kräftig rotbraun nachdunkelnd, teilweise in großen Abständen unregelmäßig dunkler gestreift. **Eigenschaften:** Sehr schwer; langsam, aber unschwer zu trocknen; schwindet mäßig; steht nicht gut; witterungsfest, gegen Pilze dauerhaft; sehr hart und fest; schwierig zu sägen, sauber zu hobeln und zu glätten, leicht zu spalten, gut zu biegen, wenig schlagbiegefest, die glatten Flächen sind schlecht zu leimen, gut zu polieren; messer- und schälbar. **Verwendung:** Bauholz für Außenbau, im Innenbau für Rahmen, Treppen, Fußböden, Geländer; Sitzmöbel; Schiffbau; Wagenbau.
Okoume Gabun fälschlich „Gabun Mahagoni" Trop. Westafrika Ähnlich u. verwandt: Canarium	**Merkmale:** Stämme, ⌀ 1 bis 2m, in großen Längen astfrei; Hirnschnitt: Mittelgroße Poren, zerstreut, ohne Inhaltsstoffe; Markstrahlen undeutlich; Längsschnitt: Porenrillen bräunlich, stets deutlich, meist auffällig gewunden; Faserlauf leicht gekrümmt, gelegentlich schwach wechseldrehwüchsig, meist schlicht, durch breite Zuwachszonen undeutlich gefladert; splint schmal, grau; Kernholz gleichmäßig blaßrosa bis rosagrau, ausbleichend; gehobelte Flächen glänzen matt. **Eigenschaften:** Leicht; gut zu trocknen; schwindet mäßig; steht sehr gut; nicht witterungsfest, von gleich leichten Hölzern am beständigsten gegen Pilze, bei leichtem Schutz fast dauerhaft; ziemlich weich, wenig fest, ziemlich elastisch, meist gut zu bearbeiten, nur unsauber zu sägen, gut zu hobeln und zu schleifen, bildet gelegentlich wollige Flächen, stumpft Schneiden; gut zu leimen, zu beizen, zu schälen. **Verwendung:** Vorwiegend Schälfurnier, Blind- und Zigarrenkistenholz; bessere Sorten als Deckfurnier (meist mahagoniähnlich gebeizt) für Möbelinnenflächen und im Innenausbau; Bauholz für leichte Sportboote.
Padauk Padouk (Verschiedene Arten der Gattung: Pterocarpus): a) Burma Padauk; b) Andamanen Padauk; c) Rotes Afrikanisches Padauk = barwood; d) Manila Padauk	**Merkmale:** Hirnschnitt: Wenige Poren, im Frühholz groß, im Spätholz kleiner; dadurch leicht ringporig; Längsschnitt: Porenrillen deutlich; Splint schmal (a) bis breit; Kernholz auffallend rot, bei a) gelblich rot, sehr schmal dunkelrot gestreift, tief rotbraun nachdunkelnd; auffällig eng wechseldrehwüchsig, auch wellig; bei b) kräftig rot bis purpurrot, oft dunkel gestreift, braun nachdunkelnd, wechseldrehwüchsig, tangential zickzackig gefladert; bei c) rotbraun, oft dunkel gestreift, braun nachdunkelnd; schwach wechseldrehwüchsig; bei d) verschieden: gelblich rot bis tief rotbraun, dunkel bis schwarz gestreift. **Eigenschaften:** Schwer, a) sehr schwer; sehr langsam zu trocknen, natürlich vorgetrocknet ohne Verluste; schwindet mäßig; steht gut; witterungsfest; dauerhaft gegen Pilze und Insekten; hart und fest, a) sehr; mit allen Werkzeugen gut zu bearbeiten, a) nicht immer gut: Radialflächen neigen zum Ausreißen, gut zu leimen; bei Oberflächenbehandlung können Farbstoffe ausbluten. **Verwendung:** Bauholz für maß- und formfesten Innen- und Außenbau, für stärker beanspruchte Rahmen, Treppen, Parketts; Schiffbau; meist für schöne Ausstattung, massiv oder furniert.

Fortsetzung: 4. Wichtige außereuropäische Laubhölzer	
Palisander, Ostindisches Indian rosewood Bombay blackwood Indien, Java	**Merkmale:** Hirnschnitt: Viele große Poren, zerstreut, oft mit schwarzem Inhalt; Porenränder hell besäumt; Markstrahlen nur mit Lupe sichtbar Längsschnitt: Porenrillen fein, deutlich; eng wechseldrehwüchsig; Splint schmal, gelblich; Kernholz violettbraun, regelmäßig durch dunklere violette bis violettschwarze Adern gestreift, am Licht etwas ausbleichend. Sehr schön. **Eigenschaften:** Sehr schwer; langsam trocknen: Risse und Farbfehler drohen; schwindet gering; steht sehr gut; witterungsfest, gegen Pilze und Insekten sehr dauerhaft; sehr hart; sehr fest; etwas spröde; verhältnismäßig gut zu bearbeiten, zu messern; frische Flächen duften stark aromatisch; gut zu polieren, Poreninhalt löst sich in Alkohol. **Verwendung:** Streiferfurnier für dekorative Ausstattung, Einlegearbeiten; Luxusgegenstände.
Ramin melawis (zur Sortierung „Light hardwood" gehörig) Indonesien	**Merkmale:** Stämme, ϕ bis etwa 1m, in großen Längen gut geformt und astfrei; Hirnschnitt: Mäßig kleine Poren, zerstreut, nicht zahlreich, hell umrandet; Markstrahlen und Zuwachszonen undeutlich; Längsschnitt: Porenrillen lang, deutlich; geradfaserig, schlicht; Splint schmal, farblich vom gleichmäßig blaßgelben bis gelblich blaßgelben bis gelblich hellbraunen Kernholz (ähnlich heller feinjähriger Eiche) kaum zu unterscheiden. Riecht frisch unangenehm. **Eigenschaften:** Mäßig schwer; vorsichtig zu trocknen, neigt zu Rissen, Verfärbung und Flecken, dies auch beim Heißverleimen; schwindet mäßig; steht ziemlich gut; nicht witterungsfest, sehr anfällig für Pilzbefall und- verfärbung (Bläue), wird, weil nötig, nach dem Fällen gegen Anbläue und Insektenbefall imprägniert; gut zu imprägnieren und zu beizen; mäßig hart, fest, jedoch wenig biegefest und querzugfest: neigt zum Platzen; gut und sauber zu bearbeiten, gibt glatte, einfarbige Flächen, gut zu messern, zu schälen, zu leimen; Rindenreste können die Haut reizen. **Verwendung:** Bauholz für nicht stark beanspruchten Innenbau; massiv oder als Furnier für Möbel, Innenausstattung, Leisten, Vorleimer, Sperrholz.
Rio Jacaranda Rio Palisander, Brazilian rosewood, Östliches Brasilien	**Merkmale:** Hirnschnitt: Wenige große Poren, zerstreut, Ränder teils hell besäumt; Markstrahlen nur mit Lupe sichtbar; Längsschnitt: Porenrillen gestreckt, durch dunklen oder hellen Inhalt auffällig; ziemlich geradfaserig; Splint breit, weiß; Kernholz gelb- bis violettbraun, durch violettbraune bis schwarze Zonen unregelmäßig gestreift und gefladert; sehr schön. **Eigenschaften:** Sehr schwer; langsam verlustfrei zu trocknen, schwindet gering; steht sehr gut; witterungsfest, gegen Pilze und Insekten sehr dauerhaft; sehr hart, sehr fest, etwas spröde; gut zu bearbeiten, zu drechseln, zu messern, sehr gut zu polieren, Poreninhalt löst sich in Alkohol; frische Flächen duften angenehm süßlich. **Verwendung:** Als Messerfurnier oder massiv für dekorative Ausstattung; Drechslerholz; Instrumente.
Sapelli fälschlich: „Sapeli Mahagoni" „Acajou sapelli" Tropisches Afrika Sapelli ist Sipo sehr ähnlich, beide sind mit Mahagoni verwandt	**Merkmale:** Stämme, ϕ um 1,5m; in großen Längen astfrei; Hirnschnitt; Mittelgroße Poren, zerstreut, zahlreich, teils mit dunklem Inhalt; helle Speicherzellenbänder an den Zuwachsgrenzen, auch die Poren umrandend; Längsschnitt: Porenrillen deutlich; feine Markstrahlen, tangential gleichmäßig eng stockwerkartig geordnet, radial als feine Spiegel sichtbar; durch ausgeprägten Wechseldrehwuchs radial sehr gleichmäßig eng auffällig gestreift: für Sapelli typisch; Splint mäßig breit; Kernholz hellrotbraun, goldig glänzend, bald mit bleibendem Glanz rotbraun nachdunkelnd. **Eigenschaften:** Mäßig schwer; langsam und vorsichtig zu trocknen, neigt zum Werfen; schwindet mäßig, steht mäßig gut; mäßig witterungsfest, nur mäßig dauerhaft gegen Pilze; hart, ziemlich fest, weniger gut als Mahagoni zu bearbeiten, reißt auf Radialseiten leicht aus; gut zu messern, gut zu polieren; frische Anschnitte duften zedernartig. **Verwendung:** Massiv oder als Furnier (Streifer) im Möbelbau und Innenausbau; Bauholz für mittelmäßig beanspruchten Innen- und Außenbau; Parkett; Treppen.

Fortsetzung: 4. Wichtige außereuropäische Laubhölzer	
Satinholz, Ostindisches East Indian satinwood Indien, Ceylon	**Merkmale:** Stämme, ⌀ bis 0,8m; Poren und Porenrillen sehr fein, nur mit Lupe erkennbar, gelb verstopft; Zuwachszonen nur im Hirnschnitt sichtbar von hellen Bändern begrenzt; enge Markstrahlen, sauber stockwerkartig geordnet; eng wechseldreh- bis auffällig wimmerwüchsig; Splint schmal, blaß gelb, Kernholz fast gleich gelb, wenig nachdunkelnd; gehobelte Spiegelflächen auffallend seidig schimmernd. **Eigenschaften:** Sehr schwer; schwindet mäßig; hart, schwieriger zu bearbeiten, Radialflächen reißen beim Hobeln leicht aus; gut zu drechseln, gut und wirkungsvoll zu polieren; witterungsfest. **Verwendung:** Für Möbel und Vertäfelungen mit starken Lichtwirkungen; Furnier für dekorative Zwecke, Intarsien; Drechslerholz.
Satinholz, Westindisches; West Indian satinwood; Atlasholz Westindien Satin = Atlas = Gewebe mit glänzend. Oberfläche	**Merkmale:** Stämme, ⌀ bis 0,5m; Poren und Porenrillen sehr fein, mit Inhalt, nur mit Lupe erkennbar; deutliche Zuwachszonen, von hellen Bändern aus Speicherzellen begrenzt, erscheinen auf Tangentialflächen als zarte Fladern; Markstrahlen ohne Stockwerkbau, als kleine Spiegel deutlich; geradfaserig bis gewunden und wimmerwüchsig; Splint schmal, gelbgrau; Kernholz sattgelb, hell goldbraun nachdunkelnd; frische Flächen duften aromatisch, sind gehobelt leicht wachsig und glänzend. **Eigenschaften:** Sehr schwer; schwindet mäßig; hart u fest, meist gut u. sauber zu bearbeiten; poliert auffällig glänzend; witterungsfest. Verfärbung infolge Pilzbefalls möglich. **Verwendung:** Wie Ostindisches Satinholz.
Sen fälschlich: „Japanische Goldrüster" „Sen Esche" Mittleres u. nördl. Japan und China Mit (japanischen) Eschen oder Rüstern nicht verwandt	**Merkmale:** Hirnschnitt: Im Frühholz einreihiger Ring großer Poren, im Spätholz Poren sehr klein, locker gruppiert; Markstrahlen fein; Längsschnitt: Gelbbraune Streifen oder Fladern durch Frühholzporen; Spiegel fein; Splint schmal, weißlich; Kernholz gelblich hellbraun bis graugelb, im ganzen Eschensplintholz sehr ähnlich, jedoch glänzender, teils auch heller Rüster; **Eigenschaften:** Mäßig leicht; gut zu trocknen; schwindet mäßig; steht mäßig gut; nicht witterungsfest, wird von Pilzen leicht befallen und verfärbt; zähe; mäßig hart; gut zu bearbeiten, zu messern, zu schälen, zu leimen und oberflächlich zu behandeln, gibt schöne, glänzende Flächen. **Verwendung:** Streiferfurnier für schönen, großflächigen Innenausbau: Vertäfelungen, Füllungen; Möbel.
Sipo fälschlich: Sipo Mahagoni Tropisches West- bis Ostafrika	**Merkmale:** Stämme, ⌀ bis 2 m, gut geformt, in großen Längen astfrei; Hirnschnitt: Mittelgroße Poren, zerstreut, nicht zahlreich; schmale Bänder aus Speicherzellen an den undeutlichen Zuwachsgrenzen, zwischen ihnen andere Bänder welligen Laufs, im Längsschnitt als feine Linien oder Fladern auffällig; Porenrillen deutlich; Markstrahlen fein, tangential als feine Striche, radial als dunkle Spiegel sichtbar; durch Wechseldrehwuchs nicht so gleichmäßig wie Sapelli gestreift; Splint mäßig breit, rötlich grau; Kernholz rotbraun, dunkelt tief braun-violett nach; gehobelte Flächen glänzen goldig; schmückende Wirkung. **Eigenschaften:** Mäßig schwer; langsam und vorsichtig zu trocknen, neigt zum Werfen; schwindet mäßig; steht mittelmäßig bis gut; witterungsfest, gegen Pilze dauerhaft; hart (härter als Sapelli), fest, mit allen Werkzeugen gut, aber schwieriger als Mahagoni, auf Radialseiten leichter als Sapelli zu bearbeiten und zu glätten; frische Anschnitte duften gelegentlich aromatisch. **Verwendung:** wie Sapelli; als Bauholz im Innen- und Außenbau und für Bootsaufbauten besser als Sapelli.
Tchitola Rotes Tola kitola fälschlich: „Nigerian cedarwood" Tropisches Westafrika	**Merkmale:** Stämme, ⌀ um 1 m, in großen Längen astfrei; Hirnschnitt: Große Poren, zerstreut, nicht zahlreich; einzelne porengroße Harzkanäle, angefüllt mit schwarzem Inhalt, häufig Ursache dunkler Flecken und verschmierter Flächen; schmale Speicherzellbänder begrenzen Zuwachszonen; feine Markstrahlen; Längsschnitt: Porenrillen auffällig; geradfaserig, selten wechseldrehwüchsig; Splint sehr breit, rötlich grau; Kernholz dunkelbraun bis-rotbraun, harzärmer als der Splint; gleichartig beschaffen, schlicht, glänzt gehobelt matt. **Eigenschaften:** Mäßig schwer; nicht schwierig zu trocknen; schwindet mäßig; steht gut; Splint besonders leicht von Pilzen und Insekten befallen; Kernholz witterungsfest, gegen Pilze und Insekten dauerhaft; mäßig hart; gute Festigkeiten; gut zu messern, zu schälen, zu spalten; wenig splitternd; nach Entharzen der Oberflächen leicht, sauber und glatt zu bearbeiten.

Fortsetzung: 4. Wichtige außereuropäische Laubhölzer	
	Verwendung: Bauholz (splintfrei) für Innen- und Außenbau, Rahmen, Parkett; Boots- und Fahrzeugbau; sehr gutes Schälholz.
Teak Standortarten: Burma Teak, Java Teak, Rangoon Teak, Siam Teak Südasiatisches Festland, Java	**Merkmale:** Stämme, bis etwa ⌀ 1,5 m, in großen Längen astfrei; Hirnschnitt: Poren im schmalen Frühholz groß in meist einreihigen Ringen, im Spätholz klein, zerstreut, fast alle teils zugewachsen, teils dunkel oder hell gefüllt; viele feine Markstrahlen; Zuwachszonen begrenzt von Speicherzellbändern, auf Tangentialflächen als helle Fladern sichtbar; Porenrillen deutlich, ungleich verteilt; kein Wechseldrehwuchs; Splint schmal, grau; Kernholz gelb- bis dunkelgoldbraun, oft durch sehr dunkle Adern und Streifen unregelmäßig belebt. Burma Teak ist geradfaseriger, schlichter, Teak aus Indien und Java unregelmäßiger gewachsen, streifiger; kennzeichnend ist eine sich wachsig anfühlende Oberfläche, die frisch eigentümlich duftet. **Eigenschaften:** Mäßig schwer bis schwer; langsam, aber gut zu trocknen; schwindet gering; steht sehr gut; sehr witterungsfest, gegen Pilze und Insekten, auch Termiten, besonders widerstandsfähig; feuerhemmend; hart und fest etwa wie Eiche; mäßig gut zu biegen; sauber zu bearbeiten, jedoch Werkzeuge stark stumpfend; oberflächlich gut zu behandeln; Staub kann die Haut reizen; Teakholz enthält Kautschuk. **Verwendung:** Bauholz für besonders wetter-, form- und fugenfesten Außen- und Innenbau; Rahmenhölzer; Wasser- u. Schiffbau; Furniere für Möbel, Innenausstattung, massiv für Sitzmöbel, Laboreinrichtungen.
Tiama Tropisches Afrika verwandt u. ähnlich: Sapelli; Khaya	**Merkmale:** Stämme, ⌀ bis 1,5 m, in großen Längen astfrei; Hirnschnitt: Große Poren, zerstreut; Zuwachszonen undeutlich; Markstrahlen noch sichtbar; Längsschnitt: Porenrillen auf allen Flächen deutlich; wechseldrehwüchsig, meist nicht so gleichmäßig gestreift wie Sapelli; Splint breit, rötlich grau; Kernholz klar abgegrenzt, hellrot bis rotbraun, braun nachdunkelnd. **Eigenschaften:** Mäßig schwer; trocknet schnell, muß aber vorsichtig getrocknet werden, neigt stark zum Verformen; schwindet mäßig; steht mäßig; mäßig witterungsfest; mittelmäßig dauerhaft gegen Pilze und Insekten; sehr schwer imprägnierbar; ziemlich hart, ziemlich fest, weniger als Sapelli, aber besser zu bearbeiten; messer- und schälbar; nur frisch gelegentlich duftend; wegen großer Poren weniger gut zu polieren als Sapelli **Verwendung:** Wie Sapelli; Schälholz für Sperrplatten.
Veilchenholz brigalow Akazie Süd- u. Ost-Australien	**Merkmale:** Hirnschnitt: Mittelgroße Poren, zerstreut; hellere Speicherzellen umsäumen die Poren, bilden an Zuwachszonen feines Band; Markstrahlen kaum sichtbar; Längsschnitt: Heller Poreninhalt macht Porenrillen sehr deutlich und geglättete Oberflächen leicht wachsig; Splint sehr schmal, hellgelb; Kernholz innen dunkelrot- bis purpurbraun, in Splintnähe gelblich rot bis gelblich olive, außerdem streifig durch Wechseldrehwuchs. **Eigenschaften:** sehr schwer, wirft sich leicht beim Trocknen, daher langsam und sorgfältig zu trocknen; schwindet mäßig; witterungsfest, gegen Pilze dauerhaft; sehr hart, feinfaserig, zäh und dicht, schwer zu spalten; stumpft Schneiden stark; besonders gut zu drechseln und zu polieren, gibt schöne Oberflächen; frische Anschnitte duften nach Veilchen **Verwendung:** Schmuckholz: Parkett, Einlegearbeit, Deckfurnier für Möbel, Vertäfelung; Sportgeräte; Drechslerholz; Wagenbau.
Virola (Virola surinamensis) **Baboen:** dalli; banak Nordöstl. Südamerika Es gibt viele, sehr ähnliche Virola-Arten; verwandt und ähnlich: Ilomba	**Merkmale:** Hirnschnitt: Mittelgroße Poren, meist paarig, zerstreut; Zuwachszonen undeutlich; Markstrahlen fein; Längsschnitt: Porenrillen auffallend gerade und parallel; Holz sehr gleichmäßig, ohne Wechseldrehwuchs; schlicht; kleine Spiegel; Splint sehr schmal, blaß rötlich; Kernholz gleich gefärbt, später hell- bis graubraun; (wie Okoume), gehobelt matt glänzend. **Eigenschaften:** leicht, langsam zu trocknen, bei schneller Trocknung Risse und Verwerfung; schwindet stark; steht nicht befriedigend; nicht witterungsfest; nicht dauerhaft gegen Pilze, Splint sehr insektenanfällig; leicht zu imprägnieren; mäßig hart, mäßig fest; leicht und sauber zu bearbeiten und oberflächlich zu behandeln; gut zu leimen; messerbar; sehr gut schälbar. **Verwendung:** Schälfurnier, Sperrholz, für Innenausbau bei mäßigen Ansprüchen; kein Außenholz.

Fortsetzung: 4. Wichtige außereuropäische Laubhölzer	
Wenge Westafrika, Kamerum bis Kongo	**Merkmale:** Stämme, ⌀ bis 1,2m, in großen Längen astfrei; Hirnschnitt: Wenige, zerstreute, große Poren, eingefaßt von breiten, durchgehenden, ungleichen, auffällig helleren Speicherzellbändern, die auf Längsflächen radial fast gleich schmale helle und dunkle Streifen, tangential auffallende Fladern bilden; Porenrillen ziemlich grob, oft dunkel, selten hell angefüllt; Markstrahlen schwer erkennbar; geradfaserig bis wechseldrehwüchsig; Splint schmal, gelblich, hellgrau; Kernholz hellbraun, später kaffee- bis schwarzbraun oder schwärzlich gestreift nachdunkelnd; gehobelte Flächen glänzen matt; schön. **Eigenschaften:** Schwer; langsam, aber gut zu trocknen; schwindet gering; steht gut; witterungsfest, gegen Pilze und Insekten dauerhaft; hart, sehr fest, elastisch, splittert leicht; ohne Schwierigkeit gut zu bearbeiten; schlecht zu leimen, am besten mit Kunstharzleimen; messerbar; Oberflächenbehandlung kann unter Poreninhalt leiden. **Verwendung:** Bauholz für maßhaltige Rahmen, Fenster, Türen usw. (Streifer) im Möbel- und Innenausbau.
Whitewood (gilt für den Splint) American whitewood Tulpenbaum fälschlich: „hickory poplar" „yellow poplar" (poplar = Pappel) Südöstl. Nordamerika	**Merkmale:** Stämme, ⌀ etwa 1 bis 2,5 m, in großen Längen astfrei; Hirnschnitt: Viele feine zerstreute Poren, nur mit Lupe erkennbar; Zuwachszonen deutlich durch schmale, helle Speicherzellbänder; feine Markstrahlen, sichtbar; Längsschnitt: Porenrillen und Wachstumsgrenzen undeutlich; Markstrahlen als feine Spiegel unauffällig; Splint breit bis sehr breit, weiß, ähnlich Pappelholz; Kernholz hellgelbgrün, olivbraun nachdunkelnd, als sogenanntes „Canary wood" auch dunkler gestreift; schlicht, gehobelte Flächen glänzend. **Eigenschaften:** Mäßig leicht; leicht zu trocknen; schwindet mäßig; steht sehr gut; nicht witterungsfest, gegen Pilze nicht dauerhaft; weich; mit nur geringer Anstrengung sehr gut zu bearbeiten. **Verwendung:** Für gering beanspruchte, wettergeschützte Gegenstände, die form- und maßbeständig sein müssen: Zeichentischplatten, Modelle, Rahmen, Blindholz; Schälfurnier für Sperrplatten und als Blindfurnier unter Edelfurnieren.
Yang Siam Yang fälschlich: „Yang Teak" Südostasien, Thailand	**Merkmale:** Gut geformte Stämme, ⌀ etwa 1,5m, in großen Längen astfrei; Hirnschnitt: Große Poren, zerstreut, zahlreich, meist einzeln; gleichlaufend engere Harzkanäle in tangentialen Gruppen, von hellen Speicherzellen umgeben; Markstrahlen deutlich; Längsschnitt: Porenrillen grob, gerade; geradfaserig bis wenig wechseldrehwüchsig; radial deutliche Spiegel; Harzgänge durch feste, weiße Füllung oder dunkle, ölige Harzausscheidung bemerkbar; Splint schmal, gelblich grau bis rötlich hellbraun; Kernholz gleichmäßig rotbraun, oft leicht violett getönt, braun nachdunkelnd; schlicht, meist fehlerfrei, gehobelt angenehm glänzend. **Eigenschaften:** Schwer; langsam und schwierig zu trocknen; schwindet stark; steht bei Wechsel der Luftfeuchte schlecht; mäßig witterungsfest; gegen Pilze mittelmäßig dauerhaft; härter, aber etwas weniger fest als Eiche; gut zu bearbeiten, stumpft Schneiden stark, verschmiert Werkzeuge leicht; schlecht zu leimen; duftet frisch angenehm. **Verwendung:** Bauholz für stärker beanspruchten, nur geringen Schwankungen der Luftfeuchte ausgesetzten Innenbau, Parkett, Treppen; Waggonbau; für formbeständiges Rahmenwerk (Tischlerarbeiten) wenig geeignet.
Zingana Zebrano African zebrawood Trop. Westafrika	**Merkmale:** Mittelgroße Poren, zerstreut, von hellen Rändern aus Speicherzellen ring- oder augenförmig umgeben; Markstrahlen nicht erkennbar; Splint breit, grau, vor dem Transport entfernt; Kernholz graubraun, tangential von schmalen schwarzbraunen Zonen durchzogen, auf Hirnschnitten als schmale zackige oder wellige Bänder, auf Längsflächen radial als gerade oder unregelmäßige schmale Streifen, tangential als Fladern sehr auffällig; Anhäufungen harzartiger Kernstoffe kommen vor; nur leicht wechseldrehwüchsig; sehr dekorativ. **Eigenschaften:** Schwer; vor dem etwas schwierigen Trocknen von übel säuerlichem Geruch; schwindet mäßig; steht mäßig; witterungsfest, gegen Pilze und die meisten Insekten völlig, gegen Termiten ziemlich dauerhaft; hart, fest, elastisch, ziemlich schwer spaltbar, ziemlich gut zu bearbeiten, zu messern, zu polieren. **Verwendung:** Als Streifer – Deckfurnier für Möbel, Vertäfelungen und Kunsttischlerei; von Geschmack und Mode abhängig.

Sortierung von Rohholz

nach „Gesetz üb. gesetzl. Handelsklassen f. Rohholz" v. 25.2.1969 u. Verordn. dazu v. 31.7.1969, sowie „Richtlinie des Rates d. EWG ... f. die Sortierung v. Rohholz" v. 23.1.1968 (Stangensortierung nach Verordn. v. 6.12.1973)

„Rohholz ist gefälltes, entwipfeltes und entastetes Holz, auch wenn es entrindet, abgelängt oder gespalten ist."
EWG - Richtl.: Rohholz, dessen Masse übl. angegeben wird in
a) Festmetern, ist Langholz; b) Raummetern, ist Schichtholz.

Nach Verordn. v. 26.6.1970 zum Einheitengesetz sind bis Ende 1977 zugelassen:
a) das Festmeter (Fm) ... bei Volumenangaben f. Langholz, errechnet aus Stammlänge und Stammdurchmesser,
aa) 1 Festmeter ist gleich 1 m^3;
b) das Raummeter (Rm) ... bei Volumenangaben f. geschichtetes Holz einschl. der Luftzwischenräume,
bb) 1 Raummeter ist gleich 1 m^3.

Messen von Langholz: Abkürzungen: ohne Rinde = o. R.; mit Rinde = m. R.; Durchmesser = ∅

1. ∅ durch Kluppen; 1.1. beim Zopf - ∅: einmalig, waagerecht;
1.2. Mitten - ∅ (in ½ Stammlänge) bis zu ∅ 19 cm o. R.: wie bei 1.1. ab ∅ 20 cm o. R.: zweimalig, senkrecht zueinander. Wenn Messen durch Ast u. ä. behindert, gilt Mittelwert aus ∅ gleich weit ober- u. unterhalb davon. ∅ u. Mittelwerte auf ganze cm **nach unten** gerundet.

2. Länge, von Mitte Fallkerb aus gemessen, auf ganze dm nach unten gerundet.

3. Festgehalt, aus Länge u. Mitten - ∅ o. R. nach Fm; unregelmäßig geformte od. in der Güte sehr unterschiedl. Stämme werden abschnittsweise berechnet.
Schichtholz erhält beim Aufsetzen in Rm m. R. oder Rm o. R. 4% Übermaß.

I. Stärkesortierung von Langholz und von Schichtholz

Mittenstärkesortierung:
Stämme auf ganze dm abgelängt

Stärkeklasse	Mitten - ∅ o. R. (cm)	Stärkeklasse	Mitten - ∅ o. R. (cm)
L 0	unter 10	L 3a	30 bis 34
L 1a	10 bis 14	L 3b	35 bis 39
L 1b	15 bis 19	L 4	40 bis 49
L 2a	20 bis 24	L 5	50 bis 59
L 2b	25 bis 29	L 6	60 u. mehr

Gleich gestaffelt sind über L 6 hinaus weitere Klassen möglich. Die Unterklassen a und b können wegfallen oder für alle Klassen eingeführt werden.

Heilbronner Sortierung:
Stämme auf ganze m abgelängt

Stärkeklasse	Mindestlänge	Mindestzopf - ∅ o. R.
H 1	8 m	10 cm
H 2	10 m	12 cm
H 3	14 m	14 cm
H 4	16 m	17 cm
H 5	18 m	22 cm
H 6	18 m	30 cm

Über Mindestzopf - ∅ bei der Mindestlänge hinaus „Draufholz" bis zum Zopf - ∅ der nächst niederen Klasse.

Schichtholz - Klassen nach dem ∅ m. R. am schwächeren Ende. o. R. gilt um 1 cm kleinerer ∅. Die Unterteilung der Klassen S 2 und S 3 in Unterklassen kann entfallen.

Klasse	∅ m. R. cm	
S 1	3 bis 6	Rundlinge (Ru.)
S 2.1	7 bis 9	
S 2.2	10 bis 13	
S 3.1	14 bis 19	Ru. u. Spaltstücke davon
S 3.2	20 u. mehr	

Stangensortierung vom Langholz **nach ∅ m. R.** 1 m vom stärkeren Ende, von Nadelholz ab ∅ 7 cm m. R. **nach der Länge** bis Zopf - ∅ von 2 cm m. R. gemessen

Stärkeklasse	∅ m. R. cm	Länge bei Nadelholz (m)
P 1	6 u. weniger	
P 2	7 bis 13	
P 2.1	7 bis 9	über 6
P 2.11	7 bis 9	über 6 bis 9
P 2.12	7 bis 9	über 9
P 2.2	10 bis 11	über 9
P 2.3	12 bis 13	über 9
P 2.31	12 bis 13	über 9 bis 12
P 2.32	12 bis 13	über 12 bis 15
P 2.33	12 bis 13	über 15
P 3	14 u. mehr	

o. R. gilt um 1 cm kleinerer ∅
Unterteilung der Klasse P 2 in Unterklassen kann entfallen.

II. Gütesortierung : Für Rohholz bestehen folgende **Güteklassen**:

A / EWG: Gesundes Holz mit ausgezeichneten Arteigenschaften, fehlerfrei oder mit unbedeutenden Fehlern.

B / EWG: Holz normaler Güte, auch stammtrockenes, das schwach gekrümmt und / oder drehwüchsig, gering abholzig, nicht grobastig ist und / oder einige gesunde Äste von kleinem oder mittlerem ∅, wenige kranke Äste von geringem ∅, leicht exzentr. Kern, etwas unregelmäßigen Umriß oder andere vereinzelte, durch allgemeine Güte ausgeglichene Fehler hat.

C / EWG: Gewerblich verwendbares Holz, wegen seiner Fehler nicht in B / EWG, z. B. starkastige, stark abholzige oder stark drehwüchsige Stücke, abholzige oder astige Zopfstücke, kranke Stücke mit faulen Ästen, Rot- und Weißfäule oder anderen wesentlichen Pilz- und Insektenzerstörungen und Stücke mit weitgehender Ringschäle.

D: Holz, wegen seiner Fehler nicht in vorgenannten Güteklassen, jedoch mindestens noch zu 40 % gewerblich verwendbar.

Langholz der Güteklassen A / EWG, C / EWG und D ist mit dem zutreffenden Buchstaben A, C oder D dauerhaft zu kennzeichnen.
Rohholz der Stärkeklassen und der Güteklassen A / EWG, B / EWG und C / EWG darf als „EWG - sortiert" bezeichnet werden.

III Sortierung nach dem Verwendungszweck

Schwellenholz: gesundes, auch ästiges, mindestens einschnüriges Rohholz für Eisenbahnschwellen. Es erhält ein Längenübermaß von 2%, mindestens 10 cm. Stammteile mit Graukern, Spritzkern, Weißfäule und Fauläşten unzulässig. Bei Buche Rotkern bis max. 1/3 des Rundholz-⌀ o. R. zulässig.

(SW 4 für Weichen) Klasse	SW 1	SW 2	SW 3	SW 4
Länge oder Vielfaches davon (m)	2,5	2,6	2,6	3,0 ... 7,2[1]
Mindestzopf-⌀ o. R. (cm)	22	25	27	29
max. zuläss. Krümmung	6 cm je Schwellenlänge			1 cm/m

[1]) In Abstufung von 20 cm zu 20 cm

Industrieholz: Rohholz, das mechanisch oder chemisch aufgeschlossen werden soll, wird in folgende Güteklassen eingeteilt:

IN: gesund, nicht grobastig, keine starke Krümmung;
IF: leicht anbrüchig, grobastig oder krumm;
IK: stark anbrüchig, jedoch gewerblich verwendbar.

Die Verwendung der gesetzlichen Handelsklassen für die Sortierung nach der Stärke, der Güte und dem Verwendungszweck ist freigestellt.

Zur Geldbuße bis zu 20000 DM kann verurteilt werden, wer Rohholz anbietet, feilhält, verkauft oder sonst in den Verkehr bringt unter

a) der Bezeichnung einer gesetzl. Handelsklasse, obwohl es dieser nicht genügt;
b) einer Bezeichnung, die den Anschein einer gesetzlichen Handelsklasse erweckt, obwohl eine solche nicht eingeführt ist.

Gebräuche im Verkehr mit inländischem Rundholz, Schnittholz u. Holzhalbwaren

„Tegernsee – Gebräuche" vom 4.2.1950, Fassung 1961, Auszug, Sätze gekürzt

Spielraum in der Menge und im Maß, wenn folgende Angaben vereinbart worden sind:	Der Verkäufer ist dann berechtigt (= a:) oder verpflichtet (= b:)
1. Angaben wie: „zirka", „etwa", „rund"	a: bis zu 10 % mehr oder weniger als die vertraglich vereinbarte Menge zu liefern
2. Angaben „von ··· bis ···" (Zusätze wie „zirka", „etwa" sind stets ungültig)	b: zur Lieferung der Mindestmenge; a: zur Lieferung bis zur Höchstmenge
3. Einzuhaltende untere und obere Maßgrenzen bei Längen oder bei Breiten	a: beliebige Abmessungen innerhalb der festgesetzten Maßgrenzen zu liefern
4. Durchschnittsabmessungen (auch bei Zusätzen wie: „zirka", „etwa")	b: diese einzuhalten und nur bis zu ± 5 % zu über- oder zu unterschreiten
5. Mindestdurchschnittslängen oder/und -breiten	b: diese nicht zu unterschreiten
6. Gleichmäßige Verteilung der Längen (oder Breiten), aber verschiedene Längen (oder Breiten) zugelassen	b: etwa die gleiche m^3-Menge von jeder Länge (oder Breite) zu liefern
3 bis 6 sind für Gesamtmengen, nicht für Teillieferungen einzuhalten; dabei heißt Durchschnittslänge (-breite): Summe aller Längen (Breiten), geteilt durch die Stückzahl, ohne Rücksicht auf die Breiten (Längen).	
Ohne vereinbarte genaue Gewichtsangaben sind:	Nach Wahl des Verkäufers eine Lieferung von:
7. „Wagen(-ladung)", „Waggon(-ladung) u. ähnl.	wenigstens 1,5 t, höchstens 1,75 t, bei Sperrholz 1,5 t
8. Langholzladung auf Schemelwagenpaaren, sog. „Doppelladung"	wenigstens 20 t, höchstens 30 t
9. „Lastwagen" (eine Ladefläche) „Lastzug" (mehrere Ladeflächen)	Holz im Gewicht von 5 bis 7,5 t Holz im Gewicht von 15 bis 17,5 t
10. Mehrere Waggons: das mehrfache Gewicht nach 7 (Gesamtgewicht), keine Wagenanzahl	5 Waggons" sind wenigstens 5 · 1,5 t = 7,5 t, höchstens 5 · 1,75 t = 8,75 t, auch auf wenig. Waggons als 5 verladen
11. Ladung des letzten Waggons bei Restmengen	mindestens 1,5 t

Verladegewicht in t/m³ von frischem und von waldfeuchtem Langholz[1])

⌀ o. R. cm	Fichte o. R. frisch	Fichte o. R. waldfeucht	Tanne o. R. frisch	Tanne o. R. waldfeucht	Kiefer o. R. frisch	Kiefer o. R. waldfeucht
über 40	0,75	0,6 bis 0,75	0,8	0,6 bis 0,8	0,75	0,6 bis 0,8
20 40	0,8		0,88		0,8	
unter 20	0,85		0,98		0,88	

⌀ o. R. cm	Buche m. R. frisch	Buche m. R. waldfeucht	Buche o. R. frisch	Buche o. R. waldfeucht	Eiche m. R. frisch	Eiche m. R. waldfeucht	Eiche o. R. frisch	Eiche o. R. waldfeucht
über 30	1,08	0,85 bis 1,1	1,0	0,8 bis 1,0	1,18	0,95 bis 1,2	–	0,85 bis 0,95
unter 30	1,16		1,08		1,27		1,0	

[1])Nach Trendelenburg; waldfeucht ≈ 50 % Feuchtegehalt; o. R. = ohne Rinde; m. R. = mit Rinde

Rauminhalt von Stämmen

Mitten-durch-messer Ø in cm	Mitten-quer-schnitt in cm²	Länge des Stammes in Metern								
		1	2	3	4	5	6	7	8	9
		Rauminhalt des Stammes in **m³**								
10	78,5	0,00785	0,016	0,024	0,031	0,039	0,047	0,055	0,063	0,071
11	95	0,00950	0,019	0,029	0,038	0,048	0,057	0,067	0,076	0,086
12	113	0,01131	0,023	0,034	0,045	0,057	0,068	0,079	0,090	0,102
13	133	0,01327	0,027	0,040	0,053	0,066	0,080	0,093	0,106	0,119
14	154	0,01539	0,031	0,046	0,062	0,077	0,092	0,108	0,123	0,139
15	177	0,01767	0,035	0,053	0,071	0,088	0,106	0,124	0,141	0,159
16	201	0,02011	0,040	0,060	0,080	0,101	0,121	0,141	0,161	0,181
17	227	0,02270	0,045	0,068	0,091	0,114	0,136	0,159	0,182	0,204
18	254	0,02545	0,051	0,076	0,102	0,127	0,153	0,178	0,204	0,229
19	284	0,02835	0,057	0,085	0,113	0,142	0,170	0,198	0,227	0,255
20	314	0,03142	0,063	0,094	0,126	0,157	0,189	0,220	0,251	0,283
21	346	0,03464	0,069	0,104	0,139	0,173	0,208	0,242	0,277	0,312
22	380	0,03801	0,076	0,114	0,152	0,190	0,228	0,266	0,304	0,342
23	415	0,04155	0,083	0,125	0,166	0,208	0,249	0,291	0,332	0,374
24	452	0,04524	0,090	0,136	0,181	0,226	0,271	0,317	0,362	0,407
25	491	0,04909	0,098	0,147	0,196	0,245	0,295	0,344	0,393	0,442
26	531	0,05309	0,106	0,159	0,212	0,265	0,319	0,372	0,425	0,478
27	573	0,05726	0,115	0,172	0,229	0,286	0,344	0,401	0,458	0,515
28	616	0,06158	0,123	0,185	0,246	0,308	0,369	0,431	0,493	0,554
29	661	0,06605	0,132	0,198	0,264	0,330	0,396	0,462	0,528	0,594
30	707	0,07069	0,141	0,212	0,283	0,353	0,424	0,495	0,565	0,636
31	755	0,07548	0,151	0,226	0,302	0,377	0,453	0,528	0,604	0,679
32	804	0,08042	0,161	0,241	0,322	0,402	0,483	0,563	0,643	0,724
33	855	0,08553	0,171	0,257	0,342	0,428	0,513	0,599	0,684	0,770
34	908	0,09079	0,182	0,272	0,363	0,454	0,545	0,636	0,726	0,817
35	962	0,09621	0,192	0,289	0,385	0,481	0,577	0,674	0,770	0,866
36	1018	0,10179	0,204	0,305	0,407	0,509	0,611	0,713	0,814	0,916
37	1075	0,10752	0,215	0,323	0,430	0,538	0,645	0,753	0,860	0,968
38	1134	0,11341	0,227	0,340	0,454	0,567	0,680	0,794	0,907	1,021
39	1195	0,11946	0,239	0,358	0,478	0,597	0,717	0,836	0,956	1,075
40	1257	0,12566	0,251	0,377	0,503	0,628	0,754	0,880	1,005	1,131
41	1320	0,13203	0,264	0,396	0,528	0,660	0,792	0,924	1,056	1,188
42	1385	0,13854	0,277	0,416	0,554	0,693	0,831	0,970	1,108	1,247
43	1452	0,14522	0,290	0,436	0,581	0,726	0,871	1,017	1,162	1,307
44	1520	0,15205	0,304	0,456	0,608	0,760	0,912	1,064	1,216	1,368
45	1590	0,15904	0,318	0,477	0,636	0,795	0,954	1,113	1,272	1,431
46	1662	0,16619	0,332	0,499	0,665	0,831	0,997	1,163	1,330	1,496
47	1735	0,17349	0,347	0,520	0,694	0,867	1,041	1,214	1,388	1,561
48	1810	0,18096	0,362	0,543	0,724	0,905	1,086	1,267	1,448	1,629
49	1886	0,18857	0,377	0,566	0,754	0,943	1,131	1,320	1,509	1,697
50	1964	0,19635	0,393	0,589	0,785	0,982	1,178	1,374	1,571	1,767
51	2043	0,20428	0,409	0,613	0,817	1,021	1,226	1,430	1,634	1,839
52	2124	0,21237	0,425	0,637	0,849	1,062	1,274	1,487	1,699	1,911
53	2206	0,22062	0,441	0,662	0,882	1,103	1,324	1,544	1,765	1,986
54	2290	0,22902	0,458	0,687	0,916	1,145	1,374	1,603	1,832	2,061
55	2376	0,23758	0,475	0,713	0,950	1,188	1,425	1,663	1,901	2,138
56	2463	0,24630	0,493	0,739	0,985	1,232	1,478	1,724	1,970	2,217
57	2552	0,25518	0,510	0,766	1,021	1,276	1,531	1,786	2,041	2,297
58	2642	0,26421	0,528	0,793	1,057	1,321	1,585	1,849	2,114	2,378
59	2734	0,27340	0,547	0,820	1,094	1,367	1,640	1,914	2,187	2,461
60	2827	0,28274	0,565	0,848	1,131	1,414	1,696	1,979	2,262	2,545

Beispiel 1: Größerer Mitten-Ø:
Verdoppelt sich der Mitten-Ø, so vervierfacht sich der Rauminhalt bei gleicher Länge; ein 6 m langer Stamm von 76 cm Ø (= 2 · 0,38 cm Ø) hat 4 · 0,68 m³ = 2,72 m³ Rauminhalt.

Beispiel 2: Zwischenlängen:
Stammlängen werden auf dm abgerundet. Ein Stamm von 5,8 m Länge ist 5,0 m + 1/10 von 8 m lang, bei 35 cm Mitten-Ø hat er daher (0,481 + 1/10 von 0,77) m³ = 0,558 Inhalt.

Berechnung kleinster Zopfdurchmesser von Rundhölzern für den Einschnitt von Kantholz und Balken

(Rechenregeln für die Praxis)

Bezeichnungen: z = Zopf-Durchmesser des Rundholzes ohne Rinde

mz = Mindest-Zopf-Durchmesser zur Einhaltung der jeweiligen Schnittklasse

b = Breite oder Auflage des Balkens oder Kantholzes

h = Höhe des Balkens oder Kantholzes, wobei $h \geqq b$

$u =$ (in mm) $\begin{cases} h - b & = \text{Maßunterschied in cm zwischen Höhe und Breite bei einstieligem Einschnitt} \\ h - 2b & = 2b - h = \text{Maßunterschied in cm zwischen Höhe und doppelter Breite bei zweistieligem Einschnitt} \end{cases}$

$$f = \frac{\text{m}^3 \text{ gewonnenes Schnittholz}}{\text{m}^3 \text{ aufgewendetes Rundholz}} = 0,\ldots \text{ (= Ausnutzungsfaktor)}$$

Der Ausnutzungsfaktor f ist entscheidend für das rationell arbeitende Sägewerk; f wächst bei gleichem z mit zunehmender Querschnittfläche F und abnehmendem Maßunterschied u der Kanthölzer und Balken.

Berechnungsformeln

Schnittklasse		Sonderklasse	A	B	C
Bedingungen der Schnittklassen: (siehe Seite 44!)		Völlig scharfkantig ohne Baumkante; nur für architekton. u. statische Sonderfälle	Von Baumkante frei mindestens $^2/_3$ jeder Seite; Breite der Baumkante $< \frac{1}{8}$ h	$^1/_3$ jeder Seite; Baumkante $< \frac{1}{3}$ h	Die Säge muß alle vier Seiten durchgehend gestreift haben
Form des Balken-Querschnitts	Das Rundholz ist:	**Formeln zur Berechnung des Zopf-Durchmessers** (Maße in cm; andernfalls angegeben)			
Quadrat $h = b$	unrund, leicht krumm	$z = h + \frac{1}{2} h$	$z = h + \frac{4}{10} h$	$z = h + \frac{1}{5} h$	$z = h + 5\,\text{mm}$
	rund, geradschaftig	$mz = h + \frac{4}{10} h + 2\,\text{mm}$	$mz = h + 0{,}35\,h + 1\,\text{mm}$[1]	$mz = h + \frac{1}{8} h$	$mz = h + 3\,\text{mm}$
Rechteck $h > b$	unrund, leicht krumm	$z = h + \frac{4}{10} b$	$z = h + \frac{3}{10} b$	$z = h + \frac{1}{10} b$	$z = h + 5\,\text{mm}$
	rund, geradschaftig	$mz = (h + b) \cdot 0{,}7\,[\text{cm}] + u\,[\text{mm}]$	$mz = h + \frac{1}{4} b$	$mz = h + \frac{1}{14} b$ bis $h + \frac{1}{20} b$	$mz = h + 3\,\text{mm}$

1. Beispiel: Balken $^{16}/_{20}$ ohne Baumkante aus rundem Schaft erfordert Zopfdurchmesser (Sonderklasse)

$mz = (20 + 16) \cdot 0{,}7\,[\text{cm}] + (20 - 16)\,\text{mm} = 36 \cdot 0{,}7\,\text{cm} + 4\,\text{mm} =$
$= (25{,}2 + 0{,}4)\,\text{cm} = 25{,}6\,\text{cm}$

2. Beispiel: Kantholz $^{14}/_{14}$ erfordert in den einzelnen Schnittklassen folgende mz:

a) Sonderklasse: $mz = 14 + (0{,}4 \cdot 14) + 2\,\text{mm} = 19{,}8\,\text{cm}$
b) Schnittklasse A: $mz = 14 + (0{,}35 \cdot 14) + 1\,\text{mm} = 19{,}0\,\text{cm}$
c) Schnittklasse B: $mz = 14 + (0{,}125 \cdot 14) = 15{,}8\,\text{cm}$
d) Schnittklasse C: $mz = 14 + 3\,\text{mm} = 14{,}3\,\text{cm}$

} bei kreisrundem, geradschaftigem Rundholz

3. Beispiel: Balken $^{14}/_{26}$ erfordert (einstielig aus unrundem Schaft) folgende mz:

a) Sonderklasse: $mz = 26 + (0{,}4 \cdot 14) = 26 + 5{,}6 = 31{,}6\,\text{cm}$
b) Schnittklasse A: $mz = 26 + (0{,}3 \cdot 14) = 26 + 4{,}2 = 30{,}2\,\text{cm}$
c) Schnittklasse B: $mz = 26 + (0{,}1 \cdot 14) = 26 + 1{,}4 = 27{,}4\,\text{cm}$
d) Schnittklasse C: $mz = 26\,\text{cm} + 5\,\text{mm} = 26{,}5\,\text{cm}$

[1]) $0{,}35\,h = \frac{1}{3} h + \frac{1}{50} h$, auf volle mm aufrunden!
Bei $h = 18$ cm also: $0{,}35\,h = \frac{1}{3} \cdot 180\,\text{mm} + \frac{1}{50} \cdot 180\,\text{mm} = 60 + 4\,\text{mm} = 64\,\text{mm}$.

Querschnittsmaße[1] und Rauminhalt von Kanthölzern und Baubohlen

Querschnittsmaße gelten für rauhes, halbtrockenes Holz: bis 200 cm² Querschnitt höchstens 30%, über 200 cm² Querschnitt höchstens 35% mittlere Feuchte, bezogen auf das Darrgewicht, erlaubt. Querschnitte b/h in [grau unterlegten] Feldern erlauben günstige Ausnutzung des Rundholzes, mit **x** sind Vorratskantholz und bevorzugt zu verwenden.	Querschnitte nach DIN 4070 Okt. 1963

Querschnitt b/h cm/cm	Länge: a) in ganzen Metern									b) in Viertelmetern[2])		
	1	2	3	4	5	6	7	8	9	0,25	0,50	0,75
	Rauminhalt in m³ (nicht genormt)											
	Kanthölzer: b > 6 cm; h ≦ 3 b (nach DIN 68252 Teil 1, Jan. 1978)											
x 6/6	0,0036	0,007	0,011	0,014	0,018	0,022	0,025	0,029	0,032	0,001	0,002	0,003
6/7	0,0042	0,008	0,013	0,017	0,021	0,025	0,029	0,034	0,038	0,001	0,002	0,003
7/7	0,0049	0,010	0,015	0,020	0,025	0,029	0,034	0,039	0,044	0,001	0,002	0,004
x 6/8	0,0048	0,010	0,014	0,019	0,024	0,029	0,034	0,038	0,043	0,001	0,002	0,004
7/8	0,0056	0,011	0,017	0,022	0,028	0,034	0,039	0,045	0,050	0,001	0,003	0,004
x 8/8	0,0064	0,013	0,019	0,026	0,032	0,038	0,045	0,051	0,058	0,002	0,003	0,005
6/9	0,0054	0,011	0,016	0,022	0,027	0,032	0,038	0,043	0,049	0,001	0,003	0,004
7/9	0,0063	0,013	0,019	0,025	0,032	0,038	0,044	0,050	0,057	0,002	0,003	0,005
8/9	0,0072	0,014	0,022	0,029	0,036	0,043	0,050	0,058	0,065	0,002	0,004	0,005
9/9	0,0081	0,016	0,024	0,032	0,041	0,049	0,057	0,065	0,073	0,002	0,004	0,006
6/10	0,0060	0,012	0,018	0,024	0,030	0,036	0,042	0,048	0,054	0,002	0,003	0,005
7/10	0,0070	0,014	0,021	0,028	0,035	0,042	0,049	0,056	0,063	0,002	0,004	0,005
x 8/10	0,0080	0,016	0,024	0,032	0,040	0,048	0,056	0,064	0,072	0,002	0,004	0,006
9/10	0,0090	0,018	0,027	0,036	0,045	0,054	0,063	0,072	0,081	0,002	0,005	0,007
x 10/10	0,0100	0,020	0,030	0,040	0,050	0,060	0,070	0,080	0,090	0,003	0,005	0,008
x 6/12	0,0072	0,014	0,022	0,029	0,036	0,043	0,050	0,058	0,065	0,002	0,004	0,005
7/12	0,0084	0,017	0,025	0,034	0,042	0,050	0,059	0,067	0,076	0,002	0,004	0,006
x 8/12	0,0096	0,019	0,029	0,038	0,048	0,058	0,067	0,077	0,086	0,002	0,005	0,007
9/12	0,0108	0,022	0,032	0,043	0,054	0,065	0,076	0,086	0,097	0,003	0,005	0,008
x 10/12	0,0120	0,024	0,036	0,048	0,060	0,072	0,084	0,096	0,108	0,003	0,006	0,009
x 12/12	0,0144	0,029	0,043	0,058	0,072	0,086	0,101	0,115	0,130	0,004	0,007	0,011
6/14	0,0084	0,017	0,025	0,034	0,042	0,050	0,059	0,067	0,076	0,002	0,004	0,006
7/14	0,0098	0,020	0,029	0,039	0,049	0,059	0,069	0,078	0,088	0,002	0,005	0,007
8/14	0,0112	0,022	0,034	0,045	0,056	0,067	0,078	0,090	0,101	0,003	0,006	0,008
9/14	0,0126	0,025	0,038	0,050	0,063	0,076	0,088	0,100	0,113	0,003	0,006	0,009
10/14	0,0140	0,028	0,042	0,056	0,070	0,084	0,098	0,112	0,126	0,004	0,007	0,011
x 12/14	0,0168	0,034	0,050	0,067	0,084	0,101	0,118	0,134	0,151	0,004	0,008	0,013
x 14/14	0,0196	0,039	0,059	0,078	0,098	0,118	0,137	0,157	0,176	0,005	0,010	0,015
6/16	0,0096	0,019	0,029	0,038	0,048	0,058	0,067	0,077	0,086	0,002	0,005	0,007
7/16	0,0112	0,022	0,034	0,045	0,056	0,067	0,078	0,090	0,101	0,003	0,006	0,008
x 8/16	0,0128	0,026	0,038	0,051	0,064	0,077	0,090	0,102	0,115	0,003	0,006	0,010
9/16	0,0144	0,029	0,043	0,058	0,072	0,086	0,101	0,115	0,130	0,004	0,007	0,011
10/16	0,0160	0,032	0,048	0,064	0,080	0,096	0,112	0,128	0,144	0,004	0,008	0,012
x 12/16	0,0192	0,038	0,058	0,077	0,096	0,115	0,134	0,154	0,173	0,005	0,010	0,014
x 14/16	0,0224	0,045	0,067	0,090	0,112	0,134	0,157	0,179	0,202	0,006	0,011	0,017
x 16/16	0,0256	0,051	0,077	0,102	0,128	0,154	0,179	0,205	0,230	0,006	0,013	0,019
7/18	0,0126	0,025	0,038	0,050	0,063	0,076	0,088	0,100	0,113	0,003	0,006	0,009
8/18	0,0144	0,029	0,043	0,058	0,072	0,086	0,101	0,115	0,130	0,004	0,007	0,011
9/18	0,0162	0,032	0,049	0,065	0,081	0,097	0,113	0,130	0,146	0,004	0,008	0,012
10/18	0,0180	0,036	0,054	0,072	0,090	0,108	0,126	0,144	0,162	0,005	0,009	0,014
12/18	0,0216	0,043	0,065	0,086	0,108	0,130	0,151	0,173	0,194	0,005	0,011	0,016
14/18	0,0252	0,050	0,076	0,101	0,126	0,151	0,176	0,202	0,227	0,006	0,013	0,019
x 16/18	0,0288	0,058	0,086	0,115	0,144	0,173	0,202	0,230	0,259	0,007	0,014	0,022
18/18	0,0324	0,065	0,097	0,130	0,162	0,194	0,227	0,259	0,292	0,008	0,016	0,024
	Baubohlen: b ≦ 10 cm und b ≦ h/3 (in DIN 4070 unter Kantholz)											
6/18	0,0108	0,022	0,032	0,043	0,054	0,065	0,076	0,086	0,097	0,003	0,005	0,008
6/20	0,0120	0,024	0,036	0,048	0,060	0,072	0,084	0,096	0,108	0,003	0,006	0,009
6/22	0,0132	0,026	0,040	0,053	0,066	0,080	0,092	0,106	0,119	0,003	0,007	0,010
7/22	0,0154	0,031	0,046	0,062	0,077	0,092	0,108	0,123	0,139	0,004	0,008	0,012
6/24	0,0144	0,029	0,043	0,058	0,072	0,086	0,101	0,115	0,130	0,004	0,007	0,011
7/24	0,0168	0,034	0,050	0,067	0,084	0,101	0,118	0,134	0,151	0,004	0,008	0,013
8/24	0,0192	0,038	0,058	0,077	0,096	0,115	0,134	0,154	0,173	0,005	0,010	0,014
6/26	0,0156	0,031	0,047	0,062	0,078	0,094	0,109	0,125	0,140	0,004	0,008	0,012
7/26	0,0182	0,036	0,055	0,073	0,091	0,109	0,127	0,146	0,164	0,005	0,009	0,014
8/26	0,0208	0,042	0,062	0,083	0,104	0,125	0,146	0,166	0,187	0,005	0,010	0,016

1) Siehe Anmerkung S. 83 2) Siehe Anmerkung S. 36

Querschnittsmaße und statische Werte von Kanthölzern und Baubohlen — DIN 4070

Querschnitt b/h	Querschnittsfläche $A = b \cdot h$	Länge je m^3 $\frac{10000}{b \cdot h}$	Aus Rundholz n-stielig einzuschneiden	Gewicht G [Für Statik nach DIN 1055 ist $1\ m^3 = 600$ kg]	Widerstandsmoment, bezogen auf die x-Achse $W_x = \frac{b \cdot h^2}{6}$	Widerstandsmoment, bezogen auf die y-Achse $W_y = \frac{h \cdot b^2}{6}$	Trägheitsmoment bezogen auf die x-Achse $J_x = W_x \cdot \frac{h}{2}$	Trägheitsmoment bezogen auf die y-Achse $J_y = W_y \cdot \frac{b}{2}$	Trägheitshalbmesser bezogen auf die x-Achse $i_x = \sqrt{\frac{J_x}{A}} = 0{,}28868 \cdot h$	Trägheitshalbmesser bezogen auf die y-Achse $i_y = \sqrt{\frac{J_y}{A}} = 0{,}28868 \cdot b$
cm/cm	cm^2	m	n	kg/m	cm^3	cm^3	cm^4	cm^4	cm	cm
Kanthölzer: b > 6 cm; h ≦ 3 b (nach DIN 68252 Teil 1, Jan. 1978)										
6/6	36	277,7	1	2,16	36	36	108	108	1,73	1,73
6/7	42	238,1	1	2,52	49	42	171	126	2,02	1,73
7/7	49	204,0	1	2,94	57	57	200	200	2,02	2,02
6/8	48	208,3	1	2,88	64	48	256	144	2,31	1,73
7/8	56	178,5	1	3,36	75	65	298	229	2,31	2,02
8/8	64	156,2	1	3,84	85	85	341	341	2,31	2,31
6/9	54	185,2	1	3,24	81	54	364	162	2,60	1,73
7/9	63	158,7	1	3,78	94	73	425	257	2,60	2,02
8/9	72	138,9	1	4,32	108	96	486	384	2,60	2,31
9/9	81	123,4	1	4,86	121	121	547	547	2,60	2,60
6/10	60	166,6	2	3,60	100	60	500	180	2,89	1,73
7/10	70	142,8	1	4,20	117	82	583	286	2,89	2,02
8/10	80	125,0	1	4,80	133	107	667	427	2,89	2,31
9/10	90	111,1	1	5,40	150	135	750	607	2,89	2,60
10/10	100	100,0	1	6,00	167	167	833	833	2,89	2,89
6/12	72	138,9	2	4,32	144	72	864	216	3,46	1,73
7/12	84	119,0	2	5,04	168	98	1 008	343	3,46	2,02
8/12	96	104,1	2	5,76	192	128	1 152	512	3,46	2,31
9/12	108	92,6	1	6,48	216	162	1 296	729	3,46	2,60
10/12	120	83,3	1	7,20	240	200	1 440	1 000	3,46	2,89
12/12	144	69,4	1	8,64	288	288	1 728	1 728	3,46	3,46
6/14	84	119,0	2	5,04	196	84	1 372	252	4,04	1,73
7/14	98	102,0	2	5,88	229	114	1 601	400	4,04	2,02
8/14	112	89,2	2	6,72	261	149	1 829	597	4,04	2,31
9/14	126	79,3	1	7,56	294	189	2 058	850	4,04	2,60
10/14	140	71,4	1	8,40	327	233	2 287	1 167	4,04	2,89
12/14	168	59,5	1	10,08	392	336	2 744	2 016	4,04	3,46
14/14	196	51,0	1	11,76	457	457	3 201	3 201	4,04	4,04
6/16	96	104,1	2	5,76	256	96	2 048	288	4,62	1,73
7/16	112	89,2	2	6,72	299	131	2 385	457	4,62	2,02
8/16	128	78,1	2	7,68	341	171	2 731	683	4,62	2,31
9/16	144	69,4	2	8,64	384	216	3 072	972	4,62	2,60
10/16	160	62,5	1	9,60	427	267	3 413	1 333	4,62	2,89
12/16	192	52,0	1	11,52	512	384	4 096	2 304	4,62	3,46
14/16	224	44,6	1	13,44	597	523	4 779	3 659	4,62	4,04
16/16	256	39,0	1	15,36	683	683	5 461	5 461	4,62	4,62
7/18	126	79,3	2	7,56	378	147	3 402	514	5,20	2,02
8/18	144	69,4	2	8,64	432	192	3 888	768	5,20	2,31
9/18	162	61,7	2	9,72	486	243	4 374	1 093	5,20	2,60
10/18	180	55,5	2	10,80	540	300	4 860	1 500	5,20	2,89
12/18	216	46,3	1	12,96	648	432	5 872	2 592	5,20	3,46
14/18	252	39,6	1	15,12	756	588	6 801	4 116	5,20	4,04
16/18	288	34,7	1	17,28	864	768	7 776	6 144	5,20	4,62
18/18	324	30,8	1	19,44	972	972	8 748	8 748	5,20	5,20
Baubohlen: b ≦ 10 cm und b ≦ h/3 (in DIN 4070 unter Kantholz)										
6/18	108	92,6	3	6,48	324	108	2 916	324	5,20	1,73
6/20	120	83,3	3	7,20	400	120	4 000	360	5,77	1,73
6/22	132	75,7	3	7,92	484	132	5 324	396	6,35	1,73
7/22	154	64,9	3	9,24	565	180	6 211	628	6,35	2,02
6/24	144	69,4	4	8,64	576	144	6 910	432	6,93	1,73
7/24	168	59,5	3	10,08	672	196	8 065	686	6,93	2,02
8/24	192	52,0	3	11,52	768	256	9 216	1 024	6,93	2,31
6/26	156	64,1	4	9,36	676	156	8 790	468	7,51	1,73
7/26	182	54,9	3	10,92	789	212	10 255	743	7,51	2,02
8/26	208	48,0	3	12,48	901	277	11 715	1 109	7,51	2,31

Querschnittsmaße[1] und Rauminhalt von Balken aus Nadelholz

Querschnittsmaße gelten für rauhes, halbtrockenes Holz: bis 200 cm² Querschnitt höchstens 30%, über 200 cm² Querschnitt höchstens 35% mittlere Feuchte, bezogen auf das Darrgewicht, erlaubt. Querschnitte b/h in ▒ Feldern erlauben günstige Ausnutzung des Rundholzes, mit **x** sind Vorratsbalken und bevorzugt zu verwenden.	Querschnitte nach DIN 4070 Okt. 1963

Querschnitt	Länge a) in ganzen Metern									b) in Viertelmetern[2]		
b/h cm/cm	1	2	3	4	5	6	7	8	9	0,25	0,50	0,75
	Rauminhalt in m³ (nicht genormt)											
Balken: b > 7 cm; h > 20 cm; h ≦ 3 b (nach DIN 68252, Teil 1)												
7/20	0,0140	0,028	0,042	0,056	0,070	0,084	0,098	0,112	0,126	0,004	0,007	0,011
8/20	0,0160	0,032	0,048	0,064	0,080	0,096	0,112	0,128	0,144	0,004	0,008	0,012
9/20	0,0180	0,036	0,054	0,072	0,090	0,108	0,126	0,144	0,162	0,005	0,009	0,014
x 10/20	0,0200	0,040	0,060	0,080	0,100	0,120	0,140	0,160	0,180	0,005	0,010	0,015
x 12/20	0,0240	0,048	0,072	0,096	0,120	0,144	0,168	0,192	0,216	0,006	0,012	0,018
14/20	0,0280	0,056	0,084	0,112	0,140	0,168	0,196	0,224	0,252	0,007	0,014	0,021
x 16/20	0,0320	0,064	0,096	0,128	0,160	0,192	0,224	0,256	0,288	0,008	0,016	0,024
18/20	0,0360	0,072	0,108	0,144	0,180	0,216	0,252	0,288	0,324	0,009	0,018	0,027
x 20/20	0,0400	0,080	0,120	0,160	0,200	0,240	0,280	0,320	0,360	0,010	0,020	0,030
8/22	0,0176	0,035	0,053	0,070	0,088	0,106	0,123	0,141	0,158	0,004	0,009	0,013
9/22	0,0198	0,040	0,059	0,079	0,099	0,119	0,139	0,158	0,178	0,005	0,010	0,015
x 10/22	0,0220	0,044	0,066	0,088	0,110	0,132	0,154	0,176	0,198	0,006	0,011	0,017
12/22	0,0264	0,053	0,079	0,106	0,132	0,158	0,185	0,211	0,238	0,007	0,013	0,020
14/22	0,0308	0,062	0,092	0,123	0,154	0,185	0,216	0,246	0,277	0,008	0,015	0,023
16/22	0,0352	0,070	0,106	0,141	0,176	0,211	0,246	0,282	0,317	0,009	0,018	0,026
x 18/22	0,0396	0,079	0,119	0,158	0,198	0,238	0,277	0,317	0,356	0,010	0,020	0,030
20/22	0,0440	0,088	0,132	0,176	0,220	0,264	0,308	0,352	0,396	0,011	0,022	0,033
22/22	0,0484	0,097	0,145	0,194	0,242	0,291	0,339	0,397	0,436	0,012	0,024	0,036
9/24	0,0216	0,043	0,065	0,086	0,108	0,130	0,151	0,173	0,194	0,005	0,011	0,016
10/24	0,0240	0,048	0,072	0,096	0,120	0,144	0,168	0,192	0,216	0,006	0,012	0,018
x 12/24	0,0288	0,058	0,086	0,115	0,144	0,173	0,202	0,230	0,259	0,007	0,014	0,022
14/24	0,0336	0,067	0,101	0,134	0,168	0,202	0,235	0,269	0,302	0,008	0,017	0,025
16/24	0,0384	0,077	0,115	0,154	0,192	0,230	0,269	0,307	0,346	0,010	0,019	0,029
18/24	0,0432	0,086	0,130	0,173	0,216	0,259	0,302	0,346	0,389	0,011	0,022	0,032
x 20/24	0,0480	0,096	0,144	0,192	0,240	0,288	0,336	0,384	0,432	0,012	0,024	0,036
22/24	0,0528	0,106	0,158	0,211	0,264	0,317	0,370	0,423	0,475	0,013	0,025	0,040
24/24	0,0576	0,115	0,173	0,230	0,288	0,346	0,403	0,461	0,518	0,014	0,029	0,043
9/26	0,0234	0,047	0,070	0,094	0,117	0,140	0,164	0,187	0,211	0,006	0,012	0,018
10/26	0,0260	0,052	0,078	0,104	0,130	0,156	0,182	0,208	0,234	0,007	0,013	0,020
12/26	0,0312	0,062	0,094	0,125	0,156	0,187	0,218	0,250	0,281	0,008	0,016	0,023
14/26	0,0364	0,073	0,109	0,146	0,182	0,218	0,255	0,291	0,328	0,009	0,018	0,027
16/26	0,0416	0,083	0,125	0,166	0,208	0,250	0,291	0,333	0,374	0,010	0,021	0,031
18/26	0,0468	0,094	0,140	0,187	0,234	0,281	0,328	0,374	0,421	0,012	0,023	0,035
20/26	0,0520	0,104	0,156	0,208	0,260	0,312	0,364	0,416	0,468	0,013	0,026	0,039
22/26	0,0572	0,114	0,172	0,229	0,286	0,344	0,400	0,458	0,515	0,014	0,029	0,043
24/26	0,0624	0,125	0,187	0,250	0,312	0,374	0,437	0,499	0,562	0,016	0,031	0,047
26/26	0,0676	0,135	0,203	0,270	0,338	0,406	0,473	0,541	0,608	0,017	0,034	0,051
14/28	0,0392	0,078	0,118	0,157	0,196	0,235	0,274	0,314	0,353	0,010	0,020	0,029
16/28	0,0448	0,090	0,134	0,179	0,224	0,269	0,314	0,358	0,403	0,011	0,022	0,034
18/28	0,0504	0,101	0,151	0,202	0,252	0,303	0,353	0,403	0,454	0,013	0,025	0,038
20/28	0,0560	0,112	0,168	0,224	0,280	0,336	0,392	0,448	0,504	0,014	0,028	0,042
22/28	0,0616	0,123	0,185	0,246	0,308	0,370	0,431	0,493	0,554	0,015	0,031	0,046
24/28	0,0672	0,134	0,202	0,269	0,336	0,403	0,470	0,538	0,605	0,017	0,034	0,050
26/28	0,0728	0,146	0,218	0,291	0,364	0,437	0,510	0,582	0,655	0,018	0,036	0,055
28/28	0,0784	0,157	0,235	0,314	0,392	0,470	0,549	0,628	0,706	0,020	0,039	0,059
16/30	0,0480	0,096	0,144	0,192	0,240	0,288	0,336	0,384	0,432	0,012	0,024	0,036
18/30	0,0540	0,108	0,162	0,216	0,270	0,324	0,378	0,432	0,486	0,014	0,027	0,041
20/30	0,0600	0,120	0,180	0,240	0,300	0,360	0,420	0,480	0,540	0,015	0,030	0,045
22/30	0,0660	0,132	0,198	0,264	0,330	0,396	0,462	0,528	0,594	0,017	0,033	0,050
24/30	0,0720	0,144	0,216	0,288	0,360	0,432	0,504	0,576	0,648	0,018	0,036	0,054
26/30	0,0780	0,156	0,234	0,312	0,390	0,468	0,546	0,624	0,702	0,020	0,039	0,059
28/30	0,0840	0,168	0,252	0,336	0,420	0,504	0,588	0,672	0,756	0,021	0,042	0,063
30/30	0,0900	0,180	0,270	0,360	0,450	0,540	0,630	0,720	0,810	0,023	0,045	0,068

[1]) Siehe Anmerkung S. 83

[2]) Zwischenlängen, z. B. 6,75 m 20/24 haben (6 + 0,75) m und (0,288 + 0,036) = 0,324 m³ Inhalt
5,80 m 14/22 haben (5 + 8/10) m und (0,154 + 0,0246) = 0,179 m³ Inhalt

Querschnittsmaße und statische Werte von Balken aus Nadelholz DIN 4070

Querschnitt b/h	Querschnittsfläche $A = b \cdot h$	Länge je m³ $\frac{10000}{b \cdot h}$	Aus Rundholz n-stielig einzuschneiden	Gewicht G eines Meters [Für Statik nach DIN 1055 ist 1 m³ = 600 kg]	Widerstandsmoment, bezogen auf die x-Achse $W_x = \frac{b \cdot h^2}{6}$	Widerstandsmoment, bezogen auf die y-Achse $W_y = \frac{h \cdot b^2}{6}$	Trägheitsmoment, bezogen auf die x-Achse $J_x = W_x \cdot \frac{h}{2}$	Trägheitsmoment, bezogen auf die y-Achse $J_y = W_y \cdot \frac{b}{2}$	Trägheitshalbmesser, bezogen auf die x-Achse $i_x = \sqrt{\frac{J_x}{A}} = 0{,}28868 \cdot h$	Trägheitshalbmesser, bezogen auf die y-Achse $i_y = \sqrt{\frac{J_y}{A}} = 0{,}28868 \cdot b$
cm/cm	cm²	m	n	kg/m	cm³	cm³	cm⁴	cm⁴	cm	cm
Balken: b > 7 cm; h > 20 cm; h ≦ 3 b (nach DIN 68252, Teil 1)										
7/20	140	71,4	3	8,40	467	163	4 667	572	5,77	2,02
8/20	160	62,5	2	9,60	533	213	5 333	853	5,77	2,31
9/20	180	55,5	2	10,80	600	270	6 000	1 215	5,77	2,60
10/20	200	50,0	2	12,00	667	333	6 667	1 667	5,77	2,89
12/20	240	41,6	1	14,40	800	480	8 000	2 880	5,77	3,46
14/20	280	35,7	1	16,80	933	652	9 333	4 573	5,77	4,04
16/20	320	31,2	1	19,20	1 067	853	10 667	6 827	5,77	4,62
18/20	360	27,7	1	21,60	1 200	1 080	12 000	9 720	5,77	5,20
20/20	400	25,0	1	24,00	1 333	1 333	13 333	13 333	5,77	5,77
8/22	176	56,8	2	10,56	645	235	7 099	939	6,35	2,31
9/22	198	50,5	2	11,88	726	297	7 986	1 336	6,35	2,60
10/22	220	45,4	2	13,20	807	367	8 873	1 833	6,35	2,89
12/22	264	37,8	2	15,84	968	528	10 648	3 168	6,35	3,46
14/22	308	32,4	1	18,48	1 129	719	12 422	5 031	6,35	4,04
16/22	352	28,4	1	21,12	1 291	939	14 197	7 509	6,35	4,62
18/22	396	25,2	1	23,76	1 452	1 188	15 972	10 692	6,35	5,20
20/22	440	22,7	1	26,40	1 613	1 467	17 747	14 667	6,35	5,77
22/22	484	20,6	1	29,04	1 775	1 775	19 520	19 520	6,35	6,35
9/24	216	46,3	2	12,96	864	324	10 368	1 458	6,93	2,60
10/24	240	41,6	2	14,40	960	400	11 520	2 000	6,93	2,89
12/24	288	34,7	2	17,28	1 152	576	13 824	3 456	6,93	3,46
14/24	336	29,7	1	20,16	1 344	784	16 128	5 488	6,93	4,04
16/24	438	26,0	1	23,04	1 536	1 024	18 432	8 192	6,93	4,62
18/24	432	23,1	1	25,92	1 728	1 296	20 736	11 664	6,93	5,20
20/24	480	20,8	1	28,80	1 920	1 600	23 040	16 000	6,93	5,77
22/24	528	18,9	1	31,68	2 110	1 936	25 340	21 296	6,93	6,35
24/24	576	17,3	1	34,56	2 304	2 304	27 648	27 648	6,93	6,93
9/26	234	42,7	3	14,04	1 014	351	13 182	1 584	7,51	2,60
10/26	260	38,4	2	15,60	1 127	433	14 647	2 167	7,51	2,89
12/26	312	32,0	1	18,72	1 352	624	17 576	3 744	7,51	3,46
14/26	364	27,4	1	21,84	1 577	849	20 505	5 945	7,51	4,04
16/26	416	24,0	1	24,96	1 803	1 109	23 435	8 875	7,51	4,62
18/26	468	21,3	1	28,08	2 028	1 404	26 364	12 636	7,51	5,20
20/26	520	19,2	1	31,20	2 253	1 733	29 293	17 333	7,51	5,77
22/26	572	17,4	1	34,32	2 480	2 097	32 223	23 071	7,51	6,35
24/26	624	16,0	1	37,44	2 704	2 496	35 152	29 952	7,51	6,93
26/26	676	14,8	1	40,56	2 929	2 929	38 081	38 081	7,51	7,51
14/28	392	25,5	1	23,52	1 829	915	25 611	6 403	8,08	4,04
16/28	448	22,3	1	26,88	2 091	1 195	29 269	9 557	8,08	4,62
18/28	504	19,8	1	30,24	2 352	1 512	32 928	13 608	8,08	5,20
20/28	560	17,8	1	33,60	2 613	1 867	36 587	18 667	8,08	5,77
22/28	616	16,2	1	36,96	2 875	2 259	40 245	24 845	8,08	6,35
24/28	672	14,8	1	40,32	3 136	2 688	43 904	32 256	8,08	6,93
26/28	728	13,7	1	43,68	3 397	3 155	47 563	41 011	8,08	7,51
28/28	784	12,7	1	47,04	3 659	3 659	51 221	51 221	8,08	8,08
16/30	480	20,8	1	28,80	2 400	1 280	36 000	10 240	8,66	4,62
18/30	540	18,5	1	32,40	2 700	1 620	40 500	14 580	8,66	5,20
20/30	600	16,6	1	36,00	3 000	2 000	45 000	20 000	8,66	5,77
22/30	660	15,1	1	39,60	3 300	2 420	49 500	26 620	8,66	6,35
24/30	720	13,8	1	43,20	3 600	2 880	54 000	34 560	8,66	6,93
26/30	780	12,8	1	46,80	3 900	3 380	58 500	43 940	8,66	7,51
28/30	840	11,9	1	50,40	4 200	3 920	63 000	54 880	8,66	8,08
30/30	900	11,1	1	54,00	4 500	4 500	67 500	67 500	8,66	8,66

Zulässige Spannungen für Bauholz nach DIN 1052, Bl. 1, Okt. 1969 „Holzbauwerke, Berechnung u. Ausführung"

Zuläss. Spannungen in N/mm^2 durch Hauptlasten = Lastfall H (ständige Lasten, Verkehrslasten mit Schnee-, ohne Windlasten, freie Massenkräfte von Maschinen) in tragenden Bauteilen aus Holz nach DIN 4074

Art der Beanspruchung [10 kp/cm² ≈ 1 MN/m² = 1 N/mm²]		Europäische Nadelhölzer Güteklasse[2)] I[3)]	II	III	Brettschichtholz[1)] Güteklasse[2)] I[3)]	II	Buche, Eiche mittlerer Güte
Biegung[4)]	zul σ_B	13,0	10,0	7,0	14,0	11,0	11,0
Biegung b. Durchlaufträg. ohne Gelenke	zul σ_B	14,3	11,0	7,7	15,4	12,1	12,1
Zug in Faserrichtung	zul $\sigma_Z \parallel$	10,5	8,5	0	10,5	8,5	10,0
Druck in Faserrichtung[4)]	zul $\sigma_D \parallel$	11,0	8,5	6,0	11,0	8,5	10,0
Druck senkr. zur Faserrichtung	zul $\sigma_D \perp$	2,0	2,0	2,0	2,0	2,0	3,0
desgl., wenn größ. Eindrückung unbedenkl.[5)]		2,5	2,5	2,5	2,5	2,5	4,0
Abscheren	zul $\tau \parallel$	0,9	0,9	0,9	0,9	0,9	1,0
Schub aus Querkraft	zul $\tau \parallel$	0,9	0,9	0,9	1,2	1,2	1,0

Zulässige Druckspannung bei Kraftangriff schräg zur Faserrichtung, berechnet nach

$$\text{zul}\,\sigma_{D\sphericalangle} = \text{zul}\,\sigma_{D\parallel} - (\text{zul}\,\sigma_{D\parallel} - \text{zul}\,\sigma_{D\perp}) \cdot \sin\alpha$$

in N/mm^2 für

Kraftrichtung — α — Faserrichtung

Winkel α	0°	10°	20°	30°	40°	50°	60°	70°	80°	90°
europ. Nadelhölzer, Güteklasse II	8,5	7,4	6,3	5,2	4,3	3,5	2,9	2,4	2,1	2,0
desgl., wenn geringe Eindrückung unbedenkl.[5)]	–	–	–	5,5	4,6	3,9	3,3	2,9	2,6	2,5
Eiche u. Buche im Lastfall H (s. oben!)	10,0	8,8	7,6	6,5	5,5	4,6	3,9	3,4	3,1	3,0
desgl., wenn geringe Eindrückung unbedenkl.[5)]	–	–	–	7,0	6,1	5,4	4,8	4,4	4,1	4,0

Zulässige Spannungen in N/mm^2 im Lastfall H für Baufurnierplatten BFU (DIN 68 705, Bl. 3) bezogen auf den Vollquerschnitt, zur Faserrichtung der Deckfurniere

Deckfurniere	in Plattenebene				rechtwinklig zur Plattenebene		
	Biegung zul σ_B	Zug zul σ_Z	Druck zul σ_D	Abscheren zul σ_τ	Biegung zul σ_B	Druck zul σ_D	Abscheren zul σ_τ
parallel	9	8	8	0,9	13	3	1,8
rechtwinklig	6	4	4	0,9	5	3	1,8

Die zuläss. Spannungen der vorstehenden 3 Tabellen sind zu ermäßigen auf

2/3	1. bei Gerüsten aus Holz, das bei Belastung noch nicht halbtrocken ist (DIN 4074); 2. bei dauernd im Wasser stehenden Bauteilen, auch wenn sie geschützt sind; 3. bei ungeschützt Nässe und Feuchtigkeit ausgesetzten Bauteilen außer Gerüsten
5/6	bei Bauteilen, die der Feuchte und Nässe ausgesetzt, aber nach Bearbeitung und vor Zusammenbau mit einem geprüften Mittel (nach DIN 68800) geschützt sind, nicht aber bei Gerüsten.

Elastizitäts- und Schubmoduln in N/mm^2 nach DIN 1052, Bl. 1, für Bauholz (trocken nach DIN 4074)

Elastizitätsmodul E, zur Faserrichtung (bei BFU der Deckfurniere)		Europäische Nadelhölzer	Buche und Eiche	Brettschicht holz (siehe oben Anm.[1)])	Baufurnier-platten BFU[6)] BFU[6)]	Für dauernd durchfeuchtete Vollhölzer od. Furnierplatten gelten
parallel	$E\parallel$	10 000	12 500	11 000	7 000	5/6 der vorstehenden Werte
senkrecht	$E\perp$	300	600	300	3 000	
Schubmodul	G	500	1 000	500	500	

1) Aus europ. Nadelh. verleimt, Einzelbretter dünner als 30 mm;

2) Der vorgeseh. Güteklasse müssen entsprechen: Verbundkörper als Ganzes bei Biegung der gesamte Bauteil; äußere Teile in der Zugzone; bei zusammengesetzt. Zuggliedern alle Einzelteile;

3) Spannungen nicht zugelassen bei Sparren, Pfetten, Deckenbalken aus Kantholz oder Bohlen;

4) Die zuläss. Biege- und Druckspannungen dürfen bei Rundhölzern in Bereichen ohne geschwächte Randzone um 20% erhöht werden.

5) Nicht zugelassene Spannungen bei Anschlüssen mit verschiedenen Verbindungsmitteln.

6) Die Werte gelten für die Gesamtplattendicke

Gütemerkmale von Schnittholz, Begriffe nach DIN 68256, April 1976

festgelegt für ungehobeltes, abgerichtetes und gehobeltes Nadel- und Laubschnittholz, das nicht profiliert ist. Folgend werden alle Merkmale genannt, nur die nicht selbstverständlichen erklärt.

1 Ein **Ast** wird mehrmals beurteilt und eingeordnet: Er ist

1.1 nach dem Verhältnis $\frac{\varnothing \max}{\varnothing \min}$ des größten zum kleinsten Ø seiner

Schnittfläche:	**runder Ast;**	**ovaler Ast;**	**länglicher Ast (Flügelast),**
wenn $\frac{\varnothing \max}{\varnothing \min}$:	$\leqq 2$	$2 \cdots 4$	> 4

1.2 nach seiner Lage im Schnittholz an einer

Seite (Breitfläche): **Seitenast;**
Kantenfläche (Schmalfläche): **Kantenflächenast;**
Kante: **Kantenast** oder, wenn er von einer zur anderen Seite oder Kantenfläche
durchgeht: **durchgehender Ast.**

1.3 nach seiner Lage zu anderen Ästen ein

Einzelast: Sein Abstand a zum nächsten Ast in Längsrichtung ist größer als die Holzbreite b. Wenn $b > 150$ mm ist, so muß $a = 150$ mm sein.

Gruppenast: Mehrere runde, ovale oder Kantenäste in einem Flächenbereich so lang wie die Brettbreite, jedoch nicht länger als 150 mm.

Doppelast: Auf einer Achse quer zur Längsrichtung 2 Flügeläste oder 1 Flügelast und 1 ovaler oder Kantenast. Zwischen ihnen liegende runde und ovale Äste werden nicht gewertet.

1.4 nach dem mit umgebendem Holz verwachsenen Teil seines Umfangs

von mehr als $^3/_4$	zwischen $^3/_4$ und $^1/_4$	von weniger als $^1/_4$:
verwachsener Ast	**teilweise verwachsener Ast**	**nicht verwachsener Ast**

1.5 nach dem Zustand des Holzes ein

gesunder Ast (ohne Fäulnis): Dieser ist entweder ein
heller Ast (in der Farbe des umgebenden Holzes) oder ein
dunkler Ast (wesentlich dunkler als das umgebende Holz) oder ein
dunkler verharzter Ast (wie zuvor, zugleich glasig).

Ist von der Querschnittsfläche des Astes faul	höchstens $^1/_3$;	mehr als $^1/_3$,
so ist der Ast ein	**angefaulter Ast;**	**fauler Ast.**

2 Fünf **Rißarten** werden unterschieden, nämlich

2.1 **Kernriß**: Radial gerichteter Riß im Kern.		mit großer Ausdehnung in Längsrichtung des Holzes
2.2 **Ringriß**: Riß, der im Kernholz auftritt und den Jahrringen folgt.		
2.3 **Frostriß**: Am stehenden Baum entstandener, radial nach innen gerichteter Riß.	Folgen: Angrenzendes Holz ist nachgedunkelt, Jahrringe sind örtlich gekrümmt.	

2.4 **Trockenriß**: Radial gerichteter Riß, der am gefällten Stamm auftritt.

2.5 **Schilferriß**: Meist bis etwa 10 cm langer Riß quer oder schräg zur Brettlänge, vorwiegend in der Mitte eines Herzbrettes, weil sich infolge schrägen Faserverlaufs eine flächige Holzschicht schuppig abgelöst hat.

2.6 Ein **Riß** ist nach seiner Lage im Holz ein

2.6.1 **Seitenriß** an einer Seite (Breitfläche),	aber auch an den Enden (am Hirnholz).
2.6.2 **Kantenflächenriß** an einer Schmalfläche,	

2.6.3 **Endriß**: Riß an den Enden, der nicht an einer Seite oder einer Kantenfläche erscheint.

2.7 Ein **Riß** ist nach seiner Tiefe ein

2.7.1 **Oberflächenriß (Haarriß)**: Er geht nicht tiefer als 5 mm bei einer Holzdicke $d \leqq 50$ mm oder $^1/_{10}\, d$ bei $d > 50$ mm

2.7.2 **tiefer Riß**: Er geht tiefer als 5 mm bei einer Holzdicke $d \leqq 50$ mm oder $^1/_{10}\, d$ bei $d > 50$ mm. Ein tiefer Riß erscheint nicht auf der anderen Seite des Holzes.

2.7.3 **durchgehender Riß**: Riß, der an zwei Seiten oder Enden des Holzes sichtbar ist, als Ringriß auch an zwei benachbarten Stellen derselben Holzfläche.

Fortsetzung: Gütemerkmale von Schnittholz, Begriffe.

3 **Merkmale zur Holzstruktur** (in Reihenfolge der Norm):
Markröhre; Faserneigung;

Druckholz (Buchs, Rothärte):	Örtliche Veränderung der Holzstruktur während des Wachstums	durch verdickte Frühholzzellen, an Farbänderung erkennbar.
Zugholz :		an rauher, wolliger Schnittfläche erkennbar.

Wirbel; Drehwuchs; Wechseldrehwuchs; Harzgalle (einseitige und durchgehende); **Harzzone; Rindeneinschluß** (einseitiger und durchgehender);

Falschkern: Unnormal starke, verschieden intensive und getönte Verfärbung im Inneren des Stammes, die die Härte des Holzes nicht vermindert. Sie erscheint am stehenden Baum bei Arten, die unregelmäßig Kernholz bilden (Birke, Buche).

Spritzkern: Für die Holzgüte der Rotbuche bedeutsame Art des Falschkerns mit besonders dunkler Färbung und gezacktem Rand.

Gerbstoffverfärbung: 2 bis 5 mm tiefe, rötlich - braune und bläulich - braune Färbung der Oberfläche infolge Oxidation der Gerbstoffe.

Flecken und Fladern: Örtliche, ähnlich dem Kernholz gefärbte Flecken und Streifen im Splintholz. Sie erscheinen am stehenden Baum, vermindern die Härte des Holzes nicht.

Eingeschlossenes Splintholz (Mondringe): Jahrringe im Kernholz mit Färbung und Eigenschaften des Splintholzes.

4 **Fehler durch Pilze:** Als Gütemerkmale werden unterschieden:

Kernflecken und Streifen durch Pilzbefall, entstanden am wachsenden Baum durch holzbewohnende Pilze.
Kernfäule, entstanden am wachsenden Baum durch holzzerstörende Pilze.
Rostreifigkeit des Splintholzes nach dem Fällen, verursacht durch holzzerstörende Pilze.
Schimmel an der Holzoberfläche.

Verfärbung durch Pilzbefall beim Splintholz, häufig fleckig. Letztere wird als Gütemerkmal mehrmals beurteilt, nämlich

4.1 nach der **Farbe** (und Festigkeit):
Bläue: Splintholz grau bis bläulich, meist streifig verfärbt, unvermindert fest.
Splintverfärbung: Splintholz gelb. orange, rosa bis hellviolett oder braun verfärbt, kann vermindert fest sein.

4.2 nach der **Intensität** (Stärke):
helle Splintverfärbung: Holz leicht verfärbt, Struktur nicht verdeckt;
dunkle Splintverfärbung: Holz stark verfärbt, Struktur verdeckt.

4.3 nach der **Eindringtiefe:**
flache Splintverfärbung: Holz bis 2 mm tief verfärbt;
tiefe Splintverfärbung: Holz tiefer als 2 mm verfärbt;
verdeckte Splintverfärbung: Holz unter der Oberfläche verfärbt

Einlauf	Eine von rindenfreien Holzoberflächen ausgehende, biochemisch verursachte Verfärbung	des Holzes, grau bis bräunlich, ohne Pilzeinwirkung, Holzfestigkeit nicht vermindert.
Verstocken (Splintfäule)		des Splintholzes, bräunlich bis weißfleckig, zusätzlicher Befall durch holzzerstörende Pilze, Festigkeit vermindert.

5 **Fraßgänge** (Wurmlöcher) von Insekten oder ihren Larven sind als Merkmal:
flacher Fraßgang: Fraßfurche auf der Oberfläche nicht tiefer als 5 mm;
tiefer Fraßgang: Fraßgang tiefer als 5 mm unter der Oberfläche;
kleiner Fraßgang: Tiefes Loch mit $\varnothing \leqq 3$ mm;
großer Fraßgang: Tiefes Loch mit $\varnothing > 3$ mm.
Mistelloch: Loch im Schnittholz als Folge von Mistelbefall.

6 **Merkmale durch** (nicht einwandfreies) **Sägen:**
Baumkante; tiefe Sägespuren; Wellen (uneben gesägte Fläche); **rauher Sägeschnitt.**

7 **Merkmale durch Krümmung** (Biegen des Holzes beim Aufschneiden oder Trocknen):
Langskrümmung der Seite, einfache und **mehrfache; Langskrümmung der Schmalfläche; Querkrümmung; Verdrehung.**

Messen von Nadelschnittholz / Laubschnittholz nach DIN 68250, Aug. 1970 / DIN 68371, Nov. 1975 (Vornorm)

Beide Normen gelten für besäumtes und unbesäumtes ungehobeltes Schnittholz und sind sachlich gleich.

Zu messen ist die	Das Schnittholz ist	Ort und Durchführung der Messung
Dicke	gleich dick	an beliebiger Stelle mindestens 150 mm von den Enden entfernt.
Breite	parallel besäumt (beim Brett ≧ 80 mm)	an beliebiger Stelle ohne Baumkante mindestens 150 mm von den Enden entfernt.
	nicht parallel besäumt	auf der Seite ohne Baumkante in der Mitte der Länge
	unbesäumtes Brett (Dicke 8 ... 40 mm)	an der schmalen Seite in der Mitte der Länge
	unbesäumte Bohle (Dicke 40 mm und mehr)	als Mittelwert aus den Breitenmaßen beider Seiten in der Mitte der Länge oder blockliegend [1]
Länge	beliebig	am kürzesten Abstand zwischen den annähernd rechtwinklig zu seiner Längsachse liegenden Enden.

Breitenmaße werden auf volle cm nach unten gerundet; 1% Abweichung von der Breite bleibt unberücksichtigt. Das Volumen des Schnittholzes wird aus den Normmaßen der Dicke, Breite und Länge errechnet und in m^3 auf 0,001 m^3 genau angegeben.

[1] Blockliegend heißt: Bei Stamm- oder Blockware werden die einzelnen Bohlen nur obenseitig (nach Lage im richtig gestapelten Block) gemessen, die obere Hälfte des Blocks also schmal-, die untere breitseitig.

Begriffe für Maße von Schnittholz nach DIN 68252, Teil 1, Jan. 1978

Nr.	Maß	Erklärung	
1	Dicke	Abstand zwischen beiden Seiten eines Brettes oder einer Bohle.	
2	Breite	Abstand zwischen beiden Kantenfächen eines Brettes oder einer Bohle, senkrecht zur Längsachse des Schnittholzes gemessen.	
3	Länge	Kürzester Abstand zwischen den Enden des Schnittholzes.	
4	Nennmaß	Angegebenes Maß, das ungenaues Sägen, Quellen und Schwinden und weitere Bearbeitung des Schnittholzes nicht berücksichtigt.	
5	Ist-Maß	Maß zur Zeit der Messung.	
6	Sägemaß	Nennmaß plus Schwindmaß des Holzes bis zur Meßbezugsfeuchte.	
7	Soll-Maß	Maß, das nach maschineller Bearbeitung des Schnittholzes bei einem bestimmten Feuchtegehalt erreicht werden soll.	
8	Schwindmaß	Maß, um das die Schnittholzmaße bei sinkendem Feuchtegehalt des Holzes abnehmen.	
9	Quellmaß	Maß, um das die Schnittholzmaße bei steigendem Feuchtegehalt des Holzes zunehmen.	
10	Querschnittsfläche A	Schnittholz mit A bis 32 cm^2 und einer Breite bis 80 mm heißt **Latte** oder **Leiste.**	
		Kreuzholz: 4 Stück müssen kerngetrennt sein.	A ist größer als 32 cm^2
		Rahmen: Mindestens 4 Stück müssen aus einem Rundholzabschnitt erzeugt sein.	

Rotbuchen-Blockware, Gütebedingungen nach DIN 68369, April 1976

Blockware: Aus einem Stammabschnitt in Längsrichtung gesägte Bohlen und Bretter mit Baumkante, die nach dem Einschnitt zusammenbleiben. Bei Blockware gelten die angegebenen Merkmale und die Beurteilung für den ganzen Block, nicht für einzelne Holzteile. Beispiele: Ein völlig fehlerfreies Seitenbrett eines Blockes der Güteklasse II wird nicht als Güteklasse I bezeichnet, es hebt den Block nicht in eine höhere Güteklasse; eine fehlerhafte Herzbohle kann einen Block von sonst gleichmäßig besserer Güte nicht in eine niedrigere Güteklasse drücken; derselbe zulässige Ast (oder ein anderer zulässiger Fehler), der in mehreren Bohlen eines Blockes erscheint, wird nur einmal nach seiner mittleren Erscheinungsform gewertet.

Alle Holzmerkmale, auch die zulässigen, sind zu berücksichtigen, strenger in Güteklasse I als in den beiden anderen. Das Holz kann gedämpft sein. Die Dämpfung soll gleichmäßig durch den ganzen Block gehen, hat aber keinen Einfluß auf die Gütebedingungen. Abweichende Vereinbarungen, z.B. über Krümmungen oder Rotkern, sind zulässig.

Fortsetzung: Rotbuchen – Blockware, Gütebedingungen

Merkmale	Güteklassen I	Güteklassen II	Güteklassen III
Güte des Holzes	sehr gut	mittlere	geringe
Die Blockware ist erzeugt aus	sauberen, äußerlich ast- u. beulenfreien Stammenden u. gleichwertigen Mittelstücken	geringeren unteren Stammstücken und normalen Mittelstücken	geringeren Mittelstücken u. Zopfenden
Länge	vorwiegend mindestens 3 Meter		
Zulässige Äste auf je 3 m Blocklänge im Block	1 gesunder bis ∅ 8 cm oder 2 bis ∅ 4 cm (Bei ovalen oder Flügelästen gilt die schmale Ausdehnung)	2 gesunde bis ∅ 8 cm oder 4 bis ∅ 4 cm; je 1 großer oder 2 kleinere dürfen faul sein.	zulässig
Kernrisse als Herzrisse, senkrecht in d. Mitte d. liegenden Brettes	zulässig, aber die beiden durch den Riß getrennten Bohlenteile dürfen auf je 3 m Blocklänge am Ende nicht mehr auseinanderklaffen als 10 cm	zulässig 30 cm	zulässig
Kernrisse als Schrägrisse (schräg vom Blockende u. der Kernröhre ausgehende Radialrisse)	Bis 3 m Blocklänge ein Riß zulässig, in den Stamm hineinreichend bis 30 cm lang Bei über 3 m Blocklänge sind derartige Risse zulässig 2 oder 1 Riß 60 cm lang Summe bei Rissen von beiden Seiten kurze Trockenrisse von der Stirnseite her bleiben bei der Güteeinstufung unberücksichtigt	60 cm lang oder mehrere kürzere bis zur doppelten Länge	zulässig
Schilfer[1]	zulässig bis zu 10% der Brettbreite	zulässig bis zu 20% der Brettbreite	zulässig
Oberflächenrisse (Haarrisse)	zulässig leichte Haarrisse, die bei normalem Hobeln verschwinden	zulässig, vereinzelt auch tiefere Luftrisse	zulässig
Faserneigung	Die Faser darf von der Ober- zur Unterseite aus dem Brett herauslaufen erst nach 2 m Schrägverlauf der Faser auf geringe Länge meist in Nähe von Ästen oder Wirbeln bleibt bei der Einstufung unberücksichtigt.	nach 1 m	zulässig
Wirbel	zulässig		
Rindeneinschluß	in unbedeutendem Umfang zulässig		zulässig
Rotkern	zulässig (siehe Vorbemerkung!)		
Spritzkern	unzulässig	zulässig	
Flecken durch Schleimfluß	unzulässig	in geringer Anzahl zulässig	zulässig
Farbänderung an den Stammenden durch Einlauf	zulässig bis zu 10% der Blocklänge Wenn von beiden Seiten her vorhanden, sind beide Längen zu addieren. Die längste Ausdehnung gilt.	zulässig bis zu 20% der Blocklänge	zulässig
schwarze Flecken durch Schimmelbefall	unzulässig (Grüner Schimmel deutet im Normalfall auf schonende gute Trocknung hin und hinterläßt keinerlei Farbveränderung	nur in geringer Anzahl zulässig	zulässig
Fäulnis durch Pilze	bedingt zulässig		
Kernfäule in der Mark- o. Kernzone	zulässig bis 10% der Brettbreite	zulässig bis 20% der Brettbreite	zulässig
Verstocken (Stockfäule) von den Stammenden her	unzulässig Wenn von beiden Blockenden her vorhanden, sind beide Längen zu addieren. Die längste Ausdehnung gilt.	zulässig bis 10% der Blocklänge	zulässig, jedoch muß das Holz noch nagelfest sein.
Insektenfraß (Wurmbefall)	unzulässig		zulässig in gering. Umfang

1) Siehe „Gütemerkmale von Schnittholz, Begriffe", S. 39

Fortsetzung: Rotbuchen – Blockware, Gütebedingungen					
Verformungen der Bretter im Block (siehe Vorbemerkung!)		Längskrümmung der Seite (in Längsrichtung verzogenes Brett) Pfeilhöhe	Längskrümmung der Schmalfläche (aus krummem Stamm erzeugt)	Querkrümmung (in Richtung der Brettbreite)	Verdrehung
Güteklassen	I	unzulässig	zulässig 5 cm Pfeilhöhe je lfd. m	unzulässig	unzulässig
	II	unzulässig	zulässig 12 cm Pfeilhöhe je lfd. m	unzulässig	unzulässig
	III	zulässig bis 0,5 cm Pfeilhöhe je lfd. m	zulässig	zulässig	unzulässig

Laubschnittholz für Treppen nach DIN 68368, Nov. 1975

Gütebedingungen für geschnittenes, hartes Laubholz (Eiche, Buche und anderes, gleichermaßen geeignetes), aus dem eine Treppe gebaut wird.
Das Holz muß gesund sein. Unzulässig: Verstocken und Einlauf (beide erkennbar als graue bis rötlichbraune Verfärbungen, die von den Hirnflächen aus zungenförmig in das Innere vordringen). Ist anderes nicht vereinbart, so ist Verfärbung durch Kern zulässig und soll Rotbuche gedämpft sein.

Allgemeine Gütemerkmale	**Güteklasse I**	**Güteklasse II**
Feuchtegehalt	(12 ± 2)%, bezogen auf das Darrgewicht	
Faserverlauf	regelmäßig	jeder ist zulässig
Splintholz	zulässig, wenn etwa so fest wie das Kernholz; Splint, z.B. bei Eiche oder Doussie, ist unzulässig.	
Jahrringverlauf	Bei Holzarten, die sich leicht verziehen, z. B. Rotbuche, darf auf der Breitfläche kein Jahrring zweimal erscheinen. Solche Stücke müssen herzgetrennt und wie angegeben verleimt werden. Aus mehreren Teilen verleimte Trittstufen sind zulässig.	
Krümmung längs u. quer	bis 0,5% in jeder Richtung	
Verdrehung	bis 0,5%, bezogen auf die Längsrichtung	
Sägespuren	unzulässig	
Merkmale der Flächen, die sichtbar bleiben	**Güteklasse I**	**Güteklasse II**
Markspuren, Fraßgänge, faule Äste, Baumkante, eingewachsene Rinde	unzulässig	
Rotkern (Rotbuche)	unzulässig	zulässig
Verfärbungen (auch beim Treppenlauf)	leichte Farbunterschiede zulässig	grobe Farbunterschiede zulässig; Schwarzverfärbung unzulässig.
Risse	unzulässig, kleine End- und Haarrisse zulässig.	
Gesunde Äste	unzulässig	bis 3 gesunde oder ausgeflickte Äste bis ∅ 3 cm je lfd. m Stufenlänge zulässig.
Merkmale der Flächen, die unsichtbar werden	**Güteklasse I**	**Güteklasse II**
Markspuren, Rotkern, Verfärbungen, eingewachsene Rinde, lebhafte Maserung	zulässig	
Risse	unzulässig, End- und Haarrisse zulässig	
Äste, gesunde u. faule	zulässig, soweit die Festigkeit nicht leidet.	
Fraßgänge	frei von lebenden Larven in geringer Anzahl zulässig.	
Baumkante	an verdeckten Hinterkanten zulässig, doch muß auf ganzer Länge mindestens 30 mm Holzdicke bleiben.	
Andere Holzfehler	zulässig, wenn keine Einbuße an Festigkeit u. Dauerhaftigkeit zu befürchten ist.	

Gütebedingungen für Bauschnittholz (Nadelholz ohne Weymouthskiefer)

nach DIN 4074, Dez. 1958 gelten für Auswahl und Einbau der Bauschnitthölzer, deren Querschnitte nach der Tragfähigkeit gewählt werden, für den Teil der Holzlänge (+ beiderseitigem Sicherheitszuschlag vom 1½-fachen des größten Querschnittsmaßes), an dem die entsprechenden Spannungen auftreten.

Zulässige mittlere Feuchte des Bauholzes, mit zugelassenem Feuchtemeßgerät gemessen, auf das Darrgewicht des Holzes bezogen (Schiedsfälle nach DIN 52183 prüfen!):

1. trockenes Bauholz: höchstens 20 % Feuchte;
2. halbtrockenes Bauholz: höchstens 30 %, bei mehr als 200 cm² Querschnitt höchstens 35 %;
3. frisches Bauholz: keine Begrenzung der Feuchte.

Bei vierseitig und parallel geschnittenem Bauschnittholz unterscheidet man vier

Schnittklassen	S	A	B	C
Bezeichnung als ... Bauschnittholz	scharfkantiges (Sonderschnittklasse)	vollkantiges	fehlkantiges	sägegestreiftes
von Baumkante frei	alle Seiten völlig	mindestens ⅔ jeder Seite	mindestens ⅓ jeder Seite	muß an allen 4 Seiten durchlaufend von der Säge gestreift sein.
Breite der Baumkante (schräg gemessen) als Bruchteil des größten Querschnittsmaßes.	Baumkante unzulässig	⅛	⅓	

Bedingungen der Güteklassen

Einteilung der Güteklassen	Bauschnittholz mit besonders hoher Tragfähigkeit		Bauschnittholz mit gewöhnlicher Tragfähigkeit		Bauschnittholz mit geringer Tragfähigkeit	
	Güteklasse I		Güteklasse II		Güteklasse III	
Schnittklasse (Mindestforderung)	Schnittklasse A		Schnittklasse B		Schnittklasse C	
Das Bauholz wird verwendet: Schutz:	ohne Holzschutzbehandlung	mit Holzschutzbehandlung	ohne Holzschutzbehandlung	mit Holzschutzbehandlung	ohne Holzschutzbehandlung	mit Holzschutzbehandlung
Ort:	unter Dach, im Trocknen	im Freien im Feuchten	unter Dach, im Trocknen	im Freien im Feuchten	unter Dach, im Trocknen	im Freien im Feuchten
Bläue	zulässig					
Weiß- und Rotfäule	unzulässig					
Braune und rote Streifen	unzulässig	zulässig				
Blitzrisse, Frostrisse	unzulässig					zulässig
Mistelbefall; Ringschäle	unzulässig					zulässig
Insektenfraß (Bohrlöcher)	unzulässig			an Oberfläche zulässig	unzulässig	zulässig
Lebende Eier und Larven von Insekten im Holz	unzulässig					
Maßhaltigkeit Abmessungen (Sollwerte) nach DIN 4070 u. 4071 (s. S. 34 u. 57)	Die Querschnittsmaße dürfen beim halbtrockenen Holz vom Sollwert bis zu 1,5 % nach unten abweichen. Größere Einzelabweichungen sind unzulässig		zulässig bis zu 3% nach unten bei 10% der Menge			
Feuchtegehalt	Bauholz darf beim Einbau halbtrocken sein, jedoch nur dort, wo es bald trocknen und dauernd trocken bleiben kann.					
Drehwuchs, gemessen an	Zulässige Abweichung der Faserrichtung von der Längskante je 1 m					
a) den Schwindrissen	100 mm		200 mm		330 mm	
b) den angeschnittenen Jahrringen, wenn Risse fehlen	70 mm		120 mm		200 mm	
Krümmung: zulässige Pfeilhöhe, bezogen	a) auf 2 m Meßlänge an der Stelle größter Krümmung:					
	5 mm		8 mm		15 mm	
	b) auf die Gesamtlänge (nur bei Hölzern für Druckglieder):					
	1/400		1/250		–	
Äste:	Meß- und Bestimmungsgrößen: siehe unten Anmerkung!					
Einzeläste bei Kanthölzern und Balken:	$\frac{a}{b}$ bis ⅕; a < 50 mm		$\frac{a}{b}$ bis ⅓; a < 70 mm		$\frac{a}{b}$ bis ½	
Einzeläste bei Brettern, Bohlen, Latten	alle a senkrecht zu l an allen Flächen gemessen; zulässig: $\frac{\Sigma a}{2b}$ bis ⅕		$\frac{\Sigma a}{2b}$ bis ⅓		$\frac{\Sigma a}{2b}$ bis ½	
Astansammlungen bei Kanthölzern und Balken:	Σ a auf l = 150 mm, an allen Flächen an ungünstigster Stelle gemessen; zulässig: $\frac{\Sigma a}{b}$ bis ⅖		$\frac{\Sigma a}{b}$ bis ⅔		$\frac{\Sigma a}{b}$ bis ¾	
Astansammlungen bei Brettern, Bohlen, Latten:	Σ a auf l = 150 mm, senkrecht zu l an allen Flächen an ungünstigster Stelle gemessen; zulässig: $\frac{\Sigma a}{2b}$ bis ⅓		$\frac{\Sigma a}{2b}$ bis ½		$\frac{\Sigma a}{2b}$ bis ⅔	

Anmerkung: Bei Ästen bedeutet:
a = kleinster sichtbarer Durchmesser (Ø) eines Astes; durchgehende oder an Holzkanten winklig angeschnittene Äste haben entsprechend oft einen kleinsten Ø a;
Σa = Summe der kleinsten Ast-Ø; b = Breite der Querschnittsseite, an der der Ast sitzt; l = Längsachse oder Länge des Brettes, Kantholzes usw.

Gütemerkmale für Rauhspund aus Nadelholz: Breite $\geqq$ 8 cm (nach DIN 68365)

Gütemerkmale	bei Rauhspund	Gütemerkmale	bei Rauhspund
Zulässige Baumkante	mittelgroße, höchstens gleich der Dicke und bis ½ Brettlänge, nur auf Unterseite bis zum Spund	Zulässige Farbe bei Fichte, Tanne, Douglasie	farbig
Zulässige Äste	vereinzelt lose oder ausgeschlagene bis 2,5 cm Breite und Länge	bei Kiefer:	blau
		Harzgallen	zulässig
Zulässige Risse	höchstens bis zu ⅓ der Länge des Brettes	Wurm- und Käferfraßstellen	nur geringe und nur an der Oberfläche zulässig
Ringschäligkeit	unzulässig		

Gütemerkmale gehobelten Bauholzes (Nadelholz) für Zimmerarbeiten

(gelten für jedes Stück Bauholz für Zimmerarbeiten beim Einbau) (nach DIN 68365, Nov. 1957)

Gütemerkmal	A. Bretter und Bohlen			B. Latten und Leisten	
	Güteklasse			Güteklasse	
	I	II	III	I	II
Zulässige Baumkante (schräg gemessen)	auf der ungehobelten Seite kleine bis ¼ der Dicke, höchstens auf ¼ der Länge des Stückes (Brettes usw.)				mittelgroße, höchstens gleich der Dicke und auf ½ der Länge
Zulässige Farbe bei Fichte, Tanne, Douglasie	weder rot noch farbig	leichtfarbig, d.h. bis zu 10% der Oberfläche farbig	mittelfarbig, Oberfläche bis zu 40% farbig	weder rot noch farbig	leichtfarbig, d.h. bis zu 10% der Oberfläche farbig
bei Kiefer, Weymouthskiefer	frei von jeder Bläue	angeblaut, d.h. bis zu 10% der Oberfläche blau	blau	frei von jeder Bläue	angeblaut, d.h. bis zu 10% der Oberfläche blau
bei Lärche	blank	blank	blank	blank	–
Zulässige Äste bei Fichte, Tanne Douglasie, Lärche	gesunde, bis zu 2,5 cm breit, bis zu 5 cm lang	schwarze, feste kleine bis zu 5 cm größtem ϕ, gesunde mittelgroße bis zu 4 cm kleinstem, bis zu 7 cm größtem ϕ	gesunde, nur vereinzelt kleine ausgeschlagene bis zu 2 cm kleinstem ϕ	gesunde kleine bis zu 2 cm breit, aber bis 4 cm lang u. bis ⅓ der	gesunde kleine, bis zu 2 cm kleinstem ϕ, aber bis ½ der
bei Kiefer, Weymouthskiefer	vereinzelt gesunde kleine bis zu 2 cm breit, bis zu 5 cm lang	gesunde kleine, vereinzelt lose, bei Dicken üb. 3 cm einzelne gesunde mittelgroße, bis 4 cm breit, bis zu 10 cm lang	gesunde, nur vereinzelt kleine ausgeschlagene bis zu 2 cm kleinstem ϕ	Breite der Querschnittsseite, an der der Ast sitzt.	
Zulässige Harzgallen	sehr kleine bis 0,2 cm breit, bis 2 cm lang; einzelne kleine bis zu 0,5 cm breit, bis zu 5 cm lang	kleine	nicht eingeschränkt	sehr kleine bis zu 0,2 cm breit, bis zu 2 cm lang	vereinzelt kleine bis zu 0,5 cm breit, bis zu 5 cm lang
Zulässige Risse	kleine, nicht länger als die Breite des Holzes, nicht durchgehend oder schräg laufend		nicht eingeschränkt	Wie bei A, I + II, siehe links!	mittelgroße, bis 1½-fache Latten- oder Leistenbreite lang. Nicht schräglaufende dürfen durchgehen
Hobelfehler	unzulässig	zulässig: kleine	zulässig	unzulässig	kleine zulässig
ausgedübelte Stellen		Zulässig: Kettendübelung bis 2 Stück			

Unzulässig sind: Wurm- und Käferfraßstellen, Rot- und Weißfäule. Mistelbefall, Kernschiefer (Schilber)

Gütemerkmale für Kantholz (Balken)[2] aus Nadelholz (nach DIN 68365)

Sonderklasse	unzulässig sind: Rinde, Bast; rote oder farbige Fi, Ta, Dougl., angeblaute Ki; faule oder lose Äste; Blitzrisse, Frostrisse; Wurm- oder Käferfraß, Drehwuchs, Krümmung, Ringschäligkeit, Rot- und Weißfäule, Mistelbefall
Normalklasse	unzulässig sind: Rinde, Bast; faule Äste, Rot- und Weißfäule; in geringem Maße zulässig sind: Blitzrisse, Frostrisse; Drehwuchs, Ringschäligkeit; Mistelbefall zulässig sind: nagelfeste braune und rote Streifen, Bläue (Ki), Insektenfraßstellen nur an der Oberfläche, 0,4 cm je m Krümmung.

[2] Für Bauschnitthölzer, deren Querschnitte nach der Tragfähigkeit ausgewählt werden, gelten die „Gütebedingungen für Bauschnittholz" DIN 4074, Dez. 1958 (Siehe S. 44!). Die dort angegebenen Schnittklassen gelten für alle Kanthölzer (Balken)

Gütemerkmale rauher besäumter Bretter u. Bohlen (Nadelholz) für Zimmerarbeiten (gelten für jedes Stück Bauholz für Zimmerarbeiten beim Einbau (nach DIN 68365)

Gütemerkmale	Güteklasse				
	0	I	II	III	IV
Zulässige Baumkante (schräg gemessen)	keine	vereinzelt kleine bis zu ¼ der Brett- oder Bohlendicke breit, höchstens auf ¼ der Länge	kleine	mittelgroße, höchstens gleich der Dicke und auf ½ der Länge	längs mindest. sägegestreift, a. Meßstelle Deckbreite mindestens ½ Stückbreite
Zulässige Farbe: bei Fichte, Tanne, Douglasie	weder rot noch farbig	vereinzelt leicht farbig	leicht farbig ≙ bis zu 10% der Oberfläche farbig	mittelfarbig ≙ bis zu 40% der Oberfläche farbig	farbig ≙ mehr als 40% der Oberfläche farbig
bei Kiefer	blank	blank, vereinzelt angeblaut		angeblaut bis blau	blau
Zulässige Äste: bei Fichte, Tanne, Douglasie	je lfd. m 1 kleiner Ast bis 2 cm breit, bis 5 cm lang	gesunde, kleine Äste	gesunde mittelgroße, bis 4 cm breit, bis 10 cm lang und je m bis 2 kleine Durchfalläste bis zu 10 Stück je m²	gesunde, vereinzelt mittelgroße lose bis 4 cm breit, bis 8 cm lang	große
bei Kiefer	keine	vereinzelt gesunde kleine bis zu 2 cm kleinstem ⌀	gesunde kleine, vereinzelt lose, bei Dicken über 3 cm vereinzelt gesunde bis zu 4 cm breit, bis 10 cm lang	gesunde, vereinzelt mittelgroße lose bis 4 cm breit, bis 8 cm lang	große
Zulässige Harzgallen	statt kleinen Astes je lfd. m 1 kleine Harzgalle bis zu 0,5 m breit und bis zu 5 cm lang	vereinzelt kleine	kleine	vereinzelt mittelgroße bis zu 1 cm breit, bis zu 10 cm lang	große
Zulässige Risse	vereinzelt kleine ≙ nicht länger als die Brett- oder Bohlenbreite keine durchgehenden, keine schräg laufenden			mittelgroße bis zum 1½ fachen der Brett- oder Bohlenbreite lang	große, auch durchgehende, bis zu ¼ der Brett- oder Bohlenlänge lang
Rotholz, Buchs Druckholz	unzulässig		in geringem Maße zulässig	zulässig	
Wurm- und Käferfraß	unzulässig			zulässig: geringe Fraßstellen nur an der Oberfläche	zulässig: häufige
Kernschiefer (Schilber)	unzulässig				zulässig
Mistelbefall	unzulässig				gering zulässig
Rot- und Weißfäule	unzulässig				

Gütemerkmale ungehobelter Latten und Leisten aus Nadelholz (nach DIN 68365)

Gütemerkmale	Güteklasse	
	I	II
Zulässige Baumkante (schräg gemessen)	Wie Güteklasse II ungehobelter Bretter, aber weder Rinde noch Bast zulässig	zulässig, aber
Zulässige Farbe: bei Fichte, Tanne, Douglasie	bis zu 10% der Oberfläche farbig ≙ leichtfarbig	farbig
bei Kiefer	desgl. angeblaut	blau
Zulässige Äste: bei Fichte, Tanne, Douglasie, Kiefer	kleine, bis 2 cm kleinstem ⌀, höchstens auf ⅓ der Breite der Querschnittsseite, an der sich der Ast befindet.	zulässig bis höchstens zur halben Breite

Gütemerkmale	Güteklasse	
	I	II
Zulässige Risse	kleine Risse, keine schräglaufenden, bis Latten- oder Leistenbreite lang, keine durchgehenden Risse	mittelgroße Risse, bis zu einer 1½ - fachen
Wurm- und Käferfraß	unzulässig	Wie Güteklasse III ungehobelt. Bretter
Kernschiefer (Schilber)	unzulässig	
Mistelbefall	unzulässig	
Rot- und Weißfäule	unzulässig	

keine Vorschrift über Harzgallen, Druckholz, Rotholz

Dachlatten sind (nach DIN 4070, Bl. 1, Jan. 1958) Schnitthölzer aus Nadelholz, bei denen die Querschnittsfläche kleiner als 32 cm² und die kurze Seite der Querschnittsfläche mindestens so lang wie die halbe lange Seite ist:

Querschnittsmaße in mm:	24/48	30/50	40/60
Querschnittsfläche in cm²:	11,5	15,0	24

Norm-Maße von Brettern und Bohlen (Alle Maße in mm)

Ungehobelte Bretter und Bohlen aus Nadelholz nach DIN 4071, Teil 1, April 1977:
Die Maße gelten bei einer Meßbezugsfeuchte des Holzes von 14 bis 20% vorzugsweise 16 bis 18%, bezogen auf das Darrgewicht, jedoch von 30% oder mehr für Dimensionsware, das ist Schnittware, die in bestimmten Dicken, Breiten und/oder Längen bestellt und erzeugt wird, z. B. Bauholz. Die Meßbezugsfeuchte hat nichts zu tun mit dem Feuchtegehalt des Holzes bei Lieferung oder Einbau.
Gütebedingungen (vorläufig noch) nach DIN 68365 (Siehe S. 45 f!).

Bretter	Nenndicke	16	18	22	24	28	38
	zul. Abw.	± 1					

Bohlen	Nenndicke	44	48	50	63	70	75
	zul. Abw.	± 1,5			± 2		

Breiten parallel besäumter Bretter und Bohlen:

Breiten	75	100	120	140	160	180	220	240	260	280
	80	115	125	150	175	200	225	250	275	300
zul. Abweichung	± 2	± 3								

Als zulässige Abweichungen gelten nur die Maßänderungen infolge der unvermeidbaren Ungenauigkeiten beim Bearbeiten und der schwankenden Holzfeuchte im Bereich der Meßbezugsfeuchte zwischen 14 und 20%.
Längen der Bretter und Bohlen: 1500 bis 6300 oder 6500

Stufung	von 1500 bis 6300 : 300 oder	Stamm- u. Blockware: 100
	von 1500 bis 6500 : 250	Dimensionsware: 10

Gehobelte Bretter und Bohlen aus Nadelholz nach DIN 4073, Teil 1, April 1977:
Meßbezugsfeuchte, Gütebedingungen wie oben unter DIN 4071, Teil 1.
Die Norm gilt für einseitig glatt, rückseitig auf gleichmäßige Dicke gehobelte Bretter und Bohlen aus Nadelholz, deren Kantenflächen nicht gehobelt oder profiliert sind. Die Dicke zweiseitig glatt gehobelter Bretter (besonders zu vereinbaren!) darf 1 mm kleiner sein als die entsprechende Dicke der Tabelle.
Der Begriff „Nordische Hölzer" bezeichnet Schnittholz aus Finnland, Schweden und Norwegen sowie Hölzer, die als „russische Seeware" gehandelt werden.
Dicken gehobelter Bretter und Bohlen aus Nadelholz:

Nordische Hölzer	9,5	11	12,5	14	16	19,5	22,5	25,5	28,5		40		45
Europäische H. (außer nord.)				13,5	15,5	19,5		25,5		35,5		41,5	45,5
zuläss. Abweich.	± 0,5						± 1						

Breiten und **Längen** gehobelter Bretter und Bohlen: Wie bei ungehobelten nach DIN 4071, Teil 1, siehe oben!
Nenndicken von ungehobeltem Laubschnittholz nach DIN 68372, Okt. 1975:

18	20	26	30	35	40	45	50	55	60	65	70	75	80	90	100

Balkonbretter aus Nadel- oder Laubholz nach DIN 68128, April 1977,

sind vierseitig gehobelte Bretter, deren Kanten rechtwinklig (Form A), gefast (Form B) oder abgeschrägt (Form C) sind. Die Maße in mm gelten bei 14 bis 20% vorzugsweise 16 bis 18% Feuchtegehalt des Holzes, bezogen auf das Darrgewicht.

Gütebedingungen nach DIN 68365

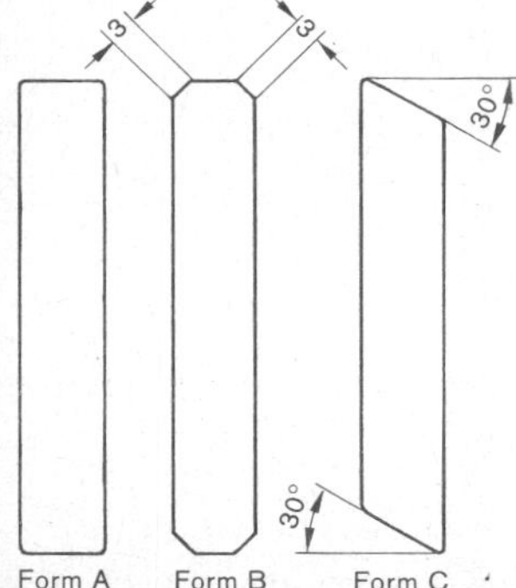

Balkonbretter aus	Dicke	Breite	
europäisch. (auß. nord.) H.	26 ± 1	150 ± 2	190 ± 2
nordischen Hölzern	27 ± 1	143 ± 2	193 ± 2
überseeischen Hölzern	26 ± 1	140 ± 2	190 ± 2

Längen der Balkonbretter (zul. Abw. $^{+50}_{-25}$) aus

europäischen (außer nordisch.) Hölzern		nordischen Hölzern		überseeischen Hölzern	
1500	1750	1800	2100	1830	2130
2000	2250	2400	2700	2440	2740
2500	2750	3000	3300	3050	3350
3000	3250	3600	3900	3660	3960
3500	3750	4200	4500	4270	4570
4000	4250	4800	5100	4880	5180
4500	5000	5400	5700	5490	5790
5500	6000	6000	–	6100	–

Rohmenge R = Holzbedarf nach Zuschlag von Verschnitt

Holzbedarf ohne Zuschlag m²	Holzbedarf nach einem Zuschlag für Verschnitt von								Zuschläge für Zwischenwerte			
	10%	15%	20%	25%	30%	35%	40%	45%	1%	2%	3%	4%
	insgesamt an m²								in m²			
0,01	0,011	0,012	0,012	0,013	0,013	0,014	0,014	0,015	—	—	—	—
0,02	0,022	0,023	0,024	0,025	0,026	0,027	0,028	0,029	—	—	0,001	0,001
0,03	0,033	0,035	0,036	0,038	0,039	0,041	0,042	0,044	—	0,001	0,001	0,001
0,04	0,044	0,046	0,048	0,050	0,052	0,054	0,056	0,058	—	0,001	0,001	0,002
0,05	0,055	0,058	0,060	0,063	0,065	0,068	0,070	0,073	0,001	0,001	0,002	0,002
0,06	0,066	0,069	0,072	0,075	0,078	0,081	0,084	0,087	0,001	0,001	0,002	0,002
0,07	0,077	0,081	0,084	0,088	0,091	0,095	0,098	0,102	0,001	0,001	0,002	0,003
0,08	0,088	0,092	0,096	0,100	0,104	0,108	0,112	0,116	0,001	0,002	0,002	0,003
0,09	0,099	0,104	0,108	0,113	0,117	0,122	0,126	0,131	0,001	0,002	0,003	0,004
2,00	2,20	2,30	2,40	2,50	2,60	2,70	2,80	2,90	0,020	0,040	0,060	0,080
2,10	2,31	2,415	2,52	2,625	2,73	2,835	2,94	3,045	0,021	0,042	0,063	0,084
2,20	2,42	2,53	2,64	2,75	2,86	2,97	3,08	3,19	0,022	0,044	0,066	0,088
2,30	2,53	2,645	2,76	2,875	2,99	3,105	3,22	3,335	0,023	0,046	0,069	0,092
2,40	2,64	2,76	2,88	3,00	3,12	3,24	3,36	3,48	0,024	0,048	0,072	0,096
2,50	2,75	2,875	3,00	3,125	3,25	3,375	3,50	3,625	0,025	0,050	0,075	0,100
2,60	2,86	2,99	3,12	3,25	3,38	3,51	3,64	3,77	0,026	0,052	0,078	0,104
2,70	2,97	3,105	3,24	3,375	3,51	3,645	3,78	3,915	0,027	0,054	0,081	0,108
2,80	3,08	3,22	3,36	3,50	3,64	3,78	3,92	4,06	0,028	0,056	0,084	0,112
2,90	3,19	3,335	3,48	3,625	3,77	3,915	4,06	4,205	0,029	0,058	0,087	0,116
3,00	3,30	3,45	3,60	3,75	3,90	4,05	4,20	4,35	0,030	0,060	0,090	0,120
3,10	3,41	3,565	3,72	3,875	4,03	4,185	4,34	4,495	0,031	0,062	0,093	0,124
3,20	3,52	3,68	3,84	4,00	4,16	4,32	4,48	4,64	0,032	0,064	0,096	0,128
3,30	3,63	3,795	3,96	4,125	4,29	4,455	4,62	4,785	0,033	0,066	0,099	0,132
3,40	3,74	3,91	4,08	4,25	4,42	4,59	4,76	4,93	0,034	0,068	0,102	0,136
3,50	3,85	4,025	4,20	4,375	4,55	4,725	4,90	5,075	0,035	0,070	0,105	0,140
3,60	3,96	4,14	4,32	4,50	4,68	4,86	5,04	5,22	0,036	0,072	0,108	0,144
3,70	4,07	4,255	4,44	4,625	4,81	4,995	5,18	5,365	0,037	0,074	0,111	0,148
3,80	4,18	4,37	4,56	4,75	4,94	5,13	5,32	5,51	0,038	0,076	0,114	0,152
3,90	4,29	4,485	4,68	4,875	5,07	5,265	5,46	5,655	0,039	0,078	0,117	0,156
4,00	4,40	4,60	4,80	5,00	5,20	5,40	5,60	5,80	0,040	0,080	0,120	0,160
4,10	4,51	4,715	4,92	5,125	5,33	5,535	5,74	5,945	0,041	0,082	0,123	0,164
4,20	4,62	4,83	5,04	5,25	5,46	5,67	5,88	6,09	0,042	0,084	0,126	0,168
4,30	4,73	4,945	5,16	5,375	5,59	5,805	6,02	6,235	0,043	0,086	0,129	0,172
4,40	4,84	5,06	5,28	5,50	5,72	5,94	6,16	6,38	0,044	0,088	0,132	0,176
4,50	4,95	5,175	5,40	5,625	5,85	6,075	6,30	6,525	0,045	0,090	0,135	0,180
4,60	5,06	5,29	5,52	5,75	5,98	6,21	6,44	6,67	0,046	0,092	0,138	0,184
4,70	5,17	5,305	5,64	5,875	6,11	6,345	6,58	6,815	0,047	0,094	0,141	0,188
4,80	5,28	5,42	5,76	6,00	6,24	6,48	6,72	6,96	0,048	0,096	0,144	0,192
4,90	5,39	5,535	5,88	6,125	6,37	6,615	6,86	7,105	0,049	0,098	0,147	0,196
5,00	5,50	5,75	6,00	6,25	6,50	6,75	7,00	7,25	0,050	0,100	0,150	0,200
5,10	5,61	5,865	6,12	6,375	6,63	6,885	7,14	7,395	0,051	0,102	0,153	0,204
5,20	5,72	5,98	6,24	6,50	6,76	7,02	7,28	7,54	0,052	0,104	0,156	0,208
5,30	5,83	6,095	6,36	6,625	6,89	7,155	7,42	7,685	0,053	0,106	0,159	0,212
5,40	5,94	6,21	6,48	6,75	7,02	7,29	7,56	7,83	0,054	0,108	0,162	0,216
5.50	6,05	6,325	6,60	6,875	7,15	7,425	7,70	7,975	0,055	0,110	0,165	0,220
5,60	6,16	6,44	6,72	7,00	7,28	7,56	7,84	8,12	0,056	0,112	0,168	0,224
5,70	6,27	6,555	6,84	7,125	7,41	7,695	7,98	8,265	0,057	0,114	0,171	0,228
5,80	6,38	6,67	6,96	7,25	7,54	7,83	8,12	8,41	0,058	0,116	0,174	0,232
5,90	6,49	6,785	7,08	7,375	7,67	7,965	8,26	8,555	0,059	0,118	0,177	0,236

Für 1,00—1,90 m²: Nimm die halben Werte bei den doppelten m²-Zahlen; z. B. für 1,70 m² + 10% bei 3,40 m² = 1,87 m²

Beispiel 1 (Zwischenwerte beim %-Satz): Wieviel m² sind 4,40 m² + 18% Verschnittzuschlag?

Antwort: In Zeile 4,40 waagerecht nach rechts bis unter 15% ergibt: 5,06 m²
In Zeile 4,40 waagerecht nach rechts bis unter 3% ergibt: 0,132 m²
4,40 m² + 18% Verschnittzuschlag = 5,192 m²

Beispiel 2 (Zwischenwert bei m²): Wieviel m² sind 3,94 m² + 30% Verschnittzuschlag?

Antwort: In Zeile 3,90 waagerecht nach rechts bis unter 30% ergibt: 5,07 m²
In Zeile 0,04 waagerecht nach rechts bis unter 30% ergibt: 0,052 m²
3,94 m² + 30% Verschnittzuschlag = 5,122 m²

Beispiel 3 (Zwischenwerte bei %-Satz und bei m²): Wieviel m² sind 2,78 m² + 24% Verschnittzuschlag?

Antwort: In Zeile 2,70 nach rechts bis unter 20% ergibt: 3,24 m²
In Zeile 2,70 nach rechts bis unter 4% ergibt: 0,108 m²
In Zeile 0,08 nach rechts bis unter 20% ergibt: 0,096 m²
In Zeile 0,08 nach rechts bis unter 4% ergibt: 0,003 m²
2,78 m² + 24% Verschnittzuschlag = 3,447 m²

Fortsetzung: Holzbedarf nach Zuschlag von Verschnitt

Holzbedarf ohne Zuschlag m²	Holzbedarf nach einem Zuschlag für Verschnitt von								Zuschläge für Zwischenwerte			
	10%	15%	20%	25%	30%	35%	40%	45%	1%	2%	3%	4%
	insgesamt an m²								in m²			
0,01	0,011	0,012	0,012	0,013	0,013	0,014	0,014	0,015	—	—	—	—
0,02	0,022	0,023	0,024	0,025	0,026	0,027	0,028	0,029	—	—	0,001	0,001
0,03	0,033	0,035	0,036	0,038	0,039	0,041	0,042	0,044	—	0,001	0,001	0,001
0,04	0,044	0,046	0,048	0,050	0,052	0,054	0,056	0,058	—	0,001	0,001	0,002
0,05	0,055	0,058	0,060	0,063	0,065	0,068	0,070	0,073	0,001	0,001	0,002	0,002
0,06	0,066	0,069	0,072	0,075	0,078	0,081	0,084	0,087	0,001	0,001	0,002	0,002
0,07	0,077	0,081	0,084	0,088	0,091	0,095	0,098	0,102	0,001	0,001	0,002	0,003
0,08	0,088	0,092	0,096	0,100	0,104	0,108	0,112	0,116	0,001	0,002	0,002	0,003
0,09	0,099	0,104	0,108	0,113	0,117	0,122	0,126	0,131	0,001	0,002	0,003	0,004
6,00	6,60	6,90	7,20	7,50	7,80	8,10	8,40	8,70	0,060	0,120	0,180	0,240
6,10	6,71	7,015	7,32	7,625	7,93	8,235	8,54	8,845	0,061	0,122	0,183	0,244
6,20	6,82	7,13	7,44	7,75	8,06	8,37	8,68	8,99	0,062	0,124	0,186	0,248
6,30	6,93	7,245	7,56	7,875	8,19	8,505	8,82	9,135	0,063	0,126	0,189	0,252
6,40	7,04	7,36	7,68	8,00	8,32	8,64	8,96	9,28	0,064	0,128	0,192	0,256
6,50	7,15	7,475	7,80	8,125	8,45	8,775	9,10	9,425	0,065	0,130	0,195	0,260
6,60	7,26	7,59	7,92	8,25	8,58	8,91	9,24	9,57	0,066	0,132	0,198	0,264
6,70	7,37	7,705	8,04	8,375	8,71	9,045	9,38	9,715	0,067	0,134	0,201	0,268
6,80	7,48	7,82	8,16	8,50	8,84	9,18	9,52	9,86	0,068	0,136	0,204	0,272
6,90	7,59	7,935	8,28	8,625	8,97	9,315	9,66	10,005	0,069	0,138	0,207	0,276
7,00	7,70	8,05	8,40	8,75	9,10	9,45	9,80	10,15	0,070	0,140	0,210	0,280
7,10	7,81	8,165	8,52	8,875	9,23	9,585	9,94	10,295	0,071	0,142	0,213	0,284
7,20	7,92	8,28	8,64	9,00	9,36	9,72	10,08	10,44	0,072	0,144	0,216	0,288
7,30	8,03	8,395	8,76	9,125	9,49	9,855	10,22	10,585	0,073	0,146	0,219	0,292
7,40	8,14	8,51	8,88	9,25	9,62	9,99	10,36	10,73	0,074	0,148	0,222	0,296
7,50	8,25	8,625	9,00	9,375	9,75	10,125	10,50	10,875	0,075	0,150	0,225	0,300
7,60	8,36	8,74	9,12	9,50	9,88	10,26	10,64	11,02	0,076	0,152	0,228	0,304
7,70	8,47	8,855	9,24	9,625	10,01	10,395	10,78	11,165	0,077	0,154	0,231	0,308
7,80	8,58	8,97	9,36	9,75	10,14	10,53	10,92	11,31	0,078	0,156	0,234	0,312
7,90	8,69	9,085	9,48	9,875	10,27	10,665	11,06	11,455	0,079	0,158	0,237	0,316
8,00	8,80	9,20	9,60	10,00	10,40	10,80	11,20	11,60	0,080	0,160	0,240	0,320
8,10	8,91	9,315	9,72	10,125	10,53	10,935	11,34	11,745	0,081	0,162	0,243	0,324
8,20	9,02	9,43	9,84	10,25	10,66	11,07	11,48	11,89	0,082	0,164	0,246	0,328
8,30	9,13	9,545	9,96	10,375	10,79	11,205	11,62	12,035	0,083	0,166	0,249	0,332
8,40	9,24	9,66	10,08	10,50	10,92	11,34	11,76	12,18	0,084	0,168	0,252	0,336
8,50	9,35	9,775	10,20	10,625	11,05	11,475	11,90	12,325	0,085	0,170	0,255	0,340
8,60	9,46	9,89	10,32	10,75	11,18	11,61	12,04	12,47	0,086	0,172	0,258	0,344
8,70	9,57	10,005	10,44	10,875	11,31	11,745	12,18	12,615	0,087	0,174	0,261	0,348
8,80	9,68	10,12	10,56	11,00	11,44	11,88	12,32	12,76	0,088	0,176	0,264	0,352
8,90	9,79	10,235	10,68	11,125	11,57	12,015	12,46	12,905	0,089	0,178	0,267	0,356
9,00	9,90	10,35	10,80	11,25	11,70	12,15	12,60	13,05	0,090	0,180	0,270	0,360
9,10	10,01	10,465	10,92	11,375	11,83	12,285	12,74	13,195	0,091	0,182	0,273	0,364
9,20	10,12	10,58	11,04	11,50	11,96	12,42	12,88	13,34	0,092	0,184	0,276	0,368
9,30	10,23	10,695	11,16	11,625	12,09	12,555	13,02	13,485	0,093	0,186	0,279	0,372
9,40	10,34	10,81	11,28	11,75	12,22	12,69	13,16	13,63	0,094	0,188	0,282	0,376
9,50	10,45	10,925	11,40	11,875	12,35	12,825	13,30	13,775	0,095	0,190	0,285	0,380
9,60	10,56	11,04	11,52	12,00	12,48	12,96	13,44	13,92	0,096	0,192	0,288	0,384
9,70	10,67	11,155	11,64	12,125	12,61	13,095	13,58	14,065	0,097	0,194	0,291	0,388
9,80	10,78	11,27	11,76	12,25	12,74	13,23	13,72	14,21	0,098	0,196	0,294	0,392
9,90	10,89	11,385	11,88	12,375	12,87	13,365	13,86	14,355	0,099	0,198	0,297	0,396
10,00	11,00	11,50	12,00	12,50	13,00	13,50	14,00	14,50	0,100	0,200	0,300	0,400

Beispiel 4 (größere Holzmenge als 10 m²): Wieviel m² sind 16,80 m² + 35% Verschnittzuschlag?

Antwort: In Zeile 10,00 nach rechts bis unter 35% ergibt: 13,50 m²
In Zeile 6,80 nach rechts bis unter 35% ergibt: 9,18 m²
16,80 m² + 35% Verschnittzuschlag = 22,68 m²

Beispiel 5 (höherer %-Satz als 50%): Wieviel m² sind 8,70 m² + 63% Verschnittzuschlag?

Antwort: 63% = 50% + 13% = halbe Holzmenge + 13%,
also 50% = halbe Holzmenge = 4,35 m²
In Zeile 8,70 nach rechts bis unter 10% ergibt: 9,57 m²
In Zeile 8,70 nach rechts bis unter 3% ergibt: 0,261 m²
8,70 m² + 63% Verschnittzuschlag = 14,181 m²

In Fällen wie Beispiel 3 und 5 führt folgende Multiplikationsmethode schnell zum Ziel: 23% = 23/100 sollen z. B. auf 6,72 m² aufgeschlagen werden: 123/100 = 1,23 × Bedarf ohne Zuschlag (= 100%) = Bedarf einschließlich Verschnittzuschlag = 1,23 · 6,72 m² = 8,266 m². — Berechnungen von Preisen in DM sind genauso durchzuführen, nur daß die Benennung DM statt m² gesetzt wird!

Flächeninhalt rechteckiger Hölzer und Platten[1])

Breite der Hölzer cm	Länge der Hölzer in m												
	0,10	0,20	0,30	0,40	0,50	0,60	0,70	0,80	0,90	1,00	1,10	1,20	1,30
	Flächeninhalt der Hölzer in m²												
5	—	0,01	0,02	0,02	0,02	0,03	0,04	0,04	0,04	0,05	0,06	0,06	0,06
6	0,01	0,01	0,02	0,02	0,03	0,04	0,04	0,05	0,05	0,06	0,07	0,07	0,08
7	0,01	0,01	0,02	0,03	0,04	0,04	0,05	0,06	0,06	0,07	0,08	0,08	0,09
8	0,01	0,02	0,02	0,03	0,04	0,05	0,06	0,06	0,07	0,08	0,09	0,10	0,10
9	0,01	0,02	0,03	0,04	0,04	0,05	0,06	0,07	0,08	0,09	0,10	0,11	0,12
10	0,01	0,02	0,03	0,04	0,05	0,06	0,07	0,08	0,09	0,10	0,11	0,12	0,13
11	0,01	0,02	0,03	0,04	0,06	0,07	0,08	0,09	0,10	0,11	0,12	0,13	0,14
12	0,01	0,02	0,04	0,05	0,06	0,07	0,08	0,10	0,11	0,12	0,13	0,14	0,16
13	0,01	0,03	0,04	0,05	0,06	0,08	0,09	0,10	0,12	0,13	0,14	0,16	0,17
14	0,01	0,03	0,04	0,06	0,07	0,08	0,10	0,11	0,13	0,14	0,15	0,17	0,18
15	0,02	0,03	0,04	0,06	0,08	0,09	0,10	0,12	0,14	0,15	0,16	0,18	0,20
16	0,02	0,03	0,05	0,06	0,08	0,10	0,11	0,13	0,14	0,16	0,18	0,19	0,21
17	0,02	0,03	0,05	0,07	0,08	0,10	0,12	0,14	0,15	0,17	0,19	0,20	0,22
18	0,02	0,04	0,05	0,07	0,09	0,11	0,13	0,14	0,16	0,18	0,20	0,22	0,23
19	0,02	0,04	0,06	0,08	0,10	0,11	0,13	0,15	0,17	0,19	0,21	0,23	0,25
20	0,02	0,04	0,06	0,08	0,10	0,12	0,14	0,16	0,18	0,20	0,22	0,24	0,26
21	0,02	0,04	0,06	0,08	0,10	0,13	0,15	0,17	0,19	0,21	0,23	0,25	0,27
22	0,02	0,04	0,07	0,09	0,11	0,13	0,15	0,18	0,20	0,22	0,24	0,26	0,29
23	0,02	0,05	0,07	0,09	0,12	0,14	0,16	0,18	0,21	0,23	0,25	0,28	0,30
24	0,02	0,05	0,07	0,10	0,12	0,14	0,17	0,19	0,22	0,24	0,26	0,29	0,31
25	0,02	0,05	0,08	0,10	0,12	0,15	0,18	0,20	0,22	0,25	0,28	0,30	0,32
26	0,03	0,05	0,08	0,10	0,13	0,16	0,18	0,21	0,23	0,26	0,29	0,31	0,34
27	0,03	0,05	0,08	0,11	0,14	0,16	0,19	0,22	0,24	0,27	0,30	0,32	0,35
28	0,03	0,06	0,08	0,11	0,14	0,17	0,20	0,22	0,25	0,28	0,31	0,34	0,36
29	0,03	0,06	0,09	0,12	0,14	0,17	0,20	0,23	0,26	0,29	0,32	0,35	0,38
30	0,03	0,06	0,09	0,12	0,15	0,18	0,21	0,24	0,27	0,30	0,33	0,36	0,39
31	0,03	0,06	0,09	0,12	0,16	0,19	0,22	0,25	0,28	0,31	0,34	0,37	0,40
32	0,03	0,06	0,10	0,13	0,16	0,19	0,22	0,26	0,29	0,32	0,35	0,38	0,42
33	0,03	0,07	0,10	0,13	0,16	0,20	0,23	0,26	0,30	0,33	0,36	0,40	0,43
34	0,03	0,07	0,10	0,14	0,17	0,20	0,24	0,27	0,31	0,34	0,37	0,41	0,44
35	0,04	0,07	0,10	0,14	0,18	0,21	0,24	0,28	0,32	0,35	0,38	0,42	0,46
36	0,04	0,07	0,11	0,14	0,18	0,22	0,25	0,29	0,32	0,36	0,40	0,43	0,47
37	0,04	0,07	0,11	0,15	0,18	0,22	0,26	0,30	0,33	0,37	0,41	0,44	0,48
38	0,04	0,08	0,11	0,15	0,19	0,23	0,27	0,30	0,34	0,38	0,42	0,46	0,49
39	0,04	0,08	0,12	0,16	0,20	0,23	0,27	0,31	0,35	0,39	0,43	0,47	0,51
40	0,04	0,08	0,12	0,16	0,20	0,24	0,28	0,32	0,36	0,40	0,44	0,48	0,52
41	0,04	0,08	0,12	0,16	0,20	0,25	0,29	0,33	0,37	0,41	0,45	0,49	0,53
42	0,04	0,08	0,13	0,17	0,21	0,25	0,29	0,34	0,38	0,42	0,46	0,50	0,55
43	0,04	0,09	0,13	0,17	0,22	0,26	0,30	0,34	0,39	0,43	0,47	0,52	0,56
44	0,04	0,09	0,13	0,18	0,22	0,26	0,31	0,35	0,40	0,44	0,48	0,53	0,57
45	0,04	0,09	0,14	0,18	0,22	0,27	0,32	0,36	0,40	0,45	0,50	0,54	0,58
46	0,05	0,09	0,14	0,18	0,23	0,28	0,32	0,37	0,41	0,46	0,51	0,55	0,60
47	0,05	0,09	0,14	0,19	0,24	0,28	0,33	0,38	0,42	0,47	0,52	0,56	0,61
48	0,05	0,10	0,14	0,19	0,24	0,29	0,34	0,38	0,43	0,48	0,53	0,58	0,62
49	0,05	0,10	0,15	0,20	0,24	0,29	0,34	0,39	0,44	0,49	0,54	0,59	0,64
50	0,05	0,10	0,15	0,20	0,25	0,30	0,35	0,40	0,45	0,50	0,55	0,60	0,65

[1]) Die in   stehenden Werte sind genau, die übrigen nach den üblichen Regeln auf- oder abgerundet, jedoch derart, daß die glatte 5 der dritten Stelle nach dem Komma auf die *nähere gerade Ziffer* der zweiten Stelle nach dem Komma auf- oder abgerundet wird, also 0,175 auf 0,18 auf-, jedoch 0,165 auf 0,16 abgerundet, um mögliche Fehlerhäufung auszugleichen.

Fortsetzung: Flächeninhalt rechteckiger Hölzer und Platten[1])

Breite der Hölzer cm	Länge der Hölzer in m												
	1,40	1,50	1,60	1,70	1,80	1,90	2,00	2,10	2,20	2,30	2,40	2,50	2,60
	Flächeninhalt der Hölzer in m²												
5	0,07	0,08	0,08	0,08	0,09	0,10	0,10	0,10	0,11	0,12	0,12	0,12	0,13
6	0,08	0,09	0,10	0,10	0,11	0,11	0,12	0,13	0,13	0,14	0,14	0,15	0,16
7	0,10	0,10	0,11	0,12	0,13	0,13	0,14	0,15	0,15	0,16	0,17	0,18	0,18
8	0,11	0,12	0,13	0,14	0,14	0,15	0,16	0,17	0,18	0,18	0,19	0,20	0,21
9	0,13	0,14	0,14	0,15	0,16	0,17	0,18	0,19	0,20	0,21	0,22	0,22	0,23
10	0,14	0,15	0,16	0,17	0,18	0,19	0,20	0,21	0,22	0,23	0,24	0,25	0,26
11	0,15	0,16	0,18	0,19	0,20	0,21	0,22	0,23	0,24	0,25	0,26	0,28	0,29
12	0,17	0,18	0,19	0,20	0,22	0,23	0,24	0,25	0,26	0,28	0,29	0,30	0,31
13	0,18	0,20	0,21	0,22	0,23	0,25	0,26	0,27	0,29	0,30	0,31	0,32	0,34
14	0,20	0,21	0,22	0,24	0,25	0,27	0,28	0,29	0,31	0,32	0,34	0,35	0,36
15	0,21	0,22	0,24	0,26	0,27	0,28	0,30	0,32	0,33	0,34	0,36	0,38	0,39
16	0,22	0,24	0,26	0,27	0,29	0,30	0,32	0,34	0,35	0,37	0,38	0,40	0,42
17	0,24	0,26	0,27	0,29	0,31	0,32	0,34	0,36	0,37	0,39	0,41	0,42	0,44
18	0,25	0,27	0,29	0,31	0,32	0,34	0,36	0,38	0,40	0,41	0,43	0,45	0,47
19	0,27	0,28	0,30	0,32	0,34	0,36	0,38	0,40	0,42	0,44	0,46	0,48	0,49
20	0,28	0,30	0,32	0,34	0,36	0,38	0,40	0,42	0,44	0,46	0,48	0,50	0,52
21	0,29	0,32	0,34	0,36	0,38	0,40	0,42	0,44	0,46	0,48	0,50	0,52	0,55
22	0,31	0,33	0,35	0,37	0,40	0,42	0,44	0,46	0,48	0,51	0,53	0,55	0,57
23	0,32	0,34	0,37	0,39	0,41	0,44	0,46	0,48	0,51	0,53	0,55	0,58	0,60
24	0,34	0,36	0,38	0,41	0,43	0,46	0,48	0,50	0,53	0,55	0,58	0,60	0,62
25	0,35	0,38	0,40	0,42	0,45	0,48	0,50	0,52	0,55	0,58	0,60	0,62	0,65
26	0,36	0,39	0,42	0,44	0,47	0,49	0,52	0,55	0,57	0,60	0,62	0,65	0,68
27	0,38	0,40	0,43	0,46	0,49	0,51	0,54	0,57	0,59	0,62	0,65	0,68	0,70
28	0,39	0,42	0,45	0,48	0,50	0,53	0,56	0,59	0,62	0,64	0,67	0,70	0,73
29	0,41	0,44	0,46	0,49	0,52	0,55	0,58	0,61	0,64	0,67	0,70	0,72	0,75
30	0,42	0,45	0,48	0,51	0,54	0,57	0,60	0,63	0,66	0,69	0,72	0,75	0,78
31	0,43	0,46	0,50	0,53	0,56	0,59	0,62	0,65	0,68	0,71	0,74	0,78	0,81
32	0,45	0,48	0,51	0,54	0,58	0,61	0,64	0,67	0,70	0,74	0,77	0,80	0,83
33	0,46	0,50	0,53	0,56	0,59	0,63	0,66	0,69	0,73	0,76	0,79	0,82	0,86
34	0,48	0,51	0,54	0,58	0,61	0,65	0,68	0,71	0,75	0,78	0,82	0,85	0,88
35	0,49	0,52	0,56	0,60	0,63	0,66	0,70	0,74	0,77	0,80	0,84	0,88	0,91
36	0,50	0,54	0,58	0,61	0,65	0,68	0,72	0,76	0,79	0,83	0,86	0,90	0,94
37	0,52	0,56	0,59	0,63	0,67	0,70	0,74	0,78	0,81	0,85	0,89	0,92	0,96
38	0,53	0,57	0,61	0,65	0,68	0,72	0,76	0,80	0,84	0,87	0,91	0,95	0,99
39	0,55	0,58	0,62	0,66	0,70	0,74	0,78	0,82	0,86	0,90	0,94	0,98	1,01
40	0,56	0,60	0,64	0,68	0,72	0,76	0,80	0,84	0,88	0,92	0,96	1,00	1,04
41	0,57	0,62	0,66	0,70	0,74	0,78	0,82	0,86	0,90	0,94	0,98	1,02	1,07
42	0,59	0,63	0,67	0,71	0,76	0,80	0,84	0,88	0,92	0,97	1,01	1,05	1,09
43	0,60	0,64	0,69	0,73	0,77	0,82	0,86	0,90	0,95	0,99	1,03	1,08	1,12
44	0,62	0,66	0,70	0,75	0,79	0,84	0,88	0,92	0,91	1,01	1,06	1,10	1,14
45	0,63	0,68	0,72	0,76	0,81	0,86	0,90	0,94	0,99	1,04	1,08	1,12	1,17
46	0,64	0,69	0,74	0,78	0,83	0,87	0,92	0,97	1,01	1,06	1,10	1,15	1,20
47	0,66	0,70	0,75	0,80	0,85	0,89	0,94	0,99	1,03	1,08	1,13	1,18	1,22
48	0,67	0,72	0,77	0,82	0,86	0,91	0,96	1,01	1,06	1,10	1,15	1,20	1,25
49	0,69	0,74	0,78	0,83	0,88	0,93	0,98	1,03	1,08	1,13	1,18	1,22	1,27
50	0,70	0,75	0,80	0,85	0,90	0,95	1,00	1,05	1,10	1,15	1,20	1,25	1,30

[1]) Siehe Anmerkung S. 50!

Fortsetzung: Flächeninhalt rechteckiger Hölzer und Platten[1])

Breite der Hölzer cm	Länge der Hölzer in m												
	2,70	2,80	2,90	3,00	3,10	3,20	3,30	3,40	3,50	3,60	3,70	3,80	3,90
	Flächeninhalt der Hölzer in m²												
5	0,14	0,14	0,14	0,15	0,16	0,16	0,16	0,17	0,18	0,18	0,18	0,19	0,20
6	0,16	0,17	0,17	0,18	0,19	0,19	0,20	0,20	0,21	0,22	0,22	0,23	0,23
7	0,19	0,20	0,20	0,21	0,22	0,22	0,23	0,24	0,24	0,25	0,26	0,26	0,27
8	0,22	0,22	0,23	0,24	0,25	0,26	0,26	0,27	0,28	0,29	0,30	0,30	0,31
9	0,24	0,25	0,26	0,27	0,28	0,29	0,30	0,31	0,32	0,32	0,33	0,34	0,35
10	0,27	0,28	0,29	0,30	0,31	0,32	0,33	0,34	0,35	0,36	0,37	0,38	0,39
11	0,30	0,31	0,32	0,33	0,34	0,35	0,36	0,37	0,38	0,40	0,41	0,42	0,43
12	0,32	0,34	0,35	0,36	0,37	0,38	0,40	0,41	0,42	0,43	0,44	0,46	0,47
13	0,35	0,36	0,38	0,39	0,40	0,42	0,43	0,44	0,46	0,47	0,48	0,49	0,51
14	0,38	0,39	0,41	0,42	0,43	0,45	0,46	0,48	0,49	0,50	0,52	0,53	0,55
15	0,40	0,42	0,44	0,45	0,46	0,48	0,50	0,51	0,52	0,54	0,56	0,57	0,58
16	0,43	0,45	0,46	0,48	0,50	0,51	0,53	0,54	0,56	0,58	0,59	0,61	0,62
17	0,46	0,48	0,49	0,51	0,53	0,54	0,56	0,58	0,60	0,61	0,63	0,65	0,66
18	0,49	0,50	0,52	0,54	0,56	0,58	0,59	0,61	0,63	0,65	0,67	0,68	0,70
19	0,51	0,53	0,55	0,57	0,59	0,61	0,63	0,65	0,66	0,68	0,70	0,72	0,74
20	0,54	0,56	0,58	0,60	0,62	0,64	0,66	0,68	0,70	0,72	0,74	0,76	0,78
21	0,57	0,59	0,61	0,63	0,65	0,67	0,69	0,71	0,74	0,76	0,78	0,80	0,82
22	0,59	0,62	0,64	0,66	0,68	0,70	0,73	0,75	0,77	0,79	0,81	0,84	0,86
23	0,62	0,64	0,67	0,69	0,71	0,74	0,76	0,78	0,80	0,83	0,85	0,87	0,90
24	0,65	0,67	0,70	0,72	0,74	0,77	0,79	0,82	0,84	0,86	0,89	0,91	0,94
25	0,68	0,70	0,72	0,75	0,78	0,80	0,82	0,85	0,88	0,90	0,92	0,95	0,98
26	0,70	0,73	0,75	0,78	0,81	0,83	0,86	0,88	0,91	0,94	0,96	0,99	1,01
27	0,73	0,76	0,78	0,81	0,84	0,86	0,89	0,92	0,94	0,97	1,00	1,03	1,05
28	0,76	0,78	0,81	0,84	0,87	0,90	0,92	0,95	0,98	1,01	1,04	1,06	1,09
29	0,78	0,81	0,84	0,87	0,90	0,93	0,96	0,99	1,02	1,04	1,07	1,10	1,13
30	0,81	0,84	0,87	0,90	0,93	0,96	0,99	1,02	1,05	1,08	1,11	1,14	1,17
31	0,84	0,87	0,90	0,93	0,96	0,99	1,02	1,05	1,08	1,12	1,15	1,18	1,21
32	0,86	0,90	0,93	0,96	0,99	1,02	1,06	1,09	1,12	1,15	1,18	1,22	1,25
33	0,89	0,92	0,96	0,99	1,02	1,06	1,09	1,12	1,16	1,19	1,22	1,25	1,29
34	0,92	0,95	0,99	1,02	1,05	1,09	1,12	1,16	1,19	1,22	1,26	1,29	1,33
35	0,94	0,98	1,02	1,05	1,08	1,12	1,16	1,19	1,22	1,26	1,30	1,33	1,36
36	0,97	1,01	1,04	1,08	1,12	1,15	1,19	1,22	1,26	1,30	1,33	1,37	1,40
37	1,00	1,04	1,07	1,11	1,15	1,18	1,22	1,26	1,30	1,33	1,37	1,41	1,44
38	1,03	1,06	1,10	1,14	1,18	1,22	1,25	1,29	1,33	1,37	1,41	1,44	1,48
39	1,05	1,09	1,13	1,17	1,21	1,25	1,29	1,33	1,36	1,40	1,44	1,48	1,52
40	1,08	1,12	1,16	1,20	1,24	1,28	1,32	1,36	1,40	1,44	1,48	1,52	1,56
41	1,11	1,15	1,19	1,23	1,27	1,31	1,35	1,39	1,44	1,48	1,52	1,56	1,60
42	1,13	1,18	1,22	1,26	1,30	1,34	1,39	1,43	1,47	1,51	1,55	1,60	1,64
43	1,16	1,20	1,25	1,29	1,33	1,38	1,42	1,46	1,50	1,55	1,59	1,63	1,68
44	1,19	1,23	1,28	1,32	1,36	1,41	1,45	1,50	1,54	1,58	1,63	1,67	1,72
45	1,22	1,26	1,30	1,35	1,40	1,44	1,48	1,53	1,58	1,62	1,66	1,71	1,76
46	1,24	1,29	1,33	1,38	1,43	1,47	1,52	1,56	1,61	1,66	1,70	1,75	1,79
47	1,27	1,32	1,36	1,41	1,46	1,50	1,55	1,60	1,64	1,69	1,74	1,79	1,83
48	1,30	1,34	1,39	1,44	1,49	1,54	1,58	1,63	1,68	1,73	1,78	1,83	1,87
49	1,32	1,37	1,42	1,47	1,52	1,57	1,62	1,67	1,72	1,76	1,81	1,86	1,91
50	1,35	1,40	1,45	1,50	1,55	1,60	1,65	1,70	1,75	1,80	1,85	1,90	1,95

[1]) Siehe Anmerkung S. 50!

Fortsetzung: Flächeninhalt rechteckiger Hölzer und Platten[1])

Breite der Hölzer cm	Länge der Hölzer in m												
	4,00	4,10	4,20	4,30	4,40	4,50	4,60	4,70	4,80	4,90	5,00	5,10	5,20
	Flächeninhalt der Hölzer in m²												
5	0,20	0,20	0,21	0,22	0,22	0,22	0,23	0,24	0,24	0,24	0,25	0,26	0,26
6	0,24	0,25	0,25	0,26	0,26	0,27	0,28	0,28	0,29	0,29	0,30	0,31	0,31
7	0,28	0,29	0,29	0,30	0,31	0,32	0,32	0,33	0,34	0,34	0,35	0,36	0,36
8	0,32	0,33	0,34	0,34	0,35	0,36	0,37	0,38	0,38	0,39	0,40	0,41	0,42
9	0,36	0,37	0,38	0,39	0,40	0,40	0,41	0,42	0,43	0,44	0,45	0,46	0,47
10	0,40	0,41	0,42	0,43	0,44	0,45	0,46	0,47	0,48	0,49	0,50	0,51	0,52
11	0,44	0,45	0,46	0,47	0,48	0,50	0,51	0,52	0,53	0,54	0,55	0,56	0,57
12	0,48	0,49	0,50	0,52	0,53	0,54	0,55	0,56	0,58	0,59	0,60	0,61	0,62
13	0,52	0,53	0,55	0,56	0,57	0,58	0,60	0,61	0,62	0,64	0,65	0,66	0,68
14	0,56	0,57	0,59	0,60	0,62	0,63	0,64	0,66	0,67	0,69	0,70	0,71	0,73
15	0,60	0,62	0,63	0,64	0,66	0,68	0,69	0,70	0,72	0,74	0,75	0,76	0,78
16	0,64	0,66	0,67	0,69	0,70	0,72	0,74	0,75	0,77	0,78	0,80	0,82	0,83
17	0,68	0,70	0,71	0,73	0,75	0,76	0,78	0,80	0,82	0,83	0,85	0,87	0,88
18	0,72	0,74	0,76	0,77	0,79	0,81	0,83	0,85	0,86	0,88	0,90	0,92	0,94
19	0,76	0,78	0,80	0,82	0,84	0,86	0,87	0,89	0,91	0,93	0,95	0,97	0,99
20	0,80	0,82	0,84	0,86	0,88	0,90	0,92	0,94	0,96	0,98	1,00	1,02	1,04
21	0,84	0,86	0,88	0,90	0,92	0,94	0,97	0,99	1,01	1,03	1,05	1,07	1,09
22	0,88	0,90	0,92	0,95	0,97	0,99	1,01	1,03	1,06	1,08	1,10	1,12	1,14
23	0,92	0,94	0,97	0,99	1,01	1,04	1,06	1,08	1,10	1,13	1,15	1,17	1,20
24	0,96	0,98	1,01	1,03	1,06	1,08	1,10	1,13	1,15	1,18	1,20	1,22	1,25
25	1,00	1,02	1,05	1,08	1,10	1,12	1,15	1,18	1,20	1,22	1,25	1,28	1,30
26	1,04	1,07	1,09	1,12	1,14	1,17	1,20	1,22	1,25	1,27	1,30	1,33	1,35
27	1,08	1,11	1,13	1,16	1,19	1,22	1,24	1,27	1,30	1,32	1,35	1,38	1,40
28	1,12	1,15	1,18	1,20	1,23	1,26	1,29	1,32	1,34	1,37	1,40	1,43	1,46
29	1,16	1,19	1,22	1,25	1,28	1,30	1,33	1,36	1,39	1,42	1,45	1,48	1,51
30	1,20	1,23	1,26	1,29	1,32	1,35	1,38	1,41	1,44	1,47	1,50	1,53	1,56
31	1,24	1,27	1,30	1,33	1,36	1,40	1,43	1,46	1,49	1,52	1,55	1,58	1,61
32	1,28	1,31	1,34	1,38	1,41	1,44	1,47	1,50	1,54	1,57	1,60	1,63	1,66
33	1,32	1,35	1,39	1,42	1,45	1,48	1,52	1,55	1,58	1,62	1,65	1,68	1,72
34	1,36	1,39	1,43	1,46	1,50	1,53	1,56	1,60	1,63	1,67	1,70	1,73	1,77
35	1,40	1,44	1,47	1,50	1,54	1,58	1,61	1,64	1,68	1,72	1,75	1,78	1,82
36	1,44	1,48	1,51	1,55	1,58	1,62	1,66	1,69	1,73	1,76	1,80	1,84	1,87
37	1,48	1,52	1,55	1,59	1,63	1,66	1,70	1,74	1,78	1,81	1,85	1,89	1,92
38	1,52	1,56	1,60	1,63	1,67	1,71	1,75	1,79	1,82	1,86	1,90	1,94	1,98
39	1,56	1,60	1,64	1,68	1,72	1,76	1,79	1,83	1,87	1,91	1,95	1,99	2,03
40	1,60	1,64	1,68	1,72	1,76	1,80	1,84	1,88	1,92	1,96	2,00	2,04	2,08
41	1,64	1,68	1,72	1,76	1,80	1,84	1,89	1,93	1,97	2,01	2,05	2,09	2,13
42	1,68	1,72	1,76	1,81	1,85	1,89	1,93	1,97	2,02	2,06	2,10	2,14	2,18
43	1,72	1,76	1,81	1,85	1,89	1,94	1,98	2,02	2,06	2,11	2,15	2,19	2,24
44	1,76	1,80	1,85	1,89	1,94	1,98	2,02	2,07	2,11	2,16	2,20	2,24	2,29
45	1,80	1,84	1,89	1,94	1,98	2,02	2,07	2,12	2,16	2,20	2,25	2,30	2,34
46	1,84	1,89	1,93	1,98	2,02	2,07	2,12	2,16	2,21	2,25	2,30	2,35	2,39
47	1,88	1,93	1,97	2,02	2,07	2,12	2,16	2,21	2,26	2,30	2,35	2,40	2,44
48	1,92	1,97	2,02	2,06	2,11	2,16	2,21	2,26	2,30	2,35	2,40	2,45	2,50
49	1,96	2,01	2,06	2,10	2,16	2,20	2,25	2,30	2,35	2,40	2,45	2,50	2,55
50	2,00	2,05	2,10	2,15	2,20	2,25	2,30	2,35	2,40	2,45	2,50	2,55	2,60

[1]) Siehe Anmerkung S. 50!

Fortsetzung: Flächeninhalt rechteckiger Hölzer und Platten[1])

Breite der Hölzer cm	Länge der Hölzer in m												
	5,30	5,40	5,50	5,60	5,70	5,80	5,90	6,00	6,10	6,20	6,30	6,40	6,50
	Flächeninhalt der Hölzer in m²												
5	0,26	0,27	0,28	0,28	0,28	0,29	0,30	0,30	0,30	0,31	0,32	0,32	0,32
6	0,32	0,32	0,33	0,34	0,34	0,35	0,35	0,36	0,37	0,37	0,38	0,38	0,39
7	0,37	0,38	0,38	0,39	0,40	0,41	0,41	0,42	0,42	0,43	0,44	0,45	0,46
8	0,42	0,43	0,44	0,45	0,46	0,46	0,47	0,48	0,49	0,50	0,50	0,51	0,52
9	0,48	0,49	0,50	0,50	0,51	0,52	0,53	0,54	0,55	0,56	0,57	0,58	0,58
10	0,53	0,54	0,55	0,56	0,57	0,58	0,59	0,60	0,61	0,62	0,63	0,64	0,65
11	0,58	0,59	0,60	0,62	0,63	0,64	0,65	0,66	0,67	0,68	0,69	0,70	0,72
12	0,64	0,65	0,66	0,67	0,68	0,70	0,71	0,72	0,73	0,74	0,76	0,77	0,78
13	0,69	0,70	0,72	0,73	0,74	0,75	0,77	0,78	0,79	0,81	0,82	0,83	0,84
14	0,74	0,76	0,77	0,78	0,80	0,81	0,83	0,84	0,85	0,87	0,88	0,90	0.91
15	0,80	0,81	0,82	0,84	0,86	0,87	0,88	0,90	0,92	0,93	0,95	0,96	0,98
16	0,85	0,86	0,88	0,90	0,91	0,93	0,94	0,96	0,98	0,99	1,01	1,02	1,04
17	0,90	0,92	0,94	0,95	0,97	0,99	1,00	1,02	1,04	1,05	1,07	1,09	1,10
18	0,95	0,97	0,99	1,01	1,03	1,04	1,06	1,08	1,10	1,12	1,13	1,15	1,17
19	1,01	1,03	1,04	1,06	1,08	1,10	1,12	1,14	1,16	1,18	1,20	1,22	1,24
20	1,06	1,08	1,10	1,12	1,14	1,16	1,18	1,20	1,22	1,24	1,26	1,28	1,30
21	1,11	1,13	1,16	1,18	1,20	1,22	1,24	1,26	1,28	1,30	1,32	1,34	1,36
22	1,17	1,19	1,21	1,23	1,25	1,28	1,30	1,32	1,34	1,36	1,39	1,41	1,43
23	1,22	1,24	1,26	1,29	1,31	1,33	1,36	1,38	1,40	1,43	1,45	1,47	1,50
24	1,27	1,30	1,32	1,34	1,37	1,39	1,42	1,44	1,46	1,49	1,51	1,54	1,56
25	1,32	1,35	1,38	1,40	1,42	1,45	1,48	1,50	1,53	1,55	1,58	1,60	1,62
26	1,38	1,40	1,43	1,46	1,48	1,51	1,53	1,56	1,59	1,61	1,64	1,66	1,69
27	1,43	1,46	1,48	1,51	1,54	1,57	1,59	1,62	1,65	1,67	1,70	1,73	1,76
28	1,48	1,51	1,54	1,57	1,60	1,62	1,65	1,68	1,71	1,74	1,76	1,79	1,82
29	1,54	1,57	1,60	1,62	1,65	1,68	1,71	1,74	1,77	1,80	1,83	1,86	1,88
30	1,59	1,62	1,65	1,68	1,71	1,74	1,77	1,80	1,83	1,86	1,89	1,92	1,95
31	1,64	1,67	1,70	1,74	1,77	1,80	1,83	1,86	1,89	1,92	1,95	1,98	2,02
32	1,70	1,73	1,76	1,79	1,82	1,86	1,89	1,92	1,95	1,98	2,02	2,05	2,08
33	1,75	1,78	1,82	1,85	1,88	1,91	1,95	1,98	2,01	2,05	2,08	2,11	2,14
34	1,80	1,84	1,87	1,90	1,94	1,98	2,01	2,04	2,07	2,11	2,14	2,18	2,21
35	1,86	1,89	1,92	1,96	2,00	2,03	2,06	2,10	2,14	2,17	2,21	2,24	2,28
36	1,91	1,94	1,98	2,02	2,05	2,09	2,12	2,16	2,20	2,23	2,27	2,30	2,34
37	1,96	2,00	2,04	2,07	2,11	2,15	2,18	2,22	2,26	2,29	2,33	2,37	2,40
38	2,01	2,05	2,09	2,13	2,17	2,20	2,24	2,28	2,32	2,36	2,39	2,43	2,47
39	2,07	2,11	2,14	2,18	2,22	2,26	2,30	2,34	2,38	2,42	2,46	2,50	2,54
40	2,12	2,16	2,20	2,24	2,28	2,32	2,36	2,40	2,44	2,48	2,52	2,56	2,60
41	2,17	2,21	2,26	2,30	2,34	2,38	2,42	2,46	2,50	2,54	2,58	2,62	2,66
42	2,23	2,27	2,31	2,35	2,39	2,44	2,48	2,52	2,56	2,60	2,65	2,69	2,73
43	2,28	2,32	2,36	2,41	2,45	2,49	2,54	2,58	2,62	2,67	2,71	2,75	2,80
44	2,33	2,38	2,42	2,46	2,51	2,55	2,60	2,64	2,68	2,73	2,77	2,82	2,86
45	2,38	2,43	2,48	2,52	2,56	2,61	2,66	2,70	2,75	2,79	2,84	2,88	2,92
46	2,44	2,48	2,53	2,58	2,62	2,67	2,71	2,76	2,81	2,85	2,90	2,94	2,99
47	2,49	2,54	2,58	2,63	2,68	2,73	2,77	2,82	2,87	2,91	2,96	3,01	3,06
48	2,54	2,59	2,64	2,69	2,74	2,78	2,83	2,88	2,93	2,98	3,02	3,07	3,12
49	2,60	2,65	2,70	2,74	2,79	2,84	2,89	2,94	2,99	3,04	3,09	3,14	3,18
50	2,65	2,70	2,75	2,80	2,85	2,90	2,95	3,00	3,05	3,10	3,15	3,20	3,25

[1]) Siehe Anmerkung S. 50!

Fortsetzung: Flächeninhalt rechteckiger Hölzer und Platten[1])

Breite der Hölzer cm	Länge der Hölzer in m												
	6,60	6,70	6,80	6,90	7,00	7,10	7,20	7,30	7,40	7,50	7,60	7,70	7,80
	Flächeninhalt der Hölzer in m²												
5	0,33	0,34	0,34	0,34	0,35	0,36	0,36	0,36	0,37	0,38	0,38	0,38	0,39
6	0,40	0,40	0,41	0,41	0,42	0,43	0,43	0,44	0,44	0,45	0,46	0,46	0,47
7	0,46	0,47	0,48	0,48	0,49	0,50	0,50	0,51	0,52	0,52	0,53	0,54	0,55
8	0,53	0,54	0,54	0,55	0,56	0,57	0,58	0,58	0,59	0,60	0,61	0,62	0,62
9	0,59	0,60	0,61	0,62	0,63	0,64	0,65	0,66	0,67	0,68	0,68	0,69	0,70
10	0,66	0,67	0,68	0,69	0,70	0,71	0,72	0,73	0,74	0,75	0,76	0,77	0,78
11	0,73	0,74	0,75	0,76	0,77	0,78	0,79	0,80	0,81	0,82	0,84	0,85	0,86
12	0,79	0,80	0,82	0,83	0,84	0,85	0,86	0,88	0,89	0,90	0,91	0,92	0,94
13	0,86	0,87	0,88	0,90	0,91	0,92	0,94	0,95	0,96	0,98	0,99	1,00	1,01
14	0,92	0,94	0,95	0,97	0,98	0,99	1,01	1,02	1,04	1,05	1,06	1,08	1,09
15	0,99	1,00	1,02	1,04	1,05	1,06	1,08	1,10	1,11	1,12	1,14	1,16	1,17
16	1,06	1,07	1,09	1,10	1,12	1,14	1,15	1,17	1,18	1,20	1,22	1,23	1,25
17	1,12	1,14	1,16	1,17	1,19	1,21	1,22	1,24	1,26	1,28	1,29	1,31	1,33
18	1,19	1,21	1,22	1,24	1,26	1,28	1,30	1,31	1,33	1,35	1,37	1,39	1,40
19	1,25	1,27	1,29	1,31	1,33	1,35	1,37	1,39	1,41	1,42	1,44	1,46	1,48
20	1,32	1,34	1,36	1,38	1,40	1,42	1,44	1,46	1,48	1,50	1,52	1,54	1,56
21	1,39	1,41	1,43	1,45	1,47	1,49	1,51	1,53	1,55	1,58	1,60	1,62	1,64
22	1,45	1,47	1,50	1,52	1,54	1,56	1,58	1,61	1,63	1,65	1,67	1,69	1,72
23	1,52	1,54	1,56	1,59	1,61	1,63	1,66	1,68	1,70	1,72	1,75	1,77	1,80
24	1,58	1,61	1,63	1,66	1,68	1,70	1,73	1,75	1,78	1,80	1,82	1,85	1,87
25	1,65	1,68	1,70	1,72	1,75	1,78	1,80	1,82	1,85	1,88	1,90	1,92	1,95
26	1,72	1,74	1,77	1,79	1,82	1,85	1,87	1,90	1,92	1,95	1,98	2,00	2,03
27	1,78	1,81	1,84	1,86	1,89	1,92	1,94	1,97	2,00	2,02	2,05	2,08	2,11
28	1,85	1,88	1,90	1,93	1,96	1,99	2,02	2,04	2,07	2,10	2,13	2,16	2,18
29	1,91	1,94	1,97	2,00	2,03	2,06	2,09	2,12	2,15	2,18	2,20	2,23	2,26
30	1,98	2,01	2,04	2,07	2,10	2,13	2,16	2,19	2,22	2,25	2,28	2,31	2,34
31	2,05	2,08	2,11	2,14	2,17	2,20	2,23	2,26	2,29	2,32	2,36	2,39	2,42
32	2,11	2,14	2,18	2,21	2,24	2,27	2,30	2,34	2,37	2,40	2,43	2,46	2,50
33	2,18	2,21	2,24	2,28	2,31	2,34	2,38	2,41	2,44	2,48	2,51	2,54	2,57
34	2,24	2,28	2,31	2,35	2,38	2,41	2,45	2,48	2,52	2,55	2,58	2,62	2,65
35	2,31	2,34	2,38	2,42	2,45	2,48	2,52	2,56	2,59	2,62	2,66	2,70	2,73
36	2,38	2,41	2,45	2,48	2,52	2,56	2,59	2,63	2,66	2,70	2,74	2,77	2,81
37	2,44	2,48	2,52	2,55	2,59	2,63	2,67	2,70	2,74	2,78	2,81	2,85	2,89
38	2,51	2,55	2,58	2,62	2,66	2,70	2,74	2,77	2,81	2,85	2,89	2,93	2,96
39	2,57	2,61	2,65	2,69	2,73	2,77	2,81	2,85	2,89	2,92	2,96	3,00	3,04
40	2,64	2,68	2,72	2,76	2,80	2,84	2,88	2,92	2,96	3,00	3,04	3,08	3,12
41	2,71	2,75	2,79	2,83	2,87	2,91	2,95	2,99	3,03	3,08	3,12	3,16	3,20
42	2,77	2,81	2,86	2,90	2,94	2,98	3,03	3,07	3,11	3,15	3,19	3,23	3,28
43	2,84	2,88	2,92	2,97	3,01	3,05	3,10	3,14	3,18	3,22	3,27	3,31	3,36
44	2,90	2,95	2,99	3,04	3,08	3,12	3,17	3,21	3,26	3,30	3,34	3,39	3,43
45	2,97	3,02	3,06	3,10	3,15	3,20	3,24	3,28	3,33	3,38	3,42	3,46	3,51
46	3,04	3,08	3,13	3,17	3,22	3,27	3,31	3,36	3,40	3,45	3,50	3,54	3,59
47	3,10	3,15	3,20	3,24	3,29	3,34	3,39	3,43	3,48	3,52	3,57	3,62	3,67
48	3,17	3,22	3,26	3,31	3,36	3,41	3,46	3,50	3,55	3,60	3,65	3,70	3,74
49	3,23	3,28	3,33	3,38	3,43	3,48	3,53	3,58	3,63	3,68	3,72	3,77	3,82
50	3,30	3,35	3,40	3,45	3,50	3,55	3,60	3,65	3,70	3,75	3,80	3,85	3,90

[1]) Siehe Anmerkung S. 50!

Umrechnung der Kubik- und Quadratmeterpreise bei Brettern

	Hölzer	Dicken in mm nach DIN 4071, Teil 1, DIN 4073, Teil 1, und DIN 68372													
gehobelt	nordische	9,5	11	12,5	13,5	16		19,5	22,5		25,5	28,5			
gehobelt	europäische (außer nord.)				14	15,5		19,5			25,5			35,5	
ungehob.	Nadelholz					16	18		22	24		28			38
ungehob.	Laubholz						18	20			26		30	35	
	berechnet mit	9,5	11	12,5	14	16	18	20	22,5	24	26	28	30	35,5	38
	DM/m³	1 m² Bretter kostet in DM:													
	1	0,01	0,01	0,01	0,01	0,02	0,02	0,02	0,02	0,02	0,03	0,03	0,03	0,04	0,04
	2	0,02	0,02	0,03	0,03	0,03	0,04	0,04	0,05	0,05	0,05	0,06	0,06	0,07	0,08
	3	0,03	0,03	0,04	0,04	0,05	0,05	0,06	0,07	0,10	0,08	0,08	0,09	0,11	0,11
	4	0,04	0,04	0,05	0,06	0,06	0,07	0,08	0,09	0,10	0,10	0,11	0,12	0,14	0,15
	200	1,90	2,20	2,50	2,80	3,20	3,60	4,00	4,50	4,80	5,20	5,60	6,00	7,10	7,60
	205	1,95	2,26	2,56	2,87	3,28	3,69	4,10	4,61	4,92	5,33	5,74	6,15	7,28	7,99
	210	2,00	2,31	2,63	2,94	3,36	3,78	4,20	4,73	5,04	5,46	5,88	6,30	7,46	7,98
	215	2,04	2,37	2,69	3,01	3,44	3,87	4,30	4,84	5,16	5,59	6,02	6,45	7,63	8,17
	220	2,09	2,42	2,75	3,08	3,52	3,96	4,40	4,95	5,28	5,72	6,16	6,60	7,81	8,32
	225	2,14	2,48	2,81	3,15	3,60	4,05	4,50	5,06	5,40	5,85	6,30	6,75	7,99	8,55
	230	2,19	2,53	2,88	3,22	3,68	4,14	4,60	5,18	5,52	5,98	6,44	6,90	8,17	8,74
	235	2,23	2,59	2,94	3,29	3,76	4,23	4,70	5,29	5,64	6,11	6,58	7,05	8,34	8,93
	240	2,28	2,64	3,00	3,36	3,84	4,32	4,80	5,40	5,76	6,24	6,72	7,20	8,52	9,12
	245	2,33	2,70	3,06	3,43	3,92	4,41	4,90	5,51	5,88	6,37	6,86	7,35	8,70	9,31
	250	2,38	2,75	3,13	3,50	4,00	4,50	5,00	5,63	6,00	6,50	7,00	7,50	8,88	9,50
	255	2,42	2,81	3,19	3,57	4,08	4,59	5,10	5,74	6,12	6,63	7,14	7,65	9,05	9,69
	260	2,47	2,86	3,25	3,64	4,16	4,68	5,20	5,85	6,24	6,76	7,28	7,80	9,23	9,88
	265	2,52	2,92	3,31	3,71	4,24	4,77	5,30	5,96	6,36	6,89	7,42	7,95	9,41	10,07
	270	2,57	2,97	3,38	3,78	4,32	4,86	5,40	6,08	6,48	7,02	7,56	8,10	9,59	10,26
	275	2,61	3,03	3,44	3,85	4,40	4,95	5,50	6,19	6,60	7,15	7,70	8,25	9,76	10,45
	280	2,66	3,08	3,50	3,92	4,48	5,04	5,60	6,30	6,72	7,28	7,84	8,40	9,94	10,64
	285	2,71	3,14	3,56	3,99	4,56	5,13	5,70	6,41	6,84	7,41	7,98	8,55	10,12	10,83
	290	2,76	3,19	3,63	4,06	4,64	5,22	5,80	6,53	6,96	7,54	8,12	8,70	10,30	11,02
	295	2,80	3,25	3,69	4,13	4,72	5,31	5,90	6,64	7,08	7,67	8,26	8,85	10,47	11,21
	300	2,85	3,30	3,75	4,20	4,80	5,40	6,00	6,75	7,20	7,80	8,40	9,00	10,65	11,40
	305	2,90	3,36	3,81	4,27	4,88	5,49	6,10	6,86	7,32	7,93	8,54	9,15	10,83	11,59
	310	2,95	3,41	3,88	4,34	4,96	5,58	6,20	6,98	7,44	8,06	8,68	9,30	11,01	11,78
	315	2,99	3,47	3,94	4,41	5,04	5,67	6,30	7,09	7,56	8,19	8,82	9,45	11,18	11,97
	320	3,04	3,52	4,00	4,48	5,12	5,76	6,40	7,20	7,68	8,32	8,96	9,60	11,36	12,16
	325	3,09	3,58	4,06	4,55	5,20	5,85	6,50	7,31	7,80	8,45	9,10	9,75	11,54	12,35
	330	3,14	3,63	4,13	4,62	5,28	5,94	6,60	7,43	7,92	8,58	9,24	9,90	11,72	12,54
	335	3,18	3,69	4,19	4,69	5,36	6,03	6,70	7,54	8,04	8,71	9,38	10,05	11,89	12,73
	340	3,23	3,74	4,25	4,76	5,44	6,12	6,80	7,65	8,16	8,84	9,52	10,20	12,07	12,92
	345	3,28	3,80	4,31	4,83	5,52	6,21	6,90	7,76	8,28	8,97	9,66	10,35	12,25	13,11
	350	3,33	3,85	4,38	4,90	5,60	6,30	7,00	7,88	8,40	9,10	9,80	10,50	12,43	13,30
	355	3,37	3,91	4,44	4,97	5,68	6,39	7,10	7,99	8,52	9,23	9,94	10,65	12,60	13,49
	360	3,42	3,96	4,50	5,04	5,76	6,48	7,20	8,10	8,64	9,36	10,08	10,80	12,78	13,68
	365	3,47	4,02	4,56	5,11	5,84	6,57	7,30	8,21	8,76	9,49	10,22	10,95	12,96	13,87
	370	3,52	4,07	4,63	5,18	5,92	6,66	7,40	8,33	8,88	9,62	10,36	11,10	13,14	14,06
	375	3,56	4,13	4,69	5,25	6,00	6,75	7,50	8,44	9,00	9,75	10,50	11,25	13,31	14,25
	380	3,61	4,18	4,75	5,32	6,08	6,84	7,60	8,55	9,12	9,88	10,64	11,40	13,49	14,44
	385	3,66	4,24	4,81	5,39	6,16	6,93	7,70	8,66	9,24	10,01	10,78	11,55	13,67	14,63
	390	3,71	4,29	4,88	5,46	6,24	7,02	7,80	8,78	9,36	10,14	10,92	11,70	13,85	14,82
	395	3,75	4,35	4,94	5,53	6,32	7,11	7,90	8,89	9,48	10,27	11,06	11,85	14,02	15,01
	400	3,80	4,40	5,00	5,60	6,40	7,20	8,00	9,00	9,60	10,40	11,20	12,00	14,20	15,20
	405	3,85	4,46	5,06	5,67	6,48	7,29	8,10	9,11	9,72	10,53	11,34	12,15	14,38	15,39
	410	3,90	4,51	5,13	5,74	6,56	7,38	8,20	9,23	9,84	10,66	11,48	12,30	14,56	15,58
	415	3,94	4,57	5,19	5,81	6,64	7,47	8,30	9,34	9,96	10,79	11,62	12,45	14,73	15,77
	420	3,99	4,62	5,25	5,88	6,72	7,56	8,40	9,45	10,08	10,92	11,76	12,60	14,91	15,96
	425	4,04	4,68	5,31	5,95	6,80	7,65	8,50	9,56	10,20	11,05	11,90	12,75	15,09	16,15

Beispiel 1: Wieviel kostet 1 m² Bretter von 24 mm Dicke bei einem Preis von 373 DM/m³?

Antwort: In Zeile 370 DM/m³ unter 24 mm ablesen: 8,88 DM/m²
in Zeile 3 DM/m³ unter 24 mm ablesen: 0,07 DM/m²
bei 373 DM/m³ kostet 24 mm dickes Holz: 8,95 DM/m²

Forts.: Umrechnung der Kubik- und Quadratmeterpreise bei Bohlen

Dicken in mm nach DIN 4071, Teil 1, DIN 4073, Teil 1, und DIN 68372														Hölzer	
40			45											nordische	gehobelt
	41,5		45,5											europäische (außer nord.)	gehobelt
		44		48	50			63		70	75			Nadelholz	ungehob.
40			45		50	55	60		65	70	75	80	90	Laubholz	ungehob.
40	41,5	44	45,5	48	50	55	60	63	65	70	75	80	90	berechnet mit	
1 m² Bohlen kostet in DM:														DM/m³	
0,04	0,04	0,04	0,05	0,05	0,05	0,06	0,06	0,06	0,07	0,07	0,08	0,08	0,09	1	
0,08	0,08	0,09	0,09	0,10	0,10	0,11	0,12	0,13	0,13	0,14	0,15	0,16	0,18	2	
0,12	0,12	0,13	0,14	0,14	0,15	0,17	0,18	0,19	0,20	0,21	0,23	0,24	0,27	3	
0,16	0,17	0,18	0,18	0,19	0,20	0,22	0,24	0,25	0,26	0,28	0,30	0,32	0,36	4	
8,00	8,30	8,80	9,10	9,60	10,00	11,00	12,00	12,60	13,00	14,00	15,00	16,00	18,00	200	
8,20	8,51	9,02	9,33	9,84	10,25	11,28	12,30	12,92	13,33	14,35	15,38	16,40	18,45	205	
8,40	8,72	9,24	9,56	10,08	10,50	11,55	12,60	13,23	13,65	14,70	15,75	16,80	18,90	210	
8,60	8,92	9,46	9,78	10,32	10,75	11,83	12,90	13,55	13,98	15,05	16,13	17,20	19,35	215	
8,80	9,13	9,68	10,01	10,56	11,00	12,10	13,20	13,86	14,30	15,40	16,50	17,60	19,80	220	
9,00	9,34	9,90	10,24	10,80	11,25	12,38	13,50	14,18	14,63	15,75	16,88	18,00	20,25	225	
9,20	9,55	10,12	10,47	11,04	11,50	12,65	13,80	14,49	14,95	16,10	17,25	18,40	20,70	230	
9,40	9,75	10,34	10,69	11,28	11,75	12,93	14,10	14,81	15,28	16,45	17,63	18,80	21,15	235	
9,60	9,96	10,56	10,92	11,52	12,00	13,20	14,40	15,12	15,60	16,80	18,00	19,20	21,60	240	
9,80	10,17	10,78	11,15	11,76	12,25	13,48	14,70	15,44	15,93	17,15	18,38	19,60	22,05	245	
10,00	10,38	11,00	11,38	12,00	12,50	13,75	15,00	15,75	16,25	17,50	18,75	20,00	22,50	250	
10,20	10,58	11,22	11,60	12,24	12,75	14,03	15,30	16,07	16,58	17,85	19,13	20,40	22,95	255	
10,40	10,79	11,44	11,83	12,48	13,00	14,30	15,60	16,38	16,90	18,20	19,50	20,80	23,40	260	
10,60	11,00	11,66	12,06	12,72	13,25	14,58	15,90	16,70	17,23	18,55	19,88	21,20	23,85	265	
10,80	11,21	11,88	12,29	12,96	13,50	14,85	16,20	17,01	17,55	18,90	20,25	21,60	24,30	270	
11,00	11,41	12,10	12,51	13,20	13,75	15,13	16,50	17,33	17,88	19,25	20,63	22,00	24,75	275	
11,20	11,62	12,32	12,74	13,44	14,00	15,40	16,80	17,64	18,20	19,60	21,00	22,40	25,20	280	
11,40	11,83	12,54	12,97	13,68	14,25	15,68	17,10	17,96	18,53	19,95	21,38	22,80	25,65	285	
11,60	12,04	12,76	13,20	13,92	14,50	15,95	17,40	18,27	18,85	20,30	21,75	23,20	26,10	290	
11,80	12,24	12,98	13,42	14,16	14,75	16,23	17,70	18,59	19,18	20,65	22,13	23,60	26,55	295	
12,00	12,45	13,20	13,65	14,40	15,00	16,50	18,00	18,90	19,50	21,00	22,50	24,00	27,00	300	
12,20	12,66	13,42	13,88	14,64	15,25	16,78	18,30	19,22	19,83	21,35	22,88	24,40	27,45	305	
12,40	12,87	13,64	14,11	14,88	15,50	17,05	18,60	19,53	20,15	21,70	23,25	24,80	27,90	310	
12,60	13,07	13,86	14,33	15,12	15,75	17,33	18,90	19,85	20,48	22,05	23,63	25,20	28,35	315	
12,80	13,28	14,08	14,56	15,36	16,00	17,60	19,20	20,16	20,80	22,40	24,00	25,60	28,80	320	
13,00	13,49	14,30	14,79	15,60	16,25	17,88	19,50	20,48	21,13	22,75	24,38	26,00	29,25	325	
13,20	13,70	14,52	15,02	15,84	16,50	18,15	19,80	20,79	21,45	23,10	24,75	26,40	29,70	330	
13,40	13,90	14,74	15,24	16,08	16,75	18,43	20,10	21,11	21,78	23,45	25,13	26,80	30,15	335	
13,60	14,11	14,96	15,47	16,32	17,00	18,70	20,40	21,42	22,10	23,80	25,50	27,20	30,60	340	
13,80	14,32	15,18	15,70	16,56	17,25	18,98	20,70	21,74	22,43	24,15	25,88	27,60	31,05	345	
14,00	14,53	15,40	15,93	16,80	17,50	19,25	21,00	22,05	22,75	24,50	26,25	28,00	31,50	350	
14,20	14,73	15,62	16,15	17,04	17,75	19,53	21,30	22,37	23,08	24,85	26,63	28,40	31,95	355	
14,40	14,94	15,84	16,38	17,28	18,00	19,80	21,60	22,68	23,40	25,20	27,00	28,80	32,40	360	
14,60	15,15	16,06	16,61	17,52	18,25	20,08	21,90	23,00	23,73	25,55	27,38	29,20	32,85	365	
14,80	15,36	16,28	16,84	17,76	18,50	20,35	22,20	23,31	24,05	25,90	27,75	29,60	33,30	370	
15,00	15,56	16,50	17,06	18,00	18,75	20,63	22,50	23,63	24,38	26,25	28,13	30,00	33,75	375	
15,20	15,77	17,82	17,29	18,24	19,00	20,90	22,80	23,94	24,70	26,60	28,50	30,40	34,20	380	
15,40	15,98	18,04	17,52	18,48	19,25	21,18	23,10	24,26	25,03	26,95	28,88	30,80	34,65	385	
15,60	16,19	18,26	17,75	18,72	19,50	21,45	23,40	24,57	25,35	27,30	29,25	31,20	35,10	390	
15,80	16,39	18,48	17,97	18,96	19,75	21,73	23,70	24,89	25,68	27,65	29,63	31,60	35,55	395	
16,00	16,60	18,70	18,20	19,20	20,00	22,00	24,00	25,20	26,00	28,00	30,00	32,00	36,00	400	
16,20	16,81	17,82	18,43	19,44	20,25	22,28	24,30	25,52	26,33	28,35	30,38	32,40	36,45	405	
16,40	17,02	18,04	18,66	19,68	20,50	22,55	24,60	25,83	26,65	28,70	30,75	32,80	36,90	410	
16,60	17,22	18,26	18,88	19,92	20,75	22,83	24,90	26,15	26,98	29,05	31,13	33,20	37,35	415	
16,80	17,43	18,48	19,11	20,16	21,00	23,10	25,20	26,46	27,30	29,40	31,50	33,60	37,80	420	
17,00	17,64	18,70	19,34	20,40	21,25	23,38	25,50	26,78	27,63	29,75	31,88	34,00	38,25	425	

Beispiel 2: Wieviel kostet 1 m² europ. Holz, gehobelt, von 45,5 mm Dicke bei einem m³- Preis von 765 DM?

Antwort: In Zeile 380 DM/m³ unter 45,5 mm ablesen: 17,29 DM/m²
in Zeile 385 DM/m³ unter 45,5 mm ablesen: 17,52 DM/m²
bei 765 DM/m³ kostet 45,5 mm dickes Holz: 34,81 DM/m²

765 natürlich auch: 400 + 365 oder 3 · 255 usw.

Forts.: Umrechnung der Kubik- und Quadratmeterpreise bei Brettern

	Hölzer	Dicken in mm nach DIN 4071, Teil 1, DIN 4073, Teil 1, und DIN 68372													
gehobelt	nordische	9,5	11	12,5	13,5	16		19,5	22,5		25,5	28,5			
gehobelt	europäische (außer nord.)				14	15,5		19,5			25,5			35,5	
ungehob	Nadelholz					16	18		22	24		28			38
ungehob	Laubholz						18	20			26		30	35	
	berechnet mit	9,5	11	12,5	14	16	18	20	22,5	24	26	28	30	35,5	38
	DM/m³	1 m² Bretter kostet in DM:													
	1	0,01	0,01	0,01	0,01	0,02	0,02	0,02	0,02	0,02	0,03	0,03	0,03	0,04	0,04
	2	0,02	0,02	0,03	0,03	0,03	0,04	0,04	0,05	0,05	0,05	0,06	0,06	0,07	0,08
	3	0,03	0,03	0,04	0,04	0,05	0,05	0,06	0,07	0,07	0,08	0,08	0,09	0,11	0,11
	4	0,04	0,04	0,05	0,06	0,06	0,07	0,08	0,09	0,10	0,10	0,11	0,12	0,14	0,15
	425	4,04	4,68	5,31	5,95	6,80	7,65	8,50	9,56	10,20	11,05	11,90	12,75	15,09	16,15
	430	4,09	4,73	5,38	6,02	6,88	7,74	8,60	9,68	10,32	11,18	12,04	12,90	15,27	16,34
	435	4,13	4,79	5,44	6,09	6,96	7,83	8,70	9,79	10,44	11,31	12,18	13,05	15,44	16,53
	440	4,18	4,84	5,50	6,16	7,04	7,92	8,80	9,90	10,56	11,44	12,32	13,20	15,62	16,72
	445	4,23	4,90	5,56	6,23	7,12	8,01	8,90	10,01	10,68	11 57	12,46	13,35	15,80	16,91
	450	4,28	4,95	5,63	6,30	7,20	8,10	9,00	10,13	10,80	11,70	12,60	13,50	15,98	17,10
	455	4,32	5,01	5,69	6,37	7,28	8,19	9,10	10,24	10,92	11,83	12,74	13,65	16,15	17,29
	460	4,37	5,06	5,75	6,44	7,36	8,28	9,20	10,35	11,04	11,96	12,88	13,80	16,33	17,48
	465	4,42	5,12	5,81	6,51	7,44	8,37	9,30	10,46	11,16	12,09	13,02	13,95	16,51	17,67
	470	4,47	5,17	5,88	6,58	7,52	8,46	9,40	10,58	11,28	12,22	13,16	14,10	16,69	17,86
	475	4,51	5,23	5,94	6,65	7,60	8,55	9,50	10,69	11,40	12,35	13,30	14,25	16,86	18,05
	480	4,56	5,28	6,00	6,72	7,68	8,64	9,60	10,80	11,52	12,48	13,44	14,40	17,04	18,24
	485	4,61	5,34	6,06	6,79	7,76	8,73	9,70	10,91	11,64	12,61	13,58	14,55	17,22	18,43
	490	4,66	5,39	6,13	6,86	7,84	8,82	9,80	11,03	11,76	12,74	13,72	14,70	17,40	18,62
	495	4,70	5,45	6,19	6,93	7,92	8,91	9,90	11,14	11,88	12,87	13,86	14,85	17,57	18,81
	500	4,75	5,50	6,25	7,00	8,00	9,00	10,00	11,25	12,00	13,00	14,00	15,00	17,75	19,00
	505	4,80	5,56	6,31	7,07	8,08	9,09	10,10	11,36	12,12	13,13	14,14	15,15	17,93	19,19
	510	4,85	5,61	6,38	7,14	8,16	9,18	10,20	11,48	12,24	13,26	14,28	15,30	18,11	19,38
	515	4,89	5,67	6,44	7,21	8,24	9,27	10,30	11,59	12,36	13,39	14,42	15,45	18,28	19,57
	520	4,94	5,72	6,50	7,28	8,32	9,36	10,40	11,70	12,48	13,52	14,56	15,60	18,46	19,76
	525	4,99	5,78	6,56	7,35	8,40	9,45	10,50	11,81	12,60	13,65	14,70	15,75	18,64	19,95
	530	5,04	5,83	6,63	7,42	8,48	9,54	10,60	11,93	12,72	13,78	14,84	15,90	18,82	20,14
	535	5,08	5,89	6,69	7,49	8,56	9,63	10,70	12,04	12,84	13,91	14,98	16,05	18,99	20,33
	540	5,13	5,94	6,75	7,56	8,64	9,72	10,80	12,15	12,96	14,04	15,12	16,20	19,17	20,52
	545	5,18	6,00	6,81	7,63	8,72	9,81	10,90	12,26	13,08	14,17	15,26	16,35	19,35	20,71
	550	5,23	6,05	6,88	7,70	8,80	9,90	11,00	12,38	13,20	14,30	15,40	16,50	19,53	20,90
	555	5,27	6,11	6,94	7,77	8,88	9,99	11,10	12,49	13,32	14,43	15,54	16,65	19,70	21,09
	560	5,32	6,16	7,00	7,84	8,96	10,08	11,20	12,60	13,44	14,56	15,68	16,80	19,88	21,28
	565	5,37	6,22	7,06	7,91	9,04	10,17	11,30	12,71	13,56	14,69	15,82	16,95	20,06	21,47
	570	5,42	6,27	7,13	7,98	9,12	10,26	11,40	12,83	13,68	14,82	15,96	17,10	20,24	21,66
	575	5,46	6,33	7,19	8,05	9,20	10,35	11,50	12,94	13,80	14,95	16,10	17,25	20,41	21,85
	580	5,51	6,38	7,25	8,12	9,28	10,44	11,60	13,05	13,92	15,08	16,24	17,40	20,59	22,04
	585	5,56	6,44	7,31	8,19	9,36	10,53	11,70	13,16	14,04	15,21	16,38	17,55	20,77	22,23
	590	5,61	6,49	7,38	8,26	9,44	10,62	11,80	13,28	14,16	15,34	16,52	17,70	20,95	22,42
	595	5,65	6,55	7,44	8,33	9,52	10,71	11,90	13,39	14,28	15,47	16,66	17,85	21,12	22,61
	600	5,70	6,60	7,50	8,40	9,60	10,80	12,00	13,50	14,40	15,60	16,80	18,00	21,30	22,80
	605	5,75	6,66	7,56	8,47	9,68	10,89	12,10	13,61	14,52	15,73	16,94	18,15	21,48	22,99
	610	5,80	6,71	7,63	8,54	9,76	10,98	12,20	13,73	14,64	15,86	17,08	18,30	21,66	23,18
	615	5,84	6,77	7,69	8,61	9,84	11,07	12,30	13,84	14,76	15,99	17,22	18,45	21,83	23,37
	620	5,89	6,82	7,75	8,68	9,92	11,16	12,40	13,95	14,88	16,12	17,36	18,60	22,01	23,56
	625	5,94	6,88	7,81	8,75	10,00	11,25	12,50	14,06	15,00	16,25	17,50	18,75	22,19	23,75
	630	5,99	6,93	7,88	8,82	10,08	11,34	12,60	14,18	15,12	16,38	17,64	18,90	22,37	23,94
	635	6,03	6,99	7,94	8,89	10,16	11,43	12,70	14,29	15,24	16,51	17,78	19,05	22,54	24,13
	640	6,08	7,04	8,00	8,96	10,24	11,52	12,80	14,40	15,36	16,64	17,92	19,20	22,72	24,32
	645	6,13	7,10	8,06	9,03	10,32	11,61	12,90	14,51	15,48	16,77	18,06	19,35	22,90	24,51
	650	6,18	7,15	8,13	9,10	10,40	11,70	13,00	14,63	15,60	16,90	18,20	19,50	23,08	24,70

Beispiel 3: Wieviel DM kostet 1 m³ 18 mm dicke ungehobelte Bretter bei einem m²- Preis von 10,40 DM?

Antwort: In Spalte „18 mm" 1. zum nächst kleineren m²- Preis 10,35 DM links ablesen: 575 DM/m³

2. bei der Differenz 10,40 – 10,35 = 0,05 DM/m² ablesen: 3 DM/m³

Die 18 mm dicken Bretter kosten also: 578 DM/m³

Forts.: Umrechnung der Kubik- und Quadratmeterpreise bei Bohlen

Dicken in mm nach DIN 4071, Teil 1, DIN 4073, Teil 1, und DIN 68372														Hölzer	
40			45											nordische	gehobelt
	41,5		45,5											europäische (außer nord.)	gehobelt
		44		48	50			63		70	75			Nadelholz	ungehob.
40			45		50	55	60		65	70	75	80	90	Laubholz	ungehob.
40	41,5	44	45,5	48	50	55	60	63	65	70	75	80	90	berechnet mit	
1 m² Bohlen kostet in DM:														DM/m³	
0,04	0,04	0,04	0,05	0,05	0,05	0,06	0,06	0,06	0,07	0,07	0,08	0,08	0,09	1	
0,08	0,08	0,09	0,09	0,10	0,10	0,11	0,12	0,13	0,13	0,14	0,15	0,16	0,18	2	
0,12	0,12	0,13	0,14	0,14	0,15	0,17	0,18	0,19	0,20	0,21	0,23	0,24	0,27	3	
0,16	0,17	0,18	0,18	0,25	0,20	0,22	0,24	0,36	0,26	0,28	0,30	0,32	0,36	4	
17,00	17,64	18,70	19,34	20,40	21,25	23,38	25,50	26,78	27,63	29,75	31,88	34,00	38,25	425	
17,20	17,85	18,92	19,57	20,64	21,50	23,65	25,80	27,09	27,95	30,10	32,25	34,40	38,70	430	
17,40	18,05	19,14	19,79	20,88	21,75	23,93	26,10	27,41	28,28	30,45	32,63	34,80	39,15	435	
17,60	18,26	19,36	20,02	21,12	22,00	24,20	26,40	27,72	28,60	30,80	33,00	35,20	39,60	440	
17,80	18,47	19,58	20,25	21,36	22,25	24,48	26,70	28,04	28,93	31,15	33,38	35,60	40,05	445	
18,00	18,68	19,80	20,48	21,60	22,50	24,75	27,00	28,35	29,25	31,50	33,75	36,00	40,50	450	
18,20	18,88	20,02	20,70	21,84	22,75	25,03	27,30	28,67	29,58	31,85	34,13	36,40	40,95	455	
18,40	19,09	20,24	20,93	22,08	23,00	25,30	27,60	28,98	29,90	32,20	34,50	36,80	41,40	460	
18,60	19,30	20,46	21,16	22,32	23,25	25,58	27,90	29,30	30,23	32,55	34,88	37,20	41,85	465	
18,80	19,51	20,68	21,39	22,56	23,50	25,85	28,20	29,61	30,55	32,90	35,25	37,60	42,30	470	
19,00	19,71	20,90	21,61	22,80	23,75	26,13	28,50	29,93	30,88	33,25	35,63	38,00	42,75	475	
19,20	19,92	21,12	21,84	23,04	24,00	26,40	28,80	30,24	31,20	33,60	36,00	38,40	43,20	480	
19,40	20,13	21,34	22,07	23,28	24,25	26,68	29,10	30,56	31,53	33,95	36,38	38,80	43,65	485	
19,60	20,34	21,56	22,30	23,52	24,50	26,95	29,40	30,87	31,85	34,30	36,75	39,20	44,10	490	
19,80	20,54	21,78	22,52	23,76	24,75	27,23	29,70	31,19	32,18	34,65	37,13	39,60	44,55	495	
20,00	20,75	22,00	22,75	24,00	25,00	27,50	30,00	31,50	32,50	35,00	37,50	40,00	45,00	500	
20,20	20,96	22,22	22,98	24,24	25,25	27,78	30,30	31,82	32,83	35,35	37,88	40,40	45,45	505	
20,40	21,17	22,44	23,21	24,48	25,50	28,05	30,60	32,13	33,15	35,70	38,25	40,80	45,90	510	
20,60	21,37	22,66	23,43	24,72	25,75	28,33	30,90	32,45	33,48	36,05	38,63	41,20	46,35	515	
20,80	21,58	22,88	23,66	24,96	26,00	28,60	31,20	32,76	33,80	36,40	39,00	41,60	46,80	520	
21,00	21,79	23,10	23,89	25,20	26,25	28,88	31,50	33,08	34,13	36,75	39,38	42,00	47,25	525	
21,20	22,00	23,32	24,12	25,44	26,50	29,15	31,80	33,39	34,45	37,10	39,75	42,40	47,70	530	
21,40	22,20	23,54	24,34	25,68	26,75	29,43	32,10	33,71	34,78	37,45	40,13	42,80	48,15	535	
21,60	22,41	23,76	24,57	25,92	27,00	29,70	32,40	34,02	35,10	37,80	40,50	43,20	48,60	540	
21,80	22,62	23,96	24,80	26,16	27,25	29,98	32,70	34,34	35,43	38,15	40,88	43,60	49,05	545	
22,00	22,83	24,20	25,03	26,40	27,50	30,25	33,00	34,65	35,75	38,50	41,25	44,00	49,50	550	
22,20	23,03	24,42	25,25	26,64	27,75	30,53	33,30	34,97	36,08	38,85	41,63	44,40	49,95	555	
22,40	23,24	24,64	25,48	26,88	28,00	30,80	33,60	35,28	36,40	39,20	42,00	44,80	50,40	560	
22,60	23,45	24,86	25,71	27,12	28,25	31,08	33,90	35,60	36,73	39,55	42,38	45,20	50,85	565	
22,80	23,66	25,08	25,94	27,36	28,50	31,35	34,20	35,91	37,05	39,90	42,75	45,60	51,30	570	
23,00	23,86	25,30	26,16	27,60	28,75	31,63	34,50	36,23	37,38	40,25	43,13	46,00	51,75	575	
23,20	24,07	25,52	26,39	27,84	29,00	31,90	34,80	36,54	37,70	40,60	43,50	46,40	52,20	580	
23,40	24,28	25,74	26,62	28,08	29,25	32,18	35,10	36,86	38,03	40,95	43,88	46,80	52,65	585	
23,60	24,49	25,96	26,85	28,32	29,50	32,45	35,40	37,17	38,35	41,30	44,25	47,20	53,10	590	
23,80	24,69	26,18	27,07	28,56	29,75	32,73	35,70	37,49	38,68	41,65	44,63	47,60	53,55	595	
24,00	24,90	26,40	27,30	28,80	30,00	33,00	36,00	37,80	39,00	42,00	45,00	48,00	54,00	600	
24,20	25,11	26,62	27,53	29,04	30,25	33,28	36,30	38,12	34,33	42,35	45,38	48,40	54,45	605	
24,40	25,32	26,84	27,76	29,28	30,50	33,55	36,60	38,43	39,65	42,70	45,75	48,80	54,90	610	
24,60	25,52	27,06	27,98	29,52	30,75	33,83	36,90	38,75	39,98	43,05	46,13	49,20	55,35	615	
24,80	25,73	27,28	28,21	29,76	31,00	34,10	37,20	39,06	49,30	43,40	46,50	49,60	55,80	620	
25,00	25,94	27,50	28,44	30,00	31,25	34,38	37,50	39,38	40,63	43,75	46,88	50,00	56,25	625	
25,20	26,15	27,72	28,67	30,24	31,50	34,65	37,80	39,69	40,95	44,10	47,25	50,40	56,70	630	
25,40	26,35	27,94	28,89	30,48	31,75	34,93	38,10	40,01	41,28	44,45	47,63	50,80	57,15	635	
25,60	26,56	28,16	29,12	30,72	32,00	35,20	38,40	40,32	41,60	44,80	48,00	51,20	57,60	640	
25,80	26,77	28,38	29,35	30,96	32,25	35,48	38,70	40,64	41,93	45,15	48,38	51,60	58,05	645	
26,00	26,98	28,60	29,58	31,20	32,50	35,75	39,00	40,95	42,25	45,50	48,75	52,00	58,50	650	

Beispiel 4: Wieviel kostet 1 m³ Bohlen von 40 mm Dicke bei einem m²- Preis von 29 DM?

Antwort: Aus Spalte „40 mm" 2 Preise entnehmen, die zus. 29 DM/m² ergeben, z. B.

waagerecht zu 10 DM/m² ablesen: 250 DM/m³

waagerecht zu 19 DM/m² ablesen: 475 DM/m³

29 DM/m² entsprechen <u>725 DM/m³</u>

Holz für Bautischlerarbeiten, Gütebedingungen (nach DIN 68360, Juli 1957)

Die Norm 68360 gilt für alle Vollhölzer nach DIN 18355: „Allgemeine technische Vorschriften für Tischlerarbeiten"; sie gilt nicht für die Güte von Holzwerkstoffen und Verbundplatten nach DIN 4076.

Tischlerarbeiten aus Vollholz werden eingeteilt in solche,
a) die deckend gestrichen werden;
b) die nicht deckend gestrichen werden und
c) die ohne Farbfehler und ohne sichtbare Äste (astfrei) sind.

Gebräuchliche Holzart = ×
Nicht gebräuchliche Holzart: kein Zeichen

Verwendung für	Gebräuchliche Holzarten: Kiefer oder Eiche	Lärche oder Fichte	Tanne	Buche	oder in der Güte gleichwertiges Holz	oder Holzwerkstoffe	oder Verbundplatten
Äußere Fenster u. äußere Fensterbretter	×				×		
Innenfenster u. innere Flügel von Außenfenstern	×	×			×		
Innere Fensterbretter	×	×			×	×	×
Außentüren und Tore: Türblatt, Türrahmen und Schwellen	×				×		
Außentüren und Tore: Füllungen	×				×	×	×
Innentüren: Türblatt	×	×	×		×	×	×
Innentüren: Türrahmen, Türfutter und Bekleidungen	×	×	×		×		
Innentüren: Füllungen	×	Fichte			×	×	×
Innentüren: Schwellen	×			×	×		
Klappläden	×				×		
Wand- und Deckenverkleidungen	×	×	×	×	×	×	×
Trennwände	×	×	×		×	×	×
Sonstige Einbauarbeiten	×	×	×	×	×	×	×

Für Einzelteile einer Tischlerarbeit wird keine bestimmte Güteklasse des Schnittholzes festgelegt; die Holzteile einer fertigen Tischlerarbeit müssen aber die folgenden Gütebedingungen erfüllen.

Allgemeine Gütebedingungen für das Holz der Einzelteile:
allgemein unzulässige Fehler sind: Drehwuchs über 2 cm Abweichung von der Achse je m Holzlänge; Frostrisse, Kernrisse, Windrisse; Wurmfraß; Schwammholz, Rotfäule; Bläue, Stockbläue (außer zulässiger Anbläue, siehe unten unter 6), verstockte Buche, Eichensplint;

unzulässige Fehler bei Einzelteilen sind: Äste in Sprossen, Rolladenbrettern oder in Verbindungsstellen, bei Fenstern und Türen auch am Überschlag (Aufdeck), rissige, faule oder schwarze Äste, lose Äste, bei Fenstern und Türen an Stellen, die sichtbar bleiben, Kettendübelung ist nur bei deckend zu streichenden Arbeiten zulässig bis zu 2 (bei Türen 3) Dübeln;

zulässige Fehler sind: (unzulässige bleiben in Zweifelsfällen unzulässig).

1. Punktäste und festverwachsene Äste mit kleinstem $\phi = d < 10$ mm;
2. Gesunde, festverwachsene Äste: $\frac{d}{b}$ bis $\frac{1}{3}$ (bei Klappläden – Rahmen bis $\frac{1}{4}$), d höchstens 20 mm; bei schrägliegenden: $\frac{D}{d}$ bis 4, D höchstens 50 mm (D und d = größter und kleinster ϕ; b = Breite der Holzoberfläche, ⊥ zur Achse);
3. Ausgebohrte und ausgedübelte Äste; Abmessungen der Dübel wie bei zuläss. Ästen;
4. Ausgebesserte Harzgallen bis 5 mm breit und bis 50 mm lang;
5. Ausgebesserte kleine (bei Türen mittelgroße) Risse, bis 50 mm lang, weder schräglaufend noch durchgehend;
6. Holz mit Anbläue weniger als 10 % der Oberfläche.

Fortsetzung: Holz für Bautischlerarbeiten, Gütebedingungen (nach DIN 68360, Juli 1957)	
Davon dürfen die Arbeiten haben, wenn sie	die einzelnen Fehler:
deckend zu streichen sind	1 bis 6
nicht deckend zu streichen sind	1 an sichtbarer, 2 bis 6 an nicht sichtbarer Stelle
ohne Äste und ohne Farbfehler sind	1 u. 2 an nicht sichtbarer Stelle, sonst keine

Von den einzeln sichtbar oder unsichtbar zugelassenen Fehlern sind **zusammen zulässig an Einzelteilen** von

Rahmen von Fensterflügeln	bis 1 Fehler je angefangenem m Holz
Blendrahmen u. Kästen von Fenstern	bis 3 Fehler je angefangenem m und 100 mm Breite; bei breiteren anteilig mehr
Futter, Bekleidungen, Blatt- und Blendrahmen von Türen, Rahmen v. Klappläden	bis 4 Fehler je angefangenem m und 100 mm Breite; bei breiteren anteilig mehr
Füllungen von Türen und Klappläden	5 Fehler je m^2 und Seite

Diese Gütebedingungen gelten sinngemäß für die Einzelteile von Wand- und Deckenverkleidungen, Trennwänden und sonstigen Einbauarbeiten.

Für Fenster geeignete Holzarten:
Für Fenster geeignete Holzarten müssen:
a hohe mechanische Festigkeiten haben;
b gut stehen; c wenig schwinden;
d günstig trocknen; e gut zu bearbeiten sein;
f Pilzen und Insekten widerstehen;
g bei wechselnder Witterung beständig sein
und h soll der Anstrich (Lack) auf ihnen gut haften und halten.

Zu beachten: **Gütebedingungen** nach DIN 68360

Verarbeitung nach den Richtlinien der Gütegemeinschaft Holzfenster e.V., Frankf. a. M. Rücker-Allee 19-21

Verleimen mit Resorcin-Formaldehyd-Harzleimen

Holzschutz nach DIN 68800

Nach Oberbaurat Seifert (Institut für Fenstertechnik, Rosenheim) gelten dafür folgende Punkte relativen Wertes (10 = sehr gut bis 1 = sehr schlecht):

Nr.	Holzart	a	b	c	d	e	f	g	h	Summe	Mittelwert
1	Teak	10	10	10	5	8	10	10	5	68	8,5
2	Afrormosia = Kokrodua	8	8	10	8	8	5	10	5	62	7,8
3	Afzelia = Doussie	8	8	10	5	5	8	10	5	59	7,4
4	Pitch pine = Longleaf pine	8	8	5	8	8	8	5	8	58	7,3
5	Sipo	8	8	5	5	8	7	10	5	56	7,0
6	Iroko	8	6	5	5	8	8	10	5	55	6,9
7	Oregon pine = Douglasie	8	8	5	8	8	5	5	8	55	6,9
8	Kiefer (Kern)	5	8	5	8	10	5	5	8	54	6,7
9	Fichte [1)]	5	8	5	10	8	3	4	10	53	6,6
10	Kiefer (Splint)	5	5	5	10	10	3	3	8	49	6,1

1) Nach DIN 68360 für Außenfenster nicht zugelassen, wegen Höchstpunktzahl unter h, wenn sorgfältig beachtet, jedoch besser als Kiefernsplintholz.

Holzfaserplatten

Begriffe für Holzfaserplatten nach DIN 68753, Jan. 1976:

Nr.	Benennung	Kurzzeichen	Erklärung
1	Holzfaserplatte auch: Faserplatte	HF	Holzwerkstoff, hergestellt aus verholzten Fasern, mit oder ohne Füllstoffe, mit oder ohne Bindemittel.
1.1	Poröse Holzfaserplatte auch: Isolier- oder Dämmplatte	HFD	Holzfaserplatte mit einer Rohdichte zwischen 230 kg/m³ und 350 kg/m³
1.2	Bitumen-Holzfaserplatte	BPH	Poröse Holzfaserplatte, hergestellt mit einem Zusatz von Bitumen
1.2.1	Bitumen-Holzfaserplatte (normal)	BPH 1	Wie 1.2, Bitumengehalt 10 bis 15 Gew.-%
1.2.2	Bitumen-Holzfaserplatte (extra)	BPH 2	Wie 1.2, Bitumengehalt über 15 Gew.-%
1.3	Mittelharte Holzfaserplatte	HFM	Holzfaserplatte mit einer Rohdichte zwischen 350 und 800 kg/m³
1.4	Harte Holzfaserplatte auch: Hartplatte	HFH	Holzfaserplatte mit einer Rohdichte von 800 kg/m³ und mehr
1.5	Extrahartplatte	HFE	Harte Holzfaserplatte, nach einem besonderen Härtungsverfahren behandelt
1.6	Kunststoffbeschichtete dekorative Holzfaserplatte siehe S.63 und S.66!	KH	Harte Holzfaserplatte, ein- oder beidseitig beschichtet mit Trägerbahnen, die mit härtbaren Kunstharzen imprägniert bei erhöhter Temperatur aufgepreßt sind, wobei die Kunstharze aushärten
1.7	Verbundplatte mit Mittellage(n) aus Holzfaserplatte(n)	MHF	Die Werkstoffe sind so vereinigt, daß sich ihre besonderen Eigenschaften günstig auf die Eigenschaften der Verbundplatte auswirken

Gütebedingungen für Holzfaserplatten HFD und HFH nach DIN 68750 und für BPH 1 und BPH 2 nach DIN 68752, Dez. 1974:

Die Platten sollen fehlerfrei sein und ein gleichmäßiges Farbbild zeigen. Zulässig sind: vereinzelte dunkle Rindenteilchen, geringfügige Siebfehler, die durch kleine Reparaturen beschädigter Siebe entstehen, und Farbzusätze, soweit sie die Faserstruktur erkennen lassen. Die Norm gebietet keine Lichtbeständigkeit der Färbung!
Die Platten müssen rechte Winkel und volle, parallele Kanten haben (zul. Abw. je 1 m Schenkellänge: ±2 mm) und müssen im Feuchtegleichgewicht plan sein.

Zulässige Maßabweichungen für Platten, bei Breite und Länge nur bei Abmessungen über 1 m

Plattenart	Dickenbereich mm	Zul. Abw. vom Nennmaß der Dicke %	Breite mm	Länge mm
HFD; BPH	bis 8	± 6	± 3	± 5
	über 8	± 5		
HFH	bis 4	± 8		
	über 4	± 7		

Mindestwerte der Biegefestigkeit Mittelwerte in Längs- und Querrichtung

Plattenart	Dickenbereich mm	Biegefestigkeit σ_B N/mm²
HFD; BPH	bis 10	2,0
	über 10 bis 15	1,8
	über 15 bis 20	1,5
HFH	–	40

Wasseraufnahme; Dickenquellung	Dauer h	Plattenart	Mittl. Höchstwerte der Wasseraufnahme	Dickenquellung
Lagern der Proben unter Wasser von 20°C ± 1°C	24	HFH	30%	18%
	2	BPH 1	25%	7%
	2	BPH 2	20%	

BPH 1 und BPH 2 müssen durchgehend bituminiert sein. Bitumengehalt, bezogen auf die völlig trockenen Platten, siehe oben!

Bitumen: Pechartige, zähe, klebende Kohlenwasserstoff-Gemische, vorwiegend Abdunstungsrückstände von Erdölen.

Harte und mittelharte Holzfaserplatten für das Bauwesen

nach DIN 68754, Teil 1, Febr. 1976

Sie werden im Anwendungsbereich der Holzwerkstoffklasse 20 nach DIN 68800, Teil 2, Mai 1974, in Räumen mit allgemein niedriger Luftfeuchte für tragende und aussteifende Zwecke verwendet.

Normtypen: HFH 20 und HFM 20. Sie müssen gerade und scharfe Schnittkanten haben. Die Abweichung vom rechten Winkel und der Parallelität darf je 1000 mm Schenkellänge nicht größer als 2 mm sein.

Der Feuchtegehalt muß ab Werk $u = (5 \pm 3)\%$ betragen, bezogen auf das Darrgewicht.
Dickenquellung q: Nach $(24 \pm 1/4)$ Stunden Lagern der Proben im Wasser von (20 ± 1) °C dürfen die Werte der Tabelle nicht überstiegen werden.

Die Biegefestigkeit σ_B in beiden Prüfrichtungen und die Querzugfestigkeit $\sigma_{Z\perp}$ müssen die Mindestwerte der Tabelle erreichen.

Plattentyp (Normtyp)	Plattendicke mm	Zulässige Abweichung von der Dicke[1] mm	Breite[2] mm	Länge[2] mm
HFH 20	bis 6	± 0,4	±3	±5
	über 6	± 0,6		
HFM 20	5 bis 16	± 0,7		

[1] An je 4 Meßstellen innerhalb einer Platte und von Platte zu Platte einzuhalten
[2] Nur für Platten über 1 m Breite od. Länge

Plattentyp (Normtyp)	Plattendicke mm	Biegefestigkeit σ_B N/mm²	Querzugfestigkeit $\sigma_{Z\perp}$ N/mm²	Dickenquellung q %
HFH 20	bis 4	40	0,7	20
	über 4	35	0,6	18
HFM 20	5 bis 16	12	0,1	15

Güteüberwachung durch Eigen- und durch Fremdüberwachung nach Normvorschrift.

Die mindestens anzuwendende Holzwerkstoffklasse bei verschiedener Gefährdung durch Feuchte und Pilzbefall im Hochbau nach DIN 68800, Bl. 2, Mai 1974

Anwendungsbereich in Beispielen	Holzwerkstoffklasse
1 Raumseitige Beplankung von Decken und Wänden	
1.1 Naßräume, z. B. Küche, Bad, Dusche, WC, Räume in baufeuchten Neubauten	100 G
1.2 Wohn- und Schlafräume in Wohngebäuden und Räumen mit ähnlichem Klima	20
2 Außenbeplankung von Außenwänden, zusätzlich mit einem dauerhaft wirksamen Wetterschutz versehen; ein Hohlraum zwischen Außenbeplankung und Wetterschutz ist	
2.1 ausreichend belüftet[1]	100
2.2 nicht ausreichend belüftet[1]	100 G
2.3 nicht vorhanden	100 G
3 Obere Beplankung von Deckenelementen in Tafelbauart unter ausgebauten und nicht ausgebauten Dachgeschossen	
3.1 ausreichend belüftete Elemente[1]	100
3.2 zusätzlich Schutz vor Niederschlägen beim Einbau	20
3.3 nicht ausreichend belüftete Elemente[1], jedoch ohne Bildung von Tau in der Beplankung	100 G
4 Obere Beplankung von Dach- oder Dachdecken-Elementen, Dachschalung	100 G

[1] Hohlräume gelten als ausreichend belüftet, wenn die Größe der Zu- und Abluftöffnungen mindestens je 2% der zu belüftenden Fläche beträgt.

Anwendungsbereich der Holzwerkstoffklassen und die zugeordneten Plattentypen

Holzwerkstoff	Holzwerkstoffkl. 20, z. B.	Holzwerkstoffklasse 100, z. B.	Holzwerkstoffkl. 100 G, z. B
Bau-Furnierplatte	BFU IF 20	BFU AW 100	BFU AW 100 G
Bau-Tischlerplatte	BTI IF 20	BTI AW 100	BTI AW 100 G
Flachpreßplatte	V 20	V 100	V 100 G
Beplankte Strangpreßplatte	SV 1; SR 1	SV 2; SR 2	–
Harte Holzfaserplatte	HFH	darf angewendet werden, wenn aufgrund der klimatischen Bedingungen langfristig ein hoher Gleichgewichtsfeuchtigkeitsgehalt und eine	
Kunststoffbeschichtete dekorative Holzfaserplatte	KH		
darf nur angewendet werden, wenn die Platten weder direkt noch indirekt oder nur in dem Maße befeuchtet werden, daß ihr Feuchtegehalt nur kurzfristig erhöht ist und an keiner Stelle 15 Gew.-% überschreitet. Evtl. eingedrungene Feuchte muß ungehindert entweichen können.		kurzfristige Befeuchtung der Platten möglich ist, die Plattenfeuchtigkeit an keiner Stelle 18 Gew.-% überschreitet und die zusätzlich eingedrungene Feuchtigkeit entweichen kann.	Befeuchtung der Platten möglich ist und die eingedrungene Feuchtigkeit nur während eines längeren Zeitraums entweichen kann.

Spanplatten

Begriff: Eine **Spanplatte** ist ein plattenförmiger Holzwerkstoff, der hergestellt wird, indem vorwiegend kleine Teile aus Holz und/oder aus anderen holzartigen Faserstoffen mit einem Bindemittel verpreßt werden. Bei einer **Holzspanplatte** bestehen die Späne nur aus Holz.

Nenndicken (Vorzugsmaße) in mm nach DIN 68760, Sept. 1973:

6	8	10	13	16	19	22	25	28	32	36	40	45	50	60	70

Spanplatten; Flachpreßplatten FPY für allgemeine Zwecke nach DIN 68761, Sept. 1973,

z.B. für den Möbel-, Tonmöbel-, Behälter- und Gerätebau.

FPY werden aus Spänen, die vorwiegend parallel zur Plattenebene liegen, ein- oder mehrschichtig oder mit stetigem Übergang im Aufbau hergestellt und oberflächlich geschliffen oder ungeschliffen geliefert. Sie gelten ohne besonderen Nachweis als normal entflammbar. Ihr Feuchtegehalt, bezogen auf das Darrgewicht, soll ab Werk = (9 ± 4)% sein. Die Platten müssen an allen Stellen gleich dick sein, zul. Abw. bei geschliffenen Platten bei einer Platte und von Platte zu Platte $\pm 0{,}3$ mm; sie müssen gerade und scharfe Schnittkanten haben und rechtwinklig sein (zul. Abw. 2 mm je 1 m Schenkellänge). Handelsübliche Breiten u. Längen müssen einschließlich der Abweichung von der Rechtwinkligkeit auf $\pm$ 5 mm eingehalten werden. Die Dickenquellung darf höchstens 6% $\approx$ 1/16 betragen.

Spanplatten für Sonderzwecke im Bauwesen nach DIN 68762, Sept. 1973,

vor allem für akustisch wirksame und/oder dekorative Wand- und Deckenverkleidungen:

1 **Strangpreßplatten,** hergestellt aus Spänen, die vorwiegend rechtwinklig zur Stopfrichtung und Plattenebene liegen. Unterschieden werden:

1.1 **Vollplatten** und 1.2 **Röhrenplatten** mit durchgehenden Hohlräumen (Röhren) in Stopfrichtung; nach der Oberfläche der Platten bei 1.1 und 1.2 :

1.3.1 **Rohplatten** : Oberfläche unbehandelt;

1.3.2 **beschichtete Platten**: mit Anstrichen, Filmen, Folien u. ä. versehen;

1.3.3 **beplankte Platten** : mit Furnieren, Furnierplatten, harten Holzfaserplatten, glasfaserverstärkten Kunststoffen (GFK) u. ä. verleimt.

1.4 **Schallschluckplatten (Akustikplatten),** unterschieden werden die Normtypen:

LF: **Leichte Flachpreßplatten** mit höherer Schallschluckung; beschichtet, beplankt oder roh;

LRD: **Strangpreß-Röhrenplatten** und **LMD: Strangpreß-Vollplatten,** beide Typen beidseitig beschichtet oder beplankt und mit durchbrochener Oberfläche und höherer Schallschluckung;

LR: Strangpreß-Röhrenplatten, beidseitig beschichtet oder beplankt, mit geschlossener Oberfläche; Dicke bis 70 mm.

Normtyp	Größte Dicke (Vorzugsmaße) mm	Rohdichte ϱ kg/m³	Feuchtegehalt (ab Werk) %	Schallschluckgrad, gemessen bei einem Wandabstand von 50 mm im Frequenzbereich Hz (Hertz)	α_s
LF	bis 32	250...500	9 ± 4 bezogen auf Darrgew.	125 bis 250	mind. 0,2
				250 bis 4000	mind. 0,5
LRD	bis 70	300...600		über mind. 2 Oktaven Breite auch bei vollflächig aufliegenden Platten nirgends zu unterschreiten	mind. 0,5
LMD	bis 25	550...850			mind. 0,2

Sie gelten ohne besonderen Nachweis als normal entflammbar. Sie müssen gerade Schnittkanten haben und rechtwinklig sein (zul. Abw. 1 mm je 1 m Schenkellänge). Handelsübliche Breiten und Längen müssen einschließlich der Abweichung von der Rechtwinkligkeit auf $\pm$ 2 mm eingehalten werden. Die Platten sind geg. Nässe, Erdberührung, Kondenswasser und ständig feuchte Luft geschützt zu lagern, zu transportieren und einzubauen. Im Freien u. in feuchten Räumen dürfen sie auch abgedeckt nicht gelagert werden; sie müssen konstruktiv so eingebaut werden, daß sie auch in der Folgezeit gegen Feuchte geschützt bleiben.

Spanplatten; Flachpreßplatten für das Bauwesen nach DIN 68763, Sept. 1973, z. B. für tragende und aussteifende Zwecke

Norm-typen	Die Verleimung der Platten ist beständig	heißt	Bindemittel
V 20	in Räumen mit meist niedriger Luftfeuchte	nicht wetterbeständige Verleimung	Aminoplaste
V 100	gegen hohe Luftfeuchte	begrenzt wetterbeständige Verleimung	alkalisch härtende Phenoplaste; Phenol-Resorcin-Harze
V 100 G			

Brandverhalt., Feuchtegehalt, zul. Abw. von Breite, Länge, Rechtwinkligkeit: wie bei FPY. Normtypen: Nach Verleimung und Gehalt an Holzschutzmittel der Platten unterschieden: Andere als die genannten Bindemittel für Platten müssen allgemein bauaufsichtlich zugelassen werden, sonst unzulässig. Platten des Normtyps V 100 G werden bei ihrer Herstellung mit einem Holzschutzmittel gegen holzzerstörende Pilze versetzt. Auskunft darüber: Institut für Bautechnik, Reichpietschufer 72-76 1000 Berlin 30.

Eigenschaften $1 \frac{N}{mm^2} \approx 10 \frac{kp}{cm^2}$	Mindestwerte: Biegefestigkeit σ_B N/mm²		Mindestwerte: Querzugfestigkeit σ_Z N/mm²	Höchstwerte: Dickenquellung q_{24} in % nach 24 h unter Wasser bei 20°C	
Dickenbereich (mm) / Normtypen	V 20, V 100, V 100 G	V 20	V 100, V 100 G	V 20	V 100, V 100 G
bis 13	20	0,4	0,15	15	12
über 13 bis 20	18	0,35			
über 20 bis 25	15	0,3			
über 25 bis 32	12	0,24	0,1		
über 32 bis 40	10	0,2			
über 40 bis 50	8	0,2	0,07		

Eigenüberwachung: Der Hersteller muß bestimmte Eigenschaften der Flachpreßplatten nach den Anforderungen und Prüfvorschriften DIN 68763 überwachen.

Fremdüberwachung: Sie ist durchzuführen durch eine für die Überwachung von Holzwerkstoffen anerkannte Überwachungs- und Güteschutzgemeinschaft oder auf Grund eines Überwachungsvertrages durch eine hierfür anerkannte Prüfstelle. Gegenstand und Einzelheiten der Überwachung werden durch DIN 68763 bestimmt.

Beidseitig beplankte Strangpreßplatten für das Bauwesen (nach DIN 68764, Bl. 1)

und die dafür verwendeten Rohplatten. Sie werden unterschieden (siehe vorige Seite!) wie nach DIN 68762, Abschnitte 1. bis 1.3.3 (außer 1.3.2), und bilden 6 Normtypen:

Unterscheidung der Strangpreßplatten hinsichtlich der Oberfläche	Bindemittel für die Verleimung		Normtypen: Vollplatte	Normtypen: Röhrenplatte
Rohplatten	der Späne miteinander	wie bei V 20	SV	SR
Beplankte Platten	der Rohplatte mit ihrer Beplankung	wie bei V 20	SV 1	SR 1
		wie bei V 100	SV 2	SR 2

Platten der Typen SV 2 und SR 2 müssen an allen Rändern mindestens 15 mm breite Vollholzeinleimer oder einen zumindest gleichwertigen Feuchteschutz erhalten. Feuchtegehalt, zul. Abw. von Breite, Länge, Rechtwinkligkeit: wie bei FPY.

Beplankung: Besteht sie aus verleimten Teilen, so muß deren Verleimung der mit der Rohplatte entsprechen. Das gilt auch für Flicken der Deckfurniere. Deckfurniere dürfen höchstens 2,5 mm, Absperrfurniere höchstens 3,7 mm dick sein. Beide dürfen aus beliebig breiten Streifen zusammengesetzt werden. Deck- und Absperrfurniere der beplankten Platten sollen aus den Holzarten (alphabetisch geordnet): Birke, Buche, Fichte, Kiefer, Limba, Makore, Mahagoniarten, Okoume, Tanne oder Holzarten gleicher od. besserer Witterungsbeständigkeit bestehen. Furniere aus Abachi und Ilomba sind unzulässig.

Fehler der Furniere der Beplankung; Abkürzung: v. vork. = vereinzelt vorkommende	Höchstbetrag der Fehler, wenn die Anzahl der Furnierlagen beträgt: insgesamt 2	mindestens 4
Holzverfärbungen und Farbfehler	zulässig, wenn ohne Einfluß auf Festigkeiten	
vereinzelt vorkommende Risse	3 mm breit	5 mm breit
v. vork. festverwachs. Äste und Aststellen	⌀ 25 mm	⌀ 60 mm
v. vork. Bohrlöcher von Insekten (Larven)	zulässig	

Erreicht werden müssen nach den Prüfvorschriften (mit Hinweisen auf weitere Prüfnormen) DIN 68764, Bl. 1, als Mittelwert die Mindestwerte der Biege- und Zugfestigkeit von Rohplatten →

Schichtfestigkeit der beplankten Platten $1 \frac{N}{mm^2} \approx 10 \frac{kp}{cm^2}$; Normtypen	$\sigma_{Z\perp}$ N/mm² trocken	dampffeucht
SV 1 und SR 1	1	–
SV 2 und SR 2	1	0,5

Normtypen	Dickenbereich mm	$\sigma_{B\perp}$ N/mm²	$\sigma_{Z\parallel}$ N/mm²
SV	bis 16	5	0,4
	über 16 bis 25	4	0,35
SR	bis 30	4	0,4
	über 30 bis 45	2,5	0,3
	über 45 bis 70	1	0,2

Beplankte Strangpreßplatten für die Tafelbauart im Bauwesen

nach DIN 68764, Bl. 2, Sept. 1974, sind beidseitig beplankte Strangpreßplatten (Vollplatten SV) nach DIN 6874, Bl. 1. Sie bilden die Normtypen TSV 1 (ohne Randschutz) und TSV 2 (mit mindestens 15 mm breiten Vollholzeinleimern an allen Rändern.)

Normtyp	Beplankung Art	Beplankung Dicke mind. mm	Dicke d. Rohplatte mm	Biegefestigkeit in N/mm² mindestens ∥	Biegefestigkeit in N/mm² mindestens ⊥
TSV 1 und TSV 2	Rotbuchenfurnier	1	12	35	5
			16	28	5,5
		1,5	12	45	4,5
			16	38	5
TSV 1	Harte Holzfaserplatte	2	12	20	23
			16	17	20

Unterböden aus Holzspanplatten nach DIN 68771, Sept. 1973

für Fußböden in Räumen, die zum dauernden Aufenthalt von Menschen bestimmt sind. Die Norm erläutert mit Skizzen die drei häufigsten Ausführungen: Die Holzspanplatten, allgemein der Type V 100, in Sonderfällen der Type V 100 G (mit Holzschutzmitteln vorbehandelt) nach DIN 68763, 13 bis 25 mm dick, werden entweder

1. auf Lagerhölzer oder auf Balken von Holzbalkendecken geschraubt oder
2. auf einer Zwischenschicht, z. B. einer elastischen Dämmschicht, mit versetzten Stoßfugen vollflächig angeordnet, durch Nut und Feder miteinander verbunden und verleimt, ohne zusätzlich unterstützt oder befestigt zu werden (vollflächig schwimmend verlegt) oder
3. auf vorhandene Holzfußböden aller Art geschraubt als ebene Ausgleichsschicht für zusätzlich aufzubringende Beläge, z. B. Parkett.

Kunststoffbeschichtete dekorative Holzfaserplatten nach DIN 68751, März 1976

Kunststoffbeschichtete dekorative Holzfaserplatten (Kurzzeichen: **KH**) sind harte Holzfaserplatten nach DIN 68750, ein- oder zweiseitig beschichtet mit Bahnen hochwertigen Zellstoffs, die mit härtbaren Kunstharzen getränkt mit Drücken von 5 ... 9 N/mm² bei etwa 145°C aushärtend mit dem Untergrund verschweißt wurden. Bei dekorativen Platten pflegen die beiden obersten Deckschichten aus Papieren mit 100 ··· 200% Gehalt an Melamin-Formaldehydharz zu bestehen, und zwar aus

a) einem wasserfesten weißen oder durchgefärbten „Dekorpapier" (Papiergewicht 100 ··· 200 g/m²), gewöhnlich mit einem bunten Muster („Dessin") bedruckt, und

b) einem Overlaypapier (Papiergewicht ≈ 40 g/m²), das nach dem Verpressen durchsichtig wird und die Aufgabe hat, das Muster des Dekorpapiers vor Beschädigung zu bewahren (Überpresser).

Vorsicht beim Verarbeiten: Melamin- und Harnstoffharzleime greifen die mit ihnen chemisch verwandten Oberflächenschichten dekorativer Platten chemisch an und erzeugen bleibende Flecke! Verleimung vorteilhaft mit PVAC-Leim.

kunststoffbeschichtete dekorative Holzfaserplatten (KH)	zulässige Abweichungen von der Platte: Dicke bis 4 mm	Dicke über 4 mm	Breite	Länge	zuläss. Abweich. von Rechtwinkligkeit u. Parallelität je Meter Schenkellänge
einseitig beschichtet	± 7%	± 6%	± 3 mm	± 5 mm	2 mm
zweiseitig beschichtet	± 8%	± 7%			

An die dekorativen Flächen der KH und des Typs AN der DKS werden etwa die gleichen Anforderungen gestellt, doch werden bei KH keine Anwendungsklassen des Verhaltens gegen Abrieb und gegen Stoßbeanspruchung unterschieden.

Die Mindestanforderungen an die gesamte KH-Platte sind geringer als bei DKS-Platten: Die Biegefestigkeit, dekorative Seite in der Druckzone, ist nur halb so groß: mindestens 50 N/mm².

Bei Prüfung der Maßbeständigkeit im Klimawechsel bei 20°C darf die Längenänderung längs u. quer je 0,25%, ihre Summe 0,5% nicht überschreiten (siehe folgende Seiten!)

Kunststoffbeschichtete dekorative Flachpreßplatten bis 32 mm Dicke

vorwiegend für Möbel- und Innenausbau (nach DIN 68765), März 1976

Begriff: Kunststoffbeschichtete dekorative Flachpreßplatten (Kurzzeichen: KF) sind Flachpreßplatten aus Holzspänen mit Kunstharz als Bindemittel, beidseitig beschichtet mit Trägerbahnen, die mit härtbaren Kondensationsharzen imprägniert bei erhöhter Temperatur mit der Kernplatte verpreßt worden sind.
Die **Normtypen** werden nach Dicke und Lichtechtheit der Kunststoffschicht unterschieden. Die Lichtechtheit wird nach DIN 53799, Mai 1975, geprüft.

Normtypen	besonders abriebfest	Dicke der Kunststoffschicht mm	Lichtechtheit, bezogen auf Stufe 6	Abmaße[1] bei Nenndicke der Platten in mm bis 20	über 20 bis 25	über 25 bis 32
KF 1	KF 1 A	bis 0,11	schlechter	+ 0,3	+ 0,3	+ 0,3
KF 2	KF 2 A		mindestens gleich oder besser	− 0,5	− 0,9	− 1,1
KF 3	KF 3 A	über 0,11 bis 0,27		± 0,4	+ 0,4 − 0,8	+ 0,4 − 1,0
KF 4	KF 4 A	über 0,27 bis 0,47		+ 0,8 0	+ 0,8 − 0,4	+ 0,8 − 0,6
KF 5	KF 5 A	über 0,47		+ 1,2 + 0,4	+ 1,2 0	+ 1,2 − 0,2

[1] Sowohl von Platte zu Platte als auch innerhalb einer Platte.

Abmaße handelsüblicher Breiten und Längen und der Rechtwinkligkeit: wie bei FPY. Platten in handelsüblichen Größen werden geliefert mit besäumten, gefasten oder gebrochenen Kanten und mit kantenbündiger Beschichtung. Teile von Platten („Zuschnitte") mit längsten Kanten bis 2 m werden grobgeschnitten geliefert; bei ihnen sind zulässig: Ausrisse der Deckschicht an allen Kanten: bis zu 5 mm; Abweichungen in Breite und Länge: + 2,5 mm.

Als Gesamtmittelwert aus 3 Platten zu je 10 Proben zu bestimmen: Mindestwerte der Eigenschaften	Normtypen	Dickenbereiche in mm: bis 13	über 13 bis 20	über 20 bis 25	über 25 bis 32
Biegefestigkeit $\sigma_B \perp$ in N/mm²	KF 1; KF 2	20	18	15	12
Prüfung nach DIN 52362, Teil 1	KF 3	22	20	16	13
	KF 4; KF 5	24	22	18	15
Querzugfestigkeit $\sigma_Z \perp$ in N/mm² senkrecht zur Plattenebene	KF 1 bis KF 5	0,4	0,35	0,3	0,24

Abriebwiderstand: Bei Prüfung nach DIN 53799 müssen mindestens 300 Umdrehungen erreicht werden. Abriebfestere Platten werden zusätzlich mit A gekennzeichnet (siehe oben!)

Rißanfälligkeit: Bei der Prüfung dürfen keine Risse entstehen, die ein Auge normaler Sehschärfe aus 250 mm Entfernung wahrnehmen kann. Feinere, regellos verteilte Haarrisse sind zulässig.

Maßbeständigkeit im Klimawechsel bei 20° C: Siehe S. 69! Die Summe $|\Delta L_{A1}| + |\Delta L_{A2}|$ darf 0,6% nicht überschreiten.

Verhalten gegen heiße Topfböden und **Einwirkung von Dampf siedenden Wassers:** Für die Normtypen KF 3, KF 4 und KF 5 sind außer Glanzminderung keine bleibenden Veränderungen zulässig.

Verhalten bei Zigarettenglut: Für die Normtypen KF 3, KF 4 und KF 5 sind außer Verfärbung und Glanzminderung keine bleibenden Veränderungen zulässig.

Fleckenunempfindlichkeit: unzulässig sind bleibende Flecken unter Einwirkung der auf S. 69 genannten Prüfmittel. Die KF-Platten sind jedoch nicht beständig gegen Einwirkung folgender Stoffe und ihrer Lösungen: Mineralsäuren: Salzsäure, Schwefelsäure, Salpetersäure; Basen (Laugen): Ätznatron und Natronlauge, Ätzkali und Kalilauge; chlorhaltige Bleichlaugen; Wasserstoffperoxid; Silbernitratlösung; Natriumhydrogensulfat; Jodtinktur und andere stark färbende Tinkturen.

Die Normtypen KF 1 und KF 2 sind „Innenqualitäten", an die nicht so hohe Anforderungen gestellt werden.

Bezeichnung: Platten nach dieser Norm werden wie folgt bezeichnet: jeweils geforderte Dicke, Länge, Breite in mm, Plattenart, DIN-Nummer Beispiel: KF-Platte 16 × 3000 × 2000 KF 4 DIN 68765.

Dekorative Schichtpreßstoffplatten A nach DIN 16926, Mai 1975,

kurz DKS genannt, haben einen **Kern** aus Zellstoffbahnen, die mit härtbaren Phenoplasten getränkt warm aushärtend verpreßt sind, und **Deckschichten** aus Aminoplasten, vorwiegend Melaminformaldehydharzen, die beim Aushärten fest mit dem Kern verpreßt und verschweißt werden. Die DKS werden in **Typen** eingeteilt und in **Anwendungsklassen** unterteilt.

Typ AN ist eine DKS mit gutem Aussehen, guter Härte, Fleckenunempfindlichkeit und Wärmebeständigkeit. Die Rückseite der DKS darf z. besseren Aufkleben auf gebräuchliche Träger, z. B. Spanplatten, aufgerauht sein.

Typ AP, dem Typ AN ähnlich, ist zusätzlich bei bestimmter Temperatur und bestimmtem Druck (vom Hersteller anzugeben) nachformbar.

Typ AZ, dem Typ AN ähnlich, ist gegenüber Zigarettenglut erhöht beständig.

Typ AF, dem Typ AN ähnlich, ist gegenüber Flammenwirkungen erhöht widerstandsfähig.

Die **Anwendungsklassen** werden durch das Verhalten gegen Abrieb (Tabelle 1) und durch das Verhalten bei Stoßbeanspruchung mit dem Schlagprüfgerät (Tabelle 2) gemäß Prüfung nach DIN 53799, Mai 1975, unterschieden.

Die kennzeichnenden Ziffern werden zu der Bezeichnung der Anwendungsklasse zusammengestellt. Die wichtigsten Anwendungsklassen sind:

Verhalten der Platte bei der Prüfung gegen Abrieb		bei Stoßbeanspruchung	
Tabelle 1		Tabelle 2	
1. Zeichen	Umdrehungen	2. Zeichen	Federkraft N
1	≧ 50	1	≧ 15
2	≧ 150	2	≧ 20
3	≧ 350	3	≧ 25
4	≧ 650	4	≧ 30

Anwendungsklasse	Beanspruchbarkeit	Anwendung
11	geringe	vorwiegend lotrecht, z. B. Schrankseitenteile
22	mittlere	sowohl waagerecht, z. B. Regalböden, als auch lotrecht, z. B. Küchenfronten, Wandverkleidungen
33	hohe	vorwiegend waagerecht, z. B. Küchenarbeitsplatten, Gaststättentische.
44	besonders hohe	vorwiegend waagerecht, z. B. Zahltische, Kantinentheken

Nenndicke	mm	0,5	0,6	0,7	0,8	0,9	1	1,1	1,2	1,3	1,4	1,5	1,6	1,8	2
zuläss. Abweich.	mm	± 0,1								± 0,12			± 0,15		
Nenndicke	mm	>2,0	2,2	2,5	2,8	3	> 3 bis 4			> 4 bis 5			über 5		
zuläss. Abweich.	mm	± 0,2					± 0,25			± 0,3			vereinbaren!		

Bezeichnung einer DKS, Typ AN, Nenndicke 1,2 mm, eines Verhaltens gegen Abrieb bei ≧ 350 Umdrehungen (Zeichen 3) und eines Verhaltens bei Stoßbeanspruchung mit ≧ 25 N (Zeichen 3): DKS AN 1,2 - 33 DIN 16926

Prüfergebnisse, die nach DIN 53799, Ausgabe Mai 1975: „Prüfung von Platten mit dekorativer Oberfläche auf Aminoharzbasis" gewonnen werden, sind nur dann brauchbar, wenn die Versuchsbedingungen labormäßig genau eingehalten werden. Deshalb wird hier auf eine gekürzte Wiedergabe verzichtet. Das nur unwesentlich gekürzte Inhaltsverzeichnis des Normblatts deutet die einzelnen Prüfungen an.

Mindestanforderungen an Grundeigenschaften der DKS:

Biegefestigkeit (b: Nenndicken ≧ 1,3 mm), Dekorseite in
Zugzone: bei AN und AZ: 85 N/mm², bei AF: 70 N/mm²;
Druckzone: bei AN und AZ: 100 N/mm², bei AF: 90 N/mm²

Zugfestigkeit (bei Nenndicken ≧ 1,3 mm)
längs bei AN und AZ: 90 N/mm², bei AF: 80 N/mm²;
quer bei AN und AZ: 70 N/mm², bei AF: 60 N/mm².

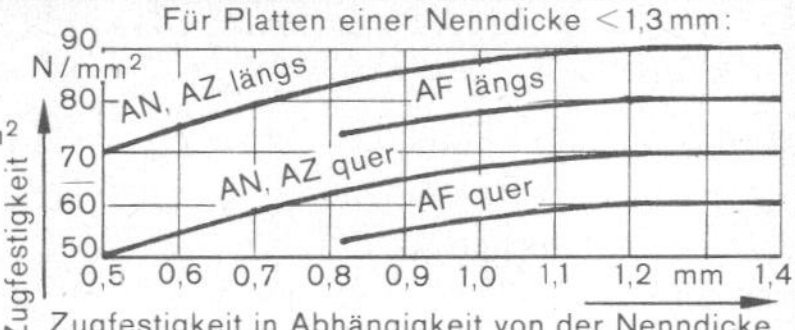

Zugfestigkeit in Abhängigkeit von der Nenndicke

Maßbeständigkeit im Klimawechsel:

Maßbeständigkeit im Klimawechsel bei 20°C $|\Delta L_{A1}| + |\Delta L_{A2}|$ in Abhängigkeit von einer Nenndicke < 1,3 mm

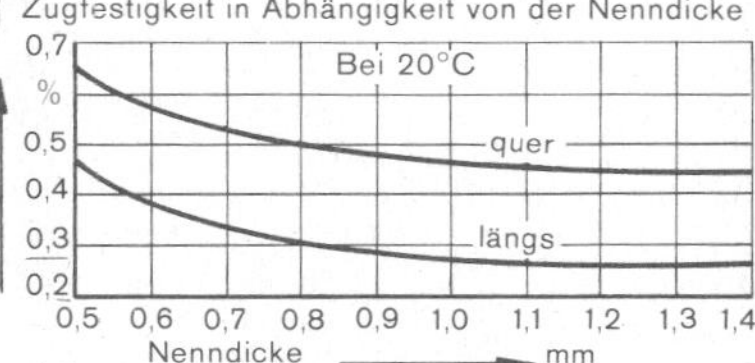

Für alle vier Typen und Nenndicken unter 1,3 mm zeigen nebenstehende Kurven die höchste Längenänderung

Bei Nenndicken ≧ 1,3 mm ist die zulässige Längenänderung im Klimawechsel bei

20°C:

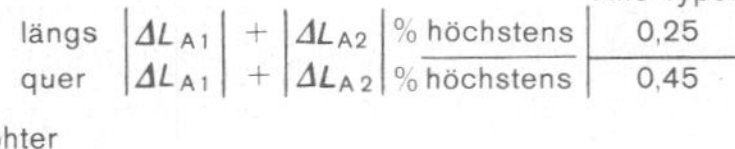

			Alle Typen
längs	$\|\Delta L_{A1}\| + \|\Delta L_{A2}\|$	% höchstens	0,25
quer	$\|\Delta L_{A1}\| + \|\Delta L_{A2}\|$	% höchstens	0,45

erhöhter Temperatur:

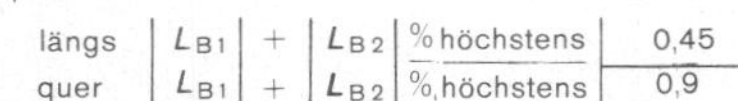

längs	$\|L_{B1}\| + \|L_{B2}\|$	% höchstens	0,45
quer	$\|L_{B1}\| + \|L_{B2}\|$	% höchstens	0,9

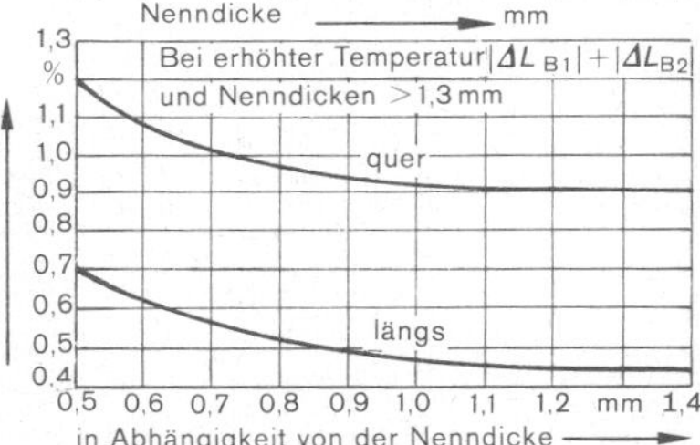

in Abhängigkeit von der Nenndicke

Rißanfälligkeit aller vier Typen: Bei eingespanntem Probekörper höchstens Stufe 1: Haarrisse über die gesamte Oberfläche regellos verteilt. (Stufe 0: Dekoroberfläche ohne Haarrisse).

Lichtechtheit aller vier Typen: Mindestens Stufe 6

Verhalten gegenüber	bei AN, AP und AF	bei AZ
Zigarettenglut [1]	geringe bleibende Braunfärbung zulässig	bleibende Verfärbung nicht zulässig
	geringer Glanzverlust zulässig	
heißen Topfböden [1]	geringer Glanzverlust zulässig; bleibende Braunfärbung, Risse und Blasen nicht zulässig	
kochendem Wasser	geringe Glanzminderung zulässig; Risse, Blasen u. Schichtentrennung nicht zulässig	
Wasserdampf	geringer Glanzverlust zulässig Risse, Blasen und Farbänderung nicht zulässig	

[1] Für diejenigen Anwendungsklassen, deren 2. Zeichen 1 oder 2 lautet, keine Anforderungen bei den Typen AN, AP und AF

Fleckenunempfindlichkeit: Unzulässig sind bleibende Flecken, wenn auf die Dekorseite unter einer abgedichteten Glasschale 16 Stunden lang folgende Prüfmittel einzeln einwirken: Alkohol, alkoholische Getränke, Cola-Getränke, Limonaden, Gemüse- und Obstsäfte, Kaffee, Tee, Kakao, Milchprodukte, Fleisch- und Wurstwaren, Fette, Öle, Senf, Zwiebeln, Lippenstift, Nagellack und -entferner, Schuhcreme, Waschmittel, Salmiakgeist, Aceton, Benzin, Benzol, Tetrachlorkohlenstoff, Essig, Milch- und Zitronensäure, 5%ige Phenollösung. Sichtbare Flecken sollen mit Wasser, Alkohol oder handelsüblichen, nicht scheuernden Haushalts-Reinigungsmitteln leicht entfernt werden können, zurückgebliebene Markierungen nach dreitägigem Lagern im Normalklima verschwunden sein.

Die DKS werden als ein Halbzeug in der Regel auf einen Trägerwerkstoff geklebt. Das Verhalten der DKS ist deshalb wesentlich von der werkstoffgerechten Verarbeitung abhängig. Verarbeitungsrichtlinien für DKS sind erhältlich beim Gesamtverband Kunststoff verarbeitende Industrie e. V., Niddastr. 44, 6000 Frankfurt/Main 1

Sperrholz, Begriffe nach DIN 68708, April 1976:

Auswahl der nicht selbstverständlichen Begriffe

<table>
<tr><th>Benennung</th><th colspan="2">Erklärung</th></tr>
<tr><td>Sperrholz</td><td colspan="2">Platte aus mindestens drei miteinander verleimten Lagen, deren Faserrichtungen sich üblicherweise im rechten Winkel kreuzen.</td></tr>
<tr><td>Decklage, -furnier
Innenlage</td><td colspan="2">Äußere (Innere) Lage des Sperrholzes; sie besteht entweder aus einem einzelnen Furnier oder aus mehreren Furnierstreifen, die fugenverleimt oder dicht nebeneinander gelegt sind.</td></tr>
<tr><td>Mittellage</td><td colspan="2">Die innerste Lage des Sperrholzes, wenn sie wesentlich dicker ist als die übrigen Lagen.</td></tr>
<tr><td>Absperrfurnier, Unterfurnier</td><td colspan="2">Die Innenlage unter der Decklage mit quer zu dieser verlaufenden Faserrichtung.</td></tr>
<tr><td>Sperrholz mit symmetrischem Aufbau</td><td colspan="2">Sperrholz, in dem jedes symmetrisch zur innersten Lage oder Mittellage angeordnete Lagenpaar aus derselben Holzart besteht und dieselbe Dicke und Faserrichtung hat.</td></tr>
<tr><td>Furnierplatte</td><td colspan="2">Sperrholz, bei dem alle Lagen aus parallel zur Plattenebene liegenden Furnieren bestehen.</td></tr>
<tr><td>Mehrschichtsperrholz</td><td colspan="2">Sperrholz aus mindestens fünf Furnierlagen.</td></tr>
<tr><td>Schichtholz (für 7 Lagen u. mehr)</td><td colspan="2">Furnierplatte, bei der die Faserrichtungen der Innenlagen und der Decklage gleich sind. (Gelegentlich wird eine Lage quer eingeschoben, z. B. jede zehnte).</td></tr>
<tr><td>Sternholz</td><td colspan="2">Furnierplatte mit sternförmig angeordneten Lagen</td></tr>
<tr><td>Tischlerplatte</td><td colspan="2">Sperrholz mit einer Mittellage aus Vollholz in Form von Leisten oder hochkantgestellten Furnier-Streifen.</td></tr>
<tr><td>Streifenplatte</td><td>Tischlerplatte, deren Mittellage aus nicht miteinander verleimten Vollholzleisten</td><td rowspan="2">besteht, die in der Regel etwa 24 mm, höchstens 30 mm breit sind.</td></tr>
<tr><td>Stabplatte</td><td>Tischlerplatte, deren Mittellage aus aneinander geleimten Holzleisten</td></tr>
<tr><td>Stäbchenplatte</td><td colspan="2">Tischlerplatte, deren Mittellage aus hochkant zur Plattenebene stehenden und miteinander verleimten Holzstäbchen oder Furnierstreifen bis 8 mm Dicke besteht.</td></tr>
<tr><td>Hohlraum-Sperrholz (Hohlplatten)</td><td>Sperrholz, dessen Mittellage aus einer Hohlraum-Konstruktion besteht.</td><td rowspan="2">Die beiderseitigen äußeren Lagen müssen je mind. zwei über kreuz angeordnete Furnierlagen haben.</td></tr>
<tr><td>Zusammengesetztes Sperrholz</td><td>Sperrholz, dessen Mittellage (oder bestimmte Lagen) aus anderen Werkstoffen als Schnittholz od. Furnieren besteht.</td></tr>
<tr><td>Formsperrholz</td><td colspan="2">In Formpressen hergestelltes Sperrholz, das zylindrisch oder sphärisch gewölbt ist.</td></tr>
<tr><td>Sperrholz für allgemeine Zwecke</td><td colspan="2">Sperrholz, an das keine definierten Festigkeitsanforderungen gestellt werden.</td></tr>
<tr><td>Spezialsperrholz</td><td colspan="2">Sperrholz, das für besondere Verwendungszwecke hergestellt ist und besonderen Anforderungen entspricht.</td></tr>
<tr><td>Homogenes Sperrholz</td><td colspan="2">Sperrholz, bei dem alle Lagen aus derselben Holzart bestehen.</td></tr>
<tr><td>Heterogenes Sperrholz</td><td colspan="2">Sperrholz, bei dem einige oder alle inneren Lagen aus anderen Holzarten bestehen als die Decklagen.</td></tr>
<tr><td>Innensperrholz</td><td colspan="2">Sperrholz, das zur Verwendung in geschlossenen Räumen mit im allgemeinen geringer relativer Luftfeuchte bestimmt ist.</td></tr>
<tr><td>Außensperrholz</td><td colspan="2">Sperrholz, dessen Verleimung gegen die im Freien auftretenden Witterungseinflüsse beständig ist.</td></tr>
<tr><td>Vorderseite</td><td colspan="2">Die bessere Seite des Sperrholzes.</td></tr>
<tr><td>Plattenlänge</td><td colspan="2">Plattenmaß in Faserrichtung der Deckfurniere.</td></tr>
<tr><td>Überleimer</td><td colspan="2">Durch Überlappung zweier nebeneinander liegender Furniere entstandener Fehler in einer Lage, wodurch sich örtlich Dickenunterschiede und verändertes Aussehen der Oberfläche ergeben.</td></tr>
<tr><td>Kürschner</td><td colspan="2">Örtliche Aufwölbung infolge von Fehlverleimung.</td></tr>
</table>

Sperrholz–Klassifikation (Einteilung) nach DIN 68709, Sept. 1976

Klassifikation nach der (dem)	Bezeichnung
1 Plattenaufbau	a) Furnierplatte b) Tischlerplatte (- Streifenplatte; - Stabplatte; - Stäbchenplatte; - Hohlraum - Sperrholz) c) zusammengesetztes Sperrholz
2 Verleimungsart	a) Innensperrholz (IF 20); b) Außensperrholz (AW 100)
3 Oberflächenbeschaffenheit	a) ungeschliffen; b) geschliffen; c) mit Ziehklinge bearbeitet; d) furniert; e) beschichtet; f) vorbehandelt.
4 Behandlung	a) unbehandelt; b) behandelt, z. B. mit Holzschutzmitteln
5 Form	a) eben; b) geformt.
6 Holzart der Lagen	a) homogen (Lagen aus Holz gleicher Art); b) heterogen (Lagen aus Holz verschiedener Art).
7 Güteklassen der Außenlagen	Siehe DIN 68705, Bl. 2, Seiten 72 und 73.
8 Verwendung	a) für allgemeine Zwecke; b) für besondere Zwecke.

Sperrholz; Begriffe, Allgemeine Anforderungen, Prüfung nach DIN 68705, Teil 1, Jan. 1968, und
Sperrholz; Sperrholz für allgemeine Zwecke, Gütebedingung. n. DIN 68705, Teil 2, Sept. 1968.

Anforderungen an die Verleimung von Sperrholz nach DIN 68705, Bl. 1.			Vorbehandlung der Sperrholzproben (20 cm lang, 10 cm breit) zur Prüfung der Bindefestigkeit der Leimfugen durch Aufstechversuche			
Verleimung	gehärteter Kunstharz-Leim aus	Die Sperrholz-Verleimung ist bei einwandfreien Fugen beständig	Dauer in Std.	Tempe. in °C	Die Proben müssen (bei Wechsel je folgend) unter (oder in):	Anzahl der Proben
JF 20 (Innensperrholz)	Harnstoff-Formaldehyd-Harz	in Räumen mit meistens niedriger Luftfeuchtigkeit (nicht wetterbeständig)	24	20 ± 2	Wasser lagern (Kaltwasser-Versuch)	5
AW 100 (Außensperrholz)	Phenol-, Phenol-Resorcin- und Resorcin-Formaldehyd-Harz	gegen alle Einflüsse der Witterung und Feuchtigkeit (wetterbeständig)	4 16 ··· 20 4 2 ··· 3	100 60 ± 2 100 20 ± 5	kochendem Wasser sein Luft (Wärmschrank) lagern kochendem Wasser sein Wasser auskühlen	10
außerdem zulässig: JW 67	ungestrecktem od. melaminverstärktem Harnstoff-Formaldehyd-Harz	in Räumen mit höherer Luftfeuchte, bis etwa 67°C gegen gelegentliches Naßwerden, wenn gegen Regen u. Sonne geschützt (nicht wetterbeständ.)	3 2	67 ± 0,5 20 ± 5	Wasser auskühlen Wasser lagern	5
außerdem zulässig: A 100	Melamin-Formaldehyd od. Harnstoff-Melamin-Formaldehyd-Mischung	gegen einwirkendes kaltes und heißes Wasser (begrenzt wetterbeständig)	6 2	100 20 ± 5	kochendem Wasser sein Wasser auskühlen	5

Die Bindefestigkeit ist ein Maß für den Widerstand, den eine Leimverbindung ihrer mechanischen Zerstörung entgegensetzt. Sie wird geprüft (nach DIN 53255, Juni 1964) durch Aufstechversuche an noch nassen, nach obiger Vorschrift gewässerten Proben, bei Furnierplatten außerdem durch Scherproben. Eine der 5 (10) Proben, Abmessung 200 mm (in Faserrichtung der Deckfurniere) × 100 mm, muß vom Rand, die anderen müssen von der Mitte der Sperrholzplatte stammen. Bei mehrlagigen Platten werden alle Fugen geprüft. Die Prüfergebnisse werden in Rangfolge-Nummern 1 bis 4 angegeben.

Rangfolge der Leimung:

1	vorzügliche Leimung	Leimfuge läßt sich nicht spalten; Deckfurnier ist nur wenig breiter als das Werkzeug abzuheben, ohne die Leimschicht freizulegen
2	gute Leimung	Leimfuge läßt sich spalten, zeigt aber gleichmäßigen Belag herausgerissener Holzfasern
3	ausreichende Leimung	Leimschicht zeigt vereinzelt holzfaserfreie, blanke Stellen; größere Furnierstücke lassen sich herausheben
4	unzureichende Leimung	Leimschicht ohne oder fast ohne Holzfaserbelag; das Deckfurnier kann völlig oder großstückig bis zum Rand der Probe abgehoben werden

Keine Leimfuge der geprüften Aufstechproben darf eine schlechtere Rangfolge-Nummer als 3 aufweisen. Wird von 10 Proben eine mit 4 beurteilt, so sind weitere 5 Aufstechproben zu prüfen. Wird davon eine mit 4 beurteilt, so ist die Lieferung zu verwerfen, andernfalls gilt sie als einwandfrei.

Güteklassen der Tischlerplatten: zulässig sind (nach DIN 68705, Bl. 2) in der

Güteklasse I	Güteklasse II
sehr wenige, unauffällige Punktäste	kleine schwarze (auch ausgekittete) Äste
unauffällige, festverwachsene Äste bis 15 mm ϕ	festverwachsene Äste bis 25 mm ϕ
kleine Wirbel und Gallen	Wirbel- u. Hirnholzstellen, die ohne Einfluß auf die Standfestigkeit der Platte sind
leichte Verfärbung des Holzes	Farbfehler des Holzes
einwandfrei mit unauffälligen Füllstücken ausgebesserte Stellen	ausgebesserte Stellen und ausgekittete Fehlstellen
sehr wenige ausgekittete Risse oder Fugen, bis 2 mm breit	ausgekittete Fugen oder Risse, bis 5 mm breit
sehr wenige, ausgekittete kleine Wurmlöcher	Wurmlöcher

Die Mittellagen von Furnierplatten dürfen keine Fehler haben, die durch die Deckfurniere der Güteklassen I und II bemerkbar sind. Bei Tischlerplatten müssen die Holzleisten vollkantig, Längs- und Stoßfugen dicht und Astlöcher (auch angeschnittene) mit ϕ über 15 mm ausgeschnitten oder ausgefüllt sein. Rindenlose Baumkante und abgesplitterte Stellen sind bis ½ m Länge und ½ cm Breite zulässig. Das gilt auch für Bau-Tischlerplatten.

Bau-Furnierplatten (Kurzzeichen: BFU) und **Bau-Tischlerplatten** (Kurzzeichen BTI)

BFU nach DIN 68705, Bl. 3, Jan. 1968; BTI nach DIN 68705, Bl. 4, Juli 1968.
Für Deck- und Unterfurniere zulässig: Birke, Buche, Fichte, Kiefer, Limba, Mahagoni und verwandte Arten, Makore, Okoume, Tanne oder Holzarten, die ebenso oder besser witterungsbeständig sind.

Unzulässig, auch für innere Furnierlagen, sind: Abachi, Ilomba.

Furnierdicken und Holzarten müssen zur Mittellage, bei BTI auch nach dem Schleifen, symmetrisch liegen.

Dicken der BFU in mm:	bis 8	über 8 bis 15	über 15 bis 22	über 22 bis 29
Mindestzahl der Furnierlagen	3	5	7	9

Zulässig sind bei Bau-Furnierplatten und bei Bau-Tischlerplatten:

aus drei Lagen:	aus fünf und mehr Lagen:
Farbfehler und Verfärbungen des Holzes, wenn ohne Einfluß auf die Festigkeiten	
nur fehlerfreie Fugen	Fugen mit geringen Fehlern
einzelne wenige Risse, bis 3 mm breit	einzelne wenige Risse, bis 5 mm breit
einzelne wenige festverwachsene Äste und Aststellen bis höchstens 25 mm Durchmesser	60 mm Durchmesser
einzelne wenige Bohrlöcher von Insekten oder Insektenlarven	

Deckfurniere bis 2,5 mm, Unterfurniere bis 3,7 mm Dicke zulässig, aus beliebig breiten Streifen zusammengesetzt, geflickt nur in der Verleimungsart der Platte (Klebebänder, die die Bindefestigkeit verringern, sind unzulässig). Bei BTI aus 3 Lagen mit einer Dicke über 16 mm muß Furnierdicke mindestens 1,5 mm betragen.

Mittellagen aus beliebigen Hölzern (Ausnahmen: siehe oben!) unabhängig von den Deckfurnieren, wenn sie die Anforderungen an die Festigkeiten erfüllen, bei BTI als Stäbchen- oder als Stab-Mittellage.

Die Verleimung muß den Verleimungen JF 20 oder AW 100 nach DIN 68705, Bl. 1, (siehe vorige Seite!) entsprechen, darf aber bei BFU auch als JW 67, bei BTI als JW 67 oder A 100 ausgeführt werden.

Güteschranken, die in ständiger Eigenüberwachung seitens der Hersteller und durch eine Überwachungsprüfung (Fremdüberwachung) durch eine amtlich anerkannte Materialprüfungsanstalt als Gütesicherung und untere Grenze eingehalten werden müssen, sind die Mindestwerte der Bindefestigkeit und der Biegefestigkeit:

1. Bindefestigkeit: 10 kp/cm^2, bei Innenfurnieren aus Nadelholz 8 kp/cm^2 bei BFU;
mindestens „ausreichende Leimung" aller Aufstechproben bei BTI

2. Biegefestigkeit: längs 400 kp/cm^2, quer 150 kp/cm^2 bei BFU, 200 kp/cm^2 längs und quer bei BTI.

Diese unteren Schranken gelten für die Mittelwerte aus den Mittelwerten dreier Platten, von denen keiner kleiner als 90% des Schrankenwertes sein darf.
Zur Durchführung der Gütesicherung siehe „Richtlinien der Güteschutzgemeinschaft Sperrholz e. V.", 63 Gießen 1, Bahnhofstr. 52 - 56.

Längen und Breiten und zulässige Abweichungen nach DIN 4078, siehe Seite 71 !

Der Feuchtegehalt der BFU und der BTI, bezogen auf das Darrgewicht, soll mindestens 6% betragen.
Rohdichte (bei 12% Feuchtegehalt): bei BFU 500 ··· 800 kg/m^3, bei BTI 450 ··· 750 kg/m^3.

Güteklassen der Deckfurniere (Schälfurniere) der Furnierplatten

nach DIN 68705, Bl. 2 (Sept. 1968)

Güteklassen	Nr.	Abachi, Limba, Okoume und ähnliche Überseehölzer	Kiefer, Lärche	Fichte, Tanne und ähnliche Nadelhölzer	Rotbuche	Birke Erle Pappel
Güteklasse I: zueinander passende Maserung und Holzfarbe; höchstens zwei der nebenstehenden Merkmale sind nebeneinander zulässig	1	leicht verfärbtes Holz (bei Limba unzulässig)	–	leichte Verfärbung des Holzes bis $\frac{1}{8}$ der Fläche		
	2	bei Okoume je m² drei gesunde Wirbel oder Aststellen bis 10 mm Durchmesser	–	je m² drei einwandfrei ausgebesserte Äste	je m² drei gesunde Äste oder Aststellen bis 15 mm ⌀	–
	3	–	–	sehr wenige, ausgekittete Randrisse bis $\frac{1}{10}$ Plattenlänge, bis 3 mm breit		
Güteklasse II: höchstens drei der nebenstehenden Merkmale sind nebeneinander zulässig	1	Fugen; sie dürfen gelegentlich in geringem Maße undicht sein				
	2	leichte Verfärbung und leichte Farbfehler des Holzes bis $\frac{1}{8}$ der Fläche		leichte Verfärbung und leichte Farbfehler des Holzes bis $\frac{1}{4}$ der Fläche		
	3	Punktäste, sehr wenige Wirbel, Hirnholzstellen und (auch ausgekittete) Gallen				
	4	sehr wenige festverwachsene Äste oder Aststellen bis 15 mm Durchmesser	–	je m² vier festverwachsene Äste oder Aststellen bis 25 mm Durchmesser		wie bei Rotbuche, dürfen gelegentlich kleine Kittstellen haben
	5	einwandfrei ausgebesserte Äste und Risse: zwei je m²	–	–	zwei je m²	–
	6	sehr wenige, ausgekittete Randrisse bis $\frac{1}{10}$ Plattenlänge, bis 3 mm breit		sehr wenige, ausgekittete Risse bis $\frac{1}{5}$ Plattenlänge, bis 5 mm breit		
	7	sehr wenige, kleine Wurmlöcher	–	–	–	sehr wenige, kleine Wurmlöcher
	8	–	–	geringfügiger Leimdurchschlag		–

Güteklassen	Nr.	Merkmal	Nr.	Merkmal
Güteklasse III: höchstens vier der nebenstehenden Merkmale sind nebeneinander zulässig. Dichte Fugen, wenige unauffällige Punktäste, kleine Gallen und kleine Wirbel sind keine Fehler	1	je m² 4 festverwachsene Äste oder Aststellen, bei Platten aus 3 Furnierlagen 25 mm, bei Platten aus 5 und mehr Lagen 60 mm⌀ der Äste zulässig		
	2	Punktäste, Wirbel, Hirnholzstellen und (auch ausgekittete) Gallen		
	3	bis 5 mm breite Risse bis $\frac{1}{5}$ der Plattenlänge		
	4	Markieren überleimter Mittellagenfugen		
	5	wenige fehlerhafte Fugen	6	Farbfehler des Holzes
	7	ausgebesserte Stellen	8	Wurmlöcher
	9	Leimdurchschlag	10	rauhe, filzige Stellen

Für die Deckfurniere (Schälfurniere) der Tischlerplatten aus drei Schichten gelten die Güteklassen I und II, für die Deckfurniere mehrschichtiger I, II und III

Sperrholz für allgemeine Zwecke (Möbel, Innenausbau, Verkleidungen) wird nach den Güteklassen I, II und III der Deckfurniere in Sorten eingeteilt.

Standardsorten sind:

Furnierplatten mit Deckfurnieren aus Überseehölzern: I/II; I/III; II/II

Furnierplatten mit Deckfurnieren aus europäischen Hölzern: I/III; II/II; II/III

Tischlerplatten: I/II; II/II (bei nur 3 Lagen sind Deckfurniere III unzulässig).

Die erste römische Ziffer bezeichnet die Güteklasse der einen, die zweite die der anderen Seite, Sperrholz in Lagermaßen ist vom Hersteller auf der schlechteren Seite durch Stempeln zu kennzeichnen: Plattendicke, Güteklassen, Art der Verleimung, bei TI auch Art der Mittellage und DIN-Nummer.

Beispiel: FU 12/I/III AW 100 DIN 68705 bedeutet: 12 mm dicke Furnierplatte für allgemeine Zwecke der Sorte I/III, wetterbeständig verleimt.

TI 22 II/II IF 20 STAE DIN 68705 bedeutet: 22 mm dicke Tischlerplatte für allgemeine Zwecke der Sorte II/II, Verleimung JF 20, mit Stäbchen-Mittellage.

Die Angaben dürfen auch zum Zwecke der Bestellung verwendet werden.

Handelsübliche Dicken von Deckfurnieren nach DIN 4079, Mai 1976:

DIN 4079 gilt nicht für Sägefurniere. Begriffe nach DIN 68330, Aug. 1976:

Furnier: Dünnes Blatt aus Holz, durch Messern, Sägen oder Schälen vom Stamm oder Stammteil abgetrennt. **Deckfurniere** bilden die Sichtfläche, umfassen (z.B. bei Möbeln) Außen- und Innenfurniere und sind entweder (nach DIN 4079) Langfurniere (L), parallel zur Stammachse erzeugt, oder Maserfurniere (M) aus Wurzelknollen oder Stammstücken sehr unregelmäßigen Wuchses.

Die Maße, min. 25 mm von der Furnierkante entfernt auf 0,01 mm genau gemessen, gelten bei 11 bis 13% Feuchte des Furniers. Zuläss. Abweich. von der Nenndicke: ± 0,03 mm, darf bei keiner Einzelmessung über- oder unterschritten werden und umfaßt nur unvermeidbare Ungenauigkeiten beim Herstellen und Unterschiede der Dicke, verursacht durch schwankenden Feuchtegehalt zwischen 11 und 13%.

Nenndicke mm	**Holzart** (Kurzzeichen: Siehe S. 9 f und S. 75!)
0,50	Mahagoni, afrik.•), das sind: Khaya, Kosipo, Sapelli, Sipo, Tiama; Makoré; Nußbaum (L u. M); Palisander, ostind.[1]) und Rio-.
0,55	Ahorn (M); Afrormosia; Aningeri; Birke; Birnbaum; Bubinga; Buche, Rot-; Dibetou; Kirschbaum; Louro Preto; Mahagoni, afrik. (Arten wie oben); Mahagoni, echtes; Mansonia; Mutenye; Ovengkol; Paldao, Palisander, ostind.; Pao Ferro; Satinholz, ostind.; Sen•); Sweetgum; Tchitola; Teak•); Whitewood; Zingana.
0,60	Ahorn, Berg- u. Zucker-; Antiaris; Ebenholz; Eiche•); Erle; Esche, gemeine (L u. M); Koto; Limba; Okoumé; Pappel; Rüster (L u. M); Sen; Teak.
0,65	Edelkastanie; Eiche; Lati; Linde; Pappel (M).
0,70	Abachi
0,75	Wenge
0,85	Douglasie (Oregon pine); Redpine (Carolina pine)
0,90	Kiefer; Lärche
1,00	Fichte; Tanne

•) Spiegel- (Quartier-) schnitt

Sperrholz-Maße nach DIN 4078, Oktober 1965

Die Maße sind die gebräuchlichen Lagermaße und gelten für geschliffene Platten. Für Furnierplatten über 12 mm Dicke gelten die Dicken und die zulässigen Abweichungen für Tischlerplatten.

Maße in mm	Furnierplatten	zulässige Abweichung	Tischlerplatten (und Furnierplatten)	zulässige Abweichung	Meßgenauigkeit mm
Dicke [1])	4; 5; 6; 8; 10; 12	+ 0,2 − 0,5	13; 16; 19; 22; 25; 30; 38	+ 0,2 − 0,6	± 0,05
Länge [2])	1250; 1530; 1730; 2050; 2200; 2500; 3050	± 5	1530; 1730; 1830	± 5	± 1
Breite	1250; 1530; 1730; 1830	± 5	4600; 5100	± 5	± 1

[1]) Bei wetterfester Verleimung (Phenolharz) zusätzliche Dickentoleranz von + 3 % der Dicke.
[2]) in Faserrichtung des Deckfurniers gemessen: die Breite ist oft größer als die Länge.

Zulässiger Dickenunterschied bei Platten bis 6 mm Dicke: 0,3 mm,
" " " " " über 6 mm Dicke: 0,5 mm, bei 4 Messungen je etwa in der Mitte jeder Plattenseite 25 ··· 200 mm vom Plattenrand entfernt.

Flächeninhalt der Sperrholzplatten der Längen und Breiten nach DIN 4078

Breite mm	Länge der Platte in mm: 1250	1530	1730	1830	2050	2200	2500	3050
	Flächeninhalt der Platte in m² (nicht genormt):							
1250	1,56	1,91	2,16		2,56	2,75	3,125	3,81
1530	1,91	2,34	2,65		3,14	3,37	3,825	4,67
1730	2,16	2,67	2,99		3,55	3,81	4,325	5,28
1830	2,29	2,80	3,17		3,75	4,03	4,575	5,58
4600		7,04	7,96	8,42	} nur Tischlerplatten			
5100		7,80	8,82	9,33				

Kurzzeichen und Namen gebräuchlicher Nadelhölzer (NH) u. Laubhölzer (LH)

Auswahl nach DIN 4076, Blatt 1, April 1970

Kurz-zeichen	handelsübliche Namen	Kurz-zeichen	handelsübliche Namen
ABA	Abachi, obeche, samba, wawa	KIW	Weymouthskiefer, Strobe
ABU	Abura	KIZ	Kiefer, Zirbel-, Arve
ADI	Andiroba, crabwood	KOB	Kotibe, Danta
AFR	Afrormosia, asamela, Kokrudua	LA	Lärche, Europäische
AFZ	Afzelia, Doussie	LAS	Lärche, Sibirische
AGB	Agba, Tola branca	LI	Linde, Sommerlinde, Winterlinde
AGQ	Angelique, basralocus	LMB	Limba, white afara, frameri, ofram
AGT	Agathis, East Indian Kauri, damar	MAA	Khaya, Khaya Mahagoni, Afrik. M.
AH	Ahorn, Berg-, Sycamore	MAC	Makore, baku
AHZ	Ahorn, Zucker-, Vogelaugenahornmaser	MAE	Mahagoni, Echtes, Amerikan.,
AKO	Antiaris, bonkonko	MAK	Kosipo, Kosipo-Mahagoni
ALR	Alerce, lahuan	MAN	Mansonia, bete
AMA	Amarant, purpleheart	MAS	Sapelli, Sapelli- Mahagoni
AS	Aspe, Espe, Zitterpappel	MAT	Tiama, Tiama-Mahagoni
AVO	Avodire	MAU	Sipo, Sipo-Mahagoni, Utile
AZO	Azobe, bongossi	MNA	Muninga, Ostafrikan. Padouk
BAB	Baboen, Virola, banak, dalli	MOV	Movingu
BAL	Balsa	MSA	Massaranduba, balata
BB	Birnbaum	MUT	Mutenye
BI	Birke, Gemeine, Weiß-, Moorbirke	NB	Nußbaum, Walnußbaum
BIL	Bilinga, opepe	NBA	Nußbaum, Amerikan., black walnut
BOS	Bosse, guarea, white guarea	NIA	Niangon, Angi
BU	Buche, Rotbuche	NIO	Niove
BUB	Bubinga, Kevazingo	OKU	Okoume, Gabunholz
BVI	Virginischer Wacholder, Eastern red cedar	PA	Pappel, Grau-, Schwarz-, Weiß-, Silber-
CAF	Canarium, Aiéle	PAF	Padouk, Afrikanisches
CED	Cedrela, Cedro, „Zeder"	PAL	Paldao, Dao
CEI	Ceiba, Baumwollbaum, fromager	PAP	Araucarie, Parana- „pine"
CUB	Courbaril, locust, guapinol	PBA	Padouk, Burma-
DA	Dabema, dahoma	PIP	Pitch pine, Kernholz
DIB	Dibetou, bibolo	PIR	Ped pine, Splintholz, Amerikan.
DIM	Diambi, black guarea	PIR	Südkiefer, Carolina p. Loblolly p.
EBE	Ebenholz, verschiedene Sorten	PLT	Platane
EBM	Macassar-Ebenholz, gestreiftes Eb.	PML	Padouk, Manila-, Amboyna
EI	Eiche, Stiel- (Sommer-), Trauben- (Winter-)	PNB	Pernambuco, Brazilwood
EIR	Roteiche	POS	Palisander, Ostindisches
EIW	Weißeiche, Amerikan. Weißeiche	PRO	Rio Jacaranda, Rio Palisander
EKA	Edelkastanie	RAM	Ramin, melawis
ER	Erle, Roterle, Schwarzerle, Weißerle	RCW	Thuja, Western Redcedar
ES	Esche, Gemeine	ROB	Robinie, Falsche Akazie
ESA	Esche, Amerikanische; Weißesche	RU	Rüster, Rotrüster, Feldulme
ESJ	Esche, Japanische; Tamo	RWK	Redwood, Kaliforn., Sequoia
FEI	Freijo, cordia wood	SAO	Satinholz, Ostindisches
FI	Fichte, Europäische	SAW	Satinholz, Westindisches
FIS	Fichte, Sitka-, Sitka spruce	SEN	SEN
FRA	Framire, black afara	SWG	Sweetgum, „Satin-Nußbaum"
GRE	Greenheart	SWW	Spruce, Western white,
HB	Hainbuche, Weißbuche, Hagebuche	TA	Tanne, Weißtanne, Edeltanne
HEM	Hemlock, Western H., Eastern H.	TCH	Tchitola, Rotes Tola
HIC	Hickory, Echte Hickory	TEK	Teak
ILO	Ilomba	TUY	Thuya-Maser
IRO	Iroko, kambala	WDE	Weide, Silberweide, Weißweide
JAR	Iarrah	WEN	Wenge
KAR	Karri	WIW	Whitewood, Tulpenbaum
KB	Kirschbaum	YAN	Yang, Siam Yang
KI	Kiefer, Föhre, Forche, Schwarzkiefer	ZIN	Zingana, Zebrano

Holzeigenschaften auf ziffernmäßiger Grundlage

(nach *K. R. Miedler*, vereinfacht und ergänzt)

Nr.	Bezeichnung	Darr-Rohdichte r_0 in g/cm³	Raumschwindmaß a_v in %	Druckfestigkeit $\sigma dB \parallel$ in N/mm²
1	außergew. klein . .	bis unter 0,18	bis unter 6,0	bis unter 15
2	besonders klein . . .	0,18 ,, ,, 0,25	6,0 ,, ,, 7,0	15 ,, ,, 20
3	sehr klein	0,25 ,, ,, 0,35	7,0 ,, ,, 8,0	20 ,, ,, 25
4	klein	0,35 ,, ,, 0,45	8,0 ,, ,, 10,0	25 ,, ,, 32,5
5	mäßig klein	0,45 ,, ,, 0,55	10,0 ,, ,, 12,0	32,5 ,, ,, 40
6	mäßig groß	0,55 ,, ,, 0,65	12,0 ,, ,, 14,0	40 ,, ,, 50
7	groß	0,65 ,, ,, 0,80	14,0 ,, ,, 16,0	50 ,, ,, 60
8	sehr groß	0,80 ,, ,, 0,95	16,0 ,, ,, 18,0	60 ,, ,, 75
9	besonders groß . .	0,95 ,, ,, 1,10	18,0 ,, ,, 20,0	75 ,, ,, 95
10	außergew. groß . .	1,10 und mehr	20,0 und mehr	95 und mehr
Nr.	**Bezeichnung**	**Biegefestigkeit σbB in N/mm²**	**Querzugfestigkeit $\sigma zB\perp$ in N/mm²**	**Scherfestigkeit $\tau s \parallel$ in N/mm²**
1	außergew. klein . .	bis unter 20	bis unter 1,0	bis unter 4
2	besonders klein . . .	20 ,, ,, 27,5	1,0 ,, ,, 1,5	4 ,, ,, 4,5
3	sehr klein	27,5 ,, ,, 35	1,5 ,, ,, 2,0	4,5 ,, ,, 5
4	klein	35 ,, ,, 45	2,0 ,, ,, 2,5	5 ,, ,, 6
5	mäßig klein	45 ,, ,, 55	2,5 ,, ,, 3,5	6 ,, ,, 7
6	mäßig groß	55 ,, ,, 75	3,5 ,, ,, 4,5	7 ,, ,, 8
7	groß	75 ,, ,, 95	4,5 ,, ,, 6,0	8 ,, ,, 10
8	sehr groß	95 ,, ,, 125	6,0 ,, ,, 8,0	10 ,, ,, 12
9	besonders groß . .	125 ,, ,, 185	8,0 ,, ,, 10,0	12 ,, ,, 15
10	außergew. groß . .	185 und mehr	10,0 und mehr	15 und mehr
Nr.	**Bezeichnung**	**Elastizitätsmodul aus Biegung E in N/mm²**	**Härte über Hirn (nach *Janka*) in N/mm²**	**Bruchschlagarbeit a in J/mm²**
1	außergew. klein . .	bis unter 3 000	bis unter 7,5	bis unter 1,0
2	besonders klein . . .	3 000 ,, ,, 4 500	7,5 ,, ,, 17,5	1,0 ,, ,, 2,0
3	sehr klein	4 500 ,, ,, 6 000	17,5 ,, ,, 27,5	2,0 ,, ,, 3,0
4	klein	6 000 ,, ,, 8 000	27,5 ,, ,, 37,5	3,0 ,, ,, 4,0
5	mäßig klein	8 000 ,, ,, 10 000	37,5 ,, ,, 50	4,0 ,, ,, 5,0
6	mäßig groß	10 000 ,, ,, 12 000	50 ,, ,, 65	5,0 ,, ,, 6,5
7	groß	12 000 ,, ,, 14 000	65 ,, ,, 80	6,5 ,, ,, 8,0
8	sehr groß	14 000 ,, ,, 17 000	80 ,, ,, 110	8,0 ,, ,, 10,0
9	besonders groß . .	17 000 ,, ,, 20 000	110 ,, ,, 150	10,0 ,, ,, 13,0
10	außergew. groß . .	20 000 und mehr	150 und mehr	13,0 und mehr

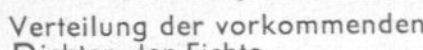

Verteilung der vorkommenden Dichten der Fichte

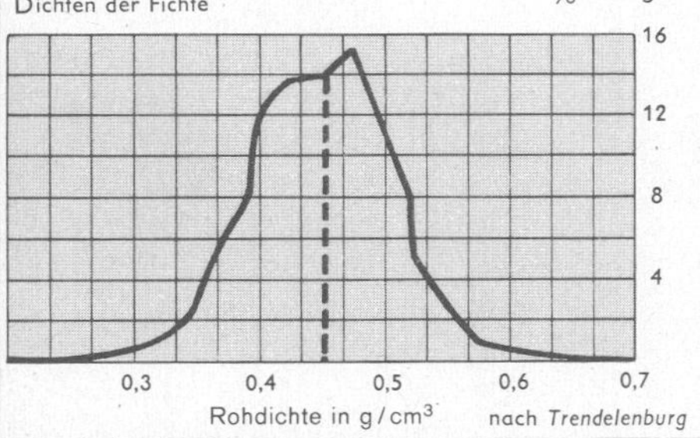

Erläuterung:

Die Ziffern der Tafel sind in die entsprechenden Werte der Eigenschaften nach obiger Tafel zu verwandeln.

Die mögliche Abweichung ist zu beachten!

Beispiel:

Fichte, Dichte 3...6 heißt:

0,25 bis 0,65 g/cm³;

Biegefestigkeit 7 mit Abweichungen + 1 und — 2, also zwischen 5 und 8 heißt:

45 bis 125 N/mm²

Die Lage der Grenzwerte ist naturgemäß unsicher.

In der Statik bedeuten:

σ (sigma) = Festigkeit allgemein; τ (tau) = Schub- oder Scherfestigkeit
B = statische Belastung bis Bruch
S = statische Belastung an Streck- oder Quetschgrenze
σ Zeiger (kleine Buchstaben) geben die Art der Kraftwirkung an:
z = auf Zug; d = auf Druck; b = auf Bruch; s = auf Schub; $\parallel$ = parallel zur Faser; $\perp$ = senkrecht zur Faser.

Elastizitätsmodul und Festigkeitswerte lufttrockener Hölzer, Darrgewicht und Volumenschwindmaß

nach der Beschreibung der Holzeigenschaften auf ziffernmäßiger Grundlage (siehe vorige Seite)

Holzart	Rohdichte r_0	Volumenschwindmaß α_v	Druckfestigkeit $\sigma dB\|\|$	Biegefestigkeit σbB	Querzugfestigkeit $\sigma zB\perp$	Scherfestigkeit $\tau s\|\|$	Elastizitätsmodul E	Hirnholzhärte (Janka) Härte	Bruchschlagarbeit a
mögliche Abweichung bei Nadelhölzern		+1 —1	+2 —2	+1 —2	+1 —2	+2 —3	+2 —2	+2 —2	+4 —2
Redwood, Sequoie	3	3	5	6	3…4	5	4	4	3
Douglasie (Handel: Oregon pine)	3…5…7	5	6	7	4	6	6	4	4
Fichte, Rottanne	3…4…6	5	6…7	7	5	5	6	3	5
Kiefer, Föhre, gemeine	3…5…7	5…7	7	8	5	7…8	6…7	4	4…6
Araucarie, „Brasilkiefer"	4…5…7	5	7	9	5	6…7	8	5	6
Longleaf - pine	5…6…8	6	7	8	5	8	7…8	5	6
Pechkiefer, pitchpine	5	5	6	7	5	7	5…6	4	5
Shortleaf - pine (Kurznadelige Kiefer)	5	6	6…7	7	5	7	7	4	5
Gelbkiefer, yellow pine	3…4…7	5	5	6	5	7	5	3	2
Weymouthskiefer, Strobe	3…4…5	4	5	6	4	4…5	5	3	2
Lärche, europäische	4…6…8	5	7	8	3	7	7	5	6
Tanne, Weißtanne	3…4…7	5	6	6	3	3…4	6	4	5
mögliche Abweichung bei Laubhölzern		+1 —1	+2 —2	+1 —1	+2 —2	+2 —2	+1 —2	+1 —1	+2 —2
Abachi	3…4…4	4	4	6	2	5	—	3	5
Ahorn, Berg-	4…6…7	5	6	8	5	7	5	7	6…7
Ahorn, Spitz-	5…6…7	6	7	8	5…6	7	6	7	6…7
Birke, Weiß-, Moor-	5…6…8	8	6…7	8…9	8	8	8	6	8
Bongossi	9…9…10	8	10	10	5	10	10	9	9
Buche, Rot-	5…7…8	9	8	9	8	7…8	8	7	8…10
Courbaril	8…8…9	5	9	8	8	10	8	9	8
Doussié	7	2	8	8	3…4	—	—	—	6
Eiche, Stiel- oder Sommer-	4…6…8	5	8	8	7…8	8	7	7	7…9
Eiche-, Trauben- o. Winter-	4…6…8	5	8	7	6	7…8	6	7	6…8
Eiche, Rot-, Red oak	7	6	6	8	7	9	7	7	7
Eiche, Weiß-, White oak	7	7	7	8	8	9	7	7	6
Erle, Schwarz- od. Rot-	4…5…6	6	6	7	4	3	4	5	5
Esche	4…6…8	6	7	7…9	8	9	6…8	7	7…10
Gabun, Okoumé	3…4…5	4…5	5	5…6…6	3	—	6	4	4
Hickory, Filzige	7	9	8	9	9	9	8	8	10
Ilomba	3…4…5	5…6	2…5…5	4…6…6	3	—	7	4	4
Kastanie, Edel-	6	5	6	7	—	6	5	6	6
Limba	4…5…6	4…5	7	8	3	7	6…7	6	4
Linde	3…5…6	7	7	6…8	—	2	4	4	5
Mahagoni, amerik.	5…6…8	4	6	7	4…5	8	4	7	6
Nußbaum, europ.	5…6…7	6	8	9	5…6	6	7	7	8
Nußbaum, Schwarz-, amerik.	4…5…7	5…6	7	8	7	7	6	5	6
Pappel, Schwarz-	4…4…5	6	5	6	5	3	5	4	5
Pappel, Kanadische	4	6	5	6	6	4	5	4	4
Platane	4…6…7	6	6	8	7	7	6	5	7
Robinie, falsche Akazie	5…7…8	5	8	9	6	10	7	8	9
Rüster, Ulme	4…6…8	6…7	7	8…9	6	6	6	6…7	6…7
Teakholz	5…6…8	4	8	9	7	7	7	5…6	5…6
Weide, Silber-	4…5…6	5	5	4	—	5	4	3	7

Holzfeuchte

Als Maß der Holzfeuchte gilt der Unterschied zwischen dem Naßgewicht und dem Darrgewicht des Holzes, angegeben in %-Teilen des Darrgewichtes:

$$\text{Holzfeuchte in \%} = \frac{(\text{Naßgewicht} - \text{Darrgewicht}) \cdot 100}{\text{Darrgewicht}}$$

oder, für Rechenschieber bequemer,

$$\text{Holzfeuchte in \%} = \frac{\text{Naßgewicht}}{\text{Darrgewicht}} \times 100 - 100,$$

nach DIN 52 183 auf 0,1% zu ermitteln, nachdem das Darrgewicht durch Trocknen des Holzes im Trockenschrank bei 103 ± 2° C bis zum gleichbleibenden Gewicht bestimmt ist.

Holzfeuchte bei

a) frisch geschlagenem Holz: etwa 50% bei schweren, bis etwa 150% bei leichten Hölzern;

b) waldfeuchtem Holz vor dem Einschnitt: etwa 40%.
„Stammtrocken ist ein Baum, der bei alljährlich gut geführten Sammelhieben im Laufe des Sommers dürr geworden ist, dessen Rinde aber noch fest am Holzkörper haftet, und der noch nicht von holzzerstörenden Pilzen befallen ist");

c) Schnittholz kurze Zeit nach dem Einschnitt: etwa 30 bis 35%;

d) lufttrockenem Holz, nach ein- bis zweijährigem Stapeln im Schuppen: etwa 14 bis 16%;

e) Holz nach andauernder sommerlicher Trockenheit oder nach kaltem, klarem und trockenem Winterwetter: bis herab zu 11 bis 12%.

Fasersättigungsbereiche verschiedener Holzarten

% Feuchte, bezogen auf das Darrgewicht des betreffenden Holzes	Fasersättigungsbereich[1])
I. Gruppe: Zerstreutporige Laubhölzer ohne ausgeprägten Kern (Linde, Weide, Pappel, Erle, Birke, Rot- und Weißbuche) und Splint der Kernhölzer der IV. Gruppe	32...35%
II. Gruppe: Nadelhölzer ohne ausgeprägten Farbkern (Tanne, Fichte) und Splint der Nadelhölzer mit ausgeprägtem Farbkern (Kiefer, Weymouthskiefer, Lärche)	30...34%
III. Gruppe: Nadelhölzer mit ausgeprägtem Farbkern und	
a) mäßigem Harzgehalt (Kiefer, Lärche, Douglasie)	26...28%
b) hohem Harzgehalt, harzreiche Teile der Kiefer, Lärche, Douglasie, ferner Kernholz der Weymouthskiefer und Zirbelkiefer	22...24%
IV. Gruppe: Ringporige (a) und halbringporige (b) Laubhölzer, meist mit ausgeprägtem Farbkern: (a) Robinie, Edelkastanie, Eiche, Esche, (b) Nußbaum, Kirschbaum	23...25%
Ahorn und Rüster (Ulme) liegen zwischen der I. und IV. Gruppe. (nach *Trendelenburg*)	

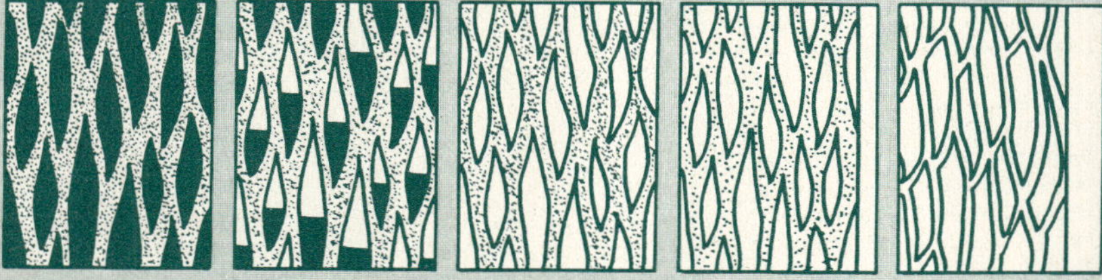

Trocknen des Holzes

Sollfeuchte (%) für Holzbauteile in mitteleuropäischem Klima:

Faßdauben	17 ··· 20%	Möbel, Innentüren, Parkett a) in Räumen mit Ofenheizung	10 ··· 12%
Bauholz	12 ··· 18%	b) in zentralgeheizten Räumen	8 ··· 10%
Sportgeräte, Werkzeuge, Gegenstände, die vorwiegend im Freien verwendet werden	12 ··· 16%	Täfelungen	6 ··· 8% ··· (10) %
Fenster, Außentüren	12 ··· 15%	Sperrplatten, Schichtholz, Musikinstrumente	5 ··· 8%

1) Bei höheren Temperaturen liegt der Fasersättigungsbereich der Hölzer bei wesentlich geringeren Holzfeuchte bei der obigen II. Gruppe bei 110° C etwa zwischen 20...24% (*Egner*). Dies ist wichtig für die künstliche Holztrocknun da Laubhölzer nur unterhalb des Fasersättigungsbereichs hohen Temperaturen ausgesetzt werden dürfen.

Holzfeuchte und Luftfeuchte

Sie sind niemals gleich groß, wenn sie miteinander im Gleichgewicht stehen, da sie verschiedene Bedeutung haben.
Man unterscheidet drei Luftfeuchten:
Die absolute Feuchte gibt an, wieviel Gramm Wasserdampf in 1 m³ Luftraum wirklich enthalten sind; diese Größe kann sehr verschieden sein;
Die maximale Feuchte oder Sättigung gibt an, wieviel Gramm Wasserdampf 1 m³ Luft aufnehmen kann; diese Größe wächst mit steigender Temperatur; wird die Sättigung überschritten, so bilden sich Nebel und Tau, daher heißt der Sättigungspunkt auch Taupunkt. Der Sättigung entspricht ein Sättigungsdruck des Wasserdampfes, der bei Temperaturen oberhalb 100 °C höher als der normale Luftdruck wird und daher nur in überdruckdichten Kammern angestrebt werden kann. Sie beträgt bei

Temperatur (°C)	0	2	4	6	8	10	12	14	16
Maximale Luftfeuchte (g/m³)	4,8	5,6	6,4	7,3	8,3	9,4	10,7	12,1	13,6
Temperatur (°C)	18	20	22	24	26	28	30	35	40
Maximale Luftfeuchte (g/m³)	15,4	17,3	19,4	21,8	24,4	27,2	30,4	39,6	51,1
Temperatur (°C)	45	50	55	60	65	70	75	80	85
Maximale Luftfeuchte (g/m³)	65,4	83,0	104,3	130,1	161,1	197,9	241,6	292,9	353,1
Temperatur (°C)	90	95	100	105	110	115	120	125	130
Maximale Luftfeuchte (g/m³)	422,9	503,9	597,0	703,6	825,4	963,1	1120	1296	1494
Sättigungsdruck (kp/cm²)	0,715	0,862	1,033	1,232	1,461	1,724	2,025	2,367	2,755

Die für die Holztrocknung wichtigste Bestimmung der Luftfeuchte ist
die relative Feuchte (oder der Sättigungsgrad) φ als das in % angegebene Verhältnis der absoluten zur maximalen Feuchte:

$$\text{Relative Feuchte } \varphi = \frac{\text{absolute Feuchte} \cdot 100}{\text{maximale Feuchte}} \text{ in \%.}$$

Die relative Feuchte ist neben der Lufttemperatur und der Luftbewegung der wichtigste Teil des beliebig einstellbaren und möglichst günstig gewählten **künstlichen Trockenklimas,** unter dessen Wirkung das Holz künstlich getrocknet wird:

a) die Wärme (Lufttemperatur) soll die Feuchte des Holzes an die Oberfläche treiben und dort verdampfen und das sich dabei abkühlende Holz warm halten;
b) die Luftfeuchte soll die Abtrocknung der Holzoberfläche stets nur so weit erlauben, wie der Nachschub der Feuchte aus dem Holzinnern an die Oberfläche tritt, um zu verhindern, daß die Oberfläche verkrustet und verschalt, die Trocknung gedrosselt oder unterbunden wird und durch Reißen, Verwerfen und andere Schädigungen der Holzfaser Verluste entstehen;
c) die Luftbewegung schließlich soll Wärme und Feuchte gleichmäßig verteilen und das verdunstete Wasser gleichmäßig wegschaffen, so daß das Holz möglichst gleichmäßig trocknet und das unvermeidliche Feuchtegefälle im Stapel und im einzelnen Brett möglichst gering wird. Güte und Wirtschaftlichkeit der Trocknung hängen wesentlich davon ab.

Beschleunigte Holztrocknung

Sie wird erreicht in:

A. Gemauerten Trockenkammern unter normalem Luftdruck bei Temperaturen bis höchstens 90 °C. Wärmequelle und relative Feuchte gegeben durch Dampf, meist erzeugt in Kesseln mit Spänefeuerung. Noch immer besonders geeignet zum Trocknen von Harthölzern, die keine hohen Temperaturen vertragen und schonend getrocknet werden müssen (z. B. Eichenholz).

Die Trockenzeit wird wesentlich verkürzt durch das Trockenklima in den
B. modernen Heißdampftrocknern bei Trockentemperaturen bis zu 120 °C und entsprechendem Überdruck.

Die Heißdampftrockner sind überdruckdichte, transportable Kammern aus Stahl oder Aluminium. Ein Gebläse je Meter Kammer bewirkt eine turbulente Umwälzung des Heißdampfes. Die Strömungsgeschwindigkeit beträgt mindestens 2 bis 3 m/s bei etwa 4 °C Abkühlung des Heißdampfes von der Zuluft- bis zur Abluftseite des Stapels. Der Trockner kann mit Heißdampf von mindestens 5 bar in Rippenrohrbatterien oder mit elektrischen Heizkörpern beheizt werden. Temperaturregler sorgen für sichere Einhaltung der Trockentemperaturen. Ein Zeitwerk stellt nach Ablauf der vorher eingestellten Zeit die Heizung und nach der anschließenden Abkühlzeit, die gleichzeitig einem weiteren Feuchteausgleich im Holz dient, auch das Gebläse ab: im Anschluß an die Anwärmzeit arbeitet der Trockner also vollautomatisch.

Trockenzeiten in normalen gemauerten Trockenkammern (Mittelwerte)

Holz-Dicke 15 bis 30 mm

Holzart	Stunden für Trocknung von 40% auf 15%	30% auf 15%	20% auf 15%	20% auf 8%
Ahorn	66	51	27	120
Birke	66	51	27	120
Buche	44	34	18	80
Eiche	45	35	20	80
Esche	55	44	35	160
Kiefer	22	17	9	40
Lärche	27	21	10	48
Nußbaum	44	34	18	80
Pappel	33	25	14	60

bei Hölzern von 30... 50 mm: Trockenzeit 50% höher (1,5fach),
bei Hölzern von 50...120 mm: Trockenzeit 200% höher (3fach).

(Nach *Uterharck*, Holz als Roh- u. Werkstoff)

Trockenzeiten bei Heißdampftrocknung des Holzes in Überdruck-Kammern

Endfeuchte: 10%; Einbringtemperatur des Holzes: + 20 °C — Trockenzeit in Stunden

Anfangsfeuchten des Holzes in %	Kiefer, 25 mm	Fichte 50 mm	Eiche 25 mm	Eiche 50 mm	Rotbuche 25 mm	Rotbuche 50 mm	Ahorn 25 mm	Ahorn 50 mm
50	10	24	67	190	30	85	27	75
40	8	20	61	170	23	65	21	60
30	6	15	53	150	17	48	16	45
20	5	12	41	115	12	34	11	30

(Nach Angaben der Firma *Kiefer*)

Steuerung der Trocknung von Nadelholz im Heißdampf-Trockner oberhalb 100 °C (Schaubild): Feuchtlufttrockner HD 75. Tanne 35 mm

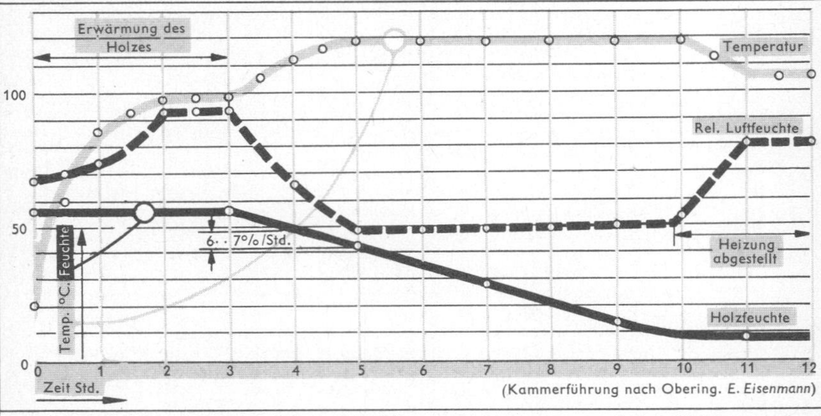

(Kammerführung nach Obering. *E. Eisenmann*)

Bei heftiger Luftumwälzung das Holz in 1 bis 3 Stunden ohne Trocknung auf etwa 100 °C erwärmen. Um dabei Trockenschäden zu vermeiden, ist das Holz bei geschlossenen Klappen ohne Sprühdampf im eigenen Dampf zu dämpfen bei einem Klima für mindestens 18% Holzfeuchte;
Sind etwa 100 °C erreicht, sofort den Heißdampf, dessen Überschuß durch Ventilklappe entweicht, auf 110 bis 115 °C überhitzen und den Trockner auf gewünschte Endfeuchte einstellen, da längeres Verweilen bei 100 °C und bei hohen Dampfgehalten starke Verfärbungen des Holzes verursacht. Nach 5 bis 8 Stunden ausschalten, nach 2 bis 3 Stunden bei geschlossenen Klappen mit Stauwärme und heftiger Umwälzung des Dampfes Feuchteausgleich im Holz verbessern.
Bei scharfer Trocknung von Nadelholz: nur geringe Verfärbung, keine besonderen Rißschäden, geringeres Quellvermögen (das Holz arbeitet weniger), jedoch Ausfluß der Harzgallen, Lockern der Äste, starkes Feuchtegefälle im Stapel und im Brett (Ausgleich nötig).

Temperaturstufen beim Trocknen von Schnittholz[1] (Holzdicke bis 30 mm)

[Bei größeren Dicken die Anfangstemperatur 5 ··· 10°C niedriger wählen]

Temperaturstufe	Anfangstemperatur [°C] oberhalb 30 % Feuchte im Brett	Höchsttemperatur [°C] unterhalb 30 % Feuchte im Brett	Holzart
T 1	40	50	Eiche
T 2	40	60	Bongossi, Buchsbaum, Eiche, Greenheart, Karri, Sapelli, Sipo
T 3	40	80	Eiche, Wenge
T 4	50	70	Brasilkiefer, Cativo, Ramin, Sapelli, Sipo, Virola, Yang
T 5	50	80	Afzelia, Bilinga, Bosse (Guarea), Iroko, Lovoa, Mahagoni, Nußbaum, Pappel, Weißbuche, Wenge, Redwood (Sequoia)
T 6	60	80	Agba, Afrormosia, Ahorn, Avodire, Birke, Cedrela, Esche, Hickory, Iroko, Limba, Linde, Makore, Mansonia, Niangon, Okoume, Robinie, Rotbuche, Rüster, Teak, Weißbuche, Thuja
T 7	70	80	Birke, Cedrela, Kiefer, Lärche, Strobe
T 8	70	90	Douglasie, Fichte, Kiefer, Lärche
T 9	80	90	Abachi, Douglasie, Fichte, Hemlock, Kiefer, Tanne
T 10	100	120	Fichte, Kiefer, Tanne

Steuerung der Luftfeuchte beim Trocknen von Schnittholz[1] (Holzdicke bis 30 mm)

Die Differenz (T - F)°C zwischen Trockentemperatur T °C und Feuchttemperatur F °C ist ein Maß für die Luftfeuchte und die Schärfe der Trocknung (Trocknungsgefälle)

$$\text{Trocknungsgefälle} = \frac{\text{augenblickliche Holzfeuchte}}{\text{vom Holz angestrebte Gleichgewichtsfeuchte}}$$

(Bei Holzdicken über 30 mm ist das Trocknungsgefälle nach folgender Tabelle um ein bis zwei Stufen zu erniedrigen).

Schritt ↓	Waldfrisches („grünes") Holz				Luftgetrocknetes Holz	Ein Trocknungsgefälle von etwa 1,6	1,8	2,0	2,5	3,0	3,5
	Holzfeuchte in % A = Anfangsfeuchte: E = Endfeuchte					wird in der Kammer erreicht bei einer Psychrometerdifferenz (T - F) °C von:					
1	A ···60	A ···50	A ···40	A ···35	A ···30	2	2	2	4	6	8
2	60···50	50···40	40···35	35···30	30···25	2	3	4	6	9	11
3	50···40	40···35	35···30	30···25	25···20	4	5	6	9	12	15
4	40···35	35···30	30···25	25···20	20···15	6	8	10	13	17	20
5	35···30	30···25	25···20	20···15	15···10	12	14	16	20	25	25
6	30··· E	25··· E	20··· E	15···E	10··· E	25	25	25	25	30	30
Holzart	Espe, Pappel, Weide	Erle, Linde, Nußb. Robinie	Ahorn, Birke, Buche, Eiche, Rüster	Esche, Douglas. Fichte, Kiefer, Lärche, Strobe	Im Freien vorgetrocknetes lufttrocknes Holz siehe →	Bongossi, Buchsbaum, Eiche, Greenheart, Karri, Wenge	Buche, Eiche, Esche, Hickory-Stiele, Jarrah, Sapelli, Sipo	Ahorn, Esche, Hickory, Teak, „Brasilkiefer"	Birke, Mahagoni, Nußbaum, Robinie, Rüster, Douglasie, Lärche, Strobe	Abachi, Erle, Linde, Pappel, Weide, Fichte, Kiefer, Tanne	Fichte, Kiefer, Tanne
	Mit Trockentemperaturen unter 60°C beginnen, sonst drohen Verfärbungen infolge chemischer Reaktion des Lignins u.s.w.										
Stufe	e	d	c	b	a	a_1	a_2	a_3	a_4	a_5	a_6

1) Nach „Die Kammertrocknung von Schnittholz", Betriebsblatt 1 (Neufassung 1964) der Bundesforschungsanstalt für Forst- und Holzwirtschaft, Reinbek.

Relative Dauer der Trocknung bei verschiedener Holzdicke

Bei verschiedenen Dicken d_1 und d_2, sonst ähnlichen Abmessungen, verhalten sich bei gleicher Holzart die zum Trocknen (von gleicher Anfangs- auf gleiche Endfeuchte) benötigten Zeiten t_1 und t_2 wie

$$\frac{t_2}{t_1} = \sqrt[4]{\left(\frac{d_2}{d_1}\right)^5}$$

(Nach Betriebsblatt 1, Neufassung 1964, der Bundesforschungsanstalt für Forst- u. Holzwirtschaft, Reinbek, über „Die Kammertrocknung von Schnittholz")

Setzt man die Zeit t_1 zum Trocknen eines Brettes von $d_1 = 20$ mm Dicke gleich 1, so benötigt die Holzdicke d_2 das folgende Vielfache von t_1 als Zeit t_2:

Holzdicke d_2 in mm:	12	15	18	20	24	26	30	35	40	50	60	70	80	100
Vielfache von t_1	0,53	0,70	0,88	1	1,26	1,39	1,66	2,01	2,38	3,14	3,95	4,79	5,66	7,47

Die doppelte Dicke erfordert ungefähr das 2,38 fache an Zeit zum Trocknen
Die dreifache Dicke erfordert ungefähr das 3,95 fache an Zeit zum Trocknen
Die vierfache Dicke erfordert ungefähr das 5,66 fache an Zeit zum Trocknen

Feuchte des Holzes (in %) im Gleichgewicht mit dem Klima der Trockenkammer, bestimmt durch T (°C) und T–F (°C)

Psychrometer-differenz T–F (°C)	Trockentemperatur T (°C)											
	10	20	30	40	50	60	70	80	90	100	110	120
	Näherungswerte der Gleichgewichtsfeuchte des Holzes in %:											
2	15,5	17,0	17,9	18,1	18,1	17,6	16,8	15,9	15,2	14,6		
3	12,0	14,2	15,4	16,0	15,8	15,3	14,7	14,1	13,4	13,0		
4	10,4	12,2	13,4	14,0	14,1	13,8	13,3	12,8	12,3	11,8		
5	8,5	10,6	11,8	12,4	12,7	12,5	12,1	11,6	11,1	10,8		
6	7,0	9,2	10,6	11,2	11,5	11,4	11,1	10,7	10,2	9,9		
7	5,3	8,2	9,6	10,3	10,7	10,6	10,3	9,9	9,5	9,1		
8	3,6	7,2	8,8	9,5	9,8	9,8	9,6	9,3	9,0	8,6		
9	1,7	6,1	8,0	8,8	9,2	9,2	9,0	8,7	8,4	8,1		
10		5,0	7,2	8,2	8,6	8,7	8,5	8,2	7,9	7,5		
11		4,0	6,5	7,6	8,0	8,1	8,0	7,7	7,4	7,1	6,9	
12		2,9	5,8	7,0	7,5	7,7	7,5	7,2	7,0	6,7	6,5	
13		1,7	5,0	6,4	7,0	7,2	7,0	6,8	6,6	6,4	6,1	
14			4,3	5,9	6,6	6,7	6,7	6,5	6,3	6,0	5,8	
15			3,6	5,3	6,2	6,4	6,4	6,2	6,0	5,8	5,6	
16			2,9	4,9	5,7	6,0	6,0	5,9	5,7	5,5	5,3	
18			1,1	3,9	4,9	5,4	5,4	5,4	5,2	5,0	4,9	
20				3,0	4,2	4,8	4,9	4,9	4,8	4,7	4,6	
22				1,8	3,5	4,2	4,4	4,4	4,4	4,3	4,2	4,1
24					2,8	3,7	4,0	4,0	4,0	4,0	3,9	3,8
26					2,1	3,1	3,5	3,7	3,7	3,6	3,6	3,5
28					1,4	2,6	3,1	3,3	3,3	3,3	3,3	3,2
30						2,1	2,7	2,9	3,0	3,0	3,0	3,0

Nach „Die Kammertrocknung von Schnittholz" - - -, siehe Anmerkung[1] S. 81

Schwindung wichtiger Hölzer beim Trocknen (in %)

Holz schwindet oder quillt in Richtung der Faser wenig: 0,3 bis 1% vom frischen zum darrtrockenen Zustand.

Tangential zum Jahrring schwindet Holz bis dreimal mehr als radial. Unterhalb 20 bis 25% Holzfeuchte schwindet oder quillt Holz bei je 1% Änderung der Holzfeuchte im Mittel um folgende Beträge q in % der linearen Maße (% Schwindung: % Holzfeuchteänderung).

Holzart	Schwindung		Holzart	Schwindung		Holzart	Schwindung	
	q tang.	q rad.		q tang.	q rad.		q tang.	q rad.
Brasilkiefer	0,33	0,19	Bongossi	0,40	0,31	Nußbaum	0,30	0,20
Fichte	0,33	0,19	Bossé Guarea	0,27	0,20	Okoumé Gabun	0,24	0,16
Hemlock	0,25	0,13	Eiche	0,32	0,19	Ramin	0,39	0,19
Kiefer	0,32	0,19	Esche	0,38	0,21	Robinie	0,33	0,24
Thuja	0,20	0,09	Greenhart	0,35	0,29	Roßkastanie	0,25	0,10
Abachi	0,19	0,11	Iroko	0,28	0,19	Rotbuche	0,38	0,22
Abura	0,29	0,18	Karri	0,43	0,33	Rüster Ulme	0,29	0,20
Afrormosia Kokradua	0,32	0,18	Limba	0,22	0,17	Sapelli Sapeli	0,26	0,19
Afzelia Doussié	0,22	0,11	Linde	0,30	0,23	Teak	0,26	0,16
Agba Tola branca	0,20	0,11	Lovoa	0,26	0,17	Utile Sipo	0,25	0,20
Ahorn	0,30	0,20	Mahagoni	0,20	0,15	Weide	0,23	0,09
Avodiré	0,25	0,16	Makoré	0,27	0,22	Weißbuche	0,35	0,26
Bilinga	0,30	0,16	Niangon	0,36	0,19	Yang	0,41	0,25

Zitiert aus Betriebsblatt 1: Die Kammertrocknung von Schnittholz, Neufassung 1964, der Bundesforschungsanstalt für Forst- und Holzwirtschaft. Reinbek.

Der Begriff „halbtrocken" beim Nadelholz: In der Anmerkung zu DIN 4070, Bl. 1, „Nadelholz, Querschnittsmaße und statische Werte für Schnittholz" wird dazu gesagt, daß Holz erst zu schwinden bebeginne, wenn es den Fasersättigungspunkt erreiche, dieser liege bei Nadelholz, bezogen auf das Darrgewicht, etwa bei 30 % Holzfeuchte und entspreche dem Begriff „halbtrocken". Da das Holz im „halbtrockenen" Zustand maßhaltig sein soll, aber vom frischen bis zum halbtrockenen Zustand nicht schwinde, könnten für die Messung die Einschnittsmaße zugrunde gelegt werden. Allerdings könne bei halbtrockenem Holz die Oberfläche des Holzes schon unter den Fasersättigungspunkt abgetrocknet und das Innere des Holzes noch feuchter als 30 % sein, denn „halbtrocken" ist ein Mittelwert über die ganze Querschnittsfläche. Die Folge könne sein, daß die Randzonen beim halbtrockenen Zustand schon etwas geschwunden sind, so daß sich eine geringe Maßdifferenz gegen über dem frischen Zustand ergibt – dieser mögliche Unterschied der Maße bleibt beim Einschnitt unberücksichtigt.

Bestimmung der Rohdichte des Holzes nach DIN 52182, Sept. 1976

Rohdichte des Holzes $\varrho = \frac{m}{V}$ in g/cm³; m ist die Masse, V ist das Volumen einschließlich Porenraum der Holzprobe.

Normal-Rohdichte $\varrho_N = \frac{m_N}{V_N}$: Genau quaderförmige, rißfreie Proben des im Normalklima 20/65–1 DIN 50014 klimatisierten Holzes werden im gleichen Normalklima gelagert bis zur konstanten Masse, die als erreicht gilt, wenn sich die Masse m_N nach 24 Stunden um nicht mehr als 0,1% geändert hat. Das Volumen V_N wird auf 1%, ϱ_N auf 0,01 g/cm³ genau berechnet.

Die Rohdichte des völlig trockenen Holzes (Darr-Rohdichte) ist $\varrho_0 = \frac{m_0}{V_0}$ in g/cm³. Bei der Rohdichte eines Holzes einer beliebigen Feuchte u wird u als Index angegeben, bei bekannter Feuchte als ganze Zahl, z.B. bei $u = 18{,}3\%$ als ϱ_{18}. Die Rohdichte des Holzes bei verschiedenen Feuchtegehalten u kann an Hand des Schaubildes annähernd ermittelt werden, wenn die Darr-Rohdichte bekannt ist (und umgekehrt).

Schaubild über die Abhängigkeit des Holzes vom Holzfeuchtigkeitsgehalt u nach Kollmann:

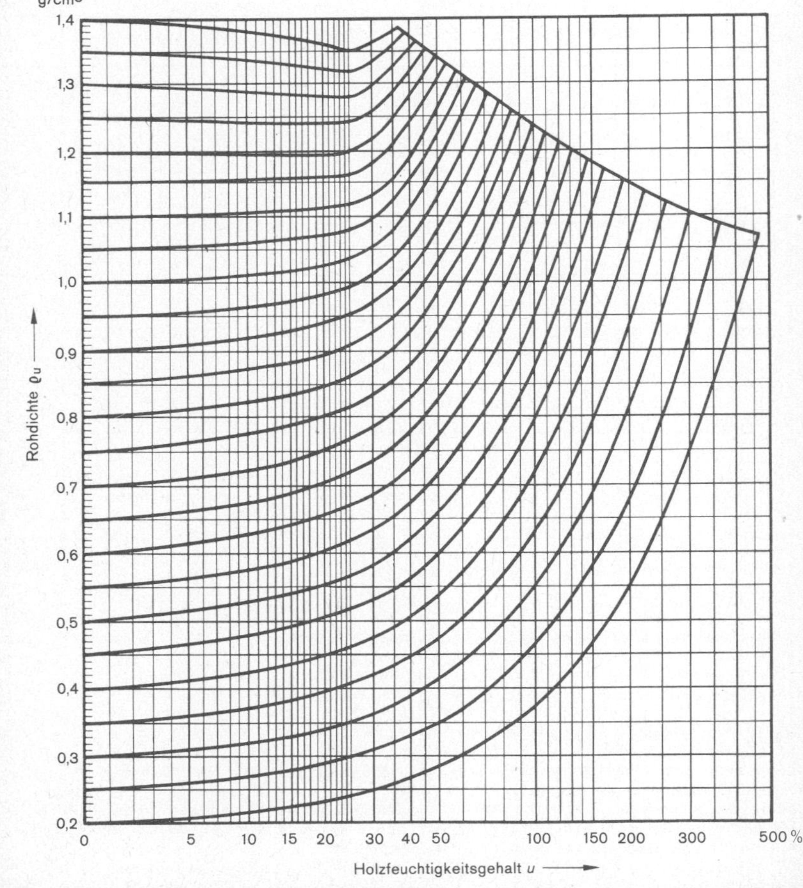

Holzschutz im Hochbau

Ursache der „Fäulnis" des Holzes sind holzzerstörende Pilze; besonders gefährlich ist der „Echte Hausschwamm", aber großen Schaden verursachen durch die übrigen, zusammenfassend „Naßfäule-Pilze" genannten Schwammarten, in Neubauten vor allem der „Keller- oder Warzenschwamm"; sie werden, obwohl alle eine Holzfeuchte über 20% benötigen, fälschlich oft „Trockenfäule" genannt und unterschätzt.

Wichtigste Mittel gegen Pilze sind eine Holzfeuchte unter 20%, bezogen auf das Darrgewicht („trockenes Bauholz") und gute Durchlüftung, damit halbtrockenes Bauholz (mit höchstens 30% Feuchte) bald trocken wird und bleibt. Darum wird gefordert:

1. alle Bauhölzer von Rinde und Bast säubern, der Luft freien Zutritt gewähren;
2. Lack und Ölfarbe nicht vor dem Austrocknen des Holzes auf unter 20% aufbringen;
3. dichte Beläge, z.B. Linoleum, in der Regel erst nach 2 Jahren auf Holzfußböden verlegen;
4. Holzbauteile nach DIN 4117 „Abdichtung von Hochbauten gegen Erdfeuchtigkeit" schützen;
5. Außen liegende Holzteile, Außenwände von Fachwerk usw. so ausbilden, daß Wasser ablaufen kann und nicht in Fugen und Verbindungsstellen sickert;
6. hölzerne Tragteile vor Niederschlägen schützen, bei drohendem Tauwasser kräftig durchlüften;
7. Berührung von Balken und Brettern mit Mörtel vermeiden, Balkenköpfe nicht umhüllen;
8. Füllstoffe für Holzbalkendecken müssen trocken und frei von Mörtel, Schutt und fäulnisfähigen Stoffen sein und dürfen erst nach ausreichender Trocknung des Holzes eingebracht werden.

Vorbeugender chemischer Schutz gegen Pilzbefall wird gefordert vor allem für tragende Hölzer und für Holz, das tragende Holzteile berührt. Verbindliche Angaben: DIN 68800, Bl. 3, Mai 1974.

In geschlossenen Bauwerken müssen alle Holzteile, die Mauerwerk oder Beton berühren, behandelt werden, namentlich Balkenköpfe allseitig bis 20 cm außerhalb der Wand, allseitig Lagerhölzer oder Balken, Unterseite und Kanten der Fußbodenbretter, Rückseite der Fußleisten von Räumen, die nicht unterkellert oder die von Durchfeuchtung bedroht sind, Zapfen und Zapfenlöcher nicht verkleideter Fachwerkwände, Holzgerippe in Außenwänden von Fertighäusern, hölzerne Kellertreppen, soweit baupolizeilich gestattet; Streichen, Spritzen und Tauchen reichen nicht aus.

Bei nicht überdachten Bauwerken oder Teilen von Bauwerken müssen alle Holzteile Tiefschutz erhalten, nur nichttragende Hölzer unter 4 cm Dicke dürfen durch Streichen, Sprühen, od. Tauchen behandelt werden.

Das schädlichste Insekt, das Holz zerstört, ist der „Hausbockkäfer"; seine Larven zerstören nur Nadelholz, bei Kiefer und Lärche den Splint; sie gedeihen vorzüglich bei Wärme, auch in halbtrockenem und trockenem Holz, besonders von Dachstühlen und von Balken der Decke unter Dachgeschossen, sowie von Fachwerk gen Süden.

Die Larven der „Anobien" (Klopf-, Nage- und Pochkäfer) zerstören halbtrockenes und trockenes Holz aller einheimischen Holzarten, benötigen höhere Luftfeuchte und weniger Wärme, kommen in allen Stockwerken vor, bevorzugen jedoch kühlere und feuchtere Erd- und Kellergeschosse.

Splintholzkäfer (Lyctus-Arten) befallen nur den Splint von Laubholz, insbesondere tropischer Laubholzarten. Gegen holzzerstörende Insekten ist baulicher Holzschutz meist wirkungslos.

Gegen Insekten sind chemische Schutzmittel am wirksamsten und gebräuchlich. In Befallsgebieten (durch die obersten Baubehörden der Länder ausgewiesen) müssen vorbeugend gegen Insektenbefall behandelt werden: bei geschlossenen Bauwerken und Hallen alle Holzteile des Daches, des Dachraumes und der Decke unter dem Dachraum, bei nicht überdachten Bauwerken alle tragenden Hölzer und alle Holzteile über 4 cm Dicke durch Tiefschutz, bei überdachten, aber nicht allseitig geschlossenen Bauwerken alle tragenden Holzteile.

Der gefährlichste Feind ist der Hausbock

Ein einziges Hausbock-Weibchen, das 50 Eier in das Dachgebälk eines Hauses legt, würde schon nach 35 Jahren eine Nachkommenschaft von 90 Millionen fressender Larven haben. Sie würden den Sommer über Tag für Tag ihren eigenen Körperinhalt an Holz vertilgen und hätten in dieser Zeit 8100 Festmeter Holz zerstört. Diese Holzmenge würde für den Neubau von 1620 Siedlungshäusern ausreichen. (Hespeler).

40% aller Häuser sind nach der Statistik vom gefährlichen Hausbock (großer Holzwurm) befallen; davon sind 19% so stark zerstört, daß die Tragfähigkeit gefährdet ist.

Kennzeichen der geprüften Holzschutzmittel nach DIN 68800, Bl. 3. Mai 1974

Nur geprüfte Holzschutzmittel, die ein Prüfzeichen erhalten haben, dürfen verwendet werden. Die Kennzeichen auf Verpackung und Gebrauchsanweisung der Holzschutzmittel bedeuten übereinstimmend mit dem Prüfbescheid:

- P = wirksam gegen Pilze (Schwamm); Fäulnisschutz
- Jv = vorbeugend wirksam gegen Jnsekten
- (Jv) = vorbeugend wirksam gegen Jnsekten nur bei Tiefschutz: über 1 cm Eindringtiefe des Mittels nötig
- Jb = wirksam gegen Jnsekten bei Bekämpfung
- S = zum Streichen, Spritzen und Tauchen von Bauholz geeignet
- W = für Holz geeignet, das der Witterung ausgesetzt ist
- F = geeignet, um Holz schwerentflammbar zu machen

Einbring-verfahren T = Tief-, R = Randschutz	T oder R	Das Bauholz ist gefährdet durch	Das Holz ist Erdfeuchte oder Niederschlägen ausgesetzt – Mindestens erforderliche Kennzeichen	Das Holz ist Erdfeuchte oder Niederschlägen nicht ausgesetzt – Mindestens erforderliche Kennzeichen
Kesseldruck-, Trog- und Einstelltränkung	T	Pilze	PW	P
		Jnsekten	Jv W	Jv
Tauchen, Streichen, Spritzen	R	Pilze	PSW	PS
		Jnsekten	Jv S W	Jv S

Mindestmengen wasserlöslicher Salze oder gebrauchsfertiger öliger Mittel zum vorbeugenden chemischen Schutz des Bauholzes im Hochbau gegen Pilze und Insekten nach DIN 68800, Bl. 3: Für frisches oder durchnäßtes Bauholz sind ölige Mittel unzulässig, wässerige beim Streichen, Spritzen oder Tauchen mit mindestens 20%iger Lösung, bei Trogtränkung mit mindestens 10%iger Lösung zulässig, wenn das Holz unter Dach eingebaut wird.

Mindest-Einbringmengen beim Streichen, Spritzen oder Tauchen			
Das Bauholz ist	Holzdicke cm	Einbringmengen wasserlösliche Mittel g/m²	Einbringmengen ölige Mittel ml/m²
Niederschlägen nicht ausgesetzt	≦ 4	50	250
	≦ 8	60	250
	> 8	60	300
Niederschlägen ausgesetzt	≦ 4	75	300
	> 4	90	350
dauernd der Erdfeuchte ausgesetzt	nur Kesseldruck- und Trogtränkung zulässig		

Die eingebrachte Menge an Holzschutzmittel ist nur bedingt meßbar, jedoch analytisch zu bestimmen.

Bei öligen Mitteln und Salzlösungen werden gleichermaßen durch Tauchen binnen Sekunden bis Minuten von sägerauhem Holz etwa 200 ml/m², von gehobeltem Holz etwa 80 bis 120 ml/m² aufgenommen. Sind zwecks höherer Aufnahme mehrere Arbeitsgänge nötig, so sind Abtrocknungszeiten zwischenzuschalten (in der Regel mindestens 6 Stunden).

Werden besonders gefährdete Stellen, z.B. Innenflächen von Holzrissen oder Fugen von Verbindungen, behandelt, so ist die Gebrauchsanweisung besonders sorgfältig zu beachten und die Arbeit gründlich auszuführen.

Vorsicht! Alle Holzschutzmittel sind giftig! Die in den Gebrauchsanweisungen angegebenen Vorschriften zum Schutze der Gesundheit genau beachten!

In Holzschutzmitteln häufig vorhandene Gifte, meist Salze des (der)	Beispiele	Giftklasse der Länderverordnungen	Kennzeichnung des Giftes auf der Originalverpackung	Warnfärbung des Mittels
Fluorwasserstoffs HF oder Silikofluorwasserstoffs H_2SiF_6	NaF, KHF_2 $MgSiF_6$ $ZnSiF_6$ $Al_2(SiF_6)_3$	2: schon in kleinen Mengen, auch gasförmig, sehr giftig	Hinweis auf Giftstoff, das Wort „Gift" und einen Totenkopf rot auf weißem Grund	gelborange auch blau oder violett
Arsens (As) Quecksilbers (Hg)	Na_3AsO_4 $HgCl_2$	1: in kleinsten Mengen sehr giftig, in wenig größeren schon tödlich	Hinweis auf Giftstoff, das Wort „Gift" und einen Totenkopf weiß auf schwarzem Grund	bei As grün, Hg blau oder rot
Chromsäure H_2CrO_4	$Na_2Cr_2O_7$ (Dichromat)	3: in kleinen Mengen gesundheitsschädlich bis giftig	Hinweis auf den Wirkstoff, das Wort „Vorsicht" rot auf weißem Grund	—
Phenol C_6H_5OH (chloriert oder nitriert)	$C_6H_3(OH)(NO_2)_2$ (Dinitrophenol)			

Mittel zum Schutz gegen und zur Bekämpfung von Fäulnis (P) und gegen Befall durch Insekten (Jv)

Das Holzschutzmittelverzeichnis vom 1.9.1973 des für die Bundesrepublik zuständigen Instituts für Bautechnik (1 Berlin 30, Reichpietschufer 72 – 76) nennt 279 zugelassene Holzschutzmittel.

Wasserlösliche Mittel:
geeignet zum Randschutz bearbeiteter halbtrockener und trockener, bei Tiefschutzverfahren auch nasser Hölzer, meist als Salz, teils als Paste geliefert, mehr oder weniger geruchfrei, erhöhen Brandgefahr nicht. Die zugesetzten Farbstoffe gestatten keinen Rückschluß auf die Schutzwirkung, können aber bei Mauern und Putz durchschlagen. Deckanstrich auf Schutzmittel meistens möglich.

Bezeichnung	Hauptbestandteile	in Wasser löslich	Wirksamkeit (Tiefschutz = T Randschutz = R)	Prüfprädikat	Anmerkungen
CF-Salze	Alkalifluoride, Alkalidichromat, (mit und ohne Dinitrophenol)	bis zu 6%	P, in Gebäuden bei T auch Jv	P (Jv) W	Werden z.T. schwer auslaugbar; viel Dinitrophenol kann Putz durchschlagen, Mörtel kann Fluoride unwirksam machen
		über 10%	P, in Gebäuden auch Jv	P Jv S W	
CFA-Salze	Alkalifluoride, Alkaliarsenat Alkalidichromat, (mit und ohne Dinitrophenol)	bis zu etwa 6%	P, Jv bei T, teils auch bei R	P (Jv) W	schwerer auslaugbar als CF-Salze; nicht für Holz in geschlossenen Räumen, in denen sich Menschen oder Tiere aufhalten, Lebens- oder Futtermittel lagern
		über 10%	P, Jv, besonders für frische oder nasse Hölzer	P Jv W	
sF-Salze	Silikofluoride, Zusätze gegen Korrosion von Eisen und Stahl	bleiben auslaugbar, nicht geeignet für Holz, das Niederschlägen oder der Erdfeuchte ausgesetzt wird.	P, Jv auch bei Randschutz trockenen Holzes	P Jv S	unedle Metalle und Glas können angegriffen werden; zum Streichen und Spritzen geeignet
hF-Salze	Hydrogenfluoride, Zusätze gegen Korrosion von Eisen und Stahl		P, Jv, meistens auch Jb	P Jv Jb S	Wie bei sF-Salzen. Vorsicht! Noch längere Zeit bildet sich noch gasförmiges HF, dieses greift fast alles an, ist giftig
B – Salze (Borpräparate)	anorganische Borverbindungen		P, Jv	P Jv S	Zum Streichen und Spritzen von Bauholz geeignet
Sammelgruppe, feste oder flüss. Mittel	von den obigen wesentlich abweichende Zusammensetzung	siehe unter Anmerkung	P W oder P JvW oder P Jv S oder P Jv S W	wie nebenstehend möglich	Eigenschaften und Anwendungsgebiete sind den Prüfbescheiden zu entnehmen

Ölige Mittel:
Wirksamkeit: P, bei T bei allen Jv, bei R bei einigen Jv, bei einzelnen Jb; verwendbar für trockene oder halbtrockene Hölzer, die später der Witterung ausgesetzt sind: die Präparate haben mehr oder weniger starken Eigengeruch, verschiedene Wirkungsdauer, gestatten nicht immer Deckanstriche; sie enthalten meist Wirkstoffe der Giftklasse 3, darunter auch Stoffe, wie das Natriumsalz des Pentachlorphenols, C_6Cl_5ONa, die Schleimhäute, Atemwege, Augen heftig reizen, auf deren Breitenwirkung gegen Pilze, auch Bläuepilze, und Insekten und gegen Verstocken, man ungern verzichtet; sie enthalten auch oft flüchtige und giftige Lösemittel, deren Dämpfe im Gemisch mit Luft leicht entzündbar sind. Dann ist die Brandgefahr während des Verarbeitens und kurz danach erhöht und das Einatmen der Dämpfe gefährlich. Der Hinweis darauf in schwarzen Buchstaben auf orangefarbigem Grund ist Vorschrift. Schutzvorschriften der Gebrauchsanweisungen beachten, ihre Mißachtung ist lebensgefährlich! Ölige Holzschutzmittel können lösend auf Kunststoffe wirken, z. B. auf Bindemittel von Holzwerkstoffen auf Leimfugen, Anstriche, auf Dämmstoffe und elektrische Isolierungen.

Fortsetzung: Mittel zum Schutz gegen und zur Bekämpfung von Fäulnis (P) und gegen Befall durch Insekten (Iv)

Bezeichnung des öligen Schutzmittels	wirksame Bestandteile	Prüfprädikat	Anzahl zugelassener Produkte
Carbolineum	Reine Destillate aus Steinkohlenteer	P (Iv) S W	12
Teeröl-Präparate	Destillate aus Steinkohlenteer mit Zusatz anderer Öle und/oder besonderer Wirkstoffe	P Iv S W	25
Chlornaphthalin-Präparate	Chlorierte Naphthaline mit Zusatz schwerflüchtiger Stoffe, z.T. besonderer Wirkstoffe	P Iv S W	3
Lösemittelhaltige Präparate	Außer Mineralöl Wirkstoffe sowie Lösemittel mit Flammpunkt über 55°C; meist Eindringtiefe mind. 6 mm.	P Iv W P Iv S W P Iv Ib S W	4 73 10
Öl-Salz-Gemische	u. a. Fluoride	P Iv W	3

Die Öl-Salz-Gemische dienen besonders in Form von Pasten, die durch Spachteln verarbeitet werden, zum Nachschutz verbauten Holzes (Masten, Pfähle usw) im Freiland.

Steinkohlenteer-Imprägnieröl nach den Vorschriften der Deutschen Bundesbahn (Techn Lieferbedingungen TL 91892, 1951) und der Deutschen Bundespost (FTZ-Richtlinie RL Nr. 12. Sept. 1968) gilt, wenn Kesseldrucktränkung oder unter Erwärmen Trog- oder Einstelltränkung angewendet werden, ohne besonderen Prüfbescheid als zugelassenes Holzschutzmittel mit den Prüfprädikaten P, Iv und W.

Holzschutzmittel für Holzwerkstoffe dürfen nicht nachteilig auf das Bindemittel des Werkstoffs einwirken. Sie haben im Prüfbescheid „Besondere Bestimmungen", die unbedingt zu beachten sind. (Von den zugelassenen Mitteln haben 4 PW, 2 P Iv W und 1 P Iv S als Prüfprädikat.)

Bekämpfungsmittel gegen holzzerstörende Insekten im verbauten Holz (Ib):

1. Wasserlösliche Salze zum Streichen und Spritzen: Sie müssen vor der Anwendung gelöst werden; Richtwert: 100 bis 150 g Salz je m^2 Holzoberfläche, mindestens 20%ige Lösung, dreimaliges Spritzen oder Streichen (DIN 68800, Bl. 4, Mai 1974). Wirkstoff: hauptsächlich Hydrogenfluoride; sie wirken zugleich vorbeugend gegen erneuten Schädlingsbefall und gegen Pilze. Prüfprädikat: P Iv Ib S (15 zugelassene Mittel).

2. Ölige Mittel zum Streichen und Spritzen, unverdünnt anzuwenden:

2.1. Als geruchsschwach anerkannte (11) Präparate, nicht vorbeugend wirksam gegen Pilzbefall. Prüfprädikat: Iv Ib S.

2.2. Als geruchsschwach anerkannte (15) Präparate, zugleich vorbeugend wirksam gegen Pilzbefall. Prüfprädikat: P Iv Ib S.

2.3. wie 2.2., jedoch nicht geruchsschwach (7 zugelassene Mittel). Richtwert: 300 bis 500 ml je m^2 Holzoberfläche, mindestens zweimaliges Spritzen oder Streichen.

3. Durchgasungsmittel (Acrylnitril $CH_2 = CH \cdot CN$ und Cyanwasserstoff HCN, tödlich wirkende Atemgifte) dürfen nur durch konzessionierte Firmen angewendet werden; Wirksamkeit: Ib.

4. Heißluftverfahren werden durch vier Prüfbescheid-Inhaber mit geprüften Heißlufteinblase- oder Luftheizgeräten ausgeführt (siehe Holzschutzmittelverzeichnis). Wirksamkeit: Ib.

Nach einer Durchgasung oder Bekämpfung mit Heißluft ist das behandelte Holz von vermulmten Teilen zu befreien, notfalls zu verstärken oder zu ersetzen, damit das anschließend verwendete vorbeugende chemische Holzschutzmittel voll wirksam ist und bleibt.

Feuerschutzmittel, die das Holz schwerentflammbar machen, mit oder ohne Nebenwirksamkeit, sind geeignet nur für solche Hölzer und holzhaltigen Baustoffe, die gegen Niederschläge geschützt sind. Man unterscheidet:

1. Mittel, in denen anorganische Bestandteile, Hauptbestandteil Phosphate, vorwiegen: nicht zum Anstreichen, Spritzen oder Tauchen von Holz;
2. schaumschichtbildende Mittel, in denen organische Bestandteile vorwiegen: sowohl für Schnittholz als auch für holzhaltige Baustoffe (Span-, Faser-, Dämmplatten u. dergl.) geeignet: Auftragsmenge gemäß Prüfbescheid oder Gebrauchsanweisung. Sie haben keine Nebenwirksamkeit (Prüfprädikate F, S)

   Die unter 2 genannten Feuerschutzmittel, Prüfprädikat FS, überwiegen an Zahl und Bedeutung bei weitem (28 Produkte gegen 6 unter 1)

ZAHL

Hinweise zum Gebrauch der Zahlentafeln

Die folgenden zehn Tafeln enthalten in den Spalten 0 ··· 4 die Zahlenwerte für

1	2	0	3	4
Kreisumfang	Kreisinhalt	die ganzen Zahlen $d = n$ von 1 ··· 1000	Quadratinhalt	Quadratseite
für den Durchmesser $d = n$			n = Quadratseite	n = Quadratinhalt

Beispiele für Kommaverschiebung und für die Berechnung von Zwischenwerten

Die Zahl $d = n$ ist	Die Spalte der Zahlentafel: Nr.	Die Spalte der Zahlentafel: gibt an	Kommaverschiebung im gleichen Sinne (nach links oder nach rechts): bei der Zahl $d = n$	Kommaverschiebung: beim Tafelwert	Berechnung von Zwischenwerten, an bestimmten Beispielen dargestellt.[1]
Durchmesser eines Kreises $= d$	1	Umfang des Kreises $d\pi = U$	um je 1 Stelle z. B.: d = 275 27,5 2750	um je 1 Stelle ergibt: U = 863,94 86,394 8 639,4	Endwert = Summe der Einzelwerte. Beispiel: d = 247,7 cm; U = ? d = U = 247 cm: 775,97 cm + 0,7 cm: + ≈ 2,20 cm 247,7 cm: ≈ 778,17 cm
Durchmesser eines Kreises $= d$	2	Flächeninhalt des Kreises $\frac{d^2\,\pi}{4} = A$	um je 1 Stelle z. B.: d = 275 27,5 2 750 27 500	um je 2 Stellen ergibt: A = 59 395,7 593,957 5 939 570 593 957 000	Flächendifferenz bei Zwischenwerten = ~ (T. D.) · (W. D.) Beispiel: d = 276,4; A = ? d A A 277: 60 262,8 276: − 59 828,5 = 59 828,5 T. D.: 434,3 × W. D.: × 0,4 = + 173,72 276,4: 60 002,2 genauer: 60 002,032 gerundet
Seite eines Quadrats $= n$	3	Flächeninhalt des Quadrats n^2	um je 1 Stelle z. B.: n = 187 1 870 1,87 0,187	um je 2 Stellen ergibt n^2 = 34 969 3 496 900 3,4969 0,034969	Flächendifferenz bei Zwischenwerten = ~ (T. D.) · (W. D.) Beispiel: A = 326,6; a = ? n (= a) n^2 (= A) n^2 (= A) 327: 106 929 326: − 106 276 = 106 276 T. D.: 653 × W. D.: × 0,6 = + 391,8 326,6: ~ 106 667,8 genau: 106 667,56
Flächeninhalt eines Quadrats $n = a^2$	4	Seite des Quadrats $\sqrt{n} = a$ $= \frac{1}{2}\sqrt{4n}$ $= \frac{1}{3}\sqrt{9n}$ $= \frac{1}{4}\sqrt{16n}$ $= \frac{1}{10}\sqrt{100n}$ $= \frac{1}{f}\sqrt{f^2 n}$	um je 2 Stellen, z. B. n = 187 1,87 18 700 Beim Wurzelziehen: Hat n die Stellen (n), so ist die Stellenzahl des Wurzelwertes $\sqrt{n}$ entweder $\frac{(n)}{2}$, wenn (n) gerade, oder $\frac{(n)+1}{2}$, wenn (n) ungerade ist. Beispiel: $\sqrt{18\,700}$ ist $\frac{5+1}{2}$ = 3 stellig.	um je 1 Stelle, also $\sqrt{n}$ = 13,6748 1,36748 136,748	Ist $\sqrt{n} \sim b$ (Näherungswert), so ist $b + \frac{n-b^2}{2b}$ ein besserer Näherungswert. Beispiel: $\sqrt{437{,}4} \sim 20{,}91$ (Tafel) $b^2 = 20{,}91^2 = 437{,}2281$ $n - b^2 = +0{,}1719$ $\frac{n-b^2}{2b} = \frac{0{,}1719}{2 \cdot 20{,}91} = \frac{0{,}1719}{41{,}82} =$ 17,91 : 4182 ≅ 0,00428 b = 20,91 $\sqrt{437{,}4} \sim 20{,}91428$ Probe: $20{,}91428^2 = 437{,}4071$

[1] Unterschied zwischen nächstkleinerem Wert von n und Zwischenwert = Wahre Differenz (W. D.). W. D. steht in der Zahl n rechts vom Komma. Unterschied der beiden nächstbenachbarten Tafelwerte = Tafeldifferenz (T. D.).

Kreisumfang – Kreisfläche – Quadrat – Quadratwurzel

$U = d\pi$	$A = \frac{d^2\pi}{4}$	Zahl d oder n	n^2	$\sqrt{n}$	$U = d\pi$	$A = \frac{d^2\pi}{4}$	Zahl d oder n	n^2	$\sqrt{n}$
1	2	0	3	4	1	2	0	3	4
3,142	0,7854	**1**	1	1,0000	160,22	2042,82	**51**	26 01	7,1414
6,283	3,1416	**2**	4	1,4142	163,36	2123,72	**52**	27 04	7,2111
9,425	7,0686	**3**	9	1,7321	166,50	2206,18	**53**	28 09	7,2801
12,566	12,5664	**4**	16	2,0000	169,65	2290,22	**54**	29 16	7,3485
15,708	19,6350	**5**	25	2,2361	172,79	2375,83	**55**	30 25	7,4162
18,850	28,2743	**6**	36	2,4495	175,93	2463,01	**56**	31 36	7,4833
21,991	38,4845	**7**	49	2,6458	179,07	2551,76	**57**	32 49	7,5498
25,133	50,2655	**8**	64	2,8284	182,21	2642,08	**58**	33 64	7,6158
28,274	63,6173	**9**	81	3,0000	185,35	2733,97	**59**	34 81	7,6811
31,416	78,5398	**10**	1 00	3,1623	188,50	2827,43	**60**	36 00	7,7460
34,558	95,0332	**11**	1 21	3,3166	191,64	2922,47	**61**	37 21	7,8102
37,699	113,097	**12**	1 44	3,4641	194,78	3019,07	**62**	38 44	7,8740
40,841	132,732	**13**	1 69	3,6056	197,92	3117,25	**63**	39 69	7,9373
43,982	153,938	**14**	1 96	3,7417	201,06	3216,99	**64**	40 96	8,0000
47,124	176,715	**15**	2 25	3,8730	204,20	3318,31	**65**	42 25	8,0623
50,265	201,062	**16**	2 56	4,0000	207,35	3421,19	**66**	43 56	8,1240
53,407	226,980	**17**	2 89	4,1231	210,49	3525,65	**67**	44 89	8,1854
56,549	254,469	**18**	3 24	4,2426	213,63	3631,68	**68**	46 24	8,2462
59,690	283,529	**19**	3 61	4,3589	216,77	3739,28	**69**	47 61	8,3066
62,832	314,159	**20**	4 00	4,4721	219,91	3848,45	**70**	49 00	8,3666
65,973	346,361	**21**	4 41	4,5826	223,05	3959,19	**71**	50 41	8,4261
69,115	380,133	**22**	4 84	4,6904	226,19	4071,50	**72**	51 84	8,4853
72,257	415,476	**23**	5 29	4,7958	229,34	4185,39	**73**	53 29	8,5440
75,398	452,389	**24**	5 76	4,8990	232,48	4300,84	**74**	54 76	8,6023
78,540	490,874	**25**	6 25	5,0000	235,62	4417,86	**75**	56 25	8,6603
81,681	530,929	**26**	6 76	5,0990	238,76	4536,46	**76**	57 76	8,7178
84,823	572,555	**27**	7 29	5,1962	241,90	4656,63	**77**	59 29	8,7750
87,965	615,752	**28**	7 84	5,2915	245,04	4778,36	**78**	60 84	8,8318
91,106	660,520	**29**	8 41	5,3852	248,19	4901,67	**79**	62 41	8,8882
94,248	706,858	**30**	9 00	5,4772	251,33	5026,55	**80**	64 00	8,9443
97,389	754,768	**31**	9 61	5,5678	254,47	5153,00	**81**	65 61	9,0000
100,531	804,248	**32**	10 24	5,6569	257,61	5281,02	**82**	67 24	9,0554
103,673	855,299	**33**	10 89	5,7446	260,75	5410,61	**83**	68 89	9,1104
106,814	907,920	**34**	11 56	5,8310	263,89	5541,77	**84**	70 56	9,1652
109,956	962,113	**35**	12 25	5,9161	267,04	5674,50	**85**	72 25	9,2195
113,097	1017,88	**36**	12 96	6,0000	270,18	5808,80	**86**	73 96	9,2736
116,239	1075,21	**37**	13 69	6,0828	273,32	5944,68	**87**	75 69	9,3274
119,381	1134,11	**38**	14 44	6,1644	276,46	6082,12	**88**	77 44	9,3808
122,522	1194,59	**39**	15 21	6,2450	279,60	6221,14	**89**	79 21	9,4340
125,66	1256,64	**40**	16 00	6,3246	282,74	6361,73	**90**	81 00	9,4868
128,81	1320,25	**41**	16 81	6,4031	285,88	6503,88	**91**	82 81	9,5394
131,95	1385,44	**42**	17 64	6,4807	289,03	6647,61	**92**	84 64	9,5917
135,09	1452,20	**43**	18 49	6,5574	292,17	6792,91	**93**	86 49	9,6437
138,23	1520,53	**44**	19 36	6,6332	295,31	6939,78	**94**	88 36	9,6954
141,37	1590,43	**45**	20 25	6,7082	298,45	7088,22	**95**	90 25	9,7468
144,51	1661,90	**46**	21 16	6,7823	301,59	7238,23	**96**	92 16	9,7980
147,65	1734,94	**47**	22 09	6,8557	304,73	7389,81	**97**	94 09	9,8489
150,80	1809,56	**48**	23 04	6,9282	307,88	7542,96	**98**	96 04	9,8995
153,94	1885,74	**49**	24 01	7,0000	311,02	7697,69	**99**	98 01	9,9499
157,08	1963,50	**50**	25 00	7,0711	314,16	7853,98	**100**	100 00	10,0000

$U = d\pi$	$A = \frac{d^2\pi}{4}$	Zahl d oder n	n^2	$\sqrt{n}$	$U = d\pi$	$A = \frac{d^2\pi}{4}$	Zahl d oder n	n^2	$\sqrt{n}$
1	2	0	3	4	1	2	0	3	4
317,30	8011,85	**101**	10201	10,0499	474,38	17907,9	**151**	22801	12,2882
320,44	8171,28	**102**	10404	10,0995	477,52	18145,8	**152**	23104	12,3288
323,58	8332,29	**103**	10609	10,1489	480,66	18385,4	**153**	23409	12,3693
326,73	8494,87	**104**	10816	10,1980	483,81	18626,5	**154**	23716	12,4097
329,87	8659,01	**105**	11025	10,2470	486,95	18869,2	**155**	24025	12,4499
333,01	8824,73	**106**	11236	10,2956	490,09	19113,4	**156**	24336	12,4900
336,15	8992,02	**107**	11449	10,3441	493,23	19359,3	**157**	24649	12,5300
339,29	9160,88	**108**	11664	10,3923	496,37	19606,7	**158**	24964	12,5698
342,43	9331,32	**109**	11881	10,4403	499,51	19855,7	**159**	25281	12,6095
345,58	9503,32	**110**	12100	10,4881	502,65	20106,2	**160**	25600	12,6491
348,72	9676,89	**111**	12321	10,5357	505,80	20358,3	**161**	25921	12,6886
351,86	9852,03	**112**	12544	10,5830	508,94	20612,0	**162**	26244	12,7279
355,00	10028,7	**113**	12769	10,6301	512,08	20867,2	**163**	26569	12,7671
358,14	10207,0	**114**	12996	10,6771	515,22	21124,1	**164**	26896	12,8062
361,28	10386,9	**115**	13225	10,7238	518,36	21382,5	**165**	27225	12,8452
364,42	10568,3	**116**	13456	10,7703	521,50	21642,4	**166**	27556	12,8841
367,57	10751,3	**117**	13689	10,8167	524,65	21904,0	**167**	27889	12,9228
370,71	10935,9	**118**	13924	10,8628	527,79	22167,1	**168**	28224	12,9615
373,85	11122,0	**119**	14161	10,9087	530,93	22431,8	**169**	28561	13,0000
376,99	11309,7	**120**	14400	10,9545	534,07	22698,0	**170**	28900	13,0384
380,13	11499,0	**121**	14641	11,0000	537,21	22965,8	**171**	29241	13,0767
383,27	11689,9	**122**	14884	11,0454	540,35	23235,2	**172**	29584	13,1149
386,42	11882,3	**123**	15129	11,0905	543,50	23506,2	**173**	29929	13,1529
389,56	12076,3	**124**	15376	11,1355	546,64	23778,7	**174**	30276	13,1909
392,70	12271,8	**125**	15625	11,1803	549,78	24052,8	**175**	30625	13,2288
395,84	12469,0	**126**	15876	11,2250	552,92	24328,5	**176**	30976	13,2665
398,98	12667,7	**127**	16129	11,2694	556,06	24605,7	**177**	31329	13,3041
402,12	12868,0	**128**	16384	11,3137	559,20	24884,6	**178**	31684	13,3417
405,27	13069,8	**129**	16641	11,3578	562,35	25164,9	**179**	32041	13,3791
408,41	13273,2	**130**	16900	11,4018	565,49	25446,9	**180**	32400	13,4164
411,55	13478,2	**131**	17161	11,4455	568,63	25730,4	**181**	32761	13,4536
414,69	13684,8	**132**	17424	11,4891	571,77	26015,5	**182**	33124	13,4907
417,83	13892,9	**133**	17689	11,5326	574,91	26302,2	**183**	33489	13,5277
420,97	14102,6	**134**	17956	11,5758	578,05	26590,4	**184**	33856	13,5647
424,12	14313,9	**135**	18225	11,6190	581,19	26880,3	**185**	34225	13,6015
427,26	14526,7	**136**	18496	11,6619	584,34	27171,6	**186**	34596	13,6382
430,40	14741,1	**137**	18769	11,7047	587,48	27464,6	**187**	34969	13,6748
433,54	14957,1	**138**	19044	11,7473	590,62	27759,1	**188**	35344	13,7113
436,68	15174,7	**139**	19321	11,7898	593,76	28055,2	**189**	35721	13,7477
439,82	15393,8	**140**	19600	11,8322	596,90	28352,9	**190**	36100	13,7840
442,96	15614,5	**141**	19881	11,8743	600,04	28652,1	**191**	36481	13,8203
446,11	15836,8	**142**	20164	11,9164	603,19	28952,9	**192**	36864	13,8564
449,25	16060,6	**143**	20449	11,9583	606,33	29255,3	**193**	37249	13,8924
452,39	16286,0	**144**	20736	12,0000	609,47	29559,2	**194**	37636	13,9284
455,53	16513,0	**145**	21025	12,0416	612,61	29864,8	**195**	38025	13,9642
458,67	16741,5	**146**	21316	12,0830	615,75	30171,9	**196**	38416	14,0000
461,81	16971,7	**147**	21609	12,1244	618,89	30480,5	**197**	38809	14,0357
464,96	17203,4	**148**	21904	12,1655	622,04	30790,7	**198**	39204	14,0712
468,10	17436,6	**149**	22201	12,2066	625,18	31102,6	**199**	39601	14,1067
471,24	17671,5	**150**	22500	12,2474	628,32	31415,9	**200**	40000	14,1421

$U = d\pi$	$A = \frac{d^2\pi}{4}$	Zahl d oder n	n^2	$\sqrt{n}$	$U = d\pi$	$A = \frac{d^2\pi}{4}$	Zahl d oder n	n^2	$\sqrt{n}$
1	2	0	3	4	1	2	0	3	4
631,46	31730,9	**201**	40401	14,1774	788,54	49480,9	**251**	63001	15,8430
634,60	32047,4	**202**	40804	14,2127	791,68	49875,9	**252**	63504	15,8745
637,74	32365,5	**203**	41209	14,2478	794,82	50272,6	**253**	64009	15,9060
640,88	32685,1	**204**	41616	14,2829	797,96	50670,7	**254**	64516	15,9374
644,03	33006,4	**205**	42025	14,3178	801,11	51070,5	**255**	65025	15,9687
647,17	33329,2	**206**	42436	14,3527	804,25	51471,9	**256**	65536	16,0000
650,31	33653,5	**207**	42849	14,3875	807,39	51874,8	**257**	66049	16,0312
653,45	33979,5	**208**	43264	14,4222	810,53	52279,2	**258**	66564	16,0624
656,59	34307,0	**209**	43681	14,4568	813,67	52685,3	**259**	67081	16,0935
659,73	34636,1	**210**	44100	14,4914	816,81	53092,9	**260**	67600	16,1245
662,88	34966,7	**211**	44521	14,5258	819,96	53502,1	**261**	68121	16,1555
666,02	35298,9	**212**	44944	14,5602	823,10	53912,9	**262**	68644	16,1864
669,16	35632,7	**213**	45369	14,5945	826,24	54325,2	**263**	69169	16,2173
672,30	35968,1	**214**	45796	14,6287	829,38	54739,1	**264**	69696	16,2481
675,44	36305,0	**215**	46225	14,6629	832,52	55154,6	**265**	70225	16,2788
678,58	36643,5	**216**	46656	14,6969	835,66	55571,6	**266**	70756	16,3095
681,73	36983,6	**217**	47089	14,7309	838,81	55990,2	**267**	71289	16,3401
684,87	37325,3	**218**	47524	14,7648	841,95	56410,4	**268**	71824	16,3707
688,01	37668,5	**219**	47961	14,7986	845,09	56832,2	**269**	72361	16,4012
691,15	38013,3	**220**	48400	14,8324	848,23	57255,5	**270**	72900	16,4317
694,29	38359,6	**221**	48841	14,8661	851,37	57680,4	**271**	73441	16,4621
697,43	38707,6	**222**	49284	14,8997	854,51	58106,9	**272**	73984	16,4924
700,58	39057,1	**223**	49729	14,9332	857,65	58534,9	**273**	74529	16,5227
703,72	39408,1	**224**	50176	14,9666	860,80	58964,6	**274**	75076	16,5529
706,86	39760,8	**225**	50625	15,0000	863,94	59395,7	**275**	75625	16,5831
710,00	40115,0	**226**	51076	15,0333	867,08	59828,5	**276**	76176	16,6132
713,14	40470,8	**227**	51529	15,0665	870,22	60262,8	**277**	76729	16,6433
716,28	40828,1	**228**	51984	15,0997	873,36	60698,7	**278**	77284	16,6733
719,42	41187,1	**229**	52441	15,1327	876,50	61136,2	**279**	77841	16,7033
722,57	41547,6	**230**	52900	15,1658	879,65	61575,2	**280**	78400	16,7332
725,71	41909,6	**231**	53361	15,1987	882,79	62015,8	**281**	78961	16,7631
728,85	42273,3	**232**	53824	15,2315	885,93	62458,0	**282**	79524	16,7929
731,99	42638,5	**233**	54289	15,2643	889,07	62901,8	**283**	80089	16,8226
735,13	43005,3	**234**	54756	15,2971	892,21	63347,1	**284**	80656	16,8523
738,27	43373,6	**235**	55225	15,3297	895,35	63794,0	**285**	81225	16,8819
741,42	43743,5	**236**	55696	15,3623	898,50	64242,4	**286**	81796	16,9115
744,56	44115,0	**237**	56169	15,3948	901,64	64692,5	**287**	82369	16,9411
747,70	44488,1	**238**	56644	15,4272	904,78	65144,1	**288**	82944	16,9706
750,84	44862,7	**239**	57121	15,4596	907,92	65597,2	**289**	83521	17,0000
753,98	45238,9	**240**	57600	15,4919	911,06	66052,0	**290**	84100	17,0294
757,12	45616,7	**241**	58081	15,5242	914,20	66508,3	**291**	84681	17,0587
760,27	45996,1	**242**	58564	15,5563	917,35	66966,2	**292**	85264	17,0880
763,41	46377,0	**243**	59049	15,5885	920,49	67425,6	**293**	85849	17,1172
766,55	46759,5	**244**	59536	15,6205	923,63	67886,7	**294**	86436	17,1464
769,69	47143,5	**245**	60025	15,6525	926,77	68349,3	**295**	87025	17,1756
772,83	47529,2	**246**	60516	15,6844	929,91	68813,4	**296**	87616	17,2047
775,97	47916,4	**247**	61009	15,7162	933,05	69279,2	**297**	88209	17,2337
779,11	48305,1	**248**	61504	15,7480	936,19	69746,5	**298**	88804	17,2627
782,26	48695,5	**249**	62001	15,7797	939,34	70215,4	**299**	89401	17,2916
785,40	49087,4	**250**	62500	15,8114	942,48	70685,8	**300**	90000	17,3205

$U = d \cdot \pi$	$A = \frac{d^2\pi}{4}$	Zahl d oder n	n^2	$\sqrt{n}$	$U = d \cdot \pi$	$A = \frac{d^2\pi}{4}$	Zahl d oder n	n^2	$\sqrt{n}$
1	2	0	3	4	1	2	0	3	4
945,62	71157,9	**301**	90601	17,3494	1102,7	96761,8	**351**	123201	18,7350
948,76	71631,5	**302**	91204	17,3781	1105,8	97314,0	**352**	123904	18,7617
951,90	72106,6	**303**	91809	17,4069	1109,0	97867,7	**353**	124609	18,7883
955,04	72583,4	**304**	92416	17,4356	1112,1	98423,0	**354**	125316	18,8149
958,19	73061,7	**305**	93025	17,4642	1115,3	98979,8	**355**	126025	18,8414
961,33	73541,5	**306**	93636	17,4929	1118,4	99538,2	**356**	126736	18,8680
964,47	74023,0	**307**	94249	17,5214	1121,5	100098	**357**	127449	18,8944
967,61	74506,0	**308**	94864	17,5499	1124,7	100660	**358**	128164	18,9209
970,75	74990,6	**309**	95481	17,5784	1127,8	101223	**359**	128881	18,9473
973,89	75476,8	**310**	96100	17,6068	1131,0	101788	**360**	129600	18,9737
977,04	75964,5	**311**	96721	17,6352	1134,1	102354	**361**	130321	19,0000
980,18	76453,8	**312**	97344	17,6635	1137,3	102922	**362**	131044	19,0263
983,32	76944,7	**313**	97969	17,6918	1140,4	103491	**363**	131769	19,0526
986,46	77437,1	**314**	98596	17,7200	1143,5	104062	**364**	132496	19,0788
989,60	77931,1	**315**	99225	17,7482	1146,7	104635	**365**	133225	19,1050
992,74	78426,7	**316**	99856	17,7764	1149,8	105209	**366**	133956	19,1311
995,88	78923,9	**317**	100489	17,8045	1153,0	105785	**367**	134689	19,1572
999,03	79422,6	**318**	101124	17,8326	1156,1	106362	**368**	135424	19,1833
1002,2	79922,9	**319**	101761	17,8606	1159,2	106941	**369**	136161	19,2094
1005,3	80424,8	**320**	102400	17,8885	1162,4	107521	**370**	136900	19,2354
1008,5	80928,2	**321**	103041	17,9165	1165,5	108103	**371**	137641	19,2614
1011,6	81433,2	**322**	103684	17,9444	1168,7	108687	**372**	138384	19,2873
1014,7	81939,8	**323**	104329	17,9722	1171,8	109272	**373**	139129	19,3132
1017,9	82448,0	**324**	104976	18,0000	1175,0	109858	**374**	139876	19,3391
1021,0	82957,7	**325**	105625	18,0278	1178,1	110447	**375**	140625	19,3649
1024,2	83469,0	**326**	106276	18,0555	1181,2	111036	**376**	141376	19,3907
1027,3	83981,8	**327**	106929	18,0831	1184,4	111628	**377**	142129	19,4165
1030,4	84496,3	**328**	107584	18,1108	1187,5	112221	**378**	142884	19,4422
1033,6	85012,3	**329**	108241	18,1384	1190,7	112815	**379**	143641	19,4679
1036,7	85529,9	**330**	108900	18,1659	1193,8	113411	**380**	144400	19,4936
1039,9	86049,0	**331**	109561	18,1934	1196,9	114009	**381**	145161	19,5192
1043,0	86569,7	**332**	110224	18,2209	1200,1	114608	**382**	145924	19,5448
1046,2	87092,0	**333**	110889	18,2483	1203,2	115209	**383**	146689	19,5704
1049,3	87615,9	**334**	111556	18,2757	1206,4	115812	**384**	147456	19,5959
1052,4	88141,3	**335**	112225	18,3030	1209,5	116416	**385**	148225	19,6214
1055,6	88668,3	**336**	112896	18,3303	1212,7	117021	**386**	148996	19,6469
1058,7	89196,9	**337**	113569	18,3576	1215,8	117628	**387**	149769	19,6723
1061,9	89727,0	**338**	114244	18,3848	1218,9	118237	**388**	150544	19,6977
1065,0	90258,7	**339**	114921	18,4120	1222,1	118847	**389**	151321	19,7231
1068,1	90792,0	**340**	115600	18,4391	1225,2	119459	**390**	152100	19,7484
1071,3	91326,9	**341**	116281	18,4662	1228,4	120072	**391**	152881	19,7737
1074,4	91863,3	**342**	116964	18,4932	1231,5	120687	**392**	153664	19,7990
1077,6	92401,3	**343**	117649	18,5203	1234,6	121304	**393**	154449	19,8242
1080,7	92940,9	**344**	118336	18,5472	1237,8	121922	**394**	155236	19,8494
1083,8	93482,0	**345**	119025	18,5742	1240,9	122542	**395**	156025	19,8746
1087,0	94024,7	**346**	119716	18,6011	1244,1	123163	**396**	156816	19,8997
1090,1	94569,0	**347**	120409	18,6279	1247,2	123786	**397**	157609	19,9249
1093,3	95114,9	**348**	121104	18,6548	1250,4	124410	**398**	158404	19,9499
1096,4	95662,3	**349**	121801	18,6815	1253,5	125036	**399**	159201	19,9750
1099,6	96211,3	**350**	122500	18,7083	1256,6	125664	**400**	160000	20,0000

$U = d\pi$	$A = \frac{d^2\pi}{4}$	Zahl d oder n	n^2	$\sqrt{n}$	$U = d\pi$	$A = \frac{d^2\pi}{4}$	Zahl d oder n	n^2	$\sqrt{n}$
1	2	0	3	4	1	2	0	3	4
1259,8	126293	**401**	160801	20,0250	1416,9	159751	**451**	203401	21,2368
1262,9	126923	**402**	161604	20,0499	1420,0	160460	**452**	204304	21,2603
1266,1	127556	**403**	162409	20,0749	1423,1	161171	**453**	205209	21,2838
1269,2	128190	**404**	163216	20,0998	1426,3	161883	**454**	206116	21,3073
1272,3	128825	**405**	164025	20,1246	1429,4	162597	**455**	207025	21,3307
1275,5	129462	**406**	164836	20,1494	1432,6	163313	**456**	207936	21,3542
1278,6	130100	**407**	165649	20,1742	1435,7	164030	**457**	208849	21,3776
1281,8	130741	**408**	166464	20,1990	1438,8	164748	**458**	209764	21,4009
1284,9	131382	**409**	167281	20,2237	1442,0	165468	**459**	210681	21,4243
1288,1	132025	**410**	168100	20,2485	1445,1	166190	**460**	211600	21,4476
1291,2	132670	**411**	168921	20,2731	1448,3	166914	**461**	212521	21,4709
1294,3	133317	**412**	169744	20,2978	1451,4	167639	**462**	213444	21,4942
1297,5	133965	**413**	170569	20,3224	1454,6	168365	**463**	214369	21,5174
1300,6	134614	**414**	171396	20,3470	1457,7	169093	**464**	215296	21,5407
1303,8	135265	**415**	172225	20,3715	1460,8	169823	**465**	216225	21,5639
1306,9	135918	**416**	173056	20,3961	1464,0	170554	**466**	217156	21,5870
1310,0	136572	**417**	173889	20,4206	1467,1	171287	**467**	218089	21,6102
1313,2	137228	**418**	174724	20,4450	1470,3	172021	**468**	219024	21,6333
1316,3	137885	**419**	175561	20,4695	1473,4	172757	**469**	219961	21,6564
1319,5	138544	**420**	176400	20,4939	1476,5	173494	**470**	220900	21,6795
1322,6	139205	**421**	177241	20,5183	1479,7	174234	**471**	221841	21,7025
1325,8	139867	**422**	178084	20,5426	1482,8	174974	**472**	222784	21,7256
1328,9	140531	**423**	178929	20,5670	1486,0	175716	**473**	223729	21,7486
1332,0	141196	**424**	179776	20,5913	1489,1	176460	**474**	224676	21,7715
1335,2	141863	**425**	180625	20,6155	1492,3	177205	**475**	225625	21,7945
1338,3	142531	**426**	181476	20,6398	1495,4	177952	**476**	226576	21,8174
1341,5	143201	**427**	182329	20,6640	1498,5	178701	**477**	227529	21,8403
1344,6	143872	**428**	183184	20,6882	1501,7	179451	**478**	228484	21,8632
1347,7	144545	**429**	184041	20,7123	1504,8	180203	**479**	229441	21,8861
1350,9	145220	**430**	184900	20,7364	1508,0	180956	**480**	230400	21,9089
1354,0	145896	**431**	185761	20,7605	1511,1	181711	**481**	231361	21,9317
1357,2	146574	**432**	186624	20,7846	1514,2	182467	**482**	232324	21,9545
1360,3	147254	**433**	187489	20,8087	1517,4	183225	**483**	233289	21,9773
1363,5	147934	**434**	188356	20,8327	1520,5	183984	**484**	234256	22,0000
1366,6	148617	**435**	189225	20,8567	1523,7	184745	**485**	235225	22,0227
1369,7	149301	**436**	190096	20,8806	1526,8	185508	**486**	236196	22,0454
1372,9	149987	**437**	190969	20,9045	1530,0	186272	**487**	237169	22,0681
1376,0	150674	**438**	191844	20,9284	1533,1	187038	**488**	238144	22,0907
1379,2	151363	**439**	192721	20,9523	1536,2	187805	**489**	239121	22,1133
1382,3	152053	**440**	193600	20,9762	1539,4	188574	**490**	240100	22,1359
1385,4	152745	**441**	194481	21,0000	1542,5	189345	**491**	241081	22,1585
1388,6	153439	**442**	195364	21,0238	1545,7	190117	**492**	242064	22,1811
1391,7	154134	**443**	196249	21,0476	1548,8	190890	**493**	243049	22,2036
1394,9	154830	**444**	197136	21,0713	1551,9	191665	**494**	244036	22,2261
1398,0	155528	**445**	198025	21,0950	1555,1	192442	**495**	245025	22,2486
1401,2	156228	**446**	198916	21,1187	1558,2	193221	**496**	246016	22,2711
1404,3	156930	**447**	199809	21,1424	1561,4	194000	**497**	247009	22,2935
1407,4	157633	**448**	200704	21,1660	1564,5	194782	**498**	248004	22,3159
1410,6	158337	**449**	201601	21,1896	1567,7	195565	**499**	249001	22,3383
1413,7	159043	**450**	202500	21,2132	1570,8	196350	**500**	250000	22,3607

$U = d\pi$	$A = \frac{d^2\pi}{4}$	Zahl d oder n	n^2	$\sqrt{n}$	$U = d\pi$	$A = \frac{d^2\pi}{4}$	Zahl d oder n	n^2	$\sqrt{n}$
1	2	0	3	4	1	2	0	3	4
1573,9	197136	**501**	251001	22,3830	1731,0	238448	**551**	303601	23,4734
1577,1	197923	**502**	252004	22,4054	1734,2	239314	**552**	304704	23,4947
1580,2	198713	**503**	253009	22,4277	1737,3	240182	**553**	305809	23,5160
1583,4	199504	**504**	254016	22,4499	1740,4	241051	**554**	306916	23,5372
1586,5	200296	**505**	255025	22,4722	1743,6	241922	**555**	308025	23,5584
1589,6	201090	**506**	256036	22,4944	1746,7	242795	**556**	309136	23,5797
1592,8	201886	**507**	257049	22,5167	1749,9	243669	**557**	310249	23,6008
1595,9	202683	**508**	258064	22,5389	1753,0	244545	**558**	311364	23,6220
1599,1	203482	**509**	259081	22,5610	1756,2	245422	**559**	312481	23,6432
1602,2	204282	**510**	260100	22,5832	1759,3	246301	**560**	313600	23,6643
1605,4	205084	**511**	261121	22,6053	1762,4	247181	**561**	314721	23,6854
1608,5	205887	**512**	262144	22,6274	1765,6	248063	**562**	315844	23,7065
1611,6	206692	**513**	263169	22,6495	1768,7	248947	**563**	316969	23,7276
1614,8	207499	**514**	264196	22,6716	1771,9	249832	**564**	318096	23,7487
1617,9	208307	**515**	265225	22,6936	1775,0	250719	**565**	319225	23,7697
1621,1	209117	**516**	266256	22,7156	1778,1	251607	**566**	320356	23,7908
1624,2	209928	**517**	267289	22,7376	1781,3	252497	**567**	321489	23,8118
1627,3	210741	**518**	268324	22,7596	1784,4	253388	**568**	322624	23,8328
1630,5	211556	**519**	269361	22,7816	1787,6	254281	**569**	323761	23,8537
1633,6	212372	**520**	270400	22,8035	1790,7	255176	**570**	324900	23,8747
1636,8	213189	**521**	271441	22,8254	1793,8	256072	**571**	326041	23,8956
1639,9	214008	**522**	272484	22,8473	1797,0	256970	**572**	327184	23,9165
1643,1	214829	**523**	273529	22,8692	1800,1	257869	**573**	328329	23,9374
1646,2	215651	**524**	274576	22,8910	1803,3	258770	**574**	329476	23,9583
1649,3	216475	**525**	275625	22,9129	1806,4	259672	**575**	330625	23,9792
1652,5	217301	**526**	276676	22,9347	1809,6	260576	**576**	331776	24,0000
1655,6	218128	**527**	277729	22,9565	1812,7	261482	**577**	332929	24,0208
1658,8	218956	**528**	278784	22,9783	1815,8	262389	**578**	334084	24,0416
1661,9	219787	**529**	279841	23,0000	1819,0	263298	**579**	335241	24,0624
1665,0	220618	**530**	280900	23,0217	1822,1	264208	**580**	336400	24,0832
1668,2	221452	**531**	281961	23,0434	1825,3	265120	**581**	337561	24,1039
1671,3	222287	**532**	283024	23,0651	1828,4	266033	**582**	338724	24,1247
1674,5	223123	**533**	284089	23,0868	1831,6	266948	**583**	339889	24,1454
1677,6	223961	**534**	285156	23,1084	1834,7	267865	**584**	341056	24,1661
1680,8	224801	**535**	286225	23,1301	1837,8	268783	**585**	342225	24,1868
1683,9	225642	**536**	287296	23,1517	1841,0	269703	**586**	343396	24,2074
1687,0	226484	**537**	288369	23,1733	1844,1	270624	**587**	344569	24,2281
1690,2	227329	**538**	289444	23,1948	1847,3	271547	**588**	345744	24,2487
1693,3	228175	**539**	290521	23,2164	1850,4	272471	**589**	346921	24,2693
1696,5	229022	**540**	291600	23,2379	1853,5	273397	**590**	348100	24,2899
1699,6	229871	**541**	292681	23,2594	1856,7	274325	**591**	349281	24,3105
1702,7	230722	**542**	293764	23,2809	1859,8	275254	**592**	350464	24,3311
1705,9	231574	**543**	294849	23,3024	1863,0	276184	**593**	351649	24,3516
1709,0	232428	**544**	295936	23,3238	1866,1	277117	**594**	352836	24,3721
1712,2	233283	**545**	297025	23,3452	1869,2	278051	**595**	354025	24,3926
1715,3	234140	**546**	298116	23,3666	1872,4	278986	**596**	355216	24,4131
1718,5	234998	**547**	299209	23,3880	1875,5	279923	**597**	356409	24,4336
1721,6	235858	**548**	300304	23,4094	1878,7	280862	**598**	357604	24,4540
1724,7	236720	**549**	301401	23,4307	1881,8	281802	**599**	358801	24,4745
1727,9	237583	**550**	302500	23,4521	1885,0	282743	**600**	360000	24,4949

$U = d\pi$	$A = \frac{d^2\pi}{4}$	Zahl d oder n	n^2	$\sqrt{n}$	$U = d\pi$	$A = \frac{d^2\pi}{4}$	Zahl d oder n	n^2	$\sqrt{n}$
1	2	0	3	4	1	2	0	3	4
1888,1	283687	**601**	361201	24,5153	2045,2	332853	**651**	423801	25,5147
1891,2	284631	**602**	362404	24,5357	2048,3	333876	**652**	425104	25,5343
1894,4	285578	**603**	363609	24,5561	2051,5	334901	**653**	426409	25,5539
1897,5	286526	**604**	364816	24,5764	2054,6	335927	**654**	427716	25,5734
1900,7	287475	**605**	366025	24,5967	2057,7	336955	**655**	429025	25,5930
1903,8	288426	**606**	367236	24,6171	2060,9	337985	**656**	430336	25,6125
1906,9	289379	**607**	368449	24,6374	2064,0	339016	**657**	431649	25,6320
1910,1	290333	**608**	369664	24,6577	2067,2	340049	**658**	432964	25,6515
1913,2	291289	**609**	370881	24,6779	2070,3	341084	**659**	434281	25,6710
1916,4	292247	**610**	372100	24,6982	2073,5	342119	**660**	435600	25,6905
1919,5	293206	**611**	373321	24,7184	2076,6	343157	**661**	436921	25,7099
1922,7	294166	**612**	374544	24,7386	2079,7	344196	**662**	438244	25,7294
1925,8	295128	**613**	375769	24,7588	2082,9	345237	**663**	439569	25,7488
1928,9	296092	**614**	376996	24,7790	2086,0	346279	**664**	440896	25,7682
1932,1	297057	**615**	378225	24,7992	2089,2	347323	**665**	442225	25,7876
1935,2	298024	**616**	379456	24,8193	2092,3	348368	**666**	443556	25,8070
1938,4	298992	**617**	380689	26,8395	2095,4	349415	**667**	444889	25,8263
1941,5	299962	**618**	381924	24,8596	2098,6	350464	**668**	446224	25,8457
1944,6	300934	**619**	383161	24,8797	2101,7	351514	**669**	447561	25,8650
1947,8	301907	**620**	384400	24,8998	2104,9	352565	**670**	448900	25,8844
1950,9	302882	**621**	385641	24,9199	2108,0	353618	**671**	450241	25,9037
1954,1	303858	**622**	386884	24,9399	2111,2	354673	**672**	451584	25,9230
1957,2	304836	**623**	388129	24,9600	2114,3	355730	**673**	452929	25,9422
1960,4	305815	**624**	389376	24,9800	2117,4	356788	**674**	454276	25,9615
1963,5	306796	**625**	390625	25,0000	2120,6	357847	**675**	455625	25,9808
1966,6	307779	**626**	391876	25,0200	2123,7	358908	**676**	456976	26,0000
1969,8	308763	**627**	393129	25,0400	2126,9	359971	**677**	458329	26,0192
1972,9	309748	**628**	394384	25,0599	2130,0	361035	**678**	459684	26,0384
1976,1	310736	**629**	395641	25,0799	2133,1	362101	**679**	461041	26,0576
1979,2	311725	**630**	396900	25,0998	2136,3	363168	**680**	462400	26,0768
1982,3	312715	**631**	398161	25,1197	2139,4	364237	**681**	463761	26,0960
1985,5	313707	**632**	399424	25,1396	2142,6	365308	**682**	465124	26,1151
1988,6	314700	**633**	400689	25,1595	2145,7	366380	**683**	466489	26,1343
1991,8	315696	**634**	401956	25,1794	2148,8	367453	**684**	467856	26,1534
1994,9	316692	**635**	403225	25,1992	2152,0	368528	**685**	469225	26,1725
1998,1	317690	**636**	404496	25,2190	2155,1	369605	**686**	470596	26,1916
2001,2	318690	**637**	405769	25,2389	2158,3	370684	**687**	471969	26,2107
2004,3	319692	**638**	407044	25,2587	2161,4	371764	**688**	473344	26,2298
2007,5	320695	**639**	408321	25,2784	2164,6	372845	**689**	474721	26,2488
2010,6	321699	**640**	409600	25,2982	2167,7	373928	**690**	476100	26,2679
2013,8	322705	**641**	410881	25,3180	2170,8	375013	**691**	477481	26,2869
2016,9	323713	**642**	412164	25,3377	2174,0	376099	**692**	478864	26,3059
2020,0	324722	**643**	413449	25,3574	2177,1	377187	**693**	480249	26,3249
2023,2	325733	**644**	414736	25,3772	2180,3	378276	**694**	481636	26,3439
2026,3	326745	**645**	416025	25,3969	2183,4	379367	**695**	483025	26,3629
2029,5	327759	**646**	417316	25,4165	2186,5	380459	**696**	484416	26,3818
2032,6	328775	**647**	418609	25,4362	2189,7	381553	**697**	485809	26,4008
2035,8	329792	**648**	419904	25,4558	2192,8	382649	**698**	487204	26,4197
2038,9	330810	**649**	421201	25,4755	2196,0	383746	**699**	488601	26,4386
2042,0	331831	**650**	422500	25,4951	2199,1	384845	**700**	490000	26,4575

$U = d\pi$	$A = \frac{d^2\pi}{4}$	Zahl d oder n	n^2	$\sqrt{n}$	$U = d\pi$	$A = \frac{d^2\pi}{4}$	Zahl d oder n	n^2	$\sqrt{n}$
1	2	0	3	4	1	2	0	3	4
2202,3	385945	**701**	491401	26,4764	2359,3	442965	**751**	564001	27,4044
2205,4	387047	**702**	492804	26,4953	2362,5	444146	**752**	565504	27,4226
2208,5	388151	**703**	494209	26,5141	2365,6	445328	**753**	567009	27,4408
2211,7	389256	**704**	495616	26,5330	2368,8	446511	**754**	568516	27,4591
2214,8	390363	**705**	497025	26,5518	2371,9	447697	**755**	570025	27,4773
2218,0	391471	**706**	498436	26,5707	2375,0	448883	**756**	571536	27,4955
2221,1	392580	**707**	499849	26,5895	2378,2	450072	**757**	573049	27,5136
2224,2	393692	**708**	501264	26,6083	2381,3	451262	**758**	574564	27,5318
2227,4	394805	**709**	502681	26,6271	2384,5	452453	**759**	576081	27,5500
2230,5	395919	**710**	504100	26,6458	2387,6	453646	**760**	577600	27,5681
2233,7	397035	**711**	505521	26,6646	2390,8	454841	**761**	579121	27,5862
2236,8	398153	**712**	506944	26,6833	2393,9	456037	**762**	580644	27,6043
2240,0	399272	**713**	508369	26,7021	2397,0	457234	**763**	582169	27,6225
2243,1	400393	**714**	509796	26,7208	2400,2	458434	**764**	583696	27,6405
2246,2	401515	**715**	511225	26,7395	2403,3	459635	**765**	585225	27,6586
2249,4	402639	**716**	512656	26,7582	2406,5	460837	**766**	586756	27,6767
2252,5	403765	**717**	514089	26,7769	2409,6	462041	**767**	588289	27,6948
2255,7	404892	**718**	515524	26,7955	2412,7	463247	**768**	589824	27,7128
2258,8	406020	**719**	516961	26,8142	2415,9	464454	**769**	591361	27,7308
2261,9	407150	**720**	518400	26,8328	2419,0	465663	**770**	592900	27,7489
2265,1	408282	**721**	519841	26,8514	2422,2	466873	**771**	594441	27,7669
2268,2	409415	**722**	521284	26,8701	2425,3	468085	**772**	595984	27,7849
2271,4	410550	**723**	522729	26,8887	2428,5	469298	**773**	597529	27,8029
2274,5	411687	**724**	524176	26,9072	2431,6	470513	**774**	599076	27,8209
2277,7	412825	**725**	525625	26,9258	2434,7	471730	**775**	600625	27,8388
2280,8	413965	**726**	527076	26,9444	2437,9	472948	**776**	602176	27,8568
2283,9	415106	**727**	528529	26,9629	2441,0	474168	**777**	603729	27,8747
2287,1	416248	**728**	529984	26,9815	2444,2	475389	**778**	605284	27,8927
2290,2	417393	**729**	531441	27,0000	2447,3	476612	**779**	606841	27,9106
2293,4	418539	**730**	532900	27,0185	2450,4	477836	**780**	608400	27,9285
2296,5	419686	**731**	534361	27,0370	2453,6	479062	**781**	609961	27,9464
2299,6	420835	**732**	535824	27,0555	2456,7	480290	**782**	611524	27,9643
2302,8	421986	**733**	537289	27,0740	2459,9	481519	**783**	613089	27,9821
2305,9	423138	**734**	538756	27,0924	2463,0	482750	**784**	614656	28,0000
2309,1	424293	**735**	540225	27,1109	2466,2	483982	**785**	616225	28,0179
2312,2	425447	**736**	541696	27,1293	2469,3	485216	**786**	617796	28,0357
2315,4	426604	**737**	543169	27,1477	2472,4	486451	**787**	619369	28,0535
2318,5	427762	**738**	544644	27,1662	2475,6	487688	**788**	620944	28,0713
2321,6	428922	**739**	546121	27,1846	2478,7	488927	**789**	622521	28,0891
2324,8	430084	**740**	547600	27,2029	2481,9	490167	**790**	624100	28,1069
2327,9	431247	**741**	549081	27,2213	2485,0	491409	**791**	625681	28,1247
2331,1	432412	**742**	550564	27,2397	2488,1	492652	**792**	627264	28,1425
2334,2	433587	**743**	552049	27,2580	2491,3	493897	**793**	628849	28,1603
2337,3	434746	**744**	553536	27,2764	2494,4	495143	**794**	630436	28,1780
2340,5	435916	**745**	555025	27,2947	2497,6	496391	**795**	632025	28,1957
2343,6	437087	**746**	556516	27,3130	2500,7	497641	**796**	633616	28,2135
2346,8	438259	**747**	558009	27,3313	2503,8	498892	**797**	635209	28,2312
2349,9	439433	**748**	559504	27,3496	2507,0	500145	**798**	636804	28,2489
2353,1	440609	**749**	561001	27,3679	2510,1	501399	**799**	638401	28,2666
2356,2	441786	**750**	562500	27,3861	2513,3	502655	**800**	640000	28,2843

$U = d\pi$	$A = \frac{d^2\pi}{4}$	Zahl d oder n	r^2	$\sqrt{n}$	$U = d\pi$	$A = \frac{d^2\pi}{4}$	Zahl d oder n	n^2	$\sqrt{n}$
1	2	0	3	4	1	2	0	3	4
2516,4	503912	**801**	641601	28,3019	2673,5	568786	**851**	724201	29,1719
2519,6	505171	**802**	643204	28,3196	2676,6	570124	**852**	725904	29,1890
2522,7	506432	**803**	644809	28,3373	2679,8	571463	**853**	727609	29,2062
2525,8	507694	**804**	646416	28,3549	2682,9	572803	**854**	729316	29,2233
2529,0	508958	**805**	648025	28,3725	2686,1	574146	**855**	731025	29,2404
2532,1	510223	**806**	649636	28,3901	2689,2	575490	**856**	732736	29,2575
2535,3	511490	**807**	651249	28,4077	2692,3	576835	**857**	734449	29,2746
2538,4	512758	**808**	652864	28,4253	2695,5	578182	**858**	736164	29,2916
2541,5	514028	**809**	654481	28,4429	2698,6	579530	**859**	737881	29,3087
2544,7	515300	**810**	656100	28,4605	2701,8	580880	**860**	739600	29,3258
2547,8	516573	**811**	657721	28,4781	2704,9	582232	**861**	741321	29,3428
2551,0	517848	**812**	659344	28,4956	2708,1	583585	**862**	743044	29,3598
2554,1	519124	**813**	660969	28,5132	2711,2	584940	**863**	744769	29,3769
2557,3	520402	**814**	662596	28,5307	2714,3	586297	**864**	746496	29,3939
2560,4	521681	**815**	664225	28,5482	2717,5	587655	**865**	748225	29,4109
2563,5	522962	**816**	665856	28,5657	2720,6	589014	**866**	749956	29,4279
2566,7	524245	**817**	667489	28,5832	2723,8	590375	**867**	751689	29,4449
2569,8	525529	**818**	669124	28,6007	2726,9	591738	**868**	753424	29,4618
2573,0	526814	**819**	670761	28,6182	2730,0	593102	**869**	755161	29,4788
2576,1	528102	**820**	672400	28,6356	2733,2	594468	**870**	756900	29,4958
2579,2	529391	**821**	674041	28,6531	2736,3	595835	**871**	758641	29,5127
2582,4	530681	**822**	675684	28,6705	2739,5	597204	**872**	760384	29,5296
2585,5	531973	**823**	677329	28,6880	2742,6	598575	**873**	762129	29,5466
2588,7	533267	**824**	678976	28,7054	2745,8	599947	**874**	763876	29,5635
2591,8	534562	**825**	680625	28,7228	2748,9	601320	**875**	765625	29,5804
2595,0	535858	**826**	682276	28,7402	2752,0	602696	**876**	767376	29,5973
2598,1	537157	**827**	683929	28,7576	2755,2	604073	**877**	769129	29,6142
2601,2	538456	**828**	685584	28,7750	2758,3	605451	**878**	770884	29,6311
2604,4	539758	**829**	687241	28,7924	2761,5	606831	**879**	772641	29,6479
2607,5	541061	**830**	688900	28,8097	2764,6	608212	**880**	774400	29,6648
2610,7	542365	**831**	690561	28,8271	2767,7	609595	**881**	776161	29,6816
2613,8	543671	**832**	692224	28,8444	2770,9	610980	**882**	777924	29,6985
2616,9	544979	**833**	693889	28,8617	2774,0	612366	**883**	779689	29,7153
2620,1	546288	**834**	695556	28,8791	2777,2	613754	**884**	781456	29,7321
2623,2	547599	**835**	697225	28,8964	2780,3	615143	**885**	783225	29,7489
2626,4	548912	**836**	698896	28,9137	2783,5	616534	**886**	784996	29,7658
2629,5	550226	**837**	700569	28,9310	2786,6	617927	**887**	786769	29,7825
2632,7	551541	**838**	702244	28,9482	2789,7	619321	**888**	788544	29,7993
2635,8	552858	**839**	703921	28,9655	2792,9	620717	**889**	790321	29,8161
2638,9	554177	**840**	705600	28,9828	2796,0	622114	**890**	792100	29,8329
2642,1	555497	**841**	707281	29,0000	2799,2	623513	**891**	793881	29,8496
2645,2	556819	**842**	708964	29,0172	2802,3	624913	**892**	795664	29,8664
2648,4	558142	**843**	710649	29,0345	2805,4	626315	**893**	797449	29,8831
2651,5	559467	**844**	712336	29,0517	2808,6	627718	**894**	799236	29,8998
2654,6	560794	**845**	714025	29,0689	2811,7	629124	**895**	801025	29,9166
2657,8	562122	**846**	715716	29,0861	2814,9	630530	**896**	802816	29,9333
2660,9	563452	**847**	717409	29,1033	2818,0	631938	**897**	804609	29,9500
2664,1	564783	**848**	719104	29,1204	2821,2	633348	**898**	806404	29,9666
2667,2	566116	**849**	720801	29,1376	2824,3	634760	**899**	808201	29,9833
2670,4	567450	**850**	722500	29,1548	2827,4	636173	**900**	810000	30,0000

$U = d\pi$	$A = \frac{d^2\pi}{4}$	Zahl d oder n	n^2	$\sqrt{n}$	$U = d\pi$	$A = \frac{d^2\pi}{4}$	Zahl d oder n	n^2	$\sqrt{n}$
1	2	0	3	4	1	2	0	3	4
2830,6	637587	**901**	811801	30,0167	2987,7	710315	**951**	904401	30,8383
2833,7	639003	**902**	813604	30,0333	2990,8	711809	**952**	906304	30,8545
2836,9	640421	**903**	815409	30,0500	2993,9	713306	**953**	908209	30,8707
2840,0	641840	**904**	817216	30,0666	2997,1	714803	**954**	910116	30,8869
2843,1	643261	**905**	819025	30,0832	3000,2	716303	**955**	912025	30,9031
2846,3	644683	**906**	820836	30,0998	3003,4	717804	**956**	913936	30,9192
2849,4	646107	**907**	822649	30,1164	3006,5	719306	**957**	915849	30,9354
2852,6	647533	**908**	824464	30,1330	3009,6	720810	**958**	917764	30,9516
2855,7	648960	**909**	826281	30,1496	3012,8	722316	**959**	919681	30,9677
2858,8	650388	**910**	828100	30,1662	3015,9	723823	**960**	921600	30,9839
2862,0	651818	**911**	829921	30,1828	3019,1	725332	**961**	923521	31,0000
2865,1	653250	**912**	831744	30,1993	3022,2	726842	**962**	925444	31,0161
2868,3	654684	**913**	833569	30,2159	3025,4	728354	**963**	927369	31,0322
2871,4	656118	**914**	835396	30,2324	3028,5	729867	**964**	929296	31,0483
2874,6	657555	**915**	837225	30,2490	3031,6	731382	**965**	931225	31,0644
2877,7	658993	**916**	839056	30,2655	3034,8	732899	**966**	933156	31,0805
2880,8	660433	**917**	840889	30,2820	3037,9	734417	**967**	935089	31,0966
2884,0	661874	**918**	842724	30,2985	3041,1	735937	**968**	937024	31,1127
2887,1	663317	**919**	844561	30,3150	3044,2	737458	**969**	938961	31,1288
2890,3	664761	**920**	846400	30,3315	3047,3	738981	**970**	940900	31,1448
2893,4	666207	**921**	848241	30,3480	3050,5	740506	**971**	942841	31,1609
2896,5	667654	**922**	850084	30,3645	3053,6	742032	**972**	944784	31,1769
2899,7	669103	**923**	851929	30,3809	3056,8	743559	**973**	946729	31,1929
2902,8	670554	**924**	853776	30,3974	3059,9	745088	**974**	948676	31,2090
2906,0	672006	**925**	855625	30,4138	3063,1	746619	**975**	950625	31,2250
2909,1	673460	**926**	857476	30,4302	3066,2	748151	**976**	952576	31,2410
2912,3	674915	**927**	859329	30,4467	3069,3	749685	**977**	954529	31,2570
2915,4	676372	**928**	861184	30,4631	3072,5	751221	**978**	956484	31,2730
2918,5	677831	**929**	863041	30,4795	3075,6	752758	**979**	958441	31,2890
2921,7	679291	**930**	864900	30,4959	3078,8	754296	**980**	960400	31,3050
2924,8	680752	**931**	866761	30,5123	3081,9	755837	**981**	962361	31,3209
2928,0	682216	**932**	868624	30,5287	3085,0	757378	**982**	964324	31,3369
2931,1	683680	**933**	870489	30,5450	3088,2	758922	**983**	966289	31,3528
2934,2	685147	**934**	872356	30,5614	3091,3	760466	**984**	968256	31,3688
2937,4	686615	**935**	874225	30,5778	3094,5	762013	**985**	970225	31,3847
2940,5	688084	**936**	876096	30,5941	3097,6	763561	**986**	972196	31,4006
2943,7	689555	**937**	877969	30,6105	3100,8	765111	**987**	974169	31,4166
2946,8	691028	**938**	879844	30,6268	3103,9	766662	**988**	976144	31,4325
2950,0	692502	**939**	881721	30,6431	3107,0	768214	**989**	978121	31,4484
2953,1	693978	**940**	883600	30,6594	3110,2	769769	**990**	980100	31,4643
2956,2	695455	**941**	885481	30,6757	3113,3	771325	**991**	982081	31,4802
2959,4	696934	**942**	887364	30,6920	3116,5	772882	**992**	984064	31,4960
2962,5	698415	**943**	889249	30,7083	3119,6	774441	**993**	986049	31,5119
2965,7	699897	**944**	891136	30,7246	3122,7	776002	**994**	988036	31,5278
2968,8	701380	**945**	893025	30,7409	3125,9	777564	**995**	990025	31,5436
2971,9	702865	**946**	894916	30,7571	3129,0	779128	**996**	992016	31,5595
2975,1	704352	**947**	896809	30,7734	3132,2	780693	**997**	994009	31,5753
2978,2	705840	**948**	898704	30,7896	3135,3	782260	**998**	996004	31,5911
2981,4	707330	**949**	900601	30,8058	3138,5	783828	**999**	998001	31,6070
2984,5	708822	**950**	902500	30,8221	3141,6	785398	**1000**	1000000	31,6228

Kreisabschnitt[1])

[b = Bogenlänge; h = Stichhöhe (Pfeilhöhe); s = Sehnenlänge (Spannweite); r = Halbmesser]

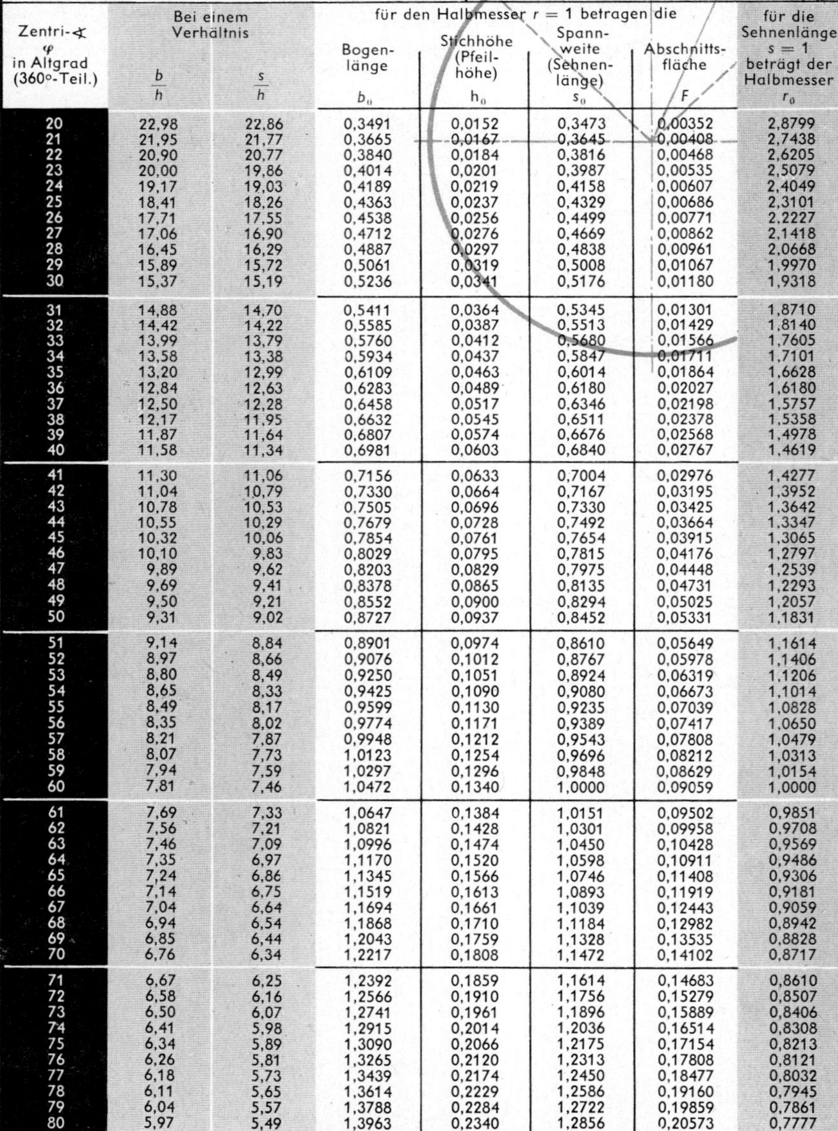

Zentri-∢ φ in Altgrad (360°-Teil.)	Bei einem Verhältnis $\frac{b}{h}$	Bei einem Verhältnis $\frac{s}{h}$	für den Halbmesser $r = 1$ betragen die Bogenlänge b_0	Stichhöhe (Pfeilhöhe) h_0	Spannweite (Sehnenlänge) s_0	Abschnittsfläche F	für die Sehnenlänge $s = 1$ beträgt der Halbmesser r_0
20	22,98	22,86	0,3491	0,0152	0,3473	0,00352	2,8799
21	21,95	21,77	0,3665	0,0167	0,3645	0,00408	2,7438
22	20,90	20,77	0,3840	0,0184	0,3816	0,00468	2,6205
23	20,00	19,86	0,4014	0,0201	0,3987	0,00535	2,5079
24	19,17	19,03	0,4189	0,0219	0,4158	0,00607	2,4049
25	18,41	18,26	0,4363	0,0237	0,4329	0,00686	2,3101
26	17,71	17,55	0,4538	0,0256	0,4499	0,00771	2,2227
27	17,06	16,90	0,4712	0,0276	0,4669	0,00862	2,1418
28	16,45	16,29	0,4887	0,0297	0,4838	0,00961	2,0668
29	15,89	15,72	0,5061	0,0319	0,5008	0,01067	1,9970
30	15,37	15,19	0,5236	0,0341	0,5176	0,01180	1,9318
31	14,88	14,70	0,5411	0,0364	0,5345	0,01301	1,8710
32	14,42	14,22	0,5585	0,0387	0,5513	0,01429	1,8140
33	13,99	13,79	0,5760	0,0412	0,5680	0,01566	1,7605
34	13,58	13,38	0,5934	0,0437	0,5847	0,01711	1,7101
35	13,20	12,99	0,6109	0,0463	0,6014	0,01864	1,6628
36	12,84	12,63	0,6283	0,0489	0,6180	0,02027	1,6180
37	12,50	12,28	0,6458	0,0517	0,6346	0,02198	1,5757
38	12,17	11,95	0,6632	0,0545	0,6511	0,02378	1,5358
39	11,87	11,64	0,6807	0,0574	0,6676	0,02568	1,4978
40	11,58	11,34	0,6981	0,0603	0,6840	0,02767	1,4619
41	11,30	11,06	0,7156	0,0633	0,7004	0,02976	1,4277
42	11,04	10,79	0,7330	0,0664	0,7167	0,03195	1,3952
43	10,78	10,53	0,7505	0,0696	0,7330	0,03425	1,3642
44	10,55	10,29	0,7679	0,0728	0,7492	0,03664	1,3347
45	10,32	10,06	0,7854	0,0761	0,7654	0,03915	1,3065
46	10,10	9,83	0,8029	0,0795	0,7815	0,04176	1,2797
47	9,89	9,62	0,8203	0,0829	0,7975	0,04448	1,2539
48	9,69	9,41	0,8378	0,0865	0,8135	0,04731	1,2293
49	9,50	9,21	0,8552	0,0900	0,8294	0,05025	1,2057
50	9,31	9,02	0,8727	0,0937	0,8452	0,05331	1,1831
51	9,14	8,84	0,8901	0,0974	0,8610	0,05649	1,1614
52	8,97	8,66	0,9076	0,1012	0,8767	0,05978	1,1406
53	8,80	8,49	0,9250	0,1051	0,8924	0,06319	1,1206
54	8,65	8,33	0,9425	0,1090	0,9080	0,06673	1,1014
55	8,49	8,17	0,9599	0,1130	0,9235	0,07039	1,0828
56	8,35	8,02	0,9774	0,1171	0,9389	0,07417	1,0650
57	8,21	7,87	0,9948	0,1212	0,9543	0,07808	1,0479
58	8,07	7,73	1,0123	0,1254	0,9696	0,08212	1,0313
59	7,94	7,59	1,0297	0,1296	0,9848	0,08629	1,0154
60	7,81	7,46	1,0472	0,1340	1,0000	0,09059	1,0000
61	7,69	7,33	1,0647	0,1384	1,0151	0,09502	0,9851
62	7,56	7,21	1,0821	0,1428	1,0301	0,09958	0,9708
63	7,46	7,09	1,0996	0,1474	1,0450	0,10428	0,9569
64	7,35	6,97	1,1170	0,1520	1,0598	0,10911	0,9486
65	7,24	6,86	1,1345	0,1566	1,0746	0,11408	0,9306
66	7,14	6,75	1,1519	0,1613	1,0893	0,11919	0,9181
67	7,04	6,64	1,1694	0,1661	1,1039	0,12443	0,9059
68	6,94	6,54	1,1868	0,1710	1,1184	0,12982	0,8942
69	6,85	6,44	1,2043	0,1759	1,1328	0,13535	0,8828
70	6,76	6,34	1,2217	0,1808	1,1472	0,14102	0,8717
71	6,67	6,25	1,2392	0,1859	1,1614	0,14683	0,8610
72	6,58	6,16	1,2566	0,1910	1,1756	0,15279	0,8507
73	6,50	6,07	1,2741	0,1961	1,1896	0,15889	0,8406
74	6,41	5,98	1,2915	0,2014	1,2036	0,16514	0,8308
75	6,34	5,89	1,3090	0,2066	1,2175	0,17154	0,8213
76	6,26	5,81	1,3265	0,2120	1,2313	0,17808	0,8121
77	6,18	5,73	1,3439	0,2174	1,2450	0,18477	0,8032
78	6,11	5,65	1,3614	0,2229	1,2586	0,19160	0,7945
79	6,04	5,57	1,3788	0,2284	1,2722	0,19859	0,7861
80	5,97	5,49	1,3963	0,2340	1,2856	0,20573	0,7777

[1]) Beispiele für die Berechnung siehe am Schluß der Tabelle

Fortsetzung: Kreisabschnitt

Zentri-∢ φ in Altgrad (360°-Teil.)	Bei einem Verhältnis $\frac{b}{h}$	Bei einem Verhältnis $\frac{s}{h}$	für den Halbmesser $r = 1$ betragen die Bogen-länge b_0	Stichhöhe (Pfeil-höhe) h_0	Spann-weite (Sehnen-länge) s_0	Abschnitts-fläche F	für die Sehnenlänge $s = 1$ beträgt der Halbmesser r_0
81	5,90	5,42	1,4137	0,2396	1,2989	0,21301	0,7699
82	5,83	5,35	1,4312	0,2453	1,3121	0,22045	0,7621
83	5,77	5,28	1,4486	0,2510	1,3252	0,22804	0,7546
84	5,71	5,21	1,4661	0,2569	1,3383	0,23578	0,7472
85	5,65	5,14	1,4835	0,2627	1,3512	0,24367	0,7401
86	5,59	5,08	1,5010	0,2686	1,3640	0,25171	0,7331
87	5,53	5,01	1,5184	0,2746	1,3767	0,25990	0,7262
88	5,47	4,95	1,5359	0,2807	1,3893	0,26825	0,7198
89	5,42	4,89	1,5533	0,2867	1,4018	0,27675	0,7139
90	5,36	4,83	1,5708	0,2929	1,4142	0,28540	0,7071
91	5,31	4,77	1,5882	0,2991	1,4265	0,29420	0,7010
92	5,26	4,71	1,6057	0,3053	1,4387	0,30316	0,6951
93	5,21	4,65	1,6232	0,3116	1,4507	0,31226	0,6893
94	5,16	4,60	1,6406	0,3180	1,4627	0,32152	0,6837
95	5,11	4,54	1,6581	0,3244	1,4746	0,33093	0,6782
96	5,06	4,49	1,6755	0,3309	1,4863	0,34050	0,6728
97	5,02	4,44	1,6930	0,3374	1,4979	0,35021	0,6676
98	4,97	4,39	1,7104	0,3439	1,5094	0,36008	0,6625
99	4,93	4,34	1,7279	0,3506	1,5208	0,37009	0,6575
100	4,89	4,29	1,7453	0,3572	1,5321	0,38026	0,6527
101	4,84	4,24	1,7628	0,3639	1,5432	0,39058	0,6480
102	4,80	4,19	1,7802	0,3707	1,5543	0,40104	0,6434
103	4,76	4,14	1,7977	0,3775	1,5652	0,41166	0,6389
104	4,72	4,10	1,8151	0,3843	1,5760	0,42242	0,6345
105	4,68	4,05	1,8326	0,3912	1,5867	0,43333	0,6302
106	4,65	4,01	1,8500	0,3982	1,5973	0,44439	0,6261
107	4,61	3,97	1,8675	0,4052	1,6077	0,45560	0,6220
108	4,57	3,93	1,8850	0,4122	1,6180	0,46695	0,6180
109	4,54	3,88	1,9024	0,4193	1,6282	0,47845	0,6142
110	4,50	3,84	1,9199	0,4264	1,6383	0,49008	0,6104
111	4,47	3,80	1,9373	0,4336	1,6483	0,50187	0,6067
112	4,43	3,76	1,9548	0,4408	1,6581	0,51379	0,6031
113	4,40	3,72	1,9722	0,4481	1,6678	0,52586	0,5996
114	4,37	3,68	1,9897	0,4554	1,6773	0,53806	0,5962
115	4,34	3,64	2,0071	0,4627	1,6868	0,55041	0,5928
116	4,31	3,61	2,0246	0,4701	1,6961	0,56289	0,5896
117	4,28	3,57	2,0420	0,4775	1,7053	0,57551	0,5864
118	4,25	3,53	2,0595	0,4850	1,7143	0,58827	0,5833
119	4,22	3,49	2,0769	0,4925	1,7233	0,60116	0,5803
120	4,19	3,46	2,0944	0,5000	1,7321	0,61418	0,5773
121	4,16	3,42	2,1118	0,5076	1,7407	0,62734	0,5745
122	4,13	3,39	2,1293	0,5152	1,7492	0,64063	0,5717
123	4,11	3,36	2,1468	0,5228	1,7576	0,65404	0,5689
124	4,08	3,33	2,1642	0,5305	1,7659	0,66759	0,5663
125	4,05	3,29	2,1817	0,5383	1,7740	0,68125	0,5637
126	4,03	3,26	2,1991	0,5460	1,7820	0,69505	0,5612
127	4,00	3,23	2,2166	0,5538	1,7899	0,70897	0,5587
128	3,98	3,20	2,2340	0,5616	1,7976	0,72301	0,5563
129	3,95	3,17	2,2515	0,5695	1,8052	0,73716	0,5540
130	3,93	3,14	2,2689	0,5774	1,8126	0,75144	0.5517
131	3,91	3,11	2,2864	0,5853	1,8199	0,76584	0,5495
132	3,88	3,08	2,3038	0,5933	1,8271	0,78034	0,5473
133	3,86	3,05	2,3213	0,6013	1,8341	0,79497	0,5452
134	3,84	3,02	2,3387	0,6093	1,8410	0,80970	0,5432
135	3,82	2,99	2,3562	0,6173	1,8478	0,82454	0,5412
136	3,80	2,97	2,3736	0,6254	1,8544	0,83949	0,5393
137	3,77	2,94	2,3911	0,6335	1,8608	0,85455	0,5374
138	3,75	2,91	2,4086	0,6416	1,8672	0,86971	0,5356
139	3,73	2,88	2,4260	0,6498	1,8733	0,88497	0,5338
140	3,71	2,85	2,4435	0,6580	1,8794	0,90034	0,5321
141	3,69	2,82	2,4609	0,6662	1,8853	0,91580	0,5304
142	3,67	2,80	2,4784	0,6744	1,8910	0,93135	0,5288
143	3,66	2,77	2,4958	0,6827	1,8966	0,94700	0,5272
144	3,64	2,75	2,5133	0,6910	1,9021	0,96274	0,5257
145	3,62	2,72	2,5307	0,6993	1,9074	0,97858	0,5243

Fortsetzung: Kreisabschnitt.

Zentri-∢ φ in Altgrad (360°-Teil.)	Bei einem Verhältnis $\frac{b}{h}$	$\frac{s}{h}$	für den Halbmesser $r = 1$ betragen die Bogenlänge b_0	Stichhöhe (Pfeilhöhe) h_0	Spannweite Sehnenlänge) s_0	Abschnittsfläche F	für die Sehnenlänge $s = 1$ beträgt der Halbmesser r_0
146	3,60	2,70	2,5482	0,7076	1,9126	0,99449	0,5229
147	3,58	2,67	2,5656	0,7160	1,9176	1,01050	0,5215
148	3,57	2,65	2,5831	0,7244	1,9225	1,02658	0,5202
149	3,55	2,63	2,6005	0,7328	1,9273	1,04275	0,5189
150	3,53	2,61	2,6180	0,7412	1,9319	1,05900	0,5176
151	3,52	2,58	2,6354	0,7496	1,9363	1,07532	0,5165
152	3,50	2,56	2,6529	0,7581	1,9406	1,09171	0,5153
153	3,48	2,53	2,6704	0,7666	1,9447	1,10818	0,5142
154	3,47	2,51	2,6878	0,7750	1,9487	1,12472	0,5132
155	3,45	2,49	2,7053	0,7836	1,9526	1,14132	0,5122
156	3,44	2,47	2,7227	0,7921	1,9563	1,15799	0,5112
157	3,42	2,45	2,7402	0,8006	1,9598	1,17472	0,5103
158	3,41	2,43	2,7576	0,8092	1,9633	1,19151	0,5094
159	3,39	2,40	2,7751	0,8178	1,9665	1,20835	0,5085
160	3,38	2,38	2,7925	0,8264	1,9696	1,22525	0,5077
161	3,37	2,36	2,8100	0,8350	1,9726	1,24221	0,5070
162	3,35	2,34	2,8274	0,8436	1,9754	1,25921	0,5062
163	3,34	2,32	2,8449	0,8522	1,9780	1,27626	0,5055
164	3,33	2,30	2,8623	0,8608	1,9805	1,29335	0,5049
165	3,31	2,28	2,8798	0,8695	1,9829	1,31049	0,5043
166	3,30	2,26	2,8972	0,8781	1,9851	1,32766	0,5038
167	3,28	2,24	2,9147	0,8868	1,9871	1,34487	0,5032
168	3,27	2,22	2,9322	0,8955	1,9890	1,36212	0,5027
169	3,26	2,20	2,9496	0,9042	1,9908	1,37940	0,5023
170	3,25	2,18	2,9671	0,9128	1,9924	1,39671	0,5019
171	3,24	2,16	2,9845	0,9215	1,9938	1,41404	0,5015
172	3,23	2,14	3,0020	0,9302	1,9951	1,43140	0,5012
173	3,22	2,12	3,0194	0,9390	1,9963	1,44878	0,5009
174	3,20	2,11	3,0369	0,9477	1,9973	1,46617	0,5007
175	3,19	2,09	3,0543	0,9564	1,9981	1,48359	0,5005
176	3,18	2,07	3,0718	0,9651	1,9988	1,50101	0,5004
177	3,17	2,05	3,0892	0,9738	1,9993	1,51845	0,5002
178	3,16	2,04	3,1067	0,9825	1,9997	1,53589	0,5001
179	3,15	2,02	3,1241	0,9913	1,9999	1,55334	0,5001
180	3,14	2,00	3,1416	1,0000	2,0000	1,57080	0,5000

Anmerkung: Die Verhältnisse b/h und s/h sind vom Halbmesser r unabhängig und nur vom Zentriwinkel φ bestimmt.

Ist bei einem bestimmten Zentriwinkel der Halbmesser r beispielsweise 2,70 m, so sind zugehörige Bogenlänge, Stichhöhe und Spannweite 2,7mal so groß wie die unter $r = 1$ in der Zeile des gegebenen Winkels angegebenen Größen b_0, h_0 und s_0; die Fläche des Kreisabschnittes jedoch ist $2{,}7^2 = 7{,}29$mal so groß.

Beispiel 1: $r = 3{,}5$ m; $\varphi = 72°$ (Zentri-∢ des gleichseitigen 5-ecks)
dann ist: $b = 3{,}5 \cdot 1{,}2566 = 4{,}388$ m, $s = 3{,}5 \cdot 1{,}1756 = 4{,}115$ m,
$h = 3{,}5 \cdot 0{,}1910 = 0{,}6685$ m, $F = 3{,}5^2 \cdot 0{,}15279 = 12{,}25 \cdot 0{,}15279 = 0{,}18717\,\text{m}^2 = 0{,}187\,\text{m}^2$.

Beträgt die Sehne bei einem bestimmten Zentriwinkel beispielsweise 0,85 m, so ist der Halbmesser 0,85mal so groß wie der unter $s = 1$ in der Zeile des gegebenen Winkels angegebene Halbmesser r_0.

Beispiel 2: Wie groß ist der Halbmesser des Umkreises eines Zehnecks mit der Seite = 32 cm?

Lösung: Zentriwinkel $\varphi = 360° : 10 = 36°$: in Zeile 36° nachschlagen, ergibt für $r_0 = 1{,}6180$; es ist also $r = 32 \cdot 1{,}6180 = 51{,}776$ cm $\approx 51{,}8$ cm.
Mit $r = 51{,}776$ cm können dann (wie in Beispiel 1) Bogenlänge und Stichhöhe berechnet werden.

Entsprechend wird statt φ das Verhältnis s/h benutzt: Ein Bogen mit 2,12 m Spannweite und 24 cm Stichhöhe hat ein Verhältnis $\frac{s}{h} = \frac{212}{24} = 8{,}833$. Die Tabelle zeigt $s/h = 8{,}84$ bei $\varphi = 51°$. Daher ist $r_0 = 1{,}1614$ und $r = 2{,}12 \cdot 1{,}1614 = 2{,}46$ m **ab**gerundet.

Beispiel 3: Wie lang ist die Sehne eines Bogens mit $b/h = 4{,}8$ und $r = 2{,}30$ m?

Lösung: $b/h = 4{,}8$ entspricht $s_0 = 1{,}5543$ m (bei $r_0 = 1{,}00$ m); bei $r = 2{,}3$ m ist $s = 2{,}3 \cdot 1{,}5543$ m $= 3{,}575$ m (**auf**gerundet).

Verwandeln alter Kreisteilung in neue Kreisteilung

[360° zu je 60' zu je 60'' = 400,0000 ... gon; 90° = 100 gon]

	0°	1°	2°	3°	4°	5°	6°	7°	8°	9°
	gon	gon	gon	gon	gon	gon	gon	gon	gon	gon
00°	0,0···	1,1···	2,2···	3,3···	4,4···	5,5···	6,6···	7,7···	8,8···	10,0···
10°	11,1···	12,2···	13,3···	14,4···	15,5···	16,6···	17,7···	18,8···	20,0···	21,1···
20°	22,2···	23,3···	24,4···	25,5···	26,6···	27,7···	28,8···	30,0···	31,1···	32,2···
30°	33,3···	34,4···	35,5···	36,6···	37,7···	38,8···	40,0···	41,1···	42,2···	43,3···
40°	44,4···	45,5···	46,6···	47,7···	48,8···	50,0···	51,1···	52,2···	53,3···	54,4···
50°	55,5···	56,6···	57,7···	58,8···	60,0···	61,1···	62,2···	63,3···	64,4···	65,5···
60°	66,6···	67,7···	68,8···	70,0···	71,1···	72,2···	73,3···	74,4···	75,5···	76,6···
70°	77,7···	78,8···	80,0···	81,1···	82,2···	83,3···	84,4···	85,5···	86,6···	87,7···
80°	88,8···	90,0···	91,1···	92,2···	93,3···	94,4···	95,5···	96,6···	97,7···	98,8···
	0′	1′	2′	3′	4′	5′	6′	7′	8′	9′
	gon	gon	gon	gon	gon	gon	gon	gon	gon	gon
00′	0,00000	0,01852	0,03704	0,05556	0,07407	0,09259	0,11111	0,12963	0,14815	0,16667
10′	0,18519	0,20370	0,22222	0,24074	0,25926	0,27778	0,29630	0,31481	0,33333	0,35185
20′	0,37037	0,38889	0,40741	0,42593	0,44444	0,46296	0,48148	0,50000	0,51852	0,53704
30′	0,55556	0,57407	0,59259	0,61111	0,62963	0,64814	0,66667	0,68519	0,70370	0,72222
40′	0,74074	0,75926	0,77778	0,79630	0,81481	0,83333	0,85185	0,87037	0,88889	0,90741
50′	0,92593	0,94444	0,96296	0,98148	1,00000	1,01852	1,03704	1,05556	1,07407	1,09256
	0″	1″	2″	3″	4″	5″	6″	7″	8″	9″
	gon	gon	gon	gon	gon	gon	gon	gon	gon	gon
00″	0,00000	0,00031	0,00062	0,00093	0,00124	0,00154	0,00185	0,00216	0,00247	0,00278
10″	0,00309	0,00339	0,00370	0,00401	0,00432	0,00463	0,00494	0,00525	0,00556	0,00586
20″	0,00617	0,00648	0,00679	0,00710	0,00741	0,00772	0,00802	0,00833	0,00864	0,00895
30″	0,00926	0,00957	0,00988	0,01019	0,01049	0,01080	0,01111	0,01142	0,01173	0,01204
40″	0,01235	0,01265	0,01296	0,01327	0,01358	0,01389	0,01420	0,01451	0,01481	0,01512
50″	0,01543	0,01574	0,01605	0,01636	0,01667	0,01698	0,01728	0,01759	0,01790	0,01821

Verwandeln neuer Kreisteilung in alte Kreisteilung

gon →	0	1	2	3	4	5	6	7	8	9
gon ↓	° ′	° ′	° ′	° ′	° ′	° ′	° ′	° ′	° ′	° ′
00	0°0′	0°54′	1°48′	2°42′	3°36′	4°30′	5°24′	6°18′	7°12′	8°6′
10	9°0′	9°54′	10°48′	11°42′	12°36′	13°30′	14°24′	15°18′	16°12′	17°6′
20	18°0′	18°54′	19°48′	20°42′	21°36′	22°30′	23°24′	24°18′	25°12′	26°6′
30	27°0′	27°54′	28°48′	29°42′	30°36′	31°30′	32°24′	33°18′	34°12′	35°6′
40	36°0′	36°54′	37°48′	38°42′	39°36′	40°30′	41°24′	42°18′	43°12′	44°6′
50	45°0′	45°54′	46°48′	47°42′	48°36′	49°30′	50°24′	51°18′	52°12′	53°6′
60	54°0′	54°54′	55°48′	56°42′	57°36′	58°30′	59°24′	60°18′	61°12′	62°6′
70	63°0′	63°54′	64°48′	65°42′	66°36′	67°30′	68°24′	69°18′	70°12′	71°6′
80	72°0′	72°54′	73°48′	74°42′	75°36′	76°30′	77°24′	78°18′	79°12′	80°6′
90	81°0′	81°54′	82°48′	83°42′	84°36′	85°30′	86°24′	87°18′	88°12′	89°6′
gon →	0,00	0,01	0,02	0,03	0,04	0,05	0,06	0,07	0,08	0,09
gon ↓	′ ″	′ ″	′ ″	′ ″	′ ″	′ ″	′ ″	′ ″	′ ″	′ ″
0,00	0′ 0,0″	0′32,4″	1′ 4,8″	1′37,2″	2′ 9,6″	2′42,0″	3′14,4″	3′46,8″	4′19,2″	4′51,6″
0,10	5′24,0″	5′56,4″	6′28,8″	7′ 1,2″	7′33,6″	8′ 6,0″	8′38,4″	9′10,8″	9′43,2″	10′15,6″
0,20	10′48,0″	11′20,4″	11′52,8″	12′25,2″	12′57,6″	13′30,0″	14′ 2,4″	14′34,8″	15′ 7,2″	15′39,6″
0,30	16′12,0″	16′44,4″	17′16,8″	17′49,2″	18′21,6″	18′54,0″	19′26,4″	19′58,8″	20′31,2″	21′ 3,6″
0,40	21′36,0″	22′ 8,4″	22′40,8″	23′13,2″	23′45,6″	24′18,0″	24′50,4″	25′22,8″	25′55,2″	26′27,6″
0,50	27′ 0,0″	27′32,4″	28′ 4,8″	28′37,2″	29′ 9,6″	29′42,0″	30′14,4″	30′46,8″	31′19,2″	31′51,6″
0,60	32′24,0″	32′56,4″	33′28,8″	34′ 1,2″	34′33,6″	35′ 6,0″	35′38,4″	36′10,8″	36′43,2″	37′15,6″
0,70	37′48,0″	38′20,4″	38′52,8″	39′25,2″	39′57,6″	40′30,0″	41′ 2,4″	41′34,8″	42′ 7,2″	42′39,6″
0,80	43′12,0″	43′44,4″	44′16,8″	44′49,2″	45′21,6″	45′54,0″	46′26,4″	46′58,8″	47′31,2″	48′ 3,6″
0,90	48′36,0″	49′ 8,4″	49′40,8″	50′13,2″	50′45,6″	51′18,0″	51′50,4″	52′22,8″	52′55,2″	53′27,6″
gon →	0,0000	0,0001	0,0002	0,0003	0,0004	0,0005	0,0006	0,0007	0,0008	0,0009
gon ↓	″	″	″	″	″	″	″	″	″	″
0,000	0,000″	0,324″	0,648″	0,972″	1,296″	1,620″	1,944″	2,268″	2,592″	2,916″
0,001	3,240″	3,564″	3,888″	4,212″	4,536″	4,860″	5,184″	5,508″	5,832″	6,156″
0,002	6,480″	6,804″	7,128″	7,452″	7,776″	8,100″	8,424″	8,748″	9,072″	9,396″
0,003	9,720″	10,044″	10,368″	10,692″	11,016″	11,340″	11,664″	11,988″	12,312″	12,636″
0,004	12,960″	13,284″	13,608″	13,932″	14,256″	14,580″	14,904″	15,228″	15,552″	15,876″
0,005	16,200″	16,524″	16,848″	17,172″	17,496″	17,820″	18,144″	18,468″	18,792″	19,116″
0,006	19,440″	19,764″	20,088″	20,412″	20,736″	21,060″	21,384″	21,708″	22,032″	22,356″
0,007	22,680″	23,004″	23,328″	23,652″	23,976″	24,300″	24,624″	24,948″	25,272″	25,596″
0,008	25,920″	26,244″	26,568″	26,892″	27,216″	27,540″	27,864″	28,188″	28,512″	28,836″
0,009	29,160″	29,484″	29,808″	30,132″	30,456″	30,780″	31,104″	31,428″	31,752″	32,076″

Anweisung: Die sich entsprechenden Beträge beider Teilungen addieren: z. B. 92° 47′ 23″ = 80° ≈ 88,88888···gon

\+ 12° ≈ 13,33333···gon
\+ 47′ ≈ 0,87037gon
\+ 23″ ≈ 0,00710gon

92° 47′ 23″ = 103,09968gon

1° = 1,11111···gon
1′ = 1,85185185···gon
1″ = 3,0864197530864···gon

$$\sin\alpha = \frac{a}{c}$$

$$a = \sin\alpha \cdot c$$

$$c = \frac{a}{\sin\alpha}$$

$$\text{sinus} = \frac{\text{Gegenkathete}}{\text{Hypotenuse}}$$

Beispiel:

$$\sin\alpha = \frac{a}{c} = \frac{20}{36{,}1} = 0{,}554$$

$$\alpha = 33^\circ\ 40'$$

$$b = \cos\alpha \cdot c$$

$$c = \frac{b}{\cos\alpha}$$

$$\cos\alpha = \frac{b}{c}$$

Sinus ∢ α 0 ... 45°

Grad	Minuten 0′	10′	20′	30′	40′	50′	60′	
0	0,0000	0,0029	0,0058	0,0087	0,0116	0,0145	0,0175	89
1	0,0175	0,0204	0,0233	0,0262	0,0291	0,0320	0,0349	88
2	0,0349	0,0378	0,0407	0,0436	0,0465	0,0494	0,0523	87
3	0,0523	0,0552	0,0581	0,0610	0,0640	0,0669	0,0698	86
4	0,0698	0,0727	0,0756	0,0785	0,0814	0,0843	0,0872	85
5	0,0872	0,0901	0,0929	0,0958	0,0987	0,1016	0,1045	84
6	0,1045	0,1074	0,1103	0,1132	0,1161	0,1190	0,1219	83
7	0,1219	0,1248	0,1276	0,1305	0,1334	0,1363	0,1392	82
8	0,1392	0,1421	0,1449	0,1478	0,1507	0,1536	0,1564	81
9	0,1564	0,1593	0,1622	0,1650	0,1679	0,1708	0,1736	80
10	0,1736	0,1765	0,1794	0,1822	0,1851	0,1880	0,1908	79
11	0,1908	0,1937	0,1965	0,1994	0,2022	0,2051	0,2079	78
12	0,2079	0,2108	0,2136	0,2164	0,2193	0,2221	0,2250	77
13	0,2250	0,2278	0,2306	0,2334	0,2363	0,2391	0,2419	76
14	0,2419	0,2447	0,2476	0,2504	0,2532	0,2560	0,2588	75
15	0,2588	0,2616	0,2644	0,2672	0,2700	0,2728	0,2756	74
16	0,2756	0,2784	0,2812	0,2840	0,2868	0,2896	0,2924	73
17	0,2924	0,2952	0,2979	0,3007	0,3035	0,3062	0,3090	72
18	0,3090	0,3118	0,3145	0,3173	0,3201	0,3228	0,3256	71
19	0,3256	0,3283	0,3311	0,3338	0,3365	0,3393	0,3420	70
20	0,3420	0,3448	0,3475	0,3502	0,3529	0,3557	0,3584	69
21	0,3584	0,3611	0,3638	0,3665	0,3692	0,3719	0,3746	68
22	0,3746	0,3773	0,3800	0,3827	0,3854	0,3881	0,3907	67
23	0,3907	0,3934	0,3961	0,3987	0,4014	0,4041	0,4067	66
24	0,4067	0,4094	0,4120	0,4147	0,4173	0,4200	0,4226	65
25	0,4226	0,4253	0,4279	0,4305	0,4331	0,4358	0,4384	64
26	0,4384	0,4410	0,4436	0,4462	0,4488	0,4514	0,4540	63
27	0,4540	0,4566	0,4592	0,4617	0,4643	0,4669	0,4695	62
28	0,4695	0,4720	0,4746	0,4772	0,4797	0,4823	0,4848	61
29	0,4848	0,4874	0,4899	0,4924	0,4950	0,4975	0,5000	60
30	0,5000	0,5025	0,5050	0,5075	0,5100	0,5125	0,5150	59
31	0,5150	0,5175	0,5200	0,5225	0,5250	0,5275	0,5299	58
32	0,5299	0,5324	0,5348	0,5373	0,5398	0,5422	0,5446	57
33	0,5446	0,5471	0,5495	0,5519	0,5544	0,5568	0,5592	56
34	0,5592	0,5616	0,5640	0,5664	0,5688	0,5712	0,5736	55
35	0,5736	0,5760	0,5783	0,5807	0,5831	0,5854	0,5878	54
36	0,5878	0,5901	0,5925	0,5948	0,5972	0,5995	0,6018	53
37	0,6018	0,6041	0,6065	0,6088	0,6111	0,6134	0,6157	52
38	0,6157	0,6180	0,6202	0,6225	0,6248	0,6271	0,6293	51
39	0,6293	0,6316	0,6338	0,6361	0,6383	0,6406	0,6428	50
40	0,6428	0,6450	0,6472	0,6494	0,6517	0,6539	0,6561	49
41	0,6561	0,6583	0,6604	0,6626	0,6648	0,6670	0,6691	48
42	0,6691	0,6713	0,6734	0,6756	0,6777	0,6799	0,6820	47
43	0,6820	0,6841	0,6862	0,6884	0,6905	0,6926	0,6947	46
44	0,6947	0,6967	0,6988	0,7009	0,7030	0,7050	0,7071	45
	60′	50′	40′	30′	20′	10′	0′	Grad
	Minuten							

Cosinus ∢ α 45 ... 90°

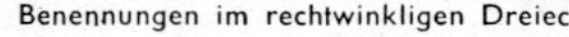

Benennungen im rechtwinkligen Dreieck:

a und *b*: Katheten, die den rechten Winkel bildenden Seiten

a: Gegenkathete zum Winkel α (gegenüber von α)

b: Ankathete zum Winkel α (ein Schenkel von α)

c: Hypotenuse, die dem rechten Winkel gegenüberliegende Seite; größte Seite im Dreieck

Beispiel: s. S.106

Sinus ∢ α 45…90°

Grad	0′	10′	20′	30′	40′	50′	60′	
45	0,7071	0,7092	0,7112	0,7133	0,7153	0,7173	0,7193	44
46	0,7193	0,7214	0,7234	0,7254	0,7274	0,7294	0,7314	43
47	0,7314	0,7333	0,7353	0,7373	0,7392	0,7412	0,7431	42
48	0,7431	0,7451	0,7470	0,7490	0,7509	0,7528	0,7547	41
49	0,7547	0,7566	0,7585	0,7604	0,7623	0,7642	0,7660	40
50	0,7660	0,7679	0,7698	0,7716	0,7735	0,7753	0,7771	39
51	0,7771	0,7790	0,7808	0,7826	0,7844	0,7862	0,7880	38
52	0,7880	0,7898	0,7916	0,7934	0,7951	0,7969	0,7986	37
53	0,7986	0,8004	0,8021	0,8039	0,8056	0,8073	0,8090	36
54	0,8090	0,8107	0,8124	0,8141	0,8158	0,8175	0,8192	35
55	0,8192	0,8208	0,8225	0,8241	0,8258	0,8274	0,8290	34
56	0,8290	0,8307	0,8323	0,8339	0,8355	0,8371	0,8387	33
57	0,8387	0,8403	0,8418	0,8434	0,8450	0,8465	0,8480	32
58	0,8480	0,8496	0,8511	0,8526	0,8542	0,8557	0,8572	31
59	0,8572	0,8587	0,8601	0,8616	0,8631	0,8646	0,8660	30
60	0,8660	0,8675	0,8689	0,8704	0,8718	0,8732	0,8746	29
61	0,8746	0,8760	0,8774	0,8788	0,8802	0,8816	0,8829	28
62	0,8829	0,8843	0,8857	0,8870	0,8884	0,8897	0,8910	27
63	0,8910	0,8923	0,8936	0,8949	0,8962	0,8975	0,8988	26
64	0,8988	0,9001	0,9013	0,9026	0,9038	0,9051	0,9063	25
65	0,9063	0,9075	0,9088	0,9100	0,9112	0,9124	0,9135	24
66	0,9135	0,9147	0,9159	0,9171	0,9182	0,9194	0,9205	23
67	0,9205	0,9216	0,9228	0,9239	0,9250	0,9261	0,9272	22
68	0,9272	0,9283	0,9293	0,9304	0,9315	0,9325	0,9336	21
69	0,9336	0,9346	0,9356	0,9367	0,9377	0,9387	0,9397	20
70	0,9397	0,9407	0,9417	0,9426	0,9436	0,9446	0,9455	19
71	0,9455	0,9465	0,9474	0,9483	0,9492	0,9502	0,9511	18
72	0,9511	0,9520	0,9528	0,9537	0,9546	0,9555	0,9563	17
73	0,9563	0,9572	0,9580	0,9588	0,9596	0,9605	0,9613	16
74	0,9613	0,9621	0,9628	0,9636	0,9644	0,9652	0,9659	15
75	0,9659	0,9667	0,9674	0,9681	0,9689	0,9696	0,9703	14
76	0,9703	0,9710	0,9717	0,9724	0,9730	0,9737	0,9744	13
77	0,9744	0,9750	0,9757	0,9763	0,9769	0,9775	0,9781	12
78	0,9781	0,9787	0,9793	0,9799	0,9805	0,9811	0,9816	11
79	0,9816	0,9822	0,9827	0,9833	0,9838	0,9843	0,9848	10
80	0,9848	0,9853	0,9858	0,9863	0,9868	0,9872	0,9877	9
81	0,9877	0,9881	0,9886	0,9890	0,9894	0,9899	0,9903	8
82	0,9903	0,9907	0,9911	0,9914	0,9918	0,9922	0,9925	7
83	0,9925	0,9929	0,9932	0,9936	0,9939	0,9942	0,9945	6
84	0,9945	0,9948	0,9951	0,9954	0,9957	0,9959	0,9962	5
85	0,9962	0,9964	0,9967	0,9969	0,9971	0,9974	0,9976	4
86	0,9976	0,9978	0,9980	0,9981	0,9983	0,9985	0,9986	3
87	0,9986	0,9988	0,9989	0,9990	0,9992	0,9993	0,9994	2
88	0,9994	0,9995	0,9996	0,9997	0,9997	0,9998	0,99985	1
89	0,99985	0,99989	0,99993	0,99996	0,99998	0,99999	1,0000	0
	60′	50′	40′	30′	20′	10′	0′	Grad

Minuten (top and bottom)

Cosinus ∢ α 0…45°

$$\sin\alpha = \frac{a}{c}$$

$$a = \sin\alpha \cdot c$$

$$c = \frac{a}{\sin\alpha}$$

$$\text{cosinus} = \frac{\text{Ankathete}}{\text{Hypotenuse}}$$

Beispiel:

$$\cos\alpha = \frac{b}{c} = \frac{30}{36{,}1} = 0{,}833$$

$$\alpha = 33^\circ\,40'$$

$$b = \cos\alpha \cdot c$$

$$c = \frac{b}{\cos\alpha}$$

$$\cos\alpha = \frac{b}{c}$$

Berechnen der Werte, die zwischen 10′ zu 10′ liegen:

Beispiel: $\alpha = 27^\circ\,14'$ $\sin\alpha = ?$

sin 27° 20′ = 0,4592 } Aus der
sin 27° 10′ = 0,4566 } Tafel S. 76
Unterschied für 10′ = 0,0026
,, ,, 1′ = 0,00026
4′ = 0,0010 +
sin 27° 10′ = 0,4566
sin 27° 14′ = **0,4576**

Beispiel: $\alpha = 27^\circ\,14'$ $\cos\alpha = ?$

cos 27° 10′ = 0,8897 } Aus der
cos 27° 20′ = 0,8884 } Tafel
Unterschied für 10′ = 0,0013
,, ,, 1′ = 0,00013
4′ = 0,0005 −
cos 27° 10′ = 0,8897
cos 27° 14′ = **0,8892**

$\tan \alpha = \frac{a}{b}$

$a = \tan\alpha \cdot b$

$b = \frac{a}{\tan\alpha}$

$\text{tangens} = \frac{\text{Gegenkathete}}{\text{Ankathete}}$

Beispiel:

$\tan\alpha = \frac{a}{b} = \frac{20}{30} = 0{,}666$

$\alpha = 33^\circ\,40'$

$b = \cot\alpha \cdot a$

$a = \frac{b}{\cot\alpha}$

$\cot\alpha = \frac{b}{a}$

Tangens ∢ α 0 ... 45°

Grad	Minuten 0′	10′	20′	30′	40′	50′	60′	
0	0,0000	0,0029	0,0058	0,0087	0,0116	0,0145	0,0175	89
1	0,0175	0,0204	0,0233	0,0262	0,0291	0,0320	0,0349	88
2	0,0349	0,0378	0,0407	0,0437	0,0466	0,0495	0,0524	87
3	0,0524	0,0553	0,0582	0,0612	0,0641	0,0670	0,0699	86
4	0,0699	0,0729	0,0758	0,0787	0,0816	0,0846	0,0875	85
5	0,0875	0,0904	0,0934	0,0963	0,0992	0,1022	0,1051	84
6	0,1051	0,1080	0,1110	0,1139	0,1169	0,1198	0,1228	83
7	0,1228	0,1257	0,1287	0,1317	0,1346	0,1376	0,1405	82
8	0,1405	0,1435	0,1465	0,1495	0,1524	0,1554	0,1584	81
9	0,1584	0,1614	0,1644	0,1673	0,1703	0,1733	0,1763	80
10	0,1763	0,1793	0,1823	0,1853	0,1883	0,1914	0,1944	79
11	0,1944	0,1974	0,2004	0,2035	0,2065	0,2095	0,2126	78
12	0,2126	0,2156	0,2186	0,2217	0,2247	0,2278	0,2309	77
13	0,2309	0,2339	0,2370	0,2401	0,2432	0,2462	0,2493	76
14	0,2493	0,2524	0,2555	0,2586	0,2617	0,2648	0,2679	75
15	0,2679	0,2711	0,2742	0,2773	0,2805	0,2836	0,2867	74
16	0,2867	0,2899	0,2931	0,2962	0,2994	0,3026	0,3057	73
17	0,3057	0,3089	0,3121	0,3153	0,3185	0,3217	0,3249	72
18	0,3249	0,3281	0,3314	0,3346	0,3378	0,3411	0,3443	71
19	0,3443	0,3476	0,3508	0,3541	0,3574	0,3607	0,3640	70
20	0,3640	0,3673	0,3706	0,3739	0,3772	0,3805	0,3839	69
21	0,3839	0,3872	0,3906	0,3939	0,3973	0,4006	0,4040	68
22	0,4040	0,4074	0,4108	0,4142	0,4176	0,4210	0,4245	67
23	0,4245	0,4279	0,4314	0,4348	0,4383	0,4417	0,4452	66
24	0,4452	0,4487	0,4522	0,4557	0,4592	0,4628	0,4663	65
25	0,4663	0,4699	0,4734	0,4770	0,4806	0,4841	0,4877	64
26	0,4877	0,4913	0,4950	0,4986	0,5022	0,5059	0,5095	63
27	0,5095	0,5132	0,5169	0,5206	0,5243	0,5280	0,5317	62
28	0,5317	0,5354	0,5392	0,5430	0,5467	0,5505	0,5543	61
29	0,5543	0,5581	0,5619	0,5658	0,5696	0,5735	0,5774	60
30	0,5774	0,5812	0,5851	0,5890	0,5930	0,5969	0,6009	59
31	0,6009	0,6048	0,6088	0,6128	0,6168	0,6208	0,6249	58
32	0,6249	0,6289	0,6330	0,6371	0,6412	0,6453	0,6494	57
33	0,6494	0,6536	0,6577	0,6619	0,6661	0,6703	0,6745	56
34	0,6745	0,6787	0,6830	0,6873	0,6916	0,6959	0,7002	55
35	0,7002	0,7046	0,7089	0,7133	0,7177	0,7221	0,7265	54
36	0,7265	0,7310	0,7355	0,7400	0,7445	0,7490	0,7536	53
37	0,7536	0,7581	0,7627	0,7673	0,7720	0,7766	0,7813	52
38	0,7813	0,7860	0,7907	0,7954	0,8002	0,8050	0,8098	51
39	0,8098	0,8146	0,8195	0,8243	0,8292	0,8342	0,8391	50
40	0,8391	0,8441	0,8491	0,8541	0,8591	0,8642	0,8693	49
41	0,8693	0,8744	0,8796	0,8847	0,8899	0,8952	0,9004	48
42	0,9004	0,9057	0,9110	0,9163	0,9217	0,9271	0,9325	47
43	0,9325	0,9380	0,9435	0,9490	0,9545	0,9601	0,9657	46
44	0,9657	0,9713	0,9770	0,9827	0,9884	0,9942	1,0000	45
	60′	50′	40′	30′ Minuten	20′	10′	0′	Grad

Cotangens ∢ α 45 ... 90°

Im rechtwinkligen Dreieck kann ein Winkel durch das Verhältnis zweier Seiten $\left(\frac{a}{c} \text{ oder } \frac{b}{c} \text{ oder } \frac{a}{b} \text{ oder } \frac{b}{a}\right)$ gemessen werden. Für einen bestimmten Winkel bleibt das Seitenverhältnis immer gleich unabhängig von der Größe der Seiten.

Beispiel: $\frac{a}{b} = \frac{2}{3} = \frac{3}{4{,}5} = \frac{4}{6} = 0{,}666 \mathrel{\hat{=}} 33^\circ\,40'$

Benennung s. S. 104

Tangens ∢ α 45 ... 90°

Grad	0′	10′	20′	30′	40′	50′	60′	
45	1,0000	1,0058	1,0117	1,0176	1,0235	1,0295	1,0355	44
46	1,0355	1,0416	1,0477	1,0538	1,0599	1,0661	1,0724	43
47	1,0724	1,0786	1,0850	1,0913	1,0977	1,1041	1,1106	42
48	1,1106	1,1171	1,1237	1,1303	1,1369	1,1436	1,1504	41
49	1,1504	1,1571	1,1640	1,1708	1,1778	1,1847	1,1918	40
50	1,1918	1,1988	1,2059	1,2131	1,2203	1,2276	1,2349	39
51	1,2349	1,2423	1,2497	1,2572	1,2647	1,2723	1,2799	38
52	1,2799	1,2876	1,2954	1,3032	1,3111	1,3190	1,3270	37
53	1,3270	1,3351	1,3432	1,3514	1,3597	1,3680	1,3764	36
54	1,3764	1,3848	1,3934	1,4019	1,4106	1,4193	1,4281	35
55	1,4281	1,4370	1,4460	1,4550	1,4641	1,4733	1,4826	34
56	1,4826	1,4919	1,5013	1,5108	1,5204	1,5301	1,5399	33
57	1,5399	1,5497	1,5597	1,5697	1,5798	1,5900	1,6003	32
58	1,6003	1,6107	1,6213	1,6318	1,6426	1,6534	1,6643	31
59	1,6643	1,6753	1,6864	1,6977	1,7090	1,7205	1,7321	30
60	1,7321	1,7438	1,7556	1,7675	1,7796	1,7917	1,8041	29
61	1,8041	1,8165	1,8291	1,8418	1,8546	1,8676	1,8807	28
62	1,8807	1,8940	1,9074	1,9210	1,9347	1,9486	1,9626	27
63	1,9626	1,9768	1,9912	2,0057	2,0204	2,0353	2,0503	26
64	2,0503	2,0655	2,0809	2,0965	2,1123	2,1283	2,1445	25
65	2,1445	2,1609	2,1775	2,1943	2,2113	2,2286	2,2460	24
66	2,2460	2,2637	2,2817	2,2998	2,3183	2,3369	2,3559	23
67	2,3559	2,3750	2,3945	2,4142	2,4342	2,4545	2,4751	22
68	2,4751	2,4960	2,5172	2,5387	2,5605	2,5826	2,6051	21
69	2,6051	2,6279	2,6511	2,6746	2,6985	2,7228	2,7475	20
70	2,7475	2,7725	2,7980	2,8239	2,8502	2,8770	2,9042	19
71	2,9042	2,9319	2,9600	2,9887	3,0178	3,0475	3,0777	18
72	3,0777	3,1084	3,1397	3,1716	3,2041	3,2371	3,2709	17
73	3,2709	3,3052	3,3402	3,3759	3,4124	3,4495	3,4874	16
74	3,4874	3,5261	3,5656	3,6059	3,6470	3,6891	3,7321	15
75	3,7321	3,7760	3,8208	3,8667	3,9136	3,9617	4,0108	14
76	4,0108	4,0611	4,1126	4,1653	4,2193	4,2747	4,3315	13
77	4,3315	4,3897	4,4494	4,5107	4,5736	4,6383	4,7046	12
78	4,7046	4,7729	4,8430	4,9152	4,9894	5,0658	5,1446	11
79	5,1446	5,2257	5,3093	5,3955	5,4845	5,5764	5,6713	10
80	5,6713	5,7694	5,8708	5,9758	6,0844	6,1970	6,3138	9
81	6,3138	6,4348	6,5605	6,6912	6,8269	6,9682	7,1154	8
82	7,1154	7,2687	7,4287	7,5958	7,7704	7,9530	8,1444	7
83	8,1444	8,3450	8,5556	8,7769	9,0098	9,2553	9,5144	6
84	9,5144	9,7882	10,0780	10,3854	10,7119	11,0594	11,4301	5
85	11,4301	11,8262	12,2505	12,7062	13,1969	13,7267	14,3007	4
86	14,3007	14,9244	15,6048	16,3499	17,1693	18,0750	19,0811	3
87	19,0811	20,2056	21,4704	22,9038	24,5418	26,4316	28,6363	2
88	28,6363	31,2416	34,3678	38,1885	42,9641	49,1039	57,2900	1
89	57,2900	68,7501	85,9398	114,5887	171,885	343,774	∞	0
	60′	50′	40′	30′	20′	10′	0′	Grad

Minuten

Cotangens ∢ α 0 ... 45°

$\tan\alpha = \frac{a}{b}$

$a = \tan\alpha \cdot b$

$b = \frac{a}{\tan\alpha}$

cotangens $= \frac{\text{Ankathete}}{\text{Gegenkathete}}$

Beispiel:

$\cot\alpha = \frac{b}{a} = \frac{30}{20} = 1{,}500$

$\alpha = 33° 40'$

$b = \cot\alpha \cdot a$

$a = \frac{b}{\cot\alpha}$

$\cot\alpha = \frac{b}{a}$

Berechnen der Werte, die zwischen 10′ zu 10′ liegen:

Beispiel: $0{,}5147 = \tan\alpha \quad \alpha = ?$

Unterschied 0,0015: $0{,}5169 = \tan 27° 20'$, $0{,}5132 = \tan 27° 10'$ (Aus der Tafel)

Unterschd. für $0{,}0037 = 10'$ $\quad + 0{,}0015 = \frac{15 \cdot 10}{37} = 4'$

" " $0{,}0001 = \frac{10'}{37}$ $\quad 0{,}5132 = \tan 27° 10'$

$0{,}5147 = \tan$ **27° 14′**

Beispiel: $1{,}9430 = \cot\alpha \quad \alpha = ?$

Unterschied 0,0056: $1{,}9486 = \cot 27° 10'$, $1{,}9347 = \cot 27° 20'$ (Aus der Tafel)

Unterschd. für $0{,}0139 = 10'$ $\quad - 0{,}0056 = \frac{56 \cdot 10}{139} = 4$

" " $0{,}0001 = \frac{10}{139}$ $\quad 1{,}9486 = \cot 27° 10'$

$1{,}9430 = \cot$ **27° 14′**

Umfang und Inhalt ebener Flächen

Quadrat	Rechteck	verschobenes Rechteck	Quadrat	Bezeichnungen

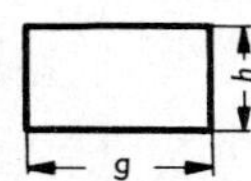

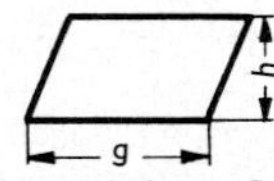

Umfang = Summe der Seiten (beim verschobenen Rechteck ohne Angabe eines Winkels nicht aus g und h zu berechnen!)

Flächeninhalt = Grundlinie · Höhe, also $A = g \cdot h$

Parallelogramme

g = Grundlinie
h = Höhe senkrecht auf g oder ihrer Verlängerung
U = Umfang
A = Flächeninhalt

schiefwinkliges | gleichschenkliges | rechtwinkliges

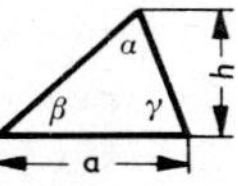

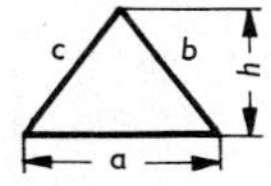

$$A = \frac{a \cdot h}{2} \quad \left(= \frac{\text{Grundlinie} \cdot \text{Höhe}}{2}\right)$$

$$A = \frac{1}{2}\, a \cdot b \cdot \sin\gamma = \frac{1}{2}\, a \cdot c \cdot \sin\beta = \frac{1}{2}\, b \cdot c \cdot \sin\alpha$$

$$\left(= \frac{1}{2} \cdot \text{Produkt aus 2 Seiten und dem sin des eingeschlossenen Winkels}\right)$$

$A = \sqrt{s\,(s-a)\,(s-b)\,(s-c)}$ Heronische Dreiecksformel; A aus 3 Seiten

Dreieck

h = Höhe ⊥ auf a

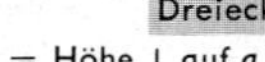

$$s = \frac{1}{2}(a + b + c) = \frac{U}{2}$$

α = ∢ gegenüber a
β = ∢ ,, b
γ = ∢ ,, c

Rechtwinkliges Dreieck

a, b = Katheten
c = Hypotenuse
$\alpha + \beta = 90°$
sin = Winkelfunktion, s. Tafel!

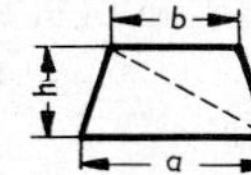

$$A = \frac{a + b}{2} \cdot h$$

$$\left(\frac{\text{große Grundlinie} + \text{kleine Grundlinie}}{2} \cdot \text{Höhe}\right)$$

Trapez

a = große Grundlinie
b = kleine Grundlinie
h = Höhe

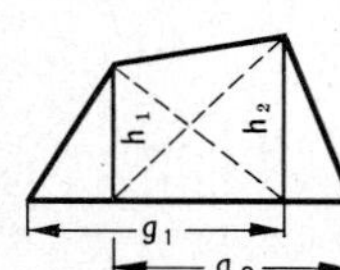

$$A = \frac{g_1 \cdot h_1 + g_2 \cdot h_2}{2}$$

Diese Berechnung ist meßtechnisch günstiger als die über die Zerlegung in zwei Dreiecke durch eine Diagonale.

Beliebiges Viereck

g_1 und g_2 = Grundlinie vom Höhenfußpunkt bis zur entfernteren Ecke;
h_1 und h_2 = Höhen der Dreiecke über g_1 und g_2

Regelmäßige Vielecke

	Flächeninhalt A			Seitenlänge s		Umkreishalbmesser R		Inkreishalbmesser r	
n-Seiten oder n-eck	$A = s^2$ mal	$A = R^2$ mal	$A = r^2$ mal	$s = R$ mal	$s = r$ mal	$R = s$ mal	$R = r$ mal	$r = R$ mal	$r = s$ mal
3-eck	0,4330	1,2990	5,1962	1,7321	3,4641	0,5774	2,0000	0,5000	0,2887
4-eck	1,0000	2,0000	4,0000	1,4142	2,0000	0,7071	1,4142	0,7071	0,5000
5-eck	1,7205	2,3776	3,6327	1,1756	1,4531	0,8507	1,2361	0,8090	0,6882
6-eck	2.5981	2,5981	3,4641	1,0000	1,1547	1,0000	1,1547	0,8660	0,8660
8-eck	4,8284	2,8284	3,3137	0,7654	0,8284	1,3066	1,0824	0,9239	1,2071
10-eck	7,6942	2,9389	3,2492	0,6180	0,6498	1,6180	1,0515	0,9511	1,5388
12-eck	11,1960	3,0000	3,2154	0,5176	0,5359	1,9319	1,0353	0,9659	1,8660

Im regelmäßigen Vieleck kann nach der Tafel berechnet werden:

A, wenn s oder R oder r bekannt ist. R, wenn s oder r bekannt ist.
s, wenn R oder r bekannt ist. r, wenn s oder R bekannt ist.

Fortsetzung: Umfang und Inhalt ebener Flächen

Kreis

U = Umfang d = Durchmesser
A = Flächeninh. r = Halbmesser
$\pi \approx 3{,}14 \left(\text{etwa } \frac{1}{2000} \text{ zu klein}\right)$

$$U = d \cdot \pi = 2\,r \cdot \pi$$

$$A = \frac{d^2\,\pi}{4} = r^2\,\pi = U \cdot \frac{d}{4} = U \cdot \frac{r}{2} = \frac{U^2}{4\,\pi}$$

$$A = \frac{U^2}{4\,\pi} = 0{,}0795775 \cdot U^2 \approx (0{,}282 \cdot U)^2$$

$$\approx 0{,}08 \cdot U^2 \left(\frac{1}{190} \text{ des Näherungswertes zu groß}\right)$$

$A \approx r^2 \cdot 3{,}14$ wird je m² um etwa 5 cm² zu klein
$U \approx d \cdot 3{,}14$ wird je m um etwa 0,5 mm zu klein
} praktisch ausreichend genau

Kreisring

R = äuß. Halbm. D = äuß. Durchm.
r = inn. Halbm. d = inn. Durchm.
A = Flächeninhalt d. Ringes
$\frac{D+d}{2} = D_m$ = mittl. Durchm.
$R - r = b$ = Ringbreite

A = große Kreisfläche — Fläche des Kreisloches

$$A = \frac{D^2\pi}{4} - \frac{d^2\pi}{4} = \boxed{(D^2 - d^2)\,\frac{\pi}{4}} = R^2\pi - r^2\pi = \boxed{(R^2 - r^2)\,\pi}$$

A = mittlerer Durchmesser · Ringbreite · π

$$A = \frac{D+d}{2}(R-r)\cdot\pi = (R+r)\,(R-r)\,\pi = D_m \cdot b \cdot \pi$$

Kreisausschnitt

A = Flächeninh. r = Halbmesser
b = Bogenläng. ψ = Zentriw. i. Grad (als unben. Zahl benutzt)

$$\boxed{A = b \cdot \frac{r}{2} = \frac{b \cdot r}{2}}$$

$A = r^2 \cdot \pi \cdot \frac{\psi}{360}$ (bei Altgrad) $A = r^2 \cdot \pi \cdot \frac{\psi}{400}$ (bei Neugrad)

$b = r \cdot \pi \cdot \frac{\psi}{180}$ (bei Altgrad) $b = r \cdot \pi \cdot \frac{\psi}{200}$ (bei Neugrad)

$b = 0{,}0174533 \cdot r \cdot \psi$ (bei Altgrad) $b = 0{,}015708 \cdot r \cdot \psi$ (bei Neugrad)

Kreisabschnitt

A = Flächeninh. s = Sehnenlänge
b = Bogenläng. h = Stichhöhe (Pfeilhöhe)
r = Halbmesser
ψ = Zentriwinkel (S. 115)

$$r = \frac{\frac{s}{2} \cdot \frac{s}{2} + h \cdot h}{2\,h}$$

Flächeninhalt = Kreisausschnittsfläche — Dreiecksfläche

$$\boxed{A = \frac{b \cdot r}{2} - \frac{s\,(r-h)}{2}} = \frac{r\,(b-s) + h \cdot s}{2} = \frac{\psi^\circ \cdot \pi \cdot r^2}{360^\circ}$$

Die Näherung $A_a \approx \frac{2}{3} h \cdot s$ ist um $\Delta A = \frac{r\,(b-s)}{2} - \frac{hs}{6}$ zu klein

Der Fehler ΔA beträgt in Tausendsteln des Näherungswertes:

bei ψ =	45°	60°	75°	90°	105°	120°	135°	150°	165°
etwa ‰ ≈	7,4	14,2	22,8	33,5	47,1	63,7	84,3	109,4	140

Beispiel: $\psi = 135°$; $s = 1{,}8478$ m; $h = 0{,}6173$ m; A(genau): $0{,}8245_4\,m^2$

$A_a \approx \frac{2}{3} \cdot 1{,}8478 \cdot 0{,}6173 = 0{,}76043\,m^2$

$\Delta A \approx 0{,}0843 \cdot 0{,}76043 = 0{,}06410_4\,m^2$

verbesserte Näherung: $0{,}82453_4\,m^2$

Ellipse

a = gr. Halbachse A = Flächeninh.
b = kl. Halbachse U = Umfang
Siehe unter Konstruktionen!

$\boxed{A = a \cdot b \cdot \pi}$ (genau). Der Umfang U kann nur annähernd, mit untenstehender Tafel praktisch genau berechnet werden:

$\boxed{U = (a+b) \cdot k}$, worin k dem Bruch $\frac{a-b}{a+b}$ zugeordnet ist (siehe unten!)

Beispiel 1:
Große Achse = 2,16; a = 1,08 m. Kleine Achse = 1,04 m; b = 0,52 m

$$\frac{a-b}{a+b} = \frac{1{,}08 - 0{,}52}{1{,}08 + 0{,}52} = \frac{0{,}56}{1{,}60} = 0{,}35;\; k = 3{,}2385$$

$$U = (1{,}08 + 0{,}52) \cdot 3{,}2385 = 5{,}182 \text{ m}$$

Beispiel 2: $a = 1{,}60$ m; $b = 0{,}40$; $\frac{a-b}{a+b} = \frac{1{,}60 - 0{,}40}{1{,}60 + 0{,}40} = \frac{1{,}20}{2{,}00} = 0{,}6$;

$k = 3{,}4313$; $U = (1{,}60 + 0{,}40) \cdot 3{,}4313 = 6{,}8626$ m

Die Näherung $U \approx (a+b) \cdot \pi$ ist um $(k - \pi)\,(a+b)$ zu klein, in Beispiel 2 also um $0{,}2897 \cdot 2{,}0 = 0{,}5794 \text{ m} \approx 8{,}5\,‰$.

$a-b\,/\,a+b$	0,05	0,10	0.15	0,20	0,25	0,30	0.35	0,40	0,45
k	3,1455	3.1495	3.1594	3 1732	3.1909	3.2126	3.2385	3,2685	3.3027
$a-b\,/\,a+b$	0.50	0.55	0.60	0.65	0,70	0.75	0.80	0.85	0.90
k	3,3412	3,3840	3,4313	3,4833	3,5401	3,6019	3,6691	3,7420	3,8209

Mit wachsender „Schlankheit“ der Ellipse wächst k. Beim Kreis wird $a = b$ und $k = \pi$.

Körperberechnung

Nach den Formeln wird berechnet:

1. der Rauminhalt, auch das Volumen V genannt (Mehrzahl = Volumina);
2. die Oberfläche O;
3. die Mantelfläche M (Mantelfläche + Grundfläche[n] = Oberfläche).

In den Formeln bedeuten, wenn vorhanden:

A_1 die [gleiche(n)] Grundfläche(n) [bei der Kugel = Null]; A von *Areal* = Fläche (intern. Norm)
A_2 die kleinere, zu A parallele Grundfläche [Endfläche];
[bei spitzen Körpern, bei der Kugel und als Schneide beim Keil = Null];
h die Höhe = senkrechter Abstand, entweder
1. der parallelen Endflächen voneinander oder
2. der Spitze oder der parallelen Schneide von der Grundfläche.

Bei schiefen Körpern mit parallelen Endflächen oder einer Spitze ist notfalls eine (oder die) Grundfläche derart vergrößert zu denken, daß auf ihr die Höhe senkrecht errichtet werden kann. Mit dieser Höhe ist der Rauminhalt des schiefen Körpers nach der Formel für den entsprechenden geraden Körper genau zu berechnen. Schief abgeschnittene Körper (ohne einheitliche Höhe) erfordern besondere Formeln.

***Simpson*sche Regel:** Die Rauminhalte aller Körper, die von zwei parallelen Endflächen A_1 und A_2 und beliebig vielen ebenen Seitenflächen (Dreiecken, Trapezen, Parallelogrammen und windschiefen Flächen) begrenzt werden, können *genau* nach der Simpsonschen Formel berechnet werden:

$$V = \frac{h}{6}\,(A_1 + A_2 + 4\,A_m)$$

A_m = Mittelfläche = Schnittfläche in halber Höhe; ist $A_1 > A_2$, so ist A_m niemals $\frac{A_1+A_2}{2}$, sondern muß besonders berechnet werden; z. B.: ist A ein Fünfeck, A_2 ein Dreieck und sind die Seitenflächen Dreiecke, so ist A_m ein Achteck. Die *Simpson*sche Formel gilt für alle folgend genannten Körper einschließlich Prismen und Zylinder ($A_1 = A_2 = A_m$), einschließlich Kegel und Pyramide ($A_2 = 0$; $4A_m = A$), einschließlich Kugel ($A_1 = 0$; $A_2 = 0$; $A_m = \frac{d^2\pi}{4}$) und Kugelabschnitt (siehe dort!).

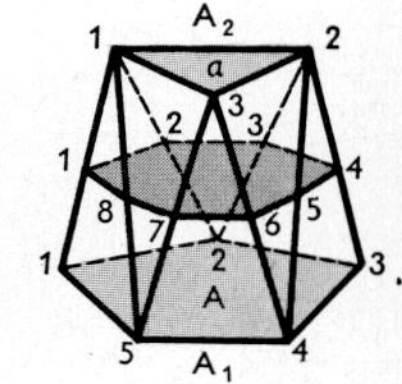

Rauminhalt (Volumen) V; Oberfläche O; Mantelfläche M

Rechtkant, Quader

a, b, c sind die Kantenlängen; eine ist Höhe, das Produkt der beiden anderen Grundfläche; d = Diagonale

Oberfläche O

$O = 2\,(a \cdot b + a \cdot c + b \cdot c)$

Volumen = Grundfläche · Höhe
$V = A \cdot h$

Raumdiagonale

$d^2 = a^2 + b^2 + c^2$

$d = \sqrt{a^2 + b^2 + c^2}$

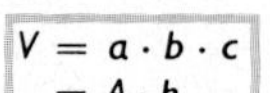

$V = a \cdot b \cdot c$
$= A \cdot h$

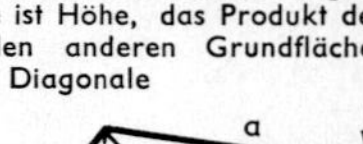

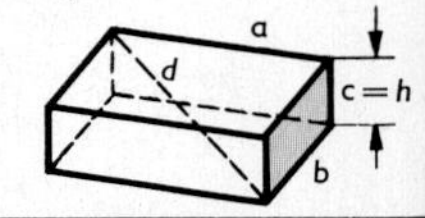

Würfel

a die Kante
d Diagonale

$O = 6 \cdot a^2$

$d^2 = 3\,a^2$

$d = a \cdot \sqrt{3}$

$V = a^3 = a \cdot a \cdot a$

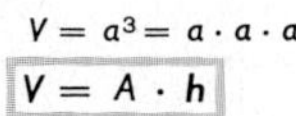

$V = A \cdot h$

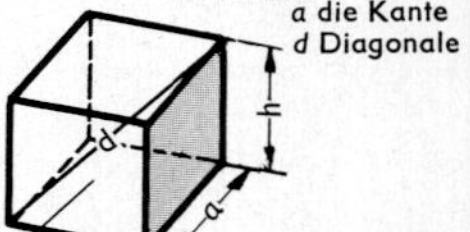

***n*-seitiges Prisma**

(Endflächen parallel: alle Kanten parallel)

Mantelfläche

M = Umfang von A mal Höhe

$O = M + 2A$

$V = A \cdot h$

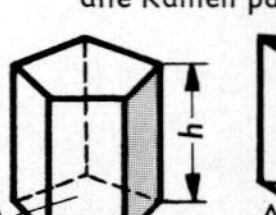

fünfseitiges P.

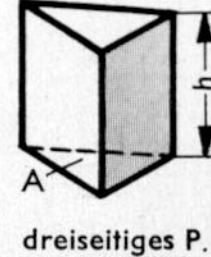

dreiseitiges P.

Fortsetzung: Körperberechnung

Körper	Volumen	Oberfläche / Mantel
Zylinder, Walze  d Durchmesser r Halbmesser h Höhe	$V = A \cdot h$ $V = \frac{d^2 \cdot \pi}{4} \cdot h = r^2 \cdot \pi \cdot h$	$M = 2r \cdot \pi \cdot h = d \cdot \pi \cdot h$ $O = 2\pi r(r+h)$
„Dachkörper" schief abgeschnittenes dreiseitiges Prisma: a_1; a_2; a_3 sind parallele, ungleiche Kanten 	$V = \frac{1}{3} Q (a_1 + a_2 + a_3)$ Q = Querschnittsfläche, senkrecht zu den Kanten $Q = \frac{b \cdot h}{2}$	O = 3 Trapeze + 2 Dreiecke
Keil 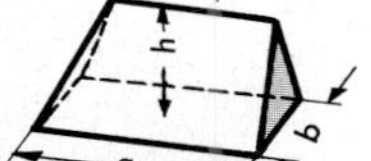	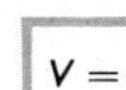 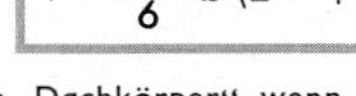 $V = \frac{h}{6} \cdot b\,(2a + a_1)$ 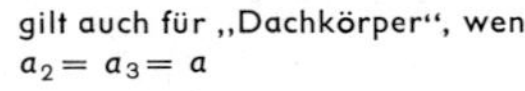 gilt auch für „Dachkörper", wenn $a_2 = a_3 = a$	O = 2 Trapeze + 2 Dreiecke + 1 Rechteck
Obelisk 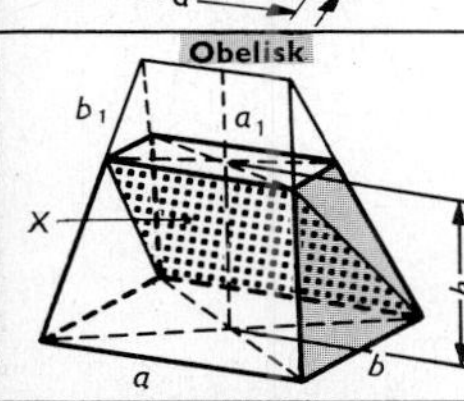	$V = \frac{h}{6} (A_1 + A_2 + 4A_m)$ ergibt: $V = \frac{h}{6}[ab + a_1 b_1 + (a + a_1)(b + b_1)]$ als 2 Keile mit Diagonalfuge X: $V = \frac{h}{6}[b \cdot (2a + a_1) + b_1 (2a_1 + a)]$ $= \frac{h}{6} \cdot [2(a \cdot b + a_1 \cdot b_1) + a \cdot b_1 + a_1 \cdot b]$	O = 4 Trapeze + Rechteck(e)
 **Vierseitige Pyramide** 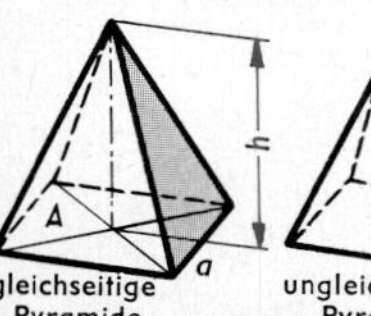 gleichseitige Pyramide / ungleichseitige Pyramide	Rauminhalt = $\frac{\text{Grundfläche} \cdot \text{Höhe}}{3}$ 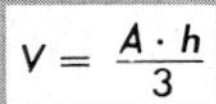 $V = \frac{A \cdot h}{3}$	Bei gleichseitiger Pyramide: schräge Kante $= s$. Höhe der Seitenfläche $= h_s$ $h_s^2 = h^2 + \frac{a^2}{4}$ $s^2 = h^2 + \frac{a^2}{2}$ $M = a\sqrt{(2h)^2 + a^2}$
***n*-seitige Pyramide** 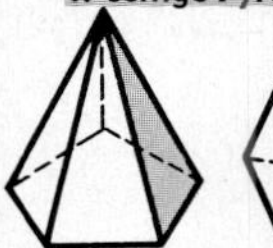 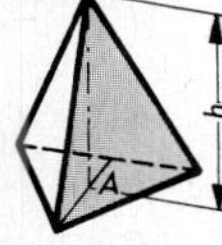 fünfseitige P. / dreiseitige P.	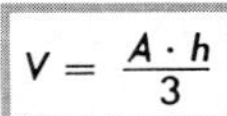 $V = \frac{A \cdot h}{3}$	O = Summe aller Flächen M = Summe aller Seitenflächen
(Kreis-)Kegel 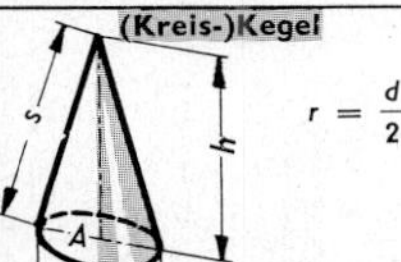 $r = \frac{d}{2}$	$V = \frac{A \cdot h}{3}$ (allgemein) beim Kreiskegel: $V = \frac{r^2 \cdot \pi \cdot h}{3}$	Beim Kreiskegel: $s = \sqrt{r^2 + h^2}$ $M = \pi \cdot r \cdot s = \pi \cdot r\sqrt{r^2 + h^2}$ $\frac{\pi}{3} = 1{,}0472$

Fortsetzung: Körperberechnung

Pyramidenstumpf

A_1 A_2 die parallelen Endflächen; h = ihr Abstand; a_1, a_2 zwei entsprechende Seiten zu A_1 und A_2; A_m = Mittelfläche in $\frac{1}{2}h$

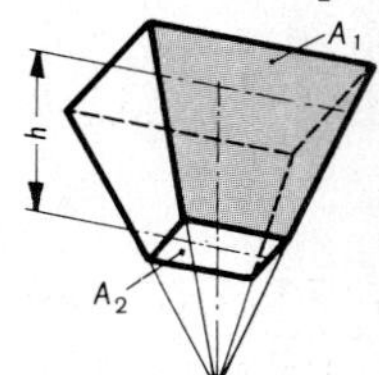

Silo

$$V = \frac{h}{6}(A_1 + A_2 + 4A_m)$$

oder: $V = \frac{h}{3}(A_1 + A_2 + \sqrt{A_1 \cdot A_2})$

bei quadratischen Endflächen mit den Seiten a_1 und a_2: (genau)

$$V = \frac{h}{3}(a_1^2 + a_2^2 + a_1 \cdot a_2)$$

Die Näherung: $V \approx A_m \cdot h$ ist um $\frac{h}{12}(a_1 - a_2)^2$ zu klein.

Die Näherung: $V \approx \frac{A_1 + A_2}{2} \cdot h$ ist um $\frac{h}{6}(a_1 - a_2)^2$ zu groß.

Beim gleichseitigen Pyramidenstumpf:
Höhe der Seitenfläche $= h_s$;
schräge Kante s

$$h_s^2 = h^2 + \frac{(a_1 - a_2)^2}{4}$$

$$s^2 = h^2 + \frac{(a_1 - a_2)^2}{2}$$

$$M = (a_1 + a_2) \cdot \sqrt{(2h)^2 + (a_1 - a_2)^2}$$

Abgestumpfter Kreiskegel

(Eimer, Kübel, Zuber)

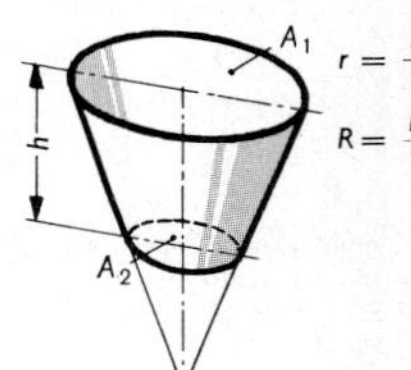

$r = \frac{d}{2}$ $\quad R = \frac{D}{2}$

A_m = Mittelfläche in $\frac{1}{2}h$

Bei Gefäßen: Innenmaße!

$$V = \frac{h}{6}(A_1 + A_2 + 4A_m)$$

oder: $V = \frac{h\pi}{3}(R^2 + r^2 + R \cdot r)$

$= \frac{h\pi}{12}(D^2 + d^2 + D \cdot d)$

Die Näherung: $V \approx A_m \cdot h$ ist um $\frac{h\pi}{12}(R - r)^2$ zu klein

Die Näherung: $V \approx \frac{A_1 + A_2}{2} \cdot h$ ist um $\frac{h\pi}{6}(R - r)^2$ zu groß

$$M = \pi \cdot s\,(R + r)$$

$$s = \sqrt{h^2 + (R - r)^2}$$

$\frac{\pi}{3} = 1{,}0472$

$\frac{\pi}{12} = 0{,}2618$

Ein Kegelstumpf (Baumstamm) der Höhe (Länge) l und einem Unterschied der ⌀ je m Länge von cm:

bei Länge l:	0.5	1,0	1,5	2,0	2,5	3,0	3,5	4,0	4,5	5,0
	hat folgende dm³ mehr Rauminhalt als nach $V \approx A_m \cdot l$:									
1 m	—	0,01	0,01	0,03	0,04	0,06	0,08	0,10	0,13	0,16
2 m	0,01	0,05	0,12	0,21	0,33	0,47	0,64	0,84	1,06	1,31
3 m	0,04	0,18	0,40	0,71	1,11	1,59	2,16	2,83	3,58	4,42
4 m	0,10	0,42	0,94	1,68	2,62	3,77	5,13	6,70	8,47	10,5
5 m	0,20	0,82	1,84	3,27	5,11	7,36	10,0	13,1	16,6	20,4
6 m	0,35	1,41	3,18	5,65	8,83	12,72	17,3	22,6	28,6	35,3
7 m	0,56	2,25	5,05	8,99	14,04	20,2	27,5	35,9	45,5	56,0
8 m	0,84	3,35	7,55	13,4	20,95	30,2	41,0	53,5	68,0	84,0

Wanne

Endflächen beliebige Ellipsen mit den Halbachsen a, b und a_1, b_1

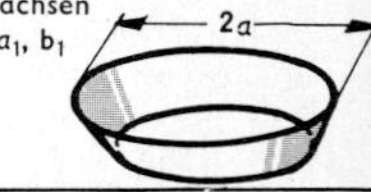

$$V = \frac{h}{6}(A_1 + A_2 + 4A_m)$$

oder: $V = \frac{h\pi}{6}[2(ab + a_1 b_1) + ab_1 + a_1 b]$

Faß

D = ⌀ d. Mittelfläche (Faßbauch);
d = ⌀ der Endflächen (Faßköpfe).

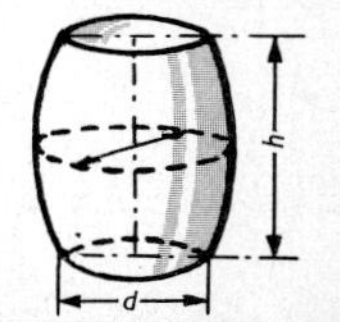

Für kreisförmige Dauben annähernd:

$$V_1 - V_2 = \frac{h\pi}{30}(D - d)^2 \qquad V_1 \approx \frac{h}{6}(A_1 + A_2 + 4A_m)$$

oder: $V_1 \approx \frac{h\pi}{12}(2D^2 + d^2)$

Für parabolische Dauben genau:

$$V_2 = \frac{h\pi}{15}\left(2D^2 + Dd + \frac{3}{4}d^2\right)$$

$\frac{\pi}{6} = 0{,}5236$

$\frac{\pi}{30} = 0{,}1047$

$\frac{\pi}{15} = 0{,}2094$

Fortsetzung: **Körperberechnung**

Kugel

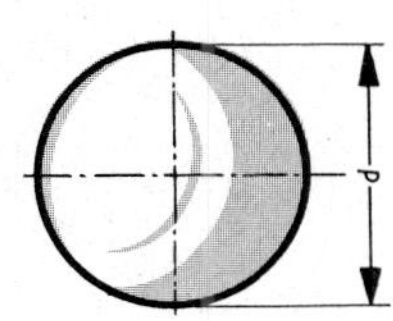

$O = 4r^2\pi = d^2\pi$ = 4mal Flächeninhalt des größten Kreises

$r \approx 0{,}62 \cdot \sqrt[3]{V}$

$V = \frac{4}{3} r^3\pi = 4{,}18879\, r^3$

$$V = \frac{d^3\pi}{6} = 0{,}5236\, d^3 = \left(\frac{d}{1{,}2407}\right)^3$$

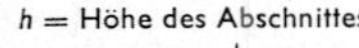

Kugelabschnitt, Kugelkalotte

a = Halbmesser d. Grundfläche;
b = Halbmesser der Mittelfläche des Abschnittes;
h = Höhe des Abschnittes

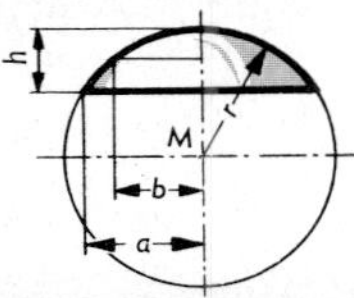

$V = \frac{h\pi}{6}(3a^2 + h^2)$

$$V = \frac{h^2\pi}{3}(3r - h)$$

$r = \frac{a^2 + h^2}{2h}$

$a^2 = h(2r - h)$

$b^2 = h\left(r - \frac{h}{4}\right)$

$M = 2r\pi \cdot h$

$M = \pi(a^2 + h^2)$

Kugelzone, Kugelschicht

a, b die Halbmesser der Endflächen; $a > b$; h = Höhe der Kugelschicht

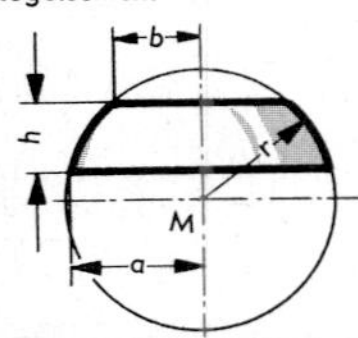

$$V = \frac{h\pi}{6}(3a^2 + 3b^2 + h^2)$$

$r^2 = a^2 + \left(\frac{a^2 - b^2 - h^2}{2h}\right)^2$

$M = 2\pi \cdot r \cdot h$

$$\frac{\pi}{3} = 1{,}0472$$

$$\frac{\pi}{6} = 0{,}5236$$

***Guldin*sche (*Pappus*sche) Regeln:**

1. Bezeichnet:

   l die Länge einer Kurve in der Ebene, die sich um eine in ihrer Ebene liegende, sie nicht schneidende Achse dreht;

   s den Abstand des Schwerpunktes des Kurvenbogens von der Umdrehungsachse, dann ist der Flächeninhalt der erzeugten Umdrehungsfläche (Mantelfläche):

   $M = 2\pi \cdot s \cdot l =$ **Weg des Schwerpunktes · Länge der Kurve**

2. Bezeichnet:

   A den Inhalt einer ebenen Fläche, die sich um eine in ihrer Ebene liegende, sie nicht schneidende Achse dreht;

   s den Abstand des Schwerpunktes der Fläche von der Umdrehungsachse, dann ist der Rauminhalt des erzeugten Umdrehungskörpers:

   $V = 2\pi \cdot s \cdot A =$ **Weg des Schwerpunktes · Inhalt der Fläche**

Römische Zahlen

1	2	3	4	5	6	7	8	9	10	11	12	13	14	19
I	II	III	IV	V	VI	VII	VIII	IX	X	XI	XII	XIII	XIV	XIX
20	30	40	50	60	70	80	90	100	200	400	500	600	900	1000
XX	XXX	XL	L	LX	LXX	LXXX	XC	C	CC	CD	D	DC	CM	M

Eine Zahl vor einer größeren Zahl wird von dieser abgezogen;
große Zahlen entstehen durch Zusammenstellen kleinerer Zahlen:
1957 = 1000 + 900 + 50 + 7 = MCMLVII; 1879 = MDCCCLXXIX

Zinseszins-, Tilgungs- und Rentenrechnung

K = Anfangskapital (Barwert); K_n = Endkapital (Endwert) nach n Jahren Verzinsung; R = Rate, Rente; k = Zinsfuß in %; $p = 1 + \frac{k}{100}$ = jährlicher Zinsfaktor; p^n = Zinsfaktor für n Jahre.

Zur Beachtung: Wird p^n für eine in nebenstehender Tafel nicht genannte Dauer von Jahren benötigt, so gilt

$$p^n = p^{n_1} \cdot p^{n_2}, \text{ weil } n_1 + n_2 = n$$

z. B. ist für $k = 6^1/_4$% der Wert für $p = 1 + 0{,}0625 = 1{,}0625$ und gemäß der Werte für p^n in Spalte „$6^1/_4$%" bei $n = 26$:

$$p^{26} = p^{10} \cdot p^{16} \quad \text{oder } p^{26} = p^8 \cdot p^{18} \quad \text{usw.}$$

in Zahlen: $p^{26} = 1{,}8335 \cdot 2{,}6379$ oder $p^{26} = 1{,}6242 \cdot 2{,}9780 = 4{,}8368$

Berechnungsformeln

Fall 1: Wird das Anfangskapital nur durch die jährlichen Zinseszinsen verändert, so gilt

$$K_n = K \cdot p^n \quad \text{und} \quad K = \frac{K_n}{p^n}$$

Beispiel: 500 DM zu $4^3/_4$%, 15 Jahre unberührt gelassen, wachsen an auf

$$K_n = 500 \cdot 2{,}0059 = 1002{,}95 \approx 1003{,}\text{— DM}$$

Fall 2: Die gleichbleibende jährliche Rückzahlungsrate (Abschreibungssumme) R eines in n Jahren zu tilgenden Anfangskapitals K, dessen Rest um die jährlichen Zinseszinsen wächst, beträgt

$$R = \frac{K \cdot p^n (p-1)}{p^n - 1} \quad \text{(entspricht der Umkehrung von Fall 3)}$$

Beispiel: Ein Darlehen von 10000,— DM zu $6^1/_2$% soll in gleichen Raten binnen 8 Jahren zurückgezahlt werden. Es wird getilgt mit der jährlichen Rate

$$R = \frac{10\,000 \cdot 1{,}655\,(1{,}065 - 1)}{1{,}655 - 1} = 1642{,}40 \text{ DM}$$

Fall 3: Will man n Jahre lang eine gleichbleibende Jahresrente R erhalten, indem man heute die Summe K auf Zinseszinsen anlegt und alles im Laufe von n Jahren verbraucht, so beträgt das erforderliche Anfangskapital oder der Barwert

$$K = \frac{R(p^n - 1)}{p^n (p-1)} \quad \text{(entspricht der Umkehrung von Fall 2)}$$

Beispiel: Eine auf 20 Jahre befristete jährliche Rente von 3600,— DM hat bei $4^1/_4$% Verzinsung zu Beginn einen Barwert von:

$$K = \frac{3600\,(2{,}2989 - 1)}{2{,}2989\,(1{,}0425 - 1)} = 47\,859{,}60 \text{ DM} \approx 47\,860 \text{ DM}$$

Fall 4: Gleiche Rücklagen (Einzahlungen) R **zu Beginn** jedes Jahres einschließlich aller Zinseszinsen nach n Jahren:

a) ergeben einen Endwert von

$$K_n = \frac{R \cdot p\,(p^n - 1)}{p - 1}$$

Beispiel a): Für die Aussteuer einer Tochter werden zu Beginn jedes Jahres 200,— DM 18 Jahre lang bei $3^3/_4$% Verzinsung eingezahlt. Der Endwert beträgt:

$$K_n = \frac{200 \cdot 1{,}0375\,(1{,}9399 - 1)}{1{,}0375 - 1}$$

$$K_n \approx 5200{,}\text{— DM}$$

b) sind erforderlich in Höhe von

$$R = \frac{K_n (p-1)}{p\,(p^n - 1)}$$

Beispiel b): Um nach 15 Jahren 5000,— DM zu haben, sind bei 5% Zinsen zu Beginn jedes Jahres zu sparen:

$$R = \frac{5000\,(1{,}05 - 1)}{1{,}05\,(2{,}0789 - 1)} = 220{,}70 \text{ DM}$$

Fall 5: Gleiche Rücklagen (Einzahlungen) R **am Ende** jedes Jahres, erstmalig am Ende des 1. Jahres, einschließlich aller Zinseszinsen nach n Jahren

a) ergeben einen Endwert von

$$K_n = \frac{R(p^n - 1)}{p - 1}$$

Im **Beispiel a)** des Falles 4 ist dann

$$K_n = \frac{200\,(1{,}9399 - 1)}{1{,}0375 - 1} = 5013{,}\text{— DM}$$

b) sind erforderlich in Höhe von

$$R = \frac{K_n (p-1)}{p^n - 1}$$

Im **Beispiel b)** des Falles 4 ist dann

$$R = \frac{5000\,(1{,}05 - 1)}{2{,}0789 - 1} = 231{,}70 \text{ DM}$$

Fall 6: Wird ein Anfangskapital K am Ende jedes Jahres um den gleichen Betrag R vermehrt (es gilt in der Formel dann +) oder vermindert (es gilt in der Formel dann —), so beträgt der Endwert K_n nach n Jahren einschließlich aller Zinseszinsen:

$$K_n = Kp^n \pm \frac{R(p^n - 1)}{p - 1}$$

Beispiel: 100 ha Waldbestand werden auf 8000 m³ Holz geschätzt. Wie hoch ist der Bestand nach 25 Jahren wenn mit 4% jährlichem Zuwachs und 300 m³ jährlichem Einschlag gerechnet wird?

$$K_n = 8000 \cdot 2{,}6658 - \frac{300\,(2{,}6658 - 1)}{1{,}04 - 1}$$

$$K_n = 21\,326 - 12\,493 = 8833 \text{ m}^3 \text{ Holz.}$$

Zinsfaktoren p^n für Zinseszins-, Tilgungs- und Rentenrechnung

	Prozentsätze k										
	3%	3¼%	3½%	3¾%	4%	4¼%	4½%	4¾%	5%	5¼%	5½%
Jahre	Zinsfaktoren p^n										
2	1,0609	1,0661	1,0712	1,0764	1,0816	1,0868	1,0920	1,0973	1,1025	1,1078	1,1130
3	1,0927	1,1007	1,1087	1,1168	1,1249	1,1330	1,1412	1,1494	1,1576	1,1659	1,1742
4	1,1255	1,1365	1,1475	1,1587	1,1699	1,1811	1,1925	1,2040	1,2155	1,2271	1,2388
5	1,1593	1,1734	1,1877	1,2021	1,2167	1,2313	1,2462	1,2612	1,2763	1,2915	1,3070
6	1,1941	1,2115	1,2293	1,2472	1,2653	1,2837	1,3023	1,3211	1,3401	1,3594	1,3788
7	1,2299	1,2509	1,2723	1,2939	1,3159	1,3382	1,3609	1,3838	1,4071	1,4307	1,4547
8	1,2668	1,2916	1,3168	1,3425	1,3686	1,3951	1,4221	1,4495	1,4775	1,5058	1,5347
9	1,3048	1,3335	1,3629	1,3928	1,4233	1,4544	1,4861	1,5184	1,5513	1,5849	1,6191
10	1,3439	1,3769	1,4106	1,4450	1,4802	1,5162	1,5530	1,5905	1,6289	1,6681	1,7081
11	1,3842	1,4216	1,4600	1,4992	1,5395	1,5807	1,6229	1,6661	1,7103	1,7557	1,8021
12	1,4258	1,4688	1,5111	1,5555	1,6010	1,6478	1,6959	1,7452	1,7959	1,8478	1,9012
13	1,4685	1,5156	1,5640	1,6138	1,6651	1,7179	1,7722	1,8281	1,8856	1,9448	2,0058
14	1,5126	1,5648	1,6187	1,6743	1,7317	1,7909	1,8519	1,9149	1,9799	2,0469	2,1161
15	1,5580	1,6157	1,6753	1,7371	1,8009	1,8670	1,9353	2,0059	2,0789	2,1544	2,2325
16	1,6047	1,6682	1,7340	1,8022	1,8730	1,9463	2,0224	2,1012	2,1829	2,2675	2,3553
17	1,6529	1,7224	1,7947	1,8698	1,9479	2,0291	2,1134	2,2010	2,2920	2,3866	2,4848
18	1,7024	1,7784	1,8575	1,9399	2,0258	2,1153	2,2085	2,3055	2,4066	2,5119	2,6215
19	1,7535	1,8362	1,9225	2,0127	2,1068	2,2052	2,3079	2,4150	2,5270	2,6437	2,7656
20	1,8061	1,8958	1,9898	2,0882	2,1911	2,2989	2,4117	2,5298	2,6533	2,7825	2,9178
25	2,0938	2,2246	2,3632	2,5102	2,6658	2,8308	3,0054	3,1904	3,3864	3,5938	3,8134
30	2,4273	2,6104	2,8068	3,0175	3,2434	3,4857	3,7453	4,0236	4,3219	4,6416	4,9840
35	2,8139	3,0630	3,3336	3,6273	3,9461	4,2921	4,6673	5,0745	5,5160	5,9948	6,5138
40	3,2620	3,5942	3,9593	4,3604	4,8010	5,2850	5,1864	6,3997	7,0400	7,7436	8,5133
45	3,7816	4,2175	4,7024	5,2416	5,8412	6,5076	7,2482	8,0710	8,9850	9,9999	11,1266
50	4,3839	4,9488	5,5849	6,3009	7,1067	8,0131	9,0326	10,1789	11,4674	12,9153	14,5420

	Prozentsätze k										
	5¾%	6%	6¼%	6½%	7%	7½%	8%	8½%	9%	9½%	10%
Jahre	Zinsfaktoren p^n										
2	1,1183	1,1236	1,1289	1,1342	1,1440	1,1556	1,1664	1,1772	1,1881	1,1990	1,2100
3	1,1826	1,1910	1,1996	1,2079	1,2250	1,2423	1,2597	1,2773	1,2950	1,3129	1,3310
4	1,2506	1,2625	1,2744	1,2865	1,3108	1,3355	1,3605	1,3859	1,4116	1,4377	1,4641
5	1,3225	1,3382	1,3541	1,3701	1,4026	1,4356	1,4693	1,5037	1,5386	1,5742	1,6105
6	1,3986	1,4185	1,4387	1,4591	1,5007	1,5433	1,5869	1,6315	1,6771	1,7238	1,7716
7	1,4790	1,5036	1,5286	1,5540	1,6058	1,5590	1,7138	1,7701	1,8280	1,8876	1,9487
8	1,5640	1,5938	1,6242	1,6550	1,7182	1,7835	1,8509	1,9206	1,9926	2,0669	2,1436
9	1,6540	1,6895	1,7257	1,7626	1,8385	1,9172	1,9990	2.0839	2,1719	2,2632	2,3579
10	1,7491	1,7908	1,8335	1,8772	1,9672	2,0610	2,1589	2,2610	2,3674	2,4782	2,5937
11	1,8496	1,8983	1,9481	1,9992	2,1048	2,2156	2,3316	2,4532	2,5804	2,7137	2,8531
12	1,9560	2,0122	2,0699	2,1291	2,2522	2,3818	2,5182	2,6617	2,8127	2,9715	3,1384
13	2,0684	2,1329	2,1993	2,2675	2,4098	2,5604	2,7196	2,8879	3,0658	3,2537	3,4523
14	2,1874	2,2609	2,3367	2,4149	2,5785	2,7524	2,9372	3,1334	3,3417	3,5628	3,7975
15	2,3132	2,3966	2,4828	2,5718	2,7590	2,9589	3,1722	3,3997	3,6425	3,9013	4,1772
16	2,4462	2,5404	2,6379	2,7390	2,9522	3,1808	3,4259	3,6887	3,9703	4,2719	4,5950
17	2,5868	2,6928	2,8028	2,9170	3,1588	3,4194	3,7000	4,0023	4,3276	4,6778	5,0545
18	2,7356	2,8543	2,9780	3,1067	3,3799	3,6758	3,9960	4,3425	4,7171	5,1222	5,5599
19	2,8929	3,0256	3,1641	3,3086	3,6165	3,9515	4,3157	4,7116	5,1417	5,6088	6,1159
20	3,0592	3,2071	3,3618	3,5236	3,8697	4,2478	4,6610	5,1120	5,6044	6,1416	6,7275
25	4,0458	4,2919	4,5532	4,8277	5,4274	6,0983	6,8485	7,6868	8,6231	9,6684	10,8347
30	5,3507	5,7435	6,1641	6,6144	7,6123	8,7550	10,0626	11,5849	13,2676	15,2203	17,4494
35	7,0764	7,6861	8,3467	9,0623	10,6766	12,5689	14,7853	17,3796	20,4139	23,9604	28,1024
40	9,3587	10,2857	11,3021	12,4161	14,9745	18,0442	21,7245	26,1330	31,4093	37,7193	45,2591
45	12,3770	13,7646	15,3032	17,0111	21,0025	25,9048	31,9204	39,2951	48,3270	59,3792	72,8903
50	16,3689	18,4202	20,7227	23,3067	29,4570	37,1897	46,9016	59,0863	74,3571	93,4470	117,3900

Physikalische und mathematische Formelzeichen

Physikalische Formelzeichen	mit Formelzeichen bezeichnete Größen	Einheit im SI-System
l	Länge (Grundgröße)	m (Meter)
b	Breite	m
h, (s)	Höhe, (Dicke)	m
r	Radius, Halbmesser	m
d, ϕ	Durchmesser	m
L, s	Weglänge, Strecke	m
A, S	Fläche, Querschnitt(sfläche)	m^2, nicht qm
V, (v)	Volumen, Rauminhalt	m^3, nicht cbm
t	Zeit (Grundgröße)	s (Sekunde)
T	Periodendauer	s
ν (nü), f	Frequenz $\nu = 1/T$	$1/s = s^{-1}$ = Hz (Hertz)
u, v, (c)	Geschwindigkeit, (Licht-)	m/s oder ms^{-1}
a, (g)	Beschleunigung, (Fall-)	m/s^2 oder ms^{-2}
ω (omega)	Winkelgeschwindigkeit	$1/s$ oder $^{Winkel}/s$
α (alpha)	Winkelbeschleunigung	$1/s^2$ oder $^{Winkel}/s^2$
m	Masse (Grundgröße)	kg (Kilogramm)
ϱ (rho)	Dichte $\varrho = m/V$	kg/m^3 oder kgm^{-3}
F	Kraft, (force), $F = m \cdot a$	$m\,kg/s^2$ = N (Newton)
G	Gewichtskraft, $G = m \cdot b$	$m\,kg/s^2$ = N
p	Druck, Spannung, $p = F/A$	$kg/ms^2 = Nm^{-2} = N/m^2$
σ (sigma)	Normalspannung	Nm^{-2}
τ (tau)	Schubspannung	Nm^{-2}
ε (epsilon)	Dehnung $\varepsilon = \Delta l / l$	–
E, W, A	Energie, Arbeit	$m^2\,kg/s^2$ = J (Joule)
P	Leistung, (power)	$m^2\,kg/s^3$ = W (Watt)
η (eta)	Wirkungsgrad	–
J	elektr. Stromstärke (Grundgr.)	A (Ampere)
Q	Elektrizitätsmenge, $Q = I \cdot t$	$A \cdot s$ = C (Coulomb)
U	elektr. Spannung(sdifferenz) = Potentialdifferenz	V (Volt) = W/A
R	elektr. Widerstand	Ω (Ohm)
ϱ (rho)	spezif. elektr. Widerstand	tabellarisch: $\Omega mm^2/m$
P	Leistung, $P = I \cdot U$	W (Watt) = $A \cdot V$
C	elektr. Kapazität	F (Farad)
I_V	Lichtstärke (Grundgröße)	cd (Candela)
L_V	Leuchtdicke	cd/m^2
Φ_V	Lichtstrom	lm (Lumen)
E_V	Beleuchtungsstärke	lx (Lux) = lm/m^2
T	Temperatur in K (Kelvin)	K = (273,15 + t) °C
t	Temperatur in °C (Celsius)	°C = (T − 273,15) K

Mathematische Zeichen	DIN 1302 Febr. 1968
$+$	plus, und
$-$	minus, weniger
$\cdot$	mal
$\times$	mal (bei Text)
—	geteilt durch
$:$	geteilt durch } bei Platzmangel
$/$	geteilt durch } bei Platzmangel
,	Dezimalzeichen [1]
$=$	gleich
$\equiv$	identisch gleich
$\neq$	nicht gleich, ungleich
$\not\equiv$	nicht identisch gleich
$\sim$	proportional ähnlich
$\approx$	angenähert gleich, nahezu gleich, (rund, etwa)
$\triangleq$	entspricht
$<$	kleiner als
$>$	größer als
$\leqq$	kleiner oder gleich, höchstens gleich
$\geqq$	größer oder gleich, mindestens gleich
$\ll$	klein gegen
$\gg$	groß gegen
$\lvert z \rvert$	Betrag von z
Σ	Summe
$\dots$	und so weiter bis
$\sqrt{\ }$ $\sqrt[n]{\ }$	Quadratwurzel aus; n-te Wurzel
%	Prozent, 1% = 10^{-2} Hundertstel
‰	Promille, 1‰ = 10^{-3} Tausendstel
( ) [ ] { } ⟨ ⟩	Runde, eckige, geschweifte, spitze Klammer auf und zu
$\parallel$	parallel
$\nparallel$	nicht parallel
$\uparrow\uparrow$	gleichsinnig parallel
$\uparrow\downarrow$	gegensinnig parallel
$\perp$	rechtwinklig zu, senkrecht auf
Δ	Dreieck
$\cong$	kongruent
$\sphericalangle$	Winkel
$\overline{AB}$	Strecke AB
$\overset{\frown}{AB}$	Bogen AB
$\sphericalangle ABC$	Winkel zwischen $\overline{BA}$ und $\overline{BC}$

Das griechische Alphabet

Gestalt	Aussprache	Name	Gestalt	Aussprache	Name	Gestalt	Aussprache	Name
A α	a	Alpha	I ι	i	Iota	P ϱ	r	Rho
B β	b	Beta	K $\varkappa$	k	Kappa	Σ σ ς	s	Sigma
Γ γ	g	Gamma	Λ λ	l	Lambda	T τ	t	Tau
Δ δ	d	Delta	M μ	m	Mü	Υ υ	ü	Ypsilon
E ε	e kurz	Epsilon	N ν	n	Nü	Φ φ	ph	Phi
Z ζ	z weich	Zeta	Ξ ξ	x	Xi	X χ	ch	Chi
H η	e lang ä	Eta	O o	o kurz	Omikron	Ψ ψ	ps	Psi
Θ ϑ θ	th	Theta	Π π	p	Pi	Ω ω	o lang	Omega

[1] Zum Trennen von Gruppen bei größeren Zahlen sind weder Komma noch Punkt, sondern Zwischenräume zu verwenden.

Physikalische Größen und ihre Einheiten

Basisgrößen:	Länge	Zeit	Masse	Stromstärke
Basiseinheiten:	Meter	Sekunde	Kilogramm	Ampere
Einheitenzeichen:	m	s	kg	A

Längeneinheit = 1 m; 1 Meter ist definiert als die 1 650 763,73 fache Wellenlänge der orangefarbenen Spektrallinie des Krypton-Nuclids 86 im Vakuum

Zeiteinheit = 1 s; 1 Sekunde ist das 9 192 631 770 fache der Periodendauer der Strahlung von Atomen des Nuclids ^{133}Cs beim Übergang zwischen den beiden Hyperfeinstrukturniveaus des Grundzustandes.

Masseneinheit = 1 kg; 1 Kilogramm ist die Masse, die gleich der Masse des internationalen Kilogrammprototyps aus Platin-Iridium ist.

Stromstärke-Einheit = 1 A; 1 Ampere ist (vereinfacht ausgedrückt) die Stärke eines elektr. Stromes, der durch zwei gerade, parallele, sehr lange Leiter sehr kleinen Querschnitts fließend, zwischen diesen Leitern je Meter Länge eine Kraft von $2 \cdot 10^{-7}$ N hervorruft.

Darstellen von Kräften

Ändert ein Körper seine Geschwindigkeit und (oder) die Richtung seiner Bewegung, so ist die Ursache eine Kraft. Kraft = Masse × Beschleunigung; $\vec{F} = m \cdot a$. Kräfte werden durch Pfeile dargestellt: ihre Spitze gibt die Richtung an, ihre Länge ist ein Maß für die Größe der Kraft, ihre Angriffspunkte können am starren Körper entlang der Pfeilrichtung (Wirkungslinie) verschoben werden.

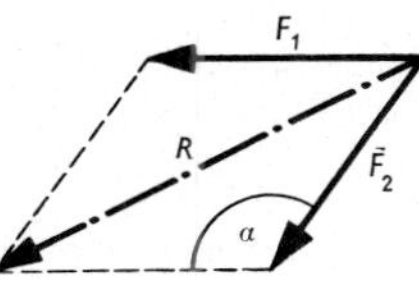

Wirken zwei Kräfte F_1 und F_2 unter einem Winkel auf einen Körper, so wird die wirksame Gesamtkraft in Größe und Richtung durch die Diagonale (R) des aus F_1 und F_2 gebildeten Kräfteparallelogramms dargestellt.

$$R = \sqrt{F_1^2 + F_2^2 - 2\,F_1\,F_2 \cos \alpha}, \text{ wenn } \alpha < 90^\circ$$

$$R = \sqrt{F_1^2 + F_2^2 + 2\,F_1\,F_2 \cos (180 - \alpha)}, \text{ wenn } \alpha > 90^\circ$$

Geschwindigkeit bei geradliniger und gleichförmiger Bewegung

Die Geschwindigkeit v eines Körpers ist sein in der Zeiteinheit zurückgelegter Weg. Bei gleichförmiger Bewegung legt der Körper in gleichen Zeiten gleiche Wege zurück und behält seine Richtung bei.

Mittlere Geschwindigkeit $v = \dfrac{\text{Gesamtweg}}{\text{benötigte Zeit}} = \dfrac{s}{t}$ $\qquad s = v \cdot t \qquad t = \dfrac{s}{v}$

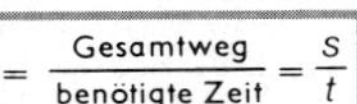

Bezeichnungen: Meter je Sekunde (m/s) bei hohen Schnittgeschwindigkeiten; Meter je Minute (m/min) bei geringen Schnittgeschwindigkeiten und beim Vorschub.

Gleichförmig beschleunigte Bewegung

Gleichförmige Beschleunigung a (Fallbeschleunigung wird g genannt) ist die gleichmäßige Änderung einer Anfangsgeschwindigkeit v_A bis zu einer Endgeschwindigkeit v_E, geteilt durch die dafür benötigte Zeit t:

$$a = \frac{v_E - v_A}{t}$$ (wird negativ bei Verlangsamung).

	bei $v_A > 0$	bei $v_A = 0$
Endgeschwindigkeit v_E nach t [sek]:	$v_E = v_A + a\,t$	$v_E = a\,t$
Weg s nach t Sekunden:	$s = v_A\,t + \frac{a}{2} t^2$	$s = \frac{a}{2} t^2$

Die Norm-Fallbeschleunigung ist $g = 9{,}80665\ \text{m/s}^2$; sie ist beim freien Fall statt a in die Gleichungen einzusetzen.

Kreisbewegung (Rotation) und Winkelgeschwindigkeit

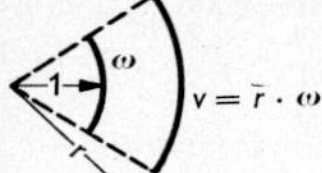

Der Zahlenwert der Winkelgeschwindigkeit ω ist der Weg in cm, den ein Punkt auf einer Kreisbahn in 1 cm Abstand vom Drehpunkt je Sekunde zurücklegt. Alle Punkte eines kreisenden Körpers haben bei verschiedenem Abstand r vom Drehpunkt trotz verschiedener Bahngeschwindigkeit v in m/s die gleiche Winkelgeschwindigkeit ω in 1/s.

$$\omega = \frac{v}{r} = \frac{U \cdot n}{60 \cdot r} = \frac{\pi \cdot n}{30} = 0{,}1047\,n \text{ in } \frac{1}{s}$$

$$\boxed{v = r \cdot \omega}\ ; \quad n = \frac{30\,v}{r \cdot \pi}$$

$$T = \frac{2\pi}{\omega} = \frac{60}{n}; \quad n = \frac{30\,\omega}{\pi} \approx 9{,}55\,\omega$$

$$\boxed{v = \frac{d \cdot \pi \cdot n}{60}}\ ; \quad d = \frac{60 \cdot v}{n \cdot \pi}; \quad n = \frac{60 \cdot v}{d \cdot \pi}$$

$$\text{Weg} = n \cdot U = v \cdot T \cdot n = \omega \cdot r \cdot T \cdot n$$

$$Z = m \cdot r \cdot \omega^2 = \frac{m\,v^2}{r}$$

Drehzahl je Minute $= n$ Masse $= m$

r, v, ω siehe Text! Umfang $= U$

$$\frac{\text{Laufzeit in s}}{\text{Umdrehungen}} = \text{Umdrehungszeit} = T \text{ in s}$$

Bewegt sich ein Körper auf einer Kreisbahn, so zwingt ihn eine zum Zentrum gerichtete Kraft F_Z, die Zentripetalkraft, auf die Kreisbahn.

Sie ist so groß wie die Zentrifugalkraft (Fliehkraft) Z. Beide sind entgegengerichtet.

Bei gleichbleibendem m und r ist die Zentrifugalkraft (Fliehkraft) Z dem Quadrat der Winkelgeschwindigkeit ω^2 proportional.

Schwerpunkt und Gleichgewicht

Ein Körper verhält sich gegenüber der Schwerkraft (Erdanziehung) so, als wäre seine Masse in seinem Schwerpunkt vereinigt. Das Gewicht ist eine Kraft.

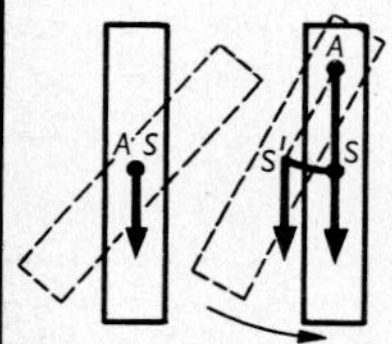

A = Unterstützungspunkt

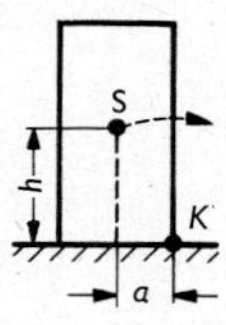

Gleichgewicht: Die Standfestigkeit eines Körpers ist um so größer, je größer seine Masse (m) ist, je tiefer sein Schwerpunkt (S) liegt und je größer der waagerechte Abstand (a) des Lotes durch seinen Schwerpunkt von der Kippkante K ist.

indifferent

stabil

labil

Wirkungen von Kräften auf einen Körper

Die unmittelbare Wirkung einer Kraft (oder mehrerer vereinigter Kräfte) F auf einen Körper, der ausweichen kann, ist die Beschleunigung a des Körpers in Richtung der Kraft nach der Grundgleichung:

Kraft = Masse · Beschleunigung

$$\boxed{F = m \cdot a}$$

Gesetzliche (SI-) Einheit: Newton (Einheitenzeichen: N).

1 Newton ist gleich der Kraft, die einem Körper der Masse 1 kg die Beschleunigung 1 m/s² erteilt. $1\,\text{N} = 1\,\frac{\text{kg} \cdot \text{m}}{\text{s}^2}$

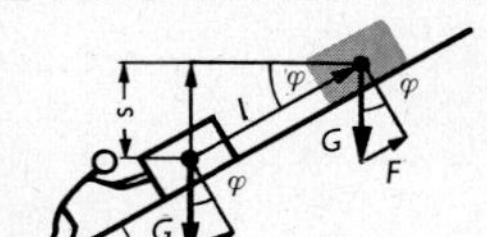

Arbeit

Wird ein Körper um eine Strecke (s) gegen einen dauernden Widerstand (Schwerkraft G, Reibung) bewegt, so wird Arbeit verrichtet (Verschiebungsarbeit). Ist die wirksame Kraft größer als zur Verschiebung nötig, so wird der Körper durch die überschüssige Kraft beschleunigt (Beschleunigungsarbeit).

$s = l \sin \varphi$ = Verschiebungsanteil s in Kraftrichtung;
$F = G \cdot \sin \varphi$ = Kraftanteil F in Verschiebungsrichtung;
φ = Neigungswinkel.

Reibungslose Verschiebung ⊥ zur Kraft erfordert keine Arbeit.

Arbeit = Kraftanteil in Verschiebungsrichtung × Verschiebung

$$\boxed{A = G \cdot \sin \varphi \times l = G \cdot l \sin \varphi}$$

Arbeit = Kraft × Verschiebungsanteil in Kraftrichtung

$$\boxed{A = G \times l \sin \varphi = G \cdot l \sin \varphi}$$

Arbeit = Kraft × Weg (bei gleicher Richtung; $\sin \varphi = 1$)

$$\boxed{A = F \times s}$$

Einheit: Joule, (Einheitenzeichen: J) (siehe folgende Seite!)

Druck: Grundbegriffe und Einheiten

Der **Druck** p ist der Quotient aus der Normalkraft F_N, die (senkrecht) auf eine Fläche wirkt, und dieser Fläche A: $p = \frac{F_N}{A}$

Die gesetzliche Einheit des Druckes und der mechanischen Spannung ist das **Pascal** (Einheitenzeichen: Pa).

1 Pa ist gleich dem gleichmäßig wirkenden Druck, bei dem senkrecht auf die Fläche 1 m² die Kraft 1 N ausgeübt wird: $1\,\text{Pa} = 1\frac{\text{N}}{\text{m}^2}$ Der zehnte Teil des Megapascal (MPa) heißt Bar (Einheitenzeichen: bar).

$1\,\text{bar} = 0{,}1\,\text{MPa} = 0{,}1\,\frac{\text{N}}{\text{mm}^2} = 10^5\,\text{Pa} \approx$ Atmosphärendruck.

Für Drücke in Flüssigkeiten, Gasen und Dämpfen gelten nach DIN 1314, Febr. 1977, folgende Begriffe: Absolutdruck oder **absoluter Druck** p_{abs} ist der Druck gegenüber dem Druck Null im leeren (auch gasfreien) Raum. Der Unterschied zweier Drücke p_1 und p_2 heißt **Druckdifferenz** $\Delta p = p_1 - p_2$ oder, wenn Δp Meßgröße ist, **Differenzdruck** $p_{1,2}$.

Jede Abweichung eines absoluten Druckes p_{abs} vom jeweiligen absoluten Atmosphärendruck p_{amb} heißt **Überdruck** p_e. $p_e = p_{abs} - p_{amb}$ wird entweder positiv ($p_{abs} > p_{amb}$) oder (neu!) negativ ($p_{abs} < p_{amb}$). Mit dem Wort „Unterdruck" darf keine Größe bezeichnet werden. Veraltete Einheiten: siehe unten!

Mechanische Energie

Mechanische Energie = Arbeitsvermögen eines Körpers (physikalischen Systems) = seine Fähigkeit, durch Änderung seines Bewegungszustandes an anderen Körpern (physikalischen Systemen) Arbeit zu verrichten. Energie kann weder erzeugt noch vernichtet, sondern nur von einer Form in eine andere umgewandelt werden. Formelzeichen: E, W

Lageenergie E_p (potentielle Energie)	$E_p = G \cdot h = m \cdot g \cdot h$; darin sind: G = Gewichtskraft; m = Masse; g = Fallbeschleunigung $\approx 9{,}81\,\text{m/s}^2$ (ortsabhängig)
Bewegungsenergie E_k (kinetische Energie)	$E_k = \frac{m}{2}\, v_e^2$; darin sind: m = Masse; v_e^2 = Quadrat der Endgeschwindigkeit.

Die gesetzliche Einheit der Energie, Arbeit und Wärmemenge ist das **Joule** (Einheitenzeichen: J). 1 J ist gleich der Arbeit, die verrichtet wird, wenn der (frei bewegliche) Angriffspunkt der Kraft 1 N in Richtung der Kraft um 1 m verschoben wird: 1 J = 1 N · m.

Leistung

Leistung = $\frac{\text{Arbeit}}{\text{benötigte Zeit}}$ oder auch Leistung = Kraft · Geschwindigkeit $P = \frac{A}{t}$ $P = \frac{A}{t} = \frac{F \cdot s}{t} = F \cdot v$

Die gesetzliche Einheit der Leistung, des Energiestroms und des Wärmestroms ist das Watt (Einheitenzeichen: W). 1 Watt ist gleich der Leistung, bei der während der Zeit 1 s die Energie 1 J umgesetzt wird:

$1\,\text{W} = 1\frac{\text{J}}{\text{s}} = 1\frac{\text{N}\cdot\text{m}}{\text{s}} = 1\frac{\text{kg}\cdot\text{m}^2}{\text{s}^3}$ · Watt = Volt · Ampere (elektrische Scheinleistungen in Voltampere statt Watt angegeben).

Umrechnungsfaktoren für veraltete Einheiten, die nicht anzuwenden sind:

für Energie, Arbeit, Wärme		für Leistung		für Druck	
alte Einheit	ist gleich Joule	alte Einheit	ist gleich Watt	alte Einheit	ist gleich
		1 PS	735,499 W	1 kp/cm² = 1 at	98 066,5 Pa = 0,980665 bar
1 kpm	9,80665 J	1 kpm/s	9,80665 W	1 atm	101 325 Pa = 1,01325 bar
1 cal	4,1868 J	1 kcal/s	4186,8 W	1 Torr = 1 atm/760	133,322 Pa = 1,33322 mbar

Wirkungsgrad

Kraftmaschinen (Antriebsmaschinen) verwandeln eine Energieform in eine andere. Arbeitsmaschinen (Werkzeugmaschinen) setzen Energie in Arbeit um.

Ihr Wirkungsgrad $\eta = \frac{\text{nutzbare Leistung } P_e}{\text{zugeführte Leistung } P_i}$ $\eta = \frac{P_e}{P_i}$ $\eta < 1$

Infolge Reibung, Strahlung und anderer Verluste ist η stets kleiner als 1. Eine Maschine ist um so besser, je näher η der 1 kommt. (Bei Angabe in Prozent ist $\eta < 100$!)

Reibung

Reibung oder Reibwiderstand *W* ist abhängig

1. vom Normaldruck *Q* (Druck des Gewichts senkrecht auf die Unterlage)
2. vom Werkstoff und der Oberfläche
3. von der Geschwindigkeit
4. von der Schmierung und der Temperatur

(2.–4.) berücksichtigt in der versuchsmäßig ermittelten Reibziffer μ

Die Reibung ist nicht abhängig von der Größe der Reibflächen ; Haftreibung > Gleitreibung

Gleitreibung	Zapfenreibung	Rollreibung	

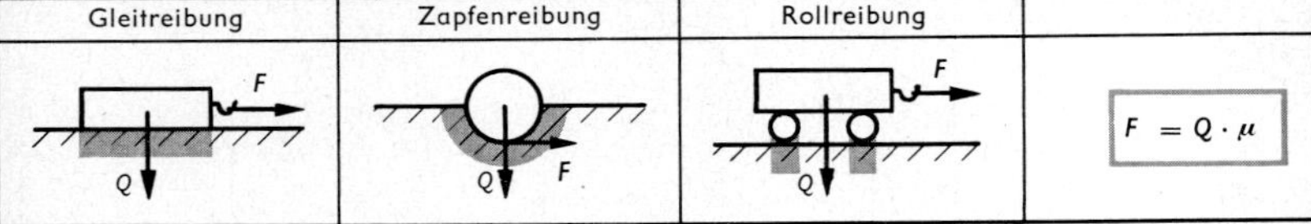

$$F = Q \cdot \mu$$

Rolle

Mit einer Maschine wird nichts an Arbeit gespart, die Arbeit wird nur in bezug auf Kraft und Weg anders verteilt. Arbeit der Kraft = Arbeit der Last.

Feste Rolle	Lose Rolle	Flaschenzug	Differentialflaschenzug

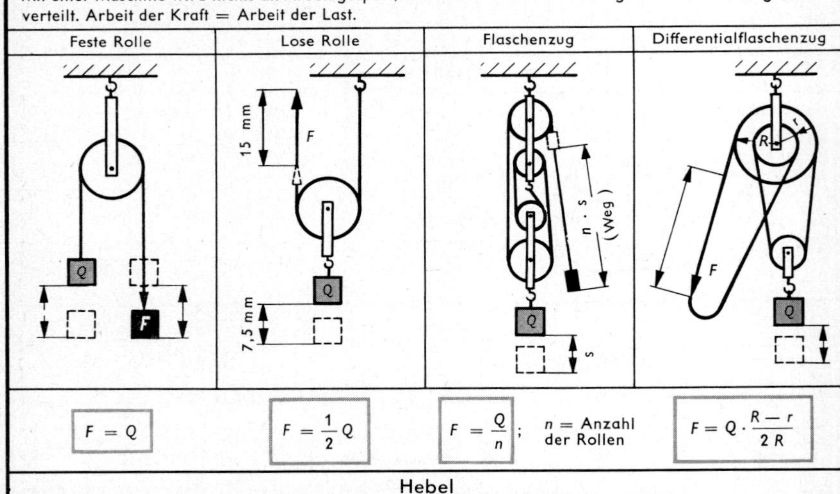

Feste Rolle	Lose Rolle	Flaschenzug	Differentialflaschenzug
$F = Q$	$F = \frac{1}{2} Q$	$F = \frac{Q}{n}$; n = Anzahl der Rollen	$F = Q \cdot \frac{R - r}{2R}$

Hebel

Einseitiger Hebel	Zweiseitiger Hebel	Winkelhebel	Wellrad

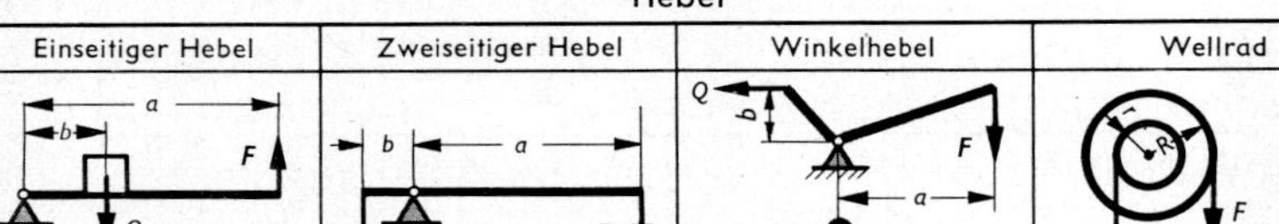

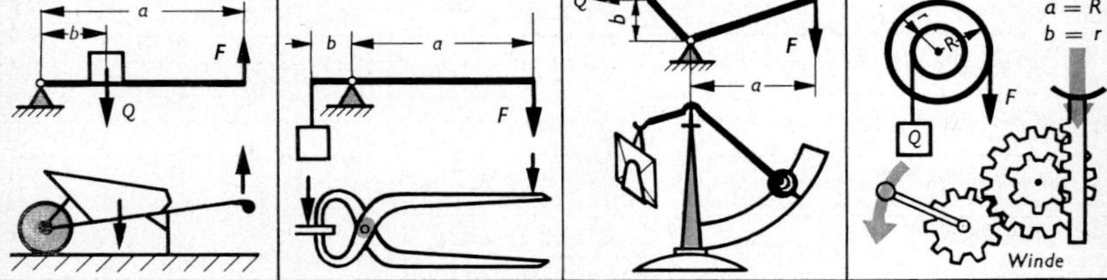

$$F \cdot a = Q \cdot b$$

Kraft F × Kraftarm a = Last Q × Lastarm b

Drehmoment der Kraft = Drehmoment der Last

Der Hebelarm ist stets vom Drehpunkt aus und senkrecht zur Kraftrichtung zu messen.

Schiefe Ebene, Keil

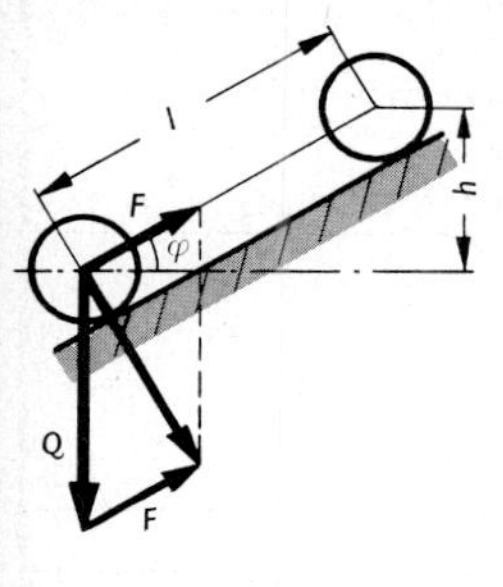

$$F = Q \cdot \sin\varphi = \frac{h}{l}$$

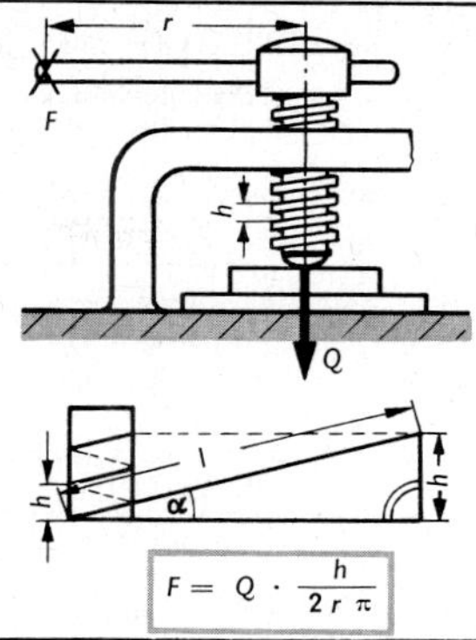

$$F = Q \cdot \frac{h}{2\,r\,\pi}$$

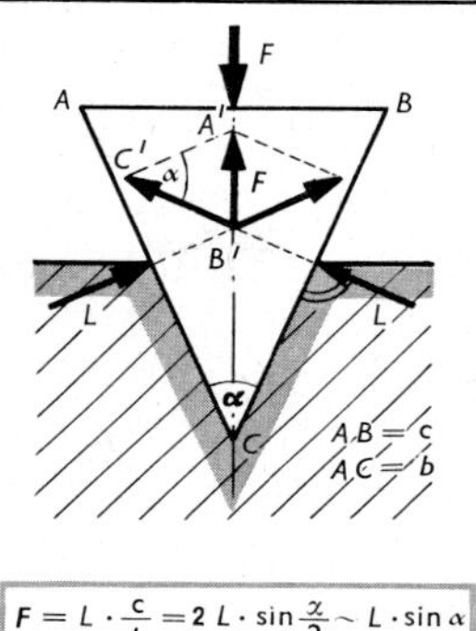

$$F = L \cdot \frac{c}{b} = 2\,L \cdot \sin\frac{\alpha}{2} \sim L \cdot \sin\alpha$$

Riementrieb

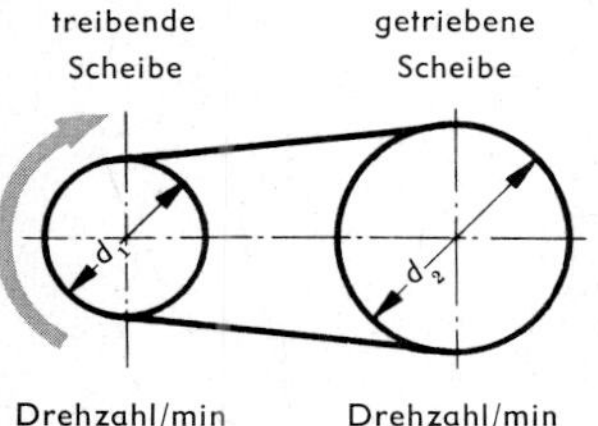

Es ist: Durchmesser × Drehzahl der treibenden Scheibe = Durchmesser × Drehzahl der getriebenen Scheibe

$$d_1 \cdot n_1 = d_2 \cdot n_2$$

nach DIN 868 ist:

$$\text{Übersetzung } i = \frac{\text{Drehzahl der treib. Scheibe } n_1}{\text{Drehzahl der getrieb. Scheibe } n_2} \text{ oder}$$

$$i = \frac{\text{Durchmesser der getrieb. Scheibe } d_2}{\text{Durchmesser der treib. Scheibe } d_1}$$

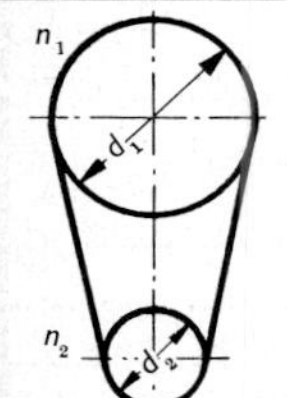

Einfache Übersetzung

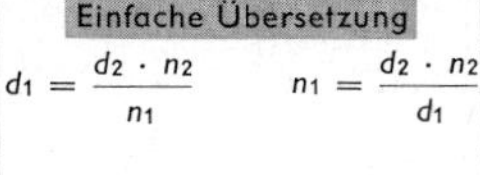

$$d_1 = \frac{d_2 \cdot n_2}{n_1} \qquad n_1 = \frac{d_2 \cdot n_2}{d_1}$$

$$d_2 = \frac{d_1 \cdot n_1}{n_2} \qquad n_2 = \frac{d_1 \cdot n_1}{d_2}$$

$$\text{Übersetzung } i = \frac{n_1}{n_2} = \frac{d_2}{d_1}$$

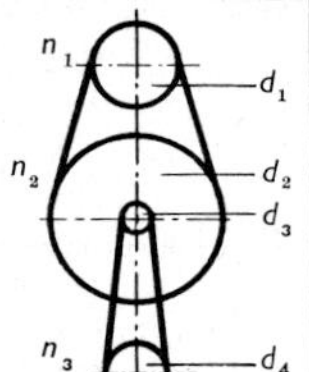

Doppelte Übersetzung

$$n_3 = n_1 \cdot \frac{d_1 \cdot d_3}{d_2 \cdot d_4}$$

$$\text{Übersetzung } i = \frac{n_1}{n_3}$$

$$\text{oder: } = \frac{d_2 \cdot d_4}{d_1 \cdot d_3}$$

Die **Riemendicke** darf höchstens 1/20 des kleinsten Scheibendurchmessers betragen.

Riemengeschwindigkeit $v\ [\text{m/s}] = \frac{d \cdot \pi \cdot n}{60} = 0{,}0524 \cdot d \cdot n$

Umschlingungswinkel α auf der kleineren Scheibe für offene Triebe: $\alpha = 180° - 60° \cdot \frac{D - d}{A}$

Riemenlänge L für

a) **offene Triebe:**

$$L = 2\,A + 1{,}57 \cdot (D + d) + \frac{(D - d)^2}{4\,A}$$

b) **gekreuzte Triebe:**

$$L = 2\,A + 1{,}57\ (D + d) + \frac{(D + d)^2}{4\,A}$$

D = Ø der großen Scheibe
d = Ø der kleinen Scheibe
A = Achsenabstand beider Scheiben.

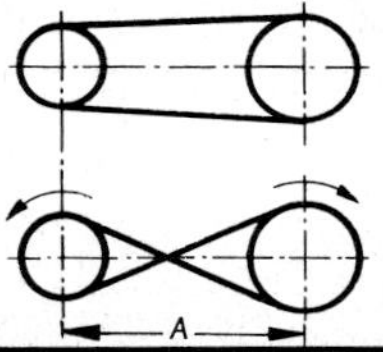

Grundbegriffe der mechanischen Werkstoffprüfung

Im Zugversuch werden normgerecht vorbereitete Probekörper auf Prüfmaschinen (nach DIN 51121) einachsig auf Zug beansprucht. Bei organischen Werkstoffen (Kunststoffen, Holzwerkstoffen) werden die Meßwerte stark beeinflußt von Prüfgeschwindigkeit, Temperatur, Feuchtegehalt, Auswahl und Vorbehandlung der Proben. Nur bei streng eingehaltenen Prüfbedingungen hat die Prüfung einen Sinn, dürfen Werkstoffe danach beurteilt und verglichen werden.

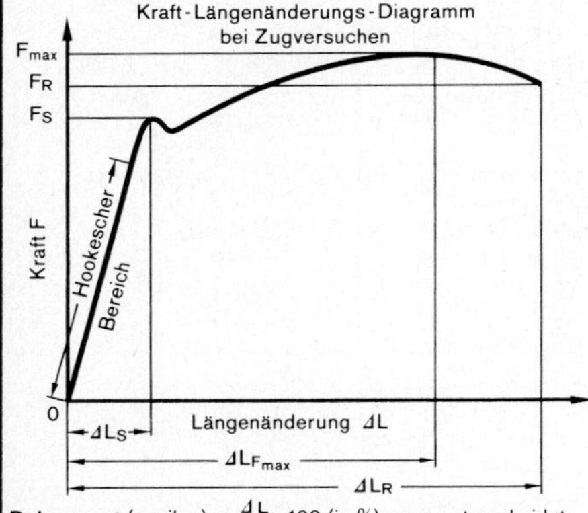

Im Diagramm bedeuten:

F_{max} Höchstkraft in N;
F_R Reißkraft (im Augenblick des Reißens) in N;
F_S zur Streckspannung σ_S (siehe unten!) gehörende Kraft = Streckkraft in N;
ΔL Längenänderung in mm, und zwar
ΔL_{Fmax} bei der Höchstkraft,
ΔL_R bei der Reißkraft,
ΔL_S bei der Streckkraft;
A_0 ist der kleinste Anfangsquerschnitt des Probekörpers in cm², aus den Meßwerten von Dicke und Breite berechnet;
L_0 ist die ursprüngliche Meßlänge des Probekörpers in mm.

Dehnung ε (epsilon) $= \frac{\Delta L}{L_0} \cdot 100$ (in %); man unterscheidet:
elastische Dehnung (nach Entlastung wieder verschwindende),
bleibende (plastische) Dehnung und **Gesamtdehnung.**

Dehnung bei Höchstkraft $\varepsilon_B = \frac{\Delta L_{Fmax}}{L_0} \cdot 100$ in %.
Dehnung bei Reißkraft = Reißdehnung $\varepsilon_R = \frac{\Delta L_R}{L_0} \cdot 100$ in %;
Dehnung bei Streckspannung $\varepsilon_S = \frac{\Delta L_S}{L_0} \cdot 100$ in %.
Der Dehnung entspricht beim Druckversuch die **Stauchung** $\varepsilon_d = \frac{\Delta L}{L_0}$;
ΔL = Zusammendrückung; L_0 = ursprüngliche Probenhöhe.

Zugspannung σ (sigma): Kraft F in jedem beliebigen Zeitpunkt des Versuchs, bezogen[1] auf den kleinsten Anfangsquerschnitt A_0 der Probe (genau, aber zu schwierig: auf den jeweils vorhandenen Querschnitt der Probe): $\sigma = \frac{F}{A_0}$; man unterscheidet:
Zugfestigkeit σ_B = Zugspannung bei Höchstkraft: $\sigma_B = \frac{F_{max}}{A_0}$ in N/mm²;
Reißfestigkeit σ_R = Zugspannung im Zeitpunkt des Reißens: $\sigma_R = \frac{F_R}{A_0}$ in N/mm²! σ_B und σ_R unterscheiden sich besonders bei Stoffen, deren Probekörper während des Versuchs fließen, abhängig von der Prüfgeschwindigkeit.
Streckspannung σ_S = Zugspannung, bei der erstmalig eine unveränderte (F_S) oder (vorübergehend) abnehmende Kraft eine weitere Längenänderung bewirkt und nach Unterbrechen des Versuchs eine bleibende Dehnung zu bemerken ist: $\sigma_S = \frac{F_S}{A_0}$ in N/mm² (kommt nicht immer vor).

Elastizitätsmodul E: Die Kraft F, die auf den Anfangsquerschnitt A_0 eines in Zug- oder Druckrichtung liegenden prismatischen Körpers wirkt (das ist die Spannung σ), wird bezogen[1] auf die dadurch bewirkte Verformung. Im Hookeschen Bereich, wo sich Kraft u. Verformung entsprechen, wird an Stelle der Verformung, die hier sehr klein ist, beim Zug die Dehnung, beim Druck die Stauchung gesetzt; es gilt dann das Hookesche Gesetz: $E = \frac{\sigma}{\varepsilon} = \frac{F \cdot L_0}{A_0 \cdot \Delta L}$.
E ist eindeutiger zu bestimmen als die obigen Festigkeiten, nur bei visko-elastischen Kunststoffen wird auch E eine von Temperatur und Verformungsgeschwindigkeit stark abhängige Größe.

Die **Biegefestigkeit** σ_{dB}, bestimmt an frei auf 2 Stützen liegenden Probekörpern rechteckigen Querschnitts bei mittigem Kraftangriff bis zum Bruch, beträgt $\sigma_{dB} = \frac{M}{W} = \frac{3 \cdot P_{max} \cdot L_S}{2 \cdot b \cdot a^2}$ in N/mm²; darin bedeuten:
P_{max} Bruchlast in N; L_S Stützweite in cm; a Höhe (Dicke) und b Breite des Probekörpers in cm; $M = \frac{P_{max}}{2} \cdot \frac{L_S}{2}$ Biegemoment eines Trägers auf 2 Stützen mit mittiger Einzellast; $W = \frac{b \cdot a^2}{6}$ = Widerstandsmoment eines Stabes (Balkens, nur formabhängig) gleichbleibenden rechteckigen Querschnitts. $W = \frac{J}{a/2}$, worin $J = \frac{b \cdot a^3}{12}$ Flächenträgheitsmoment, $a/2$ (allgemein e genannt) Abstand der beim Biegen am stärksten beanspruchten Zone (oben auf Druck, unten auf Zug) von der unbelasteten Zone in halber Rechteckshöhe bedeuten.

[1] Die in Begriffsbestimmungen übliche Wendung, die Größe A sei **bezogen** auf die Größe B, heißt, der Zahlenwert von A ist durch den Zahlenwert von B zu teilen (dividieren).

Schall und Schallschutz

Schall = Mechanische Schwingungen eines elastischen Mittels (Mediums);
Frequenz = Zahl der Schwingungen je Sekunde; die Einheit 1/s heißt Hertz (Hz);
Hörschall = Schall im Bereich menschlichen Hörens zwischen ≈16 Hz und ≈ 16 kHz;
Luftschall = Schall im Medium Luft, entsprechend: **Wasserschall, Körperschall;**
Ultraschall = Schall einer Frequenz über 16 kHz; vom Menschen nicht hörbar;
Schalldruck = Durch Schallschwingung erzeugter Wechseldruck;
Schallschnelle = Wechselgeschwindigkeit eines kleinen schwingenden Teilchens; darf nicht mit der Ausbreitungsgeschwindigkeit verwechselt werden;
Schalleistung = (abgegebene, durchtretende oder aufgenommene) **Schallenergie,** geteilt durch die zugehörige Zeitdauer;
Schallintensität = Schalleistung, geteilt durch die Fläche senkrecht zur Richtung des Energietransportes (Produkt aus Schalldruck und Schallschnelle)
Geräusche = Nicht zweckbestimmte Schallereignisse, z. B. Wohn-, Maschinengeräusche.
Lärm = Jedes Hörschall, der stört, belästigt oder (und) gefährdet.

Von der Schalleistung P, die auf eine Wand oder Decke trifft, wird ein
Anteil $P_1 : P = \varrho$ reflektiert (zurückgeworfen), ein
Anteil $P_2 : P = \vartheta$ in der Wand in Wärme verwandelt (geht verloren), ein
Anteil $P_3 : P = \tau$ durchgelassen:

$$P_1 + P_2 + P_3 = P \text{ oder } \varrho + \vartheta + \tau = 1$$

$P_1 : P = \varrho$ heißt **Schallreflexionsgrad,** wird durch Schallschluckung kleiner;
$P_2 : P = \vartheta$ heißt **Schalldissipationsgrad** (von lat. dissipare = zerstreuen)
$P_3 : P = \tau$ heißt **Schalltransmissionsgrad** (von lat. transmittere = jemand durchlassen)
Für den Senderaum ist $\vartheta + \tau = \alpha$ der **Schallschluckgrad**

Schallschutz vermindert den Schall, der von einer Schallquelle zum Hörer dringt. Man erzielt den Schutz hauptsächlich durch
Schalldämmung, wenn sich Schallquelle und Hörer in verschiedenen Räumen,

Schallschluckung, wenn sich Schallquelle und Hörer in einem Raum befinden.
Um diese richtig beurteilen und ausführen zu können, benötigt man die
Schallmessung („Grundlagen der Schallmessung" nach DIN 45630, Bl. 1. Dez. 1971)

Das logarithmierte Verhältnis zweier Feld- oder zweier Energiegrößen des Schalls, wenn Zähler und Nenner gleichartige Größen gleicher Einheit sind und
a) die Nennergröße eine festgelegte Bezugsgröße ist, heißt **– pegel** L ;
b) der Zahlenwert beider beliebig ist, ist eine **– pegeldifferenz** $D = L_1 - L_2$;

(Allgemein gilt: $\lg \frac{A_1}{A_0} = \lg\left(\frac{A_1}{A_2} \cdot \frac{A_0}{A_0}\right) = \lg \frac{A_1}{A_0} - \lg \frac{A_2}{A_0} = L_1 - L_2$, wenn A_0 Bezugsgröße ist)

c) und erhält einen Namen, der auf „– maß" endet, wenn die Schallpegeldifferenz Eigenschaften eines Objekts bezeichnet; Beispiel: Schalldämm-Maß R.

Feldgrößen = Größen, deren Quadrate der Energie proportional sind, z. B. Schalldruck, Schallschnelle Geschwindigkeit;

Energiegrößen = Größen, die der Energie proportional sind, z. B. Schallenergie, – leistung, – intensität.

Bei Feldgrößen der 20fache, bei Energiegrößen der 10fache Zehnerlogarithmus des Verhältnisses ergibt den Zahlenwert in der Einheit Dezibel = 0,1 Bel = dB.

Art des Pegels	Schall- druckpegel	schnellepegel	leistungspegel	intensitätspegel
in dB	$L_p = 20 \cdot \lg \frac{p}{p_0}$	$L_v = 20 \cdot \lg \frac{v}{v_0}$	$L_P = 10 \cdot \lg \frac{P}{P_0}$	$L_J = 10 \cdot \lg \frac{J}{J_0}$
Bezugsgröße: (SI)	$p_0 = 2 \cdot 10^{-10}$ bar $= 2 \cdot 10^{-5}$ Pa	$v_0 = 50$ nm/s $= 5 \cdot 10^{-8} \frac{m}{s}$	$P_0 = 1$ pW $= 10^{-12}$ W	$J_0 = 1 \frac{pW}{m^2} = 10^{-12} \frac{W}{m^2}$

Für die Bezugsgrößen gilt: $p_0 \cdot v_0 = J_0$

Luft- und Trittschalldämmung
werden bestimmt nach DIN 52210, Bl. 1, Mai 1971

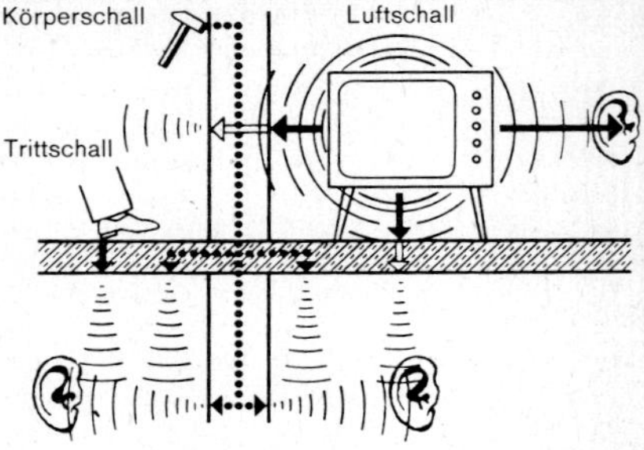

Die Luftschalldämmung wird bestimmt mit

1) dem **mittleren Schalldruckpegel**

$$L = 20 \cdot \lg \frac{p_1 + p_2 + \ldots p_n}{n \cdot p_0} \text{ dB}$$

(p_1 bis p_n = an n Stellen im Raum gemessener Schalldruck)

2) der **Schallpegeldifferenz** $D = L_1 - L_2$ zwischen Senderaum 1 und Empfangsraum 2

3) dem **Schalldämm-Maß** $R = 10 \cdot \lg \frac{P_1}{P_2}$ dB
mit den beiden Schalleistungen
P_1, die die Trennwand oder -decke trifft, und P_2, die in den Empfangsraum abgestrahlt wird.

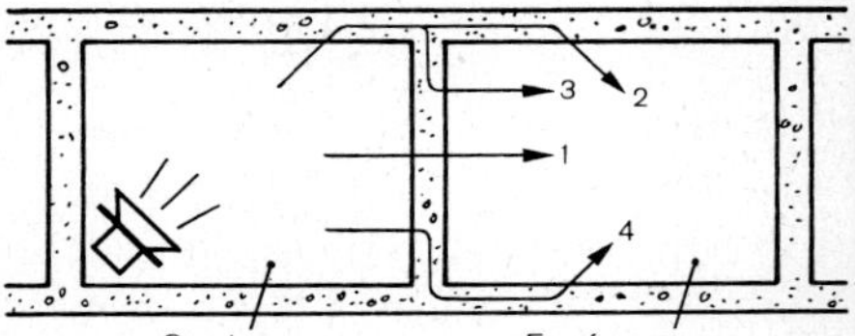

Das **Labor - Schalldämm - Maß** R bestimmt die nur auf Prüfständen herstellbare nebenwegfreie Schalldämmung (Weg 1), das **Bau - Schalldämm - Maß** R' berücksichtigt zusätzlich die **Flankenübertragung** des Schalls (Wege 2 bis 4). Schallsender müssen mit Rauschen oder Heultönen gespeiste Lautsprecher sein, deren Leistung einen Schallpegel im Empfangsraum liefert, der 10 dB über dem Störpegel liegt.

Trittschalldämmung = Dämmung jeder punktweisen Körperschallanregung einer Decke. Diese wird für Messungen durch ein Norm-Hammerwerk erregt.

Trittschallpegel = Schallpegel L im Raum unter der Decke.

Verbesserung der Trittschalldämmung = Unterschied der Trittschallpegel vor und nach Anbringen einer Deckenauflage.

Schallschluckung (Schallabsorption) = Verlust an Schallenergie an den Begrenzungsflächen eines Raumes und an den Personen oder Gegenständen in ihm.

Hörsamkeit = Eignung eines Raumes für Schalldarbietungen (DIN 18041, Okt. 1968)

Nachhall = Abnahme der Schallenergie im geschlossenen Raum nach Beenden der Schallsendung. Wird der Laufzeitunterschied zwischen unmittelbarem Schall und reflektiertem Umwegschall größer als 1/20 s, der Umweg größer als 17 m, so nimmt das Ohr getrennte Schalleindrücke wahr, Silben und Töne verwischen.

Nachhallzeit T = Zeitspanne, während der nach Beenden der Schallsendung der Schallpegel um 60 dB fällt, d. h. die Schallenergie auf ein Millionstel sinkt. T kennzeichnet das Schluckvermögen des Raumes.

Äquivalente Schallschluckfläche A = Gedachte Fläche mit vollständiger Schallschluckung ($\alpha = 1$), die den gleichen Anteil der Schallenergie schlucken würde, wie die gesamte Oberfläche des Raumes und der Personen und Gegenstände in ihm. A kennzeichnet die gesamte Schallschluckung in einem Raum. A kann näherungsweise berechnet werden nach der Zahlenwertgleichung (Nachhallformel von Sabine)

$A = 0{,}163 \cdot \frac{V}{T}$ in m^2 (V = Volumen des Raumes in m^3; T in s)

Mit A oder T erhält man (nach DIN 4109, Bl. 1) die Minderung des Schallpegels L, die in einem Raum (2) durch schallschluckende Stoffe oder Einbauten (dazu siehe DIN 18041) gegenüber dem unbehandelten Raum (1) erreicht wird, zu

$$\Delta L = 10 \lg \frac{A_2}{A_1} = 10 \cdot \lg \frac{T_1}{T_2} \quad \text{in dB}$$

Die Nachhallzeit in Zuhörerräumen wird gemessen nach DIN 52216, Aug. 1965

Schallpegel werden gemessen mit „Präzisionsschallpegelmesser" nach DIN 45633, Bl. 1, März 1970: Schalldruckempfänger ist ein Mikrophon; der Anzeigeteil zeigt den Effektivwert des Schalldrucks an; eingeschaltete Netzwerke (Terz- oder Oktavfilter) ergeben nach den Bewertungskurven A, B oder C, vorwiegend A, **frequenzabhängig bewertete Schalldruckpegel,** geschrieben: L = ... dB (A) für Kurve A; sie berücksichtigen bestimmte Eigenschaften des menschlichen Gehörs, stimmen aber nur grob annähernd mit dem (subjektiven) Lautstärkepegel überein.

Fortsetzung: Schallschutz

Maße dafür, wie lautstark normalhörende Menschen einen Schall wahrnehmen, sind der **Lautstärkepegel in phon** und die **Lautheit in sone** (DIN 45630, Bl. 1)

Der **Lautstärkepegel** L_s beträgt n **phon**, wenn normalhörende Beobachter den mit beiden Ohren gehörten Schall als gleich laut beurteilen wie einen reinen Ton der Frequenz 1000 Hz, der als ebene fortschreitende Schallwelle genau von vorn auf die Beobachter trifft und dessen Schalldruckpegel n dB beträgt. Objekt- und Standardschall sollen im Wechsel je 0,5 bis 1 s lang gehört werden. Aus den Angaben einer größeren Anzahl normalhörender Beobachter erhält man als einen Mittelwert

a) den **Standardlautstärkepegel,** wenn der Standardschall,

b) den **Objektlautstärkepegel,** wenn der Objektschall geändert wird, während der andere konstant bleibt.

Der Pegel nach a) ist allgemein höher als der nach b); der **„interpolierte Lautstärkepegel"**, der Mittelwert aus a) und b), gilt nach DIN 1318, Sept. 1970, als **Norm-Lautstärkepegel** L_s.

Das knackfreie Ein- und Ausschalten beider Schalle beim Vergleich erfordert elektroakustische Zwischenglieder (Lautsprecher, Kopfhörer) und bedeutet, daß beliebiger, nicht abschaltbarer Schall auf diese Weise nicht beurteilt werden kann. Objektive Messungen werden deshalb bevorzugt.

Die **Lautheit** S soll der Stärke der Schallwahrnehmung normalhörender Beobachter direkt proportional sein; sie ist sehr schwierig unmittelbar zu bestimmen.

International (ISO/R 131-1959) festgelegt ist die Beziehung:

$$\lg S = 0{,}1 \cdot (L_s - 40) \cdot \lg 2 \approx 0{,}03\,(L_s - 40)$$

gültig für den Bereich zwischen 20 und 120 phon (Schmerzschwelle $\approx$ 130 phon)

Aus ihr ergibt sich zweierlei:

1. Die Einheit 1 sone ist die Lautheit eines Schalls mit dem Lautstärkepegel 40 phon, denn für $L_s = 40$ wird $\lg S = 0$ und $S = 1$;
2. Die Lautheit S_2 ist, nachdem der Lautstärkepegel L_s um 10 phon
   a) gestiegen ist, doppelt so groß wie die vorherige Lautheit S_1;
   b) gesunken ist, halb so groß wie die vorherige Lautheit S_1.
   Rechnerischer Nachweis: $\lg S_2 = 0{,}1\,(L_s \pm 10 - 40) \cdot \lg 2$ minus $\lg S_1 = 0{,}1 \cdot (L_s - 40) \cdot \lg 2$

$$\lg S_2 - \lg S_1 = \lg \frac{S_2}{S_1} = \pm \lg 2 \quad \text{oder: } S_2 = 2\,S_1 \text{ bei } + \lg 2 \text{ und } S_2 = \frac{1}{2}\,S_1 \text{ bei } - \lg 2$$

Beziehung zwischen Lautstärkepegel in phon und Lautheit in sone

phon	sone	phon	sone	phon	sone	phon	sone
20	0,250	36	0,758	55	2,83	90	32,0
30	0,500	37	0,812	60	4,00	95	45,3
31	0,536	38	0,871	65	5,66	100	64,0
32	0,574	39	0,933	70	8,00	105	90,5
33	0,616	40	1,000	75	11,3	110	128
34	0,660	45	1,41	80	16,0	115	181
35	0,707	50	2,00	85	22,6	120	256

Auf 2 Stellen runden: genauer genannte Werte nur zum Interpolieren.

„Beurteilung von Lärm in Wohnungen" (VDI-Richtlinie 2565)

Die Geräusche stammen von	Der A-bewertete Schallpegel soll in Aufenthaltsräumen nicht höher sein als	
Schallquellen in fremden (benachbarten) Wohnräumen	tags	40 dB(A)
	nachts	30 dB(A)
außen (Straßenverkehr, Industriebetrieben)	tags	35 dB(A)
	nachts	25 dB(A)

Nach DIN 4109, Bl. 2 (Sept. 1962) dürfen die von Einrichtungen häuslicher Gemeinschaftsanlagen oder von Geräten und Maschinen gewerblicher Betriebe übertragenen Geräusche in Arbeits-, Schlaf- und Wohnräumen, in der Mitte des Raumes gemessen, 30 phon nicht überschreiten, bei Anlagen, die nur zwischen 7 und 22 Uhr betrieben werden, darf diese Lautstärke ausnahmsweise bis auf 40 phon ansteigen.

Schalldämmung

Schallschluckstoffe vermindern den durch Rückwurf (Reflexion) an den Begrenzungsflächen des Raumes bedingten hohen Schallpegel (die Halligkeit des Raumes). Die Poren dieser Stoffe (Akustikplatten) dürfen nicht mit einem Anstrich oder Putz verschlossen werden.

Schallschluckgrad von Akustikplatten bei verschiedenen Frequenzen

(Verhältnis der verschluckten zur senkrecht auftreffenden Schallenergie in %)

Werkstoff, seine Beschaffenheit und Befestigung[1]	Frequenz des Schalls in Hertz					
	125	250	500	1000	2000	4000
(Nach Messungen deutscher und englischer Institute)	Verschluckte Schallenergie in %					
Beton, roh	1	1	2	2	2	3
Wand, verputzt (höhere Werte für 2 cm Kalkputz)	1...4	2...5	2...6	3...8	4...6	6...7
Fenster, gewöhnliche Scheibendicke und -größe	35	25	18	12	7	4
Fenster, große Scheiben	18	6	4	3	2	2
Gewöhnlicher Holzfußboden auf Balken, lackiert	15	11	10	7	6	7
Schallschluckplatte, 12...13 mm dick, 3,42 kg/m²						
a) gelocht, 6% Lochfläche, 4...5 mm Loch-Durchmesser						
auf Putzfläche geklebt (völlig ebener Untergrund)	14	27	54	63	75	80
auf Lattenrost genagelt, 3 cm Luftpolster	20	45	55	60	62	64
auf Lattenrost genagelt, 5 cm Luftpolster	32	48	61	61	70	75
b) kreuzgeschlitzt, Schlitze 4 mm breit						
auf Putzfläche geklebt (völlig ebener Untergrund)	11	18	42	45	47	56
auf Lattenrost genagelt, 3 cm Luftpolster	16	30	45	48	55	59
auf Lattenrost genagelt, 5 cm Luftpolster	18	38	50	52	60	65
c) längsgeschlitzt, Schlitze 4 mm breit						
auf Putzfläche geklebt (völlig ebener Untergrund)	7	15	34	40	43	49
auf Lattenrost genagelt, 3 cm Luftpolster	8	26	40	42	48	54
auf Lattenrost genagelt, 5 cm Luftpolster	11	32	45	44	49	60
Schallschluckplatten, 18...19 mm dick, 4,56 kg/m²						
a) gelocht, 6% Lochfläche, 4...5 mm Loch-Durchmesser						
auf Putzfläche geklebt (völlig ebener Untergrund)	17	33	60	68	76	80
auf Lattenrost genagelt, 3 cm Luftpolster	25	44	59	61	69	74
auf Lattenrost genagelt, 5 cm Luftpolster	35	51	65	66	70	74
b) kreuzgeschlitzt, Schlitze 4 mm breit						
auf Putzfläche geklebt (völlig ebener Untergrund)	14	23	48	53	60	64
auf Lattenrost genagelt, 3 cm Luftpolster	19	34	49	52	59	65
auf Lattenrost genagelt, 5 cm Luftpolster	24	43	56	60	62	66
c) längsgeschlitzt, Schlitze 4 mm breit						
auf Putzfläche geklebt (völlig ebener Untergrund)	10	18	44	45	50	52
auf Lattenrost genagelt, 3 cm Luftpolster	16	29	44	47	52	59
auf Lattenrost genagelt, 5 cm Luftpolster	19	37	51	55	58	59
Schallschluck-Hartplatte, 15...16 mm dick, 5,62 kg/m², harte Deckschicht ≈ 2 mm, gelocht, 6% Lochfläche, 4...5 mm Loch-⌀						
auf Putzfläche geklebt (völlig ebener Untergrund)	24	31	40	50	55	57
auf Lattenrost genagelt, 3 cm Luftpolster	30	35	45	55	58	59
Holzspanplatte, 18...19 mm dick, 5,3 kg/m²						
ohne Wandabstand	4	15	65	69	55	54
mit 5 cm Luftpolster	21	56	57	51	65	58
Sperrholz, 6 mm dick, 10 cm Glaswolle dahinter	30	11	6	5	3	2
Korkplatten, 2 cm dick, auf Putzfläche geklebt	8	2	8	19	21	22
Glasfaserplatten, 61 × 92 cm, auf Putzfläche geklebt						
2,5 cm dick, 1,1 kg/m²	24	32	65	77	73	81
2,5 cm dick, 1,7 kg/m²	20	41	75	87	86	82
2,5 cm dick, 2,3 kg/m²	25	41	86	94	84	81
5,0 cm dick, 2,3 kg/m²	41	60	99	99	84	81

[1] DIN 4109, Bl. 5, April 1963: „Unmittelbar aufgeklebte oder angenagelte Schallschluckplatten (Akustikplatten) verbessern die Luftschalldämmung einer Decke oder Wand in der Regel nicht.
Vollflächig aufgeklebte oder anbetonierte und geputzte Holzwolle-Leichtbauplatten, Schilfrohrplatten, harte Schaumkunststoffplatten oder Platten ähnlicher dynamischer Steifigkeit s' **verschlechtern** den Schallschutz einschaliger Decken und Wände" (das sind solche, die als Ganzes schwingen)

Verbesserung des Trittschallschutzes durch verschiedene Deckenauflagen

unmittelbar nach Fertigstellung der Decke gemessen (nach DIN 4109, Bl. 5, April 1963)

Deckenauflagen	Verbesserung in Dezibel
Parkettbelag [1] auf 10mm dicken, porigen Holzfaserplatten, darunter Dämmplatten, Gruppe I [2]	27 und mehr
Parkettbelag [1] auf 25mm dicken Holzwolle-Leichtbauplatten, darunter Dämmschichten, Gruppe I [2]	27 und mehr
Parkettbelag auf 20mm dicken Torfplatten	16
Holzfußboden auf Streifen aus Dämmschichten [3] Gruppe I [2]	24
Holzfußboden auf Lagerhölzern, unmittelbar auf Massivdecke verlegt	16
Teppichboden, fest eingebaut, je nach Art und Ausführung	20 ... 30
Kokosfaser - Läufer, fest eingebaut, je nach Art	17 ... 22
Gummibelag, 5mm dick, davon 4mm Porengummi - Unterschicht [4]	24
Gummibelag, 2,5mm dick	10
Korkparkett, 6mm dick, oder PVC - Belag mit Filzunterlage	15
Korklinoleum, je nach Dicke: bei 3,2 mm 12 dB; bei 6 mm Dicke 15 dB	12 ... 18
Linoleum, 2,5mm dick, auf 5mm Holzfaserplatten aufgeklebt, darunter 10mm dicke, porige Holzfaserplatten, lose verlegt	17
Linoleum, 2,5mm dick, auf Filzpappe (800 g/m^2)	14
Linoleum, 2,5mm dick	7

[1] Nach DIN 4109, Bl.5. verbessert unmittelbar auf einer Massivdecke aufgeklebtes Parkett weder die Luftschall- noch die Trittschalldämmung; auf einer geeigneten Dämmschicht verlegtes Parkett verbessert die Trittschalldämmung, nicht die Luftschalldämmung. Man erreicht hohe Trittschalldämmung, zugleich ausreichende Luftschalldämmung, wenn das Parkett auf Holzwolle - Leichtbauplatten mit weichfedernden Dämmschichten nach DIN 18164, Bl. 2 und DIN 18165, Bl. 2, (siehe folgende Seite!) als Unterlage liegt.

[2] Dämmschichten der Dämmschichtgruppe I haben eine dynamische Steifigkeit $s' \leqq 30$ MN/m³. Eine kleine dynamische Steifigkeit s' weichtedernder Dämmschichten bezeichnet eine hohe trittschalldämmende Wirksamkeit unter schwimmenden Estrichen. Estriche, fugenlose Fußböden (physikalisch: lastverteilende Platten) aus einer anfangs weichen, später erhärtenden Masse, heißen schwimmend, wenn sie auf einer weichfedernden Dämmschicht aufgebracht werden, auf dieser beweglich bleiben und eine flächenbezogene Masse $m' \geqq 40$ kg/m² haben. Sie verbessern den Trittschallschutz einer Decke erst oberhalb ihrer Eigenfrequenz $f_0 = \frac{1}{2\pi}\sqrt{\frac{s'}{m'}}$ in Hertz. Je kleiner f_0, d. h. aber je kleiner s' (in MN/m³) und je größer m' (in kg/m²) sind, desto besser ist die Trittschalldämmung. Nach der Definition ist $s' = \frac{F}{S \cdot \Delta d}$. Dabei sind F die aut eine Dämmschicnt von der Fläche S (in m²) einwirkende Wechselkraft (in kN) und Δd die dabei auftretende Dickenänderung (in mm). Bei porigen Platten ist s' die Summe zweier dynamischer Steifigkeiten, jener des tragenden Gefüges der Dämmschicht und jener der Luft, die in der Dämmschicht eingeschlossen ist: $s' = s'_G + s'_L$.
s'_G wird experimentell, s'_L rechnerisch nach DIN 52214, Sept. 1976, bestimmt.

[3] Fußbodenbretter (und Unterdecken) dürfen nicht durch die Dämmstreifen hindurch auf (an) die Balken genagelt werden: Nägel sind vorzügliche Schallbrücken, verbundene Teile schwingen als Ganzes.

[4] weichfedernde Gehbeläge dämmen gegen Trittschall um so besser, je weichfedender der Belag ist und bleibt. Diese Auflagen verbessern jedoch die Luftschalldämmung nicht.

Bodenbeläge aus Polyvinylchlorid (PVC)

Die Anforderungen an und die Prüfung von Bodenbelägen aus PVC werden durch die folgenden DIN - Normen, Ausgabe April 1977, bestimmt:

Nr.	Bodenbelag	DIN
1	Vinyl – Asbest – Platten, quadratisch, mind. 1,6 mm dick.	16950
2	PVC - Beläge ohne Träger, homogen oder heterogen, Platten oder Bahnen, mind. 1,5 mm dick.	16951
3	PVC - Beläge mit genadeltem Jutefilz als Träger	16952, Teil 1
4	PVC - Beläge mit Korkment als Träger	16952, Teil 2
5	PVC - Beläge mit Unterschicht aus PVC - Schaumstoff	16952, Teil 3
6	PVC - Beläge mit Synthesefaser - Vliesstoff als Träger	16952, Teil 4

Die PVC - Beläge mit Träger nach DIN 16952, Teil 1 bis 4, werden in der Regel in Form von Bahnen geliefert.

Schaumkunststoffe für die Trittschalldämmung nach DIN 18164, Bl. 2, Dez. 1972,

sind Partikel-Schaumkunststoffe aus geblähten Polystyrolgranulaten, die zu Platten oder Bahnen verschweißt oder verklebt sind. Sie sind überwiegend geschlossenzellig. Die Flächen und/oder Kanten können profiliert sein. Sie können beschichtet und müssen mindestens bis 70°C formbeständig sein. Typkurzzeichen: T.

Lieferform: Platten in Vorzugsgröße: 500 × 1000 mm
Bahnen in Vorzugsbreite: 1000 mm — zul. Abweichung +1%

Brandverhalten: Schaumkunststoffe sind in der Regel „normalentflammbar". Werden sie „schwerentflammbar" hergestellt, so erhalten diese Typen zusätzlich das Zeichen: SE.

Faserdämmstoffe für die Trittschalldämmung nach DIN 18165, Bl. 2, Jan. 1975,

bestehen aus Mineral- oder Pflanzenfasern, erstere aus Silikatschmelzen, letztere aus Kokos, Holz oder Torf bereitet.

Lieferform	Faserbindung	Beschichtung	Beschichtung ist mit den Fasern	Lieferart	Vorzugs-breite mm	zul. Abw.	Vorzugs-länge mm	zul. Abw.
Platten	durch Bindemittel oder Vernadeln	keine oder z. B. Pappe, Papier oder Kunststofffolien	verklebt	eben	500	±1%	1000	±2%
Filze	keine oder durch Bindemittel oder Vernadeln			gerollt	1000		10000	−2%
Matten			versteppt					

Das **Brandverhalten** wird durch zusätzliche Zeichen zum Typkurzzeichen T angezeigt: „nichtbrennbar": A1 oder A2; „schwerentflammbar": B1; „normalentflammbar": B2; „leichtentflammbar: Kein Zeichen.

Die Dämmstoffe für die Trittschalldämmung nach DIN 18164 und DIN 18165 verbessern auch die Luftschall- und die Wärmedämmung. Sie müssen ausreichend alterungsbeständig und widerstandsfähig gegen Schimmelpilze sein. Sie müssen an allen Stellen gleichmäßig dick sein, ein gleichmäßiges Gefüge und gerade und parallele Kanten haben. Platten müssen rechtwinklig, ihre Oberflächen eben sein. Bei profilierten Platten muß die ganze Fläche oder Kante gleichmäßig profiliert sein.

Ihre **Nenndicke** sind die beiden Werte d_L/d_B, die stets zusammen angegeben werden, z. B. 19/15 mm. Die (Liefer-) Dicke d_L und die Dicke unter Belastung d_B werden an denselben 10 quadrat. Prüfkörpern von 200 mm Kantenlänge bestimmt. Dafür erforderlich: 2 quadrat. Meßplatten von 200 mm Kantenlänge, die eine Platte 1 kg, die andere 8 kg schwer, außerdem 192 kg.

Messen von d_L: Auf einer ebenen, ausreichend großen Unterlage wird der Prüfkörper mit der leichten Meßplatte belastet (≙0,25 kN/m²), 2 Minuten später seine Dicke gemessen. Der auf Millimeter gerundete Mittelwert aus 10 Messungen gilt als d_L

Messen von d_B: Der Prüfkörper wird mit der schweren Meßplatte, zusätzlich mit 192 kg (≙48 kN/m²) belastet. Nach 2 Minuten werden die 192 kg entfernt, 2 bis 5 Minuten später wird beim Druck der Meßplatte (≙2 kN/m²) die Dicke gemessen und auf 0,1 mm gerundet. Der Mittelwert aus 10 Messungen gilt als d_B. Etwaige Beschichtungen werden mitgemessen, sind im Maß enthalten.

Es gelten nebenstehende Normwerte:

Dicke d_L mm	Dicke unter Belastung d_B bei Schaumkunststoffen mm			Faserdämmstoffen mm	
	10,0	17,5	25,0	7,5[1)]	20,0
$d_L \geq d_B$	12,5	20,0	30,0	10,0	22,5
	15,0	22,5	35,0	15,0	25,0

[1)] Nur für pflanzliche Faserdämmstoffe

Dämmstoffe zur Trittschalldämmung werden nach ihrem Federungsvermögen, gekennzeichnet durch die dynamische Steifigkeit s' (siehe vorige Seite!), in zwei Gruppen eingeteilt:

Dämmschichtgruppe I mit Werten für s' bis 30 MN/m³ und
Dämmschichtgruppe II mit Werten für s' zwischen 30 u. 90 MN/m³.

Beispiele für eine normgerechte Beschreibung bei Bestellungen:

a) Mineralfaser-Trittschalldämmplatte T nach DIN 18165, 20/15 mm, 1000 × 500 mm, Dämmschichtgruppe I, Wärmedurchlaßwiderstand 0,36 $\frac{m^2 \cdot K}{W}$

b) Polystyrol-Trittschalldämmplatte T nach DIN 18164, 19/15 mm dick, Vorzugsgröße, Dämmschichtgruppe I

Wärmetechnische Grundbegriffe, Einheiten und Größen

Temperatur: Ihre **Einheit 1 Kelvin** (Kurzzeichen: K) ist der 273,16te Teil der thermodynamischen Temperatur des Tripelpunktes des Wassers. Eine Kelvin-Temperatur hat das Formelzeichen: T.

Der **Grad Celsius** (Kurzzeichen: °C) ist der besondere Name für das Kelvin bei Angabe einer Celsius-Temperatur (Formelzeichen: t).
Diese ist der Temperaturunterschied $t = T - T_0$ mit $T_0 = 273{,}15\,\mathrm{K}$ (Schmelzpunkt des Wassers).
Der Tripelpunkt des Wassers ist die unveränderliche Temperatur (bei + 0,01°C), bei der die 3 Phasen des Wassers (fest, flüssig, gasförmig) miteinander im Gleichgewicht stehen. Null K ist die theoretisch tiefste Temperatur (bei − 273,15 °C).

Wärme (Wärmemenge) ist die kinetische Energie, mit der sich die Moleküle oder Ionen in beliebigen Stoffen oder ihren Gemischen bewegen, insbesondere
im festen Zustand um ihren Platz im Gefüge des Stoffes schwingen,
im flüssigen Zustand sich gegeneinander und örtlich verschieben,
im gasförmigen Zustand als einzelne Moleküle sehr schnell durch den Raum fliegen,
dabei sich gegenseitig an die Wandung stoßen und insgesamt dadurch Druck ausüben.

Einheit der Wärme(menge): das Joule (sprich: dschul), Kurzzeichen: J;

$1\,\mathrm{J} = 1\,\frac{\mathrm{kg \cdot m^2}}{\mathrm{s^2}} = 1\,\mathrm{Ws}$ (Wattsekunde) $= 1\,\mathrm{Nm}$ (Newtonmeter); $4{,}1868\,\mathrm{J} = 1\,\mathrm{cal}$.

Umwandlungswärmen : Zum **Schmelzen** von 1 kg Stoff wird seine spezif. **Schmelzwärme,** zum **Verdampfen** von 1 kg Stoff seine spezif. **Verdampfungswärme** benötigt. Einheit: kJ/kg, bisher kcal/kg. Die Umwandlungswärmen ändern die Temperatur des Stoffes nicht: die Schmelzwärme ist die zum Einstürzen des Kristallgitters, die Verdampfungswärme die zur völligen Trennung der Moleküle voneinander benötigte Energie.

Spez. Schmelzwärme des Wassers bei 0°C: $333{,}7\,\frac{\mathrm{kJ}}{\mathrm{kg}} = 79{,}7\,\frac{\mathrm{kcal}}{\mathrm{kg}}$;

Spez. Verdampfungswärme des Wassers bei 100°C: $2256\,\frac{\mathrm{kJ}}{\mathrm{kg}} = 538{,}7\,\frac{\mathrm{kcal}}{\mathrm{kg}}$.

Beim **Gefrieren** (Kristallisieren) und beim **Verflüssigen von Gasen** (Kondensieren, Taubildung) werden die entsprechenden Umwandlungswärmen wieder frei. Gläser und Thermoplaste haben keinen Schmelzpunkt: Mit steigender Temperatur verlieren sie zunächst langsam, dann schnell die elastischen Festigkeiten, werden plastisch-weich, dann zäh- bis dünnflüssig.
Verunreinigungen senken allgemein den Schmelzpunkt eines Stoffes.

Verdunsten: Die schnelleren Moleküle an der Oberfläche verlassen zuerst die Flüssigkeit. Diese verarmt an schnellen (d.h. warmen) Molekülen und kühlt ab („Verdunstungskälte"), wenn keine Wärmeenergie zugeführt wird.

Spezifische Wärmekapazität c: Werden m kg eines einheitlichen Stoffes (ohne Umwandlung) um den positiven Temperaturunterschied ΔT
a) erwärmt, so ist die Energie $Q = m \cdot c \cdot \Delta T$ als Wärme zugeführt worden,
b) abgekühlt, so ist die Energie $Q = m \cdot c \cdot \Delta T$ als Wärme entzogen worden.

Der Zahlenwert der spez. Wärmekapazität c ist von Stoff zu Stoff verschieden und wächst mit steigender Temperatur. Das Produkt $m \cdot c$ heißt Wärmekapazität.

c in $\frac{\mathrm{kcal}}{\mathrm{kg \cdot K}}$ mal $4{,}1868\,\frac{\mathrm{kJ}}{\mathrm{kcal}}$ ergibt c in der gesetzlichen Einheit $\frac{\mathrm{kJ}}{\mathrm{kg \cdot K}}$.

Bei Gasen sind zu unterscheiden die spez. Wärmekapazitäten c_p (bei konstanten Druck) und c_v (bei konstantem Volumen). Für Gase aus zweiatomigen Molekülen, z. B. H_2, N_2, O_2, CO oder Luft (mit 78,09 Vol-% N_2 und 20,95 Vol-% O_2), gilt $c_p : c_v \approx 1{,}4$.

Beispiele für c in kJ/kg · K:

Reine Stoffe	c bei 20°C	c bei 100°C	Werkstoffe, trocken	c bei 20°C	Gase, Name	Symbol	c_p bei 20°C	$c_p : c_v$ bei 20°C
Aluminium	0,896	0,938	Hölzer	1,3 ... 1,7	Wasserstoff	H_2	14,32	1,41
Kupfer	0,383	0,397	Beton, Sand	0,84	Stickstoff	N_2	1,038	1,401
Karborund	0,678	0,829	Asphalt	0,92	Sauerstoff	O_2	0,917	1,398
Wasser	4,182	4,216	Glas	0,80	Luft	—	1,005	1,402

Grundgrößen und Einheiten der Wärmeübertragung

Wärme wird übertragen stets in Richtung von höherer zu niederer Temperatur durch

1. **Wärmemitführung:** Erwärmte Teile von Flüssigkeiten oder Gasen werden entweder durch Druckunterschiede bewegt oder sie dehnen sich aus, werden spezifisch leichter als der kältere Rest und steigen darin empor; dabei führen sie Wärme mit.

2. **Wärmestrahlung:** Wärmestrahlen sind elektromagnetische Wellen im infraroten Bereich. Treffen sie auf Körper, werden sie z. T. absorbiert und dabei in Wärme verwandelt.

3. **Wärmeleitung:** Innerhalb aller Stoffe geben wärmere Teilchen durch Stoß Energie an kältere Teilchen ab. Das führt zu den Begriffen (nach DIN 1341, Nov. 1971):

3.1. **Wärmestrom** Φ (Phi) $= \frac{\text{Wärmemenge}}{\text{Zeit}} = \frac{Q}{t}$; Einheit: $\frac{\text{J}}{\text{s}} = \text{W}$ (Watt);

3.2. **Wärmestromdichte** $q = \frac{\text{Wärmestrom}}{\text{Fläche}} = \frac{\Phi}{A}$; Einheit: $\frac{\text{W}}{\text{m}^2}$;

3.3. **Wärmeleitfähigkeit** λ (lambda): Stoffeigenschaft, die bestimmt, wie groß q unter Wirkung und in Richtung eines Temperaturgefälles wird. Voraussetzung: 2 Flächen eines Körpers haben den Abstand s (in m), ihre Temperaturen sind um ΔT (in K) verschieden. In Körpern überall gleicher Dichte ist die Folge ein stetiges Temperaturgefälle $\Delta T : s$ und eine Wärmestromdichte q, die sich wie $\Delta T : s$ verhält, so daß $q : \frac{\Delta T}{s}$ konstant wird. Wählt man $\frac{\Delta T}{s} = 1 \frac{\text{Kelvin}}{\text{Meter}}$, so heißt $q : \frac{\Delta T}{s}$

Wärmeleitfähigkeit $\lambda = q : \frac{\Delta T}{s} = \frac{q \cdot s}{\Delta T} = \frac{\Phi \cdot s}{\Delta T \cdot A}$; Einheit: $\frac{\text{W}}{\text{K} \cdot \text{m}}$; bisher oft:

$$\frac{\text{kcal}}{\text{m} \cdot \text{h} \cdot {}^\circ\text{C}} = 1{,}163 \frac{\text{W}}{\text{K} \cdot \text{m}}$$ (1 kcal = 4186,8 Ws; 1 h = 3600 s; $\frac{4186{,}8}{3600} = 1{,}163$; Zahlen genau!).

Beträgt hingegen $\Delta T = 1$ Kelvin, so heißt das Verhältnis $q : \Delta T$ im Bauwesen

3.4. **Wärmedurchlässigkeit** Λ (Lambda) $= \frac{q}{\Delta T} = \frac{\Phi}{\Delta T \cdot A}$; Einheit: $\frac{\text{W}}{\text{K} \cdot \text{m}^2}$;

Der Kehrwert der Wärmedurchlässigkeit heißt Wärmedurchlaßwiderstand oder

3.5. **Wärmedämmwert** $\frac{1}{\Lambda}$, Einheit: $\frac{\text{K} \cdot \text{m}^2}{\text{W}}$; für homogene Stoffe der Schichtdicke s (in m) gilt: $\frac{1}{\Lambda} = \frac{s}{\lambda}$, d. h., der Wärmedämmwert wächst mit der Schichtdicke.

Bei gleichem s ist der Wärmedämmwert um so größer, je kleiner λ ist. λ ist theoretisch unabhängig von den Abmessungen des Baustoffs, praktisch nur zum Teil. λ wird wesentlich vom Porengehalt des Baustoffs bestimmt, darum wird zugleich die Rohdichte genannt. λ wächst mit dem Feuchtegehalt des Baustoffs: λ vom Wasser ist mehr als 25 mal größer als λ von Luft in kleinen, feinverteilten Poren.

Wärmeleitfähigkeit λ in $\frac{\text{W}}{\text{K} \cdot \text{m}}$ bei 20°C, Beispiele:

Dämmstoffe zur Wärmedämmung	λ	Verschiedene Stoffe	λ
Faser-Dämmstoffe nach DIN 18165, Bl. 1, aus		Ruhende, trockene Luft	0,026
a) silikatischer Schmelze gewonnen.	0,041	Fensterglas (Mittelwert)	0,080
b) Kokosfaser, Torf, aufbereitetem Holz:	0,047	Eiche für Bauzwecke, lufttrocken	0,21
Schaumkunststoffe nach DIN 18164, Bl. 1, aus		Buche, lufttrocken	0,18
PF-, PS-, PUR-, PVC- Hartschaum [1]:	0,041	Fichte, Kiefer, Tanne, lufttrocken	0,14
Poröse Holzfaserplatten, Rohdichte ≈ 300 kg/m³	0,058	Wasser, ruhend, rein	0,60

[1] Siehe „Harte Polyurethan-Schaumstoffe", Ziffer 5 und 6 der Eigenschaften, S. 191!

4. **Wärmeübergang** heißt: Strömende Flüssigkeiten oder Gase (Luft) geben an einen festen Körper anderer Temperatur, den sie berühren, Wärme ab oder empfangen sie von ihm.

4.1. Die **Wärmeübergangszahl** $\alpha = \frac{\Phi}{\Delta T \cdot A}$, Einheit: $\frac{\text{W}}{\text{K} \cdot \text{m}^2}$, ist nicht frei von Willkür: In der Grenzschicht tritt ein Temperatursprung auf, die Temperatur des strömenden Stoffes und ΔT sind nicht eindeutig definiert.

5. **Wärmedurchgang** heißt: Wärme wird übertragen, wenn zwei strömende Flüssigkeiten oder Gase verschiedener Temperatur durch eine feste Wand getrennt sind, und zwar in

1. Stufe: Wärmeübergang vom Stoff 1 auf die Wand: es gilt α_1;
2. Stufe: Wärmeleitung durch die Wand der Dicke s: es gilt λ, geteilt durch s;
3. Stufe: Wärmeübergang von der Wand auf den Stoff 2: es gilt α_2.

5.1. Die **Wärmedurchgangszahl** k, Einheit: $\frac{\text{W}}{\text{K} \cdot \text{m}^2}$, nach $\frac{1}{k} = \frac{1}{\alpha_1} + \frac{s}{\lambda} + \frac{1}{\alpha_2}$ zu berechnen, leidet verstärkt unter Unsicherheiten wie 4.1. Wärmedurchgangszahlen verschiedener Herkunft haben keinen eindeutigen Vergleichswert.

Textlose Bildzeichen, z. B. an Einrichtungen oder an Bedienteilen von Maschinen und Geräten
Auswahl aus DIN 30600

Bildzeichen	Bedeutung	Bildzeichen	Bedeutung
	Start; Ingangsetzen einer Bewegung		Bewegung vorwärts
	Schnellstart		Bewegung rückwärts
	Stop; Anhalten einer Bewegung		Umkehr eines Bewegungsablaufs
	Schnellstop		Drehtisch allgemein
	ein (für direkte Netzverbindungen)	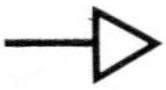	Geschwindigkeit
	aus (für direkte Netzverbindungen)	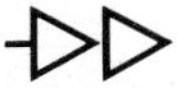	Geschwindigkeit erhöht
	ein - aus, stellend „Ein" und „Aus" sind feste Schaltstellungen		Anhebestelle, Auflagestelle
	ein - aus, tastend „Aus" ist feste Schaltstellung, „Ein" nur beim Betätigen wirksam		Festklemmen; Einspannen; Anpressen
	Bewegung in Pfeilrichtung[1]		Lösen, Abheben
	Bewegung in Pfeilrichtung, unterbrochen[1]	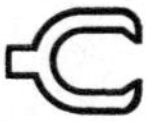	Einspannelement
	Bewegung in Pfeilrichtung, begrenzt[1]		Einspannelement reinigen
	Bewegung aus einer Begrenzung in Pfeilrichtung, begrenzt		Verriegeln (Herstellen einer formschlüssigen Feststellung)
	Bewegung in zwei Richtungen[1]		Entriegeln (Lösen einer formschlüssigen Feststellung)
	Bewegung in zwei Richtungen, begrenzt		Bremsen
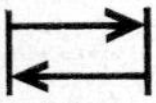	Bewegung hin und zurück in Pfeilrichtung, begrenzt[1]	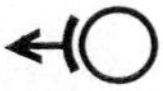	Bremse lösen

[1]Die gebogene Form hat denselben Bedeutungsinhalt wie die gerade Form, wird auch für drehbare Bedienteile empfohlen.

Textlose Bildzeichen, z. B. an Einrichtungen oder an Bedienteilen von Maschinen und Geräten

Auswahl aus DIN 30600, Fortsetzung

Bildzeichen	Bedeutung	Bildzeichen	Bedeutung
	Öffnen (eines Behälters)		Verändern einer Größe,[2] wobei der Wert der zu verändernden Größe in Richtung der ansteigenden Keilhöhe zunimmt.
	Schließen (eines Behälters)		Drehen Umdrehungen Drehzahl
	Einfüllen, Einfüllöffnung		Drehzahl ändern
	Ablassen, Ablaßöffnung		Verändern einer Größe bis zum Maximalwert Maximum-Einstellung
	Überlauf		Verändern einer Größe bis zum Minimalwert, Minimum-Einstellung
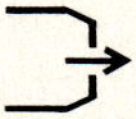	Blasen		Steuern
	Saugen		Regeln
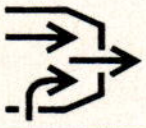	Beimischen, Zumischen		Drehzahl regeln
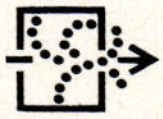	Ausspülen		Feuchteregelung
	Flüssigkeitspumpe, allgemein		Wirkung in zwei Richtungen auf einen Bezugspunkt zu
	Sprühen		Druck regeln
	Zur Kennzeichnung von Wasser		Thermometer Temperatur
	Zur Kennzeichnung von Wasserdampf Dieses Bildzeichen ist lageabhängig.		Temperatur regeln
	Feuchte, Wassergehalt (an Geräten, mit denen Feuchte reguliert werden kann)		Ventilator, allgemein
	Feuchtemessung		Umlüftung: Luft im Umlauf bewegt

[2] Die Anwendung dieses Bildzeichens (auch „Schwellkeil" genannt) wird auch für drehbare Bedienteile empfohlen, für die bisher ein gebogener Schwellkeil vorgesehen war. Die gerade Form hat denselben Bedeutungsgehalt wie die gebogene Form ( ) Für den Anwendungsfall „Zunahme bei Linksbewegung" ist das Urbild spiegelbildlich zu reproduzieren. Das Zeichen kann auch mit gedeckter Fläche wiedergegeben werden.

Textlose Bildzeichen, z. B. an Einrichtungen oder an Bedienteilen von Maschinen und Geräten
Auswahl aus DIN 30600, Fortsetzung

Bildzeichen	Bedeutung	Bildzeichen	Bedeutung
	Kühlen		Handbetätigung
	Wärmeabgabe allgemein		Handschalter
	Wärmeabgabe durch Strahlung		Fußschalter
 IR	Bestrahlung, infrarot		Elektrischer Hauptschalter
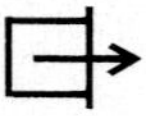	Ultra-Schallschwinger sendend		Wechselstrom
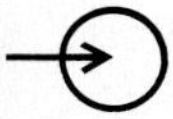	Eingang für Energie und Signale		Allstrom (Gleich- und Wechselstrom)
	Ausgang für Energie und Signale	 M	Elektromotor, allgemein Dieses Bildzeichen ist lageabhängig.
	Mechanische Energie		Kupplung allgemein
	Pneumatische Energie		Kupplung mit stetiger Verstellbarkeit, d. h. die Kupplung besitzt keine ausgeprägte Ein-/Aus-Kennlinie
	Wärme-Energie		Getriebe allgemein
	Dampf-Energie		Schmierung
	Wasser-Energie		Werkzeugteile einfahren
	Hydraulische Energie		Werkzeugteile ausfahren
	Licht-Energie		Automatischer Ablauf
	Elektrische Energie		Warenbahn schleifen

Textlose Bildzeichen, z. B. an Einrichtungen oder an Bedienteilen von Maschinen und Geräten
Auswahl aus DIN 30600, Fortsetzung

Bildzeichen	Bedeutung	Bildzeichen	Bedeutung
	Walzen		Nur im Lauf betätigen
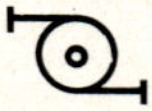	Walzenaufgeber		Nicht im Lauf betätigen
	Walze angelegt		Achtung, allgemeine Gefahrenstelle Dieses Bildzeichen ist lageabhängig.
	Walze abgehoben		Gefährliche elektrische Spannung Das Zeichen ist im Warndreieck anzuwenden, siehe DIN 40 008 Teil 3;
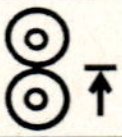	Untere Walze anlegen Die Bedeutung des Bildzeichens ist lageabhängig.	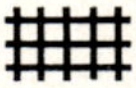	Schutzgitter, Verdeckung
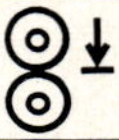	Obere Walze anlegen Die Bedeutung des Bildzeichens ist lageabhängig.		Schutzisolierung elektrisch [3)]
	Walzenandruck		Beleuchtung, direkt
	Walzenandruck aufheben		Beleuchtung, indirekt
	Walzen schließen, Walzen zusammenfahren		Mindestbeleuchtung, Sicherheitsbeleuchtung in Dauerschaltung
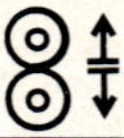	Walzen abheben, Walzen auseinanderfahren		Fluchtwegbeleuchtung
	Preßwalzen mit Innendruck (für Bedienteile zur Einstellung nur des Innendruckes)		Leuchtmelder
	Walzen mit Innendruck, anpressen		Leucht-Hörmelder
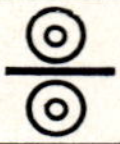	Glätten; Quetschen; Walzen		Lautsprecher Nennwerte, z. B. Impedanz, Spannung oder Leistung können zugefügt werden.
	Kaschieren, Plattieren	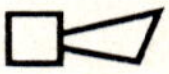	Akustisches Signal, Hupe Auslösen eines akustischen Signals mit Hupe.
	Heizwalze, Walzenheizung		Allgemeiner Katastrophen-Alarm mit Sirene Auslösen des Katastrophen-Alarms.

3) An elektrischen Betriebsmitteln, die schutzisoliert sind und den für sie geltenden VDE-Vorschriften und den Anforderungen für die Schutzisolierung entsprechen (siehe VDE 0100).

Toleranzen für Längen- u. Winkelmaße in der Holzbe- u. -verarbeitung

nach DIN 68100, Febr. 1977 (und DIN 7182, Bl. 1, Okt. 1971: Grundbegriffe),

gültig für Teile im Nennmaßbereich über 1 mm bis 4000 mm, deren Feuchtegehalt vereinbart ist. Maßänderungen durch Quellen und Schwinden sind zusätzlich zu beachten.
Die Toleranzen gelten für Längenmaße (Außen- u. Innenmaße, Breiten, Höhen, Dicken, Abstände, Durchmesser Radien) und für Winkelmaße und Neigungen. Winkeltoleranzen werden auf eine Längenmessung zurückgeführt, nicht in Winkelgraden und Teilen davon angegeben.

Benennung	Kurzzeichen	Erklärung
Nennmaß	N	Maß zur Angabe einer Größe. Größe = Maßzahl × Einheit
Nennmaßbereich	–	Alle Nennmaße zwischen zwei Grenzen
Istmaß	I	Das durch Nachmessungen festgestellte Maß eines Werkstücks an einer Stelle[1]
Grenzmaß	–	Das äußerste zugelassene Maß für das Istmaß.
Größtmaß	G	Das obere Grenzmaß — Mittenmaß $C = \frac{G+K}{2}$ (DIN 7182, Bl. 1)
Kleinstmaß	K	Das untere Grenzmaß
Feuchtemaß	M	Maßänderung infolge Änderung des Feuchtegehalts. $+M$ beim Quellen, $-M$ beim Schwinden, bei beiden Grenzmaßen im gleichen Sinne.
oberes Abmaß [2]	A_o	Größtmaß minus Nennmaß: $A_o = G - N$ (positiv)
unteres Abmaß [2]	A_u	Kleinstmaß minus Nennmaß: $A_u = K - N$ (negativ)
Istabmaß	A_i	Istmaß minus Nennmaß: $A_i = I - N$
Toleranz	–	Differenz (Unterschied) zwischen dem zugelassenen Größt- und Kleinstwert einer meßbaren Eigenschaft.
Maßtoleranz (Fertigungsspielraum)	T	Größtmaß minus Kleinstmaß: $T = G - K$ oder oberes Abmaß minus unteres Abmaß: $T = A_o - A_u$ (da A_u negativ, erhält man eine Summe)
Paßmaß	–	Nennmaß, das mit beiden Abmaßen versehen ist. z. B. $(420^{+0,8}_{-0,4})$ mm. Das Paßmaß gibt die Toleranz, im Beispiel $+0,8\,mm - (-0,4)\,mm = 1,2\,mm$, und deren Lage zum Nennmaß (das Toleranzfeld) an.

[1] Sind zwei Kanten, die parallel sein sollen, dies nicht, so ist das Istmaß ihres Abstandes von der Meßstelle abhängig. Von solchen Abweichungen der Form abgesehen, ist jedes Istmaß, auch wenn es mit Meßverfahren und -geräten bestimmt wird, gegen die nichts einzuwenden ist, mit einer von den zufälligen Fehlern herrührenden Meßunsicherheit behaftet.

[2] Abmaße dürfen voll ausgenutzt werden; sie dürfen nicht als Fehler bezeichnet werden!

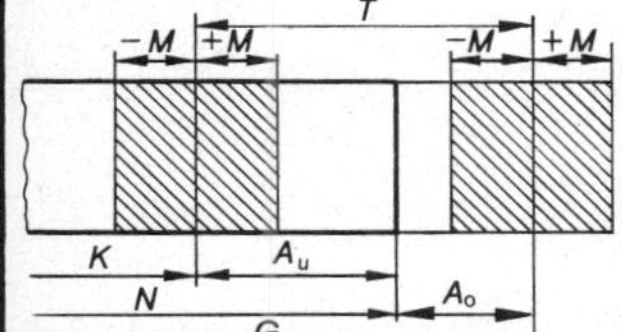

Das Feuchtemaß (schraffiert) kann mit Hilfe der Tabelle S.83 für verschiedene Hölzer nur grob geschätzt werden.

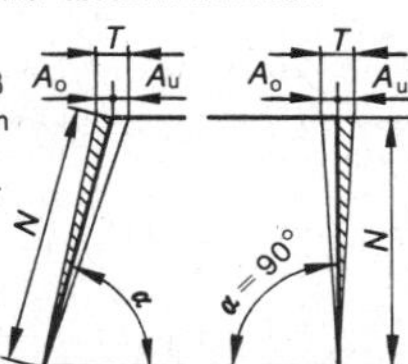

Die Toleranzen von Winkeln werden in Neigungsabweichungen für die entsprechende Schrägungslänge (Maß N) angegeben. Dabei ist Maß N die Länge des kürzeren Schenkels. Damit werden die Winkeltoleranzen praktisch wie Längentoleranzen behandelt.

Maßtoleranzen T in mm für Längen und Winkel von Teilen aus Holz

Nennmaßbereich mm		Holz-Toleranzreihen (HT) hohe Ansprüche ◄—► geringe Ansprüche					
über	bis	HT 10	HT 15	HT 25	HT 40	HT 60	HT 120
1	3	0,10	0,15	0,25	0,40	0,60	1,20
3	30	0,15	0,20	0,35	0,55	0,80	1,50
30	250	0,20	0,30	0,45	0,75	1,10	2,10
250	630	0,25	0,40	0,65	1,00	1,50	2,80
630	2000	0,30	0,50	0,85	1,35	2,00	3,60
2000	4000	0,45	0,70	1,10	1,75	2,65	5,00

Kleine Toleranzen erhöhen die Kosten der Fertigung.

Das Schleifen (Schärfen) der Werkzeuge

Schleifkörper aus gebundenem Schleifmittel (nach Vornorm DIN 69100 Bl. 1, Juni 1972) werden bezeichnet durch Angabe von Form, Abmessungen, DIN ---, Werkstoff, Umfangsgeschwindigkeit. Der **Werkstoff** (bisher Zusammensetzung genannt) wird bestimmt, indem hinter dem Zeichen A oder C des Schleifmittels **in stets gleicher Folge** die Zeichen (Buchstaben oder Kennziffern) für die 4 genannten Zustände angegeben werden; Beispiel: A 60 L 5 B

Schleifmittel — Körnung — Härtegrad — Gefüge — Bindung

Die Bezeichnungen des Gefüges und des Härtegrades gelten nicht für faserstoffverstärkte Schleifkörper!

Schleifmittel: Korund = A; Siliziumkarbid = C

Körnung						
grob		mittel	fein		sehr fein	
6	14	30	70	120	220	500
8	16	36	80	150	240	600
10	20	46	90	180	280	800
12	24	54	100	—	320	1000
		60			400	1200

Härtegrad				
äußerst weich	A	B	C	D
sehr weich	E	F	G	–
weich	H	I	Jot	K
mittel	L	M	N	O
hart	P	Q	R	S
sehr hart	T	U	V	W
äußerst hart	X	Y	Z	–

Gefüge														
0	1	2	3	4	5	6	7	8	9	10	11	12	13	14

← geschlossenes Gefüge

offenes Gefüge →

Je größer die Kennziffer, desto offener (poröser)

Bindung			
Keramische Bindung	V	Schellackbindung	E
Silikatbindung	S	Magnesitbindung	Mg
Gummibindung	R	Kunstharzbindung	B
Gummibindung, faserstoffverstärkt	RF	Kunstharzbindung, faserstoffverstärkt	BF

Hauptabmessungen nach DIN 69104, Jan. 1975:

Gerade Schleifscheiben ohne Aussparung nach DIN 69120, Auswahl 8 u. 9, Juli 1975.

☒ = Norm-Maße in mm

zum Sägenschärten Auswahl 8

Außen-Ø d_1	Bohrung d_2	0,5	0,6	0,8	1	1,25	1,3	1,6	2	2,5	3	3,2	4	5	6	8	10	13	16	20	25	32
80	20		×	×	×	×		×	×	×		×										
100	20	×	×	×	×	×	×	×	×	×	×	×										
125	20	×		×	×		×	×	×	×	×											
150	20							×	×	×	×	×	×	×	×	×	×	×	×			
150	32							×	×	×	×	×	×	×	×	×	×	×	×			
200	32								×	×	×	×	×	×	×	×	×	×	×	×		
250	32										×	×	×	×	×	×	×	×	×	×	×	
300	32													×	×	×	×	×	×	×	×	×

(Spalten 0,5 … 32: Breite b)

zum Werkzeugschleifen → nur Randform A

Ausführung mit Randform A, C, D, E oder F nach DIN 69105

zum Werkzeugschleifen Auswahl 9

Außen-Ø d_1	Bohrung d_2	Breite b 6	10	13	16
40	13	×			
50	13	×		×	
63	13			×	
100	20			×	
125	20			×	
150	32	×	×	×	×
175	32	×	×	×	×
200	32	×	×	×	×

Die gebräuchlichen Randformen für Schleifscheiben aus gebundenem Schleifmittel nach DIN 69105, Juni 1972

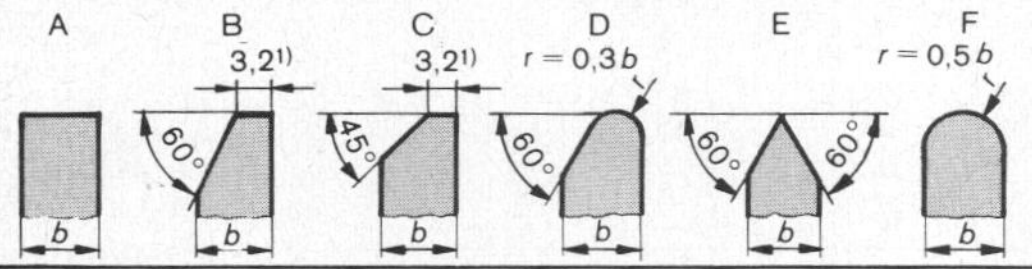

Die Kennbuchstaben für die Randform sind Bestandteil der Bezeichnung

1) Falls andere Breiten erforderlich, bei Bestellung vereinbaren. außerdem: Randform M ≙ C mit ∢ 30° Randform P ≙ E mit 2∢ 45°

Anforderungen an Sicherheit: „Elektrowerkzeuge" (DIN 44720, Bl. 2, Juni 1972) und „Heimwerkzeuge mit motor. Antrieb" (DIN 66069, Sept. 1971).

Angaben auf jeder Schleifscheibe: Werkstoff und höchstzuläss. Umfangsgeschwindigkeit u in m/s. Diese setzt der Deutsche Schleifscheibenausschuß (DSA) fest.

Auch bei größeren Scheiben bleibt u unter den nebenstehenden Höchstwerten. Schutzhauben oder -ringe sind vorgeschrieben: Form, Werkstoff und Wanddicke müssen DIN 44720, Bl. 2, Tabelle 2 u. 3, entsprechen, wenn 1. von nebenstehenden Werten für Ø, Breite und u einer überschritten wird; 2. bei größeren Ø und Breiten u größer werden kann als 15 m/s; ausgenommen sind mit zugelassenen Gummizwischenlagen u. Spannmitteln befestigte, gerade Schleifscheiben bis 40 mm Breite u. u bis 35 m/s, u. Gummischleifteller, Bürsten, Schwabbelscheiben, Polierschwämme u. dergl.

Höchstzuläss. Umfangsgeschwindigkeit u und Maße der Scheiben ohne Schutzeinrichtungen

Bindemittel	Ø mm bis	Breite mm bis	u m/s bis
Keramik oder Kunstharz	50	—	45
Kunstharz, faserstoffverstärkt	70	10	80

Werkzeugstahl

Härtbare Legierungen (feste Lösungen) chemischer Elemente oder Verbindungen mit Eisen als Hauptbestandteil heißen Stahl. Unter den vielen Stahlsorten zeichnen sich die Werkzeugstähle durch gewisse gemeinsame Eigenschaften aus: sie erreichen große Härte und Zähigkeit, sind besonders schneidhaltig und verschleißfest sowie formbeständig beim Härten – gute Sorten sind beim Einkauf teuer, beim Gebrauch oft billiger, wenn alle Kosten berücksichtigt werden.

Werkzeugstähle werden gehärtet (wie anderer Stahl auch) durch schnelles Abkühlen (Abschrecken) aus Temperaturen zwischen 780 ··· 880°C, hochlegierte zwischen 850 ··· 1100°C. Bei etwa 720°C müßten sich die Eisenatome naturgegeben aus einem flächenzentrierten  in ein raumzentriertes  Würfelgitter[1] mit wesentlich geringerer Löslichkeit für Kohlenstoff umgruppieren, haben aber dafür während des Abschreckens keine Zeit, so daß durch „Einfrieren" ein völlig verformtes und verspanntes Atomgitter entsteht; dieses Gefüge heißt Martensit und ist infolge der großen Gitterstörungen, die alle kristallinen Gleitebenen blockieren, äußerst hart und spröde. Die Härte ist unterschiedlich und abhängig von den Legierungsbestandteilen[2], dem Abschreckmittel und der Abschreckgeschwindigkeit (i. Wasser schnell, im Öl mäßig schnell, an der Luft langsam). Durch nachfolgendes „Anlassen" (Wiedererwärmen) auf 100 ··· 350°C werden die Spannungen verringert, die Sprödigkeit verliert sich, die Härte bleibt erhalten; durch Anlassen auf Temperaturen zwischen 450 ··· 650°C, bei hochlegierten Stählen um etwa 100°C höher („Vergüten") entsteht ein feineres, spannungsfreies Gefüge, wodurch der Werkzeugstahl ohne Einbuße an Härte eine hohe Kerbschlagzähigkeit und Schneidhaltigkeit erhält. – Werkzeuge erhalten ihre Grundform vor der Härtung.

[1] Beim Übergang in den festen Zustand kristallisieren Metallatome in bestimmten, geometrisch deutbaren Anordnungen; man nennt sie „Gitter". Im festen Zustand kann bei bestimmten Temperaturen ein Gitter in ein anderes „umklappen"- beim langsamen Abkühlen des Eisens der Fall.

[2] C = Kohlenstoff, meist Eisencarbid Fe_3C (Zementit); Si = Silicium; Mn = Mangan; Cr = Chrom; W = Wolfram; V = Vanadium; Mo = Molybdän. Jeder Stahl enthält C, Si und Mn in geringen Mengen und heißt dann „unlegiert", wenn andere Metalle (abgesehen von Spuren) fehlen.

Werkstoffe, die den Sicherheitsforderungen nach DIN 8085 (März 1975) an Maschinenwerkzeuge entsprechen, die Holz, Kunststoffe u. ä. spanend bearbeiten

Kurzzeichen	Gruppenbezeichnung des Werkstoffs	Bestimmende Legierungsanteile[2] (Einzelheiten im Beiblatt DIN 8085)	Nach Beiblatt zu DIN 8085 zugelassen für
WS	Unlegierter Werkzeugstahl	Mind. 0,8% C, f. Bohrer mind. 0,45% f. Bandsägeblätter mind. 0,7%C	Gatter-, Stich-, Dekupier-, Band- u. Kreissägeblätter, Sägeketten, Bohrwerkzeuge
SP	Legierter Werkzeugstahl (Spezialstahl)	Mind. 0,6%C und nicht mehr als 5% Legierungseinheiten	Stemm- u. Fräsketten
HL	Hochleg. Werkzeugstahl (Hochleistungsstahl)	Mehr als 5% Legierungseinheiten, z.B. 12% Chrom	Einteilige Hobel- und Fräswerkzeuge
SS	Schnellarbeitsstahl	Nicht mehr als insgesamt 12%	
HSS	Hochleg. (Hochleistungs-) Schnellarbeitsstahl	mehr als insgesamt 12% der Legierungsanteile W, Mo, V, Co	
HM	Hartmetalle	siehe folgende Seite!	Sich drehende Verbundwerkzeuge (Kreissägeblätter, Hobel-, Fräs- u. Bohrwerkzeuge)
–	Stellite: Hartmetall-Legierungen	35-55% Co, 25-33% Cr, 10-25%W, 2-4%C, 0-10%Fe, wenig Ni, Mo, V, Ti, Ta, Mn, Si.	

Aufspannen der Schleifkörper

nach DIN 44720 Bl. 2 (Juni 1972)

Bei Geradschleifern und Schleifmaschinen müssen zum Befestigen der Schleifkörper nur gleichgroße und an der Auflagefläche gleichgeformte Spannflansche und Flanschmuttern aus Stahl, Stahlguß, Gußeisen mit Kugelgraphit oder einem Werkstoff mindestens gleicher Festigkeit verwendet werden. Für Spannflansche und Flanschmuttern gelten, wenn d_1 = Durchmesser der Auflagefläche des Spannflansches oder der Flanschmutter;
d_3 = Durchmesser des Schleifkörpers;
d_4 = Durchmesser der Bohrung des Schleifkörpers:

Schleifer	Schleifkörper	d_1	Schleifer	S-körper	d_1
mit Schutzeinrichtung	mit $d_4 \leq \frac{1}{5} d_3$	$\geq \frac{1}{3} d_3$	ohne Schutzeinrichtung	gerade,	$\geq \frac{2}{3} d_3$
	mit $d_4 > \frac{1}{5} d_3$	$\geq \frac{1}{6} d_3 + \frac{5}{6} d_4$		kegelig,	$\geq \frac{1}{2} d_3$

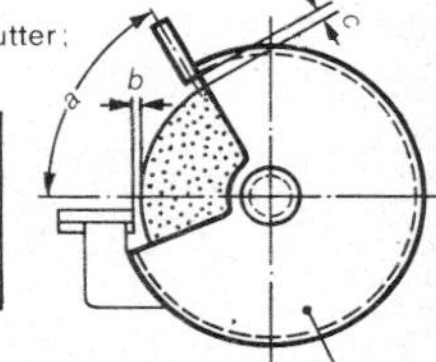

abnehmbares schlagfestes Seitenteil

a höchstens 65°
b höchstens 3 mm
c höchstens 5 mm

Zwischenlagen zwischen Spannflansch und Schleifkörper aus elastischen Stoffen, z.B. Gummi, nicht vergessen! Anerkannte Gummizwischenlagen liefern u. a. die Continental-Gummiwerke, 3 Hannover. Schleifkörper dürfen nur von zuverlässigen und erfahrenen Personen aufgespannt werden. Nach jedem neuen Aufspannen Probelauf von mindestens 5 Min. Dauer und dabei den Gefahrenbereich absperren. Die Werkzeugauflage so dicht wie möglich an den Schleifkörper heranrücken (höchstens 3 mm Abstand)!

Sinter-Hartmetalle als Werkzeugschneiden

Hartmetallschneiden bestehen weder aus Stahl besonderer Härte noch aus anderen sehr „harten Metallen", sondern aus sehr harten Carbiden. Carbide sind chemische Verbindungen, die außer Kohlenstoff (C) noch Silicium (ergibt das Schleifmittel „Carborundum") oder ein Metall enthalten. Für „Hartmetalle" werden vor allem Wolframcarbid WC, außerdem Titancarbid TiC, Tantalcarbid TaC und gelegentlich Niobcarbid NbC verwendet: diese sind feinverteilt eingebettet in ein Bindemetall, meistens Kobalt Co, das die feinen Carbidkörner umhüllt und miteinander „verlötet". Carbide schmelzen ungewöhnlich hoch: WC bei 2867°C; TiC bei 3170°C; TaC bei 3877°C; NbC bei 3500°C. Bei diesen Temperaturen schmelzen alle Gußformen; eine ungeformt erstarrte Schmelze ist aber wegen ihrer Härte kaum zu bearbeiten. Deshalb wendet man **das pulvermetallurgische Sinterverfahren** an: feingemahlenes Carbidpulver und Kobalt in richtiger Mischung werden durch Pressen zu Schneidplatten usw. vorgeformt und durch Glühen unterhalb der Schmelzpunkte (reines Kobalt schmilzt bei 1493°C) zwischen 700° und 1000°C vorgesintert („verbackt"); die Formlinge werden bearbeitet und dann unter sehr hohem Druck bei Temperaturen zwischen 1300° und 1600°C fertiggesintert. Dabei schrumpft der Schneidkörper stark: linear um etwa 23%, räumlich um 40 bis 50%, weil das schmelzende Kobalt die festen Carbidkörnchen umhüllt und zu einem festen, porenlosen Körper verdichtet. Das entstehende komplizierte Gefüge fester Lösungen und Kristallite im Zustande hoher Verspannung ist von Natur, also ohne weitere Behandlung (im Gegensatz zum Stahl), ungewöhnlich hart, starr und druckfest. Kornform und Kornverteilung der chemischen Bestandteile bestimmen die Eigenschaften in hohem Maße: je feiner z. B. das Korn, desto härter, druckfester, verschleiß- und kantenfester ist die Schneide, aber ihre Zähigkeit [1] sinkt. Geringerer Kobaltgehalt und gröberes Gefüge können gleiche Biegebruchwerte (als ungefähres Maß für die Zähigkeit) ergeben wie ein feineres Gefüge bei höherem Kobaltgehalt. Feinere Gefüge ergeben stets kantenfestere Schneiden; Kobaltgehalte über 15% senken stets die Schneidleistung. Wolframcarbid ist sehr verschleißfest und zähe. Titancarbid steigert die Warmfestigkeit und erschwert es dem ablaufenden Span, mit dem Hartmetall zu verschweißen. Tantal- und Niobcarbid und höheres Kobaltgehalt verbessern die Zähigkeit, Titancarbid vermindert sie. Die möglichen Abänderungen haben eine große Fülle von Hartmetallsorten ergeben; sie sind in keiner Hinsicht genormt.

[1] Körper, die bei geringem Überschreiten der Elastizitätsgrenze zu Bruch gehen, nennt man **spröde** im Gegensatz zu **zähen** Körpern.

Zerspanungsgruppen von Werkstoffen nach DIN 4990, Juli 1972

Die deutsche Norm **ordnet** entsprechend der ISO-Empfehlung (ISO-TC 29) **die Werkstoffe,** die durch Hartmetall spanend bearbeitet werden, in drei Zerspanungshauptgruppen P, M und K. Innerhalb jeder Zerspanungshauptgruppe werden durch Kenn-Nummern verschiedene
Zerspanungs-Anwendungs-Gruppen (hier kurz: Z-A-G genannt) unterschieden. Zugelassen sind die Kenn-Nummern: 0,1; 10; 20; 30; 40, in P auch 50 und Unterteilungen, in allen auch Zwischengruppen mit Nummern auf 5. Die Hersteller haben ihre Hartmetallsorten den einzelnen Z-A-G zuzuordnen; dabei sind Sorten höherer Verschleißfestigkeit, die höhere Schnittgeschwindigkeiten erlauben, und zugleich geringerer Zähigkeit, die kleinere Vorschübe verlangen, einer Z-A-G mit kleinerer Kenn-Nummer zuzuordnen. Kunststoffe und Holzwerkstoffe und die ihnen als Schneidstoffe zugeordneten Hartmetalle erscheinen in den Z-A-G K 01 bis K 40 (die in ihnen daneben genannten kurzspanenden metallischen Werkstoffe werden in der folgenden Übersicht nicht erwähnt).

Z-A-G der Zerspanungshauptgruppe K:

Kurzzeichen	Abspanwerkstoffe	Arbeitsverfahren und Arbeitsbedingungen	
K 01	stark schmirgelnde Duroplaste mit harten Füllstoffen; Hartpapier	sauberes Bohren, Drehen, Fräsen bei hoher Schnittgeschwindigkeit und geringen Schwingungen [1]	
K 10	Kunststoffe; Hartgummi; Hartpapier; harte Preßhölzer	Bohren, Drehen, Fräsen, Sägen	
K 20	Schichthölzer mit gehärteter Verleimung; Preßhölzer	Drehen, Fräsen, Hobeln, Sägen, wenn zäheres Hartmetall nötig ist, weil die Schneiden wechselnd belastet sind	
K 30	Schichthölzer; sehr harte Naturhölzer	Drehen, Hobeln, Fräsen	große Spanwinkel möglich, ungünstige Arbeitsbedingungen [1] zulässig
K 40	natürliche Hart- und Weichhölzer, frei von losen Ästen [1]	Drehen, Hobeln (Fräsen)	

[1] **Hartmetalle sind stoßempfindlich:** Schwingungen und Stöße möglichst vermeiden oder sehr gering halten. Berührung der Hartmetallschneiden mit Stahl vermeiden; Harzansätze nicht abkratzen, sondern mit einem Lösemittel entfernen;

Richtwerte für die Zuordnung von Werkstoff und Hartmetallschneiden:

Gruppe der Abspanwerkstoffe	Beispiele	Z-A-G, wenn der Verschleiß hoch	geringer
Thermoplaste (bis 60°C bearbeitbar)	Acrylglas, Hart-PVC (Polyvinylchlorid), Polystyrol, Zellhorn (Celluloid), Acetylcellulose, Vulkanfiber	K 20	K 30
Duroplaste = härtbare und ausgehärtete Kunststoffe (bis 150°C bearbeitbar)	Phenolharz mit Gesteinsmehl als Füllstoff	K 05	K 10
	Phenolharz mit Holzmehl, Papier, Gewebe als Füllstoff	K 10	K 20
	Harnstoffharz ohne Füllstoff	K 05	K 10
	Harnstoffharz mit kurzfaserigem Zellstoff als Füllstoff	K 10	K 20
	Hartpapier, melaminharzbeschichtete dekorative Holzfaserhartplatten oder andere Blindschichten	K 10	K 20
	Kunsthorn (Galalith)	K 20	K 30
Holzwerkstoffe	Holzfaserhartplatten, Hartfaserplatten, Preßvollholz	K 10	K 20
	Akustik- und Dämmplatten, Holzspanplatten, Schichtholz, Sperrholz, Tischlerplatten	K 20	K 30

Widia-Hartmetallsorten (Krupp)[2]; Z-A-G: K 01 bis K 40 (andere hier nicht genannt)

Widia-Sorte (Bezeichnung)	Z-A-G nach DIN 4990	Wichtigste Legierungsbestandteile des Sinter-Hartmetalls WC % etwa	TiC+TaC % etwa	Co % etwa	Dichte ϱ g/cm³ etwa	Vickers-Härte[3] (30 kp Last) HV 30 kp/mm² etwa	Biegebruchfestigkeit ϱ b kp/mm² etwa	Druckfestigkeit ϱ d kp/mm² etwa	Elastizitätsmodul[3] E kp/mm² etwa
TH 03	K 01	92	4	4	15,0	1800	120	—	—
TH 05	K 05	91	3	6	14,5	1750	135	—	63 000
TH 10	K 10	92	2	6	14,8	1650	150	—	63 000
TH 20	K 20	92	2	6	14,8	1550	170	570	62 000
TH 30	K 30	91	—	9	14,6	1400	200	500	59 000
TH 40	K 40	88	—	12	14,3	1300	210	460	58 000

2) Außer der Firma Krupp stellen heute viele Edelstahlwerke Hartmetalle her.

3) Die Vickers-Härte bei 30 kp Belastung ist ein ungefähr gültiges Maß für die Verschleißfestigkeit des Hartmetalls; die Biegebruchfestigkeit gilt als ein Maß für die Zähigkeit, die Meßwerte gelten jedoch nur für bestimmte Formen und Größen der Proben. Bemerkenswert sind die hohe Druckfestigkeit und der hohe Elastizitätsmodul der Hartmetalle, ein Maß für die Starre der Form (zum Vergleich: Stahl mit 1% Kohlenstoff hat E ≈ 21 000 kp/mm²)

Richtwerte für die Schnittgeschwindigkeit[4] in m/min von Hartmetallwerkzeugen

Gruppe der Abspanwerkstoffe	Arbeitsverfahren: Bohren Oberfräsen[4]	Drehen	Fräsen (nur auf Holzbearbeitungsmaschinen)	Sägen (nur auf Holzbearbeitungsmaschinen)
Holzwerkstoffe	100 ··· 600	150 ··· 600	750 ··· 3000	2100 ··· 3600
Duroplaste mit Füllstoff	30 ··· 100	50 ··· 300		
Duroplaste ohne Füllstoff	200 ··· 600	800 ··· 1200	1000 ··· 3600	2400 ··· 4800
Thermoplaste	300 ··· 800	800 ··· 1200		

4) Die höheren Werte gelten für Oberfräsen; allgemein gilt die Regel: sehr hohe Umfangsgeschwindigkeit bedeutet kleinere Standzeit. Die auf den sich drehenden Werkzeugen vom Hersteller dauerhaft angebrachten Drehzahlen je Minute dürfen nicht überschritten werden!

Zum Schleifen und Schärfen:

Hartmetallschneidplatten sind meistens einfach geformt, weil andere Formen infolge der Schrumpfung nicht unmittelbar, sondern nur durch zeitraubende und kostspielige Bearbeitung fertiggesinterter Rohlinge hergestellt werden können. Dringend wird jedoch abgeraten, Schneidplatten zum Bestücken zu Sonderformen umzuschleifen, weil leicht Wärmespannungsrisse entstehen. Hartmetallbestückte Werkzeuge werden am vorteilhaftestens und besten von spezialisierten Schleifdiensten geschärft und sorgfältig geläppt (poliert): nur bei richtiger und sorgfältiger Pflege kommt der Wert der Hartmetallwerkzeuge voll zur Geltung.

Beile und Äxte

Technische Lieferbedingungen für
a) Äxte und Beile aus Stahl: DIN 7287, Sept. 1976;
b) Stiele aus Holz für Äxte, Beile, Hacken: DIN 68341, Mai 1968.

Die Gebrauchsprüfung der Äxte und Beile nach DIN 7287 sieht mehrere kräftige Hiebe gegen hartes oder besonders astiges Holz senkrecht zur Faser vor: die Schneide darf dabei nicht schartig, brüchig oder stumpf werden, noch darf sie sich umlegen, und der Stiel darf sich nicht lockern. Festgelegt sind die Güteklassen A und B; Äxte und Beile der Güteklasse A mit dem Gütezeichen Dreipilz müssen geschliffen, lackiert, die Schneide muß poliert und rostgeschützt sein.

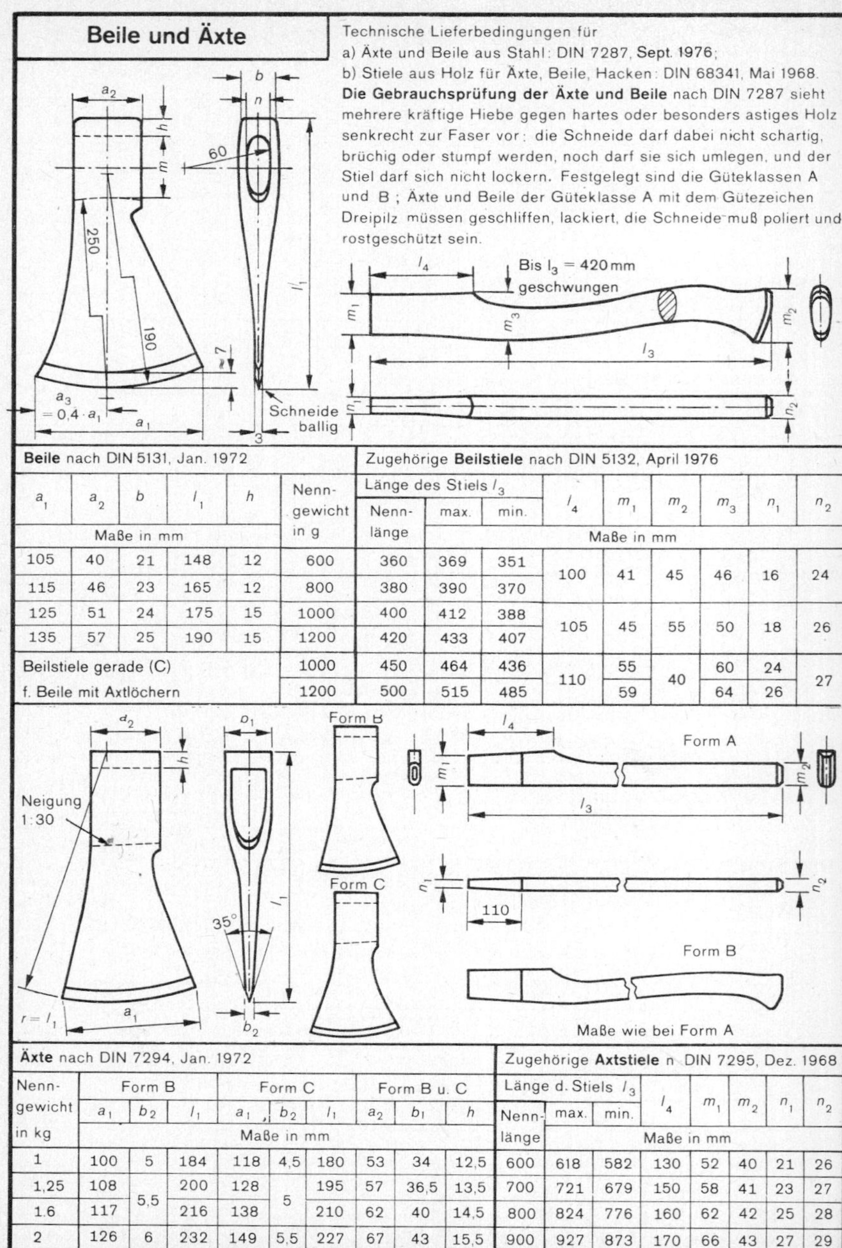

Beile nach DIN 5131, Jan. 1972						Zugehörige **Beilstiele** nach DIN 5132, April 1976									
a_1	a_2	b	l_1	h	Nenngewicht in g	Länge des Stiels l_3 Nennlänge	max.	min.	l_4	m_1	m_2	m_3	n_1	n_2
Maße in mm							Maße in mm							
105	40	21	148	12	600	360	369	351	100	41	45	46	16	24
115	46	23	165	12	800	380	390	370						
125	51	24	175	15	1000	400	412	388	105	45	55	50	18	26
135	57	25	190	15	1200	420	433	407						
Beilstiele gerade (C)					1000	450	464	436	110	55	40	60	24	27
f. Beile mit Axtlöchern					1200	500	515	485		59		64	26	

Äxte nach DIN 7294, Jan. 1972	Form B			Form C			Form B u. C		
Nenngewicht in kg	a_1	b_2	l_1	a_1	b_2	l_1	a_2	b_1	h
	Maße in mm								
1	100	5	184	118	4,5	180	53	34	12,5
1,25	108	5,5	200	128	5	195	57	36,5	13,5
1.6	117		216	138		210	62	40	14,5
2	126	6	232	149	5,5	227	67	43	15,5

Zugehörige **Axtstiele** n. DIN 7295, Dez. 1968: Länge d. Stiels l_3 Nennlänge	max.	min.	l_4	m_1	m_2	n_1	n_2
	Maße in mm						
600	618	582	130	52	40	21	26
700	721	679	150	58	41	23	27
800	824	776	160	62	42	25	28
900	927	873	170	66	43	27	29

Beitel: Nach den Technischen Lieferbedingungen DIN 5154 (März 1973) dürfen Beitel nur aus Werkzeugstählen hergestellt werden, die nach Härten und Anlassen auf 2/3 der Blattlänge, gemessen ab Schneide, eine Härte von mindestens 59 HRC (Rockwellhärte C nach DIN 50103, Bl. 1) und eine abziehfähige, scharfe Schneide gewährleisten. Geprüft wird nach DIN 5154 die Durchbiegung.

Abmessungen (in mm) (...) = stetiger Sprung der Breite	Stechbeitel, Kanten abgeschrägt		Hohlbeitel, Innen- oder Außenschneide	Lochbeitel	Drechslerbeitel Form A flach	Drechslerbeitel Form B hohl
DIN-Blatt (März 1973):	5139		5142	5143	5144	
Breite der Schneide: $b \pm 0{,}5$	3	4 ... 32 (2) 35 ... 50 (5)	4 ... 26 (2) 30; 32	4; 5; 6 ... 12 (2); 13; 16	6 ... 30 (2)	6 ... 30 (2)
Blattlänge (Schneide bis Bund): $l_1 \pm 3$	120	$b + 114$ $b + 115$	$b + 114$	160; 164; $2\,b + 154$	$b + 134$	$b + 134$
Länge der Angel: l_2 min.	35	35 ... 60	35 ... 50	70 ... 85	85 ... 105	85 ... 105
Dicke oberhalb Schneide: $s \approx$	3,75	2,35 ... 3,75	2,4 ... 2,8	12; folgende alle 13	4,5; folgende alle 3,5	3,5 ... 5,5
größte Dicke der Angel: k min.	4	4 ... 8	4 ... 7	12 ... 15	$b_2 = 6 ... 17$	$b_2 = 6 ... 17$
Radius der Hohlschneide: $r \approx$	—	—	2,5 ... 18 $= 0{,}5\,b + (0 ... 2)$	—	—	3 ... 15 $= 0{,}5\,b$

Beitelgriffe nach DIN 5138, März 1973:
Form A aus Weißbuche, geschliffen oder lackiert, an beiden Enden Zwingen nach DIN 396,
Form B aus Kunststoff (CA- oder CAB-Spritzgußmasse), transparent und schlagzäh.

	Form A	Form B
Länge der Beitelgriffe l =	110; 130; 140; 150; 160	110; 115; 125

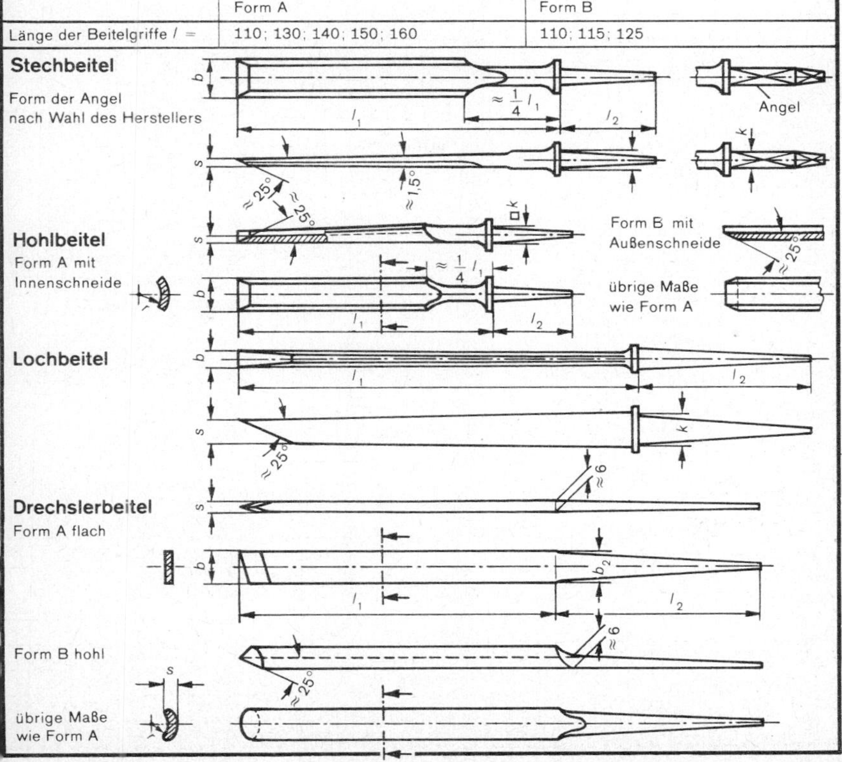

Genormte Hämmer

Die **Technischen Lieferbedingungen** nach DIN 1193, Dez. 1976, gültig für alle genormten und nicht genormten geschmiedeten Handhämmer aus Stahl, schreiben einen Vergütungsstahl vor, der **mindestens** die Güte des Stahls C45 nach DIN 17200 hat. Hämmer aus Stahl müssen so gehärtet und angelassen sein, daß von Bahn o. Pinne nichts absplittert, wenn auf weniger harte Teile geschlagen wird (die Härten sind einzeln angegeben). Prellschläge auf härtere Teile sind unbedingt zu vermeiden (Unfallgefahr!). Auch ist das Hammergewicht der Kraft des Benutzers anzupassen, der Hammer sachgemäß zu verkeilen und zu pflegen. Die Hämmer müssen frei von Werkstoffehlern sein; Pinne und Bahn sind fein geschliffen, poliert und die Oberflächen rostgeschützt zu liefern. Gewichtsangaben gelten stets für den Hammer ohne Stiel und Keil.

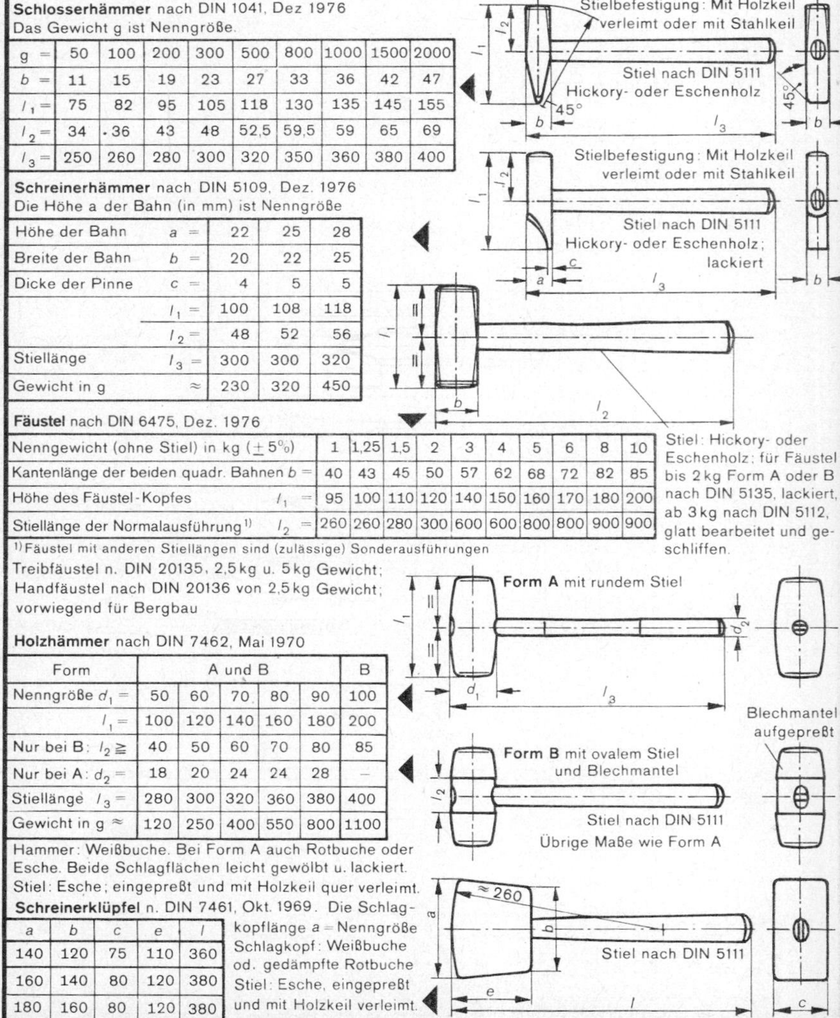

Schlosserhämmer nach DIN 1041, Dez 1976
Das Gewicht g ist Nenngröße.

g =	50	100	200	300	500	800	1000	1500	2000
b =	11	15	19	23	27	33	36	42	47
l_1 =	75	82	95	105	118	130	135	145	155
l_2 =	34	36	43	48	52,5	59,5	59	65	69
l_3 =	250	260	280	300	320	350	360	380	400

Schreinerhämmer nach DIN 5109, Dez. 1976
Die Höhe a der Bahn (in mm) ist Nenngröße

Höhe der Bahn	a =	22	25	28
Breite der Bahn	b =	20	22	25
Dicke der Pinne	c =	4	5	5
	l_1 =	100	108	118
	l_2 =	48	52	56
Stiellänge	l_3 =	300	300	320
Gewicht in g	≈	230	320	450

Fäustel nach DIN 6475, Dez. 1976

Nenngewicht (ohne Stiel) in kg (± 5%)	1	1,25	1,5	2	3	4	5	6	8	10
Kantenlänge der beiden quadr. Bahnen b =	40	43	45	50	57	62	68	72	82	85
Höhe des Fäustel-Kopfes l_1 =	95	100	110	120	140	150	160	170	180	200
Stiellänge der Normalausführung[1] l_2 =	260	260	280	300	600	600	800	800	900	900

[1] Fäustel mit anderen Stiellängen sind (zulässige) Sonderausführungen

Stiel: Hickory- oder Eschenholz; für Fäustel bis 2 kg Form A oder B nach DIN 5135, lackiert, ab 3 kg nach DIN 5112, glatt bearbeitet und geschliffen.

Treibfäustel n. DIN 20135, 2,5 kg u. 5 kg Gewicht; Handfäustel nach DIN 20136 von 2,5 kg Gewicht; vorwiegend für Bergbau

Holzhämmer nach DIN 7462, Mai 1970

Form	A und B					B
Nenngröße d_1 =	50	60	70	80	90	100
l_1 =	100	120	140	160	180	200
Nur bei B: l_2 ≧	40	50	60	70	80	85
Nur bei A: d_2 =	18	20	24	24	28	–
Stiellänge l_3 =	280	300	320	360	380	400
Gewicht in g ≈	120	250	400	550	800	1100

Hammer: Weißbuche. Bei Form A auch Rotbuche oder Esche. Beide Schlagflächen leicht gewölbt u. lackiert. Stiel: Esche; eingepreßt und mit Holzkeil quer verleimt.

Schreinerklüpfel n. DIN 7461, Okt. 1969. Die Schlagkopflänge a = Nenngröße
Schlagkopf: Weißbuche od. gedämpfte Rotbuche
Stiel: Esche, eingepreßt und mit Holzkeil verleimt.

a	b	c	e	l
140	120	75	110	360
160	140	80	120	380
180	160	80	120	380

Fortsetzung: Genormte Hämmer

Latthämmer nach DIN 7239, Dez. 1976

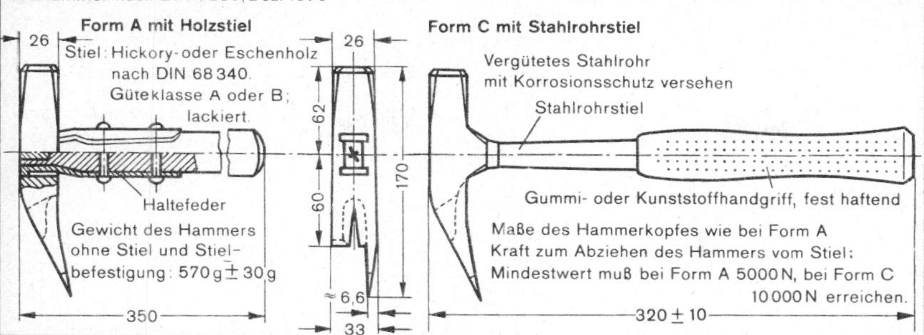

Gummihämmer nach DIN 5128, Nov. 1971

Gummi nach Wahl des Herstellers. Härte wahlweise ≈ 60 oder ≈ 90 Shore A.
Stiel: Esche oder eine andere geeignete Holzart.

Form	A	A und C			
Nenngröße	100	200	400	600	900
Gewicht g ≈	110	225	390	590	940
d ≈	40	54	64	74	90
l_1 ≈	80	90	113	127	139
Stiellänge l_2 =	260	320	340	380	380

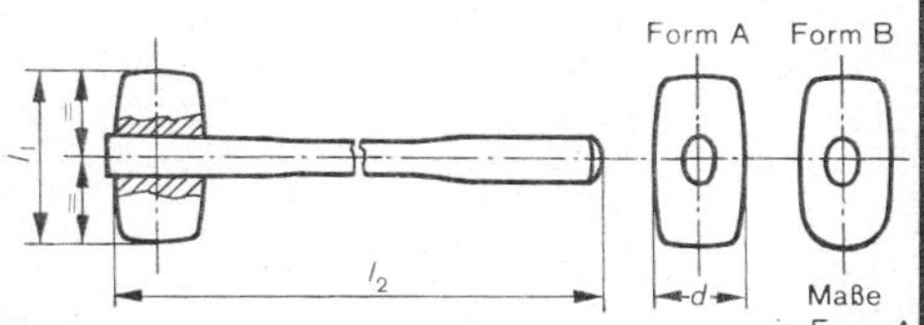

Leichtmetallhämmer nach DIN 6491, April 1972

Nenngröße: Gewicht in g	Stiellänge l_2	Form A b	Form A l_1	Form B d	Form B l_1	Form C d	Form C l_1	Form D d	Form D l_1
100	260	16	90						
150	280	18	105						
250	300			40	80	40	80	–	–
500	320			52	95	45	110	35	170
1000	360			64	125	60	130	–	–
1500	380			72	150	70	145	–	–

Form A und B: Aluminium-Gußlegierung nach DIN 1725 Blatt 2, Form C und D: Aluminium-Knetlegierung nach DIN 1725 Blatt 1, Sorte nach Wahl des Herstellers. Frei von Werkstoffehlern, wie Sprödbrüchigkeit, Risse, Lunker. Bahnen geschliffen.

Stiele aus Hickory- oder Eschenholz mit dem Hammer fest und dauerhaft verbunden, glatt bearbeitet und geschliffen, können auch gewachst, geölt oder lackiert sein.

Härte (HB 5/250/30):

Form A: 70 HB ± 7 HB	Form B: 25 HB ± 4 HB
Form C: 110 HB ∓ 10 HB	oder 35 HB ∓ 5 HB
Form D: 130 HB ∓ 10 HB	oder 70 HB ± 7 HB

Härteprüfung nach Brinell nach DIN 50351

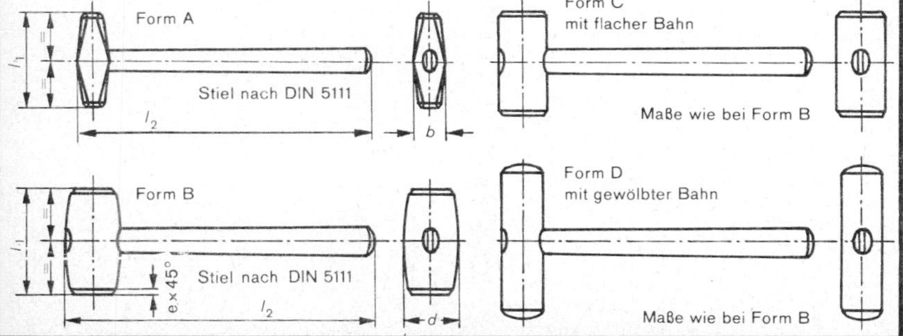

Zangen

Nach DIN 5233, Juli 1965: „Zangen; Begriffe, Einteilung und Benennung“, sind Zangen Werkzeuge aus zwei um eine gemeinsame Achse drehbaren Hebelarmpaaren. Der Zangenkopf auf der Wirkseite ist das kürzere der beiden Hebelarmpaare. Er besteht aus den beiden Backen und einem Teil des Gelenkes, durch das beide Hebelarmpaare verbunden sind. Das Hebelarmpaar auf der Handseite heißt Griffpaar. Maße in mm.

Greifzangen

Prüfung der Greifzangen hinsichtlich Härte und Gebrauchsfähigkeit nach DIN 5232, Juni 1971

Die Technischen Lieferbedingungen DIN 5232 gelten für genormte und nicht genormte Greifzangen mit und ohne Schneiden zum Greifen, Umformen, Trennen und Fügen.

Kneifzangen nach DIN 5241, Nov. 1967: Backen blank, Griffe außen glatt. Zange geschwärzt und/oder lackiert

Zangenlänge l_1	160	180	200	(225)	250	(315)
zuläss. Abweich. ±	8		5			
Kopflänge $l_2 \pm 3$	29	32	36	40	44	50
S ≈	45		50			
Maulöffnung mind.	15	17	19	22	26	32

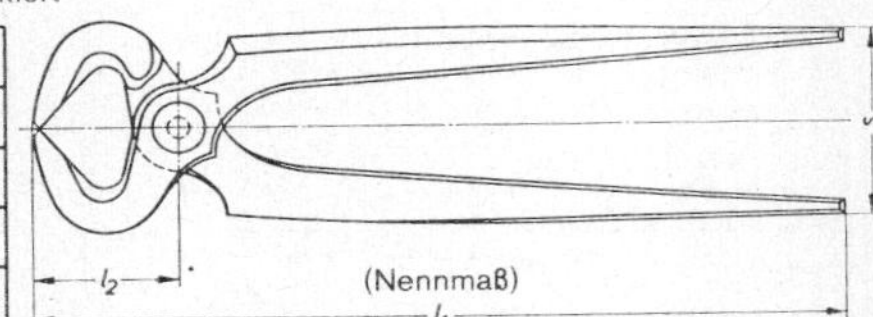

Kombinationszangen nach DIN 5244, Nov. 1967
Greifflächen gezahnt. Griffe außen glatt oder gerauht, Zangenkopf außen geschliffen und poliert.

Zangenlänge l_1	(140)	160	180	200	250
zuläss. Abweich. ±	2,5	5	8		
Kopflänge $l_2 \pm 3$	41	46	51	56	65
Kopfhöhe h ≈	23	25	28	31	34
Breite b ≈	8	9	10	11	13

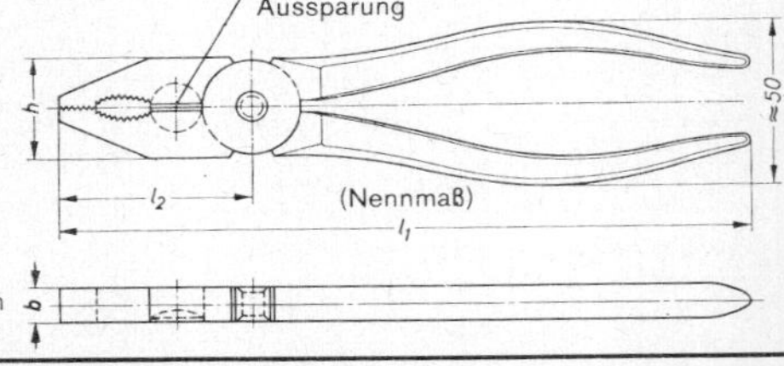

Warnung: Kombinationsz. mit Griffhüllen bieten beim Arbeiten unter Spannung keinen ausreichend. Schutz

Flachzangen und Rundzangen, genormt; Form A mit eingelegtem Gelenk

Griffe außen glatt oder gerauht. Zange geschwärzt. Kopf außen blank. Greifflächen gezahnt.
Sonstige Ausführung nach den Technischen Lieferbedingungen DIN 5232

Rundzangen nach DIN 5257, Nov. 1967

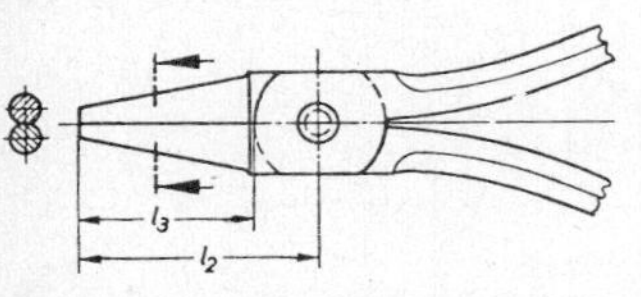

Flachzangen ohne Schneide nach DIN 5258, Nov. 1967

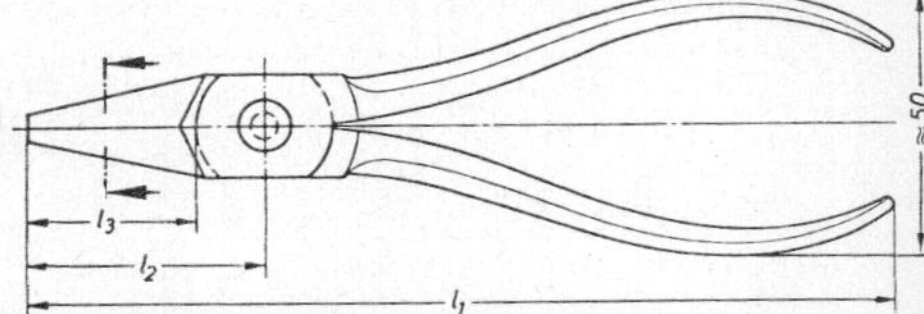

Rundzangen ohne Schneide, mit langen Backen nach DIN 5249, Nov. 1967

Flachzangen ohne Schneide, mit langen Backen nach DIN 5248, Nov. 1967

Flach- und Rundzangen, Form A: Nennlänge $l_1 \approx$	125	140	160	180	200
Kopflänge bei den Zangen nach DIN 5257 u. 5258: $l_2 \approx$	34	38,5	43	50	56
Backenlänge bei den Zangen nach DIN 5257 u. 5258: $l_3 \approx$	25	27	30	35	40
Kopflänge bei den Zangen nach DIN 5248 u. 5249: $l_2 \approx$	—	50	56		
Backenlänge bei den Zangen nach DIN 5248 u. 5249: $l_3 \approx$	—	41	46		

Vorn- und Seitenschneider

In den Technischen Lieferbedingungen DIN 5240, Juni 1971, für einfach übersetzte Vorn-, Mitten- und Seitenschneider und für mehrfach übersetzte Vornschneider zum Trennen von vorzugsweise metallischen Werkstoffen sind die Güteeigenschaften der Zangen und die Funktionsprüfung und zwei Leistungsklassen festgelegt: Vorn-, Mitten- und Seitenschneider zum Trennen a) von harten Drähten, z. B. Federstahldraht = Klasse H; b) von Drähten aus weichen Werkstoffen = Klasse W. Bei Bestellung ist die Leistungsklasse H oder W und ob Schenkel außen glatt oder gerauht sein sollen anzugeben.

Vornschneider mit verlängertem Gewerbe (bisher „Vorschneider" genannt) nach DIN 5243, Jan. 1962

Länge (Nennmaß)	l	(130)	140	160	180	200
zuläss. Abweichung	±	5		7		8
Kopflänge (Größtmaß)	e	14	15	17	18	20
Kopfhöhe (Größtmaß)	h	34		42	46	47
Backenbreite (Größtmaß)	b	25	29	33	37	

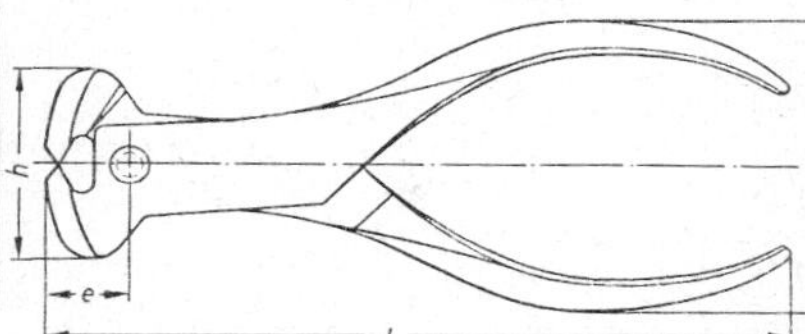

Vornschneider nach DIN 5252, Jan. 1962

Vornschneider		Form A						Form B			
Länge (Nennmaß)	l	100	(110)	(130)	140	160	200	100	(110)	140	160
zuläss. Abweichung	±	5				7	8	5			7
Kopflänge (Größtmaß)	e	11	13	15	16	17	20	13	15	19	20
Kopfhöhe (Größtmaß)	h	18	19	22	24	28	42	20	22	28	30
Backenbreite (Größtmaß)	b	18	19	22	25	28	32	24	20	28	32

Form A mit aufgelegtem Gewerbe

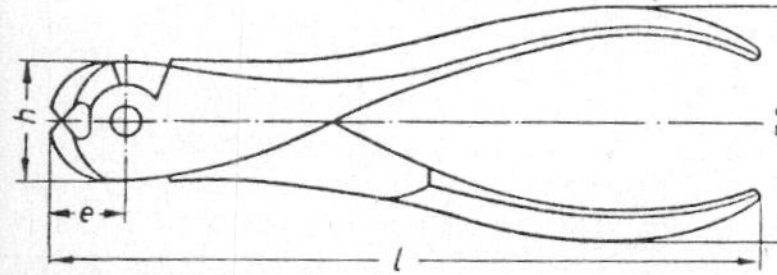

Form B mit eingelegtem Gewerbe

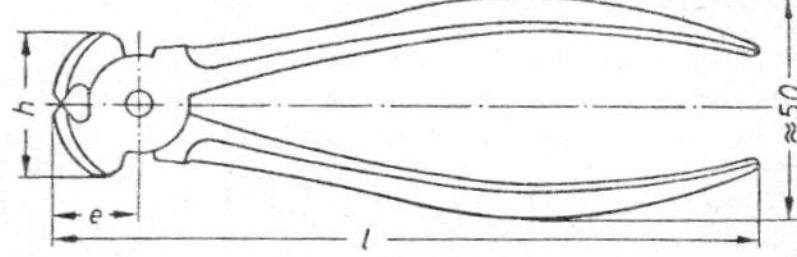

Hebelvornschneider nach DIN 5239, Jan. 1962: Hat mehrere Hebelmechanismen, um die Wirkkräfte zu erhöhen.

Länge (Nennmaß)	l	130	150	180	210	235
zuläss. Abweichung	±	5	9	7	8	10
Kopflänge (Größtmaß)	e	16	17	19	20	21
Kopfhöhe (Größtmaß)	h	35	41	45	48	51
Backenbreite (Größtmaß)	b	26	28	31	34	36

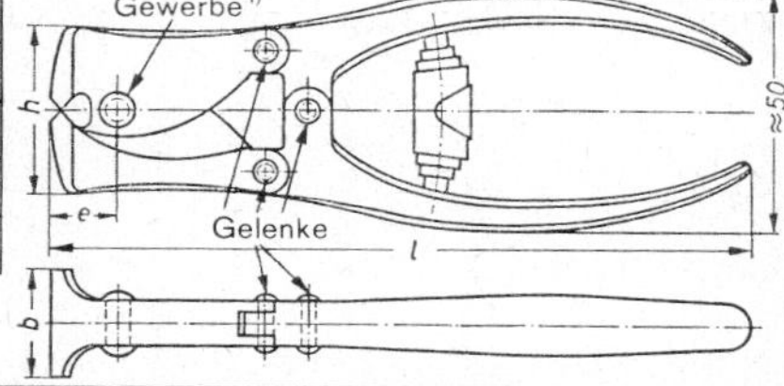

1) Als Gewerbe bezeichnet man die aufeinander gleitenden Flächen im Bereich des Drehgelenks oder die der Schneide am nächsten liegende Drehverbindung.

Seitenschneider nach DIN 5238, Jan. 1962		mit aufgelegtem Gewerbe (Form A) 1)							mit eingelegtem Gewerbe (Form B) 1)						
Länge (Nennmaß)	l	(110)	120	(130)	140	160	180	200	(110)	120	(130)	140	160	180	260
zuläss. Abweichung	±	5				7		8	5				7		10
Kopflänge (Größtmaß)	e	22		24	26	29	32	36	24		27	30	34	38	40

Form A mit aufgelegtem Gewerbe

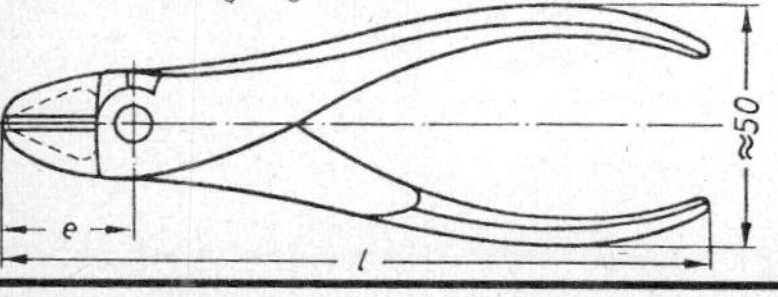

Form B mit eingelegtem Gewerbe

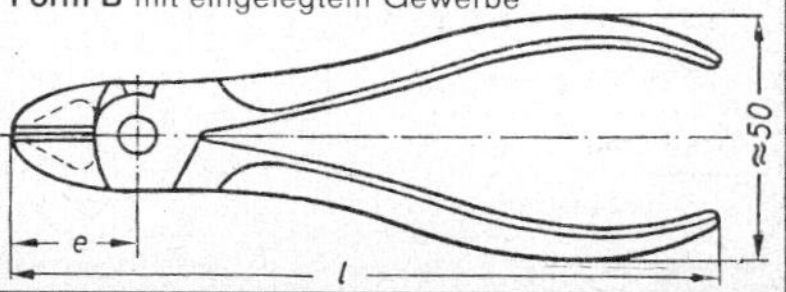

Hölzerne Hobel

Aus „Techn. Lieferbeding." für Hobel (DIN 7224, März 1973) und Hobeleisen (DIN 5152, März 1973): **Hobelkasten** aus ast-, riß- und splitterfreier Weißbuche oder Rotbuche mit verzahnt aufgeleimter **Sohle** aus Weißbuche oder Pockholz. Der **Spandurchgang** nach Einbau des Hobeleisens (Form A ohne Schlitz, Form C mit Klappe) soll min. 0,5 mm, max. 2 mm sein. **Hobeleisen** aus Werkzeugstahl, der in den Härtezonen min. Rockwellhärte 60 HRC und bei einem Zuschärfwinkel $\alpha = 25° \pm 5°$ (kleinere ∢ bei weichem Holz) eine abziehfähige, scharfe **Schneide** gewährleisten muß. Der Winkel α ist genormt.

DIN[1]	Hobel -h. = -hobel	Schnitt-winkel	Hobelsohle Länge l	Hobelsohle Breite a	Hobeleisen Breite b	DIN[1]
7218	Rauhbankh.		600	b + 21	57; 60	5145
7310	Schrupph.	45°	240	b + 17	45; 48; 51	5146
7311	Schlichth.					5145
7219	Doppelhobel					
7220	Putzhobel	49°	220			
7305	Reform-Putzh.	50°		b + 16	48	5149
7306	Simshobel	47°	270	30	30	7372
7307	Doppel-simshobel	50°				

Hobeleisen, Nase, Keil, 135, 66, β, Sohle, l, Spandurchgang

[1])Ausgabe: März 1973

DIN 7305 bis 7307: Febr. 1976

Hobeleisen mit Stiel für Sims-, Falz-, Leisten- und Formhobel nach DIN 7372 März 1973

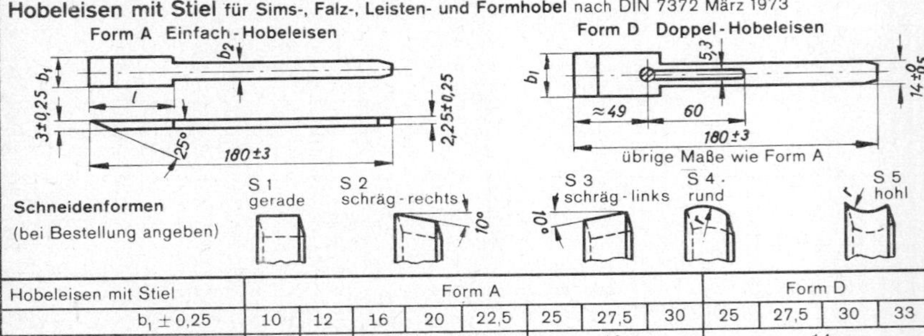

Hobeleisen mit Stiel	Form A								Form D			
$b_1 \pm 0{,}25$	10	12	16	20	22,5	25	27,5	30	25	27,5	30	33
$b_2 - 0{,}5$	5	6	8			10			14			
$l - 2$	47			52					—			
Nutzlänge des Schneidenblattes min.	37			42								

Rechteckige Ziehklinge nach DIN 7226 März 1970	Dicke (Nenngröße)	Länge	Breite
	0,8 mm 1,0 mm 1,2 mm	150 mm	60 mm

Hobelbank mit Parallel-Vorderzange nach DIN 7328, März 1973
Hobelbänke mit Deutscher Vorderzange sowie Stellmacher-Hinterzange sind nicht mehr genormt.

Nr.	Benennung
1	Bankplatte
2	Beilade
3	Hinterzange
4	Hinterzangenspindel
5	Zangenschlüssel
6	Vorderer Bankhaken
7	Hinterer Bankhaken
8	Vordere Anfaßleiste
9	Hintere Anfaßleiste
10	Schublade
11	Parallel-Vorderzangenbacken
12	Parallel-Vorderzangenspindel
13	Bankhakenloch
14	Vorderer Gestellfuß
15	Hinterer Gestellfuß
16	Schwinge
17	Gestell-Zugschraube

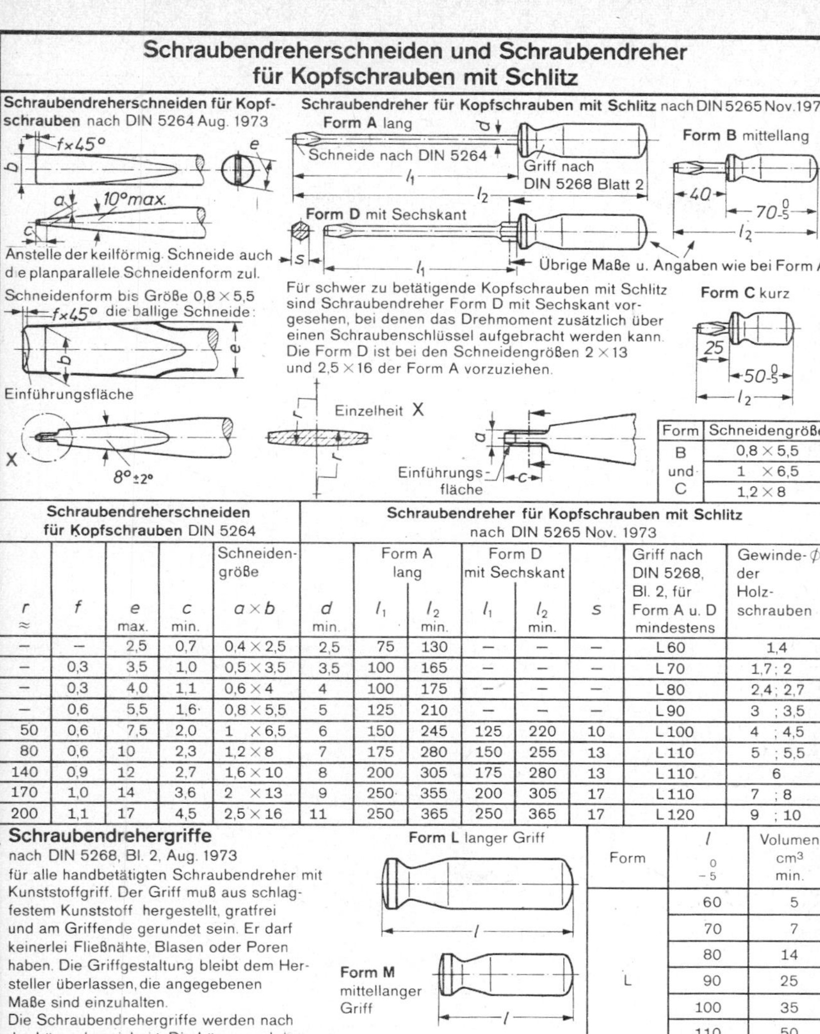

Schraubendreherschneiden und Schraubendreher für Kopfschrauben mit Schlitz

Schraubendreherschneiden für Kopfschrauben nach DIN 5264 Aug. 1973

Schraubendreher für Kopfschrauben mit Schlitz nach DIN 5265 Nov. 1973

Für schwer zu betätigende Kopfschrauben mit Schlitz sind Schraubendreher Form D mit Sechskant vorgesehen, bei denen das Drehmoment zusätzlich über einen Schraubenschlüssel aufgebracht werden kann. Die Form D ist bei den Schneidengrößen 2 × 13 und 2,5 × 16 der Form A vorzuziehen.

Form	Schneidengröße
B und C	0,8 × 5,5
	1 × 6,5
	1,2 × 8

Schraubendreherschneiden für Kopfschrauben DIN 5264					Schraubendreher für Kopfschrauben mit Schlitz nach DIN 5265 Nov. 1973							
				Schneidengröße		Form A lang		Form D mit Sechskant			Griff nach DIN 5268, Bl. 2, für Form A u. D mindestens	Gewinde-Ø der Holzschrauben
r ≈	f	e max.	c min.	a × b	d min.	l_1	l_2 min.	l_1	l_2 min.	s		
–	–	2,5	0,7	0,4 × 2,5	2,5	75	130	–	–	–	L 60	1,4
–	0,3	3,5	1,0	0,5 × 3,5	3,5	100	165	–	–	–	L 70	1,7; 2
–	0,3	4,0	1,1	0,6 × 4	4	100	175	–	–	–	L 80	2,4; 2,7
–	0,6	5,5	1,6	0,8 × 5,5	5	125	210	–	–	–	L 90	3 ; 3,5
50	0,6	7,5	2,0	1 × 6,5	6	150	245	125	220	10	L 100	4 ; 4,5
80	0,6	10	2,3	1,2 × 8	7	175	280	150	255	13	L 110	5 ; 5,5
140	0,9	12	2,7	1,6 × 10	8	200	305	175	280	13	L 110	6
170	1,0	14	3,6	2 × 13	9	250	355	200	305	17	L 110	7 ; 8
200	1,1	17	4,5	2,5 × 16	11	250	365	250	365	17	L 120	9 ; 10

Schraubendrehergriffe

nach DIN 5268, Bl. 2, Aug. 1973

für alle handbetätigten Schraubendreher mit Kunststoffgriff. Der Griff muß aus schlagfestem Kunststoff hergestellt, gratfrei und am Griffende gerundet sein. Er darf keinerlei Fließnähte, Blasen oder Poren haben. Die Griffgestaltung bleibt dem Hersteller überlassen, die angegebenen Maße sind einzuhalten.

Die Schraubendrehergriffe werden nach der Länge bezeichnet. Die Länge und das Mindestvolumen sind so gestuft, daß die Griffe den Schraubendrehern nach dem erforderlichen Drehmoment sachlich richtig zugeordnet werden können.

Form L langer Griff

Form M mittellanger Griff

Form K kurzer Griff

Form	l $^{0}_{-5}$	Volumen cm³ min.
L	60	5
L	70	7
L	80	14
L	90	25
L	100	35
L	110	50
L	120	70
M	70	23
K	50	23

Technische Lieferbedingungen für handbetätigte Schraubendreher. In bezug auf Werkstoff, Ausführung, Drehmomentprüfung und Kennzeichnung müssen die Schraubendreher den Technischen Lieferbedingungen DIN 5263, Nov. 1973, entsprechen.

Die Schraubendreher müssen grat- und zunderfrei sowie korrosionsgeschützt sein. Die Wahl des Korrosionsschutzüberzuges ist dem Hersteller freigestellt.

Die gleichmäßige Gebrauchstauglichkeit der Schraubendreher wird durch die vorgeschriebene Härte und das vorgeschriebene Prüfdrehmoment festgelegt. Schraubendreher dürfen nur auf dem Griff gekennzeichnet werden. Dabei ist verboten, Spannungswerte anzugeben.

Feilen und Raspeln

Hieb: Der Feilenhieb oder Raspelhieb ist bei gehauenen Feilen oder Raspeln eine Anzahl spanlos hergestellter Einkerbungen in die glatte Oberfläche des Feilenkörpers. Der Verwendungszweck bestimmt Art und Winkel des Hiebes. Beim Einhieb sind die Einkerbungen zueinander parallel, beim Kreuzhieb liegen sie kreuzförmig aufeinander. Die Schnürung entsteht durch ungleiche Teilung des Unter- und Oberhiebes (Unterhieb in der Regel gröber als der Oberhieb). Der Raspelhieb besteht aus einzelnen Spitzzähnen. Bei gefrästen Feilen wird der Feilenzahn aus dem vollen Material ausgefräst. (Begriffe nach DIN 7285, Mai 1974)

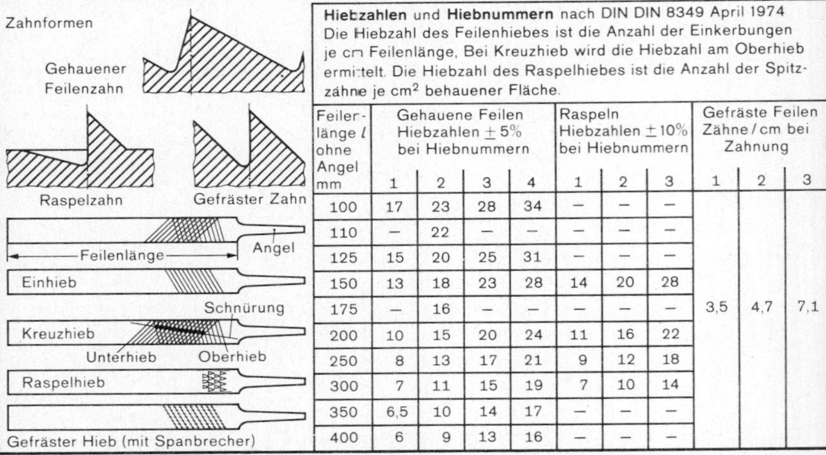

Hiebzahlen und **Hiebnummern** nach DIN DIN 8349 April 1974
Die Hiebzahl des Feilenhiebes ist die Anzahl der Einkerbungen je cm Feilenlänge, Bei Kreuzhieb wird die Hiebzahl am Oberhieb ermittelt. Die Hiebzahl des Raspelhiebes ist die Anzahl der Spitzzähne je cm² behauener Fläche.

Feilenlänge l ohne Angel mm	Gehauene Feilen Hiebzahlen ± 5% bei Hiebnummern				Raspeln Hiebzahlen ± 10% bei Hiebnummern			Gefräste Feilen Zähne / cm bei Zahnung		
	1	2	3	4	1	2	3	1	2	3
100	17	23	28	34	–	–	–			
110	–	22	–	–	–	–	–			
125	15	20	25	31	–	–	–			
150	13	18	23	28	14	20	28			
175	–	16	–	–	–	–	–	3,5	4,7	7,1
200	10	15	20	24	11	16	22			
250	8	13	17	21	9	12	18			
300	7	11	15	19	7	10	14			
350	6,5	10	14	17	–	–	–			
400	6	9	13	16	–	–	–			

Formen, Längen, Querschnitte der Feilen und Raspeln

Maße in mm. Die Werte l sind die Raspel- oder Feilenlängen ohne Angel. Die Werte b und s sind Walzstahl-Rohmaße, gemessen am unverjüngten Teil. Die Fertigmaße der Querschnitte sind nicht angegeben.
Die Form-Kennzahlen der deutschen Feilenhersteller sind nicht Bestandteil der Festlegungen.
Abkürzungen: FK = Form-Kennzahlen der deutschen Feilenhersteller; Eh = Einhieb; Kh = Kreuzhieb; Bh = Bahnenhieb; Sh = Spiralhieb.

Schärffeilen nach DIN 7262, Mai 1974, vorwiegend zum Schärfen von Sägen aller Art. Einhiebausführung. Spitze blank.

FK =	1232	1237	1238	1231	1212	1212 r	1272
Form A, B, C und D: Hiebnummer 2	Form A, Sägefeile, normal	Form B, Sägefeile, schmal	Form C, Sägefeile, extra schmal	Form D, Bandsägefeile	Form E, Mühlsägefeilen	Form F	Form G, Messer-Schärffeile
Form E, F und G: Hiebnummer 3	Alle drei Seiten und Kanten mit Einhieb			Kanten gerundet	Beide Breitseiten und beide flachen Schmalseiten mit Einhieb	gerundeten	Breitseiten und schmale Kante mit, Rücken ohne Hieb
Länge l	b	b	b	b	$b \times s$		$b \times s$
100 ± 3,5	10	6,3	4,5	–	–		–
110 ± 4	10	7,1	5,5	–	–		–
125 ± 4	11,8	8	6,3	12,6	–		–
150 ± 4,5	13	10	7,1	14,6	–		16 × 5,2
175 ± 5	14	10	–	–	–		–
200 ± 5	15	11,8	–	17	20 × 3,3		20 × 6,4
250 ± 5,5	–	–	–	–	25 × 4		25 × 7,9
300 ± 6,5	–	–	–	–	30 × 4,75		–

Fortsetzung: Feilen und Raspeln

Raspeln und Kabinettfeilen nach DIN 7263, Mai 1974,
für die Bearbeitung von Holz, Kunststoffen, Leder, Horn und ähnlichen Werkstoffen

Form-Kennzahl (FK)	1512	1552	1558	1158	1562
	Form A Holzraspel, flachstumpf	Form C Holzraspel, halbrund	Form D Kabinettraspel	Form F Kabinettfeile	Form E Holzraspel, rund
	Breitseiten mit Raspelhieb, eine Schmalseite mit Einhieb	Flache Seite und Rücken mit Raspelhieb, beide Kanten mit Einhieb	Flache Seite und Rücken mit Raspelhieb, beide Kanten mit Einhieb	Flache Seite und Rücken mit Kreuzhieb, beide Kanten mit Einhieb	Mit Raspelhieb
Länge l Hiebnummer H	$b \times s$	$b \times s$	$b \times s$	$b \times s$	b
150 ± 4,5 H →	16 × 4 1; 2	15 × 4,4 1; 2; 3	25 × 4,2 2	25 × 4,2 1	– –
200 ± 5 H →	20 × 5 1; 2	20 × 5,5 1; 2; 3	28 × 4,7 2; 3	28 × 4,7 1	8 2
250 ± 5,5 H →	25 × 6,3 1; 2	23,8 × 7,1 1; 2; 3	31,5 × 5,3 2; 3	31,5 × 5,3 1	10 2
300 ± 6,5 H →	31,5 × 8 1; 2	28,6 × 8,7 1; 2; 3	35,5 × 6 2; 3	35,5 × 6 1	– –

Gefräste Feilen nach DIN 7264 Mai 1974 für die Bearbeitung von
Metallen und Kunststoffen, insbesondere Aluminium, Blei, Bronze und ähnlichen Werkstoffen

FK =	290	292	293	295	296	297
Mit gefrästem und Hieb Spanbrecher, schräg verzahnt:	Form A flachstumpf	Form B vierkant	Form C rund	Form D halbrund, hohl	Form E Fräserfeilblatt flachstumpf	Form F Fräserfeilblatt halbrund, hohl
	Breitseiten und eine Schmalseite	Alle vier Seiten	Nicht schräg verzahnt	Konvexe Seite. Hohle Seite ohne Hieb	Beide Breitseit. mit 2 Bohrungen ohne Angel	≈ Form D mit 2 Bohrungen ohne Angel
↓ Länge l Zahnung Z	$b \times s$	b	b	$b \times s$	$b \times s$	$b \times s$
250 ± 5,5 Z →	26 × 7 1; 2; 3	10 1	10 1	23 × 7 1; 2	26 × 5 1; 2	– –
300 ± 6,5 Z →	31 × 8,3 1; 2; 3	12 1	12 1	27 × 9 1; 2	31 × 5 1; 2; 3	27 × 9 1; 2
350 ± 7 Z →	36 × 8,8 1; 2	– –	– –	– –	36 × 5,5 1; 2; 3	30 × 10 1; 2
400 ± 8 Z →	41 × 9,4 1	– –	– –	– –	– –	– –

Schlüsselfeilen (auch Raumfeilen genannt) nach DIN 7283 Mai 1974:
Alle Schlüsselfeilen mit Hiebnummer 2 und Länge l = 100 ± 3,5.

FK =	1117	1127	1137	1147	1157	1167
	Form A flachstumpf	Form B flachspitz	Form C dreikant	Form D vierkant	Form E halbrund	Form F rund
$b \times s$ oder b	10 × 1,4	10 × 1,4	5	3	9 × 3	3
Hieb:	Beide Breitseiten mit Kreuzhieb, eine Schmalseite(n) mit Einhieb	Beide Breitseiten mit Kreuzhieb, beide Schmalseite(n) mit Einhieb	Alle drei Seiten mit Kreuzhieb	Alle vier Seiten mit Kreuzhieb	Flache Seite mit Kh, Rücken mit Bh oder Sh	Bahnen- oder Spiralhieb

Technische Lieferbedingungen für Feilen und Raspeln nach DIN 7284, Mai 1974

Die Technischen Lieferbedingungen fordern u. a.:

Die Feilenzähne müssen gleichmäßig voll und scharf ausgehauen oder ausgefräst sein. Die Feilen und Raspeln müssen gerade gerichtet, gut und gleichmäßig gehärtet sein und dürfen keine Härterisse aufweisen.

Angeln dürfen nicht gehärtet sein, damit sie beim Gebrauch nicht abbrechen. Der Übergang vom Härtegefüge des Blattes zum ungehärteten Gefüge der Angel soll im vollen Querschnitt der Feile oder der Raspel liegen, jedoch nicht im Hiebbereich.

Die Feilen und Raspeln sind mit dem Namen oder Zeichen des Herstellers dauerhaft zu kennzeichnen. Die Hiebnummer ist zumindest auf der handelsüblich kleinsten Verpackung anzugeben.

Güteprüfung der Feilen

Die im Schwerpunkt unterstützte Feile muß beim Anschlagen mit einem Stück Stahl einen klingenden Ton geben.

Die Spitzen der Feilenzähne müssen bei einem Biegeversuch ausbrechen, ohne sich zu verbiegen.

Die Feilen dürfen sich nicht mit einer anderen Feile anfeilen lassen.

Holzbohrer

DIN	Form	Name und besondere Einzelheit	Durchmesser (Sprung) in mm	Anmerkung (...) = Sprung
6442 Aug.66	 A B	Langlochfräsbohrer mit 2 geraden Spannuten mit abgesetztem Zylinderschaft mit durchgehendem Zylinderschaft	8...16(1);16...30(2) 5...12(1)	auch mit Spanbrecher-nuten lieferbar
6444 Sept.66	 C G	Schlangenbohrer m. verjüngtem Vierkantschaft mit 2 Vorschneidern mit Spiralwindungen, 1 oder 2 Vorschneidern	6...15(1);16...32(2)	Gewindespitze ein-oder zweigängig
6445 Aug. 66	 A B	Bohrer mit Ringgriff mit Schnecke u. geknotetem Ringgriff mit Spiralnnut, 2 mal gedreht, einfachem Ringgriff	2...10(1)	bis 5mm ∅ im Halm mit gehärtet
6446 Aug. 66	 A B	Versenker mit verjüngtem Vierkantschaft mit abgesetztem Zylinderschaft	10; 13; 16; 20; 25; 30	
6447 Dez.76	C	Zentrumbohrer m. verjüngtem Vierkantschaft mit verstellbaren Messern: Nenngröße 1: Bohrbereich 15 ... 25 ... 40 mm Nenngröße 2: Bohrbereich 25 ... 45 ... 75 mm	2 verschiedene, lose Messer je Bohrer: 13 und 24mm lang 23 und 42mm lang	Gewindespitze eingängig
6449 Nov. 66	B	Stangen-Schlangenbohrer mit Öhr und mit 2 Vorschneidern	10...16(1);16...52(2)	Gewindespitze ein-oder zweigängig; Bohrerlänge 600mm
6461 Aug.66	C	Langlochfräsbohrer, kurz mit zwei geraden Spannuten	8...12(1)	l_1 = 85...105(5)
6464 Aug.66		Schneckenbohrer, in kurzer und in langer Ausführung	2...16(1)	kurz : l = 120...190(5) lang : l = 200; 250; 300
7423 Nov. 66		Maschinen-Schlangenbohrer mit zwei Vorschneiaern u. ein- oder zweigängiger Gewindespitze; Morsekegel B2 nach DIN 228	10...50(2)	l_1 = 300; 400; 500; 600 l_2 = 260; 360; 460; 560 (l_2 = Länge der Schlange)
7425 Nov. 66		Maschinen-Schlangenbohrer für Schwellen in 2 Längen. Schneidenteil wie DIN 7423	10...20(1)	kurz: l_1 = 245; lang: l_1 = 300 l_2 (Schlange) = 160mm
7480 Nov. 66		Spiralbohrer mit einer Spannut und verjüngtem Vierkantschaft	2...12(1)	bis 5mm ∅ im Halm mit gehärtet
7481 Nov.66		Stangen-Schneckenbohrer, Querschnitt rund oder quadratisch, mit Öhr	10...40(2)	l_1 = 250... 560; Sprungfolge: 6×25; 5×20; 4×15
7483 Nov. 66	 A C E F G	Forstnerbohrer und Kunstbohrer Maschinen-Forstnerbohrer mit Umfangschneide und abgesetztem Zylinderschaft Forstnerbohrer mit Umfangschneide und verjüngtem Vierkantschaft Maschinen-Kunstbohrer mit 2 Vorschneidern und abgesetztem Zylinderschaft Kunstbohrer mit 2 Vorschneidern und verjüngtem Vierkantschaft Forstnerbohrer für elektr. Handbohrmasch.	A, C, F: 10...50(5) und 10...40(2) E: 10...80(5) und 10...40(2) G: 10...40(5) und 10...40(2)	mit 2 Messern und Zentrierspitze; A: l = 120...155(5) C: l = 100...140(≈5) E: l = 120...170(5) F: l = 100...140(≈ 5) G: l = 90
7487 Nov. 66	 A C D E	Spiralbohrer mit zwei Spannuten mit Dachspitze und abgesetztem Zylinderschaft mit Dachspitze und durchgehendem Zylinderschaft mit Zentrierspitze und abgesetztem Zylinderschaft mit Zentrierspitze und durchgehendem Zylinderschaft	10...16(1); 16...40(2) + 45 und 50 4...10(1) + 12 10...16(1);16...40(2),45;5 4...10(1) + 12	C und E: l = 80...150(10) A: l = 160...300 (5;10) D: l = 160...325 (5;10)
7489 Nov. 66		Scheibenschneider	innen: 10...60(5)	

Holzbohrer werden mit dem Namen und dem Durchmesser gekennzeichnet. Sie bestehen aus Stahl, Güte meistens C45 nach DIN 17200, bei DIN 6445, Messer nach DIN 6447, DIN 6464, DIN 7480 und DIN 7481 Güte C 35; die Härte liegt nach Rockwell C (HRC) zwischen 42 und 47 oder 45 und 50. Die Bohrer sind rechtsschneidend.

Holzbohrer

nach DIN-Nummern geordnet

Bezeichnung	Ausführung
Langlochfräsbohrer DIN 6442	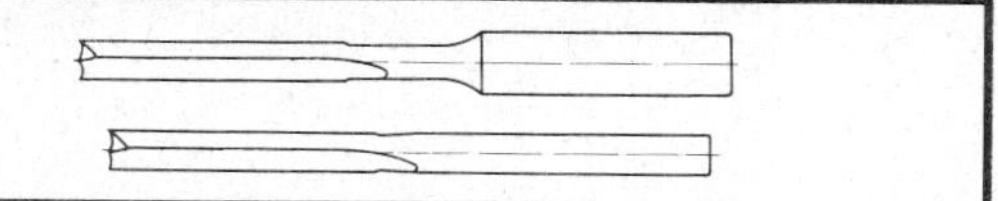 Form A; Form B
Schlangenbohrer DIN 6444	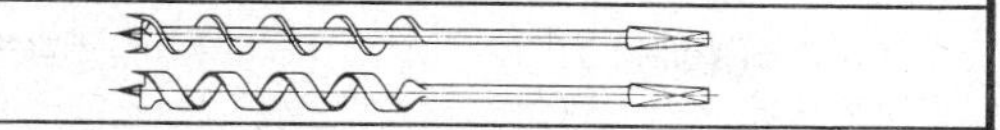 Form C; Form G
Bohrer mit Ringgriff DIN 6445	 Form A; Form B
Versenker DIN 6446	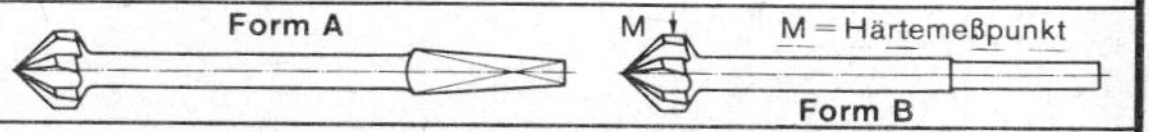 Form A; Form B; M; M = Härtemeßpunkt
Zentrumbohrer DIN 6447	 Form C Die Zentrumbohrer bohren ohne Messer ein Loch von 13 od. 22 mm Durchmesser.
Stangen-Schlangenbohrer DIN 6449	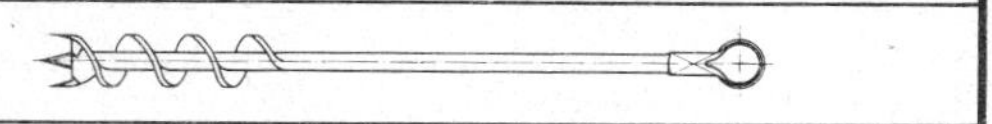 Form B
Langlochfräsbohrer, kurz DIN 6461	 Form C
Schneckenbohrer DIN 6464	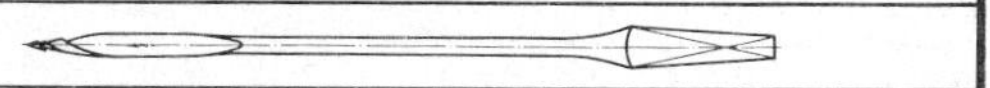
Maschinen-Schlangenbohrer DIN 7423	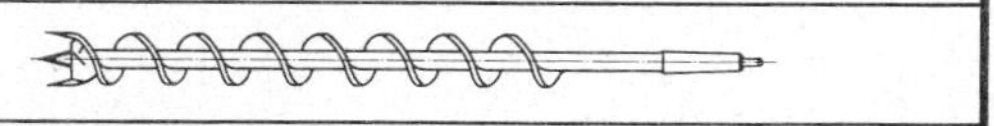
Maschinen-Schlangenbohrer DIN 7425	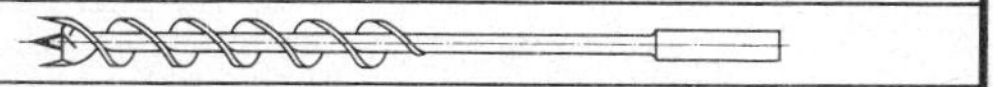
Spiralbohrer mit einer Spannut DIN 7480	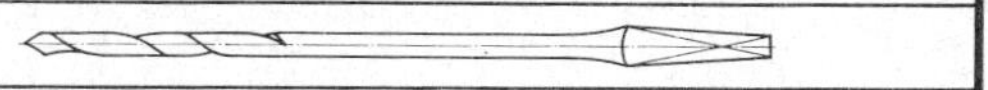
Stangen-Schneckenbohrer DIN 7481	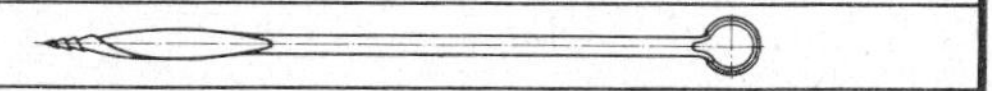
Forstnerbohrer und Kunstbohrer DIN 7483	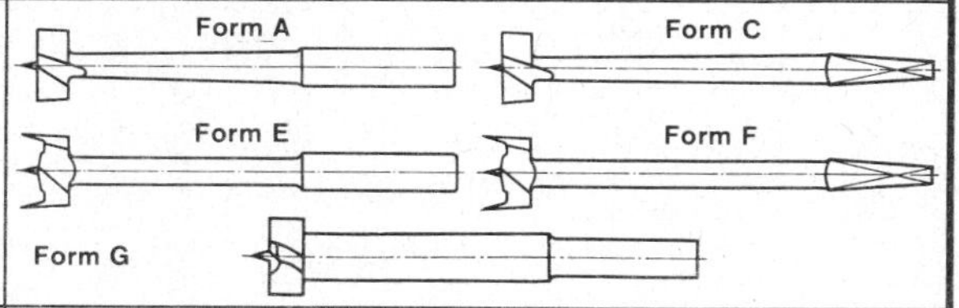 Form A; Form C; Form E; Form F; Form G
Spiralbohrer mit zwei Spannuten DIN 7487	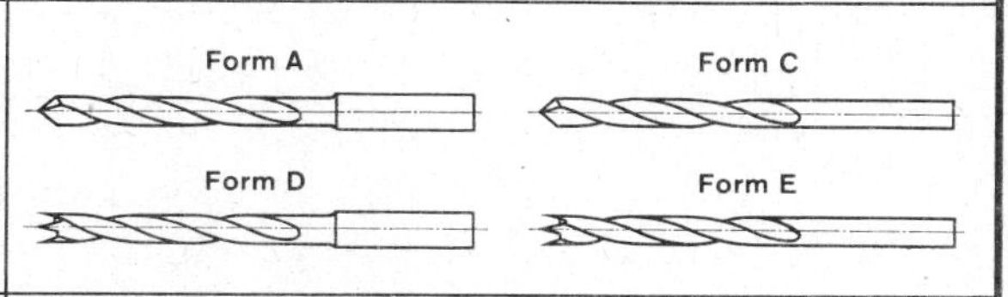 Form A; Form C; Form D; Form E
Scheibenschneider DIN 7489	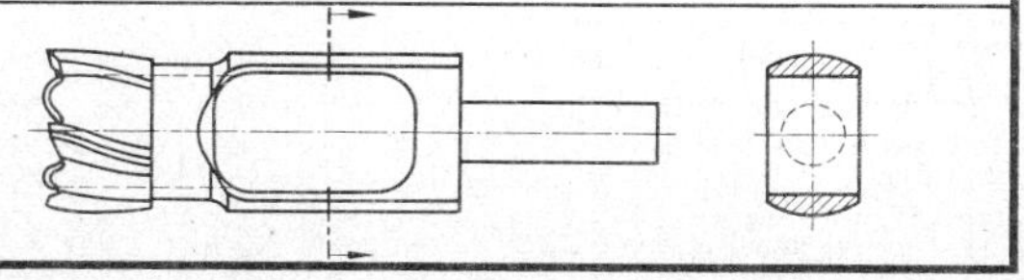

Bezeichnung von Sägenelementen

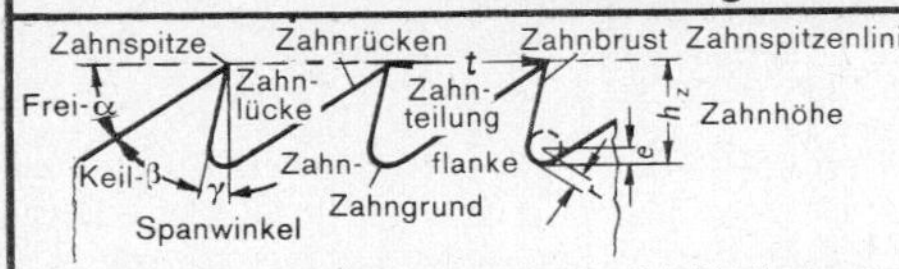

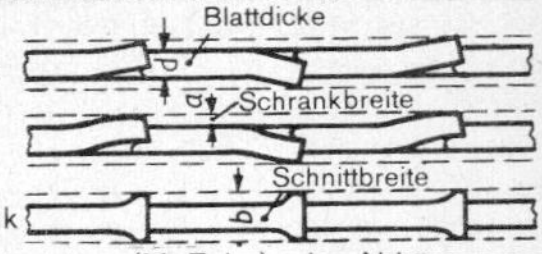

Zahnspitze, Zahnrücken, Zahnbrust, Zahnspitzenlinie, Frei-α, Zahnlücke, Zahnteilung t, Zahnhöhe h_z, Keil-β, γ, Spanwinkel, Zahnflanke, Zahngrund

Blattdicke, Biegeschrank, Schrankbreite, Drehschrank, Schnittbreite, Stauchschrank

Kurzzeichen für Zahnformen sind willkürlich (X, Y) oder ähnliche Großbuchstaben (M-Zahn) oder Abkürzungen (D = Dreieckzahn) Ein 2. Buchstabe bez. Anwendung (W = für Weichholz) od. enge (V) od. weite (U) Zahnlücken.

Gebräuchliche Zahnformen:

Zahnform	Kurzzeichen	Zahnform	Kurzzeichen
Dreieckzahn auf Stoß (Spanwinkel positiv)	NV	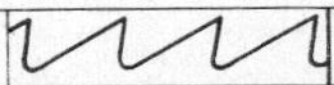 Dreieckszahn auf Stoß mit weitem Zahngrund	NU 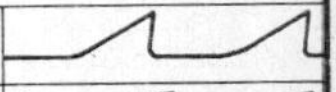
abgeschrägter Wolfszahn	KV	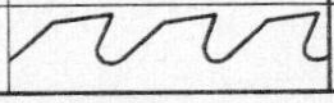 abgeschrägter Wolfszahn mit weitem Zahngrund	KU 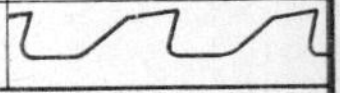

Zahnformen für Freispannsägen nach DIN 6492, Bl. 1 u. 2, Sept. 1974 (Maße in mm):

Zahnform DE Dreieck-Einheits-Zahnung (10,3; 15; 14)

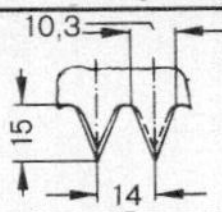

Zahnform DW Dreieck-Weichholz-Zahnung (8,5; 12; 9)

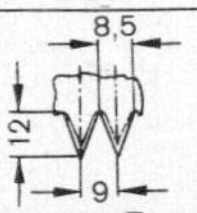

Zahnform DH Dreieck-Hartholz-Zahnung (11; 16; 17)

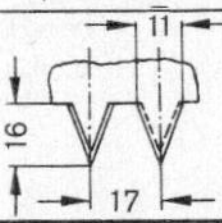

Zahnform H Hobel-Zahnung (13; ≈ 30; 70°; 90°; ≈ 26,5; ≈ 18)

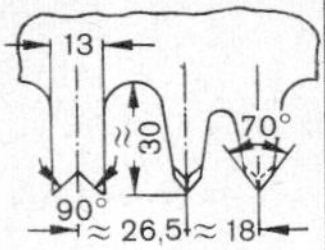

Zahnform L Lanzen-Zahnung (≈ 15; ≈ 9; ≈ 40; ≈ 42; 90°; ≈ 29,5; ≈ 15)

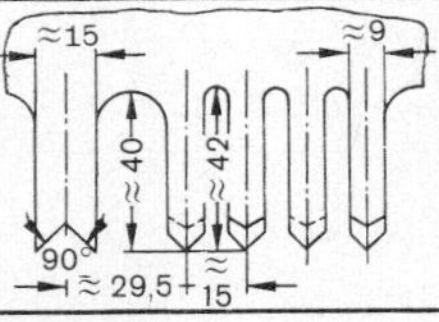

Zahnform MG M-Zahnung gekehlt Gleichseitige Schneidflanken (12; 13; 24)

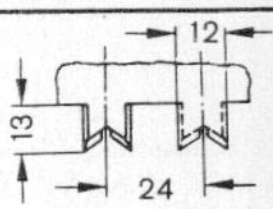

Zahnform MW M-Zahnung gekehlt Wechselseitige Schneidflanken Raumflanken hinterschnitten (15; 15; 25)

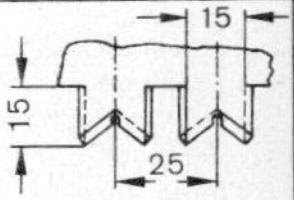

Sägeblatt u. zugehörige Zahnformen: für Bügelsäge A (mit einem Griff) für Bügelsäge B (mit zwei Griffen) nach DIN 20142 Juni 1969 Leistungsfähigkeit der Säge mehrfach erhöht; Zähne elektroinduktiv gehärtet, Nachschleifen entfällt. Schränkung 1,5 bis 2 mm Länge eines Sägeblattes: 800 mm

mit Zahnform X (4 X)

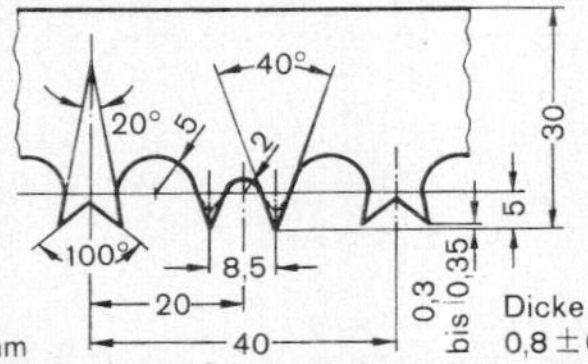

40°; 20°; 5; 2; 100°; 8,5; 20; 40; 30; 5; 0,3 bis 0,35

Dicke s = 0,8 ± 0,03

mit Zahnform Y (4 Y)

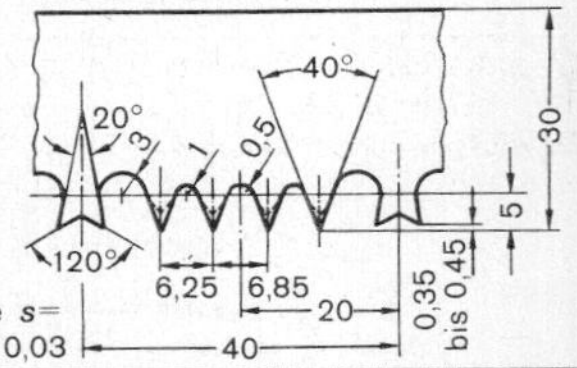

40°; 20°; 3; 1; 0,5; 120°; 6,25; 6,85; 20; 40; 30; 5; 0,35 bis 0,45

Handsägen für Holz

Nicht vorgespannte Handsägen, die an beiden Enden von Hand geführt werden, sind **Freispannsägen,** vor allem in Gestalt verschiedener **Zugsägen,** das sind **Zweimannblattsägen** mit symmetrischer Zahnung zum Fäller oder Ablängen, zum Quer- und Schrägschneiden;

Sägeblätter für Zugsägen nach DIN 6492, Bl. 1, Sept. 1974 (Maße in mm):

Form	Rücken	Zahnlinie gekrümmt	Zahnform	Länge l	s [1] max	Form A b ≈	Form A c ≈	Form B b ≈	Form B c ≈	Form B e ≈	Form C b ≈	Form C c ≈	Form D b ≈	Form D c ≈	Form D e ≈	Form E b ≈	Form E c ≈
A	gerade	schwach	DE	1200	1,3	120	55	—	—	—	150	50	—	—	—	130	65
B	hohl			1400	1,5	130	60	115	80	35			120	50	30	140	70
C	gerade	stark		1600		140	65		75		160		130			160	80
D	hohl			1800	1,7	150	70	—	—	—	—	—	140		40		
E	gerade	schwach	H	2000		160	75						160			180	90

1) In der Regel gleichdick; s nimmt bei Form E von 2 ± 0,1 auf 1 ± 0,1 ab. Andere Zahnformen nach DIN 6492, Bl. 2, zulässig, besonders bestellen.

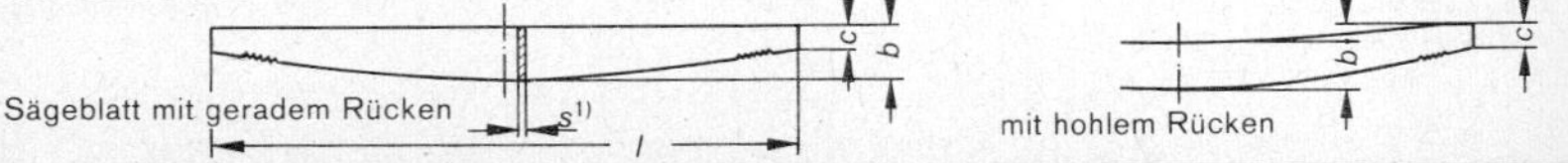

Sägeblatt mit geradem Rücken

mit hohlem Rücken

Fortsetzung: Handsägen für Holz

Die vier wichtigsten **Heftsägen** sind:

1. Feinsägen nach DIN 7235, Sept. 1974: Aufgesetzter Rücken, Zahnteilung 1,5 mm, Feilengriff nach DIN 395;

Form A gerade: Gerade Angel, Griffachse in Blattebene;

Form B rechtsgekröpft, Form C linksgekröpft: Feste Angel, parallel zum Blatt um etwa 25 mm abgebogen;

Form E umlegbar: Parallel zum Blatt um etwa 35 mm abgebogene Angel, samt Griff für Rechts- oder Links-gebrauch von einem auf das andere Blattende umlegbar;

Dreieckzahnung: Bei A, B u. C steile auf Stoß, bei E gleichschenklige.
A bis E: Blattlänge: 250 mm; Blattbreite mit Rücken: ≈ 65 mm; Rückenbreite: 14 mm; Gesamtlänge: 370 mm, bei E: 400 mm.

2. Fuchsschwänze nach DIN 7244, Sept. 1974: keine Rückenversteifung, trapezförmig. Blatt, steile Dreieckzahnung auf Stoß. Flacher, offener Griff aus Rotbuche, lackiert oder geölt, mit 2 Nieten befestigt.

Blattlänge l_1	Blattbreite große a	Blattbreite kleine b	Blattdicke $s \pm 0{,}1$	Zahnteilung t	Gesamtlänge l_2
300	100	40	0,8	3	420
350	115	45	0,9	4	470
400					520

3. Rückensägen nach DIN 7243, Sept. 1974: Aufgesetzter Rücken, ≈ 14 mm breit; Gesamtbreite ≈ 102 mm; steile Dreieckzahnung auf Stoß.
Flacher, offener Griff aus Rotbuche, lackiert oder geölt, mit 2 Nieten befestigt.

Blattlänge l_1	Zahnteilung t	Gesamtlänge $l_2 \approx$
300	3	440
350	4	490

4. Stichsäge nach DIN 7258, Sept. 1974: Steile Dreieckzahnung auf Stoß; Griff aus Rotbuche, lackiert oder geölt, mit 2 Nieten befestigt.

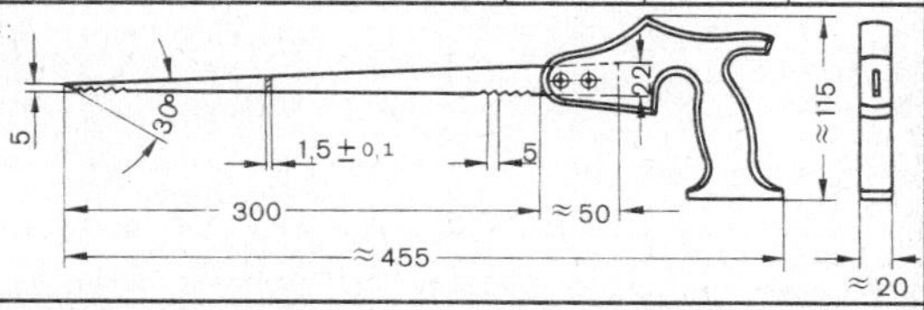

Strecksägen für Holz: Handsägen, deren Blatt vor dem Schneiden durch Einspannen in einen Bogen, Bügel, Rahmen oder ein Gestell auf Zug gespannt wird. Wichtiges Beispiel:

Bügelsägen mit Rundstahlbügel nach DIN 20142, Juni 1969: Das eingebaute Sägeblatt ist 800 mm lang, 30 mm breit, (0,8 ± 0,03) mm dick; der Sägebügel hat eine beständige Vorspannkraft von mind. 450 N.

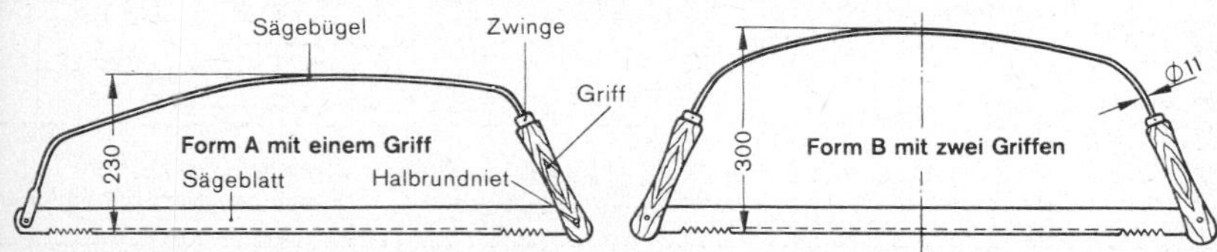

Gestellsägen mit Sägeblättern nach DIN 7245, Sept. 1974:

Verwendung für	Säge	Sägeblatt u. Kurzzeichen	Länge l	Breite b	Zahnteilung t
gröbere Schnitte	**Spannsäge**	Spannsägeblatt C	700	50	7
feinere Schnitte	**Absatzsäge**	Absatzsägeblatt D	600; 700	50	3
gekrümmte Schnitte	**Schweifsäge**	Schweifsägeblatt E	600	6	3
Brennholz	**Schittersäge**	Schittersägeblatt G	700; 800	40	5

Spannsägeblatt C

Dreieckzahnung nach Wahl des Herstellers. Übrige Maße bei D und G wie bei C.

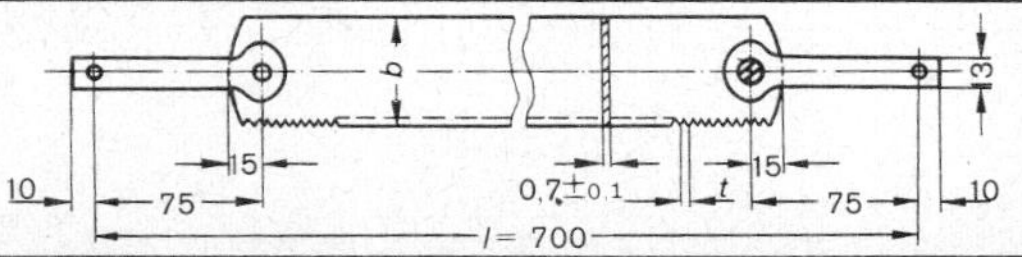

Holzbearbeitungsmaschinen

Vertikalgatter nach DIN 8801, März 1975

Gattergröße	45	56	71	85	100	125
Durchlaßhöhe zwischen den Vorschubwalzen h_1	450	560	710	850	1000	1250
Sägerahmenhub h_2 (auszuwählen)	400 500 600	500 600 700	500 600 700	600 700 850	700 850 1000	1000
Schnittbreite $a_2 = a_1 - 50$	400	510	660	800	950	1200

Maße in mm

Sägerahmen

Ständer

Geleise des Spannwagen

$a_1 = h_1$

a_2

h_2

h_1

450

Definition der Rechts- und Linksausführung wurde neu festgelegt, Bedienungselemente in Vorschubrichtung gesehen
rechts vom Ständer: R Rechtsausführung,
links vom Ständer: L Linksausführung,

Viele vertikale Gatter wurden in letzter Zeit auf höhere Leistung gebracht; höhere Leistung bewirkt höheren Anfall von Spänen, und dieser muß durch Drehzahlerhöhung oder vergrößerte Hübe aus der Schnittzone entfernt werden, daher wurden zweckmäßiger größere Hübe den Gattergrößen zugeordnet.

Horizontalgatter nach DIN 8810, Juni 1975

Maße in mm

Gattergröße	63	**80**	**100**	**125**	**160**	180	200	fettgedruckte Größen bevorzugen
a	630	800	1000	1250	1600	1800	2000	
a Durchlaß	Größte schneidbare Blockdicke (Stammdurchmesser) in Sägeschnittebene							
Blockwagenlänge *l*	4000	**6000**	**8000**	**10000**	**12000**	14000	16000	

Kurbelbock in Vorschubrichtung gesehen rechts vom Blockwagen: R Rechtsausführung, – links vom Blockwagen: L Linksausführung, Bezeichnung eines Horizontalgatters in Linksausführung (L), von Gattergröße 125 und Blockwagenlänge l_1 = 6000 mm: Horizontalgatter L 125 × 6000 DIN 8810

Blockbandsägemaschinen in vertikaler und horizontaler Ausführung nach DIN 8815, März 1975

Hauptabmessungen für die Blockbandsägemaschinen

Maße in mm

a	Durchlaß	Größte schneidbare Blockdicke (Stammdurchmesser) in Sägeschnittebene
d	Rollendurchmesser	Durchmesser der Treib- und Umlenkrolle
l_1	Blockwagenlänge	Länge der Seitenträger des Blockwagens

a	630	**800**	**1000**	**1250**	1400	**1600**	1800	**2000**	2240	**2500**
d	1100	1250	1400	1600	1800	2000	2200	2500	Fettgedruckte Größen bevorzugen	
l_1	**4000**	**6000**	**8000**	**10000**	**12000**	14000	16000			

Es ist nicht möglich, ein starres Abhängigkeitsverhältnis zwischen Durchlaß und Rollendurchmesser anzugeben, da im praktischen Bedarf ein anpassungsfähiges System erforderlich ist.

Blockbandsägemaschine	Treibrolle in Vorschubrichtung gesehen vom Blockwagen links	rechts
Horizontal-Blockbandsägemaschine	Linksausführung, HL	Rechtsausführung, HR
Vertikal-Blockbandsägemaschine	Linksausführung, VL	Rechtsausführung, VR

Bezeichnung einer Vertikal-Blockbandsägemaschine in Rechtsausführung (VR), von Rollen-⌀ *d* = 1600 mm, Durchlaß *a* = 1250 mm und Blockwagenlänge l_1 = 8000 mm: Blockbandsäge VR 1600 × 1250 × 8000 DIN 8815

Furnierrundschälmaschinen nach DIN 8829, Jan. 1975

Maße in mm

Baugröße *d* max.	400[1]	630	800	1000	1250	1500	1800	2000
Schälbreite (Furnier-Fertigmaß) *b* max.	1000	1000	1000	—	—	—	—	—
	—	1400	1400	1400				
		1800	1800	1800	1800	1800	1800	
		—	2300	2300	2300	2300	2300	
			—	2700	2700	2700	2700	2700
				—	3300	3300	3300	3300

[1] Nur für Restrollen

Bezeichnung einer Furnierrundschälmaschine für Stammdurchmesser *d* = 1000 mm und größter Stammlänge = Schälbreite *b* = 2700 mm: Schälmaschine 1000 × 2700 DIN 8829

Schälmesser n. DIN 8830 f. Furnierrundschälmasch. haben eine Länge $l_1 = b + 100 \pm 3$, Breite von 180 + 2

Tischbandsägemaschinen nach DIN 8804, Jan. 1975

Maß c = Tischkante bis Sägeblatt

Baugröße d_1	a max.	c min.	e min.	h	Länge des endlosen Bandsägeblattes [3)]
(315)	650	200	200	420[2)] / 950	2250
400	890	250	250	450[2)]	3000
630	1280	300	300	950	4500
800	1560	355	450	950	5600
(1000)[1)]	1800	400	500	950	6700
(1250)[1)]	2300	450	630	950	8500

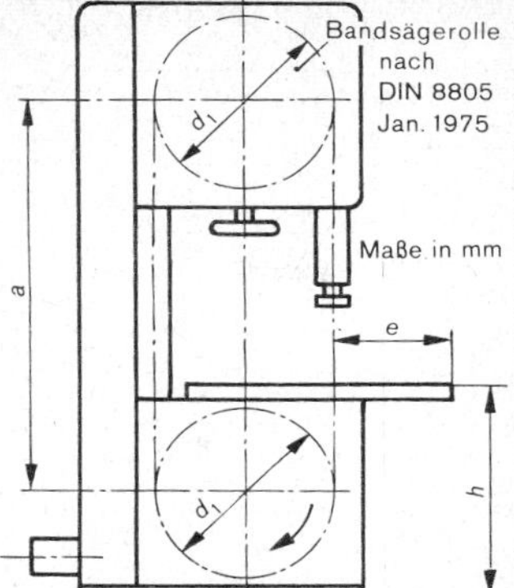

Eingeklammerte Größen nicht für Neukonstruktionen.

1) Für Maschinen mit Rollendurchmesser 1000 und 1250 muß das Fundament freien Rollenlauf unter Flur zulassen

2) Für Aufstellung auf Sockel

3) Zuläss. Abw. −15 mm, um an der Verbindungsstelle $t \pm 0{,}2$ zu erhalten.

Bandsägemaschinen werden bevorzugt mit linksseitigem Ständer (Blickrichtung auf die Sägezahnung) gebaut.

Schmale Bandsägeblätter (bis 65 mm breit) nach DIN 8806, Nov. 1975:

Teil 1: Meterware in Rollen, übl. Längen ab 50 m, alle Größen der Tabelle;

Teil 2: Endlose Sägebänder für Tischbandsägemaschinen, fettgedruckte Größen der Tabelle

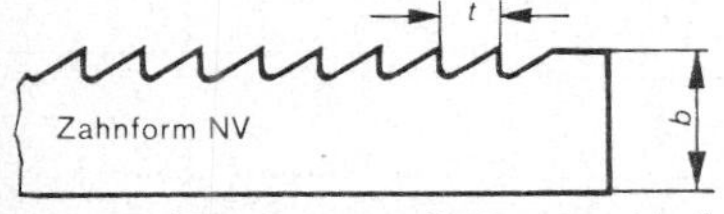

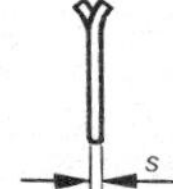

Maße in mm (Eingeklammerte Größen vermeiden!)

b	s [1)]	t für NV	b	s [1)]	t für NV	t für NU
6,3	(0,4)	(3,2)	16	**0,6**	**6,3**	–
6,3	**0,5**	**4**	20	**0,5**	**6,3**	–
6,3	(0,6)	(5)	20	**0,7**	**8**	–
10	(0,4)	(4)	25	0,5	6,3	10
10	**0,5**	**6,3**	25	**0,7**	**8**	–
10	**0,6**	**6,3**	32	**0,7**	**10**	–
12,5	(0,5)	(6,3)	40	**0,8**	**10**	–
12,5	0,6	6,3	50	**0,9**	**12,5**	**15**
16	**0,5**	**6,3**	63	**0,9**	**12,5**	**15**

Nach den Technischen Lieferbedingungen für Bandsägeblätter DIN 5134, Teil 1, Aug. 1975: Werkstoffstahl WS (siehe S. 137!), deutliche und dauerhafte Kennzeichnung auf dem Blatt in etwa 3 m Abstand wiederholen.

Ausführung A: geschränkt und geschärft
Ausführung B: geschränkt und ungeschärft
Ausführung C: ungeschränkt u. ungeschärft
} bei Bestellung angeben

Bezeichn. eines schmalen Bandsägeblattes, Rolle von 50 m Länge, $b = 16$; $s = 0{,}6$; Zahnform NV; $t = 6{,}3$; Ausführung A:

50 m Bandsägeblatt 16 × 0,6 NV 6,3 A DIN 8806

1) Die gewählten Dicken sollen möglichst 1/1000 des Rollendurchmessers der Maschine nicht übersteigen.

Sägeblätter für „Hobby-Maschinen" sind besondere, vom verwendeten Gerät abhängige Werkzeuge.

Abrichtdickenhobelmaschinen nach DIN 8823, April 1975

Messerwelle nach DIN 8825

Fügeanschlag, muß bis 45° neigbar sein

a

850 max

e_1

e_2

140

d_1

b

Vorschubrichtung zum Abrichten

Vorschubrichtung zum Dickenhobeln

Dickenhobelmaschinen mit Messerwellen

nach DIN 8822 haben bis Arbeitsbreite $a = 630$ gleiche Maße für a und b wie Hobelmaschine DIN 8823. Eingeklammerte Größen nicht bei Neukonstruktionen. Beide Normen: April 1975

Arbeitsbreite a	Verstellbereich der Arbeitshöhe	e_1 min.	e_2 min.
(315)	2 bis 140	1000	850
400	2 bis 160	1600	1100
630	2 bis 200	2000	
800			
1000		Maße in mm	

Abrichthobelmaschinen mit Messerwelle

nach DIN 8821, April 1975, nach DIN 8825,

Bedeutung von e_1 und e_2: siehe Bild zu DIN 8823! (Seite 155)

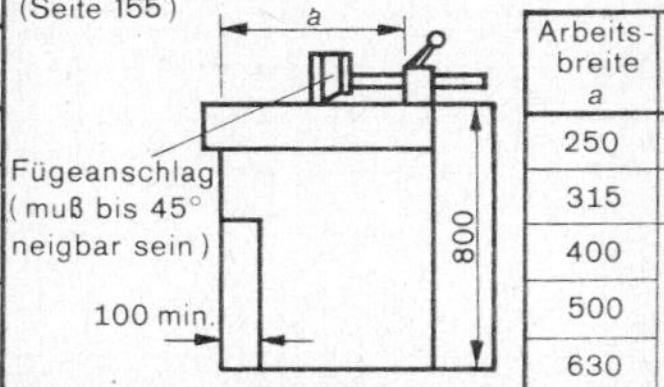

Arbeitsbreite a	e_1 min.	e_2 min.
250	1000	700
315	1800	850
400		
500	2500	1100
630		

Messerwellen für Hobelmaschinen

nach DIN 8825, Nov. 1975

Arbeitsbreite	d_1 Nenn-⌀	d_1 max.	Messeranzahl	d_3 0 – 0,5
250	80	79,7	2	78
315	(80)	79,7		(78)
	100	99,7		98
400	(100)	99,7		(98)
	125	124,7		123
500	125	124,7	2, 3 oder 4	123
630				
800	140	139,7		138
1000	160	159,7		158

Maße in mm

d_1 Schneidenflugkreis - ⌀

d_2 Lippenflugkreis - ⌀

d_3 Körperflugkreis - ⌀

$d_2 > d_3$

Streifenhobelmesser

Keilleisten mit Druckschrauben

β Spanwinkel = 40°

γ Keilwinkel ≈ 40°

Die Befestigungsart der Hobelmesser wurde nicht genormt. Die Beziehungen zwischen Schneiden-, Lippen- und Körperflugkreisdurchmesser sind jedoch einzuhalten. Die Darstellung zeigt eine Messerwelle mit Keilleiste. Länge der Messer = Arbeitsbreite + 10. Bezeichnung einer vollständigen Messerwelle für 800 mm Arbeitsbreite 140 mm Schneidenflugkreis und für 4 Messer: Messerwelle 800 × 140 × 4 DIN 8825

Kombinierte Kreissäge- Fräs- und Langlochfräsmaschinen

nach DIN 8844, Jan. 1975

Die Hauptmaße sind gleich den Hauptmaßen der beiden kleineren Tischkreissägen nach DIN 8842, Jan. 1975 (siehe S. 157). Entgegen DIN 8842 sind die Maße a und b Festmaße und nicht Mindestmaße. DIN 8844 behandelt eine Maschine, die im Normalfall dreifach kombiniert ist: Es sind auf ein und demselben Gestell drei Arbeitseinheiten aufgebaut, die wahlweise, jedoch nicht alle gleichzeitig, bedient werden. Auf besonderen Wunsch kann die Fräs- oder die Langlochfräseinrichtung entfallen oder auch die Kreissägemaschine zusätzlich mit einem Rolltisch ausgerüstet werden. Dadurch ergeben sich insgesamt sechs verschiedene Ausführungsmöglichkeiten. Die früheren Drehzahlangaben für die Arbeitsspindel wurden gestrichen. Bewegungsspielraum von L gegenüber dem Fräsbohrer in Richtung der Höhe (Lochbreite): l; Lochlänge: $2 \times \frac{m}{2}$; Lochtiefe: n

d_1 max.	l min.	m min.	n min.
315	80	150	100
450	125	200	150

Bezeichnung einer Kreissägemaschine mit Rolltisch (R), mit Sägeblattdurchmesser $d_1 = 450$ mm, mit Fräse (F) und Langlochfräseinrichtung (L): Kreissägemaschine R 450 F L DIN 8844

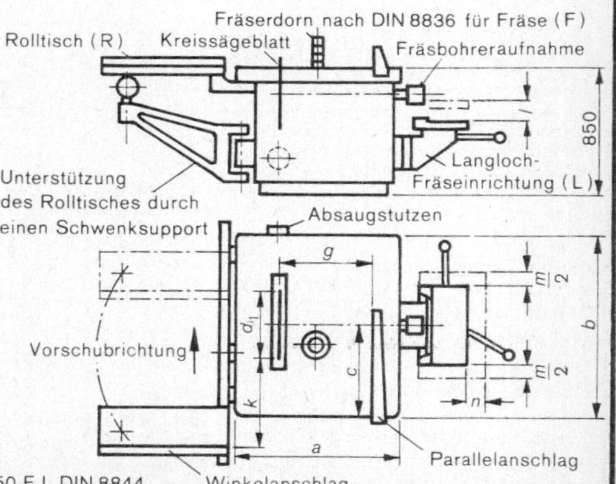

Tischkreissägemaschinen

DIN 8842
Jan. 1975

d_1 max.	a min.	b min.	c	d_4	g [1] min.	k [2] min.
315	630	800	450	100	315	750
450	1000	1180	630	125	630	1120
630	1120	1400	710	160	710	

[1] Schnittbreite rechts vom Sägeblatt
[2] Schnittlänge bei 40 mm Schnitthöhe

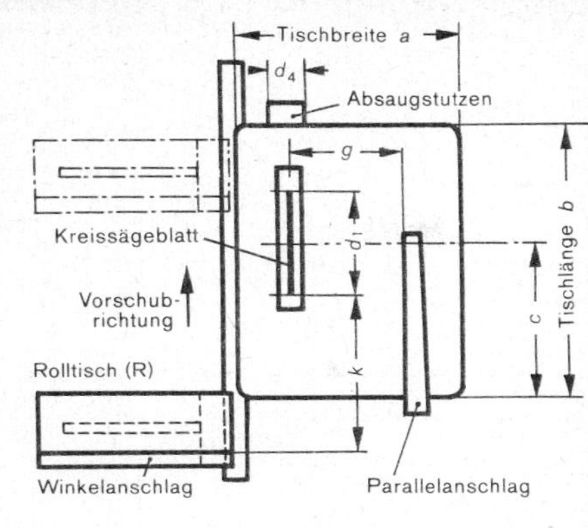

Tischhöhe: 850 mm;
bei verstellbarem Tisch: tiefste Stellung 800 mm
Bezeichnung einer Tischkreissägemaschine mit Sägeblattdurchmesser $d = 450$
und Rolltisch (R): Tischkreissäge 450R DIN 8842
ohne Rolltisch: Tischkreissäge 450 DIN 8842

Die Darstellung zeigt eine Maschine mit Rolltisch. Die Tischkreissägemaschine ist bewußt auf die Ausführung mit einem Sägeblatt beschränkt.
Die Werkzeugwellendurchmesser stimmen mit den zugehörigen Sägeblattbohrungen überein. Wird jedoch bei der Baugröße 630 ein Sägeblatt mit nur 560 oder 500 mm Durchmesser befestigt, so läßt sich dieses nicht auf die Werkzeugwelle von 40 mm Durchmesser aufschieben, wenn die Sägeblattbohrung 30 mm beträgt. Man muß das Sägeblatt mit einer Bohrung von 85 mm Durchmesser und eine Spannbuchse oder einen abgesetzten Flansch verwenden. Eine ähnliche Werkzeugaufnahme ist erforderlich, falls die Baugröße 315 mit einer Werkzeugwelle von 20 mm Durchmesser geliefert wird, weil die Sägeblätter einen genormten Bohrungsdurchmesser von 30 mm haben. Da heute viele Maschinen eine Einrichtung zum Schrägstellen des Sägeblattes haben, ist die Kombination mit einer Langlochfräseinrichtung nicht möglich.

Kreissägeblätter aus WS oder SP (Siehe S. 137!) werden nach den Lieferbeding. DIN 5134, Teil 4, Sept. 1975, gleichmäßig gerichtet, gespannt, vorgeschränkt (Halbschränkung 0,4 ... 0,7 mm) und vorgeschärft geliefert.

Schneidenstellung:

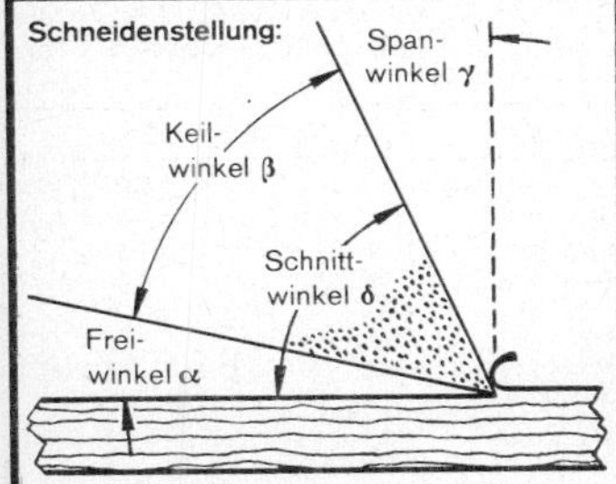

Richtwerte für die richtige Schneidenform:

Winkel		Stahlschneide	Hartmetallschneide	
		Vollholz	Schichtholz	Kunststoffe
Freiwinkel [1]	α	12···15°	10···15°	10···15°
Keilwinkel [2]	β	45···48°	50···60°	60···70°
Spanwinkel	γ	30°	20°	10···15°
Schnittwinkel	δ	57···63°	60···75°	70···85°

[1] Mindestens 10° erforderlich, weil sonst Reibung am Holz entsteht.
[2] Großer Keilwinkel bedeutet Stabilität der Schneide.

Anmerkung [3] zur folgenden Seite:

Die Schnittgüte wächst mit der Anzahl der Hartmetallzähne des Kreissägeblattes. Daher werden außer den normalzahnigen Sägen auch Mehrzahn- und Vielzahnsägen hergestellt, die in ihrer Schnittgüte und Leistung hervorragend sind. Diese Vielzahnsägen für Kunststoffe aller Art, für beidseitig furnierte oder kunststoffbeschichtete Möbelplatten, furnierte Tischler-Hartfaser- oder Spanplatten, Edelhölzer wie Teak oder Ebenholz, Elfenbein, Hartpapiere, Plexiglas usw., werden in verschiedenen Schnittbreiten hergestellt. Bei einem Durchmesser von 250 mm sind die Schnittbreiten: 1,5; 2,0; 2,5 und 3,0 mm. Die Schnitte – längs oder quer – sind ausrißfrei und scharf. Diese Vielzahnsägen eignen sich für Fräsmaschinen, Doppelabkürzsägen, Format- und Besäumsägen sowie für Doppelendprofiler bis n = 6000 U/min.

Doppelendprofiler gestatten die Zusammenlegung mehrerer Arbeitsgänge, z. B.: Formatsägen, Falzen, Nuten, Profilieren, Zapfen, Schlitzen, Oberfräsen usw.

Eine dreißig- bis fünfzigmal längere Standzeit als die eines Sägeblattes bester Qualität ohne Hartmetallbestückung ist für hartmetallbestückte Kreissägeblätter normal; 200 normale Arbeitsstunden mit einer einzigen immer scharfen Säge, keine Unterbrechungen, kein zeitraubendes Schärfen!

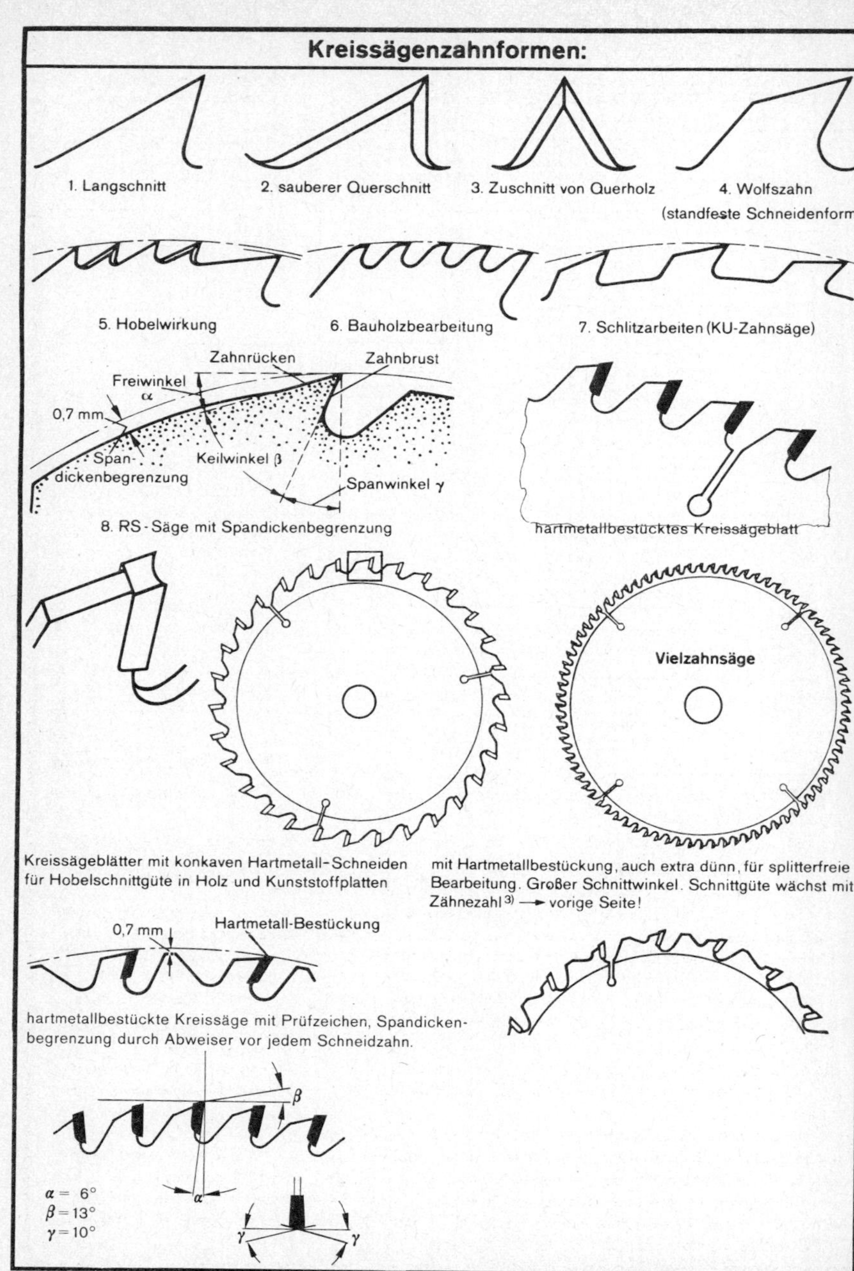
Kreissägenzahnformen:
1. Langschnitt
2. sauberer Querschnitt
3. Zuschnitt von Querholz
4. Wolfszahn
(standfeste Schneidenform)
5. Hobelwirkung
6. Bauholzbearbeitung
7. Schlitzarbeiten (KU-Zahnsäge)
Zahnrücken
Zahnbrust
Freiwinkel
α
0,7 mm
Span-
dickenbegrenzung
Keilwinkel β
Spanwinkel γ
8. RS-Säge mit Spandickenbegrenzung
hartmetallbestücktes Kreissägeblatt
Vielzahnsäge
Kreissägeblätter mit konkaven Hartmetall-Schneiden
für Hobelschnittgüte in Holz und Kunststoffplatten
mit Hartmetallbestückung, auch extra dünn, für splitterfreie
Bearbeitung. Großer Schnittwinkel. Schnittgüte wächst mit
Zähnezahl 3) → vorige Seite!
0,7 mm
Hartmetall-Bestückung
hartmetallbestückte Kreissäge mit Prüfzeichen, Spandickenbegrenzung durch Abweiser vor jedem Schneidzahn.
β
α
α = 6°
β = 13°
γ = 10°
γ
γ

Kreissägeblätter für Holz

Kreissägeblätter für Holz aus Werkzeugstahl nach DIN 8809, Aug. 1975, und DIN 5134, Teil 4, Sept. 1975 (Lieferbedingungen) ohne Mitnahmenuten oder Justierbohrung

Sägeblatt-⌀ d_1 Reihe 1	Sägeblatt-⌀ d_1 Reihe 2	zul. Abw. ±	Bohrung d_2	Blattdicke s	Blattschliff	zul. Abw. für s plan ±	zul. Abw. für s blank ±	zul. Abw. beim Planlauf T_p plan	zul. Abw. beim Planlauf T_p blank	zul. Abw. beim Rundlauf T_r
40										
50		1,5	12,5	0,8						
63										
80					nur					
100			20	0,8 / 1 / –	plan					
125				0,8 / 1 / 1,2	(pl)	0,05	–	0,04		0,25
	140		20 / 30	– / 1 / 1,2						
160				1 / 1,2 / 1,6						
	180	2		– / 1,2 / 1,6						
200			30 / 60	1,2 / 1,6 / 2						
	225									
250				1,2 / 1,6 / 2 / 2,5	plan	0,05	0,1	0,04	0,1	0,25
	280		30,	1,6 / 2 / 2,5	p(pl)					
315			60		oder					
	355	3	und	1,6 / 2 / 2,5 / 3,2		0,07	0,15	0,06	0,15	0,3
400			85	2 / 2,5 / 3,2	blank					
	450			2 / 2,5 / 3,2 / 4	(bk)					
500	560	4	30 / 85	2,5 / 3,2 / 4		0,1	0,2	0,08	0,2	0,4
630	710			– / 3,2 / 4						
800		6	40				0,25		0,25	0,6
1000				– / 4 / 5	nur					
1250	1400			– / 5	blank	–				
1600		10	60	– / 6 / 7	(bk)		0,3		0,3	–
2000										

mit Schneidplatten aus Hartmetall K 10 od. K 20 nach DIN 8083, Juli 1972

Sägeblatt-⌀ $d_1 \pm 2$ Reihe 1	Sägeblatt-⌀ $d_1 \pm 2$ Reihe 2	Bohrung d_2	Bohrung d_2	zul. Abw. T_p	zul. Abw. T_r
100			–		
125	140	20		0,12	0,12
160			30		
200	180	–		0,15	
	225		30		
250	280		u.	0,20	0,15
315		85	60		
400	355			0,25	0,20
	450			0,30	

T_p = Toleranz des Planlaufs,
T_r = Toleranz des Rundlaufs

Die Dicken der Kreissägeblätter mit Schneidplatten aus Hartmetall nach DIN 8083 sind (noch) nicht genormt.

Ausführung M mit zwei Paßfedernuten bei Kreissägeblättern für Mehrblatt-Kreissägemaschinen mit Mitnahme durch Paßfedern.

Ausführung J mit Justierbohrung bei Kreissägeblättern für das Nachschleifen auf Sägeschärfmaschinen mit Teilscheiben.

Die Unfallverhütungsvorschrift VBG 7j vom 1.4.1977 (siehe S. 161 !) bestimmt:

Tisch- und Formatkreissägemaschinen mit einem Sägeblatt zum Schneiden von Werkstoffen, die zum Klemmen neigen, müssen einen **Spaltkeil** haben. Werden auf ihnen Kunststoffe bearbeitet, die zum Verkleben neigen, so kann eine andere Rückschlagsicherung den Spaltkeil ersetzen. Beträgt der ⌀ des Sägeblattes mehr als 250 mm, so muß der der Spaltkeil zwangsgeführt sein (DIN 38820, Teil 1).

Der **Spaltkeil** darf nicht dicker als die Schnittfuge breit und nicht dünner als das Sägeblatt sein: Eine Maschine benötigt also ggf. mehrere Spaltkeile. Der Spaltkeil muß in der Blattebene waage- u. senkrecht verstellbar, innerhalb der Schnitthöhe bis auf höchstens 10 mm Abstand zum Zahnkranz einstellbar sein und so eingestellt werden, daß sein höchster Punkt nicht tiefer als der Zahngrund des obersten Zahnes liegt. Ein Verstellen der Schnitthöhe darf diese Lage des Spaltkeils nicht verändern.

Bis auf den zum Schneiden benötigten Teil muß das Sägeblatt verkleidet und der Zahnkranz gegen Berühren gesichert sein durch eine nicht am Spaltkeil befestigte **Schutzhaube,** bei Sägeblättern bis zu ⌀ 250 mm auch durch eine am Spaltkeil befestigte **obere Verdeckung.**

Führungsfläche und obere Fläche des vorgeschriebenen Parallelanschlages dürfen nicht unterbrochen sein. Werkstücke sind mit einem Schiebestock zuzuführen, wenn zwischen Anschlag und Sägeblatt weniger als 120 mm Abstand besteht.

Arbeitswerte für das Schneiden von Holz an Kreissägen

Nach Untersuchungen der TU. Hannover an mehr als 100 Kreissägeblättern verschiedener Herkunft, Durchmesser, Stärken, Zahnformen und Stahlsorten ist bei der Umfangsgeschwindigkeit zu beachten:

Umfangsgeschwindigkeit v = **50 bis 55 m/sek:**	kritische Umfangsgeschwindigkeit, da größte seitliche Schwingung des Blattes (Flattern). Vermeiden!
Umfangsgeschwindigkeit v = **60 bis 70 m/sek:**	günstigste Umfangsgeschwindigkeit (ruhiger Lauf u. Schnitt).
Umfangsgeschwindigkeit v = mehr als 70 m/sek:	Beratung durch Herstellerfirma unbedingt erforderlich! Unfallverhütungsvorschriften beachten!

Günstige und kritische (zu meidende) Umfangsgeschwindigkeit bei Kreissägeblättern

n =	750	1000	1500	2250	3000	3750	4500	5250	6000	6750	7500	8250	9000	10 500	12 000
(n) =	720	960	1440	2160	2880	3600	4320	5040	5760	6480	7200	7920	8640	10 080	11 520
Blatt-ϕ in mm	Umfangsgeschwindigkeiten in vollen Metern je Sekunde bei Belastung														
1250	47	63	94												
1000	38	50	75												
800	30	40	60	90											
630	—	32	48	71	95										
(560)	—	28	42	63	84										
500			38	57	75	94									
(450)			34	51	68	85									
400			30	45	60	75	90								
355				40	54	67	80	94							
315				36	48	59	71	83	95						
(280)				32	42	53	63	74	84	95					
250					38	47	57	66	75	85	94				
(225)					34	42	51	59	66	76	84	93			
200					30	38	45	53	60	68	75	83	90		
(180)						34	41	48	54	61	68	75	81	95	
160						30	36	42	48	54	60	66	72	84	97
(140)							32	37	42	48	53	58	63	74	84
125								33	38	42	47	52	56	66	75
100									30	34	38	41	45	53	60
80											30	33	36	42	48
63													29	33	38

(hell gerastert) = günstigste (schwarz) = zu vermeidende

Umfangsgeschwindigkeit $v = \frac{d \cdot \pi \cdot n}{60}$ [m/sek]; d in Meter

Drehzahl $n = \frac{60 \cdot v}{d \cdot \pi}$ $\left[\frac{\text{Umdrehungen}}{\text{Minute}}\right]$ bei Leerlauf

Ist-Drehzahl (n) bei Belastung, meist 2 ... 6% kleiner als n
Hier ist (n) = n − 4% gesetzt.

zu hohe Geschwindigkeit (Gefahr für Mensch und Maschine)

zu geringe Umfangsgeschwindigkeit

Vorschub: Handvorschub bei Dauerleistung etwa 6 m/min, bei Leisten bis 15 m/min; mechanischer Vorschub nur mit überdicken Blättern bis 30 m/min, in besonderen Fällen bis 50 m/min.

„Faustregel": Zu großer Vorschub: geringe Oberflächengüte und Energieverschwendung;
Zu kleiner Vorschub: starke Erwärmung und Zeitverschwendung.

Sägeblatt-ϕ mm	Drehzahlen bei Leerlauf = n, wenn bei Belastung (n − 4%) Umfangsgeschwindigkeit v = 40 m/s	50 m/s	60 m/s	70 m/s	Sägeblatt-ϕ mm	Drehzahlen bei Leerlauf = n, wenn bei Belastung (n − 4%) Umfangsgeschwindigkeit v = 40 m/s	50 m/s	60 m/s	70 m/s
80	9 945	12 435	14 920	17 410	315	2 525	3 160	3 790	4 420
100	7 960	9 945	11 935	13 925	355	2 240	2 800	3 360	3 925
125	6 365	7 960	9 550	11 140	400	1 990	2 485	2 985	3 480
140	5 685	7 105	8 525	9 945	450	1 770	2 210	2 655	3 095
160	4 975	6 215	7 460	8 705	500	1 590	1 990	2 385	2 785
180	4 420	5 525	6 630	7 735	560	1 420	1 775	2'130	2 485
200	3 980	4 975	5 970	6 965	630	1 265	1 580	1 895	2 210
224	3 555	4 440	5 330	6 215	800	995	1 245	1 490	1 740
250	3 185	3 980	4 775	5 570	1 000	795	995	1 195	1 395
280	2 840	3 555	4 265	4 975	1 250	635	795	955	1 115

Schärfen: Am besten wird mit der Maschine geschärft, wobei auf sorgfältige Einstellung, richtige Körnung und Umdrehungszahl der Schleifscheibe zu achten ist; der Sägeschnitt wird sauberer, wenn man Zahnspitzen und Flanken der Kreissäge auf den genau gleichen Flugkreis bringt.

Drehzahl n – Umfangsgeschwindigkeit v – Durchmesser d

∅ der Werkzeuge in mm	Umfangsgeschwindigkeit v in m/s															
	15	20	25	27,5	30	32,5	35	37,5	40	45	50	55	60	65	70	75
	Drehzahl n in min^{-1}															
60	4775	6365	7960	8755	9550	10345	11140	11940	12730	14325	15920	Die auf den Werkzeugen angegebene zulässige Drehzahl darf nicht überschritten werden!				
70	4095	5455	6820	7505	8185	8865	9550	10345	11140	11940	13640					
80	3580	4775	5970	6565	7160	7760	8355	8950	9550	10745	11935					
90	3185	4245	5305	5835	6365	6895	7425	7960	8490	9550	10610	11670	12730			
100	2865	3820	4775	5250	5730	6205	6685	7160	7640	8595	9550	10505	11460	12415		
120	2385	3185	3980	4375	4775	5175	5570	5970	6365	7160	7960	8755	9550	10345	11140	11935
140	2045	2730	3410	3750	4095	4435	4775	5115	5455	6140	6820	7505	8185	8865	9550	10230
160	1790	2385	2985	3285	3580	3880	4180	4475	4775	5370	5970	6565	7160	7760	8355	8950
180	1590	2120	2655	2920	3185	3450	3715	3980	4245	4775	5305	5835	6365	6895	7425	7960
200	1430	1910	2385	2625	2865	3105	3340	3580	3820	4295	4775	5250	5730	6205	6685	7160
225	1275	1700	2120	2335	2545	2760	2970	3185	3395	3820	4245	4670	5095	5515	5940	6365
250	1145	1530	1910	2100	2290	2485	2675	2865	3055	3440	3820	4200	4585	4965	5350	5730
275	1040	1390	1735	1910	2085	2255	2430	2605	2780	3125	3470	3820	4165	4515	4860	5210
300	955	1275	1590	1750	1910	2070	2230	2385	2545	2865	3185	3500	3820	4140	4455	4775
350	820	1090	1365	1500	1635	1775	1910	2045	2185	2455	2730	3000	3275	3545	3820	4095
400	715	955	1195	1315	1430	1550	1670	1790	1910	2150	2385	2625	2865	3105	3340	3580
450	635	850	1060	1165	1275	1380	1485	1590	1700	1910	2120	2335	2545	2760	2970	3185
500	575	765	955	1050	1145	1240	1335	1430	1530	1720	1910	2100	2290	2485	2675	2865
550	520	695	870	955	1040	1130	1215	1300	1390	1565	1735	1910	2085	2285	2430	2605
600	475	635	795	875	955	1035	1115	1195	1275	1430	1590	1750	1910	2070	2230	2385
650	440	590	735	810	880	955	1030	1100	1175	1320	1470	1615	1765	1910	2055	2205
700	410	545	680	750	820	885	955	1025	1090	1230	1365	1500	1635	1775	1910	2045
750	380	510	635	700	765	830	890	955	1020	1145	1275	1400	1530	1655	1785	1910

Die Drehzahlen sind auf 5 oder 10 gerundet. Motor- und Riemenschlupf (2 bis 6%) sind aufzuschlagen.

Formeln $v = \frac{d \cdot \pi \cdot n}{60000}$; $n = \frac{60000 \cdot v}{d \cdot \pi}$; $d = \frac{60000 \cdot v}{n \cdot \pi}$; wobei v in m/s, d in mm, n in min^{-1}

Nach der Unfallverhütungsvorschrift: „Maschinen und Anlagen zur Be- und Verarbeitung von Holz und ähnlichen Werkstoffen" (VBG 7 j) vom 1.4.1977 und der Norm DIN 8085, März 1975: „Maschinenwerkzeuge für die spanende Bearbeitung von Holz, Kunststoffen und ähnlichen Werkstoffen; Sicherheitstechnische Anforderungen" gilt verbindlich:

Sich drehende Werkzeuge müssen vom Hersteller dauerhaft gekennzeichnet sein mit: Herstellerzeichen; Gruppenkurzzeichen des Werkstoffes der Schneidteile, z. B. „HSS" (s. S. 137!); zulässige Drehzahl je Minute in der Form „ n max."; Prüfzeichen der Holzberufsgenossenschaft (BG-Test), sofern dieses erteilt worden ist.

Die Angabe der Drehzahl entfällt bei: Schaftfräsern mit ∅ unter 16 mm; Bohrwerkzeugen; einteiligen Kreissägeblättern aus Werkzeugstahl (hingegen nicht bei solchen aus „HSS" oder mit Schneidplatten, die mit dem Tragkörper durch Stoffhaftung verbunden sind). Die vom Hersteller auf Werkzeugen **angegebene Drehzahl darf nicht überschritten werden!**

Andere Werkzeuge ohne Drehzahlangabe und solche, die vor dem 1.4.1954 beschafft worden sind, dürfen mit einer Drehzahl von höchstens 4500 min^{-1} betrieben werden. Die Umfangsgeschwindigkeit darf dabei 40 m/s nicht übersteigen.

Weitere Vorschriften

An **Abrichthobelmaschinen** sind nur runde Messerwellen zulässig. Der Tischspalt ist so eng wie möglich zu halten. Die Tischlippen dürfen nicht ausgespart und nicht beschädigt sein. Vor dem Einspannen der geschärften Messer sind deren Auflageflächen mit Sägemehl ölfrei zu machen. Die Messer müssen zunächst in der Mitte und dann nach beiden Seiten angezogen werden, sofern nicht vom Hersteller eine andere Anweisung gegeben ist. Die Befestigungsschrauben sind mit dem dafür bestimmten Schraubenschlüssel ohne besondere Hilfsmittel anzuziehen.

Fräswerkzeuge, die sicherheitstechnische Anforderungen erfüllen,

nach DIN 8085, März 1975, und Unfallverhütungsvorschrift VBG 7 j vom 1.4.1977 (Siehe S. 161!):

Bauart der Maschinenwerkzeuge: **1. Einteilige Werkzeuge:** Tragkörper und Schneidteile bestehen aus einem Stück; **2. Verbundwerkzeuge** (bestückte Werkzeuge): Die Schneidteile sind mit dem Tragkörper durch Stoffhaftung (z.B. Löten, Schweißen, Kleben) fest verbunden; **3. Zusammengesetzte Werkzeuge:** Ein oder mehrere Schneidenträger (Schneidplatten, Messer, selbst einteilig oder bestückt) sind in einem Tragkörper durch lösbare Spannelemente auswechselbar verbunden; **4. Werkzeugsatz:** Mehrere gemeinsam aufgespannte Einzelwerkzeuge der vorgenannten Arten. Lösbare Verbindungen sind entweder

a) formschlüssig: Form und Anordnung der Teile verhindern deren gegenseitige Lageänderung, oder

b) kraftschlüssig: Nur die Reibkräfte der Teile verhindern deren gegenseitige Lageänderung.

Zusammengesetzte sich drehende Werkzeuge müssen formschlüssige Messerbefestigungen haben, ausgenommen Fräswerkzeuge mit einem Verhältnis Breite zu Durchmesser ≧ 3 (z.B. Hobelmesserwellen); < 3, wenn die Werkzeuge bei mechanischem Werkstückvorschub verwendet werden (z.B. Hobelmesserköpfe).

Beispiele formschlüssiger und kraftschlüssiger Verbindung

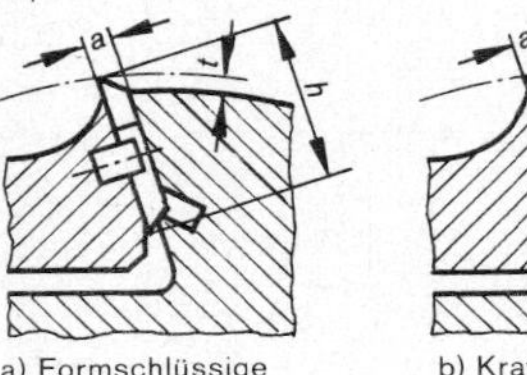

a) Formschlüssige Verbindung

b) Kraftschlüssige Verbindung

Die Art des Vorschubs bestimmt die Auswahl der Fräswerkzeuge. Die Werkstücke werden zugeführt und vorgeschoben auf drei Weisen:

a) Beim **Handvorschub** ohne mechanische Vorrichtungen mit der Hand;

b) beim **teilmechanischen Vorschub** mit der Hand, wobei mechanische Spann- und Zuführvorrichtungen als Anbaueinheit (z.B. Schiebeschlitten) benutzt werden;

c) beim **mechanischen Vorschub** durch Spann- und Zuführvorrichtungen mit eigenem Antrieb, z.B. bei Kehlautomaten, Doppelendprofilern u. ä.).

Für Fräsarbeiten mit Handvorschub dürfen nur Werkzeuge verwendet werden, die infolge

1. einer Spandickenbegrenzung auf höchstens 1,1 mm;
2. einer weitgehend kreisrunden, günstigsten Form;
3. einer begrenzten Spanlückenweite

als rückschlagarm gelten. Diese Anforderungen erfüllen die Fräswerkzeuge, die das berufsgenossenschaftliche Prüfzeichen (BG-Test-Zeichen) tragen.

BG-TEST
ZU-(Zahl)

Für Fräsarbeiten mit teilmechanischem Vorschub sind außer diesen Werkzeugen auch solche zugelassen, die nur die vorstehenden Punkte 2 und 3 erfüllen (Form-Test). Sind weder Punkt 1 noch Punkt 2 erfüllt, so dürfen diese rückschlagauslösenden Werkzeuge nur bei mechanischem Vorschub verwendet werden.

Die aus der Spandickenbegrenzung und der möglichst runden Form sich ergebenden Vorteile sind vor allem:

1. Die stark verminderte Rückschlaggefahr macht die Arbeit sicherer;
2. Man verletzt sich beim Berühren des laufenden Werkzeugs weniger schwer;
3. Die Schnittkraft wird verringert, damit Vorschubkraft eingespart;
4. Die Schneiden bleiben länger scharf;
5. Das Arbeitsgeräusch wird vermindert.

Auch dann mit Schutzvorrichtungen arbeiten, wenn BG-Test-Werkzeuge benutzt werden!

Beispiele für Spandickenbegrenzung. Diese muß beim Nachschleifen erhalten bleiben.

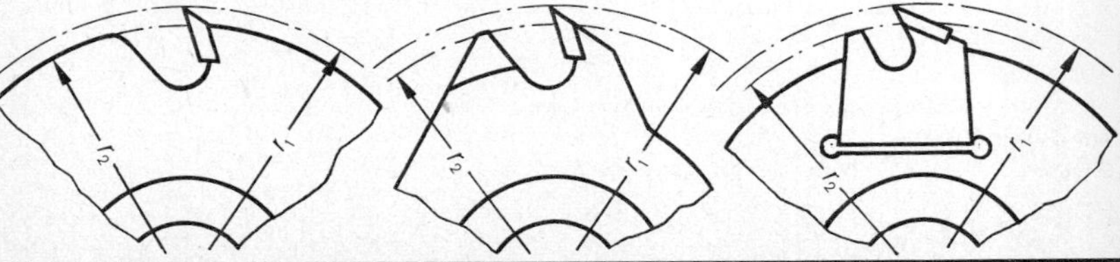

Richtwerte für günstigen und ungünstigen Werkzeugeinsatz

in Abhängigkeit von Vorschub, Drehzahl und Schneidenzahl

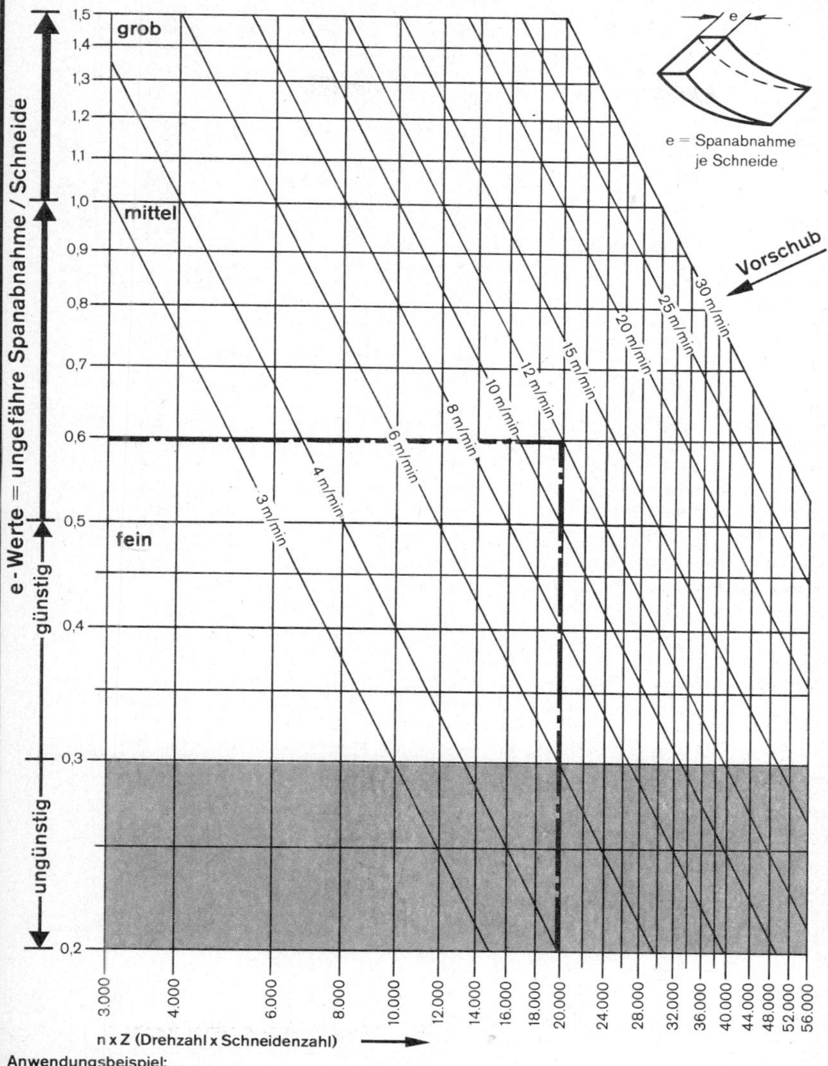

Anwendungsbeispiel:

Gegeben: Drehzahl = 5000 U/min, Schneidenzahl 4, Vorschub 12 m/min

Lösung: 5000 x 4 = 20 000, Senkrechte von 20 000 auf Vorschublinie 12 m/min ziehen. Waagerechte durch erhaltenen Schnittpunkt nach links, ergibt einen „e-Wert" (Spanabnahme je Schneide) von 0,6 mm im „günstigen Bereich".

Nach: Merkheft für Sicherheitsbeauftragte, Ausgabe 1964, der Norddeutschen Holz-Berufsgenossenschaft.

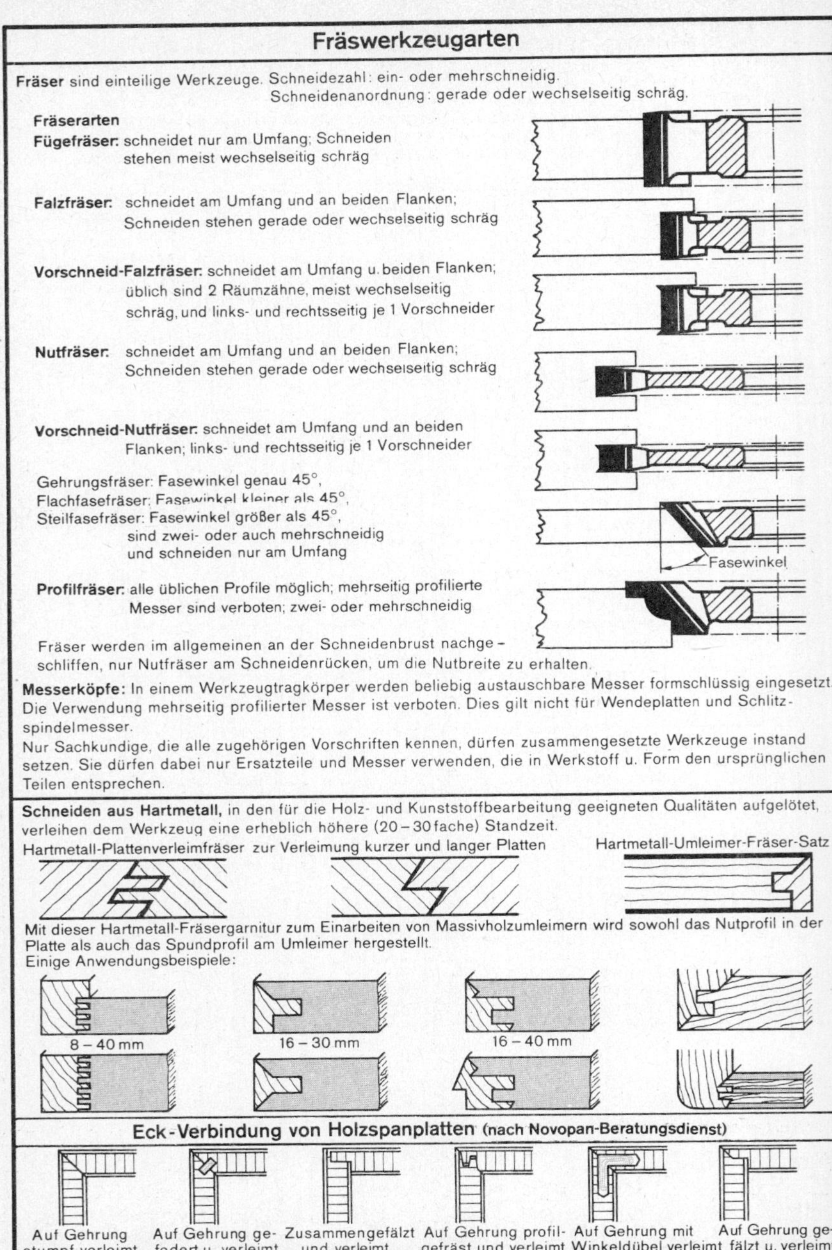

Fräswerkzeugarten

Fräser sind einteilige Werkzeuge. Schneidezahl: ein- oder mehrschneidig.
Schneidenanordnung: gerade oder wechselseitig schräg.

Fräserarten

Fügefräser: schneidet nur am Umfang; Schneiden stehen meist wechselseitig schräg

Falzfräser: schneidet am Umfang und an beiden Flanken; Schneiden stehen gerade oder wechselseitig schräg

Vorschneid-Falzfräser: schneidet am Umfang u. beiden Flanken; üblich sind 2 Räumzähne, meist wechselseitig schräg, und links- und rechtsseitig je 1 Vorschneider

Nutfräser: schneidet am Umfang und an beiden Flanken; Schneiden stehen gerade oder wechselseitig schräg

Vorschneid-Nutfräser: schneidet am Umfang und an beiden Flanken; links- und rechtsseitig je 1 Vorschneider

Gehrungsfräser: Fasewinkel genau 45°,
Flachfasefräser: Fasewinkel kleiner als 45°,
Steilfasefräser: Fasewinkel größer als 45°,
sind zwei- oder auch mehrschneidig und schneiden nur am Umfang

Profilfräser: alle üblichen Profile möglich; mehrseitig profilierte Messer sind verboten; zwei- oder mehrschneidig

Fräser werden im allgemeinen an der Schneidenbrust nachgeschliffen, nur Nutfräser am Schneidenrücken, um die Nutbreite zu erhalten.

Messerköpfe: In einem Werkzeugtragkörper werden beliebig austauschbare Messer formschlüssig eingesetzt. Die Verwendung mehrseitig profilierter Messer ist verboten. Dies gilt nicht für Wendeplatten und Schlitzspindelmesser.
Nur Sachkundige, die alle zugehörigen Vorschriften kennen, dürfen zusammengesetzte Werkzeuge instand setzen. Sie dürfen dabei nur Ersatzteile und Messer verwenden, die in Werkstoff u. Form den ursprünglichen Teilen entsprechen.

Schneiden aus Hartmetall, in den für die Holz- und Kunststoffbearbeitung geeigneten Qualitäten aufgelötet, verleihen dem Werkzeug eine erheblich höhere (20 – 30fache) Standzeit.

Hartmetall-Plattenverleimfräser zur Verleimung kurzer und langer Platten

Hartmetall-Umleimer-Fräser-Satz

Mit dieser Hartmetall-Fräsergarnitur zum Einarbeiten von Massivholzumleimern wird sowohl das Nutprofil in der Platte als auch das Spundprofil am Umleimer hergestellt.
Einige Anwendungsbeispiele:

Eck-Verbindung von Holzspanplatten (nach Novopan-Beratungsdienst)

Auf Gehrung stumpf verleimt | Auf Gehrung gefedert u. verleimt | Zusammengefälzt und verleimt | Auf Gehrung profilgefräst und verleimt | Auf Gehrung mit Winkeldübel verleimt | Auf Gehrung gefälzt u. verleimt

Grundformen der Holzprofile nach DIN 68120, Aug. 1968

Genormt sind die Grundformen von Profilen an Leisten, Brettern und Bohlen aus Nadel- oder Laubholz sowie an Platten aus Holz und Holzwerkstoffen, die sich für weitgehende Lagerhaltung und Verwendung eignen. Die schraffierten Flächen bedeuten das Holzprofil, die nicht schraffierten das Fräserprofil. Maße in mm. Nicht eingeklammerte Werte sind zu bevorzugen. Die Plattendicken t_1 und t_2 sind in der Bezeichnung anzugeben. Sie werden von der Dicke des zu bearbeitenden Werkstückes und dem gewählten Halbmesser r bestimmt.

Profile

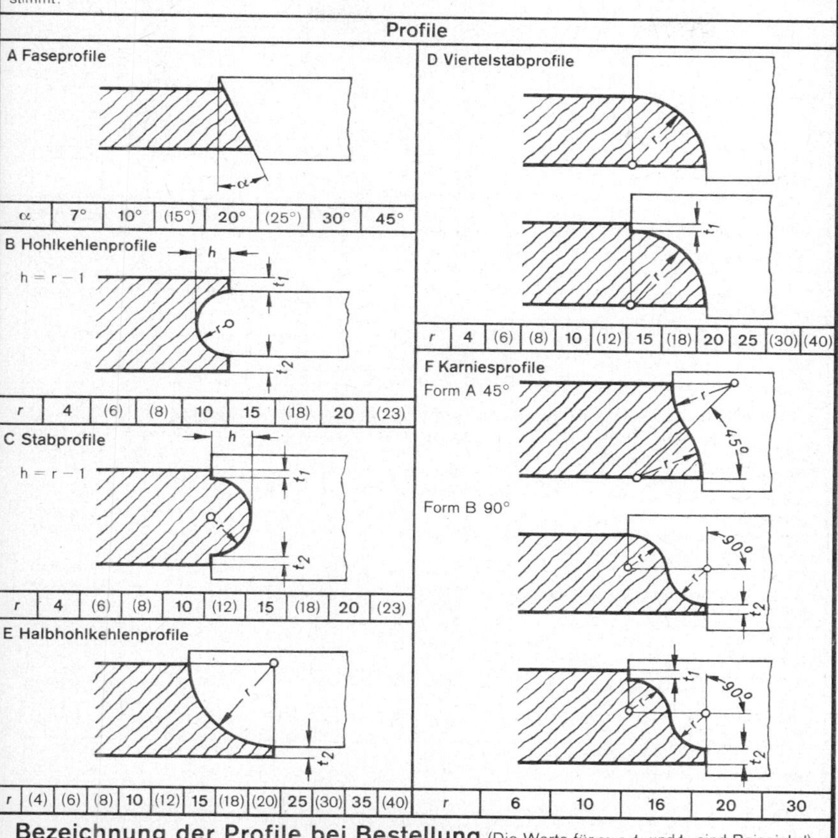

A Faseprofile

α	7°	10°	(15°)	20°	(25°)	30°	45°

B Hohlkehlenprofile

r	4	(6)	(8)	10	15	(18)	20	(23)

C Stabprofile

r	4	(6)	(8)	10	(12)	15	(18)	20	(23)

E Halbhohlkehlenprofile

r	(4)	(6)	(8)	10	(12)	15	(18)	(20)	25	(30)	35	(40)

D Viertelstabprofile

r	4	(6)	(8)	10	(12)	15	(18)	20	25	(30)	(40)

F Karniesprofile

r	6	10	16	20	30

Bezeichnung der Profile bei Bestellung (Die Werte für α, r, t_1 und t_2 sind Beispiele!)

Profil		Winkel	mit Halbmesser r =	obere Plattendicke t_1 =	untere Plattendicke t_2 =	Bezeichnung
Faseprofil	(A)	α = 20°	—	—	—	Profil A – 20 DIN 68120
Hohlkehlenprofil	(B)	—	10 mm	5 mm	2 mm	Profil B – 10 – 5 – 2 DIN 68120
Stabprofil	(C)	—	10 mm	2 mm	5 mm	Profil C – 10 – 2 – 5 DIN 68120
Viertelstabprofil	(D)	—	20 mm	3 mm	—	Profil D – 20 – 3 DIN 68120
Halbhohlkehlenprofil	(E)	—	15 mm	—	2 mm	Profil E – 15 – 2 DIN 68120
Karniesprofil	(F)	45° (A)	20 mm	—	—	Profil F A – 20 DIN 68120
Karniesprofil	(F)	90° (B)	10 mm	2 mm	5 mm	Profil F B – 10 – 2 – 5 DIN 68120

Gehobelte gespundete Bretter (Bretter mit Nut und angehobelter Feder)

Profilmaß = Breite des Brettes einschließlich Feder;
Deckmaß = Breite des Brettes ohne die Feder.

1. Gehobelte gespundete Bretter aus Nadelholz nach DIN 4072, Aug. 1977:

Profile und Brettbreiten (Profilmaß) gelten auch für Rauhspund.

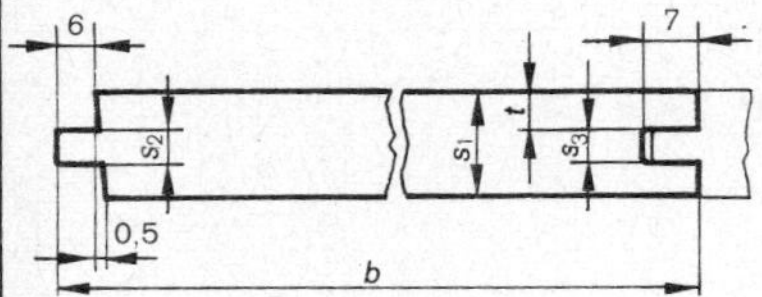

Nut- und Federkanten sollen leicht gerundet sein. Die Unterfügung (0,5 mm) darf schräg über die ganze Brettdicke s_1 oder senkrecht zur Unterseite des Brettes verlaufen. Gilt auch für die folgenden Bretter.

Anmerkung: Der Begriff nordische Hölzer umfaßt Schnittholz aus Finnland, Schweden und Norwegen sowie Hölzer, die als russische Seeware gehandelt werden.

Nadelhölzer		europäische (außer nord.)				nordische		
Brettdicke s_1		15,5	19,5	25,5	35,5	19,5	22,5	25,5
zul. Abw.		± 0,5		± 1		± 0,5	± 1	
Profil	s_2	4	6	6	8	6	6	6
	s_3	4,5	6,5	6,5	8,5	6,5	6,5	6,5
	t	7	8	11	13	8	10	11

Nadelhölzer	europäische (außer nord.)			
Profilmaß b	95	115	135	155
zul. Abw.	± 1,5		± 2	
Nadelhölzer	nordische			Längen siehe unten!
Profilmaß b	96	111	121	
zul. Abw.	± 1,5		± 2	

2. Gehobelte gespundete Fasebretter aus Nadelholz nach DIN 68122, Aug. 1977:

Nadelhölzer		europ. (auß. nord.)		nord.
Brettdicke	s_1	15,5	19,5	12,5
zul. Abweichung		± 0,5		± 0,5
Federdicke	s_2	4	6	4
Nutbreite	s_3	4,5	6,5	4,5
	t_1	5,5	6	4
	t_2	5	5,5	3,5
Unterfügung	f	0,5		0,3

Nadelhölzer		europ. (auß. nord.)		nordische	
Profilmaß	b_1	95	115	96	111
zul. Abweichung		± 1,5		± 1,5	

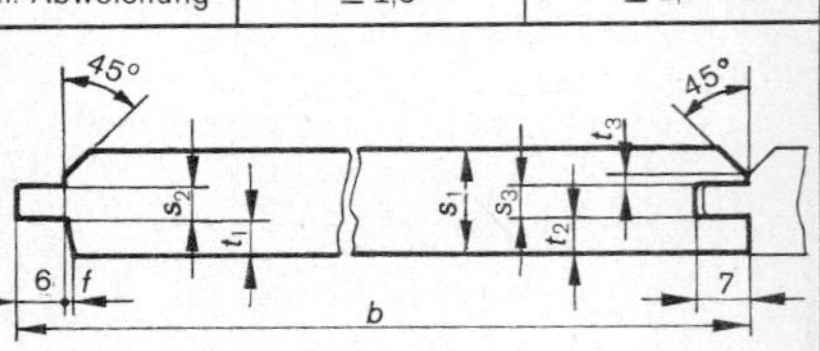

3. Gehobelte gespundete Stülpschalungsbretter aus Nadelholz nach DIN 68123, Aug. 1977:

Nadelhölzer		europäische (außer nordische)			nordische		
Profilmaß	b_1	115	135	155	111	121	146
zul. Abweichung		± 1,5	± 2		± 1,5	± 2	
Federbreite	b_2	8	10	10	8	8	10
Nuttiefe	b_3	8,5	10,5	10,5	8,5	8,5	10,5

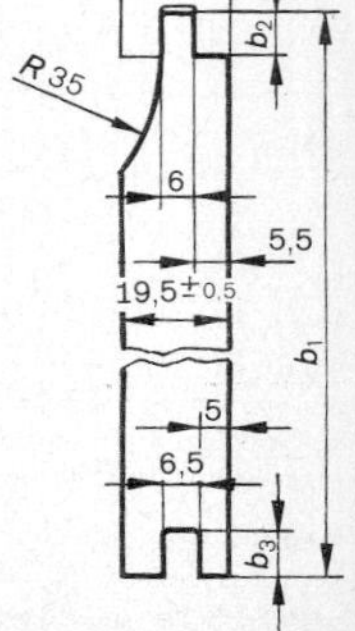

Längen der gespundeten Bretter nach DIN 4072, 68122 u. 68123

Nadelholz	Längen	Stufung	zul. Abw.
europäisch (außer nordische)	von 1500 bis 4500	250	+ 50 / − 25
	über 4500 bis 6000	500	
nordisch	von 1800 bis 6000	300	

4. Gehobelte gespundete Profilbretter mit Schattennut (Fase und breitem Grund) aus Nadel-oder Laubholz nach DIN 68126, Teil 1, Aug. 1977:

Die Profilbretter werden vorwiegend zum Verkleiden von Decken und Wänden verwendet.

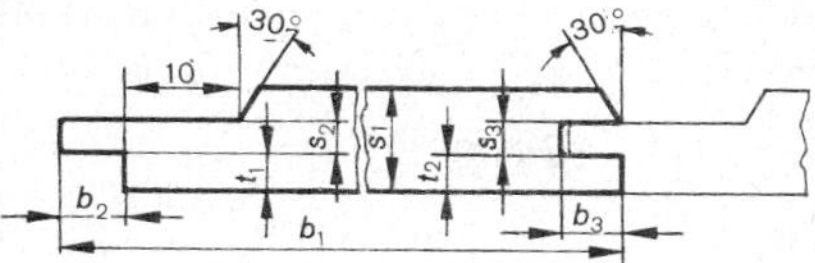

Hölzer	europäische (außer nord.)			nordische			überseeische		
Brettdicke s_1	13,5	15,5	19,5	12,5	14	19,5	9,5	11	12,5
zul. Abweichung	± 0,5			± 0,5			± 0,5		
Federdicke s_2	4	4	6	4	4	6	3	3	4
Nutbreite s_3	4,5	4,5	6,5	4,5	4,5	6,5	3,5	3,5	4,5
Dicke unter Feder t_1	4	5,5	5,5	4	4,5	5,5	3,5	3,5	4
Dicke unter Nut t_2	3,5	5	5	3,5	4	5	3	3	3,5

5. Akustikbretter aus Nadel- und Laubschnittholz nach DIN 68127, Aug. 1970: Glattkantbretter

Hölzer	europ. (außer nord.)			nordische u. übersee.		
Dicke s	17	19,5	21	16	19,5	22,5
zul. Abw.	± 0,5			± 0,5		± 1

Hölzer	europäische		nordische		überseeische	
Breite b	74	94	70	95	68	94
zul. Abw.	± 1	± 1,5	± 1	± 1,5	± 1	± 1,5

Die Sichtseite der Akustikbretter, ihre beiden Kantenflächen, an denen bei Glattkantbrettern auch ein glatter Sägeschnitt (Hobelsäge) zulässig ist, und die Rückseite der Akustik-Profilbretter müssen gehobelt sein. Die Kanten dürfen leicht gebrochen sein.

Akustik-Profilbretter

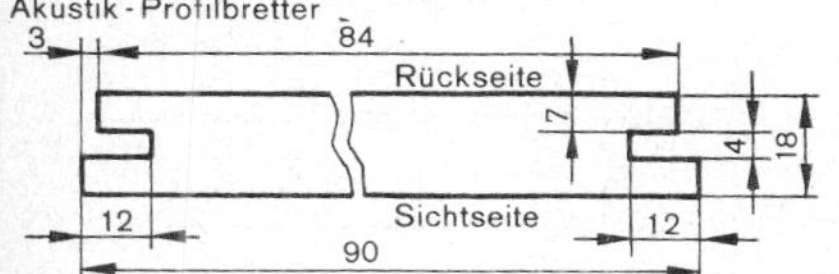

Einsteckfeder

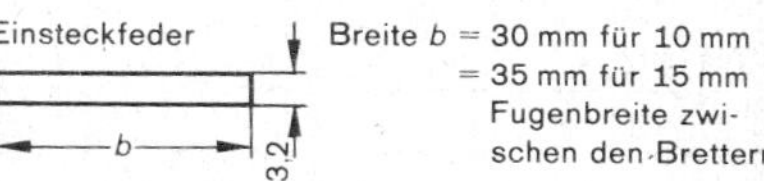

Breite b = 30 mm für 10 mm
= 35 mm für 15 mm
Fugenbreite zwischen den Brettern

Wenn Akustik-Profilbretter mit Einsteckfeder (dekorative Verkleidung) verlegt sind, ist die Schallschluckwirkung geringer.

Längen der Profilbretter DIN 68126, Teil 1, und der Akustikbretter DIN 68127

Hölzer	Längen in m (zul. Abw. $^{+50}_{-25}$ mm)																	
europäische	1,50	–	2,00	2,50	–	3,00	3,25	3,50	3,75	4,00	4,25	4,50	–	5,00	5,50	–	6,00	6,50[1]
nordische	–	1,80	2,10	2,40	2,70	3,00	3,30	3,60	–	3,90	4,20	4,50	4,80	5,10	5,40	5,70	6,00	6,30[1]
überseeische	1,52[1]	1,83	2,13	2,44	2,74	3,05	3,35	3,66	–	3,96	4,27	4,57	4,88	5,18	5,49	5,79	6,10	6,40[1]

[1] Nur für Akustikbretter

Die Maße gelten bei 14 bis 20% (vorzugsweiwe 16 bis 18%) Feuchtigkeitsgehalt, bezogen auf das Darrgewicht.

Meßbezugsfeuchte: Die Meßbezugsfeuchte ist die Feuchtigkeit des Holzes, bei der die genormten Maße vorhanden sein müssen. Sie braucht also nicht dem Feuchtigkeitsgehalt des Holzes bei Lieferung oder Einbau zu entsprechen. Maßgebend ist im allgemeinen das Ergebnis der Messung mit einem geeigneten Feuchtigkeitsmeßgerät. In Zweifels- oder Schiedsfällen muß jedoch der Feuchtigkeitsgehalt nach der Darrmethode nach DIN 52183 „Prüfung von Holz, Bestimmung des Feuchtigkeitsgehalts" ermittelt werden.

Maße: Die zulässigen Abweichungen umfassen ausschließlich die unvermeidbaren Bearbeitungsungenauigkeiten und die durch Feuchtigkeitsschwankungen innerhalb des Meßbezugsfeuchtebereichs bedingten Maßunterschiede (die Ware muß also im allgemeinen maßhaltig sein).

Parkett

(Verlege-) Einheiten des Parkett genannten Holzfußbodens können sein:

Nr.	Begriff	nach DIN 280	Kennzeichen, Dicken
1	Parkettstäbe	Bl. 1 Dez. 1970	Ringsum genutete Parketthölzer verschiedener Sortierung; nur eine Dicke (22 mm) u. ein Profil; werden beim Verlegen durch Hirnholzfedern verbunden.
2	Tafeln für Tafelparkett		Nach Muster oder Zeichnung aus verschiedenen Holzarten in verschiedenen Formen u. Abmess. hergestellt; massiv oder obere Schicht aus mind. 5 mm dicken, fehlerfreien Sägefurnieren. Ringsum genutet oder zwei Seiten mit angehobelter Feder, gegenüber Nut.
3	Mosaikparkett-lamellen	Bl. 2 Dez. 1970	Glattkantige kleine Parketthölzer, die zu verschieden gemusterten Platten zusammengesetzt werden. Dicke: 8 mm ± 0,3 mm.
4	Parkettriemen	Bl. 3 Dez. 1970	Parketthölzer verschiedener Sortierung, eine Dicke (22 mm), an zwei Seiten mit angehobelter Feder, gegenüber Nut, wahlweise auch beide Hirnflächen genutet.
5	Massiv-Parkett-Dielen = Parkettdielen V	Bl. 4 Juni 1973	Parketthölzer von a_1 = 13 bis 26 mm Dicke in Länge und Breite zur Dielenform verbunden; Oberfläche unfertig; Hirnenden glatt, genutet oder wie die Längsseiten mit Nut und angehobelter Feder.
6	Mehrschichten-Parkettdielen = Parkettdielen M		Dielen und Platten von a_1 = 13 bis 26 mm Dicke aus Unterlagen aufgeleimten, bei Lieferung mind. 4 mm dicken Parketthölzern; Oberfläche unfertig; ihr Bild kann Parkettstäben (Bl. 1) oder Mosaikparkettlamellen (Bl. 2) entsprechen. Ringsum genutet oder zwei Seiten mit angehobelter Feder, gegenüber Nut.
7	Mehrschichten-Parkettplatten = Parkettplatten M		
8	Fertigparkett-Elemente	Bl. 5 Juni 1973	Quadratische oder rechteckige Einheiten von 8 bis 26 mm Dicke, industriell hergestellt aus Holz oder anderen Werkstoffen mit einer begehbaren Oberfläche stets aus Holz, die vor und nach dem Verlegen ohne Nachbehandlung (Versiegeln) gebrauchsfertig ist.

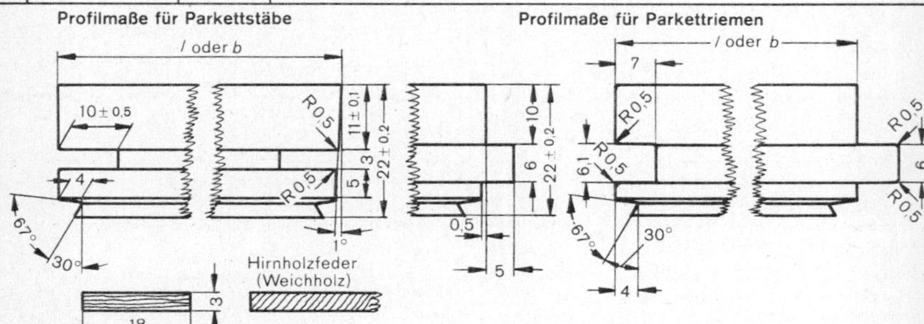

Länge ***l*** (Deckmaß), zul. Abw. ± 0,2, in mm, nach DIN 280, Bl. 1 und Bl. 3

für Parkettstäbe und Parkettriemen:

250	280	300	320	350	360	400
420	450	490	500	550	560	600

Nur für überseeische Hölzer: l = 460

für Langstäbe und Langriemen:

l = 600 ... 1000, von 50 zu 50 gestuft.

Breite ***b*** nach DIN 280, Bl. 1 und Bl. 3:

45	50	55	60	65	70	75	80

Parkettriemen aus Importfriesen dürfen innerhalb der Längen und Breiten nach DIN 280, Bl. 3, die bestmögliche Nutzlänge und -breite erhalten, um Holzverluste zu vermeiden.

Mosaikparkettlamellen nach DIN 280, Bl. 2:	Länge l: bis 165 mm + 0,2 mm
	Breite b: bis 25 mm $^{+0,1}_{-0,2}$ mm

Profilmaße für Parkettdielen und-platten

Parkett-	DIN	Dicke $a_1 \pm 0,2$	Oberwange a_2 [1]	Deckmaß Länge $l \pm 1\%$	Deckmaß Breite $b \pm 1\%$
dielen	280, Bl. 4	13 bis 26	5 bis 10	ab 1200	100 bis 240
platten				200 bis 650	200 bis 650

[1] Die Nutzschichtdicke der begehbaren Oberseite (mind. 4 mm bei Lieferung) braucht dem Maß a_2 nicht zu entsprechen.

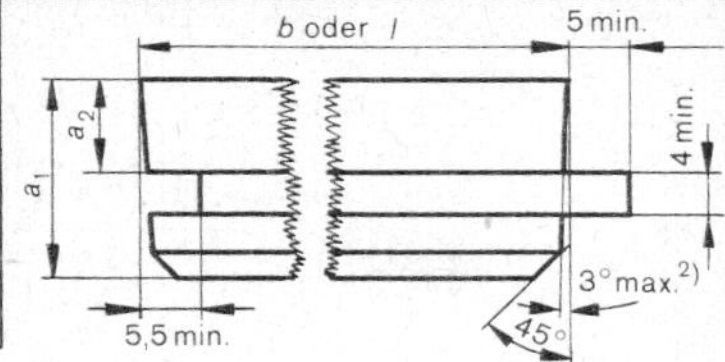

[2] Bei rechtwinkliger Kante der Oberwange muß die Unterwange mind. 0,5 mm unterfügt werden (s. obiges Bild: Feder bei Parkettriemen). Die Hirnenden erhalten keine Unterfügung.

Fertigparkett-Elemente: Ihre Abmessungen innerhalb nebenstehender Grenzen nach DIN 280, Bl. 5, und die funktions- und materialgerechte Verbindung der Elemente miteinander wählt der Hersteller. Die Elemente müssen in jeder Richtung formstabil sein und schwimmend verlegt werden können. Die Kanten benachbarter Elemente, fachgerecht hergestellt und verlegt, dürfen höchstens 0,2 mm Höhenunterschied aufweisen.

Form	Dicke	Deckmaß Länge $\pm 0,1\%$	Deckmaß Breite $\pm 0,1\%$
lang	8 bis 26	ab 1200	100 bis 240
kurz		ab 400	200 bis 400
quadratisch		200 bis 650	

Sortierung der Parketthölzer nach DIN 280, Bl. 1 bis 5

Parkett	aus den Holzarten	Sortierung Name	Sortierung Kurzzeichen
Parkettstäbe und Parkettriemen, auch Langstäbe und -riemen	Eiche (EI); Rotbuche (BU); Kiefer (KI); überseeische Nadel- und Laubhölzer, z.B. Carolina-Pine (PIR) oder Mahagoni (MAE)	Exquisit (E)	(EI-E); (BU-E); (KI-E); z.B. (PIR-E) oder (MAE-E)
		Standard (S)	(EI-S); (BU-S); (KI-S); z.B. (PIR-S) oder (MAE-S)
	Eiche (EI)	Rustikal (R)	(EI-R), gelesen: Eiche rustikal
Mosaikparkettlamellen	Eiche (EI); überseeische Nadel- und Laubhölzer	Natur (N)	(EI-N); z.B. (PIR-N); (MAE-N)
		Gestreift (G)	(EI-G); z.B. (PIR-G); (MAE-G)
	Eiche (EI)	Rustikal (R)	(EI-R)
Parkettdielen Parkettplatten	Je nach dem Oberflächenbild, das entweder Parkettstäben oder Mosaikparkettlamellen entspricht, gelten die Merkmale der vorstehenden Sortierungen.		

Gütebedingungen für Parketthölzer nach DIN 280, Bl. 1 bis 5

Allgemeine: Hölzer rechtwinklig; Oberfläche eben und scharfkantig, Kantenflächen parallel und gerade gehobelt, gefräst oder geschliffen.
Gesundes Holz, bei mehr als 60°C und hoher Luftfeuchte getrocknet, wobei Insekten aller Entwicklungsstufen abgetötet werden; begehbare Oberseite ohne Insektenfraßstellen; bei Standard (S) und Rustikal (R) dürfen kleine Risse in Ästen und Haarrisse mit Füllstoffen behandelt sein. Liegende und stehende Jahrringe sind zulässig. Feuchtegehalt inländischer Hölzer zur Lieferzeit bei Stäben, Riemen, Mosaiklamellen nach Bl. 1 bis 3: $(9 + 2)\%$, bei Dielen, Platten und Fertigparkett nach Bl. 4 und 5: $(8 + 2)\%$.

für Sortierung	Angaben für „oben" gelten für die begehbare Oberseite
(EI-E) und (EI-N)	Oben ast-, riß- und splintfrei; zulässig: gesunde Äste bis ∅ 2 mm und vereinzelte schwarze Äste mit ∅ unter 1 mm; unzulässig: grobe, bei (N) „besonders auffallend grobe" Unterschiede in Farbe und Struktur
(EI-S)	Oben splintfrei; zulässig: gesunde, festverwachsene Äste bei größtem ∅ 10 mm und Farbunterschiede
(EI-R)	Betonte Farben, lebhafte Struktur; zulässig: fester Splint, gesunde Äste, schwarze nur bis ∅ 15 mm; Haltbarkeit der Mosaiklamellen darf durch Äste nicht leiden.
(EI-G)	Wie (EI-N), jedoch lebhafte Farbunterschiede durch festen Splint

Noch: **Gütebedingungen für Parketthölzer** nach DIN 280, Bl. 1 bis 5

	Angaben für „oben" gelten für die begehbare Oberseite
(BU-E)	Gedämpft oder gleichwertig behandelt; oben ast- und rißfrei; zulässig: natürliche Farbunterschiede; Ausnahmen bei Ästen wie bei (EI-E); unzulässig: Lagerflecken, brauner od. roter Kern.
(BU-S)	Gedämpft oder gleichwertig behandelt; zulässig: Farbunterschiede und leichte Lagerflecken; Äste wie bei (EI-S).
(KI-E)	Oben frei von Ästen, Bläue und unregelmäßigem Wuchs.
(KI-S)	Zulässig: leichte Bläue, gesunde, festverwachsene Äste.
überseeisch-(E) und (N)	Wie bei (EI-E), außerdem bläuefrei; zulässig: naturgegebene Farbunterschiede
überseeisch (S)	Wie bei (EI-S), keine Vorschrift über Splint.

Auswahl geeigneter Hölzer für Parkett

Amarant	Courbaril	Makore	Niove	Sapelli
Andiroba	Doussie	Mansonia	Padauk, Burma-	Sipo
Angelique	Eiche	Movingui	Pine, Pitch-	Tchitola
Araucarie	Kokrodua	Muninga	Pine, Red-	Teak
Bilinga	Kosipo	Mutenye	Rotbuche	Tiama
Bosse	Kotibe	Niangon	Roteiche	Wenge

Parkettklebstoffe nach DIN 281, Dez. 1973,
sind kalt streichbare Klebstoffe zum Aufkleben von Stab- und Mosaikparkett; die gelösten oder dispergierten [1] Bindemittel erreichen erst nach dem Austrocknen ihren endgültigen Zustand.

Eigenschaft	Anforderungen an gelöste Klebstoffe	Anforderungen an dispergierte [1] Klebstoffe
Zusammensetzung	Als Bindemittel geeignete Natur- und/oder Kunstharze, geeignete Lösemittel und Zusätze.	Dispergierte Kunstharze und/oder andere geeignete Klebstoffe und geeignete Zusätze.
Wassergehalt		Höchstens 40 Gewichtsprozent
Verstreichbarkeit	Die Klebstoffe müssen gut streichbar sein. Die Riefen des mit Zahnspachtel (Zahnlücken von 3 mm Tiefe; 3,5 mm Breite) aufgetragenen Klebstoffs müssen nach dem Streichen erhalten bleiben.	
Benetzungsfähigkeit	Ein Eichenparkettstab, unten eben und sauber behobelt, der mit Klebfläche 200 mm × 70 mm bei Belastung durch 2-kg-Gewichtsstück 3 Minuten auf eine geschliffene Holzspanplatte geklebt war, muß beim Abheben vollflächig benetzt sein. Gleitbewegungen sind unzulässig.	
Alkalibeständigkeit	Klebstoff $\approx$ 1 mm dick, 30 mm breit auf entfettete Glasplatte 40 mm × 100 mm auftragen, 28 Tage zugfrei und schattig lagern, dann 8 Stunden lang zur Hälfte in gesättigte $Ca(OH)_2$-Lösung (= Filtrat der Aufschwemmung gelöschten Kalks in Wasser) von 20°C tauchen. Die Schicht darf sich dabei weder auflösen noch ihren Zusammenhang verlieren.	
Scherfestigkeit τ (tau)	Wegen der labormäßig mit Zugfestigkeitsgerät an 20 Proben zu bestimmenden Scherfestigkeit τ wird auf die Norm verwiesen.	
Geruch	$\approx$ 0,4 g Klebstoff, auf 4 cm × 10 cm Glasfläche verteilt, 1 Tag zugfrei und schattig gelagert, dann 1 Stunde in geruchfreier 1-Liter-Blechdose bei (30 + 1) °C eingeschlossen, sollen beim Öffnen der Dose nur noch Eigengeruch der Grundstoffe und schwachen Lösemittelgeruch zeigen.	

[1] „dispergieren" heißt: Ein Feststoff A, z. B. Harz, wird in einer Flüssigkeit B, in der A **unlöslich** ist, z. B. Wasser, **feinst verteilt**, so daß die Mischung („Dispersion") homogen (gleichstoffig) erscheint und sich kurzfristig nicht entmischt (durch geeignete Zusätze stabilisierbar). Ist unter gleichen Bedingungen A auch flüssig, z. B. ölartig, so heißt das Verteilen „emulgieren" und der Verteilungszustand „Emulsion".

Holzpflaster GE für gewerbliche Zwecke nach DIN 68701, Juni 1976,
Holzpflaster RE für Räume in Schulen, Verwaltungsgebäuden, Versammlungsstätten und ähnlichen Häusern nach DIN 68702, Mai 1976.

Holzpflaster GE	**Holzpflaster RE**
ist ein Fußboden für industrielle und gewerbliche Zwecke; er besteht aus imprägnierten[1] scharfkantigen Holzklötzen, kurz Klötze genannt, die einzeln	ist ein repräsentativer Fußboden für viel begangene Innenräume; er besteht aus nicht imprägnierten, scharfkantigen Klötzen, die

zu gepflasterten Flächen so verlegt sind, daß eine Hirnholzfläche als Lauffläche dient.

Holzarten: Eiche, Fichte, Kiefer, Lärche oder eine gleich geeignete Holzart.

Klötze sind herzustellen aus Schnittholz (Bohlen oder Kantholz), das

gesund und trocken ist. Zulässig: Festverwachsene Äste, unschädliche Trockenrisse, leichte Bläue, bis 10% der Gesamtmenge Klötze zwischen 80 und 100 mm Länge aus nicht kerngetrenntem Schnittholz (beim Verlegen auf die gesamte Fläche zu verteilen).	gesund, kerngetrennt, künstlich getrocknet u. vierseitig behobelt ist. Zulässig: Gesunde, festverwachsene Äste, geringfügige Trockenrisse, leichte Bläue, bei Eiche gesunder Splint bis zu 5% beim Einzelklotz, bis zu 3% bei der Gesamtfläche.

Unzulässig sind Fehler und Schäden, die den Gebrauchswert mindern.

Holzfeuchte: Je nach örtlichem Raumklima verschieden, höchstens 16%.	Holzfeuchte: Bei Anlieferung (10 ± 2)%.

Höhe $h \pm 1$ mm	50	60	80	100	30[2]	40	50	60
Breite $b \pm 1{,}5$ mm	80				40 bis 80			
Länge l mm	80 bis 160				40 bis 120			

Das Preßverlegen von Holzpflaster

Die Klötze sind im Verband mit geradlinig durchgehenden Längsfugen zu verlegen. Sie müssen parallel zur Schmalseite der zu pflasternden Fläche verlaufen, wenn nicht eine diagonale Verlegung vorgeschrieben ist. An Vorstoß- (Anschlag-) und anderen Schienen ist das Holzpflaster unmittelbar anzustoßen.

Für Holzpflaster GE sind Heißklebemassen auf Steinkohlenteerpechbasis oder Bitumenbasis zu verwenden.

1. Die Klötze sind mit der Unterseite in heißflüssige Klebemasse zu tauchen und vollflächig mit dem Untergrund preßgestoßen zu verkleben. Sie dürfen nicht verkantet sein.

2. Verlegen mit Fugenleisten und zusätzlichem Aufkleben der Klötze oder

3. Verlegen mit Fugenleisten **ohne** Aufkleben der Klötze
Die Klötze sind – an den Stoßseiten preßgestoßen – derart zu verlegen, daß zwischen den Klotzreihen 4 bis 6 mm breite gleichmäßige Längsfugen entstehen. Die Höhe der Fugenleisten beträgt etwa 1/3 der Klotzhöhe. Die verbleibende Restfuge ist mit heißflüssiger Vergußmasse zu füllen.
Überstehende Vergußmasse ist zu entfernen.
Die Vergußmasse muß bei der vom Lieferwerk angegebenen Verarbeitungstemperatur so flüssig sein, daß damit eine 4 mm breite und 100 mm tiefe Fuge voll vergossen werden kann.
Nach dem Verlegen des Holzpflasters und dem Vergießen von Arbeitsfugen ist das Holzpflaster mit Quarzsand abzukehren.

Holzpflaster RE ist mit hartplastischem (schubfestem) Klebstoff aufzukleben.
Der Klebstoff ist ausreichend dick und vollflächig mit einem Zahnspachtel aufzutragen. Die Klötze sind in die Klebstoffschicht einzudrücken und dicht zu verlegen.
Das verlegte Holzpflaster ist – soweit nichts anderes vereinbart – gleichmäßig abzuschleifen.
Ist nichts anderes vorgeschrieben, so muß das Holzpflaster sofort nach d. Abschleifen versiegelt werden.
Die Versiegelung ist so auszuführen, daß eine möglichst gleichmäßige Oberfläche entsteht.

[1] **Imprägnierung der Klötze:** Die Klötze müssen mit geeigneten, zugelassenen öligen Holzschutzmitteln zum Schutz gegen Pilze, Insekten und zur Abwehr von Feuchtigkeitseinwirkungen behandelt sein.
Bei Tränkung mit Steinkohlenteeröl ist das Tauch- oder das Kesseldruckverfahren anzuwenden.
Beim **Tauchverfahren** muß das Steinkohlenteeröl auf mindestens 50°C erhitzt werden. Die Aufnahme an Steinkohlenteeröl soll mindestens 40 kg/m³ betragen.
Das **Kesseldruckverfahren** ist nach Bundesbahnvorschrift (TL 91892) auszuführen. Die Aufnahme an Steinkohlenteeröl soll etwa 63 kg/m³ für Eiche betragen.

[2] nur bei Eiche

Beispiel eines preßverlegten RE-Holzpflasters

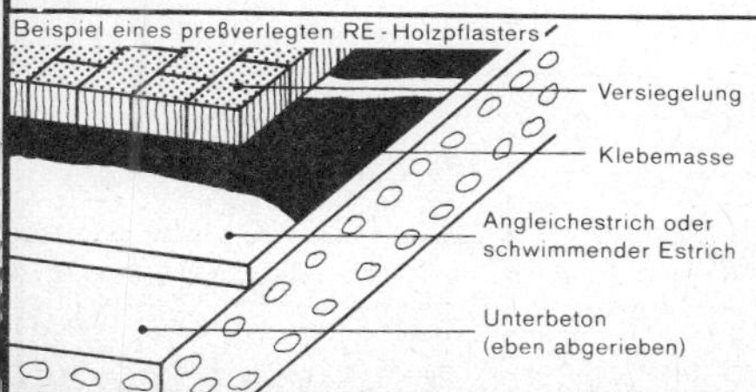

Verlegung mit Fugenleisten

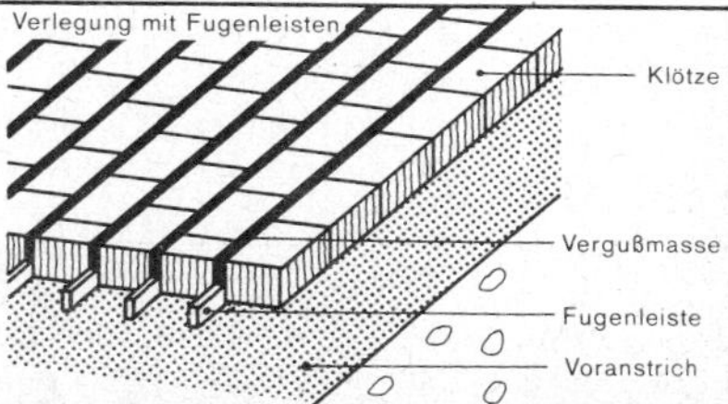

Dämmstoffe aus Kunststoff zur Wärmedämmung im Bauwesen

nach DIN 18164, Bl. 1, Dez. 1972,

sind harte, vorwiegend geschlossenzellige Schaumstoffe aus Phenolharz (PF), Polystyrol (PS), Polyurethan (PUR) oder Polyvinylchlorid (PVC).

Übliche Herstellungsverfahren:

PF – Hartschaum: Aus PF, Treibmittel und Härter mit oder ohne zugeführte Wärme;

PS – Hartschaum: „Partikelschaum" aus geblähtem, verschweißtem Granulat oder „Extruderschaum" aus extrudergeschäumtem PS oder Mischpolymerisaten mit hohem PS – Anteil;

Extruder (von Latein. ex = aus und trudere = stoßen, gewaltsam treiben) sind Maschinen, die (meistens über eine Schneckenpresse) plastischen Kunststoff durch Düsen treiben und stetig zu geformten Halbzeugen (Schläuchen, Profilen usw.) verarbeiten. **Granulat** von latein. granum = Korn.

PUR – Hartschaum: Durch chemische Reaktion von Polyisocyanaten mit Verbindungen, die leicht Wasserstoff abspalten, unter Mitwirkung von Treibstoffen. (siehe S. 191 und unter DD – Lack, S. 203).

PVC – Hartschaum: Im Hochdruckverfahren zweistufig hergestellter, zähharter, geschlossenzelliger Schaumstoff; Zusätze, Treibmittel, Wärme nötig.

Typ-kurz-zeichen	Wärmedämmstoff im Bauwesen, wenn bei seiner Anwendung[1]	formbe-ständig bis	Mindest-druck-festig-keit N/mm^2	Mindest – Rohdichte in kg/m^3 des trockenen Hartschaumes aus PF	PS Partikel	PS Extruder	PUR oder PVC
W	nicht druckbelastet, z. B. in Wänden	70 °C	0,1	30	15	25	30
WD	großflächig druckbelastet, z. B. unter Fußböden (keine Trittschalldämmung)	80 °C	0,1	35	20	25	30
WDS	druckbelastet; besonders formbeständig für Sonderzwecke	80 °C sicher	0,15	35	30	30	30

[1]) WDS kann statt WD und W, WD kann kann statt W verarbeitet werden.

Lieferform: Bahnen oder Platten gleichmäßigen Gefüges aus Blöcken in Lieferdicke geschnitten (Blockware) oder unmittelbar in Lieferdicke gefertigt (Bandware), unbeschichtet oder ein-, zwei- oder allseitig beschichtet, z. B. mit Papier, Pappe, Kunststoff- oder Metallfolien. Bahnen und Platten können in ihren äußeren Zonen dichter als im Kern, an den Oberflächen und / oder Kanten gleichmäßig profiliert sein.

Vorzugsmaße (mm):

Liefer-form	Liefer-maße +1%	Lieferdicken (einschließl. Beschichtung) ± 2 mm
Platten	500 × 1000	20; 30; 40; 50; 60
Bahnen	Breite: 1000	

Brandverhalten: Hartschäume aus Kunststoff gelten als leichtentflammbar (Baustoffklasse B 3), wenn kein Nachweis vorliegt, daß sie normalentflammbar (Baustoffkl. B 2) oder (z. B. bei unbrennbaren Deckschichten) schwerentflammbar sind (Baustoffkl. B 1, erhält zusätzliche Kennbuchstaben: **SE**).[1])

Gasdichte Deckschichten: Hartschaumplatten werden auch mit gasdichten Deckschichten auf beiden Oberflächen geliefert. Als gasdicht gelten ohne besonderen Nachweis Metallfolien von 0,05 mm Mindestdicke. Diese Platten erhalten zusätzlich den Kennbuchstaben: **M**, z. B. (wenn sie zugleich „schwerentflammbar" sind): **WD – SE – M.**

Beständigkeit: Hartschäume müssen gegen Altern und Schimmelpilze ausreichend beständig sein. Sie sind nicht beständig gegen gewisse Holzschutzmittel und Kleber, Thermoplaste sind nicht beständig gegen Heißkleber. Verarbeitungsvorschriften der Hersteller befolgen!

Die Wärmeleitfähigkeit λ muß den in DIN 4108, Aug. 1969, festgelegten Rechenwerten (siehe S. 130) entsprechen, ist aber meistens geringer, λ in Wirklichkeit kleiner (siehe S. 191, Ziffer 5 und 6).

Kennzeichnung: Die nach DIN 18164, Bl. 1, hergestellten, durch Eigen- und Fremdüberwachung überprüften Schaumkunststoffe werden sinngemäß wie die Faserdämmstoffe (siehe folgende Seite!) gekennzeichnet.

[1]) DIN 4102, Teil 1, Sept. 1977 („Brandverhalten von Baustoffen und Bauteilen") fordert: Alle Baustoffe, die im Lieferungszustand nach DIN 4102 geprüft werden können, müssen ihrem Brandverhalten entsprechend gekennzeichnet sein, brennbare wie folgt: DIN 4102 – B 1 oder DIN 4102 – B 2 oder DIN 4102 – B 3 leichtentflammbar. Ausgenommen davon sind nur Holz und Holzwerkstoffplatten > 400 kg/m^3 Rohdichte und > 2 mm Dicke der Klasse B 2.

Faserdämmstoffe zur Wärmedämmung im Bauwesen n. DIN 18165, Bl. 1, Jan. 1975,

aus **Mineralfasern** aus einer Gesteins-, Glas- oder Schlackenschmelze oder **Pflanzenfasern** aus Kokos, aufbereitetem Holz oder Torf. **Struktur:** Je nach Stoff- und Herstellart, nach Dicke, Länge und Verteilung der Fasern verschieden. **Gefüge:** Gleichmäßig und frei von groben Anteilen. Faserdämmstoffe müssen beständig sein gegen Altern, Schimmelpilze und hohe Luftfeuchte; sie können beschichtet oder umhüllt, an Oberflächen und/oder Kanten gleichmäßig profiliert sein.

Zeile	Typkurzzeichen	Anwendungstypen der Wärmedämmstoffe: Bei Anwendung im Bauwesen
1	**W**	nicht druckbelastet, z.B. in Wänden, belüfteten Dächern.
2	**WZ**	leicht zusammendrückbar, z.B. in Wand- und Deckenhohlräumen. Die Nenndicke muß bei max. 500 N/m² Druck erreicht werden.
3	**WD**	großflächig druckbelastet, z.B. unter Fußböden (dämmt keinen Trittschall!), unter unbelüfteter Dachhaut. Unter 80°C formbeständig.
4	**WV** **WV - s**	sehr abreiß- und scherfest. Schalldämmend, wenn ausreichend weichfedernd: Hersteller muß die dynamische Steifigkeit *s'* angeben. Solche Stoffe erhalten zusätzlich den Kennbuchstaben s.

Faserdämmstoffe der Zeilen 3 und 4 sind nach Zeile 1 verwendbar, die der Zeilen 1 bis 4 können hohlraumdämpfend und schallschluckend sein, kenntlich am zusätzlichen Kennbuchstaben **w**, z. B. **W-w.**

Brandverhalten: Sind die in DIN 4102 geforderten Nachweise geführt, Prüfzeichen oder -zeugnisse erteilt worden, daß die Faserdämmstoffe der Baustoffklasse: A1 oder A2 (nichtbrennbar) oder B1 (schwerentflammbar) oder B2 (normalentflammbar) angehören, so erhalten sie diese Kurzzeichen zusätzlich, z.B. **WD - B1.** Ohne diese Nachweise gelten die Stoffe als leichtentflammbar (B3).

Lieferformen					**Vorzugsmaße**		
Lieferform	Faserverbindung	Beschichtung oder Umhüllung: Art	Beschichtung oder Umhüllung: mit den Fasern	Lieferart	Breiten *b*- Längen *l* mm ± zul. Abw.	Nenndicken *d* mm	Nenndicken *d* mm
Bahnen	keine	keine	—	gerollt (auch zus. mit losem Papier)	*b* = 1000 ± 2% oder + 5% [1)] − 2% *l* = 5000 − 2%	40 60 80 100 120 einschl. Beschichtung	42 63 84 105 126 wenn allseitig umhüllt
Matten	keine oder durch Verkleben oder Vernadeln	keine oder z.B. Papier, Pappe, Kunststoff- oder Metallfolien, Drahtgeflecht.	versteppt				
Filze			verklebt				
Platten	durch Verkleben, Vernadeln oder Verschmelzen			eben	500 x 1000 je ± 2%		

1) wenn allseitig umhüllt.

Zulässige Dickenabweichung:
Bei Stichproben an 10 Platten oder 3 Rollen Bahnen, Filzen oder Matten einer Nenndicke *d* ist der gemessene Einzelwert d. Dicke = d_E; der Mittelwert aus 10 Einzelwerten = d_M.

Typ	$d_M - d$	$d_E - d_M$	Wärmeleitfähigkeitsgruppe	$\lambda \leq$ W/m·K
W WD	+ 5 mm od. 6% 2)	± 5 mm		
WV	+ 5 mm − 1 mm	± 2 mm	035 040 045 050	0,035 0,040 0,045 0,050
WZ	+ 15 mm od. 30% 2) − 0 mm	± 10 mm od. ± 15% 2)		

2) Der größere Wert darf gewählt werden.

Faserdämmstoffe, nach DIN 18165, Bl. 1, hergestellt u. durch Eigen- u. Fremdüberwachung überprüft, sind auf der Verpackung oder dem Erzeugnis deutlich zu kennzeichnen: Stoffart; Anwendungszweck; Lieferform; Typkurzzeichen; zusätzl. Kennbuchstaben u. -zeichen; Wärmeleitfähigkeitsgruppe; Nenndicke; Breite u. Länge; DIN 18165; nicht für Trittschalldämmung; Hersteller, Herstellwerk und -datum (auch verschlüsselt zulässig); fremdüberwachende Stelle oder deren Gütezeichen.

Nagelverbindungen im Holzbau

nach DIN 1052, Bl. 1. Okt. 1969

Die Festlegungen gelten, wenn runde Drahtnägel mit Senkkopf nach DIN 1151 verwendet werden und in jeder für den Kraftanschluß herangezogenen Fuge mindestens vier durch gleichgerichtete Kräfte beanspruchte Nagelscherflächen vorhanden sind. Für Nägel mit anderer Schaftausbildung und aus anderem Werkstoff (Sondernägel) sind die zulässigen Belastungen durch Versuche nach DIN 4110 Blatt 8 festzulegen.
Nagel-Ø = d.

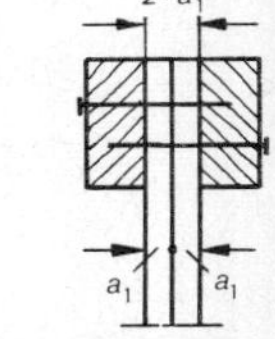

Mindestholzdicke a: $a \geqq 2{,}4$ cm bei Querschnittsfläche $\geqq 14\ \text{cm}^2$;

Dicke genagelter Bauteile: $a = d\,(3 + 8d) > 2{,}4$ cm (d in cm) bei Nägeln, die ohne Vorbohrung eingeschlagen werden.

Die Dicke der Einzelbretter genagelter Vollwandbinder mit Stegen aus zwei gekreuzten Brettlagen bei zweischnittiger Gurtnagelung (siehe Bild!) darf auf $a_1 = 2/3\,d\,(3 + 8d)$ cm verringert werden, wenn die Einzelbretter nicht breiter als 14 cm sind.

Tragende genagelte Baufurnierplatten aus mindestens 5 Furnierlagen zulässig:
$a_2 = 10$ mm; $a_2 = 0{,}5 \cdot d\,(3 + 8d) > 1{,}0$ cm

Einschlagtiefen und Holzdicken

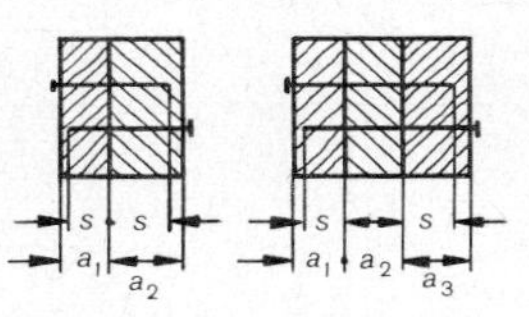

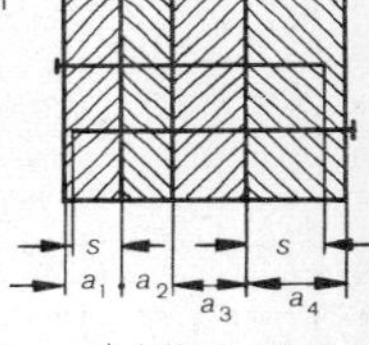

a) einschnittig b) zweischnittig c) dreischnittig

Einschlagtiefe s: einschnittig: $s = 12d$;
mehrschnittig: $s = 8d$;

Bei geringer Einschlagtiefe $s_w < s$, aber $> 0{,}5\,s$ ist die zuläss. Nagelbelastung N für die der Nagelspitze nächst liegende Scherfläche im Verhältnis s_w/s zu mindern.
$s_w < 0{,}5\,s$ bleiben unberücksichtigt.

Zulässige Nagelbelastung N: Im Lastfall H (= Summe der Hauptlasten) darf in Nadelholz ohne Rücksicht auf den Faserverlauf und ohne Vorbohrung für jede voll wirksame Scherfläche (siehe unter Einschlagtiefe!) ein Nagel rechtwinklig zum Schaft mit

$$N_1 = \frac{500 \cdot d^2}{1 + d} \quad \text{in kg belastet werden}$$

(Zahlenwertgleichung mit Nagel-Ød in cm).

> Hauptlasten sind:
> ständige Lasten,
> Verkehrslasten (einschließlich Schnee-, aber ohne Windlasten),
> freie Massenkräfte von Maschinen.

Bei vorgebohrten Nagellöchern: Bohrloch-Ø $\approx 0{,}85d$, Bohrlochtiefe $= s$, darf bei Nadelholz $N = 1{,}25 N_1$ und bei Buche und Eiche (stets vorgebohrt) $N = 1{,}5 N_1$ gerechnet werden, wenn Holzdicke $a = 6d$ ist.
Bei $a < 6d$ ist N im Verhältnis $\frac{a}{6d}$ zu mindern.

Werden Bretter, Bohlen und dgl. an Rundholz angeschlossen, so sind die zuläss. N auf 2/3 zu mindern. Nagelverbindungen zweier Rundhölzer sind bei tragenden Bauteilen unzulässig. Sind beim Stoß oder Anschluß von Zuggliedern mehr als 10 Nägel hintereinander angeordnet, so müssen die zulässigen Nagelbelastungen um 10%, bei mehr als 20 Nägeln um 20% ermäßigt werden.

Nagelverbindungen in Hirnholz dürfen nicht als tragend angesehen werden. Sind Nägel in Bauteilen von Korrosion bedroht, so darf N nur dann die zulässigen Werte erreichen, wenn die Nägel durch einen Überzug aus Zink, Blei, Kadmium oder dgl. geschützt werden, oder wenn es sich um Bauten zu vorübergehenden Zwecken handelt.

Aus vorstehenden Vorschriften ergeben sich folgende Zahlenwerte für:

Holzdicken a, Einschlagtiefen s, zuläss. Nagelbelastung N in kg je Nagel und Scherfläche

Nagel-Ø in 1/10 mm		22	25	28	31	34	38	42	46	55	60	70	76	88
a mm Nagellöcher	nicht vorgebohrt	24	24	24	24	24	24	27	30	40	47	60	69	89
	vorgebohrt	24	24	24	24	24	24	26	28	33	36	42	46	53
s mm	einschnittig	27	30	34	27	41	46	51	56	66	72	84	91	106
	mehrschnittig	18	20	23	25	28	31	34	37	44	48	56	61	71
N in kg	Nadelholz nicht vorgebohrt	20	25	30	37	43	52	62	72,5	97,5	112	144	164	206
	Nadelholz vorgebohrt	25	31	38	46	54	65	77,5	90,5	122	140	180	205	257
	Buche, Eiche vorgebohrt	30	37,5	45	55	65	78	93	109	146	168	216	246	309

Anschluß eines Brettes durch Nagelung nach DIN 1052, Bl. 1, Okt. 1969

Kleinste Nagelabstände im dünnsten Holz bei versetzt angeordneten Nägeln: (von und bis Nagelmitte gemessen)

Nagelabstände in Kraftrichtung	vorgebohrt	Zur Faserrichtung parallel	Zur Faserrichtung senkrecht
untereinander	nein	$10d$ ($12d$[1])	$5d$
	ja	$5d$	$5d$
vom beanspruchten Rand	nein	$15d$	$7d$ ($10d$[1])
	ja	$10d$	$5d$
vom unbeanspruchten Rand	nein	$7d$ ($10d$[1])	$5d$
	ja	$5d$	$3d$

Nagel-⌀ = d nach DIN 1151

[1]) bei $d = 4{,}2$ mm

Bohrloch-⌀ ≈ $0{,}85d$

Bei Stahlblechen und Furnierplatten darf der Randabstand der Nägel auf $2{,}5 \cdot d_n$ und der Abstand der Nägel untereinander auf $5 \cdot d_n$ verringert werden, soweit nicht Rücksicht auf das Vollholz maßgebend wird.

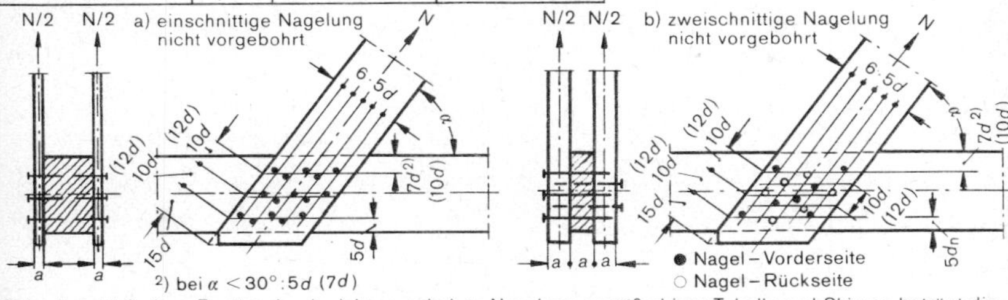

2) bei $\alpha < 30°$: $5d$ ($7d$)

Beim Anschluß eines Brettes durch nicht vorgebohrte Nagelung gemäß obiger Tabelle und Skizzen beträgt die

a) Mindestlänge l des Brettes[3]) in der Kraftrichtung:

Nagel-⌀ d in 1/10 mm	Beträgt die Anzahl der Nägel in Kraftrichtung hintereinander n =											
	1	2	3	4	5	6	7	8	9	10	11	12
	so ist eine Mindestlänge l des Brettes (in mm) erforderlich von:											
22	48	70	92	114	136	158	180	202	224	246	268	290
25	55	80	105	130	155	180	205	230	255	280	305	330
28	62	90	118	146	174	202	230	258	286	314	342	370
31	68	99	130	161	192	223	254	285	316	347	378	409
34	75	109	143	177	211	245	279	313	347	381	415	449
38	84	122	160	198	236	274	312	350	388	426	464	502
42	105	155	206	256	307	357	407	458	508	559	609	659
46	115	170	225	281	336	391	446	501	557	612	667	722
55	138	204	270	336	402	468	534	600	666	732	798	864
60	150	222	294	366	438	510	582	654	726	798	870	942
70	175	259	343	427	511	595	679	763	847	931	1015	1099
76	190	281	372	464	555	646	737	828	920	1011	1102	1193
88	220	326	431	537	642	748	854	959	1065	1170	1276	1382

3) Bei $d < 4{,}2$ mm: $l = (10\,n + 12) \cdot d$; bei $d \geqq 4{,}2$ mm: $l = (12\,n + 13) \cdot d$

b) Mindestbreite b des Brettes senkrecht zur Kraftrichtung:

Nagel-⌀ d in 1/10 mm	Beträgt die Anzahl der Nägel senkrecht zur Kraftrichtung nebeneinander n =											
	1	2	3	4	5	6	7	8	9	10	11	12
	so ist eine Mindestbreite $b = (n+1) \cdot 5\,d$ des Brettes (in mm) erforderlich von:											
22	22	33	44	55	66	77	88	99	110	121	132	143
25	25	38	50	63	75	88	100	113	126	138	150	163
28	28	42	56	70	84	98	112	126	140	154	168	182
31	31	47	62	78	93	104	124	140	155	171	186	202
34	34	51	68	85	102	119	136	152	170	187	204	221
38	38	57	76	95	114	133	152	171	190	209	228	247
42	42	63	84	105	126	147	168	189	210	231	252	
46	46	69	92	115	138	161	134	207	230	253		
55	55	83	110	138	165	193	220	248				
60	60	90	120	150	180	210	240					
70	70	105	140	175	210	245						
76	76	114	152	190	228							
88	88	132	176	220								

Bei tragenden Nägeln und bei Heftnägeln soll der größte Abstand in Faserrichtung $40 \cdot d$ und rechtwinklig zur Faserrichtung $20 \cdot d$ nicht überschreiten.

Genormte Stifte aus Stahl

Die **Größe** (das **Nennmaß**) der Stifte (Nägel) besteht aus zwei Zahlen:
die erste Zahl ist der zehnfache ⌀ des Schaftes in mm = $10d$;
die zweite ist die Länge (einschl. Kopf) in mm = $l \pm 1d$.
Ausführung: bk = blank; zn = verzinkt; bl g = blau geglüht; me = metallisiert.
Füllgewicht = F_g; $\pm\ \Delta d$ = zulässige Abweichung der Dicke d

Drahtstifte, rund
nach DIN 1151, April 1973
A: **Flachkopf,** glatt

bk; zn; me

Nennmaße $10d \times l$	$\pm \Delta d$ mm	Lieferart
9 × 13	0,03	Pakete,
10 × 15	0,04	
12 × 20	0,04	$F_g = 1$ kg
14 × 25	0,04	
16 × 30	0,06	

B: **Senkkopf,** gerifflet

bk; zn; me

Nennmaße $10d \times l$	$\pm \Delta d$ mm	Lieferart
18 × 35	0,06	Pakete, F_g =
20 × 40	0,06	
22 × 45	0,06	
22 × 50	0,06	2,5 kg
25 × 55	0,08	
25 × 60	0,08	
28 × 65	0,08	
31 × 65	0,08	
31 × 70	0,08	
31 × 80	0,08	5 kg
34 × 80	0,08	
34 × 90	0,08	
38 × 100	0,08	
42 × 100	0,10	
42 × 110	0,10	
42 × 120	0,10	
46 × 130	0,10	
55 × 140	0,10	
55 × 160	0,10	
60 × 180	0,10	
70 × 210	0,15	
76 × 230	0,15	
76 × 260	0,15	10 kg
88 × 260	0,15	

Drahtstifte, rund
nach DIN 1152, April 1973
Stauchkopf

bk; zn

Nennmaße $10d \times l$	$\pm \Delta d$ mm	Lieferart
10 × 15	0,04	Pakete,
12 × 20	0,04	
14 × 25	0,04	$F_g = 1$ kg
16 × 30	0,06	
18 × 35	0,06	2,5 kg
20 × 40	0,06	
22 × 45	0,06	
22 × 50	0,06	
22 × 55	0,06	
25 × 55	0,08	
25 × 60	0,08	
28 × 65	0,08	5 kg
31 × 80	0,08	
34 × 90	0,08	
38 × 100	0,08	

Tapeziererstifte
(Kammzwecken, Gurtstifte)
nach DIN 1157, April 1973, in Paketen von 1 kg Füllgew.

bk; bl g

Nennmaße $10d \times l$	$\pm \Delta d$ mm	d_2 mm
14 × 10	0,04	4
14 × 13	0,04	4
16 × 16	0,06	4,5
20 × 20	0,06	6
25 × 25	0,06	8

Schlaufe
mit einseitig geschnittener Spitze

bk; zn

Größe	d	$l \pm 1d$	e mind.	F_g (kg)
16 × 16	1,6	16	3	1
20 × 20	2,0	20	4	2,5
25 × 25	2,5	25	4,5	
31 × 31	3,1	31	5	5
34 × 34	3,4	34	5,5	
38 × 38	3,8	38	6	
42 × 42	4,2	42	6,5	
46 × 46	4,6	46	7	

Leichtbauplatten - Stifte
nach DIN 1144, April 1973
Form A: Kopf ⌀ 20
Form B: Kopf ■ 20

zn; me.

Nennmaße $10d \times l$	$\pm \Delta d$ mm	Lieferart
31 × 40	0,08	Pakete, F_g =
31 × 50	0,08	
31 × 60	0,08	
34 × 70	0,08	2,5 kg
34 × 80	0,08	
34 × 90	0,08	

Breitkopfstifte
Rohr-, Dachpapp-, Schiefer- u. Gipsdielenstifte nach DIN 1160, April 1973
Form A: Kopf-⌀ $d_2 \approx 3d$

bk; zn

Nennmaße $10d \times l$	$\pm \Delta d$ mm	Pakete
25 × 25		2,5 kg
28 × 35		brutto?

Form B: Kopf-⌀ $d_2 \approx 4d$ bk; zn

Nennmaße $10d \times l$	$\pm \Delta d$ mm	Lieferart
20 × 20	0,06	Pakete,
25 × 25	0,08	von
28 × 25	0,08	2,5 kg
28 × 30	0,08	brutto
28 × 35	0,08	
28 × 40	0,08	

Hakenstifte
nach DIN 1158, April 1973

bk

Nennmaße $10d \times l$	$\pm \Delta d$ mm	Lieferart
20 × 30	0,06	Pakete
22 × 35	0,06	F_g =
25 × 50	0,08	2,5 kg
31 × 65	0,08	5 kg
34 × 80	0,08	

Holzschrauben mit Schlitz nach DIN 95, DIN 96 und DIN 97, März 1975

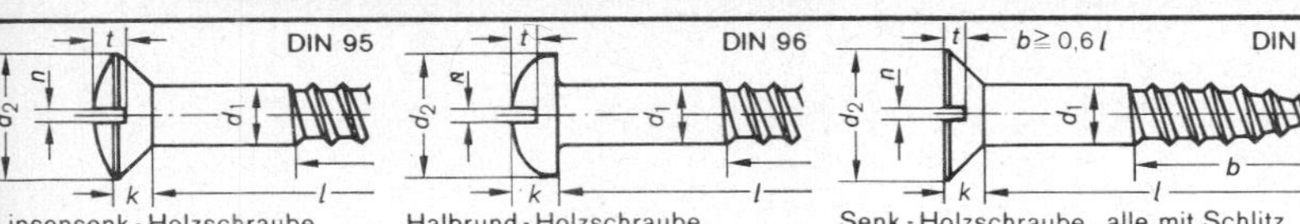

Linsensenk-Holzschraube — Halbrund-Holzschraube — Senk-Holzschraube, alle mit Schlitz

Bezeichnung einer Senk-Holzschraube mit Schlitz vom Nenndurchmesser $d_1 = 5$ mm und der Länge $l = 40$ mm, aus Stahl (St): Holzschraube 5 × 40 DIN 97 – St

Holzschrauben (mit Schlitz) der Vorzugs-Nenndurchmesser d_1

Nenn-Ø	Linsensenk-Holzschraube DIN 95					Halbrund-Holzschraube DIN 96					Senk-Holzschraube DIN 97				
		k		t					t			k		t	
d_1	d_2	max	n	min	max	d_2	k	n	min	max	d_2	max	n	min	max
2	(3,8)	(1,2)	(0,5)	(0,8)	(1)	4	1,4	0,5	0,7	0,9	3,8	1,2	0,5	0,4	0,6
2,5	4,7	1,5	0,6	1	1,2	5	1,7	0,6	0,85	1,1	4,7	1,5	0,6	0,5	0,7
3	5,6	1,65	0,8	1,2	1,45	6	2,1	0,8	1,05	1,35	5,6	1,65	0,8	0,6	0,85
3,5	6,5	1,93	0,8	1,4	1,7	7	2,4	0,8	1,2	1,6	6,5	1,93	0,8	0,7	1
4	7,5	2,2	1	1,6	1,9	8	2,8	1	1,4	1,8	7,5	2,2	1	0,8	1,1
4,5	8,3	2,35	1	1,8	2,1	9	3,1	1	1,55	2	8,3	2,35	1	0,9	1,2
5	9,2	2,5	1,2	2	2,3	10	3,5	1,2	1,75	2,3	9,2	2,5	1,2	1	1,3
6	11	3	1,6	2,4	2,8	12	4,2	1,6	2,1	2,7	11	3	1,6	1,2	1,6
8	(14,5)	(4)	(2)	(3,2)	(3,7)	(16)	(5,6)	(2)	(2,8)	(3,6)	14,5	4	2	1,6	2,1

Holzschrauben mit Schlitz werden üblicherweise in den Größen hergestellt, für die in der folgenden Tabelle die Gewichte in kg für 1000 Stück in Stahl angegeben sind. Schrauben aus Messing wiegen etwa das 1,083fache, Aluminium-Legierung das 0,357fache davon.

d_1 \ l	8	10	12	16	20	25	30	35	40	45	50	60	70	80	90	100
2,5	0,328	0,388	0,448	0,568	0,691	0,846	1,01	Vorzugsgrößen der Linsensenk-Holzschrauben								
3		0,647	0,737	0,923	1,10	1,35	1,59	1,82	2,06	mit Schlitz, DIN 95						
3,5		0,845	0,975	1,22	1,50	1,79	2,11	2,44	2,74	3,06	3,37	3,68	zulässig sind auch:			
4			1,27	1,58	1,89	2,27	2,66	3,05	3,45	3,78	4,17	5,04	d_1 = 1,6; 2; 5,5; 7; 8			
4,5				1,89	2,27	2,76	3,26	3,75	4,22	4,73	5,22	6,20	l = 14; 18; > 100.			
5				2,29	2,77	3,37	4,00	4,56	5,16	5,75	6,35	7,57	8,77	10,0		
6									7,60	8,45	9,29	11,0	12,7	14,5	16,2	18,0
2	0,267	0,311	0,355	0,444	0,532			Vorzugsgrößen der Halbrund-Holzschrauben								
2,5	0,400	0,460	0,520	0,642	0,763	0,914	1,06			mit Schlitz, DIN 96						
3		0,763	0,856	1,04	1,23	1,47	1,70	1,94	2,18							
3,5		1,03	1,16	1,41	1,68	1,98	2,29	2,60	2,91	3,22	3,53	4,16	zulässig sind auch:			
4			1,63	1,93	2,24	2,62	3,01	3,39	3,77	4,12	4,50	5,26	d_1 = 1,6; 5,5; 7; 8;			
4,5				2,51	2,88	3,37	3,85	4,34	4,83	5,31	5,80	6,77	l = 14; 18; > 100.			
5				3,31	3,78	4,37	5,00	5,55	6,14	6,73	7,32	8,54	9,72			
6					5,83	6,66	7,50	8,33	9,17	10,0	10,8	12,5	14,2	16,0	17,7	19,4
2	0,216	0,259	0,302	0,387	0,484			Vorzugsgrößen der Senk-Holzschrauben								
2,5	0,312	0,372	0,432	0,552	0,672	0,822	0,972			mit Schlitz, DIN 97, einschl. Größe						
3		0,604	0,696	0,881	1,06	1,30	1,54	1,77	2,01	6 × 120-St, Gewicht 21,1 kg/1000 Stück						
3,5		0,789	0,914	1,17	1,43	1,73	2,04	2,35	2,66	2,98	3,29	3,93	zulässig sind auch:			
4			1,18	1,49	1,79	2,17	2,55	2,94	3,32	3,66	4,05	4,81	d_1 = 1,6; 5,5; 7; 10;			
4,5				1,85	2,22	2,71	3,19	3,68	4,17	4,65	5,14	6,11	l = 14; 18; > 100.			
5				2,31	2,78	3,37	4,00	4,55	5,14	5,73	6,32	7,54	8,72	9,90		
6					4,12	4,96	5,80	6,63	7,46	8,29	9,12	10,8	12,5	14,3	16,0	17,7
8									13,4	15,0	16,5	19,6	22,7	25,7	28,8	31,9

Die nur zulässigen Größen möglichst vermeiden! Schraubenlängen $l > 100$ mm sind von 10 zu 10 mm gestuft.

Sechskant-Holzschrauben nach DIN 571, März 1975

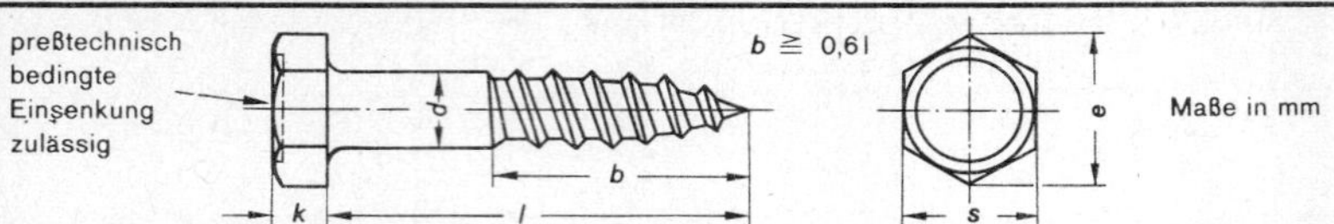

Bezeichnung einer Sechskant-Holzschraube von Nenndurchmesser $d = 8$ mm, Länge $l = 60$ mm, aus Stahl (St): Holzschraube 8 × 60 DIN 571 – St

Sechskantholzschrauben (DIN 571) werden üblicherweise in den Größen hergestellt, deren Gewichte in kg von 1000 Stück in Stahl in der folgenden Tabelle angegeben sind. Schrauben aus Messing (Ms) wiegen etwa das 1,083 fache, aus Aluminiumlegierung (Al-Leg.) das 0,357 fache der angegebenen Gewichte.
Die Sorten der Werkstoffe St, Ms und Al-Leg. werden vom Hersteller gewählt. Durchmesser $d = 7$ mm möglichst nicht verwenden, auch keine Längen $l > 200$ mm. Diese sind zulässig von 20 zu 20 mm gestuft.

d =	4	5	6	(7)	8	10	12	16	20
e min.	7,50	8,63	10,89	13,07	14,2	18,72	20,88	26,17	32,95
k =	2,8	3,5	4	5	5,5	8	10	13	
s =	7	8	10	12	13	17	19	24	30
l	Gewicht in kg je 1000 Stück ≈								
16	1,71	2,92							
20	2,01	3,42	5,02						
25	2,41	4,02	5,82		11,5				
30	2,81	4,62	6,62		12,9	23,6			
35	3,11	5,12	7,42		14,2	25,8	36,2		
40	3,51	5,82	8,22		15,6	28,0	39,2		
45		6,43	8,94		16,9	30,0	42,1		
50		7,03	9,64		18,2	32,1	45,4	84,1	
55			10,5		19,6	34,3	48,6	89,7	
60			11,2	18,3	20,9	36,5	51,8	94,9	165
65					22,2	38,5	54,7	99,5	174
70				20,3	23,6	40,7	57,8	107	182
75					25,0	42,9	61,0	112	192
80					26,5	45,2	64,5	118	201
90				23,8	29,4	49,9	71,0	130	220
100					32,0	54,0	77,1	141	238
110				30,4			83,4	152	253
120							89,5	163	275
130				33,3				175	293
140								187	317
150				38,6				198	328
160								209	348
170				43,0					366
180									385
190									404
200									421

Gewinde und Schraubenenden für Holzschrauben nach DIN 7998 Febr. 1975

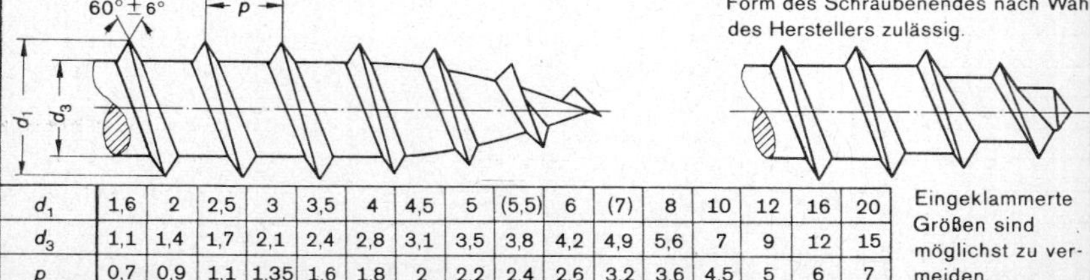

d_1	1,6	2	2,5	3	3,5	4	4,5	5	(5,5)	6	(7)	8	10	12	16	20
d_3	1,1	1,4	1,7	2,1	2,4	2,8	3,1	3,5	3,8	4,2	4,9	5,6	7	9	12	15
p	0,7	0,9	1,1	1,35	1,6	1,8	2	2,2	2,4	2,6	3,2	3,6	4,5	5	6	7

Eingeklammerte Größen sind möglichst zu vermeiden.

Flachrundschrauben mit Vierkantansatz nach DIN 603 Nov. 1970
Senkschrauben mit Vierkantansatz nach DIN 605 Nov. 1970

mit Sechskantmutter nach DIN 555

Flachrundschraube mit Vierkantansatz

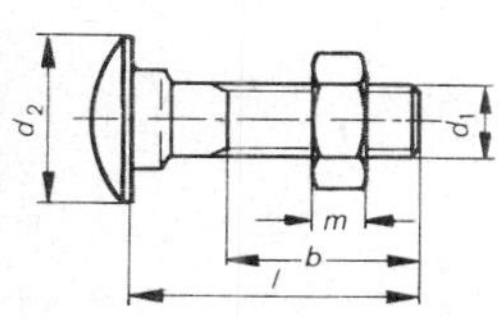

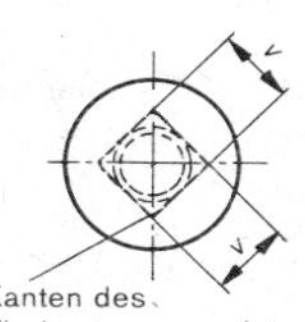

Kanten des Vierkantes gerundet

Senkschraube mit Vierkantansatz

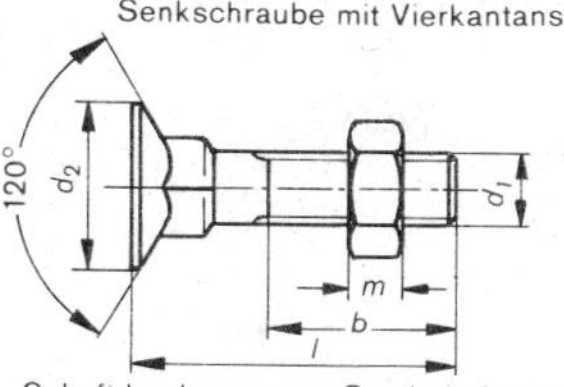

Schaftdurchmesser = Gewindedurchmesser = Seitenlänge v vom Vierkantansatz

Bezeichnung einer Flachrundschraube / Senkschraube mit Vierkantansatz, mit Gewinde d_1 = M10, von Länge l = 70 mm, mit Sechskantmutter (Mu):
Flachrundschraube M 10 × 70 Mu DIN 603
Senkschraube M 10 × 70 Mu DIN 605

Schlüsselweite s	8		10		13		17		19		24		30	
Mutter- m	4		5		6,5		8		10		13		16	
Gewindelänge b	16		18		22		26		30		38		46	
Kopf-⌀ d_2	13		16		20		24		30 (28)		38		46 (44)	
Schaft-⌀ = Gewinde-⌀ d_1	**M5**		**M6**		**M8**		**M10**		**M12**		**M16**		**M20**	
Länge l	Ungefähres Gewicht in ≈ g / Stück einschl. Mutter einer Flachrundschraube = **F** und einer Senkschraube = **S**													
	F	S	F	S	F	S	F	S	F	S	F	S	F	S
16	5,1		9,2											
20	**5,6**		**9,9**		**18,6**		33,6							
25	**6,2**		**10,8**		**20,2**		**36,1**							
30	**7,0**	6,7	**11,9**	**11,1**	**21,8**	**20,2**	**38,6**		**61,6**					
35	**7,8**	7,4	**13,0**	**12,1**	**23,8**	**22,2**	**41,1**		**65,3**					
40	**8,6**	8,1	**14,1**	**13,1**	**25,8**	**24,1**	**43,6**		**69,0**					
45	**9,4**		**15,2**	14,2	**27,8**	**26,1**	**46,7**		**72,7**					
50	**10,2**		**16,3**	**15,2**	**29,8**	**28,0**	**49,8**	**47,5**	**77,1**	72,8	150			
55	11,0		17,4	16,2	31,7	**30,0**	52,9	**50,4**	81,5	77,3	157			
60	**11,8**		**18,5**	17,2	**33,7**	**31,9**	**56,0**	**53,4**	**85,9**	81,8	164		285	
65	12,6		19,6		35,7	33,9	59,1	56,3	90,3	85,3	172	145	296	270
70	13,4		**20,7**		**37,7**	**35,8**	**62,2**	**59,2**	**94,7**	89,8	180	153	307	282
75	14,2		21,8		39,6	**37,8**	65,3	62,1	99,1	94,3	188	161	319	295
80	15,0		**22,9**		**41,6**	**39,7**	**68,4**	65,0	**103**	98,8	196	169	331	307
90			25,1		**45,6**		**74,6**	70,8	**112**	107	212	185	356	332
100			27,3		**49,6**		**80,8**	76,6	**121**	116	228	200	381	357
110			29,5		53,6		87,0		130	125	244	216	406	382
120			31,7		57,6		93,2		**139**	134	260	232	431	407
130			33,9		61,6		99,4		148	143	276	248	456	432
140			35,1		65,6		106		157	152	292	266	481	457
150			37,3		69,6		112		166	161	308	282	506	482
160							118		175	170	324	298	531	507
170							124		184		340		556	
180							130		193		356		581	
190							136		202		372		606	
200							**142**		211		388		631	
Gewicht der Mutter g / Stück	1,11		2,32		4,82		10,9		15,9		30,8		60,3	

Die Schrauben werden in den Größen hergestellt, die hier durch eine Gewichtsangabe gekennzeichnet sind.

Handelsüblich und häufig sind die Größen, deren **Gewicht fett gedruckt** ist.

M = metrisches Gewinde

Für Schrauben einer Länge l von 130 bis 200 mm beträgt die Gewindelänge b + 6 mm

Holzschrauben mit Kreuzschlitz nach DIN 7995, DIN 7996 und DIN 7997, März 1975

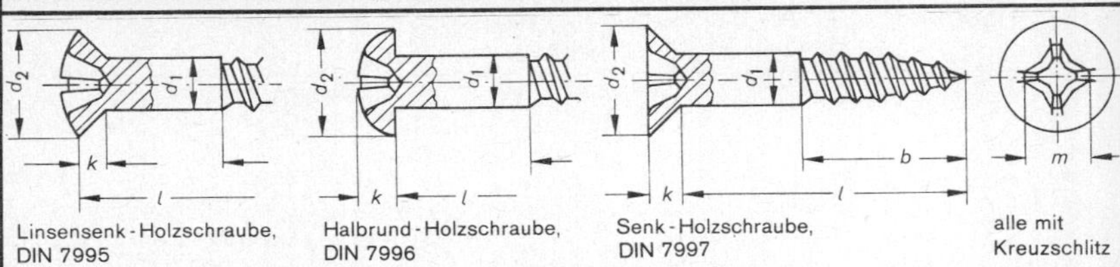

Linsensenk-Holzschraube, DIN 7995 — Halbrund-Holzschraube, DIN 7996 — Senk-Holzschraube, DIN 7997 — alle mit Kreuzschlitz

Bezeichnung einer Linsensenk–Holzschraube mit Kreuzschlitz vom Nenndurchmesser $d_1 = 4{,}5$ mm und der Länge $l = 30$ mm aus Kupfer-Zink-Legierung (Messing): Holzschraube 4,5 × 30 DIN 7995–Ms.

Holzschrauben mit Kreuzschlitz der Vorzugs-Nenndurchmesser d_1:

Nenn-Φ	Linsensenk-Holzschraube DIN 7995				Halbrund-Holzschraube DIN 7996				Senk-Holzschraube DIN 7997			
			Kreuzschlitz				Kreuzschlitz				Kreuzschlitz	
d_1	d_2	k max	Größe	m	d_2	k	Größe	m	d_2	k max	Größe	m
2,5	4,7	1,5	1	2,7	5	1,7	1	2,3	4,7	1,5	1	2,7
3	5,6	1,65		3,1	6	2,1		2,7	5,6	1,65		2,9
3,5	6,5	1,93	2	4,2	7	2,4	2	3,7	6,5	1,93	2	3,9
4	7,5	2,2		4,5	8	2,8		4,1	7,5	2,2		4,4
4,5	8,3	2,35		5,0	9	3,1		4,4	8,3	2,35		4,6
5	9,2	2,5		5,5	10	3,5		4,8	9,2	2,5		4,8
6	11	3	3	7,4	12	4,2	3	6,6	11	3	3	6,6

Holzschrauben mit Kreuzschlitz werden üblicherweise in den Größen hergestellt, für die in der folgenden Tabelle die Gewichte in kg für 1000 Stück in Stahl angegeben sind. Schrauben aus Messing wiegen etwa das 1,083fache, aus Aluminium das 0,357fache davon.

d_1 ↓ / l →	10	12	16	20	25	30	35	40	45	50	60	70	80
Linsensenk-Holzschrauben mit Kreuzschlitz, DIN 7995													
2,5	0,388	0,448	0,568	0,691									
3	0,647	0,737	0,923	1,10	1,35	1,59	1,82	2,06					
3,5	0,845	0,975	1,22	1,50	1,79	2,11	2,44	2,74	3,06				
4		1,27	1,58	1,89	2,27	2,66	3,05	3,45	3,78	4,17			
4,5			1,89	2,27	2,76	3,26	3,75	4,22	4,73	5,22	6,20		
5			2,29	2,77	3,37	4,00	4,56	5,16	5,75	6,35	7,57	8,77	10,0
6							6,76	7,60	8,45	9,29	11,0	12,7	14,5
Halbrund-Holzschrauben mit Kreuzschlitz, DIN 7996													
2,5	0,460	0,520	0,642	0,763	0,914	1,06							
3	0,763	0,856	1,04	1,23	1,47	1,70	1,94	2,18					
3,5	1,03	1,16	1,41	1,68	1,98	2,29	2,60	2,91	3,22				
4		1,63	1,93	2,24	2,62	3,01	3,39	3,77	4,12	4,50			
4,5			2,51	2,88	3,37	3,85	4,34	4,83	5,31	5,80	6,77		
5			3,31	3,78	4,37	5,00	5,55	6,14	6,73	7,32	8,54	9,72	10,9
6								9,17	10,0	10,8	12,5	14,2	16,0
Senk-Holzschrauben mit Kreuzschlitz, DIN 7997													
2,5	0,372	0,432	0,552	0,672									
3	0,604	0,696	0,881	1,06	1,30	1,54	1,77	2,01					
3,5	0,789	0,914	1,17	1,43	1,73	2,04	2,35	2,66	2,98				
4		1,18	1,49	1,79	2,17	2,55	2,94	3,32	3,66	4,05	4,81		
4,5			1,85	2,22	2,71	3,19	3,68	4,17	4,65	5,14	6,11		
5			2,31	2,78	3,37	4,00	4,55	5,14	5,73	6,32	7,54	8,72	9,90
6				4,12	4,96	5,80	6,63	7,46	8,29	9,12	10,8	12,5	14,3

Auch zulässig, aber möglichst zu vermeiden, sind Nenndurchmesser $d_1 = 2$; 5,5; 7 und 8 mm sowie Längen l von 14, 18 und solche über 80 mm; diese werden von 10 zu 10 mm gestuft. Zuläss. Abweich. bei d_2: ±0,375 mm bei Größe 1, ±0,45 mm bei Größe 2 und ±0,55 mm bei Größe 3 des Kreuzschlitzes.

Kleider-, Vorhang- und Handtuchhaken

nach DIN 81407, März 1964

Kleiderhaken, Formen A, B, C und D:

Form A: zweiarmig, für Hut und Mantel:

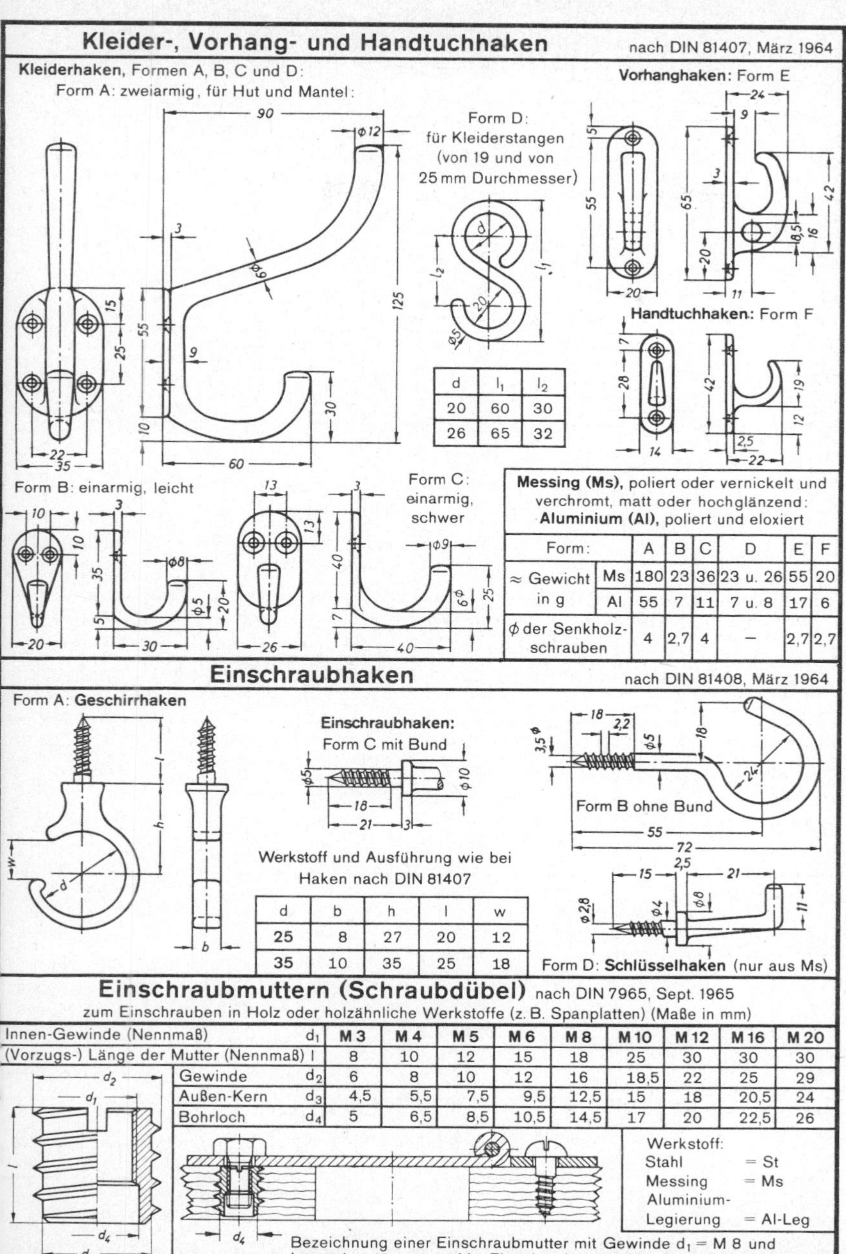

d	l_1	l_2
20	60	30
26	65	32

Messing (Ms), poliert oder vernickelt und verchromt, matt oder hochglänzend: **Aluminium (Al),** poliert und eloxiert

Form:		A	B	C	D	E	F
≈ Gewicht in g	Ms	180	23	36	23 u. 26	55	20
	Al	55	7	11	7 u. 8	17	6
ϕ der Senkholzschrauben		4	2,7	4	–	2,7	2,7

Einschraubhaken

nach DIN 81408, März 1964

Form A: **Geschirrhaken**

Einschraubhaken: Form C mit Bund

Form B ohne Bund

Werkstoff und Ausführung wie bei Haken nach DIN 81407

d	b	h	l	w
25	8	27	20	12
35	10	35	25	18

Form D: **Schlüsselhaken** (nur aus Ms)

Einschraubmuttern (Schraubdübel)

nach DIN 7965, Sept. 1965

zum Einschrauben in Holz oder holzähnliche Werkstoffe (z. B. Spanplatten) (Maße in mm)

Innen-Gewinde (Nennmaß)	d_1	M 3	M 4	M 5	M 6	M 8	M 10	M 12	M 16	M 20
(Vorzugs-) Länge der Mutter (Nennmaß)	l	8	10	12	15	18	25	30	30	30
Gewinde	d_2	6	8	10	12	16	18,5	22	25	29
Außen-Kern	d_3	4,5	5,5	7,5	9,5	12,5	15	18	20,5	24
Bohrloch	d_4	5	6,5	8,5	10,5	14,5	17	20	22,5	26

Werkstoff:
Stahl = St
Messing = Ms
Aluminium-Legierung = Al-Leg

Bezeichnung einer Einschraubmutter mit Gewinde d_1 = M 8 und Länge l = 18 mm aus Ms: Einschraubmutter M 8 × 18 DIN 7965-Ms

Geleimte Bauteile

Keilzinkenverbindung von Holz in Längsrichtung nach DIN 68140, Okt. 1971

Keilzinken verbinden die Enden zweier Vollhölzer (z.B. Bretter, Bohlen, Balken) oder zweier zuvor verleimter Holzteile (z.B. Brettschichtholz) in Längsrichtung, indem die keilartigen Zinken gleicher Teilung und gleichen Profils ineinandergreifen und miteinander verleimt sind.

Beanspruchungsgruppe I : Bauteile, die nach DIN 1052 berechnet werden müssen oder mechanisch hoch beansprucht werden.

Beanspruchungsgruppe II: Fenster, Fußböden, Sitzmöbel, Türen u. ä.

Zinkenprofile:

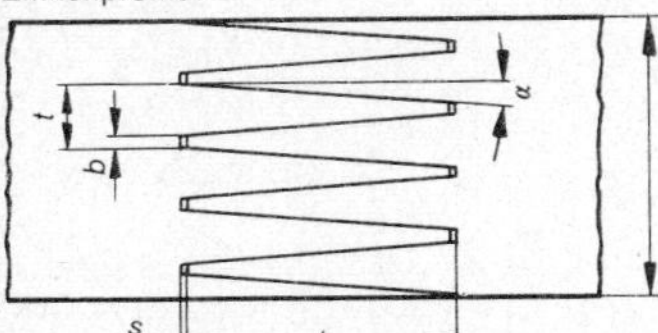

l = Zinkenlänge (Mindestzinkenlänge = l_1)
t = Zinkenteilung (2. Bestimmungsgröße)
b = Breite des Zinkengrunds = $v \cdot t$
$v = \frac{b}{t}$ = Verschwächungsgrad (1. Bestimmungsgröße):

für I ist $v = 0{,}18$; für II ist $v = 0{,}25$

g = Breite der Zinkenverbindung
α = Flankenwinkel; $l \cdot \tan\alpha = 0{,}5\,(t - 2b)$
s = Zinkenspiel; $e = \frac{s}{l}$ = relatives Zinkenspiel;
nach dem Pressen soll $e \approx 0{,}03$ sein, wenn $l > 10$ mm

Bei einer Zinkenlänge l [mm]	muß gelten $l > l_1 = k \cdot t(1-2v)$ [mm]	Für I und II: α	Für I und II: $\tan\alpha$
≦ 10	mit $k = 3{,}6$	≦ 7,5°	≦ 1:7,6
> 10	mit $k = 4$	≦ 7,1°	≦ 1:8

[1]) Im Normblatt: 7,5 ≙ keiner Bedingung

Vorzugsprofile der Keilzinken: Beanspr.-gruppe	l mm	t mm	b mm	v	Berechnet lt. Formel: l_1 mm	α Grad	$\tan\alpha$
I und II	8[1])	2,5	0,2	0,08	7,6	7,5	1:7,6
	10	3,7	0,6	0,16	9,1	7,1	1:8
	20	6,2	1	0,16	16,9	6	1:9,5
	50	12	2	0,17	32	4,6	1:12,5
	60	15	2,7	0,18	39	4,6	1:12,5
II	4	1,6	0,4	0,25	2,9	5,7	1:10
	15	7	1,7	0,24	15	6,8	1:8 1/3
	30	10	2	0,2	24	5,7	1:10

Beanspruchungsgruppe III wurde ersatzlos gestrichen. Die Norm unterscheidet nicht mehr bisherige Formen A und B. Keilzinkenverbindungen mit breiten Randzinken mit breitem Zinkengrund b bis 5 mm sind in der Beanspruchungsgruppe II weiterhin zulässig, die Breite b darf jedoch 10% der Gesamtbreite g der Zinkenverbindung nicht überschreiten.

kurze Keilzinken

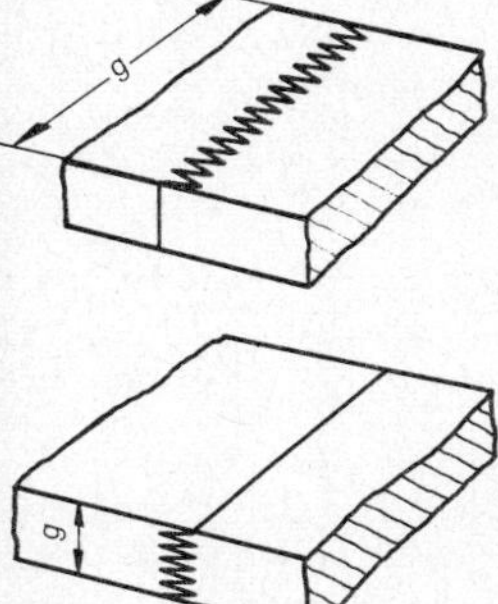

längere Keilzinken

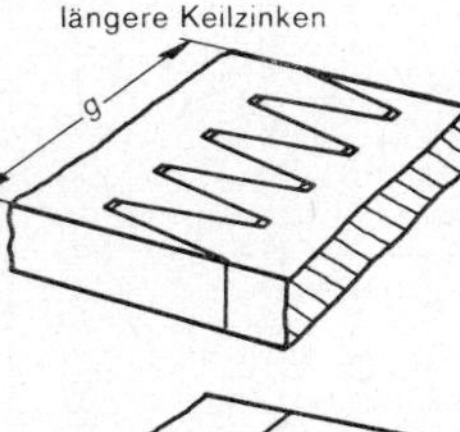

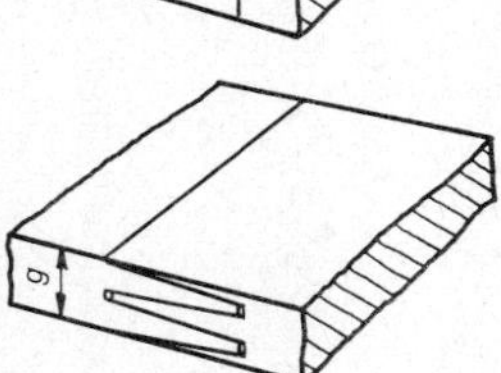

Keilzinken mit breitem Randzinken

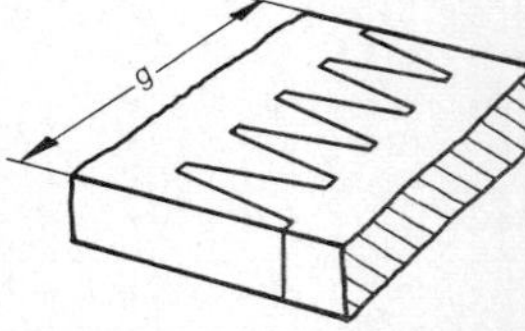

Zinkenlänge	Preßdruck längs [N/mm²] Nadelholz	Laubholz
bis 10	12	16
15	8	11
20	6	8
30	4	5,2
50	2,5	3,2
60	2	2,6

1 N/mm² ≈ 10 kp/cm²

Keilzinken müssen einwandfrei passen. Das erreicht man nur mit Spezialmaschinen, -fräsern, -sägen. Äste, ⌀ > 3 cm, sollen bei Vollholz, Beanspruchungsgruppe I, mind. 10 cm vom nächsten Zinkengrund entfernt sein. Die zu verleimenden Holzteile sollen dem Holzfeuchte-Gleichgewicht am Verwendungsort entsprechend und gleich feucht sein und binnen 24 Stunden nach Herstellung der Zinken verleimt werden. Verwendbar sind fugenfüllende Leime, bei Bauteilen nach DIN 1052 Leime, die nach DIN 68141 geprüft und geeignet sind. Leime mit Härter sind im Untermischverfahren zu verarbeiten, zweiseitig aufzutragen oder satt einseitig, wenn sich die Zinken vor dem Pressen ausreichend benetzen. Voller Preßdruck > 2 Sek. Dauer. Bei $l > 25$ mm und $g < 100$ mm ist seitlicher Preßdruck von 1 ... 2 N/mm² nötig.

Geleimte tragende Holzbauteile

nach: „Holzbauwerke, Berechnung und Ausführung," DIN 1052 Bl. 1, Okt. 1969

Betriebe, die geleimte, tragende Holzbauteile herstellen, müssen nachweisen, daß eine von der zuständigen obersten **Bauaufsichtsbehörde dazu anerkannte Stelle ihre Werkeinrichtung und ihr Fachpersonal überprüft und als geeignet befunden hat.** Für **Leimverbindungen** dürfen nur Hölzer mit weniger als 15% Feuchtegehalt verwendet werden. Grundsätzlich müssen die Bauteile mit dem **Feuchtegehalt** verleimt werden, der dem zu erwartenden mittleren Wert (Normalwert) entspricht. In der Mehrzahl der Anwendungen wird es sich hiernach um (12 ± 3)% handeln. Der Feuchtegehalt ist durch ein für die Bauholzleimung zugelassenes elektrisches Meßgerät zu bestimmen, dessen Zuverlässigkeit durch Darrproben in gewissen Abständen zu überprüfen ist.

Zum Erzielen möglichst guter **Passung der Leimflächen** müssen diese gehobelt, gefräst oder mit einwandfrei arbeitenden Kreissägen bearbeitet sein. An den Leimflächen anstehende Harztaschen sind auszukratzen. Schwere Laubhölzer sind nach dem Hobeln mit grobem Schleifpapier oder mit dem Zahnhobel zu bearbeiten. Vor dem Aufbringen des Leimes sind die Leimflächen einwandfrei von anhaftenden Sägespänen, Staub und dgl. zu reinigen.

Die **Güteanforderungen** für Bauschnittholz nach DIN 4074 (siehe S. 44) brauchen bei verleimten Holzbauteilen, die aus Einzelteilen kleinerer Querschnitte bestehen, im allgemeinen nur auf den Verbundkörper, nicht auf die einzelnen Teile bezogen zu werden. Die in der Zugzone liegenden Teile (Bretter) müssen jedoch für sich betrachtet ebenfalls der vorgesehenen Güteklasse entsprechen. Bei auf Biegung beanspruchten Brettschichtträgern mit Rechteckquerschnitt gilt dies für alle Bretter im Bereich der äußeren 15% der Trägerhöhe und mindestens für die beiden äußeren Bretter in der Zugzone.

Aufbau der Bauteile aus Brettschichtholz: Bauteile aus nur zwei Teilhölzern sollen so aufgebaut werden, daß die von der Markröhre am weitesten entfernten Brettseiten („linke" Seiten) die Leimflächen bilden. Bei Brettschichtholz (mehr als zwei Teilhölzer) ist jeweils eine „linke" mit einer „rechten" Seite zu verleimen; an den Außenseiten sollen jedoch nur „rechte" Seiten liegen. Die Dicke der zu Brettschichtholz verwendeten Einzelbretter ist nach unten nicht begrenzt, darf jedoch in der Regel 30 mm nicht überschreiten. Bei Bauteilen mit mehr als 20 cm Breite müssen die Bretter auf beiden Seiten mit je zwei in Brettlängsrichtung durchlaufenden Entlastungsnuten versehen werden. Bei Verwendung von nicht genuteten Brettern muß bei Bauteilen mit mehr als 20 cm Breite jede Brettlage aus mindestens zwei Teilen bestehen. Dabei müssen die Längsfugen übereinanderliegender Lagen mindestens um die doppelte Brettdicke gegeneinander versetzt sein.

Bei Bauteilen, die ganz oder teilweise im Freien stehen, müssen, ungeachtet eines aufzubringenden Schutzanstriches, mindestens die in der Zug- und Druckzone im Freien außen liegenden Brettlagen durchlaufen od. nach dem Zuschnitt solche durchlaufenden Brettlagen angebracht werden. Bei biegebeanspruchten Brettschichthölzern müssen die oberen und unteren Lagen auf je mindestens 1/5 der Querschnittshöhe, jedoch mindestens bei zwei Brettlagen, aus ungestoßenen Brettern oder solchen mit geschäfteten oder keilgezinkten Längsstößen bestehen.

Längsstöße sind durch Schäftung mit einer Leimflächenn eigung von höchstens 1/10 oder durch Keilzinkung der Form A nach DIN 68140 auszuführen. (siehe S. 182)
Stöße im Innern eines vorwiegend auf Biegung oder Druck beanspruchten Bauteiles aus Brettschichtholz dürfen stumpf sein. Diese Stöße sind in benachbarten Lagen um mind. 50 cm gegeneinander zu versetzen.

Leime für tragende Holzbauteile

Leime für tragende Bauteile müssen die Prüfungen nach DIN 68141 bestanden haben. Für Bauteile, die überdacht und der Nässe nicht ausgesetzt werden, können bewährte Kasein-Leime und Kunstharzleime verwendet werden, Kasein-Leime allerdings nur dann, wenn die Leimfugen bis zum Aufbringen der Dachhaut gegen Eindringen freien Wassers geschützt sind.

Für Bauteile, die kurzzeitig, jedoch nicht öfter wiederkehrend der Nässe oder Feuchtigkeit ausgesetzt sein können, dürfen Kunstharzleime auf Basis Harnstoff-Formaldehyd od. Resorcinformaldehyd verwendet werden.

Für Bauteile, die der Nässe, sehr feuchtwarmen oder tropenähnlichen Klimabedingungen ausgesetzt sein können, dürfen nur Kunstharzleime auf Basis Resorcinformaldehyd verwendet werden.

Es sind Leime zu verwenden, die in dicken Fugen beständig sind (z. B. gefüllte Harnstoffharzleime, Leime auf Resorcin-Basis), jedoch jeweils nur für den zugelassenen Klimabereich. Zur Überwachung der Eigenschaften der verwendeten Leime sind vor jedem Bauvorhaben Probeleimungen auszuführen, besonders auch vor dem Verarbeiten jeder neuen Sendung von Leim, Härter usw., und die hergestellten Proben nach entsprechender Kennzeichnung fünf Jahre lang aufzubewahren.

Die Raumtemperatur beim Pressen soll im Regelfall mindestens 20°C betragen und darf 18°C nicht unterschreiten, da sonst die Gefahr von Fehlleimungen besteht. Die Leime sowie die zum Verleimen zu verwendenden Hölzer müssen ebenfalls diese Temperaturen, auch im Innern, aufweisen, weshalb sie ausreichend lange vor Beginn der Leimung bei der genannten Temperatur zu lagern sind.

Fortsetzung: Leime für tragende Holzbauteile

Der Preßdruck muß gleichmäßig wirken. Er wird zweckmäßig durch Spindelpressen, hydraulische Pressen o. ä. erzeugt; Schraubzwingen genügen in der Regel nicht. Zur gleichmäßigen Druckverteilung sind unter den örtlich wirkenden Pressen genügend dicke Zulagen anzuordnen. Preßnagelung, d. h. Aufbringen des Preßdruckes mit Hilfe von Drahtnägeln, ist bei Vollwandträgern für die Verbindung der aus Lamellen von höchstens 30 mm Dicke bestehenden Gurthölzer mit einem vorgefertigten mehrlagigen Steg zulässig.
Dazu sind Drahtnägel mindestens der Größe 34 × 90 nach DIN 1151 zu verwenden; sie sind als einschnittig wirkend anzusehen, obwohl sie im allgemeinen mehr als zwei Brettlagen durchdringen. Die Anordnung der Drahtnägel muß den Bildern a bis c entsprechen; der Abstand e_n der Drahtnägel ist in Abhängigkeit von der Gurtbreite h_1 nach folgender Tabelle zu wählen.

Angaben für die Gurt-Preßnagelung

Beim Nageln ist darauf zu achten, daß an allen Fugen seitlich Leimperlen austreten; wo das nicht der Fall ist, müssen weitere Drahtnägel eingeschlagen werden. Die Preßnagelung darf für andere Leimbauarten nicht angewendet werden. Ein Zusammenwirken verschiedener Verbindungsmittel kann nur erwartet werden, wenn ihre Nachgiebigkeit etwa gleich groß ist. Bei Leimverbindungen darf daher ein Zusammenwirken mit anderen Verbindungsmitteln und mit Versätzen nicht in Rechnung gestellt werden.

Gurtbreite h_1 cm	Nagelabstand e_n cm	Anzahl der Nagelreihen
10	10	2
12	8,5	2
14	7	3
16	6	3
18	5,5	3

Geleimte Bauteile, die den Witterungseinflüssen ausgesetzt sind, bedürfen eines wirksamen Oberflächenschutzes, damit bei Regen das Eindringen von Wasser vermieden und bei Sonnenbestrahlung die Gefahr des Aufreißens vermindert wird.

Nagelabstände bei der Nagel-Preßleimung

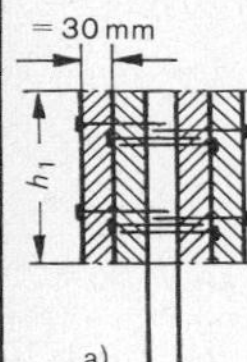

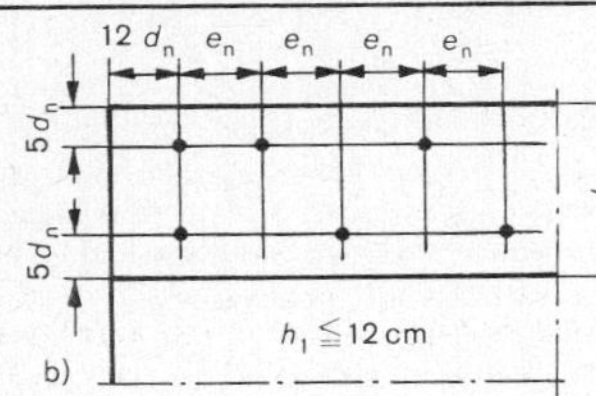

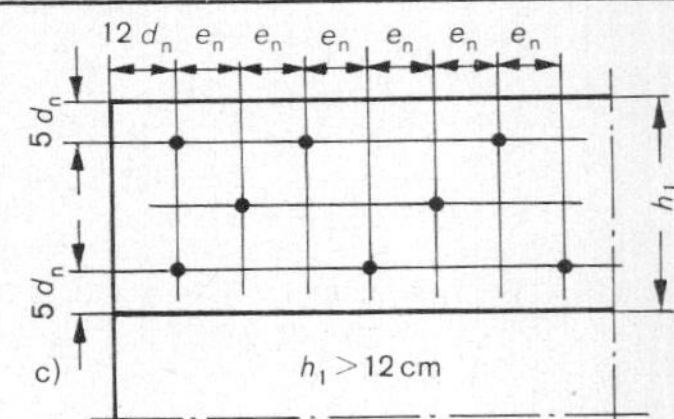

d_n = Nageldicke in mm

Werden Hölzer zu Bauteilen mit einem Holzschutzmittel behandelt, so muß die Verträglichkeit des zur Verwendung kommenden Leimes mit dem Holzschutzmittel amtlich nachgewiesen sein. Die Schutzmittelbehandlung von Leimbauteilen soll im allgemeinen nach dem Verleimen durchgeführt werden.

Prüfung von Leimen und Leimverbindungen für tragende Holzbauteile

nach DIN 68141 Okt. 1969

Die Bestimmung wichtiger Eigenschaften der gebrauchsfertigen Leime erstreckt sich vor allem auf die Feststellung des Einflusses des Raumklimas auf die Abbindegeschwindigkeit (Bindefestigkeit) sowie der Fugendicke und unterschiedlicher Lagerungsfolgen, der Lagerungsdauer (Alterung), wechselnder Klimabedingungen (Faserschädigung) und von Schwindspannungen auf die Bindefestigkeit.
Grundsätzlich müssen die Leime in der Beschaffenheit geprüft werden, in der sie in der Praxis verwendet werden oder werden sollen. In diese Untersuchungen sind die 4 vorwiegend im Holzbau verwendeten Holzarten, nämlich Fichte, Kiefer, Buche und Eiche, einzubeziehen. Die Hölzer müssen mittlere Rohdichte aufweisen, astfrei, geradfasrig und ohne Drehwuchs sein.

Nach DIN 68601 „Holz-Leimverbindungen, Begriffe" (März 1974) werden beim Preßdruck (= Druck auf die Leimfuge während der Abbindezeit) unterschieden: ($1\,N/mm^2 = 9{,}81\,kp/cm^2 \approx 10\,kp/cm^2$)

Druckstufe	Preßdruck in N/mm^2	Druckstufe	Preßdruck in N/mm^2	Druckstufe	Preßdruck in N/mm^2
0	bis 0,1	10	über 0,8 bis 1,0	50	über 4,0 bis 5,0
3	über 0,1 bis 0,3	15	über 1,2 bis 1,5	100	über 8,0 bis 10,0
6	über 0,3 bis 0,6	20	über 1,8 bis 2,0	150	über 14,0 bis 15,0

A-B-C der Verleimung

Abbinden: übergeordneter Begriff für chemische Härtung und physikalische Trocknung des Klebstoffs: chemisch härtet der Klebstoff durch Molekülvergrößerung, beschleunigt durch „Härter" und/oder erhöhte Temperatur; physikalisch trocknet er durch **Abkühlen** oder Verdunsten und durch **Abwandern** des Lösemittels; hier spielen Temperatur, Holzfeuchte, relative Luftfeuchte, Porigkeit und Benetzbarkeit des Holzes eine wesentliche Rolle.
Beim Abbinden entstehen große **Adhäsion („Anhaften", Anziehungskräfte** zwischen den Molekülen der Leimfugenfläche und denen des Klebstoffs) und große Kohäsion („Zusammenhang" oder innere Festigkeit durch Bindekräfte zwischen den Molekülen des Klebstoffs)

Bindefestigkeit ist (nach DIN 53251, Juni 1964) der Widerstand, den eine Leimverbindung der mechanischen Zerstörung entgegensetzt. Sie wird durch Spalt- (Aufstech-) Versuche oder durch Scherversuche an normgemäß vorbereiteten Proben bestimmt. (Siehe S. 71)

Charakteristik des Leims: Nach den Richtwertblättern (RWB) des Fachverbandes für Spezialleime e.V., Darmstadt, eine auf wesentliche Eigenschaften beschränkte, zusammenfassende Kennzeichnung einer Leimsorte.

Dispersion („Zerteilung"), ein Begriff der Kolloidchemie (von colla = Leim): In einem **Dispersionsmittel** (Verteilungsmittel, z.B. Wasser) ist ein zweiter Stoff, der darin unlöslich ist (z.B. Polyvinylacetat = PVAc), so fein verteilt, daß er sich nicht absetzt. Diese feine Verteilung wird stabilisiert durch gleiche elektrische Ladungen (Ionenladungen), die sich abstoßen, oder durch Emulgatoren (beim PVAc: Polyvinylalkohol), die alle feinen Teilchen umhüllen und ihre Vereinigung verhindern. Für wässrige Kleb-Dispersionen wird der Name „–Binder" gebraucht. Wichtige disperse Systeme:

Der verteilte Stoff ist:	Das Dispersionsmittel (Verteilungsmittel) ist flüssig	gasförmig
fest	Suspension, Schlamm	Rauch, Staub (in Schwebe)
flüssig	Emulsion	Nebel, Wolken
gasförmig	Schaum	(nicht möglich)

Ergiebigkeit ist bei vereinbarter Bindefestigkeit die Klebfugenfläche, die durch die Gewichtseinheit des Klebstoffs im gebrauchsfertigen Zustand höchstens verklebt werden kann. Sie wird meistens in m^2/kg angegeben. Umgekehrt ist die Auftragsmenge oder der spezifische Klebstoff-Auftrag die Menge Klebstoff im Verarbeitungszustand, die auf 1 m^2 Klebfugenfläche zum Verkleben aufgetragen werden muß. Sie wird in g/m^2 angegeben.

Auftragsmengen in g Leimansatz je m^2 Leimfugenfläche

Leimansatz	g/m^2	Leimansatz	g/m^2
Reine Glutinleime u. modifizierte Glutinwarmleime, ≈ 35 ··· 50% Leimgehalt	150 ··· 200	(voriger) Harnstoff-Formaldehydharzleim-Ansatz mit Streckmehl versetzt (≈ 25% vom Ansatz),	
desgl bei unebenen Fugen, Preßdruck ≈ 0,1 $\frac{N}{mm^2}$	250 ··· 350	zum Absperren, Auftrag auf Mittellage	200 ··· 250
		desgl., Auftrag auf Furnier	160 ··· 200
		zum Deckfurnieren, Auftrag auf Blindholz	140 ··· 180
Modifizierte Glutinkaltleime u. modifizierte Glutin-Heißbinder, ≈ 40 ··· 55% Leimgehalt	125 ··· 175	Verleimen konstruktiver Tischlerarbeiten usw. im Heißverfahren, mit Härter	120 ··· 200
		im Kaltverfahren, mit Härter	150 ··· 250
PVAc-Leim, sog. „Weißleim", unverdünnt	140 ··· 200	Melamin-Harnstoff-Formaldehydharzleim,	
Kaseinkaltleime, 33 ··· 40% Leimgehalt	140 ··· 250	≈ 68% Leimgehalt, rein, heißhärtend	120 ··· 200
desgl. bei sägerauhen Flächen („Fugenfüller")	250 ··· 350	mit Streckmehl gestreckt, heißhärtend	160 ··· 250
Reiner Harnstoff-Formaldehydharzleim, ≈ 68% Leimgehalt, mit Härter, einseitig aufgetragen: im Heißverfahren	120 ··· 220	Phenol-Formaldehydharzleim, heißhärtend ≈ 60% Leimgehalt, bei dünnen Furnieren	160 ··· 200
im Kaltverfahren	150 ··· 250	desgl., bei dickeren Furnieren	180 ··· 220
		Phenol-Resorcin-Formaldehydharzleim, heißhärtend ≈ 60% Leimgehalt	180 ··· 220

In den Gebrauchsanweisungen vorgeschriebene Mengen für den Ansatz und den Auftrag sehr genau einhalten:

zu viel Leim bewirkt: schlechte Verleimung infolge Spannungen in der Leimfuge;
Auftreten von Blasen durch Wasserdampf beim Warmpressen über 100°C, insbesondere, wenn das Holz zu feucht ist (günstig: 6 ··· 10% Holzfeuchte);
Leimdurchschlag bei dünneren Furnieren;

zu wenig Leim bewirkt: Übertrocknung und Vorhärtung der Leimschichte;
Gefährdung der Verleimung durch „verhungerte Leimfugen."

Fortsetzung: A-B-C der Verleimung

Fugendicke, ein Maß für die Güte der Leimung: dünne Leimfugen sind höchstens 0,1 mm dick; sie entstehen bei gutem Passen der verleimten Teile unter ausreichendem Preßdruck, während der Leim abbindet; dicke Leimfugen sind dicker als 0,1 mm (nach DIN 53251, Juni 1964: „Bestimmung der Bindefestigkeit") Reiner Harnstoff-Formaldehydharz-Leim (HF-Leim) z.B. bildet bis 0,1 mm Dicke beständige Fugen, dickere zerfallen mit der Zeit auch ohne äußeren Anlaß infolge innerer Spannungen. Durch Zugabe bestimmter **Füllstoffe,** z.B. feingemahlenes, faserfreies Kokosschalenmehl, kann der HF-Leim in einen **Fugenfüller** (Typ Kaurit-Leim 220 Pulver) verwandelt werden, der auch bei geringerer Paßgenauigkeit vollkommen beständige **Fugen** bildet.

Grundstoff ist der Bestandteil des Klebstoffs, der Hauptträger der Klebeeigenschaften ist. Nach Vornorm 16921, Juni 1954, soll „Grundstoff" an Stelle der unklaren Begriffe „Bindemittel" und „Filmbildner" treten.

Härter sind Stoffe oder Stoffgemische, die aus den Molekülen des Klebstoffs beschleunigt größere Moleküle machen und damit bewirken, daß feste und harte Stoffe (ausgehärtete Leime) entstehen. Der Härter kann ein Stoff sein, der dem Leimansatz fehlt, um größere, vernetzte Moleküle zu bilden, z.B. Formaldehyd (als festes Paraformaldehyd zuzusetzen) bei unvollständig kondensierten Leimen aus Phenol oder Melamin; der Härter kann auch ein Katalysator sein, also ein Stoff, der eine chemische Umwandlung einleitet und beschleunigt, aber nicht im Produkt erscheint. Katalytisch härtend wirken z.B. Säuren, die man dem Leim untermischt oder die man auf die andere Klebfläche vorstreicht oder die aus untergemischten Ammoniumsalzen starker Säuren bei höherer Wärme freigesetzt werden (Härter für Heißbinder). Phenol-Formaldehyd-Leime, die mit Härter verarbeitet werden, können oberhalb 140°C ohne Härter verarbeitet werden, weil dann die Wärme allein das Aushärten schafft. (Gebrauchsanweisungen beachten!)

Inhibitoren (von inhibitio, das Hemmen) sind **Verzögerer,** also Stoffe oder Stoffgemische, die eine chemische Umwandlung verzögern oder hemmen, z.B. das Aushärten von härtbarem Leim. Sie erhöhen die Lagerfähigkeit und verlängern die Topfzeit und Wartezeit gebrauchsfertiger Leime. Durch **Aktivatoren** können sie wiederum unwirksam gemacht und der bisher gehemmte Katalysator angeregt (aktiviert) werden.

Klebstoff ist (nach DIN 16921, Vornorm, Juni 1954) ein nichtmetallischer Werkstoff, der durch Adhäsion und **Kohäsion** Körper verbinden kann, ohne das Gefüge der Körper wesentlich zu ändern. Er ist verwandten Begriffen, wie Leim, **Kleister, Klebdispersion,** Schmelzkleber usw., übergeordnet. Leim ist ein in Wasser löslicher (dispergierter = verteilter) Klebstoff. Klebstoffe mit nichtwässrigen Löse- oder Dispersionsmitteln werden in Normblättern nicht Leim genannt; man nennt sie meistens **Kontaktkleber.**

Kunststoff-Kleber = Klebstoff **für** Kunststoffe;
Kunststoff-Klebstoff = Klebstoff **aus** Kunststoff.
Lösemittel, die Oberflächen anlösen und verklebbar machen, werden nicht zu den Klebstoffen gezählt.

Lagerfähigkeit ist (nach DIN 16921, Juni 1954) die Zeitspanne, während der ein Klebstoff unter den vom Hersteller vorgeschriebenen Bedingungen (z.B. dicht verschlossene Gefäße, Temperatur unter 20°C, geringe **Luftfeuchte**) brauchbar bleibt. Die Zeit rechnet vom Herstellen an, nicht vom Zeitpunkt des Verkaufs an den Verbraucher! Härter sind meistens unbegrenzt lagerfähig.

Modifizierte Glutinleime (modifiziert = abgeändert)
Das Richtwertblatt RWB 103, Febr. 1964, des Fachverbandes für Spezialleime e.V., Darmstadt, über: „Leime auf Glutinbasis für die Holzverarbeitung" unterscheidet:
I. Reine Glutinleime;
II. **Modifizierte Glutinleime:**
II, 1: Glutinkaltleime, mit oder ohne Härter verwendbar;
II, 2: modifizierte Warmleime, mit oder ohne Härter verwendbar:
II, 3: heißabbindende Glutinleime, mit 5...10% Härter.
Anmerkung: **Glutinkaltbinder** (II, 1): Der Erstarrungspunkt der Glutinleimlösung ist durch gewisse Chemikalien (z.B. Thioharnstoff) auf 15°C erniedrigt: die Abbindezeit steigt, die Fugenfestigkeit sinkt etwas.
Glutinheißbinder (II, 3): Der einzige Glutinleim, der heute noch in größerer Menge, mit gelöstem Formaldehyd (= Formalin) als Härter, verarbeitet wird, vor allem für später zu biegende Teile, da er auch nach dem Abbinden elastisch und biegsam bleibt.

Nachbindezeit: Vor der Weiterverarbeitung der Werkstücke nach der Verleimung und dem Lösen der Preßwerkzeuge muß bei ungehärteten Leimfugen eine Nachbindezeit eingehalten werden, die sich danach richtet, wie stark das Werkstück bei der weiteren Verarbeitung beansprucht wird. Sie soll bei PVAc-Leim und bei Glutinleim 15 Minuten bis 3 Stunden, bei Kaseinkaltleim 3 bis 24 Stunden dauern. Kontaktkleber auf Kautschukbasis erlauben zwar sofortige Weiterarbeit, erreichen ihre volle Klebkraft jedoch erst nach einigen Tagen.

Fortsetzung: A-B-C der Verleimung

Offene Wartezeit ist nach DIN16921 die Zeit zwischen Auftrag des Klebstoffs und Zusammenlegen der Klebflächen. Die Leimschichte muß bei Kaltleimen noch flüssig, bei Kontaktklebern und Heißbindern noch klebrig sein.

Die geschlossene Wartezeit ist die unmittelbar anschließende Zeit bis zum Abbinden durch Erreichen des vollen Preßdrucks und/oder der erforderlichen Fugentemperatur. Werden die Wartezeiten überschritten, sind Fehlverleimungen unvermeidbar. Offene und geschlossene Wartezeiten werden bestimmt vom Leimansatz, der Auftragsmenge, der relativen Luftfeuchte, der Raum- und der Klebfugentemperatur, der glatten oder rauhen Oberfläche, Porigkeit und Feuchtigkeit des Holzes. Erhöht man die Temperatur um 10°C, so sinkt im allgemeinen die offene Wartezeit auf ½ bis ⅓ der vorhergehenden.

Preßdruck, wesentliche Bedingung guter Verleimung, soll hoch und möglichst gleichmäßig sein, um dünne, spannungsfreie Fugen und damit dauerhafte Verleimung zu gewährleisten. Mit Schraubzwingen oft unter 0,1 N/mm², ist damit meist nur bis 0,2 N/mm² möglich, bei guter Paßgenauigkeit bei Kaltleimen ausreichend. Der Preßdruck sollte bei Kaltleimen 0,2 ... 0,5 N/mm² betragen, muß bei Heißbindern mit kurzer Abbindezeit wesentlich höher sein: bei Harnstoff-Formaldehyd-Leimen 0,6 ... 2 N/mm², bei Phenol-Formaldehyd-Leimen 1,0 ... 2,5 N/mm², die niedrigeren Drücke bei Weichholz und guter Paßgenauigkeit, die höheren bei Hartholz und bei nur mäßig ebenen Klebfugen. Siehe „Druckstufen", S. 184!

Die Preßzeit dauert, bis die zum Lösen der Preßvorrichtung erforderliche Bindefestigkeit erreicht ist; am stärksten wird sie durch erhöhte Temperatur und hohen Preßdruck verkürzt.

Quellbarkeit der Leimfuge, eine Vorstufe der Löslichkeit, kann bei Glutinleim, aber auch bei PVAc-Leim, bei längerer Einwirkung des Wassers oder bei häufigem Wechsel von feucht und trocken die Leimfuge zerstören. Die Fugenfestigkeit sinkt bei quellfähigen Leimen durch hohe relative Luftfeuchte, steigt aber wieder in trockener Luft. PVAc-Leim ist wie Kontaktkleber in organischen Lösemitteln quellbar bis löslich: daher diese Klebstoffe zum Furnieren mit dünnen Furnieren vermeiden, wenn die Oberflächen später lackiert werden (Gefahr der Blasenbildung).

Reifungszeit = Zeit zwischen dem Anrühren des festen Klebstoffs (Pulver, Körner) mit dem Dispersionsmittel (Wasser) oder dem Vermischen der Anteile eines Mehrkomponenten-Klebstoffs (ein Anteil kann der „Härter" sein) und dem Zustande der Leimflotte, der zur Verarbeitung erforderlich ist.

Schleifen reiner Fugenflächen, um bessere Haftfestigkeit zu erreichen, ist zwecklos, grobes Aufrauhen mit dem Zahnhobel nachteilig. Oberflächlich haftender Schmutz **kann** sachgemäß, die Fettschicht auf den Hartfaserplatten **muß** vor dem Verleimen durch Schleifen entfernt werden.

Topf-Zeit (von engl.: „pot-life") ist die Zeit, die ein nach Vorschrift des Herstellers bereiteter Klebstoff-Ansatz brauchbar bleibt. Sie ist beendet, wenn der Klebstoff-Ansatz zu gelieren oder zu erstarren beginnt. Härterfreie Glutinwarmleime und PVAc-Leime haben keine einschränkende Topfzeit, Kaseinkaltleimansätze erstarren nach etwa 8 Stunden. Bei Klebstoffen mit Härtern wird die Topfzeit bei den verschiedenen Temperaturen von den Herstellern angegeben.

Untermischverfahren: Der Leimansatz wird gebrauchsfertig aus Leim und Härter oder aus seinen verschiedenen Komponenten gemischt,

z.B. Streck- und Füllmittel mit härterfreiem Harnstoff-Formaldehyd-Leim knollenfrei anteigen, Härterlösung untermischen, soweit nötig mit Wasser verdünnen,

oder (zur Herstellung eines resorcinverstärkten Melamin-Formaldehydharzleims für Verleimung AW 100): 6 Gewichtsteile Dispersion mit 70% Gehalt an Melamin-Formaldehyd mit 1 Gewichtsteil 40%iger Resorcinlösung, die 3% Härter für Heißbinder enthält, mischen. Mischung mit hochviskoser 3%iger Celluloseätherdispersion zum Auftrag mit Leimwalzen einstellen.

Vorstrichverfahren = getrennter Auftrag von Leim und Härter:

die Härterlösung wird auf die weniger quellende Fugenhälfte aufgetragen; man läßt diese erst vollständig auftrocknen (6 ... 12% Feuchte des Holzes) und bestreicht dann die andere Hälfte der Fuge mit härterfreiem Leim. Diese Schicht muß beim Zusammenlegen noch gut klebrig sein. Nach dem Zusammenlegen binnen weniger Minuten verpressen. Die geschlossene Wartezeit wird verkürzt, wenn der härterfreie Leim auf die mit Härter bestrichene, völlig getrocknete Fugenhälfte aufgetragen wird.

Wasser- und wetterfeste Leime sind nur die ausgehärteten Leime aus den Kondensationsprodukten des Formaldehyds mit Phenol, mit Resorcin und dem Gemisch beider oder mit Melamin, resorcinverstärkt. Mit ausreichend hohem Preßdruck zu dünnen, spannungsfreien Fugen verpreßt, ergeben sie die „wetter- und kochfeste" Verleimung AW100.

Zähigkeit, Zähflüssigkeit oder Viskosität ist ein Ausdruck der inneren Reibung, die gleitend und wirbelfrei fließende Flüssigkeitsschichten aufeinander ausüben. Sie nimmt mit steigender Temperatur stark ab und wird in erstarrenden Schmelzen und Lösungen sehr groß.

Natürliche organische und synthetische Klebstoffe: Benennungen und Kurzzeichen nach DIN 4076, Bl. 3. Jan. 1974

Kurzzeichen	Benennung	Kurzzeichen	Benennung
KG	Glutinleim	KEP	Epoxidharz-Klebstoffe
KC	Kaseinleim	KIS	Isocyanat-Klebstoffe
KAL	Blutalbuminleim	KUP	Polyester-Klebstoffe (ungesättigt)
KPF	Phenol-Formaldehydharz	KPVAC	Polyvinylacetat-Dispersions-Klebstoffe
KFPF	Phenol-Formaldehydharz-Leimfilm	KCPD	Copolymerisat-Dispersions-Klebstoffe
KRF	Resorcin-Formaldehydharz	KPCB	Polychloroprenklebstoffe (auch vernetzbar)
KUF	Harnstoff-Formaldehydharz	KPAN	Polyacrylnitrilkautschuk-Klebstoffe (auch vernetzbar)
KFUF	Harnstoff-Formaldehydharz-Leimfilm		
KMF	Melamin-Formaldehydharz	KSCH	Schmelzklebstoffe
KFMF	Melamin-Formaldehydharz-Leimfilm		

Beanspruchungsgruppen für Holz-Leimverbindungen, Anforderungen nach DIN 68 602, Dez. 1973

Die Beanspruchungsgruppen gelten für Verleimungen, z. B. von Einbaumöbeln, Innenausbauten, Verkleidungen, Türen, Fenster- und Fassadenelementen sowie Leitern, bei denen mindestens ein Teil aus Holz oder Holzwerkstoffen besteht. Sie gilt jedoch nicht für tragende Bauteile nach DIN 1052.
Die Anforderungen beziehen sich auf die abgebundene Leimfuge. Sie gelten für alle Klebstoffe.

Beanspruch.-gruppen	Anforderungen	Anwendungsbeispiele
B 1	Verleimung beständig bei Anwendung in geschlossenen Räumen, soweit sie der unmittelbaren Einwirkung des Freiluftklimas nicht ausgesetzt sind, mit im allgem. niedriger Luftfeuchte.	Bewegliche und feste Teile in trockenen Innenräumen (z. B. Türen, Möbel und Verkleidungen).
B 2	Verleimung beständig bei Anwendung in geschlossenen Räumen mit hoher und unter Umständen stark wechselnder Luftfeuchte und gelegentlicher Einwirkung von Wasser.	Anwendung wie bei Beanspruchungsgruppe B1, jedoch in Küchen, Bädern und anderen Räumen mit erhöhter Luftfeuchte.
B 3	Verleimung, auf die gebietsübliche Klimaeinflüsse einwirken können.	Holzkonstruktionen in der Außenanwendung (z. B. Außentüren und Fenster) u. Innenanwendung mit hoher kurzzeitiger Luftfeuchte u. Wassereinwirkg.
B 4	Anforderungen wie bei Beanspruchungsgruppe B3, jedoch für Holzverleimungen, die besonders hohen klimatischen Einflüssen ausgesetzt sind.	Holzkonstruktionen in der Außenanwendung (z. B. Fenster mit Lasur- oder getöntem Anstrich, Außenverkleidungen und Verblendungen) sowie Innenverwendung unter extremen Klimaschwankungen und unter Wassereinwirkung (z. B. Hallenbäder und Duschkabinen).

B	lfd. Nr.	Klimalagerung Dauer	Klimalagerung Art	τ_B in N/mm² Trock.	Naß.	Wied.
B 1	1	7 d	20/65	≧ 10	–	–
B 2	2	7 d	20/65	≧ 10	–	–
	3	7 d	20/65	–	–	≧ 5
		3 h	kalt. W.			
		7 d	20/65			
B 3	4	7 d	20/65	≧ 10	–	–
	5	7 d	20/65	–	≧ 2	–
		4 d	kalt. W.			
	6	7 d	20/65	–	–	≧ 6
		4 d	kalt. W.			
		7 d	20/65			
B 4	7	7 d	20/65	≧ 10	–	–
	8	7 d	20/65	–	≧ 2	–
		4 d	kalt. W.			
	9	7 d	20/65	–	≧ 4	–
		6h	koch.W.			
		mind. 2 h	kalt. W.			
	10	7 d	20/65	–	–	≧ 8
		6 h	koch. W.			
		mind. 2 h	kalt. W.			
		7 d	20/65			

Prüfung der Holz-Leimverbindungen nach DIN 68603,

Febr 1974, zur Einordnung der Klebstoffe in die Beanspruchungsgruppen B 1 bis B 4: Die Abkürzungen der Tabelle bedeuten:

B ≙ Beanspruchungsgruppe, d ≙ Tage, h ≙ Stunden,
20/65 ≙ im Normalklima 20/65 DIN 50014,
kalt. W. ≙ im Wasser von (20 ± 2) °C, koch. W. ≙ im Wasser von 100 °C
Trock. ≙ Trockenbindefestigkeit, Naß. ≙ Naßbindefestigkeit,
Wied. ≙ Wiedertrockenbindefestigkeit, je in N/mm²,
Formelzeichen: τ_B.

Die drei Bindefestigkeiten werden nach folgender Gleichung errechnet:

$\tau_B = \frac{F_{max}}{l_ü \cdot b}$; darin bedeuten: F_{max} = Höchstkraft in N (siehe S. 122 !),

$l_ü$ = Überlappungslänge in mm, b = Breite des Probekörpers in mm.

$l_ü \approx 10$ mm, $b \approx 20$ mm, auf 0,1 mm genau zu messen.

Durchführung: Je zwei 80 mm lange, 5 mm dicke Fügeteile aus Rotbuchenholz, ungedämpft, astfrei, geradfaserig, mit stehenden Jahrringen, werden in gleicher Faserrichtung unter gleichmäßigem Druck mit dünner Leimfuge verleimt. Vorgeschriebene oder beabsichtigte Abbindebedingungen sind einzuhalten.
Die Probekörper werden unmittelbar nach Beenden der letzten Lagerung der entsprechenden lfd. Nr. mit einer Zugprüfmaschine nach DIN 51221, Blatt 3 (Vornorm) geprüft. Vorschubgeschwindigkeit der ziehenden Einspannklemme: 50 mm/Minute
Die mindestens zu erreichenden Werte der Bindefestigkeit der Holz-Leimverbindungen bei Beanspruchung auf Zug gelten für den Gesamtmittelwert aus jeweils 20 Proben, die der Naßbindefestigkeit in B 3 und B 4 für alle Einzelwerte.

Kurzzeichen (Symbole) für Kunststoffe

nach ISO 1043, Ausgabe 15. Januar 1975. (ISO = International Organization for Standardization)

Kurzzeichen sollen dazu dienen, eine international einheitliche u. damit Mißverständnisse ausschließende Kurzschreibweise für Kunststoffe anzuwenden, wenn eine Kurzschreibweise aus praktischen Gründen zweckmäßig ist, aber nicht als Symbole für die chemische Struktur von Polymeren. Sie gelten international.
Für Kurzzeichen dürfen nur lateinische Großbuchstaben und arabische Ziffern verwendet werden. Als Sonderzeichen sind zulässig der Schrägstrich (/) und der waagerechte Strich (–).
Ein Kurzzeichen darf nicht für verschiedene Kunststoffe verwendet werden. Jedoch ist es gelegentlich nicht zu vermeiden, daß für einen anderen Werkstoff das gleiche Kurzzeichen verwendet wird wie für einen Kunststoff.

Bedeutung der Buchstaben für die Kurzzeichen

Buchst.	angewendet für	Buchst.	angewendet für	Buchst.	angewendet für
A	Acetat, Acryl, Acrylat, Acrylnitril, Adipat, Alkyl, Allyl, Amid	EP	Epoxid, Epoxy	P	Phenol, Phenyl, Phenylen, Phosphat, Phthalat, Poly, Polyester, Propionat, Propylen, Pyrolidon
AC	Acetat	F	Fluorid, Fluor, Formaldehyd, Perfluor, Phosphat	R	Resorcin
AL	Alkohol	FM	Formal	S	Sebacat, Sojaöl, Styrol, Sulfonsäure
AN	Acrylnitril	HX	Hexyl	SI	Silicon
B	Benzyl, Butadien, Buten, Butyl, Butylen, Butyral, Butyrat	H	Heptyl	SU	Sulfon
C	Capryl, Carbonat, Carboxy, Cellulose, Chlorid, Chlor, Cresol, Cresyl	I	Iso	T	Ter, Tetra, Tri, Terephthalsäure
CS	Casein	IR	Isocyanurat	U	ungesättigt, Harnstoff
D	Decyl, di	K	Carbazol	UR	Urethan
E	epoxidiert, Ester, Äthyl, Äthylen	L	Leinöl	V	Vinyl
		M	Melamin, Mellitat, Meth, Methyl, Methylen	VD	Vinyliden
		N	Nitrat, Nonyl	Z	Acelat
		O	Octyl, Oil, Oxy		
		OX	Oxid		

Der Buchstabe P für „Poly-" gilt in der Regel nur für Homopolymere.. Er kann jedoch auch für Copolymere verwendet werden, wenn sein Weglassen zu Mißdeutungen führt. („homo" = gleichartig; „Co-" = gemeinsam oder zugleich mit...)

Kurzzeichen für Homopolymere

Kurzzeichen	Kunststoff	Kurzzeichen	Kunststoff	Kurzzeichen	Kunststoff
CA	Celluloseacetat	PBTP	Polybutylenterephthalat	PPS	Polyphenylensulfid
CAB	Celluloseacetobutyrat	PC	Polycarbonat	PPSU	Polyphenylensulfon
CAP	Celluloseacetopropionat	PCTFE	Polychlortrifluoräthylen	PS	Polystyrol
CF	Cresol-Formaldehyd	PDAP	Polydiallylphthalat	PTFE	Polytetrafluoräthylen
CMC	Carboxymethylcellulose	PE	Polyäthylen (siehe unten!)	PUR	Polyurethan
CN	Cellulosenitrat[1]	PEC	Chloriertes Polyäthylen	PVAC	Polyvinylacetat
CP	Cellulosepropionat	PEOX	Polyäthylenoxid	PVAL	Polyvinylalkohol
CS	Casein	PETP	Polyäthylenterephthalat	PVB	Polyvinylbutyral
CTA	Cellulosetriacetat	PF	Phenol-Formaldehyd	PVC	Polyvinylchlorid
DAP	Diallylphthalat	PIB	Polyisobutylen	PVCC	Chloriertes Polyvinylchlorid
EC	Äthylcellulose	PIR	Polyisocyanurat	PVDC	Polyvinylidenchlorid
EP	Epoxid	PMI	Polymethacrylimid	PVDF	Polyvinylidenfluorid
EPE	Epoxidester	PMMA	Polymethylmethacrylat	PVF	Polyvinylfluorid
MC	Methylcellulose	PMP	Poly-4-methylpenten-1	PVFM	Polyvinylformal
MF	Melamin-Formaldehyd	POM	Polyoxymethylen; Polyformaldehyd, Polyacetal	PVK	Polyvinylcarbazol
MPF	Melamin-Phenol-Formaldehyd			PVP	Polyvinylpyrrolidon
		PP	Polypropylen	RF	Resorcin-Formaldehyd
PA	Polyamid	PPC	Chloriertes Polypropylen	SI	Silicon
PAN	Polyacrylnitril	PPO	Polyphenylenoxid	UF	Harnstoff-Formaldehyd
PB	Polybuten-1	PPOX	Polypropylenoxid	UP	Ungesättigte Polyester

[1] 70...75 Teile Cellulosedinitrat + 30...25 Teile Kampher ergeben Celluloid (Zellhorn)

Bei Polyäthylen (PE) geben Buchstaben vor dem Kurzzeichen PE einen Hinweis auf die Dichte, die molare Masse oder die Konstitution.

Kurzzeichen	Erklärung
HDPE	Polyäthylen hoher Dichte
MDPE	Polyäthylen mittlerer Dichte
LDPE	Polyäthylen niederer Dichte
UHMWPE	Polyäthylen mit ultrahoher Molekülmasse
VPE	Vernetztes Polyäthylen

Bei Polystyrol und PVC-hart deuten die Buchstaben HI vor den den Kurzzeichen hochschlagfestes Material an.
Für chloriertes Polyvinylchlorid wurde das Kurzzeichen PVCC festgelegt, in Analogie zu PEC und PPC.
Die Besonderheiten bei Polyäthylen, Polystyrol und PVC–hart sind in ISO 1043 nicht enthalten, da man sich dort auf Kurzzeichen für die Grundsubstanzen beschränkte. Sie gelten im DIN-Bereich.

Kurzzeichen für Copolymere und Polymergemische

Für Copolymere werden die Kurzzeichen aus den Angaben für die Monomerkomponenten von links nach rechts entsprechend dem fallenden Massenanteil an den Copolymeren zusammengesetzt. Ein Schrägstrich zwischen den Kurzzeichen der Monomerkomponenten ist nur dann zwingend, wenn ohne Schrägstrich ein Copolymer-Kurzzeichen für zwei oder mehrere Kunststoffe gelten würde.
Beispiel: VC/VAC Vinylchlorid/Vinylacetat-Copolymer (87/13 Gew.-%)

Kurzzeichen	Kunststoff	Kurzzeichen	Kunststoff
ABS	Acrylnitril-Butadien-Styrol	SAN	Styrol-Acrylnitril
A/MMA (auch AMMA)	Acrylnitril-Methylmethacrylat	SB	Styrol-Butadien
		SMS	Styrol-α-Methylstyrol
ASA	Acrylnitril-Styrol-Acrylat	VC/E	Vinylchlorid-Äthylen
E/EA (auch EEA)	Äthylen-Äthylacrylat	VC/E/MA	Vinylchlorid-Äthylen-Methylacrylat
		VC/E/VAC	Vinylchlorid-Äthylen-Vinylacetat
E/P (nicht EP)	Äthylen-Propylen	VC/MA	Vinylchlorid-Methylacrylat
E/VAC	Äthylen-Vinylacetat	VC/MMA	Vinylchlorid-Methylmethacrylat
E/VAL	Äthylen-Vinylalkohol	VC/OA	Vinylchlorid-Octylacrylat
E/TFE	Äthylen-Tetrafluoräthylen	VC/VAC	Vinylchlorid-Vinylacetat
FEP	Tetrafluoräthylen-Hexafluorpropylen (Perfluoräthylenpropylen)	VC/VDC	Vinylchlorid-Vinylidenchlorid

Kurzzeichen für Polyamide

Bei Polyamiden nennen Zahlen hinter dem Kurzzeichen PA die Anzahl der Kohlenstoffatome in den monomeren Ausgangsstoffen. Bei Polyamiden aus zwei Monomeren nennt die erste Zahl die Anzahl der Kohlenstoffatome im Amin und die zweite Zahl die Anzahl der Kohlenstoffatome in der Säure. Copolymere werden durch einen Schrägstrich zwischen den Zahlen für die Polyamid-Komponenten gekennzeichnet.
Wenn es erforderlich ist, zwischen einem Zweikomponenten-(Diamin und Disäure) und einem Einkomponenten-Polyamid (Aminosäure oder Lactam) zu unterscheiden, wird im ersterem Falle ein Bindestrich zwischen dem ersten Zeichen – für das Diamin – und dem zweiten Zeichen – für die Disäure – eingefügt.

Kurzzeichen	Erklärung
PA 6	Polymere aus ε-Caprolactam
PA 66	Homopolykondensat aus Hexamethylendiamin und Adipinsäure
PA 610	Homopolykondensat aus Hexamethylendiamin und Sebacinsäure
PA 612	Homopolykondensat aus Hexamethylendiamin und Dodecandisäure
PA 11	Polykondensat aus 11-Aminoundecansäure
PA 12	Homopolymerisat aus 12-Dodecalactam (Laurinlactam)
PA 66/610	Copolymere aus PA 66 und PA 610
PA 6/12	Copolymere aus PA 6 und PA 12
PA 6-3-T	Homopolykondensat aus Trimethylhexamethylendiamin und Terephthalsäure

Im Falle des PA 6-3-T entstammt die Erklärung der deutschen Norm für die betreffende Formmasse.

Weichmacher (nach DIN 55945, Teil 1, Okt. 1973)
sind flüssige oder feste, indifferente organische Substanzen mit geringem Dampfdruck, überwiegend solche esterartiger Natur. Sie können ohne chemische Reaktion, vorzugsweise durch ihr Löse- oder Quellvermögen, u. U. aber auch ohne ein solches, mit hochpolymeren Stoffen in physikalische Wechselwirkung treten und ein homogenes System mit diesen bilden. Weichmacher verleihen den mit ihnen hergestellten Gebilden oder Überzügen bestimmte angestrebte physikalische Eigenschaften, wie z. B. erniedrigte Einfriertemperatur, erhöhtes Formänderungsvermögen, erhöhte elastische Eigenschaften, verringerte Härte und gegebenenfalls gesteigertes Haftvermögen.

Kurzzeichen für Weichmacher

Kurzz.	Erklärung	Kurzz.	Erklärung	Kurzz.	Erklärung
ASE	Alkylsulfonsäureester	DIOA	Di-i-octyladipat	DPOF	Diphenyloctylphosphat
BBP	Butylbenzylphthalat	DIOP	Di-i-octylphthalat	ELO	Epoxydiertes Leinöl
BOA	Benzyloctyladipat	DITP	Di-i-tridecylphthalat	ESO	Epoxydiertes Sojaöl
DBP	Dibutylphthalat	DMP	Dimethylphthalat	TCEF	Trichloräthylphosphat
DCP	Dicaprylphthalat	DOA	Di-2-äthylhexyladipat	TCF	Trikresylphosphat
DEP	Diäthylphthalat	DOIP	Di-2-äthylhexyl-i-phthalat	TIOTM	Tri-i-octyltrimellitat
DIBP	Di-i-butylphthalat	DOP	Di-2-äthylhexylphthalat	TOF	Tri-2-äthylhexylphosphat
DIDA	Di-i-decyladipat	DOS	Di-2-äthylhexylsebacat	TOPM	Tetra-2-äthylhexyl-pyromellitat
DIDP	Di-i-decylphthalat	DOTP	Di-2-äthylhexylterephthalat		
DINA	Di-i-nonyladipat	DOZ	Di-2-äthylhexylazelat	TOTM	Tri-2-äthylhexyltrimellitat
DINP	Di-i-nonylphthalat	DPCF	Diphenylkresylphosphat	TPF	Triphenylphosphat

Die Bezeichnung harter Polyurethan - Schaumstoffe nach Vornorm DIN 16990, Jan. 1972

(Zur Chemie der Polyurethane siehe „DD-Lacke", S. 203!)

Nach DIN 16990 werden harte Polyurethan-Schaumstoffe durch zehn sie kennzeichnende Eigenschaften bezeichnet, für deren Wertebereiche je eine Ziffer von 1 bis 5 an der gleichen Stelle einer lückenlosen Folge von 10 Ziffern steht. Eine nicht festgelegte Eigenschaft wird durch 0 (Null) bezeichnet.

In der zehnstelligen Ziffernfolge bezeichnet die

1. Ziffer: die Rohdichte ϱ_R in $\frac{kg}{m^3} \mathrel{\widehat{=}} \frac{g}{dm^3}$
(bei der Rohdichte umfaßt das Volumen auch die Hohlräume der Zellen);

2. Ziffer: die Druckfestigkeit σ_{dB} in $\frac{N}{mm^2}$, (kann sie nicht ermittelt werden, so wird die Druckspannung bei 10% Stauchung bestimmt);

3. Ziffer: die Biegefestigkeit σ_{dB} in $\frac{N}{mm^2}$; (kann sie nicht ermittelt werden, so wird die Grenzbiegespannung bestimmt);

4. Ziffer: die Wasserdampfdurchlässigkeit in $\frac{g}{m^2 \cdot d}$ (d = Tag);

5. Ziffer: die Wärmeleitzahl λ in $\frac{W}{m \cdot K}$ 2 Wochen nach Herstellen des 30 mm dicken Probekörpers mit dem Plattengerät nach Poensgen (DIN 52612 Bl. 1) gemessen;

6. Ziffer: die Wärmeleitzahl λ in $\frac{W}{m \cdot K}$ nach 3 Monaten Lagern des Probekörpers bei 70°C;

7. Ziffer: die Verformung ε in $\% = \frac{h - h_0}{h_0} \cdot 100$ nach 7tägiger Druckbelastung mit $0{,}02 \frac{N}{mm^2}$ bei 80°C;
h und h_0 sind die Probendicken in mm nach 7 Tagen und zu Beginn;

8. Ziffer: die Temperatur in °C, bei der nach 7tägiger Druckbelastung mit $0{,}02 \frac{N}{mm^2}$ eine Verformung von 5% entsteht;

9. Ziffer: den Anteil der geschlossenen Zellen in Vol-%

10. Ziffer: die Glasübergangstemperatur T_g in °C, bei der allmählich der elastische in den zähflüssigen Zustand übergeht.

Ziffer	1.	2.	3.	4.	5.	6.	7.	8.	9.	10.
Einheit / Kennziffer	kg/m³	$\frac{N}{mm^2}$	$\frac{N}{mm^2}$	$\frac{g}{m^2 \cdot d}$	$\frac{W}{m \cdot K}$	$\frac{W}{m \cdot K}$	%	°C	Vol-%	°C
1	<30	<0,1	<0,2	>30	<0,018	<0,023	>10	<70	<80	<110
2	30 bis <40	0,1 bis <0,2	0,2 bis <0,4	30 bis >20	0,018 bis <0,022	0,023 bis <0,028	10 bis >5	70 bis <90	80 bis <85	110 bis <120
3	40 bis <60	0,2 bis <0,3	0,4 bis <0,6	20 bis >15	0,022 bis <0,023	0,028 bis <0,031	5 bis >2	90 bis <105	85 bis <90	120 bis <130
4	60 bis <100	0,3 bis <0,6	0,6 bis <1,2	15 bis >10	0,023 bis <0,028	0,031 bis <0,034	2 bis >1	105 bis <120	90 bis <95	130 bis <140
5	≧100	≧0,6	≧1,2	≦10	≧0,028	≧0,034	≦1	≧120	≧95	≧140

Beispiel: Polyurethan-Schaumstoff 222 110 2320 DIN 16990 hat eine Rohdichte zwischen 30 und 40 kg/m³, eine Druckfestigkeit von 01 bis 0,2 N/mm², eine Biegefestigkeit von 0,2 bis 0,4 N/mm², eine Wasserdampfdurchlässigkeit größer als 30 g/m²d, eine Wärmeleitzahl, gemessen 2 Wochen nach Herstellen der Probe, von weniger als $0{,}018 \frac{W}{m \cdot K}$, zeigt 8% Verformung im Zeitstand-Druck-Versuch, u. 5% Verformung, wenn die Temperatur zwischen 90 und 105°C liegt; der Anteil geschlossener Zellen beträgt 80 bis 85 Vol-%. Nicht festgelegt sind Angaben zur 7. und 10. Ziffer.

Reaktionsharze, Reaktionsmittel u. Reaktionsharzmassen nach DIN 16945, April 1976

1 **Reaktionsharze** sind flüssige oder verflüssigbare Harze auf Basis von Epoxidharzen, Methacrylatharzen, ungesättigten Polyesterharzen und Isocyanatharzen, die für sich oder mit Reaktionsmitteln (siehe Punkt 2) durch Polyaddition oder Polymerisation vernetzen (härten).

1.1 **Epoxidharze** (kurz „EP-Harze" genannt) haben eine zur Härtung ausreichende Anzahl von Epoxidgruppen $HC-CH_2$ (über O verbrückt). Der gehärtete Kunststoff ist ein Polyäther. Der Epoxidharzlack ergibt hochwertige Lackierungen.

1.2 **Methacrylatharze** bestehen aus einem polymerisierbaren Gemisch polymerer und monomerer Methacrylsäureester; sie können modifiziert (abgeändert) sein durch andere Acrylverbindungen mit reaktionsfähigen Gruppen. Der reine Kunststoff ist glasklar (siehe Tafeln aus PMMA, S. 196).

1.3 **Ungesättigte Polyesterharze** (kurz „UP-Harze genannt): Bei ihnen sind die vielen zum Polyester verbundenen Moleküle des Alkohols und/oder der Carbonsäure ungesättigt und mit polymerisierbaren monomeren Verbindungen copolymerisierbar (siehe S. 194).

1.4 **Isocyanatharze** sind Reaktionsharze auf Basis sehr verschieden gebauter Isocyanate, die eine zur Härtung ausreichende Anzahl freier Isocyanat-Gruppen $-N=C=O$ haben. Mit wasserfreien zweiwertigen Alkoholen (Glykolen) als Härter entstehen Polyurethane (siehe S. 203 unter DD-Lack).

2 **Reaktionsmittel**

2.1 **Härter** sind Stoffe oder Stoffgemische, die die Polymerisation (z.B. bei Methacrylat- und UP-Harzen) oder Polyaddition (z.B. bei EP-Harzen) und damit das Härten bewirken. Unter Härtung wird die – im allgemeinen engmaschige - Vernetzung von Harzen verstanden. Vernetzung ist die Bildung eines dreidimensionalen molekularen Netzwerkes über Hauptvalenzen. Die Vernetzung kann einzeln od. in Kombination durch Zusatz chemischer Substanzen, durch Wärme und durch Strahlung bewirkt werden. Kunstharze werden dadurch Duroplaste. Anmerkung: Vernetzung ist Oberbegriff für Härtung, Vulkanisation und Strahlenvernetzung (nach DIN 55947 Aug. 1973).

2.2 **Beschleuniger** sind Stoffe od. Stoffgemische, die in kleinen Mengen zugesetzt, die Vernetzungsreaktion, das Härten, beschleunigen.

3 **Reaktionsharzmassen** sind verarbeitungsfertige Mischungen eines Reaktionsharzes mit den erforderlichen Reaktionsmitteln (Härter, Beschleuniger u. a.), mit oder ohne Füllstoffe, gegebenenfalls mit Lösungsmittel.

Glasfaserverstärkte Reaktionsharzformstoffe (Kurzzeichen: GF) nach DIN 16944, Okt. 1973,

Glasfaserverstärkte Reaktionsharzformstoffe sind gehärtete Werkstoffe aus Reaktionsharzmassen und Textilglas, im Regelfall spanlos geformt zum Formteil oder Halbzeug. Als Kunststoffverstärkung werden Textilglasmatten nach DIN 61853, Textilglasgewebe nach DIN 61854 oder Textilglasrovings (-garngelege, -gespinste) nach DIN 61855 verwendet. Die GF werden überwiegend auf Basis von Epoxidharzen (GF-EP) oder ungesättigten Polyesterharzen (GF-UP) hergestellt. Sie werden nach DIN 16948, Bl. 1, Febr. 1975, eingeteilt nach den stark vom Glasgehalt und der Glasverteilung abhängigen Werten für Zugfestigkeit, Elastizitätsmodul und Biegefestigkeit. Deren Mittelwerte, auf gewisse Zahlen nach unten gerundet, werden durch je zwei Ziffern angegeben, die in der genannten Reihenfolge der Festigkeiten auf GF-EP oder GF-UP folgen.

Ziffern	01	(02)...10	(12)...30	(35)...70	(80) 90
Sprung		1	2	5	10
Zugfestigkeit N/mm^2	10	bis 100	bis 300	bis 700	bis 900
Elastizitätsmodul N/mm^2	1000	bis 10000	bis 30000	bis 70000	bis 90000
Biegefestigkeit N/mm^2	10	bis 100	bis 300	bis 700	bis 900

Beispiel: Ein GF-UP mit einer Zugfestigkeit von 148 N/mm^2 (Ziffern 14), einem Elastizitätsmodul von 9400 N/mm^2 (Ziffern 09) und einer Biegefestigkeit von 230 N/mm^2 (Ziffern 22) wird bezeichnet:
GF-UP 140922 DIN 16948

Fortsetzung: Glasfaserverstärkte Reaktionsharzformstoffe (Kurzzeichen GF)

Beispiele für Glasgehalt und Eigenschaften von Probekörpern aus GF–EP und GF–UP mit unterschiedlich verteilten Glasfasern nach DIN 16948, Bl. 2, Febr. 1975 (Auswahl):
(Abkürzungen: Textilglasgewebe = W; –gelege = L; –matten = M.)

GF-EP mit Eigenschaften gemäß Ziffern	Rohdichte g/cm³	Textilglas- Sorte	gehalt %	Druckfestigk. N/mm²	GF-UP mit Eigenschaften gemäß Ziffern	Rohdichte g/cm³	Textilglas Sorte	gehalt %	Druckfestigk. N/mm²
GF-EP 221028	1,60	W, L	50	220	GF-UP 050407	1,30	M	20	80
GF-EP 351840	1,80	W, L	65	300	GF-UP 140918	1,55	M	45	160
GF-EP 552865	1,80	W, L	65	450	GF-UP 301835	1,80	W, L	65	280

Kurzzeichen für verstärkte Kunststoffe nach DIN 7728, Teil 2, Nov. 1976

Wird ein Kurzzeichen im Text zuerst genannt, so soll es an der Stelle in Klammern hinter dem vollständigen Namen des Werkstoffs oder in einer Fußnote angegeben werden, um Mißverständnisse zu vermeiden.

Oberbegriffe: FK faserverstärkter Kunststoff; WK whiskerverstärkter Kunststoff [1]

[1] Whisker (engl.): Haarkristalle, faserförmige Einkristalle, meist aus der Gasphase abgeschieden. Sie sind sehr elastisch und außerordentlich zugfest.

Die Faser- oder Whiskerart wird durch einen Buchstaben angegeben, der vor die Kurzzeichen FK oder WK gesetzt wird:

GFK glasfaserverstärter Kunststoff,
AFK asbestfaserverstärkter Kunststoff
BFK borfaserverstärkter Kunststoff
CFK kohlenstoffverstärkter Kunststoff
SFK synthesefaserverstärkter Kunststoff
MFK metallfaserverstärkter Kunststoff
MWK metallwhiskerverstärkter Kunststoff

Ist der vorangestellte Buchstabe vieldeutig, z.B. M bei Metall, S bei Synthesefasern, so kann zusätzlich die Stoffart der Verstärkung angegeben werden, indem –durch Bindestrich getrennt– deren Kurzzeichen vorangestellt wird; Beispiele:

Cu–MFK kupferfaserverstärkter Kunststoff; St–MFK stahlfaserverstärkter Kunststoff;
(Wird die Stahlart näher beschrieben, so darf das Kurzzeichen damit nicht belastet werden)
PA 6–SFK polyamidfaserverstärkter Kunststoff.

Wird der verstärkte Kunststoff stofflich näher bezeichnet, so wird sein Kurzzeichen an Stelle des Buchstabens K nach einem Bindestrich angegeben; Beispiele:

PA 6–SF–PF polyamid 6–faserverstärktes Phenolharz;
GF–UP glasfaserverstärkter ungesättigter Polyester; GF–EP glasfaserverstärktes Epoxidharz.

Die mit „Poly - - -" bezeichneten Kunststoffe entstehen vorwiegend durch Polymerisation = chemisches Verbinden vieler (viel = poly) Moleküle mit Kohlenstoff-Doppelbindung zu einem Makro- oder Kunststoff-Molekül (makro = groß oder lang):

$$n \left[\begin{matrix} H & & H \\ | & & | \\ C & = & C \\ | & & | \\ H & & R \end{matrix} \right] \xrightarrow[\text{(Doppelbindungen „platzen auf")}]{\text{Polymerisation}} \left[\begin{matrix} & H & & H & \\ & | & & | & \\ - & C & - & C & - \\ & | & & | & \\ & H & & R & \end{matrix} \right]_n$$

Monomeres — Polymeres

n = Anzahl der sich verbindenden Einzelmoleküle (Monomere) und Häufigkeit der aus ihnen gebildeten „Baugruppe" im Polymeren;
R = ein organischer Rest

Durch Polymerisation entstehen meist kettenförmige Makromoleküle; sie bilden die nicht härtbaren Kunststoffe oder **Thermoplaste,** die beim Erwärmen erweichen. Eine wichtige Werkstoffkonstante der Thermoplaste ist deshalb die „Dauergebrauchstemperatur" in °C, hier kurz D-T:

Thermoplast	Dichte g/cm³ ≈	D–T °C	Thermoplast	Dichte g/cm³ ≈	D–T °C	Thermoplast	Dichte g/cm³ ≈	D–T °C
ABS	1,06–1,12	75–85	PCTFE	2,10	150	PS	1,05	70
AMMA	1,17	75	PE weich, LDPE	0,92	70	PTFE	2,2	250
CA	1,22–1,34	50–60	PE hart, HDPE	0,94–0,96	90	PUR	1,26	80–110
CAB	1,15–1,24	50–60	PETP	1,38	100	PVC hart	1,38	65
CP	1,15–1,22	50–60	PMMA	1,18	90	PVC weich	1,20–1,35	55
PA	1,02–1,21	80–110	POM	1,41	100	SAN	1,05	85
PC	1,20	135	PP	0,91	100	SB	1,06	70

Fortsetzung: Kunststoffe

Duroplaste: Geht man bei Herstellung der Kunststoffe von solchen chemischen Verbindungen aus, deren Moleküle drei und mehr Verknüpfungsstellen haben, so bilden sich Kunststoffmoleküle, die nach allen Seiten verzweigt (vernetzt) sind. Solche Ausgangstoffe sind vor allem: Phenol; meta-Diphenol (= Resorcin); meta-Methylphenol (= m-Kresol); Harnstoff (= Carbamid) und Melamin. Man läßt diese Phenole oder Aminoverbindungen mit Formaldehyd (giftiges Gas), in gelöster Form (Formalin) oder polymerisiert (festes Paraformaldehyd) leichter zu handhaben, reagieren. Dabei entstehen zwischen den Molekülen der Phenole oder Aminoverbindungen mit Hilfe des Formaldehyds feste „Brücken" (aus $>CH_2$), während je ein Molekül Wasser frei wird. Dieses chemische Verfahren, Kunststoffmoleküle zu bilden, heißt **Kondensation.** Man kann die Kondensation bei mäßig großen, noch löslichen oder quellbaren Molekülen abstoppen, indem man stark kühlt oder einfacher eine unzureichende Menge Formaldehyd verwendet. Das ergibt als Vorkondensationsprodukte „härtbare Kunststoffe," z. B. Kaurit-Leim-Pulver. Die zum weiteren Wachsen der Moleküle fehlende Menge Formaldehyd wird kurz vor der endgültigen Verarbeitung zugesetzt („Härter"). Damit wird das Wachsen und Vernetzen der Moleküle wieder in Gang gesetzt und beendet („Aushärten"), beschleunigt durch erhöhte Temperatur. Die ausgehärteten Kunststoffe nennt man **Duroplaste** (von durus = hart). Sie lösen sich nicht im Wasser und lassen sich durch Wärme nicht erweichen. Dazu gehören die gehärteten Leime der Leimfugen.

Eine andere wichtige Gruppe von Duroplasten bilden die als **Lackharz** unentbehrlich gewordenen **„ungesättigten Polyester".** Ungesättigt heißt hier, daß in den Molekülen des noch nicht gehärteten Lackharzes Doppelbindungen (wie bei den Monomeren der Thermoplaste) vorhanden sind. Ester entstehen durch Kondensation aus Säure und Alkohol. Da es sehr viele Säuren und sehr viele Arten Alkohol gibt, kennt man eine Unmenge verschiedener Ester. Der „Witz" bei Herstellung der Polyester besteht darin, daß man zweiwertige Säuren (Dicarbonsäuren) mit zweiwertigen Alkoholen (Glykolen) verestert, so daß sich an beiden Enden eines jeden Moleküls die Verbindung zum Ester vollzieht. Dabei entstehen große, noch lösliche Kettenmoleküle, z. B. Moleküle der Textilfaser Trevira®, eines thermoplastischen gesättigten Polyesters. Lackschichten sollen aber hart und gegen möglichst viele Einwirkungen widerstandsfähig sein. Deshalb nimmt man als zweiwertige Säure eine Abart der ungesättigten Maleïnsäure, nämlich ihr Anhydrid; so daß deren Doppelbindung $\left(\begin{matrix}-C=C-\\ \;\;|\quad\;|\\ \;\;H\quad H\end{matrix}\right)$ sich im Molekül des Polyesters stetig wiederholt. Das Gemisch des Polyesters mit Styrol ergibt das eigentliche Lackharz. Während und nach der Filmbildung auf der zu lackierenden Fläche bewirken Härter (Peroxide) und Aktivatoren (Amine) sowie Wärme, daß die Doppelbindungen „aufplatzen" und die Estermoleküle quer zu ihrer Längsausdehnung zusammen mit dem Styrol polymerisieren. Dabei bilden sie ein nach allen Seiten ausgedehntes, räumliches **Netzwerk gesättigter Makromoleküle;** diese sind chemisch außerordentlich träge und widerstandsfähig und bilden bei richtiger Verarbeitung völlig unlösliche und kratzfeste **Polyesterlackschichten,** die höchsten Ansprüchen an eine Oberflächenbehandlung genügen und die klassischen Schellack-Polituren fast völlig verdrängt haben.

„Gruppierung hochpolymerer Werkstoffe auf Grund der Temperaturabhängigkeit ihres mechanischen Verhaltens" nach DIN 7724 u. Beiblatt Febr. 1972

Gruppe hochpolymerer Werkstoffe	Die Makromoleküle sind bis zur Zersetzungstemperatur des Werkstoffs	Die hochpolymeren Werkstoffe sind bei niederen Temperaturen	höheren Temperaturen bis unterhalb der Zersetzungstemperatur	Beispiele
Thermoplaste (Plastomere)	nicht vernetzt oder nicht homogen vernetzt, relativ zueinander verschiebbar	stahlelastisch	(visko-elastisch bis) viskos fließend	In der Wärme formbares Polystyrol oder Polyäthylen; Hart- und Weich-PVC; thermolabil vernetzte Poly-Urethane
		In einem breiten Temperaturbereich zwischen beiden können die Werkstoffe mehr oder weniger gummielastisch sein		
Elastomere	a) weitmaschig chemisch oder b) phsikalisch durch Kettenverschlaufung (Verknäuelung) vernetzt; Moleküle zueinander nur wenig verschiebbar mit Ortsänderung	stahlelastisch unter 0°C	nicht viskos fließend; von 20°C oder tiefer an aufwärts gummielastisch	a) Mit ≈ 1 bis 10% Schwefel vernetzter Kautschuk; b) sehr hochmolekulares Polyisobutylen
Thermoelaste		stahlelastisch noch über 0°C	nicht viskos fließend; von 20°C oder höher an gummielastisch	a) Mit über 10% Schwefel vernetzter Kautschuk; b) sehr hochmolekulare Polymethacrylsäureester
Duromere (Duroplaste)	engmaschig vernetzt; amorph (ohne kristalline Bereiche)	stahlelastisch unter 50°C;	sehr begrenzte Verformbark., keine Fließvorgäng. möglich; elastisch bleibd.	Gehärtete Polyester-, Epoxid- und Formaldehydharze

Unterscheidungsmerkmale von Kunststoffen (ohne chemische Untersuchungen)

Kunststoffsorte Cop. = Copolymeri.	Kurzzeichen	Dichte g/cm³	Brennverhalten Vorsicht: Abgase können giftig sein!	Klang beim Hinwerfen	Bruchverhalten	Äußere Erscheinung
Celluloseacetat	CA	1,22–1,34	schwer entflammbar, Flamme gelbgrün, tropft sprühend, riecht nach Essigsäure u. verbranntem Papier	dumpf	hochfest und zäh	glasklar, kratzfest, selbstpolierend: angenehmer Griff
Celluloseacetobutyrat	CAB	1,15–1,24	entflammbar, schmilzt, Tropfen brennen weiter, Flamme gelb, sprühend, riecht nach Essigsäure u. ranziger Butter	dumpf	hochfest, schwer zerbrechlich	glasklar, hornähnlich
Polyamid	PA	1,02–1,21	blaue Flamme mit gelbem Rand, brennt von selbst weiter, tropft, zieht, Fäden, riecht nach verbranntem Horn	dumpf	zäh-elastisch, unzerbrechlich	gelblich bis glasklar, glatt, abriebfest.
Polycarbonat	PC	1,2	schwer entflammbar, erlischt wieder, Flamme gelb, rußt, riecht nach Phenol	scheppernd	schlagzäh, unzerbrechlich	glasklar, auch gefärbt
Polyäthylen weich	LDPE	0,92	leicht entflammbar, helle Flamme mit blauem Kern, tropft, brennt im Fallen weiter; Dämpfe kaum sichtbar, riechen nach verlöschender Paraffinkerze	dumpf	biegsam bis steif, unzerbrechlich	wachsartig, durchscheinend
Polyäthylen hart	HDPE	0,94–0,96		weniger dumpf als LDPE		härter wachsartig, wenig durchscheinend
Polypropylen	PP	0,91				wie PE, aber härter
Polyäthylenterephthalat	PETP	1,38	schwer entflammbar, brennt von selbst weiter, tropft, Flamme gelb-orange, riecht süßlich	nicht eindeutig	hart, steif, schwer zerbrechlich	glänzend, undurchsichtig, durchscheinend, auch gefärbt
Polystyrol – Schaum	PS	0,015 – 0,1	leicht entflammbar; gelbe, leuchtende Flamme rußt stark, tropft (außer ABS), brennt im Fallen weiter, riecht süßlich, SB und ABS außerdem nach Kautschuk.	–	starr, bröckelig	schneeweiß, „federleicht"
Polystyrol	PS	1,05		metallisch blechern	spröde, zerbrechlich	glasklar, auch gefärbt
Styrol-Butadien-Cop. (Polyst. schlagfest)	SB	1,05		scheppernd	schwer zerbrechlich	brillante Oberfläche, auch schwach gefärbt
Styrol – Acrylnitril – Cop.	SAN	1,06		dumpf bis klanglos	zäh-elastisch, fest, schwerzerbrechlich	glasklar, glänzend
Acrylnitr. – Butadien – Styrol – Cop.	ABS	1,06–1,12				undurchsichtig glänzend,
Polyvinylchlorid weich	PVC	1,20–1,35	entflammbar, verkohlt, Flamme leuchtet u. rußt, riecht stechend nach Salzsäure	klanglos	gummi-elastisch	durchscheinend, undurchsichtig, auch gedeckt gefärbt
Polyvinylchlorid hart	PVC	1,38	schwer entflammbar, helle Fl., verlischt wied., verkohlt	scheppernd	steif, kalt schlagempfindl.	
Polytetrafluoräthylen	PTFE	2,20	unbrennbar, bei Rotglut stechender Geruch	–	unzerbrechlich, ritzbar	wachsartiger Griff, undurchsichtig
Polymethylmethacrylat Acrylglas	PMMA	1,18	leicht entflammbar, tropft, Flamme leuchtet, knistert, brennt von selbst weiter, riecht fruchtartig	dumpf	fest, hart, schwer zerbrechlich	ungefärbt glasklar u. glänzend
Polyoxymethylen-Cop. Polyacetal	POM	1,41	Flamme etwas bläulich tropft, riecht unangenehm nach Formaldehyd	scheppernd	zäh, hart, unzerbrechlich	undurchsichtig teilkristallin
Phenolformaldehyd – Preßstoffe	PF	1,30–1,40	schwer entflammb. blähen sich auf u. verkohlen; helle rußend. Flamme, erlischt, riecht n. Phenol u. Formaldehyd	scheppernd	unzerbrechlich; reine PF sind spröde	dunkle Eigenfarbe, harte Oberfläche
Melaminformaldehyd	MF	1,48 (rein)-1,50	schwer entflammbar, bläht sich auf, verkohlt m. weiß. Kante, gelbe Flamme, rußt, erlischt, riecht nach Fisch	scheppernd	schwer zerbrechlich hart	in hellen Tönen; auch gefärbt, lichtbeständig
Harnstoffformaldehyd	UF	1,47–1,52	schwer entflammbar, verkohlt mit weißen Kanten, riecht fischartig	scheppernd	schwer zerbrechlich	wie MF
Ungesättigte Polyesterharze	UP	1,1–1,3	leicht bis schwer entflammbar, verkohlt, Flamme leuchtet, rußt, riecht süßlich; Glasfaserrückstand	scheppernd	mit Glasfaser schwer zerbrechlich	durchscheinend, auch gefärbt
Polyurethane	PUR	1,26	gelbe, leuchtende Flamme, riecht stark stechend	–	Härte einstellbar	braune Eigenfarbe; gummiartig bis fest
Epoxidharze	EP	1,2 (rein)	leuchtende Flamme, brennt von selbst weiter, riecht nach Phenol	–	spröde bis zäh	milchig trüb, auch gefärbt

Gegossene Tafeln aus Polymethylmethacrylat (PMMA) nach DIN 16957, Sept. 1976

(Als Erzeugnis der Röhm GmbH., Darmstadt, „Plexiglas" genannt) Die Tafeln werden aus Methylmethacrylat (MMA) durch Massepolymerisation (siehe S. 193 !) hergestellt. Sie dürfen höchstens 2 Gew.-% Weichmacher und Polymerisationshilfsmittel enthalten. Rohstoffe unbekannter Herkunft und Zusammensetzung dürfen nicht verwendet werden. Die Dichte des PMMA beträgt $\delta \approx 1{,}18\ g/cm^3$.
Tafeldicke s: 1,5 bis 25 mm; zuläss. Abweich. $\Delta s = \pm(0{,}4\ mm + 0{,}1\,s)$, falls die Tafel $\leqq$ 3000 mm lang, $\leqq$ 2000 mm breit und 3 bis 25 mm dick ist.

$H_2C=C(CH_3)-C(=O)-O-CH_3$

chem. Formel v. MMA

Länge u. Breite der Tafel	bis 1000 mm	über 1000 bis 2000 mm	über 2000 bis 3000 mm
zulässige Abweichung	± 1,5 mm	± 3,0 mm	± 4,5 mm

Zul. Abweich. v. d. Rechtwinkligkeit: 1,5 mm auf je 1000 mm Schenkellänge. Die Schnittkanten müssen glatt sein.

Optische Eigenschaften und Anforderungen:

Die Tafeln müssen eine spiegelglatte Oberfläche haben und (ohne Farbstoffzusatz hergestellt) in der Durchsicht glasklar und farblos sein. Sie dürfen bei senkrechter Durchsicht keine optischen Verzerrungen hervorrufen, die die Verwendung der Tafeln beeinträchtigen. Art, Größe und Anzahl der zulässigen Fehler, wie Einschlüsse, Schlieren, Oberflächenfehler, sind zwischen Lieferer und Abnehmer zu vereinbaren.
Farblose, glasklare Proben haben eine Brechzahl $n_D = 1{,}492$ und bei 3 mm Dicke für das sichtbare Licht einen Durchlaßgrad von mindestens 90%.

Thermische Eigenschaften und Brandverhalten:

Lineare Wärmedehnzahl $\alpha \approx 7 \cdot 10^{-5}$ 1/K (zwischen 0 und 50°C).
Wärmeleitfähigkeit $\lambda \approx 670\ \frac{J}{m \cdot h \cdot K} = 0{,}186\ \frac{W}{m \cdot K}$.
Vicat-Erweichungstemperatur: Höher als 105°C.
Formbeständigkeit in der Wärme: Mindestens bis 98°C.
Die Tafeln sind „normalentflammbar" (Baustoffklasse B 2); die Zündtemperatur liegt bei 425°C. Brennendes PMMA, mit Wasser leicht zu löschen, entwickelt etwa 6% Rauch und als Verbrennungsprodukte Wasserdampf, Kohlendioxid und (giftiges) Kohlenmonoxid.
Zahlenwerte der mechanischen Festigkeiten haben bei Thermoplasten nur dann einen Aussage- und Vergleichswert, wenn die normgerechten Prüfbedingungen im Labor genau eingehalten und bei der Bewertung berücksichtigt werden. Darum wird auf die in DIN 16957 genannten Prüfnormen verwiesen. Die praktisch wichtige, zur definierten Prüfung ungeeignete Kratzfestigkeit ist beim PMMA leider geringer als bei Silikatgläsern.

Tafeln aus Polyäthylen (PE) nach DIN 16925, Mai 1971

Die Tafeln werden aus Polyäthylen-Formmassen nach DIN 7740, Bl. 1, Sept. 1969, hergestellt. Rohstoffe unbekannter Herkunft und Zusammensetzung dürfen nicht verwendet werden. Die Tafeln müssen eben, blasenfrei, homogen und rechtwinklig auf Maß geschnitten sein und glatte Schnittkanten haben. Maße für Länge und Breite sind zwischen Lieferer und Abnehmer zu vereinbaren. Zulässige Abweichung: ± 5 mm. **Tafeldicke** s bis 20 mm; zulässige Abweichungen: ± $(0{,}1\ mm + 0{,}05\ s)$. PE wird nach den nebenstehenden Bereichen für die Dichte und den Schmelzindex MFI („melt flow index") bezeichnet: Die 1. Ziffer des Dichtebereichs (z. B. 2) und die 2. Ziffer des Schmelzindex-Bereichs (z. B. 3) gehen als zweistellige Zahl (23) in die Bezeichnung der PE-Tafel ein: z. B. Tafel 5 × 1000 × 2000 DIN 16925 – 23. PE wird mit steigender Dichte, die einen zunehmenden mittleren Polymerisationsgrad (größere Makromoleküle) anzeigt, fester und setzt einer mechanischen Verformung durch äußere Kräfte einen wachsenden Widerstand entgegen. Nach DIN 16925 gelten für Schubmodul und Streckspannung ungefähr die nebenstehenden Werte, die auch ohne Kenntnis der Prüfvorschriften zeigen, wie der Widerstand mit der Dichte steigt.

1. Ziffer	Dichte bei 23°C g/cm³
1	bis 0,920
2	über 0,920 bis 0,930
3	über 0,930 bis 0,944
4	über 0,944 bis 0,954
5	über 0,954

2. Ziffer	Schmelzindex [1] MFI 190/2,16 g/10 Minuten
1	unter 0,2
2	0,2 bis 1,0
3	1,1 bis 10,0

[1] Erklärung: siehe folgende Seite

Dichte-Ziffer	Schubmodul bei 20°C N/mm²	Streckspannung N/mm²
1	100 bis 180	7,5 bis 10
2	über 180 bis 300	über 10 bis 13
3	über 300 bis 550	über 13 bis 20
4	über 550 bis 750	über 20 bis 25
5	über 750 bis 1200	über 25 bis 32

Der Schmelzindex von Thermoplasten nach DIN 53735, Nov. 1977,

gibt diejenige Masse der geschmolzenen Probe an, die unter Normbedingungen während einer bestimmten Zeit durch eine Düse am unteren Ende eines Zylinders gedrückt wird. Der Zylinder des Prüfgeräts hat ⌀ (9,55 + 0,01) mm, die Düse ⌀ (0,2095 + 0,005) mm. Die bevorzugt anzuwendenden (acht) Prüftemperaturen (zwischen 150 und 300°C) und auf die Schmelze im Zylinder wirkenden (sieben) Belastungen (jeweils gegeben als die Masse von Kolben und Kolbenstange und des ergänzenden Gewichtsstückes) sind genormt. Je eine Temperatur ist mit je einer Belastung wahlweise zu kombinieren: Bei PE-Proben üblich 190°C und 2,16 kp ($\approx$ 0,3 N/mm^2 Druck). Gewogen wird die Masse PE in g, die unter Normbedingungen während 10 Minuten durch die Düse dringt, kurz bezeichnet als: MFI 190/2,16; g/10 Min.

Kunstharz - Preßholz nach DIN 7707, Bl. 1 (Anforderungen), Nov. 1970, Bl. 2 (Typen), Juni 1975.

Kunstharz-Preßholz (KP) ist ein Schichtpreßstoff, der aus Rotbuchen-Furnieren und härtbarem Kunstharz hergestellt ist und eine Rohdichte von mindestens 0,8 g/cm^3 und mindestens 5 Furnierschichten je cm Dicke aufweist.

Oberfläche: eben und preßblank; Naturfarbe: dunkelbraun. Je nach der Faserrichtung der Furniere bildet Preßholz **Typen**, die nach der Rohdichte und nach Mindestanforderungen an einige Eigenschaften weiter unterteilt werden. Für die Faserrichtungen der Furniere gelten Schichtungen:

1. **Parallele Schichtung:** Die Fasern verlaufen parallel; bis zu 15% der Furniere dürfen mit ihrer Faserrichtung senkrecht dazu angeordnet werden;
2. **Kreuzweise Schichtung:** Die Faserrichtungen aufeinanderfolgender Furniere verlaufen etwa senkrecht zueinander;
3. **Sternförmige Schichtung:** Die Faserrichtungen aufeinanderfolgender Furniere kreuzen sich unter Winkeln von 15 bis 75°;
4. **Tangentiale Schichtung** für Ringplatten: Die Furniere werden als Kreisringstücke (in benachbarten Schichten mit versetzten Fugen) so gelegt, daß ihre Fasern weitgehend die Richtung einer Tangente haben.

Kunstharz-Preßholz ist aufgeteilt in zwei Gruppen: I. Kunstharz-Preßholz (9 Typen) und II. Kunstharz-Preßholz für spezielle Anwendung (11 Typen). Die folgenden Angaben gelten für Tafeln der I. Gruppe.

Typ	Faser-richtung	Rohdichte g/cm^3	Biegefestigk.[2] ⊥ und II zu den Schichten N/mm^2 min.	Elastizitäts-modul aus Biegeversuch ⊥ zu den Schichten N/mm^2 ≈	Schlagzähigkeit[2] ⊥ zu den Schichten kJ/m^2 min.	Schlagzähigkeit[2] II zu den Schichten kJ/m^2 min.	Kerbschlag-zähigkeit[2] in Richtung der Schichten kJ/m^2 min.	einsetzbar bis Temperatur °C
KP 20211	parallel	0,9 bis 1	120	10000	40	30	30	90
KP 20213	parallel	1,1 bis 1,2	160	13000	50	40	35	105
KP 20216	parallel	> 1,35	190	17000	55	45	40	120
KP 20217	parallel	> 1,35	180	18000	35	30	25	120
KP 20221	kreuzweise	0,8 bis 0,9	70	8000	15	10	10	90
KP 20226	kreuzweise	> 1,35	110	13000	40	30	25	120
KP 20227	kreuzweise	> 1,35	100	14000	25	20	10	120
KP 20236	sternförmig	> 1,35	110	–	35	30	25	120
KP 20237	sternförmig	> 1,35	100	–	25	20	15	120

[2] In der Außenzone muß die Holzfaser in Längsrichtung des Probekörpers liegen.

Tafeln aus Kunstharz-Preßholz:

Nennmaßbereiche und zulässige Abweichungen nach DIN 40603, April 1972

Nennmaßbereiche der Dicke der Tafeln mm	KP 20211, 20213, 20221	KP 20216, 20226, 20236 / KP 20217, 20227, 20237
	zulässige Abweichungen in mm	
bis 10	± 1,5	± 1,0
über 10 bis 25	± 2,0	± 1,5
über 25 bis 60	± 3,0	± 2,0
über 60 bis 100	± 4,0	± 2,5
über 100	± 5,0	± 3,0

Längen und Breiten der Tafeln nach Vereinbarung

Nennmaßbereiche mm	zul. Abw. mm
bis 1500	+2 / 0
über 1500 bis 2000	+3 / 0
über 2000	+4 / 0

Bezeichnung einer beschnittenen preßblanken Tafel von 10 mm Dicke aus Kunstharz-Preßholz KP 20226 DIN 7707: Tafel 10 DIN 40603-KP 20226

Schleifbänder, Maße nach DIN 69130, Juni 1976 (Maße in mm)

l \ $b =$	T	15	20	25	30	40	50	60	75	100	125	150	200
	T	±1						±2					
400	±3	x	x	x	x	x	x	x	x	x	x		
500		x	x	x	x	x	x	x	x	x	x		
630		x	x	x	x	x	x	x	x	x	x	x	x
800		x	x	x	x	x	x	x	x	x	x	x	x
1000		x	x	x	x	x	x	x	x	x	x	x	x
1250		x	x	x	x	x	x	x	x	x	x	x	x
1600	±5		x	x	x	x	x	x	x	x	x	x	x
2000			x	x	x	x	x	x	x	x	x	x	x
2500				x	x	x	x	x	x	x	x	x	x
3150						x	x	x	x	x	x	x	x
4000						x	x	x	x	x	x	x	x
5000	±10						x	x	x	x	x	x	x
6300									x	x	x	x	x
8000										x	x	x	x
10000											x	x	x
12500											x	x	x

Nur die Bandmaße $l \times b$ mit **x** sind genormt

a Achsenabstand der Walzen
d Walzendurchmesser
Schleifbandlänge $l = 2a + d \cdot \pi$

Außerdem sind genormt die Längen $l = 2500$ und $l = 3150$ als Paßmaß
$l \pm 5$ in den Breiten $b \pm 2$ = 250; 300; 350; 400; 500; 600; 700; 800; 1000;
$l \pm 10$ in den Breiten $b \pm 3$ = 1120; 1250; 1400; 1600; 1800; 2000; 2240; 2500.

Rechteckige Schleifblätter, Maße nach DIN 69177, Febr. 1975

Ausgangsgröße für die Schleifblätter ist das Format 230 mm × 280 mm. Die kleineren Schleifblätter ergeben sich durch Teilung. Teilbarkeit des rechteckigen Schleifblattes 230 mm × 280 mm:

4 Schleifblätter je 70 mm × 230 mm

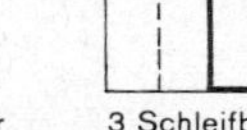
3 Schleifblätter je 93 mm × 230 mm

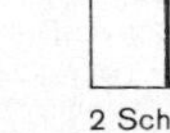
2 Schleifblätter je 140 mm × 230 mm

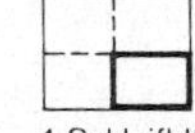
4 Schleifblätter je 115 mm × 140 mm

2 Schleifblätter je 115 mm × 280 mm

Runde Schleifblätter, Maße nach DIN 69178, Febr. 1975

Form A ohne Loch

Form B mit Loch; auch in geschlitzter Ausführung

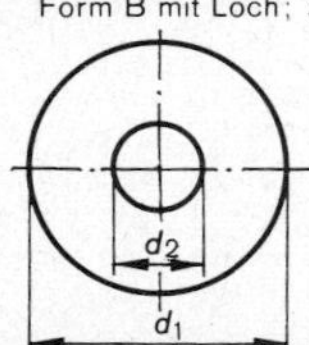

Angaben über Werkstoff, Ausführung und Kennzeichnung bis zur späteren Festlegung nach Wahl des Herstellers oder nach Vereinbarung.

d_1	Loch-⌀ $d_2 \triangleq$ x 8	12	22	40
80	x			
100	x		x	
125	x		x	
140		x	x	
150		x	x	
180		x	x	x
200			x	x
235			x	x

Schnellschraubzwingen nach DIN 5117, Apr. 1976

Arme aus Doppel-T-Profil. Entgratet, Spannflächen eben. Gleitarme gegen Abgleiten am Schienenende gesichert. Spindel mit Trapezgewinde und mit Griff fest verbunden. Druckplatte beweglich befestigt.
Güteprüfung: Die S. werden fünfmal scharf von Hand, die der Spannweiten 100 und 150 mm nur mit einer Hand, angespannt. Danach müssen die Arme, auch die anfangs leicht nach innen geneigten, parallel sein, die S. dürfen nicht bleibend verformt werden.

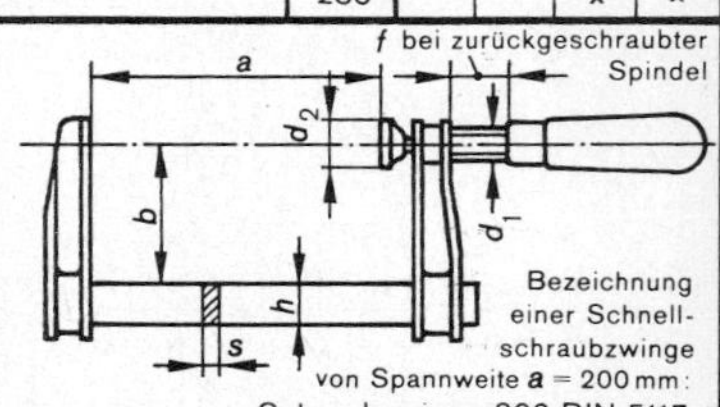

Bezeichnung einer Schnellschraubzwinge von Spannweite a = 200 mm: Schraubzwinge 200 DIN 5117

Spannweite a		100	150	200	250	300	400	500	750	1000	1250	1500	2000
Ausladung $b \pm 3\%$		50	80	100	120	140	175	120					
Schiene	h	15	25	30		35							
	s	5	6	8		9		11					
Spindel	d_1	10	13	16		18							
	f min.	30	35	40		45					55		
Druckplatte d_2 min.		15	20	25		30							
Gewicht	kg ≈	0,22	0,80	1,3	1,7	2,2	2,7	3,1	3,8	4,5	5,2	5,9	7,3

Oberflächenbehandlung des Holzes

I. Voraussetzungen einwandfreier, schön wirkender Beiz- und Polierflächen

Werkstatt: + 20°C; trocken, Beiz- und Polierräume außerdem hell und staubfrei.	Auswählen schöner, gepflegter Hölzer; einwandfreie Verarbeitung in Bauweise und Ausführung.	Sorgfältig zusammengesetzte Furniere. Fehler beseitigen. Vor Polieren gut trocknen.	Sauber geputzte und geschliffene Werkarbeit. „Gut geschliffen ist halb poliert."

II. Vorarbeiten an Beiz- und Polierflächen

Verfahren	Mittel	Wirkung u. Nachbehandl.	Anmerkungen
A. Wässern, oft gleichzeitig Aufhellen, Entfernen von Leim, Entharzen.	Massivholz u. Kehlstöße heiß, furnierte Flächen lauwarm wässern. Überschuß mit Schwamm aufnehmen.	Notwendig ist Hochquellen von Druckstellen, Porenrändern, Holzfasern, um später glatte Flächen zu erhalten.	Mindestens 12 Stunden trocknen, gegen die Faser längs schleifen, Poren ausbürsten (Bronzedraht-Perlonbürsten).
B. Aufhellen durch Auswaschen von Gerbsäure (bei Eichenholz)	50 g Feinwaschmittel je l Wasser heiß auftragen, ausbürsten. Bis 100 g Tannin je l Wasser lösen, auftragen, kräftig ausbürsten.	Warm mit wenig Essig gegen späteres Bräunen des Holzes nachwaschen, zum Schluß mit Wasser. Warm mit wenig Wasser u. Essig nachw.! Gutes, gleichm., gefahrl. Aufhellen.	Entfernt gleichzeitig durchgeschlagenen Glutinleim. Sonst weiter wie unter A. Trocknen u. schleifen: Wie unter A weiterbehandeln!
C. Bleichen von Hölzern	**Regel:** Durch Laugen (Salmiakgeist, Seife, Soda, Pottasche) wird Holz dunkler; durch flüchtige Säuren: eisenfreie Salzsäure, Ameisen- und Essigsäure, Oxalsäure und ihre Salze (Oxalate), schweflige Säure und ihre Salze (Sulfite) wird Holz heller. **Unfallverhütung:** Bleichmittel ätzen (Gummihandschuhe und -schürzen, Schutzbrillen verwenden) und sind, besonders Oxalsäure und Kleesalz, giftig. **Mißerfolge** können durch unsaubere Gefäße, Lappen und Pinsel, Berührung mit Metallen und durch unbrauchbar gewordene Bleichmittel eintreten.		
1. durch Sauerstoffzufuhr (Oxydation)	30%iges Wasserstoffperoxid u. ein- bis zweifache Wassermenge u. 50 cm^3 stärkst. Salm.-geist mischen, sofort mit Lappen, Schwamm od. Pinsel (Pflanzenfaser) auftragen, Schaum antrocknen lassen oder ohne Salm.-geist auftragen, antrockn., 2%igen Salm.-geist auftrag. einziehen lassen.	Stets nach Eintrocknen mit warmem Wasser + 5 g Natriumbisulfit je Liter nachwaschen, um Reste Peroxid zu zersetzen, sonst Gefahr heller Beizflecken. Zuviel Salm.-geist zersetzt das Peroxid vorzeitig und bräunt das Holz; dies kann durch Nachwaschen mit etwa 5%iger Essigsäure beseitigt werden.	30%iges Wasserstoffperoxid unverdünnt greift die Holzfaser an! Nicht für Eichenholz (wird grünlich), sonst oft anwendbar, z. B. bei Kirschbaum, Ahorn, Birnbaum, dunklen Stellen von Edelhölzern.
2. durch Sauerstoffentzug (Reduktion), gleichzeitig Auswaschen durchgeschlagenen Glutinleims	30 bis 50 g Oxalsäure 5 g reine Salzsäure je Liter, gleichmäßig naß auftragen, einige Minuten einziehen lassen.	Sehr sorgfältig mit warmen Wasser nachwaschen, da sonst Gefahr späterer Verfärbungen.	Birke, Kirschbaum, abgebeiztes Eichenholz hellen stark auf. Räucherbeizen anschließend nicht verwendbar.
	25 bis 40 g Kleesalz (= saures Kaliumoxalat) + 5 bis 7 g reine Salzsäure je Liter, warm lösen und wie bei Oxalsäure verwenden.	Wie bei Oxalsäure gut nachwaschen.	Wie bei Oxalsäure. Flecken aus Eisenverbindungen (Rost, gerbsaure Tinte) können mit 40 g Kleesalz je l Wasser leicht ausgewaschen werden.
	30 bis 50 g Natriumbisulfit je Liter auftragen, eindringen und antrocknen lassen, mit etwa 10%iger Essig- oder Ameisensäure überwischen.	Wie bei Oxalsäure gut nachwaschen.	Die entstehende schweflige Säure bleicht, insbesondere bei Ahorn, Esche und anderen hellen Hölzern.
3. Bleichen und gleichzeitiges Entharzen stark rotkerniger Kiefer	Holzfläche erst mit heißer Lösung von 50 g Pottasche je Liter mehrmals durchbürsten, oberflächlich gut abwischen, antrocknen lassen, dann heiße Lösung von 50 g Oxalsäure je Liter auftragen.	Gut mit warmem Wasser nachwaschen!	Das entstehende Kleesalz bleicht kräftig.
4. Bleichen verblauten Holzes	„Cyanex" Spezialpräparat nach Prof. Dr. Orth.	Gebrauchsanweisung beachten.	auch für andere Bleicharbeiten auf Holz geeignet.

Holzbeizen

Farbbeizen

(Keine eigentlichen Beizen; führen dem Holz Farbstoffe zu; niemals mit Vorbeizen zu verwenden!)

Bezeichnung der Beizen	Anwendungsbereich	Eigenschaften
1. Wasserbeizen, aus Farbpulvern, z. B. Kasseler Braun	Für alle in- und ausländischen Hölzer, reine Farbtöne auf weißem Holz, sonst Mischfarbe. Nicht für Nadelhölzer, da Umkehr der Struktur: Frühholz dunkler als Spätholz!	In allen, auch lebhaften und reinen Farbtönen; meist völlig säurefest, lichtecht. Für Streich- und Tauchverfahren.
2. Spiritusbeizen, aus in Alkohol löslichen Farbpulvern	Nur dort, wo keine Wasserbeizen verwendbar; große Flächen werden scheckig.	Feuergefährlich beim Lösen und Gebrauch, trocken leicht. Nicht lichtecht.

Chemische Beizen: Entwickler- oder Doppelbeizen. — Meist 2 Arbeitsgänge:

1. Vorbeizen: dem Holz zugeführter Gerbstoff wird gleichmäßig verteilt;
2. Nachbeizen: aus der Nachbeize und dem Gerbstoff entwickelt sich der Beizton, oft erst nach Tagen.

Doppelbeizen für Nadelhölzer

Entweder Produkte lt. Musterkarte namhafter Hersteller kaufen oder in folgender Weise selbst bereiten (Beizprobe rechtzeitig machen, Entwicklung des Farbtons abwarten!)

Gewünschter Farbton	Vorbeize					Nachbeize				
	Gerbstoffe				Zusatz	Metallsalze			Zusätze	
	Pyrogallol g/l	Brenzkatechin g/l	Tannin g/l	Paramin g/l	Salmiakgeist konzentriert	Kaliumdichromat g/l	Kupferchlorid g/l	Eisensalz[1] g/l	Salmiakgeist konzentriert	Essigsäure 10%ig
mattgelb			10			10			10%	
bräunlich gelb			40			10			10%	
zart hellbraun			5	1		5			10%	
hell gelbbraun	10			5		10			10%	
gelbgrünstichig braun	10			5		5	5			10%
gelblich hellbraun	10					10			10%	
graustichig mattbraun	20					20			10%	
graubraun	10			5			10		10%	
grau mattbraun		5				10			10%	
grünlich hellbraun			20	10		10			10%	
grünstichig graubraun			20	5		15			10%	
dunkel graubraun			20	5		10	5			10%
bräunlich grau		10					10		10%	
satt graubraun		10		5				10	—	
satt graubraun	20					5	5		10%	
satt graubraun	30					10	10		10%	
dunkel blaugrau		10		5		10	10		10%	
dunkel blaugrau	20							10	—	
blauschwarz			20					10	—	
schwarzbraun				10	10%	20				10%
dunkel violettbraun				10	10%	5	10			10%
schwarzbraun b. schwarz				20…50		3% Wasserstoffperoxid				

Doppelbeizen für Nadelhölzer lassen die harten Jahresringe dunkler (positive Beizwirkung), haben schöne Wirkung, dringen tief in die obere Holzschicht ein, so daß Durchschleifen und Abreiben ausgeschlossen sind. Sehr lichtecht, luftecht und wasserfest. Für Möbel und Wandverkleidung aus Nadelholz die besten Beizen!

[1]) Als Eisensalz statt Eisenchlorid vorteilhaft das beständige Eisenammoniumsulfat (*Mohr*sches Salz) verwenden, hergestellt aus 6 Gewichtsteilen Eisen(2-)sulfat und 5 Gewichtsteilen Ammonsulfat (60 g + 50 g zu 1,1 l) gelöst, 100 cm³ enthalten dann 10 g Salz. Zur Eisensalznachbeize keinen Salmiakgeist geben!

Doppelbeizen für Eichenholz (als Pulver oder gebrauchsfertig käuflich)

Vorbeize enthält außer Gerbstoff die Verbindung Alizarin; ohne Salmiakgeist verwenden!

Nachbeize + 100 cm^3 Salmiakgeist (konzentriert) je Liter Beize, entwickelt mit im Holz getrockneter Vorbeize den Beizfarbton. Beizprobe rechtzeitig machen! Gleichmäßige Beizwirkung, abriebfest, licht- und luftecht, wasserfest.

Holzbeizen, die ohne Vorbeizen verwendet werden können

Bezeichnung der Beize	Anwendungsbereich	Eigenschaften
1. Hartholzbeizen ohne oder (besser) mit Salmiakgeist (50 cm^3/l) zum Selbstauflösen	Für gerbstoffarme Hölzer, z. B. Ahorn, Birke, Buche, Erle, Esche, Kirsche, Birnbaum, Rüster, Gabun, Limba, aber auch Nußbaum, Mahagoni.	Färbt nicht ab auf Überzugsmittel (Politur, Lack), lichtecht, haltbar, widerstandsfähig gegen Abnutzung. Feinste Farbtöne. Wirkung wird durch Polieren gehoben.
2. Räucherbeizen in Pulverform käuflich, mit Pinsel oder Schwamm auftragen	Nur für Eichenholz und andere gerbstoffreiche Laubhölzer. (Chemische Beize.)	In allen braunen Farbtönen; klare Beizflächen; lichtecht; abriebfest, wasserfest unter Überzug.
3. Salmiakwachsbeize (gebrauchsfertig) (Durch Mattieren widerstandsfähiger)	Für großporige Hölzer: Eiche, Esche, Rüster oder weiche Schnitthölzer: Erle, Linde, Pappel.	Dickflüssig, verdecken Holzstruktur, nicht kratzfest. Nach Reiben seidiger Glanz.
4. Wachs-Metallsalz-Beizen (gebrauchsfertig) wirken mit Metallsalzen chemisch, daher besser als 3	Für alle Hölzer, vorteilhaft für großporige Hölzer, gesandelte oder gebrannte Nadelhölzer usw. Zum Verdecken von Holzfehlern. Nicht für gute Möbel usw.	Dünnflüssig, leicht und fleckenlos zu verarbeiten; fast wasserfest und lichtecht. Nach Reiben glänzend. Nicht scheuer-, abrieb- und kratzfest.
5. Büromöbel-Beizen a) f. Buche u. Nadelhz. b) für Eiche für Serienarbeit	Nach RAL 430 D2 muß einwandfrei gebeizt werden, sind Farben nach der Farbkarte für Büromöbel aus Holz, RAL-RG 840 FB, (Bezug durch Beuth-Vertrieb, Köln) zu wählen.	Hoher Abnutzungswiderstand, leicht zu verarbeiten, zuverlässige Abtönung. Nicht wasserfest ohne Überzug.
6. Industrie-Beizen in Pulverform käuflich, in kochendem Wasser lösen	Für alle Hölzer: Gerbstoffgehalt des Holzes ändert Farbton nicht. Für billige Serienerzeugnisse.	Nur alle braunen Töne herzustellen; gleichmäßige Beizwirkung; sehr ergiebig, nicht abfärbend, nicht wasserfest; gut lichtecht, leicht durchzuschleifen.
7. Echt-Mahagoni-Beize z. „Alt-Mahagoni"-Tönung	Nur für gerbstoffreiche Mahagonisorten, nicht für Okoume.	Licht-, luftecht, abriebfest, greift Politur nicht an.
8. Echt-Nußbaum-Beize zum Veredeln farbloser einheimischer Nußbaumsorten	Nur für Nußbaum bestimmt. Verschiedenes Nußbaumholz ergibt leicht Abweichung des Farbtons!	Lichtechte, tiefe, warme und klare Farbtöne nach etwa 15 Std.; auch grau und graubraun; abriebfest; Wirkung durch Polieren gehoben.

Ergiebigkeit wichtiger Mittel zur Oberflächenbehandlung des Holzes

Menge	Werkstoff	für	reicht für m^2 ≈
1 l	Abbeizer	alle Hölzer	4 ... 5
1 l	Bleichmittel	siehe S. 199	9 ... 12
1 l	Farbbeize	Weichholz	6 ... 8
		Hartholz	7 ... 9
1 l	Vorbeize	Weichholz	6 ... 8
		Hartholz	8 ... 10
1 l	Nachbeize	Weichholz	7 ... 8
		Hartholz	8 ... 10
1 l	Wachsbeize	alle Hölzer	5 ... 6
1 l	Schellackmattierung	alle Hölzer	8 ... 10
	Nitrozellulose		
1 l	– Einlaßgrundiermittel	alle Hölzer	10 ... 12
1 l	– Mattierung	alle Hölzer	10 ... 12
1 l	Schleiföl	alle Hölzer	30 ... 40

Menge	Werkstoff	reicht für m^2 ≈
1 l	Porenfüller	10 ... 14
1 kg	Spritzlack für 1 Arbeitsgang	6,5 ... 8
	2 Arbeitsgänge	3,5 ... 4,5
	3 Arbeitsgänge	2,5 ... 3,5
1 kg	Lack für eine	
	polierfähige Fläche	1,3 ... 1,6
	schwabbelfähige Fläche	1,0 ... 1,2
1 kg	Polyesterlack-Grundiermittel	10 ... 12
1 kg	Polyesterlack	1,6 ... 2,2
1 l	Verteilerpolitur	10 ... 16
1 l	Deckpolitur	10 ... 20
1 l	Polieröl	30 ... 50
1 l	Schellackpolitür für Polieren mit Ballen von Hand	6 ... 8

Die Ordnung der unpigmentierten[1] Holzlacke (nach dem Beschluß der „Fachgruppe Holzlacke im Verband der Lackindustrie e.V." und des „Hauptverbandes der Deutschen Holzindustrie und verwandter Industriezweige e.V.", 1962.)

Nr.	Bezeichnung	wesentliche Merkmale nach dem Anwendungsbereich (die besonderen Anweisungen des Lackherstellers sind zu beachten!)
1	**Nitrozelluloselacke** (NC-Lacke)	trocknen schnell; der Lackfilm wird physikalisch durch Verdunsten der Löse- und Verdünnungsmittel im Lack gebildet.
1.1	Stoffe zum Grundieren	allein oder zusammen mit Porenfüllern verarbeitet.
1.11	Einlaßgrundiermittel	wird einmal aufgetragen; tränkt den Holzuntergrund und verringert seine Saugfähigkeit.
1.12	Haftgrundiermittel	verbessert auf feinporigen oder porengefüllten Hölzern die Haftfestigkeit nachfolgender Polier- oder Schwabbellacke.
1.13	Grundlack	wie Einlaßgrund (1.11), bildet jedoch erkennbaren Film auf dem Holz.
1.14	Schnellschleifgrundlack	wird einmal aufgetragen; bildet eine (mäßig) füllende Grundlackschicht und ist trocken schleifbar.
1.15	Feinschleiflack	wird einmal oder mehrmals aufgetragen; bildet eine stärker füllende Lackschicht und ist trocken schleifbar.
1.2 1.21 1.22 1.23	**Überzuglacke** Mattlacke Seidenglanzlacke Glanzlacke	Überzuglacke, im Glanz abgestuft von matt bis hochglänzend nach Vereinbarung, dienen als letzter Überzug auf eine nach 1.11 bis 1.15 vorbehandelte Fläche und werden in einem Arbeitsgang aufgebracht.
1.3	**Polierlacke**	zum geschlossenporigen Lackieren von Holzflächen, die nach 1.11 bis 1.14 einmal grundiert sind; werden im „aufbauenden Verfahren" durch Schleifen, Verteilen und Polieren weiterbearbeitet.
1.4	**Schwabbelpolierlacke**	werden wie Polierlacke (1.3) verwendet, jedoch im „abbauenden Verfahren" durch Schleifen. Verteilen und Schwabbeln weiterbearbeitet.
2	Mattierungen (2.1) und Polituren (2.2)	trocknen schnell, der Film wird physikalisch durch Verdunsten der Löse- und Verdünnungsmittel gebildet.
2.11 2.12 2.13	Schellack-Mattierung Nitrozellulose-Mattierung Duffmatt	Mattierungen und Duffmatt (mit wenig gelösten Anteilen) dienen zur offenporigen Fertigbehandlung unbehandelter oder nach 1.11, 1.13 oder 1.14 vorbehandelter Holzoberflächen. Sie werden einmal oder mehrmals aufgetragen.
2.21	Verteiler-Polituren (nur zusammengehörige Produkte einer Firma nehmen)	zum Verteilen der Lackschicht (geringerer Abschliff, kürzere Schleifzeit) auf den nach 1.3 oder 1.4 vorbehandelten und geschliffenen Lackflächen.
2.22 2.23	Schellack-Polituren Nitrozellulose-Polituren	zum Aufbau und/oder zum Fertigstellen der polierten Holzoberflächen.
2.24	Auszieh-Lacke	Ausziehlack dient zum Lackieren der Kanten und Profile polierter Holzoberflächen.
3	**Mehrkomponentenlacke** (Anweisungen der Lackhersteller genau beachten!)	Mehrkomponentenlacke sind nach Vermischen der Komponenten nur noch kurze Zeit verwendbar, da sie infolge chemischer Reaktion erhärten· sie trocknen dadurch in der Regel langsamer als die Lacke der Gruppen 1 und 2. Der chemisch erhärtete Film ist nicht oder sehr schwer löslich.
3.1	Säurehärtende Lacke	auch „Kalthärterlacke" genannt.
3.11	Einlaßgrundiermittel für säurehärtende Lacke (nicht zu dick auftragen)	tränkt den Holzuntergrund, isoliert das Holz vor der Verfärbung durch Lacke nach 3.12 und 3.13 und erhöht deren Glanz; die Haftfestigkeit der Lacke nach 3.12 und 3.13, die nicht im Holz verankert werden, kann leiden: der Lack platzt ab.
3.12	Säurehärtende Lacke (nur zusammengehörige Komponenten wie vorgeschrieben mischen!)	nach Vermischen mit dem Härter sind die Lacke gebrauchsfertig und vor Ablauf der „Topfzeit" zu verarbeiten; bilden chemisch und mechanisch sehr widerstandsfähige, aber nicht witterungsbeständige Lacküberzüge. Vorsicht: Beschläge aus Metall können korrodieren (angegriffen werden).
3.13	Säurehärtende Kombinationslacke	wie säurehärtende Lacke nach 3.12, jedoch den jeweiligen Verwendungszwecken besser angepaßt.

[1] Pigment ist nach DIN 55945, Okt. 1973, ein in Löse- oder Bindemitteln praktisch unlösliches, organisches oder anorganisches, buntes oder unbuntes Farbmittel.

Fortsetzung: Die Ordnung der unpigmentierten Holzlacke		
Nr.	Bezeichnung	wesentliche Merkmale nach dem Anwendungsbereich (die besonderen Anweisungen des Lackherstellers sind zu beachten!)
3.14	Härter für säurehärtende Lacke (Vorsicht: beim Mischen Schutzbrille benutzen!)	Härter für Lacke der Gruppen 3.12 und 3.13 sind gelöste saure Katalysatoren, die dem Lack kurz vor dem Verarbeiten im **vorgeschriebenen** (!) Mischungsverhältnis zugesetzt werden. Jede Berührung mit Metallen vermeiden!
3.15	Verdünnungsmittel für säurehärtende Lacke	ein Lösemittel-Gemisch, das auf die Lacke der Gruppen 3.12 und 3.13 und das Verfahren des Lackauftrags auf die Holzoberfläche abgestimmt ist. Nur die vorgeschriebenen Verdünnungsmittel nehmen!
3.2	DD-Lacke (Polyurethan-Lacke) DD aus den Handelsnamen „Desmophen-Desmodur"® der Farbenfabriken Bayer	Isocyanate mit mehreren (–N=C=O)-Gruppen (mehrere Sorten „Desmodur") und mehrwertige Alkohole (mehrere Sorten „Desmophen") bilden durch Polyaddition Lackfilme aus Polyurethan: hornartig hart, elastisch, schlag-, kratz-, wetter- und äußerst abriebfest, chemisch beständig, schwer entflammbar, ungiftig, ohne Lichtschutzmittel vergilbend.
3.21	Einlaßgrundiermittel für DD-Lacke	wird einmal dünn aufgetragen, tränkt den Holzuntergrund und verbessert die Benetzung durch aufgetragenen DD-Lack.
3.22	DD-Lacke (mehrere dünne Schichten sind besser als eine dicke Schicht)	nach Vermischen beider Komponenten ist der Lack sofort gebrauchsfertig und binnen 8···10 Stunden zu verarbeiten (Topfzeit bis 24 Stunden): Jede Feuchtigkeit fernhalten, bis Lackfilm trocken: Eigenschaften siehe unter 3.2.
3.23	DD-Kombinationslack	wie DD-Lacke nach 3.22, den jeweiligen Verwendungszwecken angepaßt.
3.24	Härter für DD-Lacke (nur zusammengehörige Produkte nach Anweisung mischen u. verarbeiten)	gelöste Isocyanate (Desmodure®), die mit der anderen Lackkomponente (Desmophene®) ohne Nebenprodukte vernetzen (Polyaddition); mehr Härter als vorgeschrieben machen den Lack härter und spröder; Härter reagieren (verderben) mit jeder Feuchtigkeit (Holzfeuchte, Luftfeuchte usw.); bei der Zersetzung der Isocyanate entsteht Kohlendioxid (Schaum!)
3.25	Verdünnungsmittel für DD-Lacke (keine „fremden" nehmen)	völlig wasserfreies Lösemittel-Gemisch, das auf die Lacke der Gruppen 3.22 und 3.23 und das Verfahren des Lackauftrags abgestimmt ist. Nur die vorgeschriebene Verdünnung nehmen, andere kann vielleicht den Lack verderben.
3.3	Epoxyharzlacke	ähneln den DD-Lacken, für Hölzer weniger gut geeignet.
3.4	Polyesterlacke	siehe unter Duroplast-Kunststoff, S. 194
3.41	Einlaß- und Isoliergrundiermittel f. Polyesterlacke	Polyesterlacke sind gegen Holzinhaltsstoffe vieler tropischer Hölzer (z.B. von Iroko, Makassar, Mansonia, Palisander, Teak) und Fettspuren empfindlich, können ungeeignete Beizen verfärben, auf ihnen schlecht haften: Isoliergrundiermittel auf DD-Basis nötig.
3.42	Polyesterlacke mit Wachs- oder Paraffinzusatz (vorteilhaft **eine** dickere Schicht aufgießen oder im Kreuzgang aufspritzen, keine längeren Fristen zwischen zwei Lackaufträgen, da sonst eine Wachsschicht zwischen den Lackschichten	enthalten mehr als 90% ungesättigte Polyesterharze; der Film aus Kunststoff bildet sich chemisch; Luftsauerstoff verhindert die Härtung, darum wachsartige Zusätze, die sich während der durch organische Peroxide ausgelösten Härtung des Films als luftundurchlässige Schutzschicht oberflächlich ausscheiden. Diese matte Schutzschicht wird nach Aushärtung des Films (an der Luft nach 36 Stunden, bei Wärmehärtung früher) abgeschliffen, der Film (abtragend) auf Hochglanz poliert. Der Film ist dehn- und reißfest, ziemlich kratzfest, tropenfest, nicht beständig gegen Zigarettenglut und chemische Reinigungsmittel. Der Glanz ist dauerhaft, das Haften am Untergrund nur bei sorgfältiger Isolierung gut.
3.43 3.44	wachsfreie und kombinierte Polyesterlacke	wie 3.42, jedoch für besondere Anwendungen und Verfahren beschleunigter Aushärtung (besondere Wärmeeinrichtungen, Härtung durch Licht).
3.45	Härter für Polyesterlacke: Schutzbrille und Gummihandschuhe benutzen!	Härter für Lacke der Gruppen 3.42 bis 3.44 sind gelöste organische Peroxide. Vorgeschriebene Menge untermischen, dann Lack binnen 20 bis 60 Minuten verarbeiten. Härterspritzer auf Haut mit viel Wasser und Seife **sofort** abwaschen. Beim Untermischen steigt Temperatur bis auf 200°C.
3.46	Härtegrundiermittel für Polyesterlacke	zum Vorlackieren des unbehandelten oder nach 3.41 behandelten Holzes vor dem Lackauftrag: erübrigt das Zusetzen von Härter nach 3.45 zum Lack.
3.47	Verdünnung für Pol.-Lacke, mit Vorsicht verwenden	dienen zum Einstellen des Lacks auf die jeweilige Technik der Verarbeitung, können schon in geringen Mengen die Güte der Lackierung stark beeinflussen.
4	Öl-, Naturharz- und Kunstharzlacke	umfassen Lacke mit trocknenden Ölen, mit Alkydharz und solche, die nicht unter vorstehende Arten fallen (Spirituslacke, mit Wasser verdünnbare Lacke).

Anstrichstoffe und ähnliche Beschichtungsstoffe; Begriffe

nach DIN 55945, Okt. 1973 und DIN 55945, Teil 12 (Ergänzungen)

Auswahl, soweit für die Oberflächenbehandlung von Holz und Holzwerkstoffen von Bedeutung, Wortlaut unwesentlich gekürzt, Reihenfolge alphabetisch:

Im Sinne dieser Norm ist

Abbeizmittel, alkalisches, saures oder neutrales Mittel, das auf den getrockneten Anstrich aufgebracht, diesen so erweicht, daß der Anstrich von seinem Untergrund entfernt werdenwerden kann.
Die Abbeizmittel können flüssig oder pastenförmig sein.

Alkydharz, Polyesterharz, hergestellt durch Veresterung von mehrwertigen Alkoholen, von denen mindestens einer 3- oder höherwertig sein muß, mit mehrbasischen Carbonsäuren. Alkydharze sind stets modifiziet mit natürlichen und / oder synthetischen Fettsäuren und Ölen.

Alkydharzlack, Lack, der als charakteristischen Filmbildner Alkydharze ohne wesentliche sonstige Zusätze enthält. Alkydharzlacke trocknen bei Raumtemperatur (lufttrocknend) oder erhöhter Temperatur (wärmetrocknend).

Anstrich, aus Anstrichstoffen hergestellte Beschichtung. Bei mehrschichtigen Anstrichen spricht man auch von einem Anstrichaufbau („Anstrichsystem").
Das Wort Anstrich wird hierbei gebraucht für Beschichtungen, die durch Streichen, Spritzen, Tauchen, Fluten oder andere Verfahren hergestellt sind.
Hat der Anstrichstoff eine zusammenhängende Schicht gebildet, so spricht man auch von einem Anstrichfilm.

Anstrichstoff (Anstrichmittel), flüssiger bis pastenförmiger oder auch pulverförmiger Beschichtungsstoff, der aus Bindemitteln (meist organischer Natur) sowie gegebenenfalls aus Pigmenten und anderen Farbmitteln, Füllstoffen, Lösungsmitteln und sonstigen Zusätzen besteht. Anstrichstoffe werden durch Streichen, Spritzen, Tauchen, Fluten, Gießen und andere Verfahren auf einen Untergrund aufgetragen und passen sich in flüssigem Zustand der Oberfläche des jeweiligen Untergrundes an. Sie ergeben nach physikalischer und / oder chemischer Trocknung einen festen Anstrich.

Ausbluten, das Durchschlagen von Farbmitteln.

Ausschwimmen, das sichtbare Entmischen der Pigmente im Anstrichstoff beim Lagern oder im Anstrich während des Trocknens.

Außenanstrich, ist bestimmungsgemäß dem Wetter ausgesetzt, (Innenanstrich bestimmungsgemäß nicht dem Wetter ausgesetzt).

Beschichtung, Sammelbegriff für eine oder mehrere in sich zusammenhängende, aus Beschichtungsstoffen hergestellte Schichten auf einem Untergrund. Die Beschichtung kann nach verschiedenen Verfahren aufgebracht worden sein. Kennzeichnung der Beschichtung durch die Art des Beschichtungsstoffes oder des Beschichtungsverfahrens. Beschichtungsstoff und Beschichtung sind Oberbegriffe und Anstrichstoff und Anstrich Unterbegriffe.

Bindemittel, alle nichtflüchtigen Bestandteile eines Anstrichstoffes ohne Pigment und Füllstoff, aber einschließlich Weichmachern, Trockenstoffen und anderen nichtflüchtigen Hilfsstoffen. Das Bindemittel verbindet die Pigmentteilchen untereinander und mit dem Untergrund und bildet so mit ihnen geneinsam den fertigen Anstrich.

Anmerkung: Das Bindemittel kann Bestandteil sowohl des flüssigen Anstrichstoffes als auch – nach physikalischer oder chemischer Änderung – des trockenen Anstriches sein. Im Einzelfall spricht man von einem „Bindemittel im Anstrichstoff" oder von einem „Bindemittel im trockenen Anstrich". Auch reaktive flüchtige Stoffe gehören zum Bindemittel, soweit sie durch chemische Reaktion Bestandteil des trockenen Anstriches werden.

Deckanstrich, besteht aus einer Anstrichschicht oder mehreren Anstrichschichten aus geeigneten und auf die darunter liegenden Schichten abgestimmten Anstrichstoffen; er übernimmt den Schutz der unter ihm liegenden Schichten und gibt dem Anstrichsystem die geforderten Oberflächeneigenschaften. Die letzte Schicht des Anstrichsystems wird auch Schlußanstrich genannt.

Anmerkung: Der Begriff „Deckanstrich" sagt nichts über das Deckvermögen des Anstriches aus.

Dicköl, Oberbegriff für alle Öle von künstlich erhöhter Viskosität. Dicköl umfaßt sowohl Standöle als auch „geblasene Öle" und die nach anderen chemischem Verfahren eingedickten Öle.

Durchhärten oder Durchtrocknen eines Anstriches, das Erreichen seiner Gebrauchshärte in der gesamten Schicht, wobei „Durchhärten" mehr für katalytisch und polyadditiv trocknende Systeme, „Durchtrocknen" mehr für physikalisch und oxydativ trocknende Systeme gebraucht wird.

Durchschlagen, Sichtbarwerden von Bestandteilen, die aus dem Untergrund oder einem vorhandenen Anstrich in den darüberliegenden Anstrich einwandern.

Einlaßmittel, Anstrichstoff, der in einen saugfähigen Untergrund eindringt, dessen Saugfähigkeit verringert oder ganz aufhebt und ihn unter Umständen verfestigt. Ein Einlaßmittel kann auch mit einem Imprägniermittel kombiniert sein.

Elastizität, die Eigenschaft eines Körpers unter dem Einfluß einer Kraft, seine Form proportional dieser Kraft zu verändern und nach Beendigung der Krafteinwirkung seine ursprüngliche Form wieder anzunehmen.

Anmerkung: Auf dem Gebiet der Anstrichstoffe wird der Begriff Elastizität oft fälschlicherweise anstelle des Begriffes Dehnbarkeit benutzt.

Ergiebigkeit, definiert als Größe der Fläche, die mit der Mengeneinheit eines Anstrichstoffes mit einem Anstrich in vereinbarter Schichtdicke theoretisch versehen werden kann (Angabe der Ergiebigkeit in m^2/kg oder m^2/l mit erreichter Trockenschichtdicke in μm).

Anmerkung: Die tatsächlich nötige Menge Anstrichstoff kann aus der Ergiebigkeit nicht ermittelt werden, da Spritz- und Abtropfverluste usw. nicht berücksichtigt werden.

1. Fortsetzung: Anstrichstoffe und ähnliche Beschichtungsstoffe

Emaillelack, Lackfarbe zum Erzeugen einer hochglänzenden, gut verlaufenden Lackierung. Der mit einem Emaillelack hergestellte Anstrich ist eine „Lackierung", aber keine „Emaillierung".

Farbe, nur der durch das Auge vermittelte Sinneseindruck. Eine Farbe ist durch Farbton, Sättigung und Helligkeit gekennzeichnet.
Das Wort „Farbe" wird im täglichen Sprachgebrauch auch für Pigmente, Farbstoffe und pigmentierte Anstrichstoffe gebraucht. Es soll aber für sich allein nicht als Benennung für Stoffe benutzt werden.

Farbmittel, Sammelname für alle farbgebenden Stoffe.

Farbstoff, in Lösungsmitteln und / oder Bindemitteln lösliches organisches Farbmittel.

Filmbildner, Bestandteil des Bindemittels, der für das Zustandekommen des Anstrichfilms wesentlich ist.

Man unterscheidet selbständige und nichtselbständige Filmbildner. Selbständige sind solche, die allein, d. h. ohne Zusatz weiterer Substanzen, mit oder ohne Sauerstoffeinfluß einen Anstrichfilm zu bilden vermögen.

Nichtselbständige sind solche, die nur in geeigneten Gemischen einen Anstrichfilm zu bilden vermögen.

Anmerkung: Man muß zwischen Filmbildner und Filmbestandteil unterscheiden. Zum Beispiel sind Pigmente und Füllstoffe Filmbestandteile, aber keine Filmbildner.

Firnis, Sammelname für nichtpigmentierte Anstrichstoffe, die aus nichteingedickten Ölen oder Harzlösungen oder Mischungen dieser Stoffe bestehen. Im Einzelfall muß deshalb die Benennung „Firnis" zusammen mit kennzeichnenden Wortzusätzen (z. B. Leinölfirnis, Harzfirnis) gebraucht werden.

Kennzeichnend für Firnis ist seine gute Trocknungsfähigkeit. Im allgemeinen wird unter Firnis ein Öl verstanden, dessen Trocknungsfähigkeit durch Zugabe von Trockenstoffen wesentlich erhöht ist.

Glanz, ein Sinneseindruck für die mehr oder weniger gerichtete Reflexion v. Lichtstrahlen an einer Oberfläche.
Anmerkung: Beispiele für Glanzstufen sind hochglänzend, glänzend, halbglänzend, halbmatt, matt und stumpfmatt (siehe auch DIN 53320, Vornorm).

Grundanstrich (die Grundierung), Anstrichschicht oder mehrere Anstrichschichten, die geeignet sind, als Verbindung zwischen dem Untergrund und den auf den Grundanstrich aufgebrachten Anstrichschichten zu dienen. Er kann auch noch besondere Aufgaben, wie Korrosionsschutz erfüllen. Siehe auch Einlaßmittel.

Anmerkung: Im heutigen Sprachgebrauch wird der Begriff „Grundierung" auch noch für den Anstrichstoff zum Grundieren angewendet, wofür die Begriffe „Grundiermittel" oder „Grundanstrichstoff" anzuwenden sind.

Härte, Widerstand, den der Anstrich einer mechanischen Einwirkung entgegensetzt. Einwirkungen dieser Art können z. B. Druck, Reiben und Ritzen sein.

Imprägniermittel, nichtfilmbildender Stoff zum Tränken saugfähiger Untergründe (z. B. Holz, Gewebe, Putz, Beton), um diese zu neutralisieren oder gegen schädliche Einflüsse (z. B. durch Insekten, Pilzbefall), gegen leichtes Entflammen oder Einwirken von Wasser zu schützen.

Katalysator, Stoff, der ohne Veränderung des chemischen Gleichgewichtes eine chemische Reaktion beschleunigt und der nach der Reaktion unverändert vorliegt.

Klarlack, Lack ohne Deckvermögen, der seine Farbe nur der Eigenfarbe des Bindemittels verdankt.

Kunstharzlack, Lack, der Kunstharze als Bindemittel enthält.

Anmerkung: Da es Kunstharze mit sehr verschiedenen Eigenschaften gibt, ist der Begriff „Kunstharzlack" hinsichtlich der Qualität nicht eindeutig und daher zu vermeiden (siehe z. B. „Alkydharzlack").

Lack, Anstrichstoff, der einen Anstrich mit spezifischen Eigenschaften ergibt, z. B. einen gut verlaufenden, einwandfrei durchhärtenden Anstrich mit einem je nach dem Verwendungszweck zu fordernden Widerstand gegen Witterungs- oder mechanische oder chemische Einflüsse. Es sollte angestrebt werden, Festigkeit nur im Zusammenhang mit mechanischer Beanspruchung zu verwenden, Beständigkeit dagegen für sonstige physikalische und chemische Belastungen, z. B. Kratzfestigkeit, Wetterbeständigkeit.
Lacke enthalten zumeist in Lösungsmitteln gelöste Filmbildner, sie haben nur eine flüssige Phase (mit erhöhter Viskosität). Überwiegend kommen organische Lösungsmittel in Betracht. (Es gibt auch Lacke mit wasserlöslichen, trocknenden, organischen Filmbildnern und Wasser als Lösungsmittel, die nach dem Trocknen ihre Wasserlöslichkeit verlieren. Weiterhin gibt es Mehrkomponenten-Lacke usw.)

Lack ist also ein Sammelbegriff für verschiedenartige Erzeugnisse der Anstrichmittelindustrie. Man kann etwa folgende Wortzusammensetzungen für die Kennzeichnung von Lacken anwenden:

a) nach dem Bindemittel: z. B. Alkydharzlack, Asphaltlack, Nitrocelluloselack, Öllack.
   Lacke, die nach dem Bindemittel gekennzeichnet sind, müssen so viel von diesem Bindemittel enthalten, daß dessen typische Eigenschaften für den Lack charakteristisch sind.
b) nach dem Lösungsmittel: z. B. Spirituslack.
c) nach der Reihenfolge im Anstrichaufbau: z. B. Vorlack, Decklack, Einschichtlack.
d) nach der Art der Trocknung: z. B. Einbrennlack.
e) nach der Art der Anwendung: z. B. Tauchlack, Spritzlack.
f) nach der Art des Oberflächeneffektes: z. B. Mattlack, Reißlack.
g) nach dem Lackierobjekt (Anstrichträger): z. B. Autolack, Bootslack.
h) nach sonstigen Merkmalen: z. B. Transparentlack, Weißlack, Klarlack, Zweikomponentenlack, Pulverlack (Pulverlacke im Schmelzfluß).

Man gebrauche darum die einzelnen Lackbenennungen.

2. Fortsetzung: Anstrichstoffe und ähnliche Beschichtungsstoffe

Lackfarbe, ein pigmentierter Lack.

Anmerkung: Das Wort „Lackfarbe" wird in ähnlichen Wortzusammensetzungen für verschiedenartige Erzeugnisse der Anstrichmittelindustrie benutzt wie das Wort „Lack", z. B. „Öllackfarbe". Siehe die Unterteilung unter Lack.

Leinölfirnis (nach DIN 55932, Leinöl, dem Trockenstoffe oder ihre Grundlagen bei höherer Temperatur zugesetzt worden sind.

Anmerkung: Leinölfirnis muß ausdrücklich als solcher benannt werden, siehe „Firnis".

Lösungsmittel, eine aus einer oder mehreren Komponenten bestehende Flüssigkeit, die Bindemittel ohne chem. Umsetzung aufzulösen vermag. Lösungsmittel müssen unter den jeweiligen Trocknungsbedingungen flüchtig sein. Siehe auch „Verdünnungsmittel".
Die Anteile reaktiver flüchtiger Stoffe in Bindemittellösungen oder Anstrichstoffen, die durch eine chemische Reaktion Bestandteil des Bindemittels werden, verlieren durch diese Reaktion ihre Eigenschaft als Lösungsmittel.

Ölfarbe, Anstrichfarbe, deren Bindemittel mit oder ohne Zusatz von Trockenstoffen besteht
entweder aus nicht eingedicktem, trocknendem, pflanzlichem Öl mit oder ohne Zusatz von Standöl,
oder aus schwach eingedicktem, trocknendem, pflanzlichem Öl.
Wenn keine anderen Angaben zu „Ölfarbe" gemacht werden, ist unter pflanzlichem Öl Leinöl zu verstehen.

Öllack, Lack, der als wichtigsten filmbildenden Bestandteil eingedickte trocknende Öle enthält, mit oder ohne Zusatz von Harzen.

Pigment, ein in Lösungsmitteln und/oder Bindemitteln praktisch unlösliches, organisches oder anorganisches, buntes oder unbuntes Farbmittel.

Anmerkung: Die bisher noch übliche Benennung „Farbkörper" für Pigment sollte möglichst vermieden werden.

Porenfüller, mit Füllstoffen und/oder Farbmitteln versetzter Anstrichstoff, der zum Füllen von Holzporen vor dem Lackieren dient.

Schleier, im Sinne dieser Norm eine nicht durch äußere Einflüsse hervorgerufene Trübung eines Anstriches, die während oder nach dem Trocknen sichtbar wird. Siehe auch Anlaufen.

Spachtelmasse, stark pigmentierter und/oder gefüllter Anstrichstoff vorwiegend zum Ausgleichen von Unebenheiten des Untergrundes. Die Spachtelmasse kann zieh-, streich- oder spritzbar eingestellt werden. Die getrocknete Schicht muß schleifbar sein.
Man kann die Spachtelmassen unterscheiden nach dem Auftragsverfahren, nach dem Bindemittel und nach dem Verwendungszweck.

Spirituslack, Lack, dessen Lösungsmittel im wesentlichen aus Alkoholen besteht.

Standöl, nur durch Erhitzen eingedicktes, trocknendes Öl.

Anmerkung: Wird von Leinöl-Standöl, Holzöl-Standöl, Rizinenöl-Standöl, Sojaöl-Standöl u. dgl. gesprochen, so darf es nur aus dem genannten Standöl bestehen.

Transparentlack, Lack ohne Deckvermögen, der seine Farbe dem Zusatz von Farbstoffen oder lasierenden Pigmenten verdankt.

Trockenstoff (nach DIN 55901), eine organische, in organischen Lösungsmitteln und in Bindemitteln lösliche Metallverbindung. Trockenstoffe gehören chemisch zur Klasse der Seifen und werden ungesättigten Ölen und Bindemitteln zugesetzt, um deren Trocknungszeit, d. h. den Übergang der Filme in die feste Phase, erheblich abzukürzen.

Trockenstoffe können in fester und gelöster Form vorliegen[1]. Als Lösungsmittel kommen organische Lösungsmittel und Bindemittel in Betracht. Wasseremulgierbare Trockenstoffe können Emulgatoren enthalten.

Anmerkung: Trockenstoffe bestehen einerseits aus einem Metall (als Kation), dem die Beschleunigung der Trocknung zukommt, und aus einem Metallträger (als Säure-Anion), der die Löslichkeit der Trockenstoffe in Lösungsmitteln oder Bindemitteln bewirkt.
Als Metallträger dienen vorwiegend Carbonsäuren natürlichen oder synthetischen Ursprungs, bevorzugt höhere Fettsäuren, Harzsäuren oder Naphthensäuren, die entweder für sich allein oder in Mischung verwendet werden.

Als Metallträger enthalten:

Linoleate:	Fettsäuren des Leinöls;
Resinate:	Harzsäuren, z. B. des Kolophoniums;
Naphthenate:	Naphthensäuren;
Octoate u. a.:	synthetische aliphatische Carbonsäuren.

1) Trockenstoffe in gelöster Form werden auch Sikkative genannt.

Trocknen, das Übergehen eines Anstriches vom flüssigen in den festen Zustand. Das Trocknen kann durch physikalische und/oder chemische Vorgänge geschehen.

Man unterscheidet folgende Trocknungszustände:
Staubtrocken;
Klebfrei;
Griffest;
Durchgetrocknet;

Verdünnungsmittel, aus einer oder mehreren Komponenten bestehende Flüssigkeit, die dem Anstrichstoff während der Herstellung oder der Anwendung zugesetzt wird, um seine Eigenschaften der Verarbeitung anzupassen. Verdünnungsmittel müssen mit dem jeweiligen Anstrichstoff völlig verträglich und unter den jeweiligen Trocknungsbedingungen flüchtig sein. Die Anteile reaktiver flüchtiger Stoffe, die durch eine chemische Reaktion Bestandteil des Bindemittels werden, verlieren durch diese Reaktion ihre Eigenschaft als Verdünnungsmittel.

Zwischenanstrich, ein Anstrich eines Anstrichaufbaus, der zwischen dem ersten und dem letzten Anstrich liegt, sofern er nicht dem Grundanstrich oder dem Deckanstrich zugeordnet wird.

Alterung von Werkstoffen nach DIN 50035, März 1972.

Blatt 1: Grundbegriffe; Blatt 2: Hochpolymere Werkstoffe.

Alterung: Alle chemischen und physikalischen Vorgänge, die im Laufe der Zeit in einem Material irreversibel (= nicht umkehrbar) ablaufen. Alterung wird für Prüfzwecke oft künstlich herbeigeführt. Sie meint nicht das zeitliche „Älterwerden", sondern die schädigende Alterung; wobei Alterung Oberbegriff, Schädigung Unterbegriff ist.

Unterschieden werden innere und äußere **Alterungsursachen,** chemische und physikalische **Alterungsvorgänge** sowie die **Alterungserscheinungen** als die sicht- oder meßbaren Wirkungen der Alterungsursachen.

Bei hochpolymeren Werkstoffen sind:

A. **Innere Alterungsursachen:** Unvollständige Kondensation, Polymerisation oder Polyaddition, Spannungen, die entstehen, wenn der Werkstoff z. B. ungleichmäßig abkühlt, ungleich schwindet oder wenn seine Moleküle sich anders ordnen.

B. **Äußere Alterungsursachen:** Zufuhr von Energie (Wärme, sichtbare, ultraviolette oder ionisierende Strahlung), Temperaturwechsel, chemische oder mechanische Einwirkungen.

C. **Chemische Alterungsvorgänge:** Korrosion (= durch chemischen Angriff an der Oberfläche beginnende Zerstörung des Materials), Fort- oder Rückgang der Polymerisation, mit oder ohne weitere Reaktionen (Vernetzung, Abspaltung kleiner Moleküle, z. B. Halogenwasserstoff, Wasser, Formaldehyd usw. und (anschließend) Anlagerung von Sauerstoff (Oxidation)), ausgelöst und/oder beschleunigt durch hohe Temperaturen, Strahlung, Luftsauerstoff, Industrieabgase usw.

D. **Physikalische Alterungsvorgänge;** Abnahme der Spannung und Elastizität, Entmischung, Abwandern eines Weichmachers, Verdampfen, Ausschwitzen, Ausblühen eines Anteils.

E. **Alterungserscheinungen:** Wie unter D, außerdem: Risse verschiedener Art, Versprödung, Brüchigkeit und Bruch, Quellung oder Schrumpfung, Verfärbung, Vergilbung.

Schutz gegen Alterung durch Stoffe, die den hochpolymeren Werkstoffen während der Herstellung oder der Verarbeitung zugesetzt werden. Solche Stoffe heißen wegen ihrer Wirkung:

a. **Inhibitor** (Substanz, die eine chemische Reaktion verzögert);

b. **Antioxydans** (Substanz, die eine Sauerstoffeinwirkung verzögert);

c. **Stabilisator** (Substanz, die eine unerwünschte Veränderung weitgehend verhindert).

Es gibt vielerlei Stabilisatoren, z. B. gegen hohe Temperaturen (Wärmestabilisator), gegen ionisierende Strahlen (Strahlenschutzmittel), gegen ultraviolettes Licht (UV-Absorber).

Allgemeine Klimabegriffe

Allgemeine Klimabegriffe werden in der Grundnorm DIN 50010, Teil 1, Okt. 1977, unterschieden und definiert.

Normalklimate DIN 50014, Dez. 1975, sollen einen definierten Zustand temperatur- und feuchteempfindlicher Objekte erzielen und aufrechterhalten,

konstante Prüfklimate DIN 50015, Aug. 1975, sollen temperatur- und feuchteempfindliche Objekte wahlweise im Bereich des gemäßigten, feuchtwarmen oder trockenwarmen Klimas beanspruchend prüfen.

Die Klimate werden in Klimaschränken, -kammern oder -räumen eingestellt.

In den folgenden Tabellen bedeuten: t die Lufttemperatur in °C; U die relative Luftfeuchte in %; t_d die Taupunkttemperatur in °C; für alle Klimate gilt der Luftdruck p zwischen 860 und 1060 mbar und eine Luftgeschwindigkeit $v \leqq 1$ m/s. Meßunsicherheiten und räumliche und zeitliche Abweichungen vom Sollwert werden als zulässige Abweichungen der Lufttemperatur Δt in °C und der relativen Luftfeuchte ΔU in % der sog. Klassen angegeben.

Klimate	Kurzzeichen	t °C	U %	t_d °C	Bemerkung
Normal- nach DIN 50014	23/50	23	50	12,0	Vorzugsklima
	20/65	20	65	13,2	f. Textilien, Holz u. ä.
	27/65	27	65	20,0	f. warme Zonen
Prüf- nach DIN 50015	23/83	23	83	20,0	feucht
	40/92	40	92	38,4	feucht – warm
	55/20	55	20	≦ 25	trocken – warm

DIN	Klasse	Δt °C	ΔU %
50014	0,5	± 0,5	± 1,5
	1	± 1	± 3
	2	± 2	± 6
50015	0,5	± 0,5	± 3
	1	± 1	± 6

Das Zeichen der Klasse folgt dem Kurzzeichen des Klimas: z. B. 20/65 – 1 DIN 50014

Bolzensetzwerkzeuge nach DIN 7260, **Bl. 1 (März 1976) und Bl. 2 (April 1974)**

Bolzensetzwerkzeuge treiben **Setzbolzen** mit Kartuschenmunition in feste Körper.
Nach dem Waffengesetz v. 19. 9. 1972 erfordern diese „Schußapparate für gewerbliche Zwecke" keine Waffenbesitzkarte (§ 28) und keinen Munitionserwerbsschein (§ 29), ihre Bauart muß jedoch von der Phys.-Tech. Bundesanstalt (PTB) zugelassen sein.

Typ-Bezeichnung der Bolzensetzwerkzeuge	Die nach Material, Form und Länge nicht genormten Setzbolzen erhalten eine **höchste** Mündungsgeschwindigk.	heißen	werden nach Zünden im Werkzeuglauf angetrieben durch
Bolzentreibwerkzeuge	über 100 m/s	Treibbolzen	die Pulvergase direkt
Bolzenschubwerkzeuge	bis 100 m/s	Schubbolzen	Kolben (= Zwischenelement)

Bolzensetzwerkzeuge müssen gemäß Bauartprüfung durch die PTB so gebaut sein, daß

1. sie erst wirksam werden durch Anpressen der Mündung, dieses **allein** jedoch kein Zünden bewirkt;
2. die wirksame Anpreßkraft mind. dem 1,5 fachen Werkzeuggewicht entspricht und 50 N nicht unterschreitet;
3. das Zünden nur bei geschlossenem Werkzeug möglich ist;
4. das Zünden unterbleibt, wenn das Werkzeug fünfzehnmal aus 1,5 m und dreimal aus 2,5 m Höhe unter verschiedenem Winkel auf ein Kesselblech fällt; für den Fall, daß Bolzenschubwerkzeuge lotrecht auf die Mündung fallen, gelten Ausnahmen;
5. mit Kartuschen stärkster Ladung keine größere Energie als vorgesehen wirksam werden kann;
6. bei Bolzentreibwerkzeugen außerdem
   a) der ∅ der Laufbahn
   a) der ∅ der Laufbohrung mind. 0,01 mm größer ist als der ∅ des Treibbolzens;
   b) die Kartusche beim Auslösen nicht zündet, wenn die Schutzkappe zum Auffangen abprallender Treibbolzen oder Baustoffsplitter entfernt oder wenn das mit Schutzkappe angepreßte Werkzeug um mehr als 7° schräggestellt wurde.

Auf allen Bolzensetzwerkzeugen muß Herkunft, Typ, Zulassung und die zu verwendende Kartusche, bei möglicher Umstellung auf andere Kartuschen je Kaliber die Kartusche größter Länge bezeichnet sein. Auf Bolzentreibwerkzeugen mit Austauschläufen verschied. Kalibers müssen alle ∅, auf jedem Lauf sein ∅ angegeb. sein.

d_2 gefaltet, l_1, d_1 gebördelt	Kartuschen nach DIN 7260, Bl. 2	5,6/16	6,6/10	6,3/12	6,3/14	6,3/16	6,8/11	6,8/18	9×17	10×18
	d_1 (zul. Abw. = − 0,05)	**5,74**	6,30		6,32		6,86		9,58	**10,00**
	d_2 (zul. Abw. = − 0,30)	7,05	7,60		7,60		8,50		11,00	10,85
	l_1 (vor Gebrauch) max.	15,5	**10,3**	12,0	14,0	15,8	11,0	18,0	16,5	17,8
Ladungsstärke:	Kennfarbe	Energiewerte in J (zul. Abw. ± 50 J, halbfett: ± 100 J)								
stärkste Ladung	Schwarz	550	450		450	750	600	**800**	–	**1500**
sehr starke Ladung	Rot	450	350	400		650	450	**600**	**1050**	**1250**
starke Ladung [1)]	Blau	350	(300)	(350)		550	(400)	(500)	**850**	**950**
mittlere Ladung	Gelb	250		300		450	300	400	**700**	750
schwache Ladung	Grün	150		200		350	200		**600**	550
schwächste Ladung	Weiß	100				150	120		400	

[1)] eingeklammerte Werte: z. Zt. nicht üblich, für spätere Ergänzung vorgesehen. Die 1. Verordnung z. Waffengesetz vom 19. 12. 1972 schreibt u. a. vor, daß Kartuschen „in magazinierter Form zu verpacken sind" und auf der kleinsten Verpackungseinheit und auf dem Hülsenboden die Kennfarbe anzubringen ist.

Nach DIN 7260 gehören zur Ausrüstung: Unfallverhütungsvorschrift, Bedienungs- und Wartungsanleitung. **Sie sind genau zu befolgen!** Dazu gehört auch:

1. Verzicht auf Bolzen**treib**werkzeuge, wenn die geringere Schubenergie eines Bolzen**schub**werkz. ausreicht;
2. beim Arbeiten mit einem Bolzentreibwerkzeug die mitgelieferte Schutzbrille und einen Bolzensetzerhelm aufsetzen;
3. wenn in Baustoffe unbekannter Festigkeit Bolzen zu treiben sind, zur Probe zunächst die **schwächste** Kartuschenladung verwenden.

Prüfen der Kartuschen nach DIN 7260 Blatt 2

Die Kartuschen-Abmessungen und ihre Energiewerte sind mit den Werten der Tabelle zu vergleichen.
Der Energiewert der Kartuschen wird aus der Fluggeschwindigkeit und der Masse des Prüfbolzens ermittelt. Hierbei werden die Prüfbolzen aus feststehenden Prüfgeräten mit den Kartuschenlagermaßen verschossen. Der Verschluß des Prüfgerätes muß starr mit dem Lauf verbunden sein.
Als Energiewert gilt das Mittel aus mindestens zehn Messungen. Einzelmessungen dürfen um nicht mehr als 10% vom Mittelwert abweichen.
Überschreiten die Energiewerte der Kartuschen die Werte der Tabelle, so müssen die Kartuschenabmessungen ein Verwenden in Kartuschenlagern bereits zugelassener Bolzensetzwerkzeuge ausschließen.

Treppenarten, Unterscheidung nach Neigung und Steigungsverhältnissen

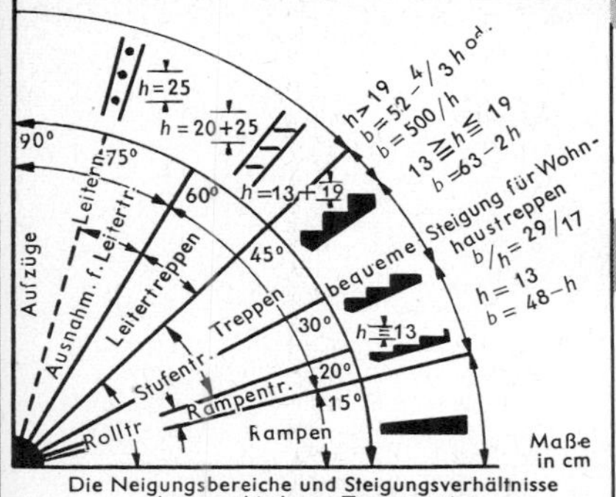

Die Neigungsbereiche und Steigungsverhältnisse der verschiedenen Treppenarten

Verkehrswege	Neigungen
Rampen	...15°
Rampentreppen	15°...20°
Rolltreppen	0°...30°
Stufentreppen	20°...45°
Leitertreppen	45°...60°
zu unbewohnten Dachböden	...75°

Treppenformeln für Wohnbauten

1. Stufenmaßformel[1] (meist üblich!) — $b + 2h = 63$ cm
   Beispiel, besonders gut — $29 + 34 = 63$ cm
2. Sicherheitsformel — $b + h = 46 \ldots 49$ cm
   Beispiel (zu 1) — $29 + 17 = 46$ cm
3. Bequemlichkeitsformel — $b - h \geqq 12$ cm
   Beispiel (zu 1) — $29 - 17 = 12$ cm

Regel für die Steigungsverhältnisse gut begehbarer und unfallsicherer Treppen

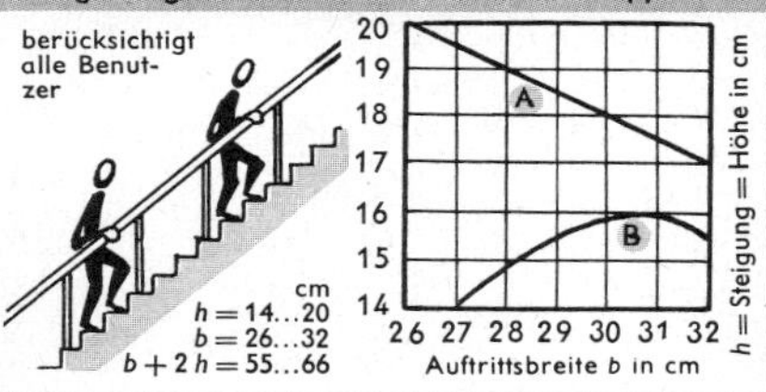

A = Günstige Steigungsverhältnisse für normale Wohnbautreppen: $b + 2h = 66$

B = Steigungsverhältnisse für besonders bequeme Treppen: $b + 2h = 55 \ldots 63$

(Die Angaben entsprechen den Untersuchungen und den Erfahrungen anerkannter Treppenbauspezialisten.)

Einzelheiten der Treppe

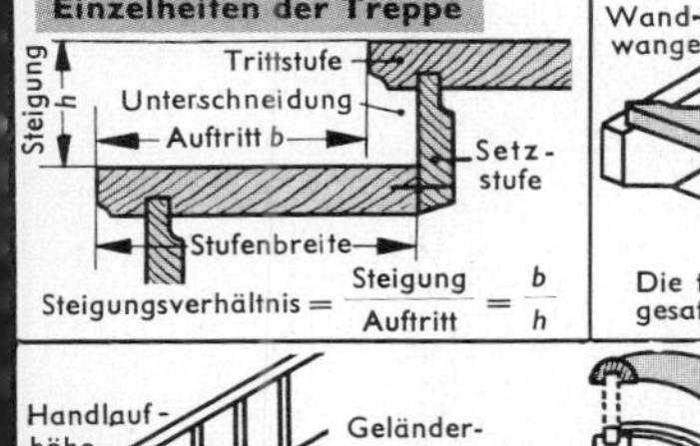

$$\text{Steigungsverhältnis} = \frac{\text{Steigung}}{\text{Auftritt}} = \frac{b}{h}$$

Die tragenden Wangen haben aufgesattelte oder eingestemmte Stufen

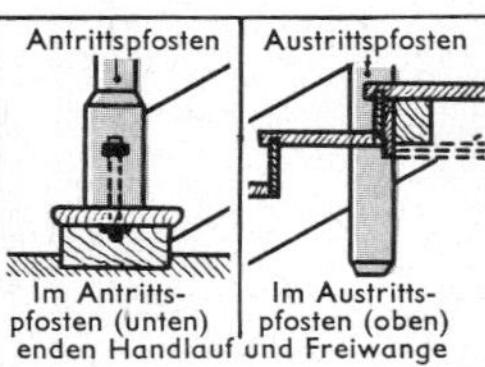

Im Antrittspfosten (unten) | Im Austrittspfosten (oben) enden Handlauf und Freiwange

Geländer- oder Handlaufhöhe ist das senkrechte Maß von Vorderkante Trittstufe oder Oberkante Fußboden bis Oberkante Handlauf

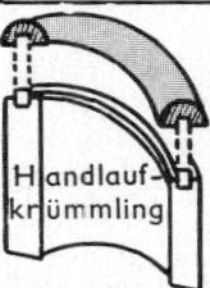

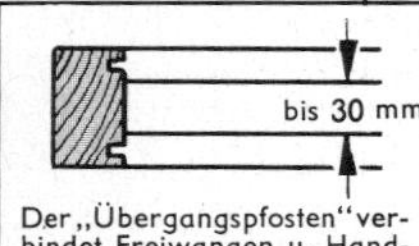

Der „Übergangspfosten" verbindet Freiwangen u. Handläufe zweier Treppenläufe

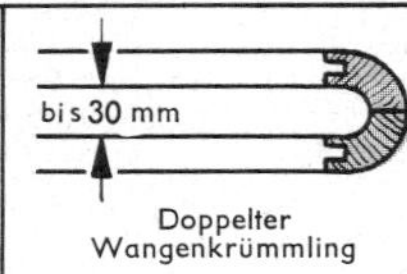

Doppelter Wangenkrümmling

Wohnhaustreppen: Stufenanzahl, Stufenhöhen, Auftrittsbreiten nach DIN 18065 (Dez. 1957)

Geschoßhöhe[1] in cm		225[2]		250		(262,5)[3]			275			300	
Stufenanzahl		12	13	14	14	14	15	16	15	16	16	17	18
Auftrittsbreite b (in cm)		h = Höhe der einzelnen Treppenstufe (auf volle Millimeter gerundet) in cm:											
	26	18,8	17,3	17,9	—	18,8	17,5	—	18,3	17,2	—	—	—
	29	—	—	—	17,9	—	—	16,4	—	—	17,2	17,7	16,7
Stufenhöhe[4] / Auftrittsbreite		1/1,39	1/1,50	1/1,46	1/1,62	1/1,39	1/1,49	1/1,77	1/1,42	1/1,51	1/1,69	1/1,64	1/1,74

In Einfamilienhäusern und bei Keller-, Boden-, Neben- u. Nottreppen: $h \leqq 21$ cm; $b \geqq 21$ cm,
bei Treppen in Mehrfamilienhäusern: $h \leqq 19$ cm; $b \leqq 26$ cm,
bei $b < 26$ cm muß Unterschneidung mindestens 30 mm betragen.

[1] Geschoßhöhen rechnen von Oberkante Fußboden bis Oberkante Fußboden; [2] nur für Kellergeschoß
[3] zu vermeiden [4] Die Neigungen liegen zwischen 29½° und 36°

Rolläden aus Holz, Profile für Rolladen-Holzteile nach DIN 18076 (Okt. 1966)

Stabprofile:

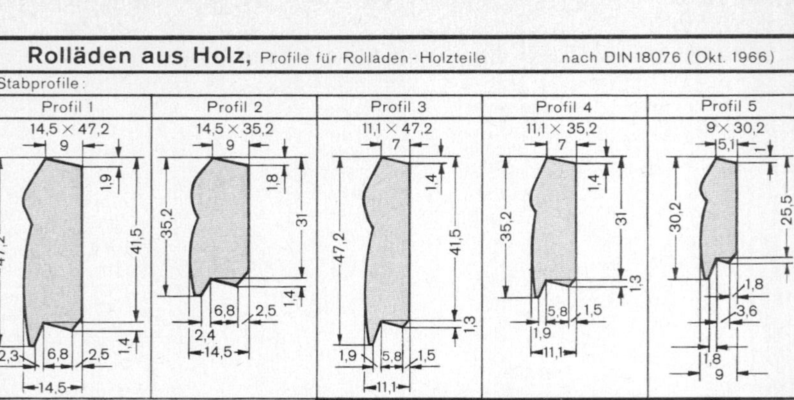

Schlußleisten für Rolläden

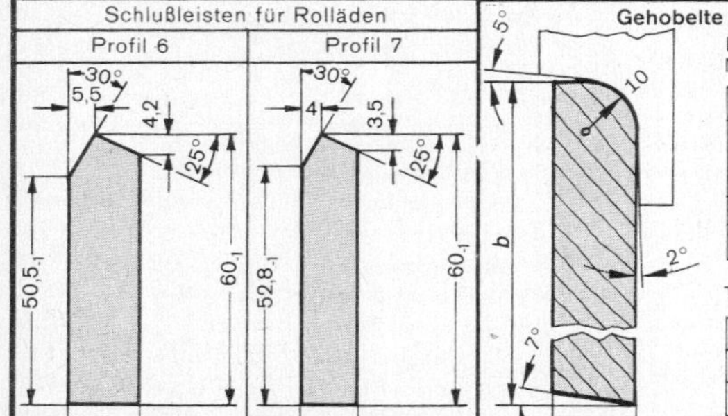

Gehobelte Fußleisten nach DIN 68125 (Maße in mm), Blatt 1, Aug. 1970: aus europ. (außer nord.) Nadel- und Laubschnitthölzern:

Länge *l*			Stufung	zul. Abw.
von 1500 bis 3000 über 3000 bis 4500 über 4500 bis 6500			500 250 500	+ 50 − 25
Dicke *s*	15	19,5	21	± 0,5
Breite *b*	73	42		± 1

Teil 2, Aug. 1977: aus nord. Nadelholz:

Länge *l*		Stufung	zul. Abw.
von 1800 bis 6000		300	wie oben
Dicke *s*	12,5		± 0,5
Breite *b*	58	70	± 1

Wohnungstüren nach DIN 18101, Juli 1955

(Zimmer-, Wohnungsabschluß-, Badezellen- und Aborttüren) Maße in mm

Kenn-Nr. der Türen (n x 125 mm)	Rohbau-Richtmaß nach DIN 18100		Rahmenfalzmaß Zargenfalzmaß		Türblatt-Außenmaß gefälztes Blatt		Türblatt-Außenmaß ungefälztes Blatt		Lichtes Durchgangsmaß	
	Breite	Höhe	Breite	Höhe	Breite	Höhe	Breite	Höhe	Breite	Höhe
5 x 15	625	1875	591	1858	610	1860	586	1848	565	1845
6 x 15	750	1875	716	1858	735	1860	711	1848	690	1845
7 x 15	875	1875	841	1858	860	1860	836	1848	815	1845
5 x 16	625	2000	591	1983	610	1985	586	1973	565	1970
6 x 16	750	2000	716	1983	735	1985	711	1973	690	1970
7 x 16	875	2000	841	1983	860	1985	836	1973	815	1970
8 x 16	1000	2000	966	1983	985	1985	961	1973	940	1970
10 x 16	1250	2000	1216	1983	1235	1985	1211	1973	1190	1970
12 x 16	1500	2000	1466	1983	1485	1985	1461	1973	1440	1970
14 x 16	1750	2000	1716	1983	1735	1985	1711	1973	1690	1970

Die Türen 10 x 16; 12 x 16; 14 x 16 sind zweiflüglig, die anderen einflüglig. Die Aufteilung der Türöffnungen, ob glatte Sperrtür oder Füllungstür usw., ist freigestellt. Die überfälzte Tür (gefälztes Blatt) ist zu bevorzugen. Zulässige Abweichung der Türblatt-Außenmaße ist —2 mm.

Europäische Normen (EN) zur Prüfung von Türblättern, Juli 1976,

haben den Status einer Deutschen Norm:

EN 24: Prüfung von Fehlern in der allgemeinen Ebenheit von Türblättern;

EN 25: Prüfung der Abmessungen und der Rechtwinkligkeit von Türblättern;

EN 43: Verhalten von Türblättern unter verschiedenen Feuchtigkeitsbedingungen in aufeinanderfolgenden allseitig einheitlich einwirkenden konstanten klimatischen Verhältnissen.

Sperrtüren im Innenausbau (nach DIN 68706, Bl. 1, Aug. 1972).

Sperrtüren nach dieser Norm sind **glatte Türblätter,** aus Rahmen, Einlage und Deckplatten hergestellt. Sie bieten keinen besonderen Feuer-, Wärme-, Schall- oder Strahlenschutz.

Der **Rahmen** besteht aus Vollholzleisten, umschließt die Einlage und ist mit beiden Deckplatten verleimt. Er muß an den Stellen für Schloß- und Bandsitz (DIN 18101) so breit sein oder verstärkt werden, daß Einsteckschloß (nach DIN 18251, Bl. 1) und Türbänder (nach DIN 18260) einwandfrei befestigt werden können.

Die **Einlage** kann aus Vollholz, Holzwerkstoffen oder anderen geeigneten Werkstoffen bestehen und Hohlräume haben. Sie versteift das Türblatt und stellt mit dem Rahmen den Abstand der beiden Deckplatten sicher.

Die **Deckplatten,** mit Rahmen und Einlage schubfest verleimt, dürfen bestehen aus:

a) Furnierplatten (nach DIN 68705, Bl. 2);
b) zwei kreuzweise aufgeleimten Furnierlagen;
c) Holzspanplatten (nach DIN 68761);
d) harten Holzfaserplatten (nach DIN 68750);
e) anderen geeigneten Werkstoffen.

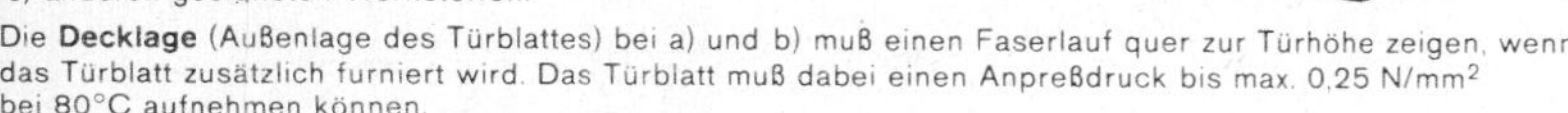

Die **Decklage** (Außenlage des Türblattes) bei a) und b) muß einen Faserlauf quer zur Türhöhe zeigen, wenn das Türblatt zusätzlich furniert wird. Das Türblatt muß dabei einen Anpreßdruck bis max. 0,25 N/mm^2 bei 80°C aufnehmen können.

Deckfurniere müssen außen sauber vorgeschliffen sein. Zugelassen sind:

a) **Messerfurniere,** bildgerecht und seitenparallel zusammengesetzt; offene Fugen, Risse, Kittstellen sind unzulässig; vereinzelte unauffällige Punktäste und Ausbesserungen sind zulässig, auch kleine Wirbel. Einlage und Fehler der Blindfurniere dürfen sich nicht abzeichnen;

b) **lasierbare Furniere,** möglichst aus einem Stück; zulässig sind höchstens drei in Farbe und Maserung ähnliche Stücke mit sauberen, randparallelen Längsfugen; Beschaffenheit wie bei Messerfurnieren;

c) **streichbare Furniere**; zulässig sind Farbfehler, ausgebesserte Stellen, feste Äste, ausgekittete Wurmlöcher, Risse und Fugen (bis 20 cm Länge).

An- und Einleimer sollen in der Farbe dem Holz oder Werkstoff der Decklage entsprechen.

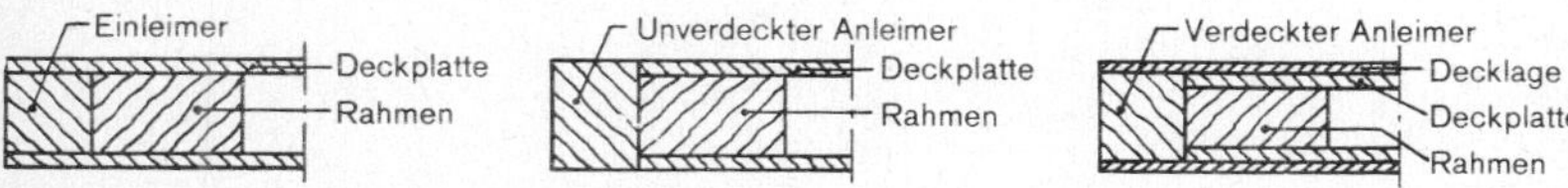

Einleimer und verdeckte Anleimer dürfen längs mit Keilzinken gestoßen sein; die verbundenen Teile müssen gleichfarbig sein. Unverdeckte Anleimer müssen in Länge und Breite aus je einem Stück (ohne Stoßfuge) bestehen.

Abmessungen und Konstruktionsmerkmale

Die angegebenen Maße sind einzuhalten!

Die Umfangskanten aller Ausschnitte und Schlitze müssen völlig geschlossen sein und rechtwinklig zur Oberfläche der Tür verlaufen.

Die Dicke geschliffener Sperrtüren: 40 mm $^{+0}_{-2}$ mm, zu bestimmen als Mittelwert aus vier Messungen, je in der Mitte jeder Längs- und Breitseite 20 mm vom Rand entfernt ausgeführt.

Fälze an den Längsseiten und der oberen Querseite haben das Maß: 13 mm × 25,5 mm $^{+0,5}_{-0}$ mm

Für einflügelige gefälzte Sperrtüren sind vorzugsweise **Türblatt - Außenmaße** der Kenn-Nr.: 7 × 15; 6 × 16; 7 × 16; 8 × 16 nach DIN 18101, Juli 1955, anzuwenden! Siehe Seite 210 !

Die Holzfeuchte, bezogen auf das Darrgewicht, soll ab Herstellerwerk 8% betragen.

Einbaubeispiele für Türblätter (Innentüren) (Als DIN 18052, Bl. 1, zurückgezogen)

(Es sind auch andere Anschlüsse und Ausführungen möglich und zulässig.)

Gefälzte Türblätter Einbaubeispiele

Maße in mm

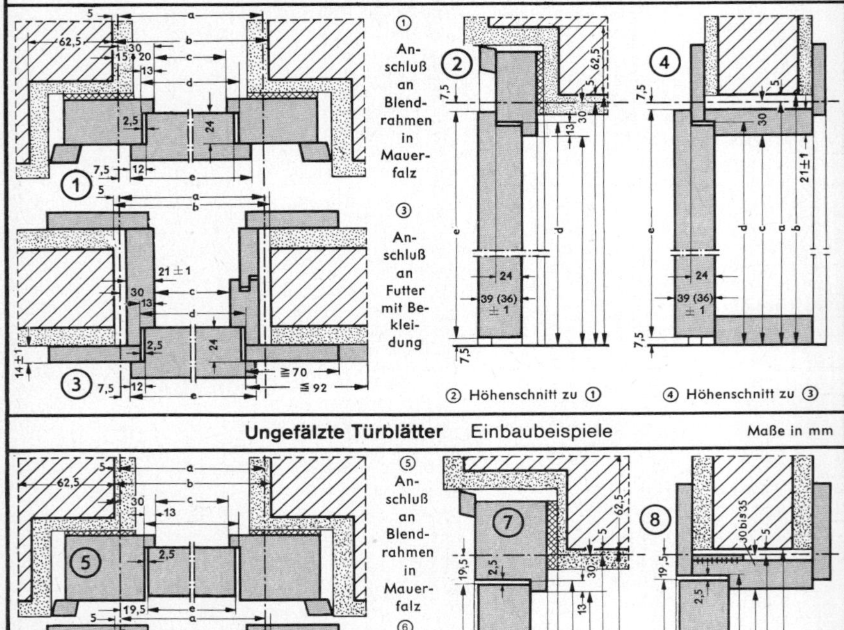

② Höhenschnitt zu ①

④ Höhenschnitt zu ③

Ungefälzte Türblätter Einbaubeispiele

Maße in mm

⑦ Höhenschnitt zu ⑤

⑧ Höhenschnitt zu ⑥

a = Rohbau-Richtmaß; *b* = Rohbaumaß (die Rohbaumaße verantwortet der Rohbauhersteller) *c* = lichtes Durchgangsmaß; *d* = Zargenfalzmaß; *e* = Türblatt-Außenmaß. Türen werden mit oder ohne Türschwellen, diese nur in der Tiefe des Futters ausgeführt.

Kennbuchstaben u.-zahlen bei Kastenschlössern an Türen

	Kastenschloß ist befestigt auf	für nach DIN 107 Tür	für nach DIN 107 Schloß	für nach ISO-R1226 Tür	für nach ISO-R1226 Schloß	nach ARGE Schloß[1]
Linksflügel	Öffnungsfläche	L	L0	6	60	1
	Schließfläche		L1		61	3
Rechtsflügel	Öffnungsfläche	R	R0	5	50	2
	Schließfläche		R1		51	4

[1]) Arbeitsgemeinschaft der Europäischen Schloß- und Beschlagindustrie.

Schlösser, Beschläge u. Türschließer n. DIN 107

Linksschloß, Linksbeschlag u. Linkstürschließer: Kennbuchstabe L, für den Linksflügel Rechtsschloß, Rechtsbeschlag und Rechtstürschließer: Kennbuchstabe R, für den Rechtsflügel. Bei Kastenschlössern und bestimmten Beschlägen ist zusätzl. anzugeben, auf welcher Fläche des Flügels diese angebracht werden müssen. In diesem Fall ist dem Kennbuchstaben (L oder R) die Kennzahl für die betreffende Fläche hinzuzufügen, z. B. L1.

Eine Linkszarge (Rechtszarge) ist eine Zarge für den Linksflügel (Rechtsflügel) einer Drehflügeltür. (siehe auch S. 213!)

Sinnbilder für Fensterflügel-Arten nach DIN 18 059, Blatt 1, April 1961

Die verschiedenen Flügelarten können, von der Raumseite aus gesehen, durch die folgenden Sinnbilder zeichnerisch dargestellt werden:

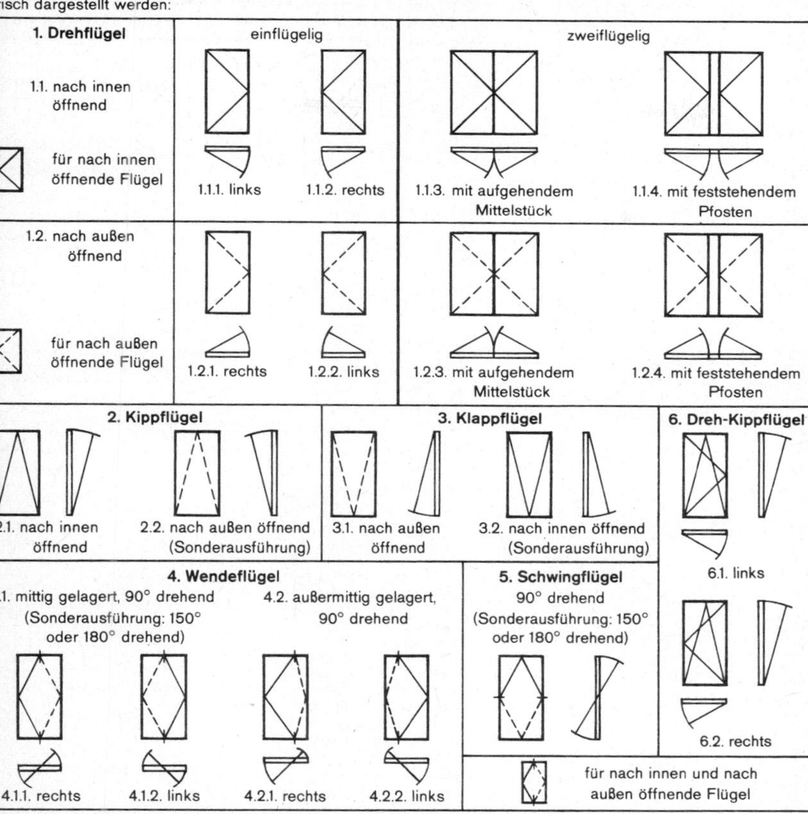

Bezeichnung mit links oder rechts im Bauwesen nach DIN 107, April 1974

Öffnungsfläche und Schließfläche:

Die Öffnungsfläche (Schließfläche) ist diejenige Fläche eines Flügels einer Drehflügeltür, eines Drehflügelfensters oder eines Drehflügelladens, die auf derjenigen Seite liegt, nach der sich der Flügel öffnet (schließt).

Die Öffnungsfläche ist die Bezugsfläche für die Bezeichnung mit links oder rechts. Öffnungsfläche: Kennzahl 0; Schließfläche: Kennzahl 1

Ein Linksflügel (Rechtsflügel) ist ein Flügel von Drehflügeltüren, -fenstern oder -läden, dessen Drehachse bei Blickrichtung auf seine Öffnungsfläche links (rechts) liegt. Linksflügel: Kennbuchstabe L;
Rechtsflügel: Kennbuchstabe R

Schließfläche (1)
Öffnungsfläche (0)
Linksflügel

Schließfläche (1)
Öffnungsfläche (0)
Rechtsflügel

Linksschiebetüren, -fenster, -läden (Rechtsschiebetüren, -fenster, -läden) schließen vom Standort des Betrachters aus gesehen links (rechts) an.
Der Standort des Betrachters befindet sich im Raum. Bei gleichberechtigten R. ist der Standort anzugeben.
Linksschiebetür, -fenster, -laden: Kennbuchstabe L; Rechtsschiebetür, -fenster, -laden: Kennbuchstabe R.

Treppen und Geländer: Eine Linkstreppe (Rechtstreppe) ist eine Treppe, deren Treppenlauf entgegen dem Uhrzeigersinn (im Uhrzeigersinn) aufwärts führt.
Ein Linksgeländer (Rechtsgeländer) ist ein Geländer, das beim Aufwärtsgehen auf der linken (rechten) Seite einer Treppe liegt. (siehe auch S. 209!)

Blendrahmenfenster nach innen aufgehend [1]

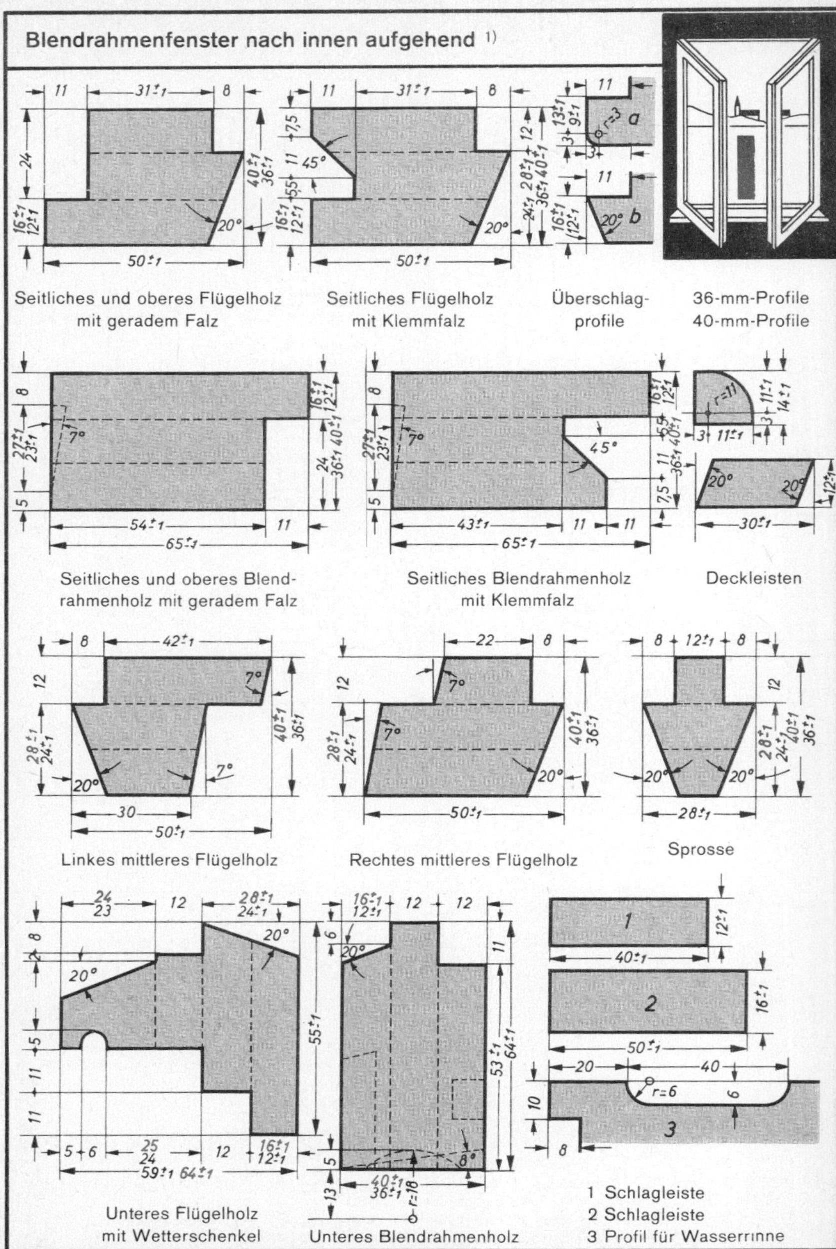

[1] Als DIN 18052, Blatt 1, zurückgezogen

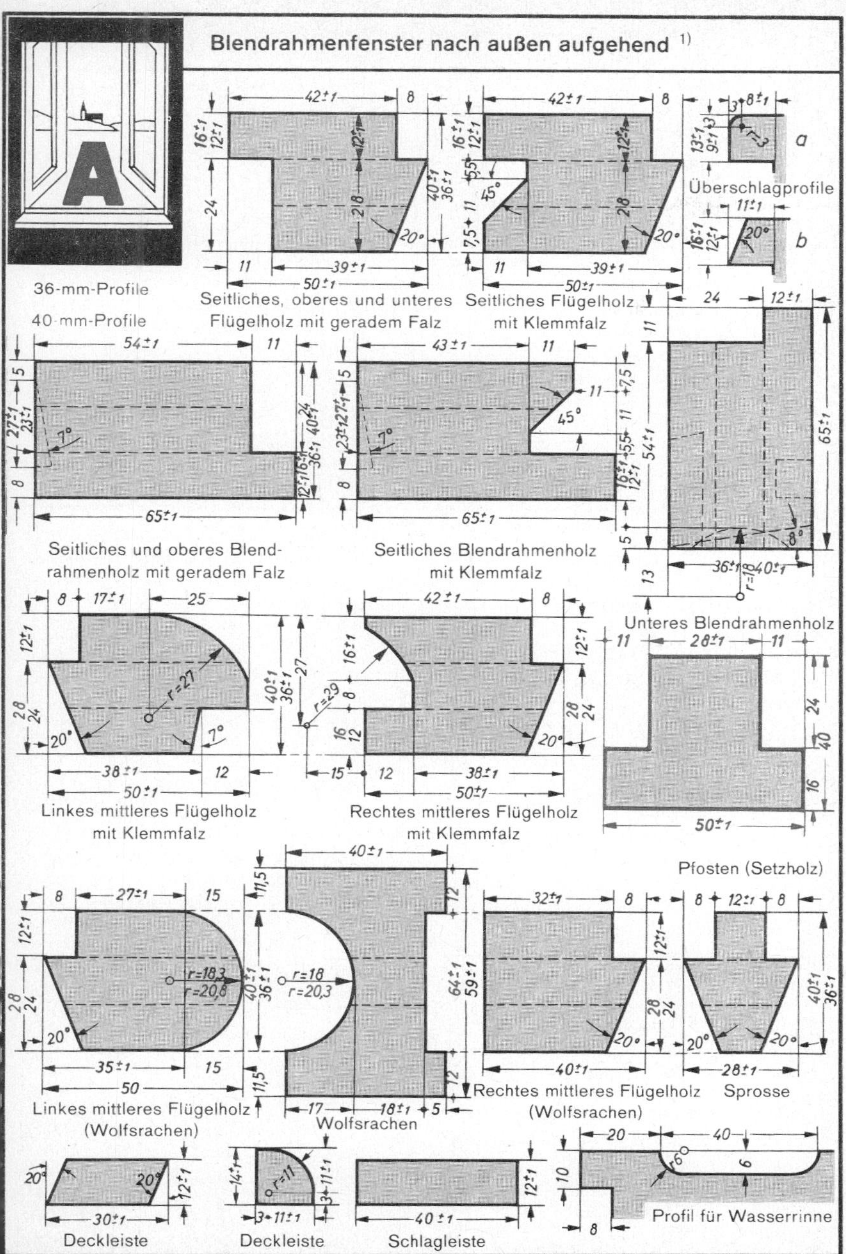

[1] Als DIN 18052, Blatt 2, zurückgezogen

Holzfenster-Profile nach innen aufgehender Dreh-, Drehkipp- und Kippfenster

nach DIN 68121, Bl. 1, März 1973

Alle Profile der Blendrahmenhölzer sind mit ungeraden Zahlen, alle Profile der Flügelrahmenhölzer mit geraden Zahlen gekennzeichnet.

1. **Einfachfenster** mit
   1.1. **Einfachverglasung:** EV 44 (Profile A);
   1.2. **Isolierverglasung:** IV (Profile C, D, E, F);
2. **Verbundfenster** mit **Doppelverglasung:** DV (Profile G, H, I)

	Profile für Einfachfenster						Profile für Verbundfenster							
Ausführung:	EV 44	IV 56	IV 68	IV 68	IV 78	IV 92	DV 35/38		DV 30/38		DV 44/44		DV 44/44	
Flügelholz							innen	außen	innen	außen	innen	außen	innen	außen
Breite	78	78	78	92	92	92	78	51	78	51	78	51	92	65
unteres	A 2	C 2	D 2.1	D 2.2	E 2	F 2	G 2.1	G 2.2	H 2.1	H 2.2	J 2.1.1	J 2.2.1	J 2.1.2	J 2.2.2
oberes + aufrechtes	A 4	C 4	D 4.1	D 4.2	E 4	F 4	G 4.1	G 4.2	H 4.1	H 4,2	J 4.1.1	J 4.2.1	J 4.1.2	J 4.2.2
Holzdicke	44	56	68	68	78	92	38	35	38	30	44	44	44	44
Blendrahmenholz														
unteres	A 1	C 1	D 1	D 1	E 1	F 1	G 1		H 1		J 1		J 1	
oberes + aufrechtes	A 3	C 3	D 3	D 3	E 3	F 3	G 3		H 3		J 3		J 3	
Pfosten (Setzholz)	A 5	C 5	D 5	D 5	F 5	F 5	G 5		H 5		J 5		J 5	

Blendrahmen – Profile

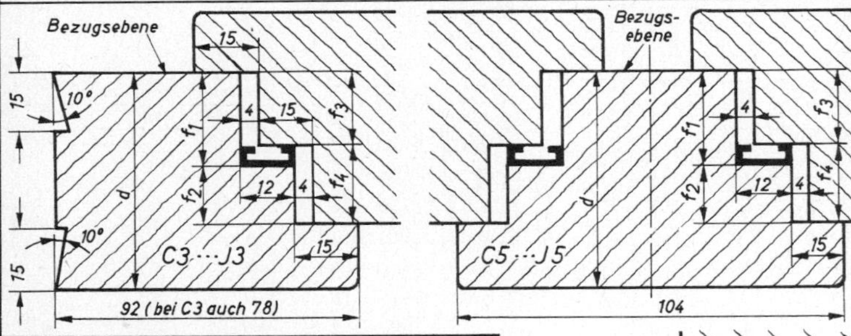

Blendrahmenprofile A siehe folgende Seite!

Verschiedene Maße der Blendrahmenprofile								
Blendrahmen-profile					Falzhöhe, wenn Falz mit Dichtung		ohne Dichtung	
			d	b	f_1	f_2	f_3	f_4
A 1	A 3	A 5	44	19				
C 1	C 3	C 5	56	31	25	15	20	20
D 1	D 3	D 5	68	43	27	25	22	30
E 1	E 3	E 5	78	53	37	25	32	30
F 1	F 3	F 5	92	67	45	31	40	36
J 1	J 3	5	88	55	33	39	28	44

Profile G = H = D mit gleicher Ziffer f_3 und f_4 = Falzhöhen der Flügelhölzer $d = f_1 + f_2 + 16 = f_3 + f_4$ 16

Diese Norm sieht als üblich eine umlaufende Dichtung in der mittleren Falzebene vor. Bei Fenstern ohne diese Dichtung ändert sich das Falzmaß im Blendrahmen um 5 mm. Die Form der Dichtung und der Regenschutzschienen braucht der bildlichen Darstellung nicht zu entsprechen.

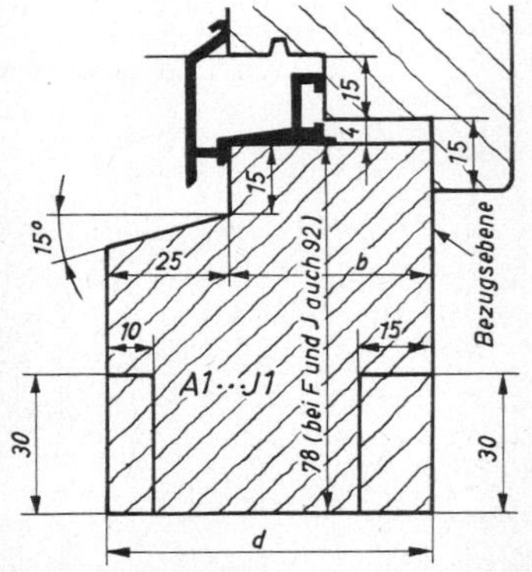

Das untere Blendrahmenholz kann wahlweise gefälzt werden (durch gröbere Schraffur angedeutet) zum Einbau von äußeren und inneren Fensterbänken.

1. Fortsetzung: Holzfenster-Profile nach DIN 68121, Bl. 1

Die Maße gelten bei 12 bis 15% Feuchtigkeitsgehalt des Holzes, bezogen auf das Darrgewicht. Sie dürfen in Dicke und Breite ± 1,5 mm, übrige Maße der Profile ± 0,5 mm von den Nennmaßen abweichen.

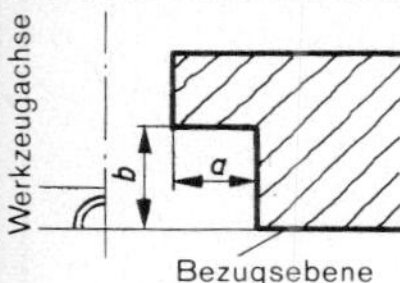

Bearbeitungstiefe = Tiefe eines Falzes, rechtwinklig zur Werkzeugachse gemessen,
Bearbeitungshöhe = Höhe eines Falzes, parallel zur Werkzeugachse gemessen,
in beiden Fällen bezogen auf eine Lage der Werkzeugachse rechtwinklig zur Bezugsebene.
Für die Verglasung gilt die Bearbeitungstiefe als Falzhöhe oder Falzbreite,
die Bearbeitungshöhe als Falztiefe.

a = Bearbeitungstiefe; b = Bearbeitungshöhe

Maximale Größen der Fensterflügel

Nach DIN 18055, Bl. 2, Aug. 1973: „Fenster, Fugendurchlässigkeit und Schlagregensicherheit, Anforderungen und Prüfung", werden die 4 Beanspruchungsgruppen A, B, C und D nach den folgenden (nicht eindeutig wirksamen) Richtwerten gebildet:

Beanspruchungsgruppe		A	B	C	D
Staudruck	in kp/m²	bis 18	bis 37	bis 66	Sonderregelung bei außergewöhnlicher Beanspruchung
(Prüfdruckdifferenz)	in kN/m²	bis 0,18	bis 0,37	bis 0,66	
Windstärke nach Beaufort[1]		bis 7	bis 9	bis 11	
Gebäudehöhe in m:		bis 8	bis 20	bis 100	

[1]Windstärkeskala nach Beaufort (engl. Admiral), oberer Teil:

Windstärke		Windgeschwindigkeit m/s	km/h	Windstärke		Windgeschwindigkeit m/s	km/h
5	frische Brise	8 ... 10,7	29 ... 39	9	Sturm	20,8 ... 24,4	75 ... 88
6	starker Wind	10,8 ... 13,8	39 ... 50	10	schwerer Sturm	24,5 ... 28,4	88 ... 102
7	steifer Wind	13,9 ... 17,1	50 ... 62	11	orkanartig. Sturm	28,5 ... 32,6	102 ... 117
8	stürmischer Wind	17,2 ... 20,7	62 ... 75	12	Orkan	über 32,7	über 118

Gruppe	Ausführung	Profile für Einfachfenster						Profile für Verbundfenster			
		EV 44	IV 56	IV 68	IV 68	IV 78	IV 92	DV 35/38	DV 30/38	DV 44/44	
	Flügelholzbreite (mm):	78	78	78	92	92	92	51/78		51/78	65/92
A, B, C	max. Flügelhöhe (in m):	1,25	1,5	1,7	1,75	1,75	1,90	1,25		1,6	1,7
A	max. Flügelbreite (in m):	1,2	1,4	1,5	1,6	1,6	1,6	1,1		1,5	1,6
B	max. Flügelbreite (in m):	1,1	1,3	1,4	1,5	1,6	1,6	1,1		1,4	1,5
	Flügelbreite von (in m): Mittelverriegelung ab	–	–	1,3	1,3	1,3	1,6	–		1,3	1,3
	Zusätzliche Dichtung erforderlich für ein Rückstellvermögen von etwa 1,5 mm										
C	max. Flügelbreite (in m):	–	1,3	1,4	1,5	1,6	1,6	–		1,4	1,5
	Zusätzliche Dichtung u. Mittelverriegel. erforderl. ab Flügelbreite v. (in m):	–	1,1	1,1	1,1	1,1	1,1	–		1,1	1,1

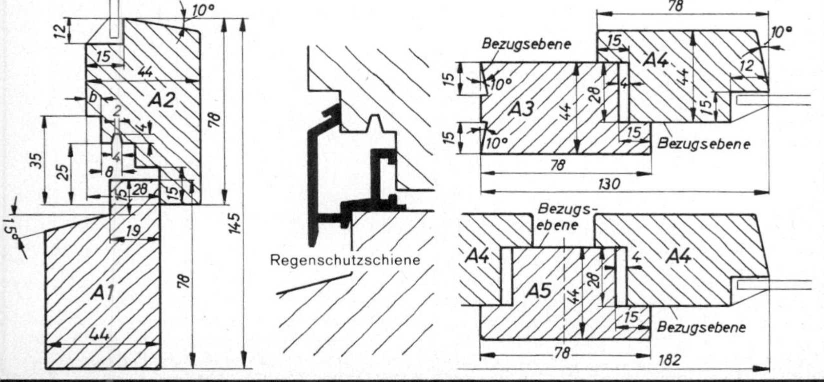

Flügelrahmen-Profile für Isolierverglasung

Isolierverglasung (Kurzzeichen IV) aus mehreren Scheiben, voneinander durch luftgefüllte Zwischenräume **getrennt** und luft- und feuchtigkeitsdicht miteinander verbunden.

Ausführung	IV 56	IV 68	IV 68	IV 78	IV 92
Profilmaß	C 4	D 4.1	D 4.2	E 4	F 4
Flügelholzbreite *a*	78	78	92	92	92
Summe *c*	118 / 132	132	146	146	146
Dicke *d*	56	68	68	78	92
Falzhöhe *g*	20	30	30	30	36
Falzhöhe *f*	20	22	22	32	40
Glasleiste *h*	23	23	23	30	45

f_1 und f_2: siehe bei Blendrahmenprofilen

$g + f + 16 = d$

Wahlweise Ausführung der gekennzeichneten Einzelheit der Profile bei Versiegelung

3 x 45°
mit Y
mit Z
3 x 45°

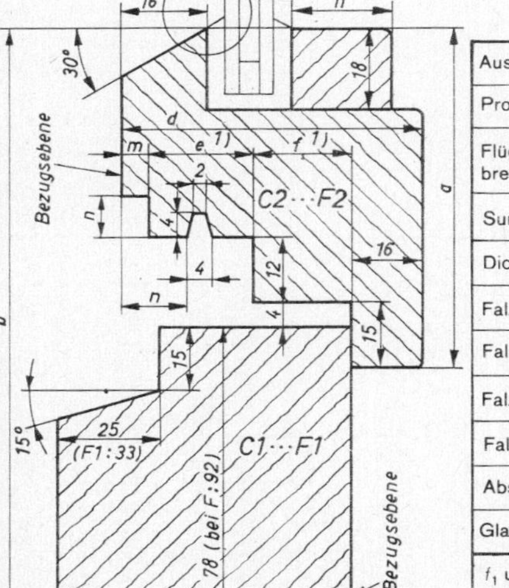

Ausführung	IV 56	IV 68	IV 68	IV 78	IV 92
Profilmaß	C 2	D 2.1	D 2.2	E 2	F 2
Flügelholzbreite *a*	78	78	92	92	92
Summe *b*	145	145	159	159	173
Dicke *d*	56	68	68	78	92
Falzhöhe *e*	13	23	23	23	29
Falzhöhe *f*	20	22	22	32	40
Falzhöhe *m* [1)]	7	7	7	7	7
Falztiefe *n* [1)]	10	10	10	10	10
Abstand *r* ≈	14	17	17	17	23
Glasleiste *h*	23	23	23	30	45

f_1 und f_2 : siehe bei Blendrahmenprofilen

$m + e + f + 16 = d$; $b = a + 67$, bei F: $a + 81$

1) **Maße** *m* und *n* richten sich nach der Regenschutzschiene

3. Fortsetzung: Holzfenster-Profile nach DIN 68121, Bl. 1

Flügelrahmen-Profile für Verbundfenster

DV 44/44 (Profile J) ohne Staubfalz

Größe	a	b	c
1	78	51	159
2	92	65	173

Doppelfenster: Fenster mit Außen- u. Innenflügeln u. zwei hintereinanderliegenden Glasebenen (z. B. Verbund- oder Kastenfenster).

Verbundfenster: Fenster mit Außen- und Innenflügeln, die miteinander verbunden sind. Jeder Flügel hat Einfachverglasung.

Kastenfenster: Fenster mit Außen- und Innenflügeln, die nicht miteinander verbunden sind. Jeder Flügel hat Einfachverglasung.

DV 35/38 (Profile G) mit Staubfalz

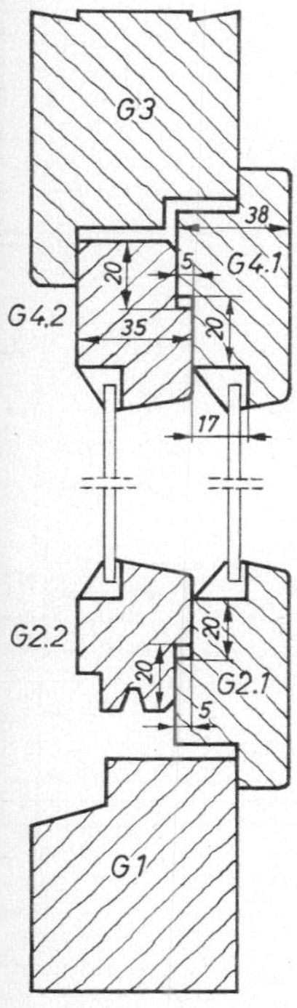

DV 30/38 (Profile H) ohne Staubfalz

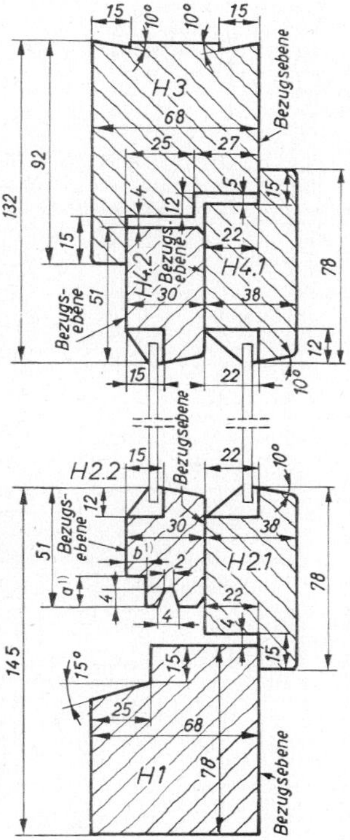

DV 44/44 (Profile J) ohne Staubfalz

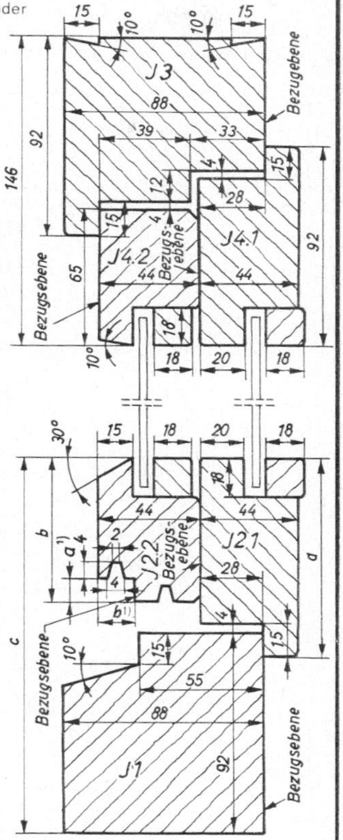

Alle anderen Maße siehe Profile H !

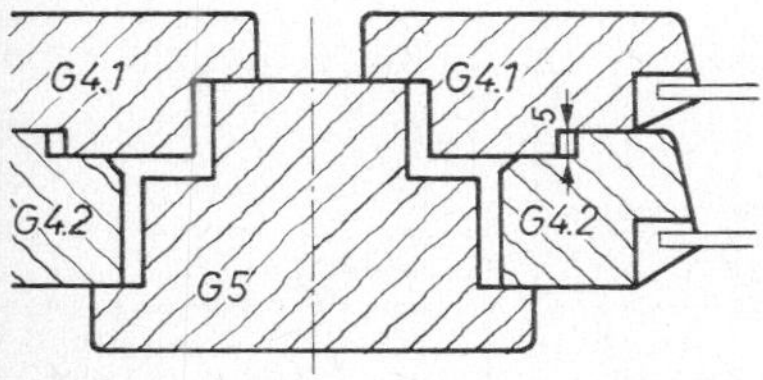

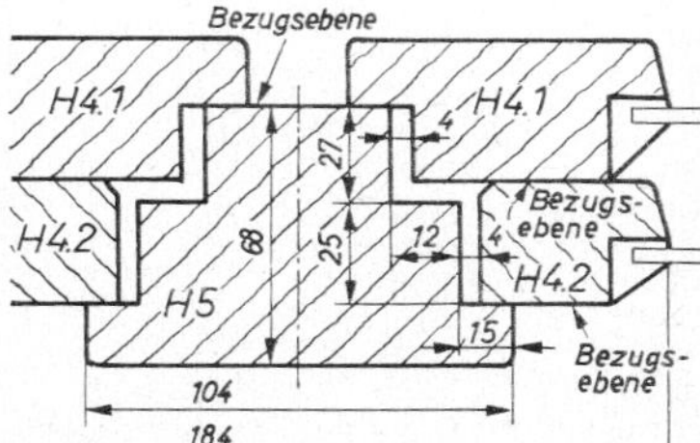

1) Die Maße der Fälze (a und / oder b) richten sich nach der Regenschutzschiene

Holzfenster für den Wohnungsbau

Rahmengrößen für Blendrahmen- und Verbundfenster nach DIN 18 051, Sept. 1955

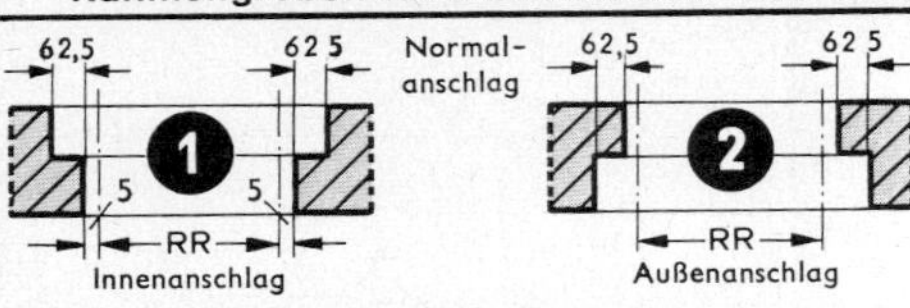

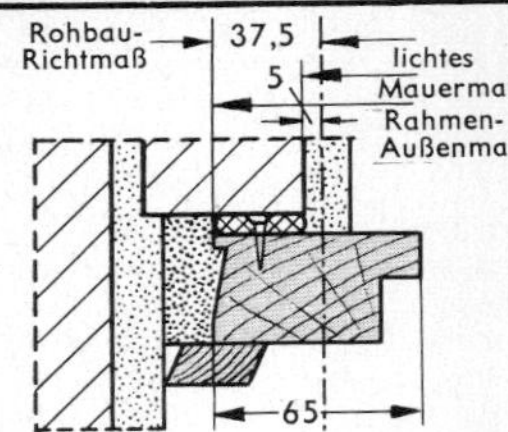

Rohbau-Richtmaße (RR) = lichte Mauermaße − 10 mm
Außenmaße der Fenster-Blendrahmen (Anschlagarten 1 und 2)
für die Höhe: Rohbau-Richtmaß + 2,5 + 37,5 mm = RR + 40 mm
für die Breite: Rohbau-Richtmaß + 2 · 37,5 mm = RR + 75 mm.
Das Rohbau-Richtmaß bezieht sich bei den Anschlagarten 1 und 2 auf die lichte Öffnung zwischen den ringsum laufenden Anschlägen; wird die Sohlbank ohne Anschlag ausgeführt, so wächst die lichte Maueröffnung in der Höhe um 62,5 mm, Rohbau-Richtmaß und Blendrahmenmaß bleiben erhalten.
Rahmengrößen werden mit Kennummern und Normblatt-Nummer bezeichnet.
Beispiel: für die Fensteröffnung mit dem Rohbau-Richtmaß 1125 mm Breite und 1375 mm Höhe mit der Kennummer 9 × 11 ist die entsprechende Bezeichnung. Rahmengröße 9 × 11 DIN 18 051.

Die genormten Fenstergrößen: freie Felder = unzulässige Kombinationen von Höhen- und Breitenmaßen.

Abkürzungen: Blend = Blendrahmen-Außenmaß; RR = Rohbau-Richtmaß. Nr. = Kennummer

Ausführung:			einflügig				zweiflügig				dreiflügig mit 1 Pfosten			vierflügig, 2 Pfosten	
RR Breite:		Nr.	3	4	5	6	7	8	9	10	12	13	14	16	17
		mm	375	500	625	750	875	1000	1125	1250	1500	1625	1750	2000	2125
Höhe: Nr.	mm	Blend. mm	450	575	700	825	950	1075	1200	1325	1575	1700	1825	2075	2200
3	375	415		K	K										
4	500	540			K	K	K	K							
5	625	665													
6	750	790						W							
7	875	915						W							
8	1000	1040						W							
9	1125	1165						W							
10	1250	1290													
11	1375	1415													
12	1500	1540													

K = Kellerfenster; W = Waschküchenfenster; (schraffiert) = Vorzugsgröße

Maßnehmen am Bau entfällt: zulässige Abweichung bei Blendrahmen-Außenmaßen: ± 2 mm
Für Türfenster sind die RR-Breiten 9 und 10 und RR-Höhen 16, 17, 18 vorgesehen.

Schallschutzklassen von Fenstern nach VDI-Richtlinie 2719, Okt. 1973: „Schalldämmung von Fenstern"

Schallschutzklasse	bewertet. Schalldämm-Maß R_w [1)] dB	Hinweise auf Bauart von Fenstern ohne Lüftungseinrichtung **Abkürz.:** ... f. = ... fenster; Di. = Dichtung; Vergl. = Verglasung (aus); Sch. = Scheibenabstand; besond. = besonderer
6	≧ 50	Kastenf. mit getrennten Blendrahmen, besond. Di., sehr großem Sch., Vergl. Dickglas.
5	45 bis 49	Kastenfenster mit besond. Dichtung, großem Scheibenabstand, Verglasung Dickglas
		Verbundfenster mit akustisch entkoppelten Flügelrahmen, besonderer Dichtung, Scheibenabstand über ≈ 100 mm, Verglasung Dickglas
4	40 bis 44	Kastenfenster mit zusätzlicher Dichtung und MD-Verglasung
		Verbundfenster mit besond. Dichtung, Scheibenabst. über ≈ 60 mm, Vergl. Dickglas
3	35 bis 39	Kastenfenster ohne zusätzliche Dichtung und mit MD-Verglasung
		Verbundfenster mit zusätzl. Dichtung, Scheibenabstand 40 bis 50 mm, Vergl. Dickglas
		Isolierverglasung in schwerer mehrschichtiger Ausführung
		12-mm-Glas, fest eingebaut oder in dichten Fenstern
2	30 bis 34	Verbundfenster mit zusätzlicher Dichtung und MD-Verglasung
		dicke Isolierverglasung, fest eingebaut oder in dichten Fenstern
		6-mm-Glas, fest eingebaut oder in dichten Fenstern
1	25 bis 29	Verbundfenster ohne zusätzliche Dichtung und mit MD-Verglasung
		dünne Isolierverglasung in Fenstern ohne zusätzliche Dichtung
0	≦ 24	undichte Fenster mit Einfach- oder Isolierverglasung

[1)] Erklärung des Begriffs: DIN 52210, Bl, 4,

Fensterglas

nach Vornorm DIN 1249, Bl. 1, Juni 1973: Dicken, Sorten, Anforderungen, Prüfung
und DIN 1249, Bl. 2, Juni 1973: Begriffe für Fehler

Fensterglas ist farbloses oder leicht gefärbtes Flachglas, das im Ziehverfahren hergestellt wird, beiderseits feuerblanke Oberflächen hat und praktisch eben und gleichmäßig dick ist.

Es wird zur Bauverglasung verwendet (**Verglasungs - Qualität (V)** in Dicken von 1,9 bis 21 mm) oder zu Sondergläsern verarbeitet (**Verarbeitungs - Qualität (VA)** in Dicken von 0,7 bis 6,5 mm).

Fensterglas kann Fehler haben, deren Anzahl, Art und Größe die Qualität der Scheiben bestimmen.

Fehler bei Verglasungs- und Verarbeitungs – Qualität:

Die auf Fehler zu prüfende Scheibe wird eingeteilt in das Randfeld (= Randstreifen von 15 mm Breite) und das Mittelfeld. Das Randfeld darf ausgebrochene Splitter (Ausmuschelungen) bis zu 5 mm und alle anderen Fehler haben, wenn erkennbar durch sie kein Bruch der Scheibe droht.

Erzeugnis	Dicke	zul. Abw.	Erzeugnis	Dicke	zul. Abw.
Dünnglas (0,6 bis 2 dick)	0,7	± 0,1	Dickglas (4,5 bis 21 dick)	4,5	+ 0,3 − 0,2
	0,9			5,5	± 0,3
	1,1			6,5	
	1,35	± 0,15		8	± 0,5
	1,65			10	± 0,7
	1,9	+ 0,15 − 0,1		12	± 0,8
MD (mittl. Dicke)	2,8	+ 0,2 − 0,1		15	± 1,0
DD (dopp. Dicke)	3,8	± 0,2		19	
				21	

Zulässige Abweichungen für Bestellmaße

im Dickenbereich	bis 2000 mm	über 2000 mm
0,7 bis 3,8	± 2	± 3
4,5 bis 8	± 3	± 4
10 bis 21	± 4	± 5

Fehler der Scheiben: Begriff und Zulässigkeit			**Verglasungs-Qualität (V)**	**Verarbeitungs-Qualität (VA)**
Blasen über 5 mm und glasige Anhänger an der Scheiben-Oberfläche	Länge des größten Fehlers bei einer Scheibengröße			
	bis 0,5 m²	max.	9 mm	6 mm
	über 0,5 m² bis 1,5 m²	max.	12 mm	8 mm
	über 1,5 m² bis 3,0 m²	max.	16 mm	12 mm
	über 3,0 m²	max.	20 mm	16 mm
	Summe *s* der Längen aller Fehler je 1 m²:	max.	80 mm	50 mm
	Abstand *a* zwischen zwei benachbarten Fehlern		$a > 20s$	$a > 20s$
Bläschen = Blasen zwischen 1 und 5 mm: Höchstzahl je m²			15	10
Gispen = Blasen unter 1 mm			zulässig	zulässig
Steinchen = undurchsichtiger, kristalliner Einschluß in der Glasmasse		über 2,5 mm	unzulässig	unzulässig
		1 bis 2,5 mm	2 zulässig	1 zulässig
		unter 1 mm	zulässig	zulässig
Tropfenschliere = glasiger, knotenförmiger Einschluß, oft mit einer Schliere als Fortsatz		⌀ über 3 mm	unzulässig	unzulässig
		⌀ unter 3 mm	1 zulässig	unzulässig
Rauhes Glas durch weißlich-kristalline Teilchen und Abdrücke an der Oberfläche: Scheuerflecken, Markierungen, Kratzer, kleine Vertiefungen, „Orangenhaut", Hüttenrauch, Trübung oder regenbogenfarbenes Aussehen an der Oberfläche			zulässig sofern kaum unter Prüfbedingungen[1]) wahrnehmbar.	zulässig sofern nicht unter Prüfbedingungen[1]) wahrnehmbar.
Feuerrisse; von einer Kante ausgehender Sprung = Einlauf			unzulässig	
Optische Verzerrungen infolge unebener Oberfläche durch Welligkeit, Rampen, Kämmung, Fäden, Hämmerung			zulässig, wenn gute Durchsicht gewährleistet ist.	

1) Der Prüfer blickt, 1 m von der senkrecht aufgestellten Scheibe entfernt, durch sie (Auge in Höhe der Scheibenmitte) bei diffusem Tageslicht oder einer entsprechenden Lichtstärke auf eine mattgraue Fläche (Reflexionsgrad 0,5) 3 m hinter der Scheibe.

Anforderungen an Flachglas nach DIN 18361, Sept. 1976 „Allgem. Techn. Vorschriften für Bauleistungen: Verglasungsarbeiten."

Flachglas – Bezeichnung	Anforderungen, übliche Dicken und zuläss. Abweichungen
Fensterglas	muß der Verglasungsqualität (V) nach DIN 1249, Bl. 1, entsprechen
Kristallspiegelglas	muß plan, klar, durchsichtig, klar rückstrahlend und verzerrungsfrei sein; zulässig: vereinzelte, nicht störende kleine Blasen und unauffällige Kratzer.

übliche Dicken	4	5	6	8	10	12	15	19	21
zuläss. Abweichung	±0,2			±0,3				±1	

Flachglas – Bezeichnung	Anforderungen
Drahtspiegelglas und Chauvel-Drahtglas	müssen beidseitig plangeschliffen u. poliert, klar durchsichtig sein u. klar rückstrahlen; zulässig: unauffällige Kratzer, kleine Blasen; geringe Abweichungen der Drahteinlage. Übliche Dicke: (7 ± 1) mm.
Gußglas, mit oder ohne Drahteinlage, auch farbig. Beispiele:	muß lichtdurchlässig, aber nur beschränkt durchsichtig sein; zulässig: Bläschen, Unterschiede der Oberfläche und im Glaskern, Kratzer, geringe Abweichungen der Drahteinlage, soweit Eigenart des Gußglases nicht leidet.

Gußglas				
Welldrahtglas	6 ± 0,5			
Drahtglas Drahtornamentglas	7 ± 1	(9 ± 1)		
Rohglas	5 ± 0,5	7 ± 1	9 ± 1	
Ornamentglas	4 ± 0,5	(5 ± 0,5)	(7 ± 1)	(9 ± 1)
Profilbauglas	(5 ± 1)	6 ± 1	7 ± 1	(8 ± 1)

Übl. Dicken ± zuläss. Abweichungen
(– – –) = Nicht bei allen Mustern

Flachglas – Bezeichnung	Anforderungen
Farbige Gläser aller Art	müssen der handelsübl. Güte entsprechen
Sondergläser aller Art	müssen vom Hersteller zugesicherte Eigenschaften haben
Einscheibensicherheitsglas u. Panzerglas	siehe die Angaben nach DIN 1259, Bl. 2, Juli 1971, Seite 204!

Verbund-sicherheitsglas übliche Dicken in mm:	aus Fensterglas	aus Kristallspiegelglas
zweischeibig	3 bis 12	7 bis 24
dreischeibig	11 bis 17	10 bis 23
vierscheibig	17 bis 23	19 bis 23

Anforderungen an Glasfalze für Verglasungen, die mit Dichtstoffen für Außen- und Innenklimate abgedichtet werden: nach DIN 18545, Bl. 1, April 1975:

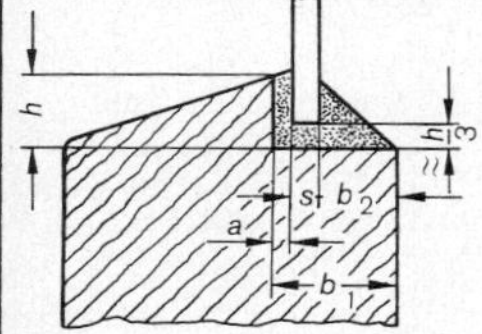

t Gesamtfalzbreite b_1 Glasfalzbreite
c Breite der Auflage für die Glashalteleiste
s Dicke der Glasscheibe
e Dicke der Verglasungseinheit
a Dicke der Dichtstoffvorlage der engsten Stelle
h Glasfalzhöhe b_2 Dichtstoffauflage
b_2 entspricht h

Mindestmaße von h und a (in mm):

Längste Seite der Glasscheibe od. Verglasungseinheit cm über	bis	h [1] −0 +1	a [2] −0 +1
	100	10	3
100	250	12	
250	400	15	4
400	600	17	5
600		20	

Glasfalzbreite b_1 [mm] bei Einfachverglasung

Die Glasscheibe ist	Dicke s	b_1 mind.
eben	bis 4	15
eben[3]	über 4	$h + s + a$
gebogen	s	$s + 20$

[1] Bei Einfachverglasung

[2] Bei Fenstern aus Kunststoff je um 1 mm dicker! Die Glasfalzhöhe h für Verglasungseinheiten (z. B. Mehrscheiben-Isolierglas, Verbundglas mit Zwischenlage) muß nach den Verarbeitungsrichtlinien der Hersteller bemessen werden.

[3] Die Gesamtfalzbreite t bei Verglasungen mit Glashalteleisten muß so bemessen sein, daß neben der Glasfalzbreite $b_1 = e + 2a$ noch genügend Auflage c für die Befestigung der Glashalteleiste gegeben ist. Bei Holzfenstern muß c mindestens 14 mm betragen. Das Glasfalzbreite wird durch die engste Stelle bestimmt.

Glasfalze müssen einwandfreie Klotzung erlauben. Die Kanten d. Scheibe od. Verglasungseinheit dürfen nirgends d. Rahmen berühren. Glasscheiben, deren Dichtstoff-Fase freiliegt, sind mit geeigneten Befestigungsmitteln zu befestigen. Die nötigen Bohrungen usw. müssen vorhanden sein, Abstand von den Ecken 5 bis 10 cm, voneinander höchstens 20 cm. Bei Verglasungen mit Glashalteleisten muß der Glasfalz raumseitig liegen, es sei denn, die Scheibe **muß** von außen eingesetzt werden, z. B. bei Schaufenstern.

Glashalteleisten müssen in geeigneter Weise befestigt, aber abnehmbar sein, so daß jede Scheibe auswechselbar ist. Abstand ihrer Befestigungsstellen am Rahmen: Von den Ecken 5 bis 10 cm, voneinander unter 35 cm. Bei Fensterrahmen aus Holz müssen Glasfalze und -halteleisten **vor** der Verglasung den ersten Zwischenanstrich erhalten haben.

Glas

Glas ist ein anorganisches Schmelzprodukt, das abgekühlt und erstarrt ist, ohne zu kristallisieren.

Begriffe für Glaserzeugnisse (Auswahl) nach DIN 1259, Bl. 2, Juli 1971

Begriff	Erläuterung
Flachglas, kurz: Fl.	Oberbegriff für alle ebenen und gebogenen Scheiben, auch farbige.
Antikglas, Gußantikgl.	Fl., mundgeblasen oder gewalzt, mit Merkmalen alter Gläser, auch farbig.
Bilderglas	Dünnes Fl. zum Schutz von Bildflächen, auch entspiegelt.
Chauvel-Spiegelglas	Fl. mit Einlage paralleler Drähte; nach Gußplan bearbeitet, Durchsicht und Spiegelung nicht verzerrt.
Drahtglas	Guß-Fl. mit Drahteinlage (Netz geflochten, gewebt oder punktgeschweißt), auch farbig, Oberflächen glatt oder ein- oder beidseitig gemustert. Für feuerbeständige Bauteile zugelassen.
Drahtornamentglas	Drahtglas mit ein- oder beidseitig reliefartig ornamentierter Oberfläche, auch farbig, nicht verzerrungsfrei durchsichtig. Für feuerbeständige Bauteile zugelassen.
Drahtspiegelglas = Spiegeldrahtglas	Fl. mit eingelegtem, punktgeschweißtem Drahtnetz; nach Guß plan bearbeitet; Durchsicht und Spiegelung nicht verzerrt. Für feuerbeständige Bauteile zugelassen.
Isolierglas	Luftdicht verschlossene Einheit aus zwei oder mehr gleich- oder ungleichartigen Glastafeln, deren Abstand durch Stege oder durch Schweißnähte am Rand gesichert ist.
Kathedralglas	Gußglas mit klein- oder großgehämmerter, unregelmäßiger Oberfläche, auch farbig.
Kristallspiegelglas, Spiegelglas	Fl., auch farbig, mit oder ohne Drahteinlage; nach Guß plan bearbeitet; Durchsicht und Spiegelung nicht verzerrt.
Mattglas	Durch Säure oder Sandstrahl einseitig gleichmäßig angerauhtes Glas.
Ornamentglas	Gußglas, auch farbig, ohne Drahteinlage; Oberfläche ein- oder beidseitig gemustert, besonders für dekorative Zwecke.
Rohglas	Gußglas mit verschiedenen Oberflächenstrukturen
Sicherheitsglas	Fl., eben oder gebogen, auch farbig; bei Bruch der Scheibe verminderte Gefahr, verletzt zu werden.
a) Einscheiben-Sicherheitsglas	Vorgespanntes Guß-, Spiegel-, Dick- oder Fensterglas, erhöht beständig bei Schlag, Biegung und Temperaturwechsel. Zerbrechende Scheiben zerkrümeln stumpfkantig.
b) Verbund-Sicherheitsglas	Einheit aus zwei oder mehr Scheiben, verbunden durch zähelastische Folien aus Kunststoff. Bei Bruch haften die Trümmer an der Folie.
c) Panzerglas	Verbund-Sicherheitsglas aus vier oder mehr Scheiben, 25 bis 60 mm, Sonderausführungen bis 200 mm dick. Durch genügend dickes Panzerglas dringen Schüsse aus Handfeuerwaffen nicht hindurch.
Sonnenschutzglas	Fl., das schädliche Sonnenstrahlen absorbiert oder reflektiert.
Spiegelrohglas	Fl. mit einseitig gemusterter Oberfläche, sehr lichtdurchlässig, aber sichtmindernd.
Trübglas (a) = Milchglas (b) = Opalglas (c) = Opakglas	Weißes (a) oder farbiges, schwach (b) oder mehr oder weniger stark (c) getrübtes Glas. Die Trübung entsteht während der Abkühlung, weil kleinste Teilchen kristallin oder flüssig aus dem vorherrschenden Glaszustand ausscheiden.
Überfangglas	Ein Grundglas mit einem dünnen Überzug aus farbigem oder getrübtem Glas.

Scharniere, geschlagen, schwer und extra schwer (nach DIN 7955, Juni 1966)

schmale Form A — halbbreite Form B — quadratische Form C — breite Form D

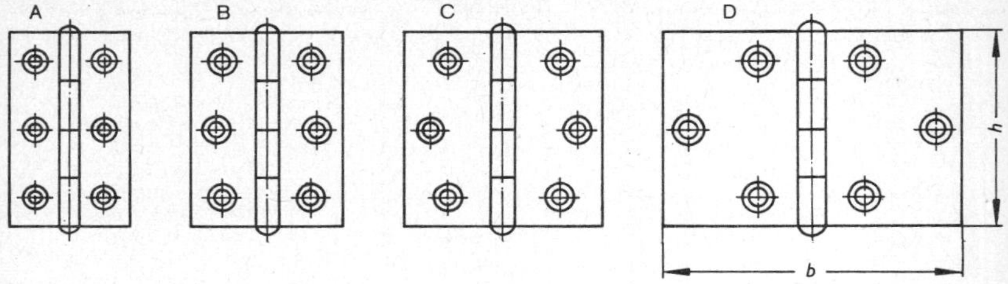

h — b — s — t — d — 90°

Die Gelenke sind bei allen Formen und bei allen Größen vierteilig

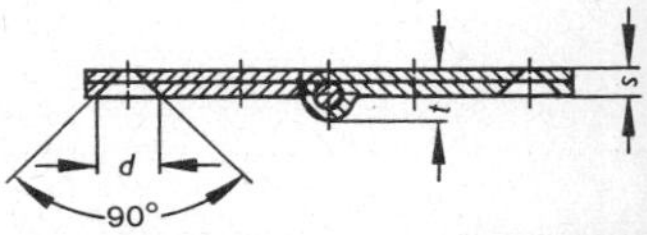

Schwere Scharniere (S), geschlagen, Form A, B, C und D (nach DIN 7955, Juni 1966)

Höhe h (Nenngröße) ± 1	Breite des offenen Scharniers b [mm] A schmal b	±	B halbbreit b	±	C quadr. b	±	D breit b	±	Dicke s [mm] des Doppelbleches A ≈	B ≈	C ≈	D ≈	Gelenk-ø t [mm] A ≈	B ≈	C ≈	D ≈	zu verwendende Senkholzschraube nach DIN 97 A ø	A Stck	B ø	B Stck	C ø	C Stck	D ø	D Stck
20	18		–		20		30		0,8	–	1,2	1,2	3,5	–	3,5	3,8	1,7		–	–	2		1,7	
25	20		22		25		38		1	1,2	1,3	1,3	3,7	3,8	4,5	4,5	2		2,4		2,4		2,4	
30	22	1	26	1	30	1	45	2	1,2	1,2	1,4	1,4	4,1	4,1	5	5,2	2,4	4	2,4	4	2,4	4	2,4	6
40	26		32		40		60		1,2	1,3	1,5	1,6	4,6	4,8	5,1	6,2	2,4		2,4		2,7		3	
50	31		39		50		75		1,5	1,5	1,7	1,9	5,2	5,3	6,3	7,2	2,7		3		3		3,5	
60	34		46		60		90		1,7	1,7	1,9	2,2	6	6	6,7	8,4	3,5		3,5		3,5		4	
70	38		51		70		105		1,8	1,8	2	2,4	6,4	6,4	7,4	8,6	3,5	6	3,5	6	3,5	6	4	8
80	41	2	58	2	80	2	120	3	1,9	1,9	2,1	2,4	7	7	7,5	9	3,5		3,5		3,5		4	
90	46		63		90		133		2	2	2,2	2,5	7,1	7,2	8	9,5	4		4		4		4,5	
100	52		72		100		145		2,1	2,1	2,3	3	7,2	7,4	9	10,2	4	8	4	8	4	8	5	

Extraschwere Scharniere (X), geschlagen, Form A, C, D (DIN 7955)

Höhe h (Nenngröße) ± 1	Breite des Scharniers b [mm] A schmal b	±	C quadr. b	±	D breit b	±	Dicke s [mm] des Doppelbleches A ≈	C ≈	D ≈	Gelenk-ø t [mm] A ≈	C ≈	D ≈	zu verwendende Senkholzschraube nach DIN 97 A ø	A Stck	C ø	C Stck	D ø	D Stck
40	26	1	40	1	60	2	1,9	2,2	2,6	5,3	6,2	7	3	4	3	4	3,5	6
50	31		50		75		2	2,4	2,9	6,2	7,5	8,4	3		3,5		4	
60	34		60		90	3	2,4	2,6	3,2	7	7,8	9,2	3,5		3,5		4,5	8
70	38		70		105		2,5	2,7	3,4	7	8	9,5	3,5	6	3,5	6	4,5	
80	41	2	80	2	–		2,6	2,8	–	7,5	10	–	3,5		4			
90	46		90		–		2,7	3	–	7,7	10	–	4		4,5	8		
100	52		100		–		2,8	3,2	–	8	10,5	–	4,5	8	4,5			

Scharniere (S) und (X) bestehen aus blank gewalztem Stahl, einige Größen auch aus Messing. Die Stifte sind beiderseits vernietet (gedöppt). Über den äußeren Durchmesser der Aufreibung für Senkkopf: siehe Anmerkung[1], S. 227

Bezeichnung eines geschlagenen schweren (S) Scharniers, schmal (A) von h = 60 mm: Scharnier SA 60 DIN 7955

Türbänder mit Feder (Spiralfeder-Türbänder) nach DIN 18 264 und Pendeltürbänder mit Feder (Spiralfeder-Pendeltürbänder) nach DIN 18 265, beide Dezember 1970

Türbänder mit Feder sind einseitig wirkende, Pendeltürbänder mit Feder sind doppelt wirkende, einstellbare, mechanische Schließmittel, die eine Tür tragen und durch die vorgespannte zylindrische Schraubenfeder ohne Bremsung schließen.

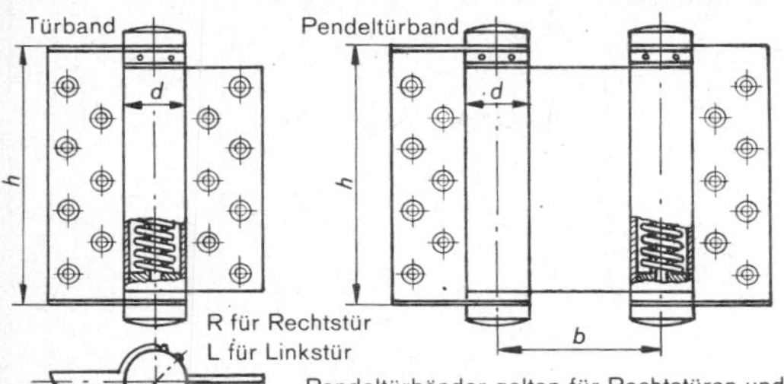

Pendeltürbänder gelten für Rechtstüren und Linkstüren

Pendeltürbänder und Türbänder werden paarweise geliefert. Sie müssen mit dem Kennzeichen des Herstellers an einer nach dem Einbau sichtbaren Stelle gekennzeichnet sein

Ausführung: Für Türband und für Pendeltürband

für Türband	für Pendeltürband
aus Stahl (St):	aus Kupfer-Zink-Legierung (Messing Ms):
bk blank	r roh
l lackiert	p poliert
gal galvanisiert	vn vernickelt
	vc verchromt

Türbänder und Pendeltürbänder

Hauptmaße						Zuordnung zu den Türen				
Nenngröße	Gewerbehöhe h $^{+5}_{-1}$	Gewerbedurchmesser d ±1	Gewerbeabstand b $^{+2}_{-3}$ [1]	Bisherige Handelsbezeichnung Türband	Bisherige Handelsbezeichnung Pendeltürband	Anzuwenden für Türblätter mit Breite DIN 18101	Dicke	Gewicht kg max.	Befestigungslöcher Anzahl	Befestigungsschraub. Schaft-l
75	75	21	49	0	29	610	18 bis 25	**15**	8	4
100	100	21	55,5	1	30	735	über 25 bis 30	22	8	4
125	125	23	64,5	5	33	735	über 30 bis 35	27	10	4
150	150	26	74,5	9	36	735	über 35 bis 40	40	10	4
175	175	29	81,5	13	39	860	über 40 bis 45	55	10	4
200	200	33	90,5	17	42	985	über 45 bis 50	70	10	5
250	250	37	103,5	21	45	985	über 50 bis 60	100	14	5
300	300	44	123	25	48	1235	über 60 bis 75	145	14	6

Befestigung eines Türbandes an einem Holzrahmen und einer Holztür

Befestigung eines Pendeltürbandes an einer Holztür und einem Holzrahmen.

[1] bei Pendeltürbändern. Bestellung nach der Nenngröße, die als meßbare Größe mit der Gewerbehöhe identisch ist, z. B.:
Türband für Rechtstür (R), von Nenngröße 250 aus Stahl (St), blank (bk): Türband R 250 DIN 18 264 – St – bk
Pendeltürband von Nenngröße 250 aus Messing (Ms), vernickelt (vn): Pendeltürband 250 DIN 18 265 – Ms – vn

Scharniere gerollt (handelsübl.) nach DIN 7954 Juni 1966

h ±1	b	Zul. Abw.	s ≈	t ≈	Senkholzschr. nach DIN 97 ∅	Anzahl	b	Zul. Abw.	s ≈	t ≈	Senkholzschr. nach DIN 97 ∅	Anzahl
	Form A						**Form B**					
20	18	±1	0,6	3,8	1,7	4	–	–	–	–	–	–
25	20		0,8	3,8	2		22	±1	0,8	3,8	2,4	4
30	22		0,9	4,2			26		0,9	4,5		
40	26		1	4,8	2,4		32		1	5	2,7	
50	31	±1	1,2	5,3	2,7	4	39	±2	1,2	5,7	3	6
60	34	±2	1,4	5,8	3	6	46		1,4	6,3		
70	38		1,4	6,3			51		1,5	6,7	3,5	
80	41	±2	1,5	6,6	3,5	6	58	±2	1,5	7,5	3,5	6
90	46		1,6	7,3			63		1,6	8		
100	52		1,6	8,2	4	8	72		1,7	8,7	4	8
	Form C						**Form D**					
25	25	±1	0,8	4,1	2	4	38	±2	0,9	4,2	2,4	6
30	30		0,9	4,5	2,4		45		1	5,2	2,7	
40	40		1	5			60		1,2	6	3	
50	50	±2	1,2	5,6	2,7	6	75	±3	1,3	6,8	3,5	8
60	60		1,4	6,3	3		90		1,5	7,7		
70	70		1,5	6,6	3,5		105		1,6	8,6	4	
80	80	±2	1,5	7,5	3,5	6	120	±3	1,8	9,4	4	8
90	90		1,6	8,2			133		1,9	9,7	4,5	
100	100		1,7	8,7	4	8	145		2,1	10,3		

Form A schmal **Form B halbbreit**

Form C quadratisch Maße u. Angaben wie Form D

Maße in mm

Form D breit
Gelenk bis h = 40 mm 3teilig
Gelenk ab h = 50 mm 5teilig

Die Scharniere können bei Sonderanfertigung auch ohne Befestigungslöcher (ungebohrt) geliefert werden.

Hänge und Scharniere zum Anschrauben für Möbeltüren (nach DIN 81402, Febr. 1964)

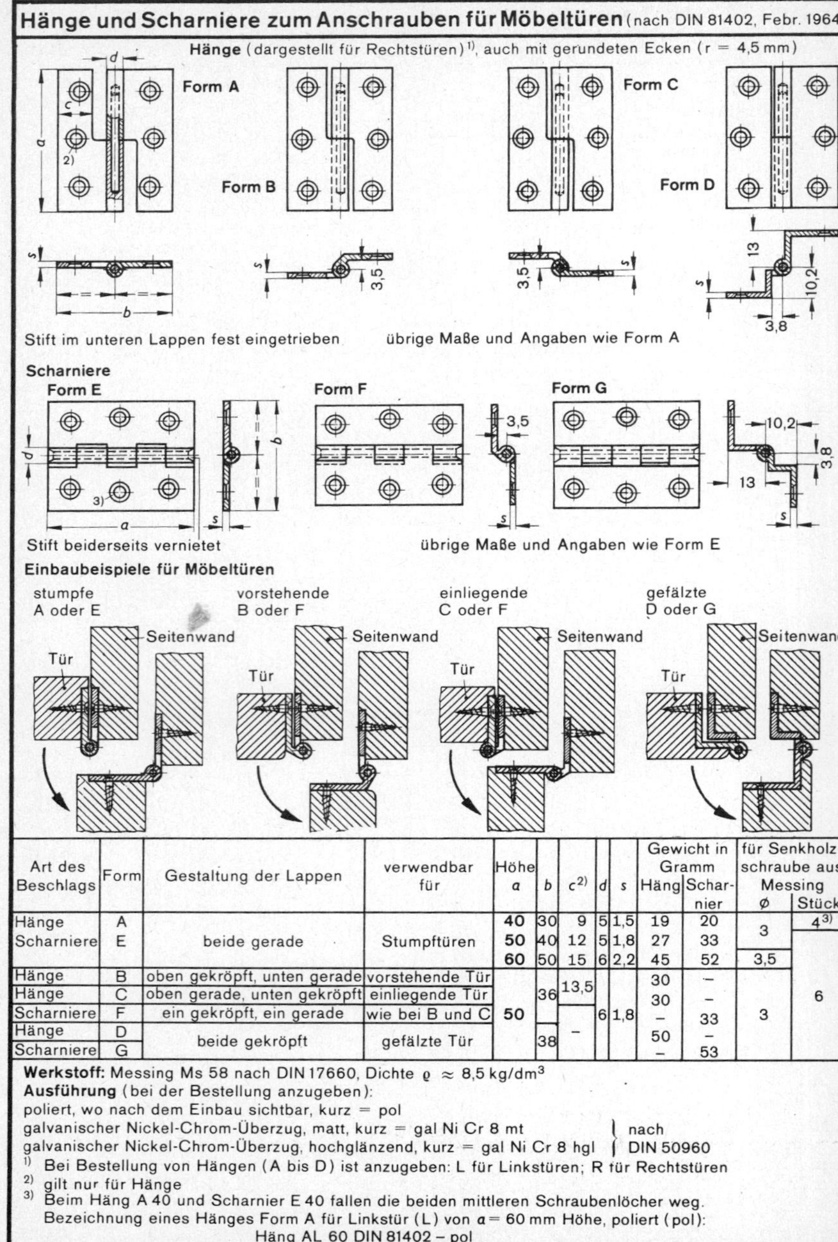

Art des Beschlags	Form	Gestaltung der Lappen	verwendbar für	Höhe a	b	c[2]	d	s	Gewicht in Gramm Häng	Gewicht in Gramm Scharnier	für Senkholzschraube aus Messing Ø	Stück
Hänge	A			**40**	30	9	5	1,5	19	20	3	4[3]
Scharniere	E	beide gerade	Stumpftüren	**50**	40	12	5	1,8	27	33		6
				60	50	15	6	2,2	45	52	3,5	
Hänge	B	oben gekröpft, unten gerade	vorstehende Tür			13,5			30	–		
Hänge	C	oben gerade, unten gekröpft	einliegende Tür		36				30	–		6
Scharniere	F	ein gekröpft, ein gerade	wie bei B und C	**50**			6	1,8	–	33	3	
Hänge	D	beide gekröpft	gefälzte Tür			–			50	–		
Scharniere	G				38				–	53		

Werkstoff: Messing Ms 58 nach DIN 17660, Dichte $\varrho \approx 8{,}5\ \mathrm{kg/dm^3}$

Ausführung (bei der Bestellung anzugeben):
poliert, wo nach dem Einbau sichtbar, kurz = pol
galvanischer Nickel-Chrom-Überzug, matt, kurz = gal Ni Cr 8 mt } nach
galvanischer Nickel-Chrom-Überzug, hochglänzend, kurz = gal Ni Cr 8 hgl } DIN 50960

1) Bei Bestellung von Hängen (A bis D) ist anzugeben: L für Linkstüren; R für Rechtstüren
2) gilt nur für Hänge
3) Beim Häng A 40 und Scharnier E 40 fallen die beiden mittleren Schraubenlöcher weg.
Bezeichnung eines Hänges Form A für Linkstür (L) von a = 60 mm Höhe, poliert (pol):
Häng AL 60 DIN 81402 – pol

Tischbänder, gerollt oder geschlagen

aus blank gewalztem Stahl, Stifte beiderseits vernietet (gedöppt)

Tischband-Art	gerollt	geschlagen, schwer	geschlagen, extra schwer
Kurzzeichen	–	S	X
DIN-Nr. (Juni 1966)	7957	7958	7958
Bei allen Größen sind Gelenke	dreiteilig	vierteilig	vierteilig

Gelenk bei allen Größen 3teilig

Bezeichnung: Tischband 60 DIN 7957

Blech einfach

Gelenk bei allen Größen 4teilig

Bezeichnung: Tischband S 60 DIN 7958

Blech doppelt beidseitig gleiche Lappen

Breite des Bandes b	gerolltes Tischband					geschlagenes Tischband S					geschlagenes Tischband X				
	Höhe h	Dicke s	Gelenk ø t	für Senkholzschraube[1] nach DIN 97		Höhe h	Dicke s	Gelenk ø t	für Senkholzschraube[1] nach DIN 97		Höhe h	Dicke s	Gelenk ø t	für Senkholzschraube[1] nach DIN 97	
±1	±1	≈	≈	ø	Stück	±1	≈	≈	ø	Stück	±1	≈	≈	ø	Stück
50	23	1	5,5	2,4	6	24	1,2	5,6	2,7	6	–	–	–	–	–
60	25	1,1	5,7	2,7		26	1,3	5,7							
80	28	1,2	6,2	3		28	1,5	6,6	3						
100	32	1,3	7,1	3,5		30	1,6	6,8			30	2,4	7,2	3,5	6
120	33	1,5	7,5	3,5	8	30	1,8	7	3,5		30	2,5	8		
140	34	1,6	7,7			32	2	7,4			32	2,5	9	4	
160	37	1,7	8			34	2,2	8,2	4	8	34	2,8	9,3	5	8
180	40	1,8	8,6	4		38	2,4	8,6			38	3	10		
200	44	2	9,5		10	45	2,5	9,5	4,5		45	3,2	10		
250	44	2	10	4,5											

[1] der äußere Durchmesser d der Aufreibung für den Senkkopf der Schraube beträgt in mm:
d = 2 ø + 0,2 für Schraubendurchmesser von 2,4 bis 3,5 mm
d = 2 ø + 0,3 für Schraubendurchmesser von 4 bis 5 mm

Gerollte Stangenscharniere (Klavierbänder)

nach DIN 7956, Juni 1966

Form A	0,8 und 0,9 mm dick	in Abständen von 60 mm ausgesenkte Löcher für Senkholzschrauben

Einzelheit X

Bezeichnung eines gerollten Stangenscharnieres Form A von b = 25 mm Breite aus Stahl walzblank (St):
Stangenscharnier A 25 DIN 7956-St

Form B	0,7 mm dick	in Abständen von 60 mm formgestanzte Löcher für Senkholzschrauben

Einzelheit Y

Bezeichnung des gerollten Stangenscharnieres Form B von 32 mm Breite, aus Stahl walzblank (St):
Stangenscharnier B 32 DIN 7956-St

Form C	1 bis 2 mm dick	ohne Löcher für Schrauben; nach Vereinbarung anbringen lassen

Bezeichnung eines gerollten Stangenscharnieres Form C von b = 40 mm Breite und s = 1,5 mm Dicke aus Stahl walzblank (St):
Stangenscharnier C 40 × 1,5 DIN 7956-St

Form	benötigte Senkholzschraube nach DIN 97 Durchmesser	b_1 ≈	t bis	Nenngröße ↓ s	Breite b des Stangenscharniers in mm etwa: 20	25	28	32	40	45	50	60	70
					Gewicht in kg je lfd. m Scharnier etwa:								
B	2,4, aber	1,8	3,7	**0,7**				0,20		Nur die Stangenscharniere $b \times s$ werden hergestellt, deren Gewichte hier angegeben sind.			
A	2 für b = 20	1,5 bis	3,5	**0,8**	0,19	0,22	0,24	0,26					
	2,7	1,7	3,7	**0,9**					0,37				
C	Lage d. Löcher, Loch-ø und Aussenkung besonders vereinbaren	1,7	3,75	**1,0**		0,254							
		2,5	5,25	**1,25**	S ist nur bei			0,430	0,508	0,558	0,608	0,703	
		3	6,3	**1,5**	Bestellung von			0,550	0,644	0,704	0,760	0,880	
		6	10,5	**2,0**	C zu nennen						1,29	1,45	1,60

Übliche Werkstoffe und Oberflächen des Stangenscharniers (bei Bestellung angeben):

Kurzzeichen		Bedeutung	Kurzzeichen		Bedeutung
ST	=	Stahl, walzblank	St msla	=	Stahl, messingfarbig lackiert
St vms	=	Stahl, vermessingt und poliert	Ms	=	Messing, poliert
St vni	=	Stahl, vernickelt und poliert	Al	=	Aluminium, walzblank
St mspl	=	Stahl, mit Messing plattiert, poliert	Al oxms	=	Aluminium, messingfarbig eloxiert

Lieferart (bei Bestellung angeben): einzelne Stangen oder Pakete und Kisten mit 50 oder 100 Stangen von ≈ 3,5 m Länge
oder: Stangen von fester Länge gemäß Bestellung

Möbelbezeichnungen nach DIN 68871, Sept. 1975

Abweichende Bezeichnungen im Warenverkehr entbinden nicht von der Einhaltung der Norm. Sie gilt für Möbel nach DIN 68880, Bl. 1 (siehe S. 229)

Die Bezeichnung im Warenverkehr	**ist nur zulässig, wenn** (mindestens)
Herrenzimmer[1]	1 Bücherschrank[1], 1 Schreibtisch, 1 Schreibtischsessel vorhanden
Schlafzimmer[1]	1 Kleiderschrank[1], 2 Bettstellen oder 1 Doppelbett ohne Einlage, 1 Frisierkommode, 2 Nachtschränke vorhanden
Speisezimmer[1]	1 Geschirrschrank[1], (Buffet, Sideboard), 1 Anrichte (Kredenz) oder Gläserschrank (Vitrine), 1 Tisch mit Auszügen oder Einlagen, 4 Stühle vorhanden
[1] Ein bei der Sammelbezeichnung genanntes Maß ist die Breite dieses Möbels.	
Antikes Möbel (bestimmter Stilepoche)	100 Jahre alt, nachträglich nicht wesentlich verändert. (Das Möbel muß aus der angegebenen Stilepoche stammen.)
Kopie ((Reproduktion)	einem antiken Möbel originalgetreu nachgebaut.
Stilmöbel	Formen u. Ornamente einer bestimmten Stilepoche deutlich erkennbar, neuzeitlich gefertigt, heutigen Bedürfnissen angepaßt.
Massivholzmöbel, Vollholzmöbel, aus --- massiv	alle Teile außer Rückwand und Schubladenböden durchgehend aus der zu bezeichnenden Holzart (z. B. Eiche massiv) hergestellt, nicht furniert.
Furnier Anmerkung: sichtbare Flächen sind solche in üblicher Gebrauchslage d. Möbels	Furnier (oder verschiedene Furnierarten) der sichtbaren Flächen genannt. Massivholzteile, wie An- u. Einleimer, Füße, Gesimse, Gestelle, Lisenen, Schnitzereien, in sichtbaren Flächen brauchen nicht aus der Holzart der Furniere zu bestehen und müssen nur bei Tischen und Stühlen besonders genannt werden. Beispiel: Tisch, Platte mit Nußbaum furniert; Stollen und Zargen aus Buche: Tisch, Nußbaum-Furnier mit Buche
echt	Furnier und Massivholzteile der sichtbaren Flächen aus derselben Holzart.
In sichtbaren Flächen verarbeitete(r)	**müssen (muß) in der Bezeichnung benannt werden als**
Teile aus Kunststoff od. anderen Werkstoffen	Kunststoff- oder Werkstoffteile, z. B. als „Kunststoff-Ornamente", wenn sie das Äußere des Möbels mitbestimmen
Massivkunststoff, Vollkunststoff	Massiv- oder Vollkunststoff- Möbel, wenn alle Teile durchgehend aus dem zu bestimmenden Kunststoff bestehen; Beispiel: Stuhl, Polystyrol Massiv-Kunststoff
Platten und Folien	Kunstoffart(en), aus der (denen) die sichtbaren Platten und Folien bestehen.
dekorative Schichtpreßstoffplatten	„--- schichtpreßstoffplatte DKS", z. B. bei Deckschichten aus Melamin: „Melaminschichtpreßstoffplatten DKS."
kunststoffbeschichtete dekorative a) Holzfaserplatten KH, b) Flachpreßplatten KF	a) und b): „--- schichtstoffoberfläche KH oder KF", z. B. Bezeichnung eines Küchenschrankes mit sichtbaren Flächen aus melaminbeschichteten Flachpreßplatten: Küchenschrank, Melaminschichtstoffoberfläche KF.
duroplastische Kunststoff-Folien	„duroplastische Kunststoff-Oberfläche"
thermoplastische Kunststoff-Folien	„thermoplastische Kunststoff-Oberfläche"
Furniere neben Folien	Hinweis auf ihre Verwendung. Beispiel: Wohnzimmerschrank, Front Palisander-Furnier, Korpus duroplastische Kunststoff-Oberfläche
Maserung (Textur) einer Holzart durch fotochemische, fotomechanische oder andere Verfahren	–Nachbildung. Das Wort „--- –Nachbildung" darf weder abgekürzt noch in einer Schrift angewendet werden, die von der übrigen Bezeichnung abweicht. Der Bindestrich darf nicht fehlen. Beispiel: Schrank aus Holzspanplatten mit Limba-Furnier mit aufgedrückter Nußbaum–Textur: Schrank, Limba–Furnier mit Nußbaum–Nachbildung

Möbel: Begriffe nach DIN 68880 Bl. 1, Okt. 1973

Gilt für Küchen-, Wohn-, Schul-, Krankenhaus-, Garten-, Campingmöbel und für Möbel für Verkaufs- und Werkstatträume, nicht für Büromöbel und Kennzeichen der Stilmöbel.
Möbel werden nach der Norm eingeteilt und benannt nach

1. **dem Werkstoff oder der Ausführung;** genannt sind; Holz-, Korb-, Kunststoff-, Metall- und Polstermöbel.
2. **der Funktion;** genannt sind: Behältnismöbel (Korpusmöbel zum Aufbewahren von Gütern), Kleinmöbel (z.B. Blumentisch, Schuhschrank, Servierwagen, Garderoben- und Zeitungsständer), Liegemöbel (Bett und Liege), Sitzmöbel (Bank, Hocker, Sessel, Sofa, Stuhl nebst Liegestuhl).
3. **der Verwendung im Raum:** Einzelmöbel (muß wegen seiner Gestaltung unabhängig von anderen Möbeln aufgestellt werden) und Systemmöbel; diese können sein:
   3.1. An- und Aufbaumöbel: gleichartige Elemente werden neben- oder übereinander zu einer Einheit zusammengestellt;
   3.2. Einbaumöbel: nur mit Gebäudeteilen verbunden verwendungsfähig;
   3.3. Endlosschrank: in der Breite nach einem Rastermaß beliebig veränderbar;
   3.4. Raumteiler: ersetzt eine Wand zwischen zwei Räumen.
4. **der Konstruktion:** 4.1. Tisch (Möbel mit waagerechter Platte auf einem Gestell; 4.2 Regal (Möbel mit offener Front waagerecht gegliedert, auch senkrecht unterteilt, mit oder ohne Rückwand);
   4.3. Korpusmöbel (mindestens seitlich, oben und unten flächig begrenzt), dazu zählen:
   4.3.1. Kommode: Frontfläche durch Schubladen gegliedert;
   4.3.2. Schrank: Frontfläche durch Türen, Klappen, Schubladen oder mit diesen kombinierten Fächern gegliedert;
   4.3.2.1. Sekretär; Schrank mit Schreibfläche;
   4.3.3. Tonmöbel: zur Aufnahme von Rundfunk- und Fernseh- Empfängern sowie Plattenspielern, Tonbandgeräten;
   4.3.4. Truhe: obere Abdeckung läßt sich klappen, verschieben oder abnehmen.

Außenmaße der Kartei- u. Registraturschränke auf Sockel nach DIN 4545, Juni 1972

Angegeben sind die Maße in mm für die Ausführung der Schränke in Holz

Die Kennbuchstaben entsprechen der Norm.

Bei Schränken mit Schubladen (Kennbuchstabe A) muß die Standsicherheit auch bei herausgezogenen vollen Schubladen gewährleistet sein. Ist sie nicht durch die Bauart gegeben, so sind Bohrungen für die spätere Verbindung der Schränke miteinander oder mit Bauwerksteilen anzubringen. Der Erwerber ist auf diese notwendige Verankerung hinzuweisen, z.B. durch Einlegezettel.

Registraturschränke mit Rolladen mit (Anzahl = Reg.) Registraturreihen						
Kennbuchstabe	Anzahl d. Rolladen	zu öffnen nach	Reg.	Schrank- höhe	tiefe	breite
B	1	rechts	2 3	750 1150	420	780
C	1	links	2 3	750 1150	420	780
D	2	links u. rechts	2 3	750 1150	420	1350; 1560
E	1	oben	1½ 3 4 5	750 1350 1800 2200	420	780; 1050; 1200
F	1	unten	1½ 3	750 1350	420	780; 1050; 1200
G	2	unten u. oben	4 5	1800 2200	420	1050; 1200
K	Registraturschränke mit Schiebetüren (ohne Rolladen)		1½ 2 3 4 5	650 750 1150 1500 1950	420	780; 1200 780; 1200; 1560 1200; 1560 1200 1200
L	Reg.-schr. mit Flügeltüren (ohne Rollad.)		4 5	1500 1950	420	950; 1200 950
A	Kartei- u. Reg.-schränke m. Schubladen;			—	—	—
	Anzahl der Schubladen für Format			—	—	—
	A4 quer	A5 quer	A6 quer	—	—	—
	2	3	4	750		
	3	4	6	1050	600	420; 780
	4:5	6	8	1350		

Die Reg.- schränke mit Schiebetüren (K) und mit Flügeltüren (L) für 4 und 5 Registraturreihen können auch als „Akten- / Garderobenschränke" ausgeführt werden.

Büromöbel, Begriffe nach Vornorm DIN 4553, März 1976:

Die folgende Auswahl beschränkt sich auf die nicht selbstverständlichen Begriffe.
Abkürzungen (Ziffern, Buchstabenfolgen) sind kein Teil der Norm.

Ein **Schreibtisch** (St) ist ein	Ein **Schreibmaschinentisch** (Smt) ist ein	
Tisch ohne (o) oder mit einem (1) Unterschrank oder mit zwei (2) Unterschränken, vorwiegend für im Sitzen auszuführende		
manuelle Büroarbeiten	maschinelle Büroarbeiten	
Innere Wandelbarkeit (Wi)	Äußere Wandelbarkeit (Wa)	
bedeutet in der Norm Austauschbarkeit der		
Schubladen, Auszüge, englischen Züge und der Führungen gegen solche anderer Höhe und / oder Art.	Tischplatte, der tragenden Elemente und der Unterschränke	beim St und / oder Smt

Benennung	**Ausführung**
Standard – St oder – Smt	mit (1) oder (2) ohne Wi und ohne Wa
Funktion – St oder – Smt	mit (1) oder (2) mit Wi, aber ohne Wa
Organisations – St oder – Smt	mit (1) oder (2) mit Wi und mit Wa

Büroschrank (außer Akten – Garderobenschrank, siehe S. 229!) ist	
ein **Registraturschrank**,	ein **Karteischrank**,
ein Schrank zur Aufnahme von	
Schubladen, Auszügen, englischen Zügen, Einlegeböden und Einrichtungen zum Aufbewahren von Schriftgutbehältern,	Karteien, der mit Karteibahnen und / oder - kästen ausgestattet ist,
dessen Vorderseite durch Vorderstücke, Türen oder Rolladen geschlossen werden kann.	
Wi des Schrankes	Wa des Schrankes
bedeutet Austauschbarkeit seiner	
Einrichtungsteile gegen solche anderer Höhe und / oder Art	Gehäuseverkleidung und / oder Standelemente

Teile der Tische und Schränke: Benennung nach Norm, Begriffsbestimmung im Wortlaut gestrafft.
Abkürzung: m. f. v. = „miteinander fest verbunden(e)".

Benennung	**Begriffsbestimmung**	
Gehäuse	Bauelement, dessen konstruktive Teile (Seitenwände, Rückwand, Abdeckplatte, Boden) mit oder ohne Rahmen m. f. v. sind.	
Oberboden	Oberer Abschluß des Schrankgehäuses.	
Abdeckplatte	Zum Oberboden zusätzlich angebrachte Platte, die ein od. mehrere Schrankgehäuse abdeckt.	
Fuß	Teil, das den Unterschrank trägt, unter ihm befestigt ist.	
Bein	Teil, das die Tischplatte trägt, auch in Verbindung mit Unterschrank oder Zargen, oder das Schrankgehäuse trägt und in der Höhe bis zur Abdeckplatte reicht.	
Fußpaar	Zwei durch eine Zarge und / oder einen Steg m. f. v.	Füße
Fußgestell		Fußpaare
Beinpaar		Beine
Beingestell		Beinpaare
Rahmengestell	Vier Beine oder Füße, mit vier Zargen m. f. v.	
Zarge	Verbindung von Beinen oder Unterschränken	an deren Enden
Steg		an einer anderen Stelle
Vorderstück	Vordere Wand einer Schublade oder eines Auszuges, die zugleich einen Teil des Unterschrankgehäuses verschließt; kann an Stelle oder zusätzlich zur vorderen Wand der Schublade vorhanden sein.	
Organisations-Schublade	Schublade mit Wi: Die Einrichtungsteile der Schublade sind durch Rasterung in ihren Wänden und / oder durch Bodenschlitze oder -löcher austauschbar.	
Englischer Zug	Herausziehbarer Kasten, der aus vier Wänden und einem Boden besteht, wobei (im Unterschied zur Schublade) die vordere Wand niedriger als die übrigen Wände ist.	

Gütebedingungen für Büromöbel aus Holz nach RAL 430 D 2, Okt. 1966

(RAL = Ausschuß für Lieferbedingungen und Gütesicherung beim Deutschen Normenausschuß)

Möbelteil	Vor dem Schleifen ist die **Mindestdicke** bei Fläche in m²	in mm	zulässige Werkstoffe	Ausführung	Oberflächenbehandlung
Tischplatten (freitragende müssen dicker u. gegen Durchbiegen gesichert sein)	unterstützter Platten: bis 0,5 bis 1,0 über 1,0	 17 20 23	Tischler-, Furnier- od. Holzspanplatten (Flachpreßpl. FP/Y) Naturholz, massiv	beidseitig furniert oder mit Kunststoffschicht beleimt mit Gratleisten	**unzulässig:** ausgerissene oder durchgeschliffene Stellen; graue, dunklere oder beim Beizen ungefärbte Poren; Streifen, Ansätze, Wischer. Oberfläche muß abriebfest, die Mattierung (zwei Arbeitsgänge mit Zwischenschliff) glatt, gleichmäßig, genügend dick sein, seidenmatt, nicht speckig glänzen! Sonderbehandelte Flächen müssen fachgerecht behandelt und eindeutig bezeichnet sein! Schränke innen mattiert.
Seiten (am Boden gegen Nässe zu schützen!)	tragender Seiten: bis 0,5 bis 0,8 über 0,8	 14 17 20	Tischlerplatten oder Spanplatten	beiderseits furniert oder mit Kunststoffschicht beleimt	
Flügeltüren	bis 0,5 bis 1,0 über 1,0	17 20 23			
Schiebetüren	bis 0,3 bis 0,6 bis 1,0 über 1,0	9 13 17 20	Tischler- oder Spanplatten; Gleitkanten und Führung aus geeignetem Werkstoff		
Rückwände	freigespannt gemessen bis 1,0 über 1,0	 4 5	keine besondere Vorschrift	geheftet, geleimt oder geschraubt	
Schubkastenböden	bis 0,25 bis 0,35 über 0,35	3 4 5	keine besondere Vorschrift	bei Belastung darf sich der Schubkasten nicht ändern	
Rolltüren Rolläden	bis 0,3 über 0,3	5 7	Stäbe mit einheitlicher Struktur, Führungen aus geeignetem Werkstoff, geräuscnarm	leicht zu bewegen, müssen, nach oben bewegt, in jeder Lage stehen bleiben	

Zulässige Holzverbindungen: Nut und Feder, Schlitz und Zapfen, Dübel, Zinken, einwandfrei passend mit genügend Leim feuchtfest verleimt, dürfen sich bei üblicher Belastung weder lösen noch verändern.

Einlegeböden in Schränken: geschliffen und mattiert, auf Leisten oder Lochhülsen verstellbar und so bemessen, daß sie sich unter 30 kg gleichmäßig verteilter Last je lfd. m Bodenlänge bis 1 cm durchbiegen.

Schubkasten: an den Ecken haltbar und formfest verbunden; **Laufleisten** aus Weichholz unzulässig; sie sind haltbar anzubringen, genagelte zusätzlich zu leimen; bei hoher Belastung Metallführungen verwenden.

Zulässige Sicherheitsschlösser:
1. **Zuhaltungsmöbelschlösser:** mindestens 4 Zuhaltungen und 200 verschiedene Schließungen;
2. **Zylindermöbelschlösser** mit Zylindern aus Messing: mindestens 4 Stifte und 1000 verschied. Schließungen;
3. **Sicherheitshakenriegelschlösser** mit 4 Zuhaltungen oder Messingzylindern.

Außenmaße [1] **der Schreibtische und der Schreibmaschinentische** (gelten auch für Zusatztische) nach DIN 4549, Aug. 1968	zulässige Abweich.	**Schreibtische der Formen** [2] A, B oder C		**Schreibtische der Formen** [2] A oder B		**Schreibmaschinentische der Formen** [2] A, B oder C		**Schreibmaschinentische der Formen** [2] A od. B
Breite der Tischplatte mm	±3	1560	1400	1200		1560	1400	1200
Tiefe der Tischplatte mm	±2	780	600	780	600	600		
Tischhöhe bis Oberkante Platte mm	±2	750 [3]				650 [3]		

[1] gelten für alle Büro-Schreibtische und -Schreibmaschinentische aus Holz, Stahl oder anderen Werkstoffen;

[2] Form A: ohne Unterschrank; Form B: mit einem Unterschrank; Form C: mit zwei Unterschränken

[3] Arbeitsphysiologen und -mediziner empfehlen als Höhe
a) der Schreibtische: 720 mm, verstellbar um ± 30 mm;
b) der Schreibmaschinentische: 600 mm, verstellbar um ± 40 mm. Gegen eine Verstellbarkeit bestehen starke Einwände; als Kompromiß wurden obige Höhen genormt, damit in einem Schreibtisch-Unterschrank zwei Hängeregistraturen (DIN 821, Bl. 1) übereinander untergebracht werden können: wird schwierig bei Holz-Schreibtischen mit Rolladenverschluß. Lichte innere Breite der Schubladen: 330 mm.

Stellflächen, Abstände und Bewegungsflächen im Wohnungsbau nach DIN 18011, März 1967

Die Norm enthält Forderungen und Empfehlungen für Wohnzimmer, Eßplätze, Loggien oder Balkone, Elternschlafzimmer, Kinderzimmer, Abstellräume und Flure nach den Grundsätzen zweckmäßiger Wohnnungsnutzung. Sie gelten sinngemäß für Wohnheime und für Wohnungen alleinstehender Personen.

Stellflächen = Platzbedarf der Einrichtungsteile nach Breite (b) und Tiefe (t) in cm
Abstände = Maße zwischen verschiedenen Stellflächen und zwischen Stellflächen und Wänden oder Wandöffnungen (Rohbau - Maß gilt)
Bewegungsflächen = Flächen zwischen verschiedenen Stellflächen oder zwischen Stellflächen und Wänden, z.T. erforderlich, um Einrichtungen benutzen oder Türen öffnen zu können.

Wohnzimmer: keine Einzelangaben für Möbelstellflächen; Mindest - Raumgröße: 18 m², wenn Stellfläche für Eßplatz im anderen Raum vorhanden.
Wohnzimmer mit Eßplatz (Mindestmaße)

Anzahl der Personen	Raumgröße m²	Stellfläche für Tisch und Stühle b	t
4	20	180	130
5	22		180
6	24		180
7	keine Angabe		230
8			240

Abstand zwischen	und Stellfläche für	mindestens cm
Wand	Möbel	5
Wand	Eßplatz (hinter Stühlen)	30
Türleibung, Schalterseite	Möbel	20
Türleibung, andere Seite	Möbel	10
Fensterleibung	Möbel höher als Fensterbank	15
ortsfestem Kachelofen	Möbel oder freiem Holzwerk	25

Stellflächen im Elternschlafzimmer für	Anzahl	erforderlich b × t	empfohlen b × t
Betten	2	100 × 205	
Nachtschränke (Ablagen)	2	55 × 40	
Kleider- Wäscheschrank [1]	1	220 × 65	250 × 65
zusätzliches Möbel, z.B. Frisiertoilette, Kommode, Nähmaschine	1	110 × 55 Anordnung neben dem Schrank erwünscht	
Stühle (kann Teil der Bewegungsfläche sein)	2	45 × 50	
Bett für Kleinkind, zusätzlich, wenn kein Kinderzimmer vorhanden ist	1	55 × 110	

Kinderzimmer für	Anzahl	erforderlich	empfohlen
Betten je Kind	1	100 × 205	
Kleider- Wäscheschrank [1] für 1 Kind	1	110 × 65	
für 2 Kinder	1	180 × 65	220 × 65
	oder 2	110 × 65	110 × 65
zusätzliches Möbel, (z.B. Kommode, Regal)	1	–	110 × 55
Arbeitstisch für 1 Kind	1	90 × 55	100 × 60
für 2 Kinder	1	140 × 55	–
	oder 2	90 × 55	100 × 60
Stühle je Kind	1	45 × 50	

[1] Die Stellfläche kann außerhalb des Zimmers an geeigneter Stelle zusätzlich vorgesehen werden. Im Kinderzimmer ist dann die Stellfläche für ein zusätzliches Möbelstück erforderlich.

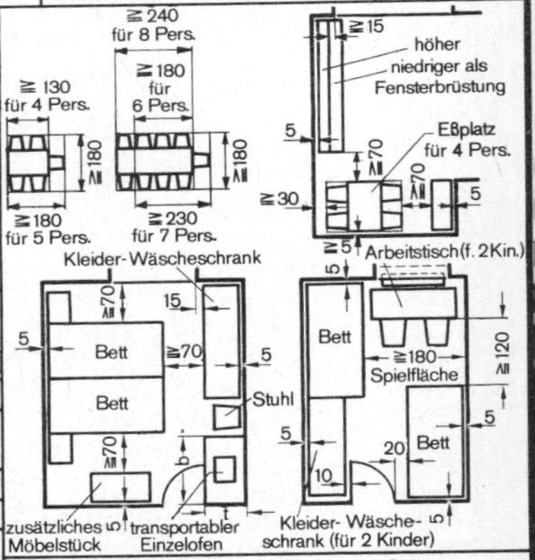

Mindesttiefe der Bewegungsfläche, um Einrichtungsteile benutzen zu können:

erforderlich	cm
zwischen Stellfläche und Wand	70
zwischen benachbarten Stellflächen	70
vor Öfen, wenn Bedienung nötig	70
in Eingangsfluren	130
in Neben- und Stichfluren	90
Spielfläche im Kinderzimmer	120 × 180

Maße des Raumbedarfs von Arbeits- und Abstellplatten und Schränken in Küchen nach DIN 18022

Maße in cm: Größe	Breite [1]	Arbeitsplatte (= A), Abstellplatte (= B) oder Unterschrank mit Deckplatte, wenn die Platten verwendet werden als: A + B Tiefe	nur B Tiefe	A im Stehen Höhe	A im Sitzen [2] Höhe	Oberschrank: Ist Vorderfront schräg, so gilt Tiefe für Unterseite: Tiefe	Höhe	Abstand Fußboden bis Unterkante Oberschrank	Vollschrank: kann in der Höhe unterteilt sein, über h hinaus für Abstellzwecke zur Decke reichen [3]: Tiefe	Höhe h
1	40	60	45	85 oder 90	–	30	60 bis 80	135 bis 140	45 o. 60	205 b. 220
2	50				65					
3	60									

[1] größere Breiten ergeben sich aus der Summe der Einzelbreiten
[2] gilt nur für Arbeitsplatten, nicht für Unterschränke
[3] kann einen Aufsatzschrank über h hinaus erhalten

Aufeinander abgestimmte Maße („Koordinationsmaße")

für Küchenmöbel und Küchengeräte nach DIN 68901, Jan. 1973

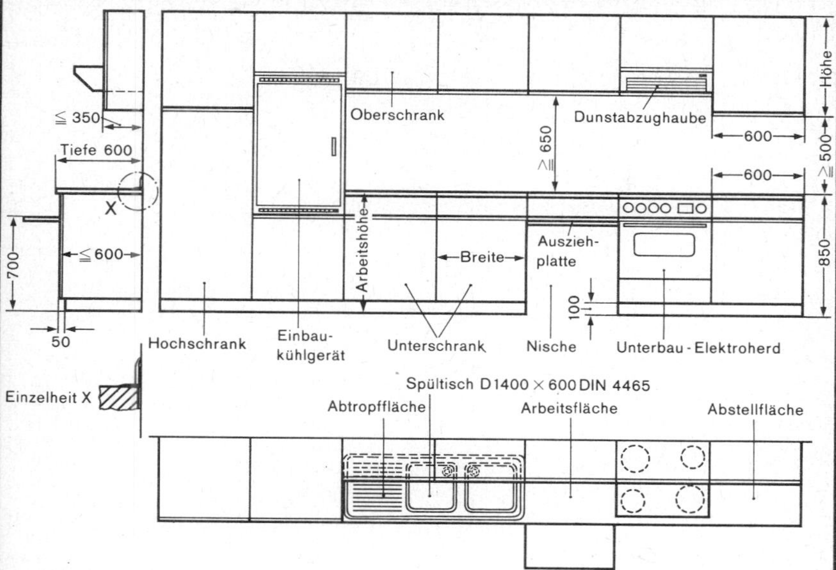

Höhen, Tiefen, Breiten (in mm):
Unter „Art" bedeuten: „muß" ein Gebot; „soll" eine Regel; „frei" nach freier Wahl des Herstellers; „min" ein Mindestmaß; „max" ein Höchstmaß; „zul" eine Ausnahme

Für Breiten gelten Rastermaße vom Modul 1 M = 100 mm nach ISO/R 1040.

Gegenstand	Art	Maß
Arbeitshöhe *H* = Abstand zwischen Fußboden und Gebrauchsfläche		
Allgemeine *H*	muß	850
H der Arbeitsplatten	muß	850
H der Unterschränke	muß	850
H der Spülen	muß	850
H der Ausziehplatten	soll	700
H von Einbautischen	soll	700
Höhe der Vorderkanten von Abstell- und Arbeitsplatten u. Spültischen	muß	30
Höhe der Sockel von Schränken	muß	100
Oberkanten der Hoch- u. Oberschränke	soll	gleich
Höhe der Hochschränke	frei	–
Abstand zwischen Oberschrank		
a) und Arbeitsplatten	min	500
b) und Kochstellen und Spülen	min	650
Abstand zwischen Kochstelle und Dunstabzughaube	min	650
Die Tiefe *T* gilt einschließlich Türen, Kantenabschlüsse u. Wandanschlüsse		
T der Abstell- und Arbeitsplatten	muß	600
T der Unter- und Hochschränke	max	600
T der Spülen und gleich tiefer Geräte	max	600

Gegenstand	Art	Maß
T der Oberschränke	max	350
lichtes Innenmaß der Oberschränke	min	280
T der Dunstabzughaube	zul.	> 350
Zurückspringen der Sockel, bezogen auf Vorderkante Arbeitsplatte	min	50
Breiten der Schränke: 3 M; 4 M; 5 M	soll	6 M
(siehe oben!)	zul	4,5 M
Breiten der Spültische: 9 M; 10 M; 12 M; 15 M, bei Doppelbecken	soll	9 M
wenn zusätzlich Abtropffläche	soll	15 M
Nischen-Nennmaße, Abweichung	zul	plus
Geräte-Nennmaße, Abweichung	zul	minus
Einbauöffnungen zum Einbau von Küchengeräten		
a) in Arbeitsplatten: Tiefe	max	500
je nach Gerät: Breite	frei	–
Die Arbeitsplatte muß gebrauchstauglich bleiben!		
b) in Schränken von 6 M Breite	min	560
c) in Schränken für Einbaukühlgerät:		
Höhe bis Mitte Gerät	min	1100
	max	1200
T des Einbauraums ohne Tür	min	550

Schlüssel für Möbelschlösser: Nuten- und Zuhaltungsbärte (nach DIN 5285, März 1965)

Die Kenn-Nummern der Nutenbärte (1 bis 4) und die Kenn-Nummern der Schließungen an Zuhaltungsbärten bezeichnen die Schlüsselbärte

Die Einschnitte an Zuhaltungsbärten: der Riegelzapfen hat die Nr. 0, der geringste Einschnitt die Nr. 1, der tiefste bei 3 Zuhaltungen die Nr, 3, bei 4 Zuhaltungen die Nr. 4. Die festgelegte Art des Einschnitts heißt Schließung.

Schlüsselbärte	Ansicht und Schnitt (Schnitt vom Schlüsselring aus gesehen)				
Nutenbärte der Schlüssel zu Möbelschlössern (Schnitt = Schlüsselloch)	1 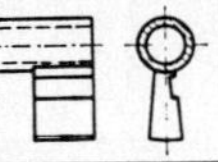	2 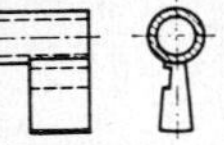	3 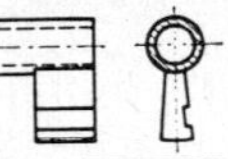	4 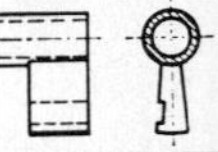	
Zuhaltungsbärte der Schlüssel zu Möbelschlössern	3 Zuhaltungen Einschnitte und Nr. der Schließung	4 Zuhaltungen Einschnitte und Nr. (1...24) der Schließung (4 Zuhaltungen ergeben 1 · 2 · 3 · 4 = 24 mögliche Kombinationen)			
Folge der Einschnitte	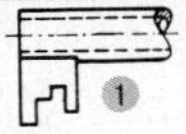 1: 0231	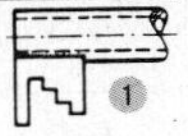 1: 04321	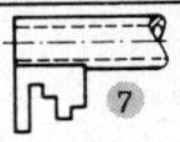 7: 04312	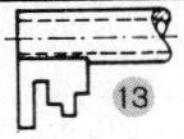 13: 04213	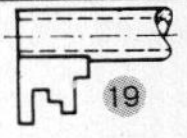 19: 03214
Folge der Einschnitte	 2: 0321	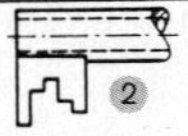 2: 03421	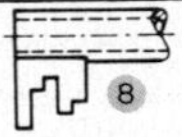 8: 03412	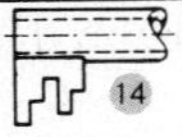 14: 02413	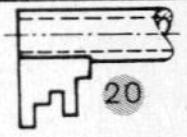 20: 02314
Folge der Einschnitte	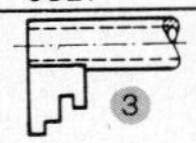 3: 0132	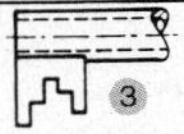 3: 02431	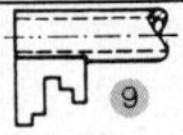 9: 01432	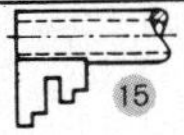 15: 01423	 21: 01324
Folge der Einschnitte	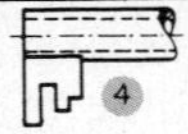 4: 0312	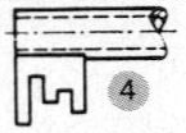 4: 04231	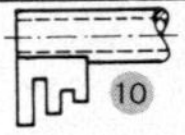 10: 04132	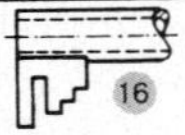 16: 04123	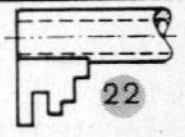 22: 03124
Folge der Einschnitte	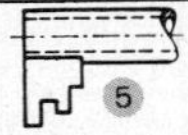 5: 0213	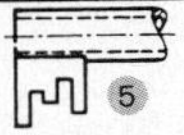 5: 03241	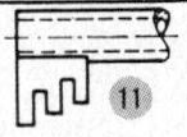 11: 03142	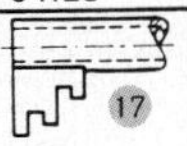 17: 02143	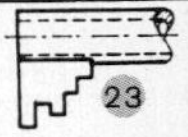 23: 02134
Folge der Einschnitte	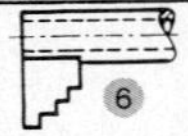 6: 0123	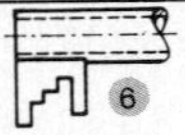 6: 02341	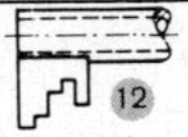 12: 01342	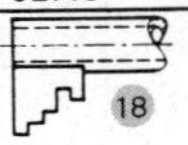 18: 01243	 24: 01234

Schließzylinder für Türschlösser nach DIN 18252, Nov. 1964

Ein Schließzylinder besteht aus dem Zylindergehäuse (rund, oval oder profiliert), dem Zylinderkern; mindestens 5 Stiftzuhaltungen und dem Schließbart. Die Stiftzuhaltung, das aus Kernstift, Gehäusestift und Stiftfeder bestehende Sperrorgan im Schließzylinder, läßt die Drehung des Zylinderkerns nur zu, wenn der eingeführte passende Schlüssel beide Stifte in bestimmter Weise verschiebt. Die Stufensprünge der Schlüsseleinschnitte müssen mindestens 30000 unterschiedliche Schließungen ergeben. Bei 5 Stiftzuhaltungen und 8 für den Schlüsseleinschnitt vorgesehenen Stufen sind theoretisch $z = 8^5 = 32768$ Schließungen möglich; aber bei 5 Stiftzuhaltungen darf der Schlüssel höchstens 3 gleich tiefe Einschnitte haben, davon dürfen nur 2 einander benachbart sein, der höchste und der tiefste Einschnitt müssen sich um mindestens 3 Stufensprünge unterscheiden, so daß 8 Stufen nicht ausreichen.

Ein Schließzylinder wird (austauschbar) am Schloßkasten eines einfachen Buntbart-Schlosses befestigt und verwandelt dieses Schloß in ein Zylinderschloß, das höhere Sicherheitsbedürfnisse befriedigt. Der Schließzylinder eignet sich besonders zum Aufbau von

a) Hauptschlüsselanlagen: mehrere unterschiedlich schließende Schließzylinder sind gemeinsam von einem Hauptschlüssel schließbar;

b) Zentralschloßanlagen: jeder Schlüssel unterschiedlich schließender Schließzylinder schließt außerdem einen oder mehrere Schließzylinder an zentraler Stelle.

Zur Pflege ist Graphitpulver geeignet: auf keinen Fall darf der Schlüsselkanal oder der Zylinderkern geölt werden.

Blattgrößen und Maßstäbe nach DIN 823, Aug. 1965

Zeichenbretter (Reißbretter) nach DIN 3100, Juni 1962 mit Zusatzflächen	ohne Zusatzflächen (Nebenreihe)	Format Reihe A DIN 476	Blattgrößen nach DIN 823 unbeschnittenes Blatt (Kleinstmaß)	beschnittene Lichtpause od. Zeichnung (Fertigblatt)	Reißschienen nach DIN 3101, Juni 1962 Länge l	Anschlag a	Breite b
Höhe h × Breite b	Höhe h × Breite b	DIN ···	mm	mm	mm	mm	mm
–	–	A 5	165 × 240	148 × 210	–	–	–
250 × 350	–	A 4	240 × 330	210 × 297	350	170	40
350 × 500	–	A 3	330 × 450	297 × 420	500	190	45
500 × 700	470 × 650	A 2	450 × 625	420 × 594	650 / 700	220	50
700 × 1000	650 × 920	A 1	625 × 880	594 × 841	920 / 1000	260	60
1000 × 1500	920 × 1270	A 0	880 × 1230	841 × 1189	1270 / 1500	310	70
1250 × 1750	–	2 A 0	1230 × 1720	1189 × 1682	1750	360	80
1250 × 2000	–	4 A 0	–	1682 × 2378	2000	360	80

Zeichenblätter in den Blattgrößen nach DIN 823 dürfen in Hoch- und Querlage verwendet werden.

Maßstab in natürlicher Größe: M 1:1
Maßstäbe für Verkleinerungen: M 1:5; 1:10; 1:20; 1:50;
Maßstäbe für Vergrößerungen: M 2:1; 5:1; 10:1
} nach DIN 919, Bl. 1.

Linien in Zeichnungen nach DIN 15 Blatt 1: Dez. 1967

Liniengruppen

Reihe 1: Linienbreiten und Liniengruppen mit Stufensprung $\sqrt{2} = 1{,}4142$

Reihe 2: ist für eine Übergangszeit aufgenommen worden

Linienarten	Beispiel für eine Liniengruppe	Linienbreiten in mm der Liniengruppen der Reihe 1*) (Vorzugsreihe) für Schrift und zeichnerische Darstellung						Reihe 2 frühere Nenngrößenreihe			
		0,25	**0,35**	**0,5**	**0,7**	1,0	1,4	0,3	0,5	0,8	1,2
Vollinien, breit	a	0,25	0,35	0,5	0,7	1,0	1,4	0,3	0,5	0,8	1,2
Vollinien, schmal	b	0,13	0,18	0,25	0,35	0,5	0,7	0,1	0,2	0,3	0,4
Strichlinien	c	0,18	0,25	0,35	0,5	0,7	1.0	0,2	0,3	0,4	0,6
Strichpunktlinien, breit	d	0,25	0,35	0,5	0,7	1,0	1,4	0,3	0,5	0,8	1,2
Strichpunktlinien, schmal	e	0,13	0,18	0,25	0,35	0,5	0,7	0,1	0,2	0,3	0,4
Freihandlinien	f	0,13	0,18	0,25	0,35	0,5	0,7	0,1	0,2	0,3	0,4

*) Für die Darstellung einer Zeichnung sollen nur Linien einer Liengruppe angewendet werden. Die fettgedruckten Liniengruppen sind zu bevorzugen. Werden breitere Linien benötigt, so sind sie im Verhältnis $\sqrt{2}$ zu bilden, z. B. 2,0; 2,8; 4,0; 5,6 usw.

Anwendung der verschiedenen Linien

nach DIN 919, Bl. 1. März 1972: Technische Zeichnungen für Holzverarbeitung
DIN15, Bl. 1, Dez. 1967: Linien in Zeichnungen

Linienarten und -breiten	Zeichen	anzuwenden für
Vollinien, breit	a	sichtbare Kanten aller zum dargestellten Gegenstand gehörenden Teile; Fugen in Schnitten; Umrisse; Gewindebegrenzung nach ISO/R128, deutsch in DIN 27 (März 1967)
Vollinien, schmal, (können, z.B. als Schraffurlinien, auch freihändig gezogen werden)	b	Schraffur der Schnittflächen; in Ansichten sichtbare bündige Fugen der Holzverbindungen; Maß- und Maßhilfslinien; Bezugslinien und -haken für Wortangaben; Oberflächenzeichen; Diagonalkreuz; Biegelinien; Kern-ϕ bei Bolzengewinde und Außen-ϕ bei Muttergewinde (DIN 27) Zeichen für Faserverlauf der Oberflächen; erläuternde, nicht zum dargestellten Gegenstand gehörende Teile
Strichlinien	c	verdeckte, nicht sichtbare Kanten und Umrisse, auch Gewinde nach DIN 27; dabei werden durchsichtige Werkstoffe wie undurchsichtige behandelt
Strichpunktlinien, breit, kürzer als e	d	Schnittverlauf, Kennzeichnung begrenzter Oberflächenbehandlung
Strichpunktlinien, schmal	e	Mittellinien; Bearbeitungszugaben für ein Fertigteil; Grenzstellungen beweglicher Teile; Teile, die vor dem dargestellten Schnitt liegen; Umgrenzung herausgezeichneter oder angedeuteter Einzelheiten oder des Feldes für Kennzeichen
(unregelmäßige) Freihandlinien	f	Schraffur der Schnittflächen bei Holz und Holzwerkstoffen; Bruchlinien

Darstellungen in Zeichnungen (Ansichten, Schnitte) nach DIN 6, März 1968

Lage der Ansichten		ISO-Methode E (Regelfall)	ISO-Methode A (Ausnahme)
Art der Ansicht ↓		Lage zur Vorderansicht des Gegenstandes:	
Draufsicht		unterhalb	oberhalb
Untersicht		oberhalb	unterhalb
Seitenansicht	von links	auf der rechten Seite	auf der linken Seite
	von rechts	auf der linken Seite	auf der rechten Seite
Rückansicht		rechts der rechts dargestellten Seitenansicht	
Symbol für die angewendete Methode (in der Nähe des Schriftfeldes einzutragen)			

Nicht mehr Ansichten und nicht mehr Schnitte darstellen, als erforderlich sind, den Gegenstand eindeutig zu erkennen und zu bemaßen! Strichlinien für verdeckte Kanten möglichst weglassen. In die Fertigungs-Zeichnung, auch Werkstatt-Zeichnung genannt, sind alle notwendigen Maße in Millimetern einzutragen; die Angabe „mm" ist nicht erforderlich. **Das Messen aus der Zeichnung ist** auch bei Darstellungen in natürlicher Größe (M 1:1) **unzulässig.** In Sonderfällen kann (bei Brettaufrissen) davon abgewichen werden. Aus Gründen der rationellen Arbeitsvorbereitung sollte das farbige Ineinanderzeichnen von Schnitten in die Vorderansicht unterbleiben und durch Teilschnittzeichnungen mit ausreichenden Maßangaben und zweckmäßigen Stücklisten ersetzt werden.

Lage der Schnitte zur Vorderansicht

bevorzugte Schnitte Lage beliebig	Lage des Schnittes	Ansicht	farbige Schraffur (Ausnahme)
Höhenschnitt	senkrechter Schnitt rechtwinklig zur Vorderansicht	üblich von rechts	blau
Querschnitt	waagerechter Schnitt Vorderansicht zeigt nach unten	in der Regel von oben	rot
Frontalschnitt	senkrechter Schnitt parallel zur Vorderansicht	von vorn	hellbraun

Bei Außentüren gilt die Außenseite, bei Innentüren und bei Fenstern die Bandseite als Vorderansicht. Symmetrische Teile können zum Teil als Ansicht, zum Teil als Halbschnitt, bei waagerechter Mittellinie unterhalb, bei senkrechter Mittellinie rechts von dieser angeordnet, gezeichnet werden.

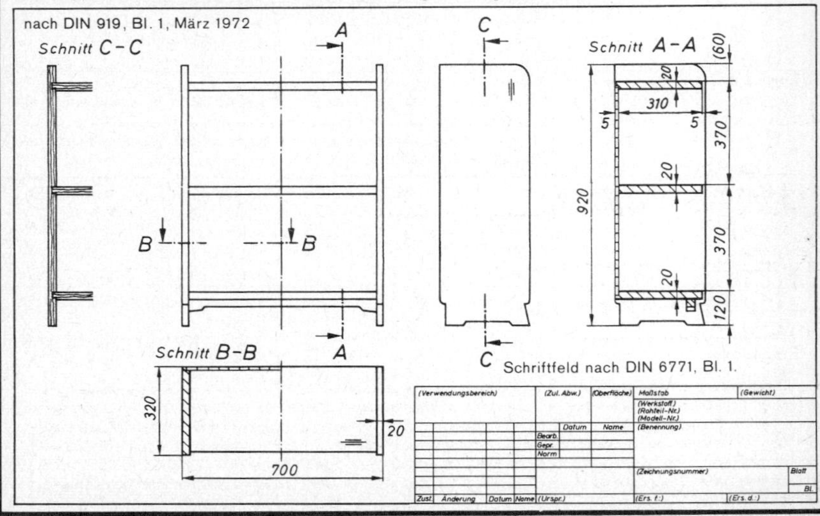

Schraffuren, Beschriftungen und Kennzeichen von Schnittflächen

nach DIN 919, März 1972

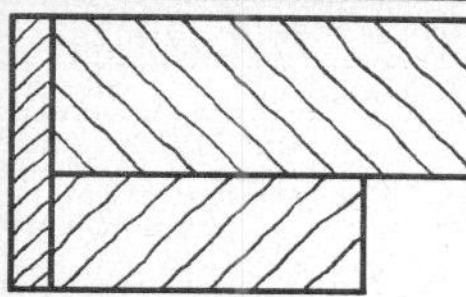

Hirnholz: möglichst unter 45° zu den Hauptumrissen schraffieren; bei zwei Hirnholzschnittflächen wechselt die Richtung, eine dritte Fläche, die kleinere, wird enger schraffiert.

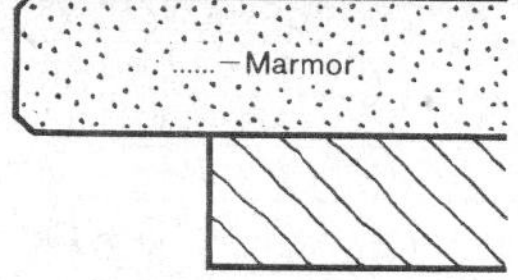

Kristall-Spiegelglas

Schnittflächen von Glas, Marmor, Zementplatten u.a. werden punktiert: Punktierung bezeichnet nicht die Art des Werkstoffs, diese wird durch Schrift mit einer Bezugslinie oder durch Schrift in der Schnittfläche angegeben oder nach DIN 201-Schraffuren und Farben zur Kennzeichnung von Werkstoffen – teilweise veraltet.

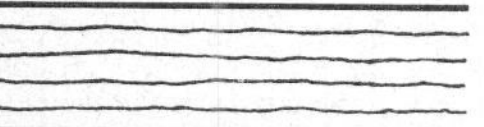

Längsholz (Langholz) wird parallel zur Längsrichtung schraffiert, von zwei sich berührenden Flächen die kleinere enger.

Die Mittellage von Tischlerplatten erhält, wenn die Schnittfläche:

Hirnholz: liegendes Kreuz
Größe ≈ ½ Plattendicke.

Langholz: Pfeil
dicker als ein Maßpfeil.

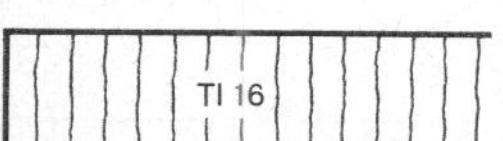

Platten aus Holz und Holzwerkstoffen (Lagenholz, Span- und Faserplatten) werden möglichst rechtwinklig zur Längsrichtung weit schraffiert, wenn nötig, Wortangaben oder Kurzzeichen hinzufügen.

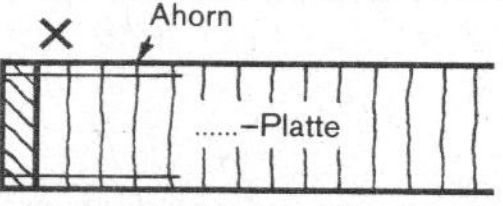

FP/X 16

Deckfurnier (äußeres Furnier aller Flächen und Einzelteile) wird durch kurze Begleitlinie innerhalb des Umrisses gekennzeichnet, die Art des Furniers durch Schrift mit Bezugslinie.

Deckfurnier Hirnholz: aufliegendes Kreuz;
Anleimer überfurniert.

Deckfurnier Längsholz: aufliegender Pfeil in Längsrichtung; Anleimer nach dem Furnieren angeleimt.

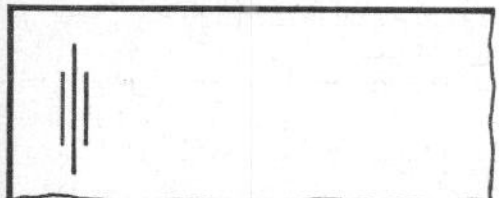

Faserverlauf, Struktur- oder Musterrichtung können in Ansichten durch 3 dünne Vollinien, mittlere Linie etwas länger, angedeutet werden.

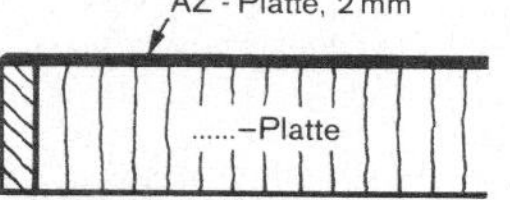

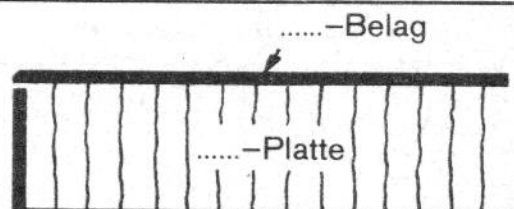

Belagstoffe (Kunststoffe, Linoleum u.a.) können wie andere schmale Schnittflächen (nach DIN 6, März 1968) voll geschwärzt werden. Stoßen geschwärzte Schnittflächen aneinander, so sind sie mit geringem Abstand voneinander (Fugen) darzustellen. Die Art des Belags ist durch Schrift mit Bezugslinie anzugeben.

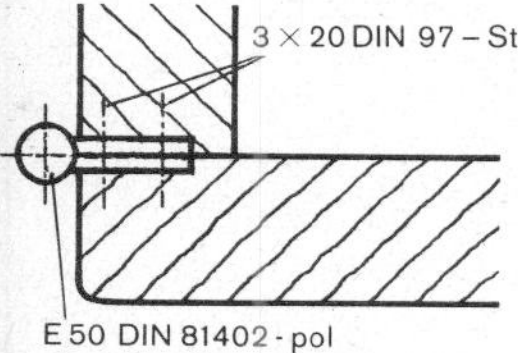

Geschnittene Beschläge werden eng schraffiert oder voll geschwärzt, **nicht geschnittene** werden in ihren Umrissen dargestellt, beide durch Schrift mit Bezugslinie näher gekennzeichnet. Der Drehpunkt ist anzugeben.

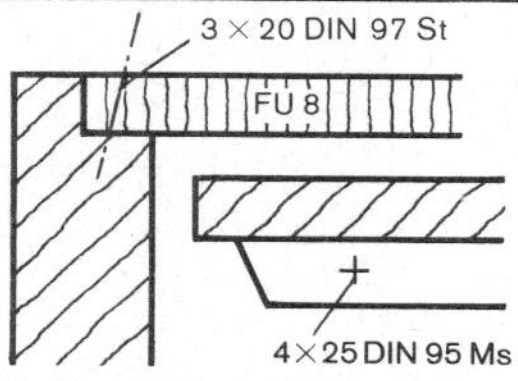

Schrauben und Nägel werden vereinfacht durch Mittellinie oder Achsenkreuz unter Angabe der Form, der Abmessung, des Materials (DIN-Kurzbezeichnung) dargestellt.

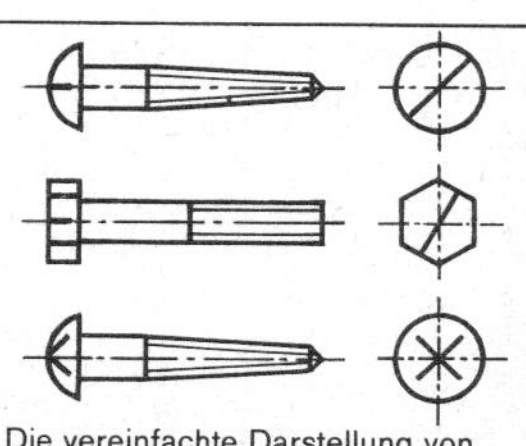

Die vereinfachte Darstellung von Schlitzschrauben, Sechskantschrauben mit Schlitz und Kreuzschlitzschrauben nach DIN 27, März 1967, gemäß ISO/R128–1959. Die Lage der Schraubenschlitze entspricht der Norm.

Regeln für das Eintragen der Maße in Zeichnungen nach DIN 919, März 1972:

„Technische Zeichnungen für die Holzverarbeitung" Bl. 1: Grundlagen; Bl, 2: Serienfertigung.

Maßlinien, Maßhilfslinien, Maßlinienbegrenzung

Die Bemaßung soll an Vollinien (d. h. an sichtbare Kanten und Umrisse der Darstellung) angeschlossen werden, nicht an Strichlinien (unsichtbare Kanten). Die Zeichnung erhält die Maße, die für den dargestellten Endzustand des Gegenstandes gelten.

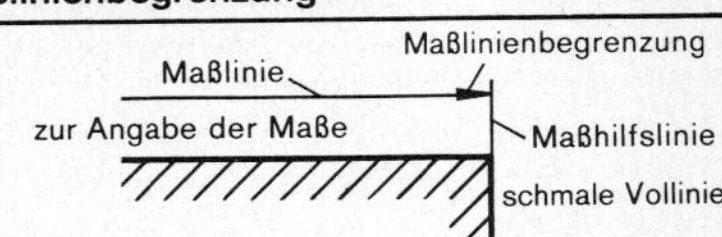

Maßeintragung

Maße sind in Millimetern anzugeben. Die Angabe „mm" ist nicht erforderlich.

Maßzahlen werden nach ISO/R 129 über die durchgezogenen Maßlinien gesetzt. (ISO = International Organization for Standardization).

Jede Maßzahl ist nur einmal einzutragen, und zwar an der Stelle, welche über die Form des Gegenstandes den klarsten Aufschluß gibt. Maße, die sich bei der Fertigung von selbst ergeben, werden nicht eingetragen. Maßeintragungen dürfen die Darstellung nicht undeutlich machen.

Alle Maßzahlen und Winkelangaben einer Zeichnung sind so einzutragen, daß sie von unten oder von rechts lesbar sind, wenn die Zeichnung in ihrer Gebrauchslage betrachtet wird.

Mit Maßhilfslinien sind Maße herauszuziehen, die nicht zwischen den Körperkanten eingetragen werden. Maßhilfslinien und Maßlinien haben gleiche Breite. Maßhilfslinien beginnen unmittelbar an den Körperkanten. Sie stehen im allgemeinen rechtwinklig zur Maßlinie und gehen 1 bis 2 mm über diese hinaus. Maßhilfslinien sollen sich mit anderen Linien und untereinander möglichst nicht schneiden.

Mittellinien und Kanten dürfen nicht als Maßlinien, jedoch Mittellinien dürfen als Maßhilfslinien benutzt werden. Sie werden dann außerhalb der Körperkanten als schmale Vollinie gezeichnet. (Maßhilfslinien und Mittellinien dürfen nicht zwischen zwei Ansichten durchgezogen werden.)

Die Maßlinien sollten etwa 8 mm entfernt von den Körperkanten liegen; parallele Maßlinien sollen voneinander einen genügend großen und möglichst gleichmäßigen Abstand von mindestens 5 mm haben.

Bei dicht übereinanderliegenden Maßlinien werden die Maßzahlen möglichst versetzt angeordnet, um eine bessere Übersicht zu erreichen.

Die Enden der Maßlinien sind durch Maßpfeile (Bild 5) oder Schrägstriche (Bild 6) zu kennzeichnen.

Ist zwischen den Körperkanten oder Maßhilfslinien nicht genügend Platz für die Maßpfeile, dann sind sie nach den Bildern 3 u. 4 einzutragen. Maßlinien dürfen bei Platzmangel auch durch Punkte begrenzt werden (siehe Bild 7).

Maßzahlen für nicht maßstäblich gezeichnete Abmessungen müssen unterstrichen werden, jedoch nicht bei unterbrochen gezeichneten Teilen.

Maßzahlen in Fertigungs-Zeichnungen sollen möglichst nicht kleiner als 3,5 mm sein; gleiche Größe innerhalb einer Darstellung ist anzustreben.

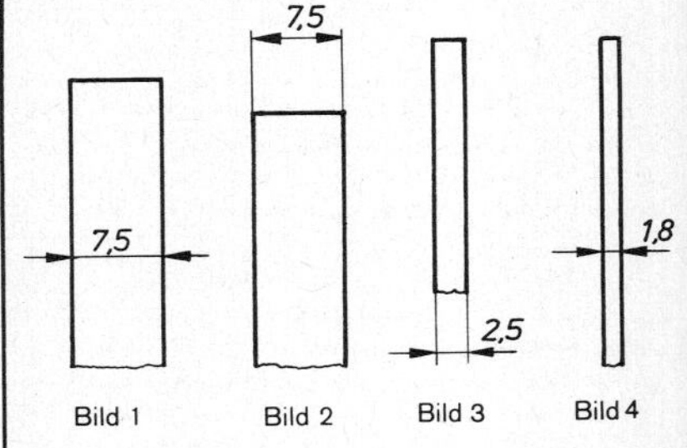

Bild 1 Bild 2 Bild 3 Bild 4

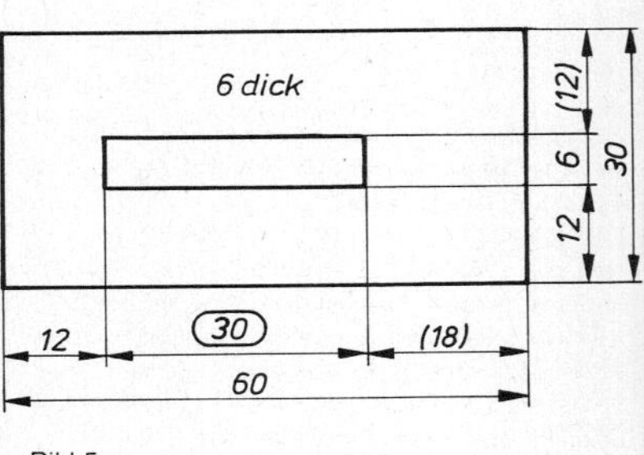

Bild 5

Bild 6

Fortsetzung: Regeln für das Eintragen der Maße in Zeichnungen

An Stelle von Maßzahlen dürfen für veränderliche Abmessungen auch Maßbuchstaben benutzt werden; hierfür sind Kleinbuchstaben (schräge Normschrift nach DIN 16) anzuwenden (Schriftgröße wie bei Maßzahlen). Die Zahlenwerte für die Buchstaben werden in einer Tabelle zusammengefaßt. Zeichnung und Maße müssen hierbei klar und übersichtlich lesbar bleiben.
Maße, die vom Besteller (Empfänger) nach Vereinbarung besonders geprüft werden, sind durch Einrahmen (siehe Bild 5) zu kennzeichnen. Kreise sind als Einrahmung unzulässig.
Bei geschlossenen Maßketten muß mit Rücksicht auf die Summe der zulässigen werkstattüblichen Abweichungen wenigstens eine Abmessung unbemaßt bleiben oder das veränderbare Maß in Klammern gesetzt werden (siehe Bild 5 und Bild 7).
Auch bei furnierten Platten ist in Maßketten das Fertigmaß anzugeben. Wenn für die Fertigung das Rohmaß der unfurnierten Platte interessiert, so ist dieses Maß hinter das Werkstoffkurzzeichen in den Plattenquerschnitt einzutragen, z. B. FP/Y 16, d. h. Flachpreßspanplatte, 16 mm dick.
Bei flächigen Werkstücken (z. B. Platten) kann das Dickenmaß innerhalb der Fläche eingetragen werden (siehe Bild 5).
Maßzahlen wie 6, 9, 66, 68, 86, 98 und 99 erhalten hinter der Zahl einen Punkt, wenn infolge ihrer Stellung Verwechslungen möglich sind.
Maßlinien für Halbmesser (siehe Bild 8 und Bild 9) erhalten nur einen Maßpfeil; auch gekürzte Maßlinien für Durchmesser erhalten am Kreisbogen oder seiner Projektion nur einen Maßpfeil.
Die Zeichen für Durchmesser (⌀), Quadrat (□) und Halbmesser (R) sind vor die Maßzahl zu setzen. Die Quadrat- und Halbmesserzeichen stehen dabei auf der Grundlinie der Schrift, der Kreis des Durchmesserzeichens auf Mitte Schrifthöhe (siehe Bild 9).
Nicht anzuwenden ist das Durchmesserzeichen bei Durchmessermaßen, die in einem Kreise (Kreisbogen) oder zwischen den Maßhilfslinien eines Kreises (Kreisbogens) stehen und deren Maßlinien zwei Maßpfeile haben.
Sind in Zeichnungen die Körperkanten besonders breit ausgezogen, so sind die Maßhilfslinien bei Außenmaßen von der äußeren Kante und bei Innenmaßen (Bohrungen) von der inneren Kante der breiten Linie aus zu ziehen (siehe Bild 10)
Bezugslinien sind zu vermeiden; ist das nicht möglich, z, B. bei Platzmangel, sind sie kurz zu halten und sollten stets schräg aus der Darstellung herausgezogen werden.
Bezugslinien sind versehen:
mit einem Pfeil, wenn sie an einer Körperkante enden (siehe Bild 11). mit einem Punkt, wenn sie in einer Fläche enden (siehe Bild 12). ohne Pfeil oder Punkt, wenn sie an einer anderen Linie (Maßlinie, Mittellinie usw.) enden (siehe Bild 9).
Stücklisten können auf der Zeichnung angeordnet oder getrennt aufgestellt werden. Sie gehören in jedem Fall zur Zeichnung und dienen der Arbeitsvorbereitung, der Werkstoffbeschaffung, der Kostenrechnung u. der Lagerhaltung.

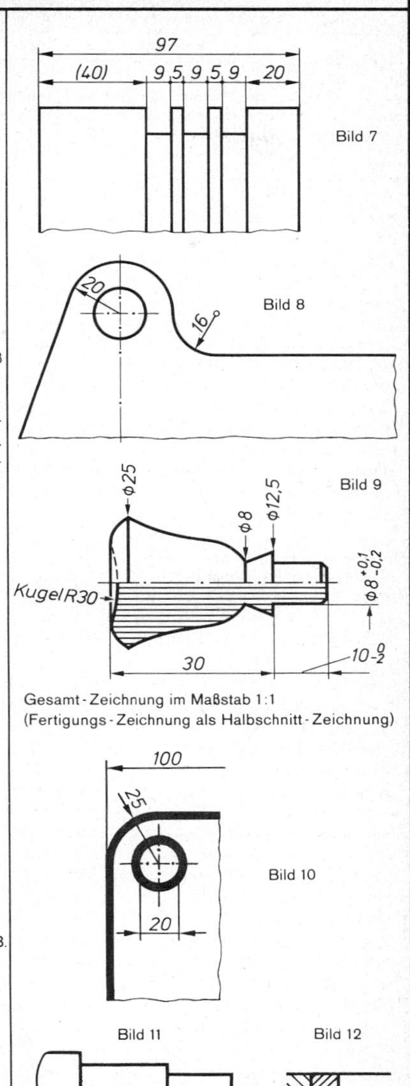

Zahlenmäßige Toleranzangabe (Abmaße) nach DIN 919, Bl. 2.

Abmaße sind dem Beispiel Bild 1 entsprechend anzugeben.

Die Abmaße sind hinter der Maßzahl mit den Vorzeichen (+ oder – oder ±) einzutragen. Dem Nennmaß werden beide Abmaße hinzugefügt; es wird also eine Toleranz angegeben.

Wenn keine Mißverständnisse zu erwarten sind, kann das Abmaß 0 weggelassen werden.

Das obere Abmaß ist ohne Rücksicht auf das Vorzeichen höher, das untere Abmaß tiefer als die Maßzahl zu setzen. Die Abmaße werden etwas kleiner als die Maßzahlen, jedoch möglichst nicht kleiner als 2,5 mm geschrieben. (Mikroverfilmung berücksichtigen.) Bei gleichem oberen und unteren Abmaß steht das Abmaß nur einmal mit beiden Vorzeichen hinter der Maßzahl (siehe Bild 2 u. 3).

Auf zulässige Abweichungen für alle Maße ohne Toleranzangabe wird in oder neben dem Schriftfeld der Zeichnung hingewiesen. Siehe S. 135!

Maße, die nicht überschritten werden dürfen, können durch den Zusatz max. (Größtmaß), solche, die nicht unterschritten werden dürfen, durch den Zusatz min. (Kleinstmaß) (siehe Bild 4) gekennzeichnet werden. Diese Maßangaben sind für Fertigungszeichnungen nicht zulässig.

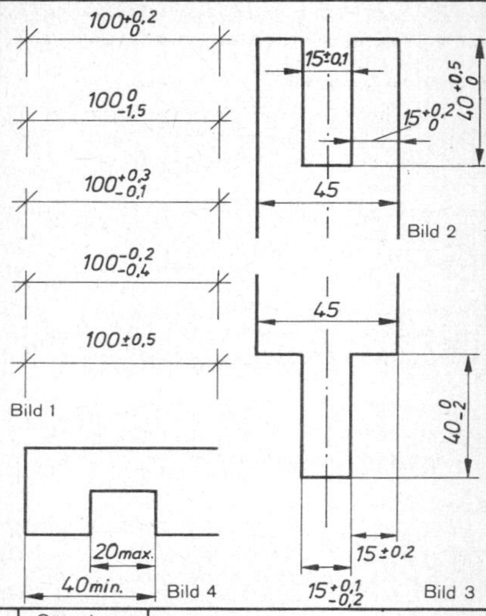

Oberflächenzeichen

Die Oberflächenzeichen kennzeichnen den Endzustand einer technischen Oberfläche. Das Herstellungsverfahren ist freigestellt. Wird ein bestimmtes Herstellungsverfahren oder eine bestimmte Sonderbehandlung gefordert, so wird das Oberflächenzeichen durch eine entsprechende Wortangabe ergänzt, z. B. bei Schleifbearbeitung mit Körnung 150:

150 geschliffen
▽▽▽

Oberflächenzeichen	Güte der Oberfläche	Bearbeitungsbeispiel
∼	grob	Besäumen von Brettern mit grober Kreissäge
▽	mittel	Gehrungsschnitt mit Hobelzahnsägeblatt
▽▽	fein	Fräsen oder Hobeln von Vollholz bis zu einem Vorschub von 4 m/min, wenn die Drehzahl $n \geqq 5000$ / min
▽▽▽	feinst	Schleifen mit Körnung 100 oder feiner, putzen, mit Ziehklinge bearbeiten
√	nach Angabe	180 DD offenporig √

Beispiel aus einem Zeichnungssatz für die Serienherstellung:
Baugruppe Küchentisch, Gruppe Gestell: Stollen

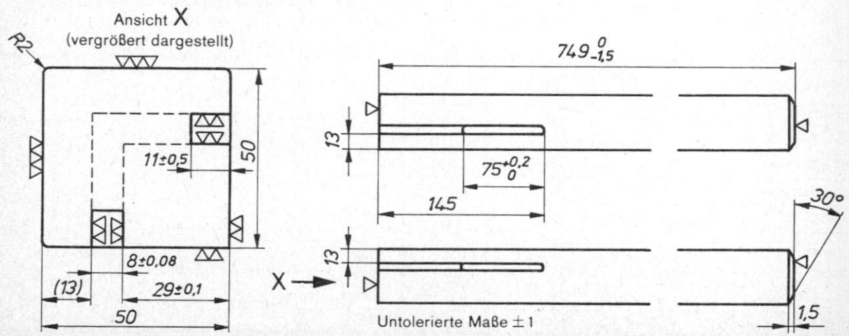

Schriftzeichen und Schrift nach DIN 6776, Teil 1, April 1976:

Schriftform A ($d = h/14$) und **B** ($d = h/10$) mit je 7 Nenngrößen h, **vertikal** oder unter einem Winkel von 15° nach rechts geneigt **kursiv**, vorwiegend mit Schablone geschrieben, für Mikroverfilmung geeignet.

Schriftform A, vertikal

ABCDEFGHIJKLMNOPQRSTUVW

XYZÄÖÜ 12345677890 IVX 1)

aɑbcdefghijklmnopqrstuvwxyz 1)

äɑ̈öüß±□ [(!?:;"-=+x·:√%&)]Ø 1)

Schriftform A, kursiv

ABCDEFGHIJKLMNOPQRSTUVW

XYZÄÖÜ 12345677890 IVX 1) 75°

aɑbcdefghijklmnopqrstuvwxyz 1)

äɑ̈öüß± [(!?:;"-=+x·:√%&)]Ø 1)

1) Die Zeichen a und 7 sollen bevorzugt angewendet werden.

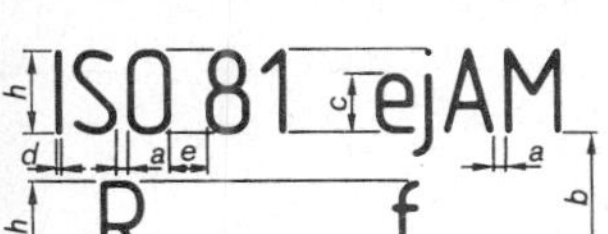

Die Höhe c gilt ohne Ober- oder Unterlängen.
Die Abstände: a zwischen Schriftzeichen; b zwischen Grundlinien; e zwischen Wörtern sind Mindestabstände.

Anmerkung: Um die optische Wirkung zu verbessern, kann der Abstand a von zwei Schriftzeichen um die Hälfte verringert werden, wie z. B. bei LA, TV; er entspricht dann der Linienbreite d.

Schriftmerkmal	Schriftform A ($d = h/14$) vertikal oder kursiv								Schriftform B ($d = h/10$) vertikal oder kursiv							
	Verhältnis	1.	2.	3.	4.	5.	6.	7.	Verhältnis	1.	2.	3.	4.	5.	6.	7.
Höhe der Großbuchst. h	14/14 h	2,5	3,5	5	7	10	14	20	10/10 h	2,5	3,5	5	7	10	14	20
Kleinbuchst. c	10/14 h	–	2,5	3,5	5	7	10	14	7/10 h	–	2,5	3,5	5	7	10	14
Strichbreite d	1/14 h	0,18	0,25	0,35	0,5	0,7	1	1,4	1/10 h	0,25	0,35	0,5	0,7	1	1,4	2
Abstand a	2/14 h	0,35	0,5	0,7	1	1,4	2	2,8	2/10 h	0,5	0,7	1	1,4	2	2,8	4
Abstand b	20/14 h	3,5	5	7	10	14	20	28	14/10 h	3,5	5	7	10	14	20	28
oder 2) b	22/14 h	3,85	5,5	7,7	11	15,4	22	30,8	16/10 h	4,0	5,7	8,0	11,4	16,0	22,8	32
Abstand e	6/14 h	1,05	1,5	2,1	3	4,2	6	8,4	6/10 h	1,5	2,1	3	4,2	6	8,4	12

2) Bei Kleinbuchstaben mit Ober- und / oder Unterlängen einzuhalten.

Schräge Normschrift für Zeichnungen

Mittelschrift — DIN 16 Bl. 2 Dez. 1967

7/10 h — 75° (30°+45°)

abcdefghijklmnopqrstu

vwxyzßäöü[(&?!:,;,"-=+±×%)]

Φ1234567890IV

Nenngröße h

ABCDEFGHIJKLMNO

PQRSTUVWXYZ ÄÖÜ

Engschrift — DIN 16 Bl. 3 Dez. 1967

10/14 h — 75° (30°+45°)

abcdefghijklmnopqrstuvw

xyzßäöü [(&?!:,;,"-=+±×%)]

Nenngröße h

ABCDEFGHIJKLMNOPQRSTUVW

XYZ ÄÖÜ Φ1234567890 II V X

Mit Hilfe des gleichen Hilfsnetzes kann auch die Breitschrift geschrieben werden.
Schriftbreiten siehe DIN 1451. Senkrechte Normschrift siehe DIN 17 Blatt 1 bis Blatt 3

Nenngrößen h und zugeordnete Linienbreiten b der Schrift

h	Reihe 1[1]		1,8	—	**2,5**	—	**3,5**	—	**5**	—	**7**	—	10	—	14	—	20
	Reihe 2		—	2	2,5	3	—	4	5	6	—	8	10	12	—	16	20
b	Mittel-schrift	Reihe 1	0,18	—	0,25	—	0,35	—	0,5	—	0,7	—	1,0	—	1,4	—	2,0
		Reihe 2	—	0,18	0,25	0,25	—	0,35	0,5	0,5	—	0,7	1,0	1,0	—	1,4	2,0
	Engschrift		0,13	—	0,18	—	0,25	—	0,35	—	0,5	—	0,7	—	1,0	—	1,4

[1] fettgedruckte Schriftgrößen bevorzugen!

Abmessungen und Abstände im Verhältnis zur Nenngröße h der Schrift

Schrift nach DIN 16	Höhe der Buchstaben: große	Höhe der Buchstaben: kleine	kleinster Abstand der: Buchstaben	kleinster Abstand der: Zeilen	Linienbreiten ≈
Mittelschrift	${}^{10}/_{10}\,h$	${}^{7}/_{10}\,h$	${}^{2}/_{10}\,h$	${}^{16}/_{10}\,h$	${}^{1}/_{10}\,h$
Engschrift	${}^{14}/_{14}\,h$	${}^{10}/_{14}\,h$	${}^{2}/_{14}\,h$	${}^{22}/_{14}\,h$	${}^{1}/_{14}\,h$

Geometrisches Zeichnen

a) Strecke halbieren oder Mittelsenkrechte zeichnen

Um *A* und *B* mit gleichem Halbmesser Kreisbogen schlagen. *C—D* halbiert die Strecke *AB* und steht senkrecht darauf.

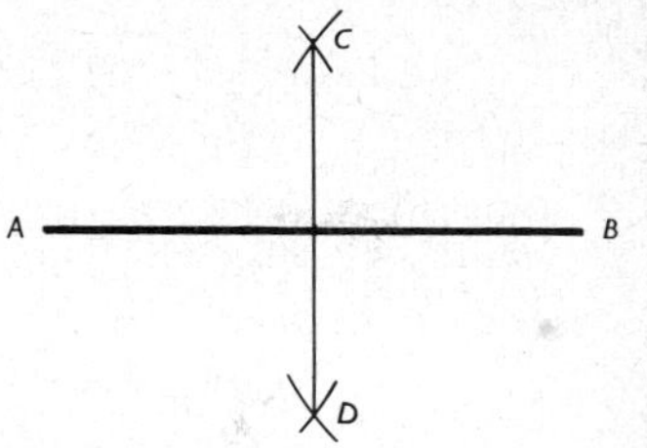

b) Strecke in *n* gleiche Teile teilen, hier 5

Von *A* aus eine beliebige Gerade ziehen. Auf ihr von *A* aus beliebig große, aber gleiche Teile (5) abtragen. Endpunkt C_5 mit *B* verbinden und dazu Parallelen durch die Teilpunkte $C_1 \dots C_4$

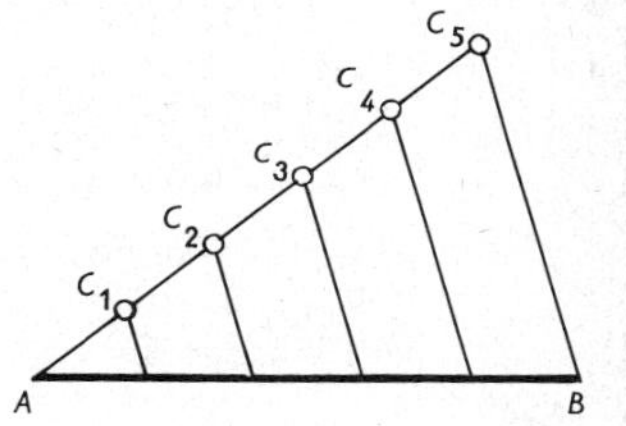

c) Senkrechte im Endpunkt *A* einer Strecke errichten

Um einen beliebigen Punkt *C* (etwa unter 45° zu *AN* liegend) mit *AC* als Halbmesser einen Kreisbogen schlagen; er schneidet *AN* in *B*. Der Strahl von *B* durch *C* ergibt den Schnittpunkt *D*. *DA* steht senkrecht auf *AN*.

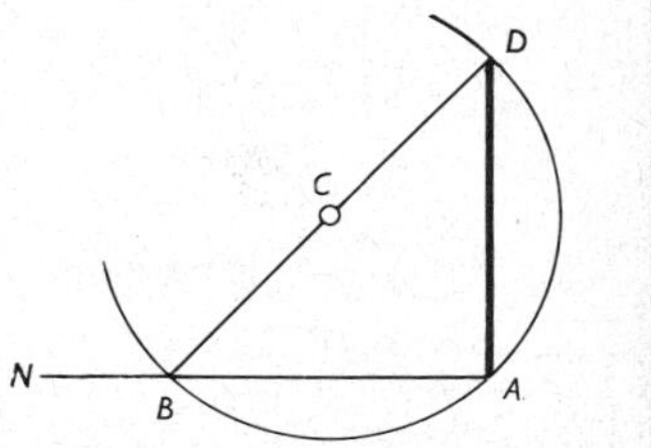

d) Parallele zu *AB* durch *C* ziehen

Um *D* (beliebig auf *AB*) einen Kreisbogen durch *C* schlagen, mit demselben Halbmesser um *C* und *E*: Schnittpunkt *F*. *CF* ist parallel zu *AB*.

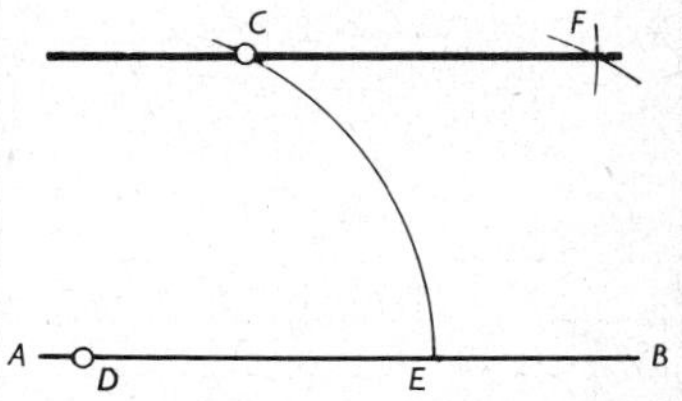

e) Beliebigen Winkel halbieren

Um *A* beliebig den Kreisbogen *BC* schlagen. Die Bogen um *B* und *C* mit beliebigem, aber gleichem Radius ergeben den Schnittpunkt für die Winkelhalbierende *AD*.

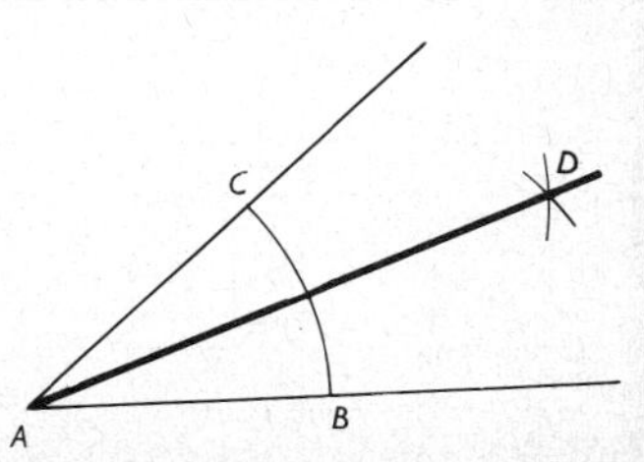

Fortsetzung: Geometrisches Zeichnen

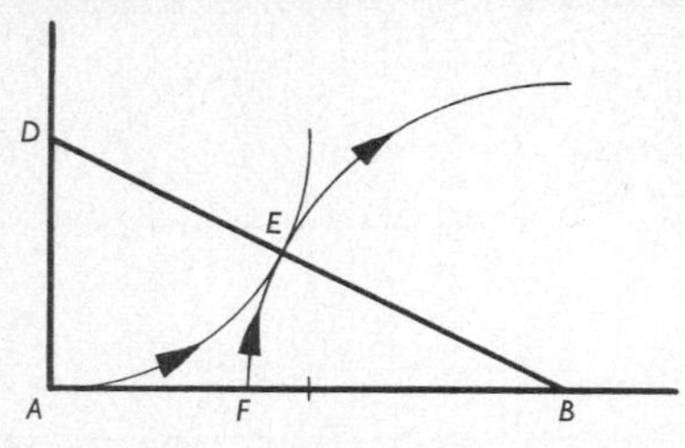

f) Goldener Schnitt

AB ist nach dem Goldenen Schnitt zu teilen. Senkrechte in $A = \frac{1}{2} AB$; ziehe *DB*! Zirkelschlag um *D* von *A* ergibt *E*, derjenige um *B* mit *BE* liefert *F*, der *AB* im Goldenen Schnitt teilt. AF = Minor; BF = Major.

$$\frac{AF}{BF} = \frac{BF}{AB} \quad \text{oder} \quad AB \cdot AF = (BF)^2 \quad \text{oder} \quad 21 \cdot 8 \approx 13^2$$

Wenn $AB = 1{,}000$ so ist $AF = 0{,}382$ und $BF = 0{,}618$

Der jeweils auf dem Major abgetragene Minor teilt den Major stets im Gold. Schnitt.

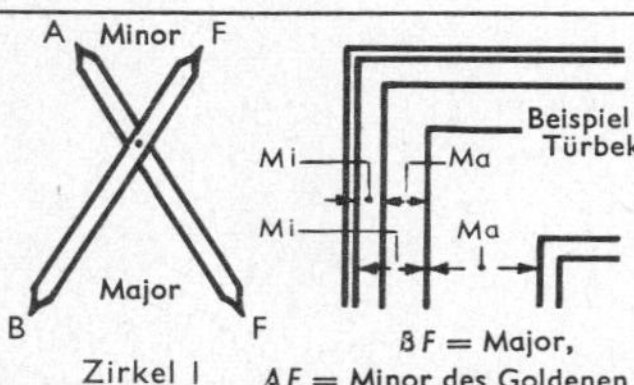

Zirkel I

BF = Major,
AF = Minor des Goldenen Schnittes

A Minor F Major B

Zirkel II (nach Goeringer)

Nebenstehende Zirkel (besonders II) ermöglichen schnelle Feststellung von Minor und Major (zugeordnete Abschnitte) zu einer gegebenen Strecke in der Werkstatt.

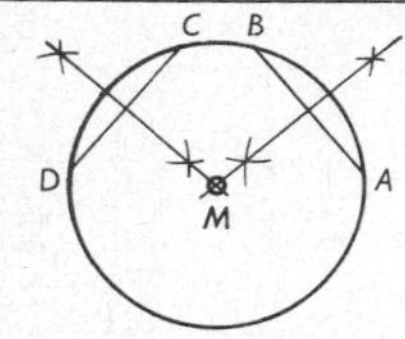

g) Mittelpunkt eines Kreises oder Kreisbogens suchen

Zwei beliebige Sehnen durch die Kreislinie ziehen. Der Schnittpunkt *M* beider Mittelsenkrechten (vgl. a) ist der Kreismittelpunkt.

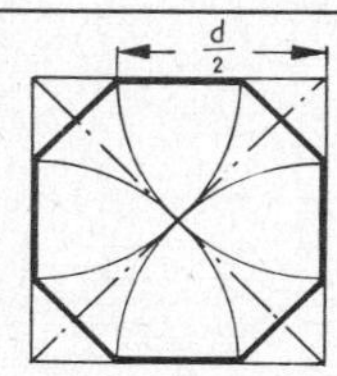

h) Aus einer Leiste mit quadratischem Querschnitt eine Leiste mit achteckigem Querschnitt hobeln

Die halbe Diagonale ($= d/2$) ins Streichmaß nehmen, von allen Kanten aus anreißen, bis zum Riß Ecken weghobeln. Vorsichtig anreißen, nicht tief eindrücken! Vorstufe zum Rundhobeln!

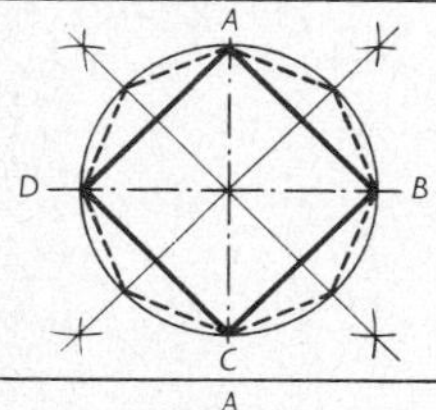

i) Quadrat — Achteck

Schnittpunkte *A, B, C, D* der Mittellinien und der Kreislinie miteinander verbinden: Quadrat. Durch Halbieren der rechten Winkel erhält man die übrigen Eckpunkte des regelmäßigen Achtecks.
Quadrat: $s = D \cdot \sin 45°$; 8-Eck: $s = D \cdot \sin 22° 30'$

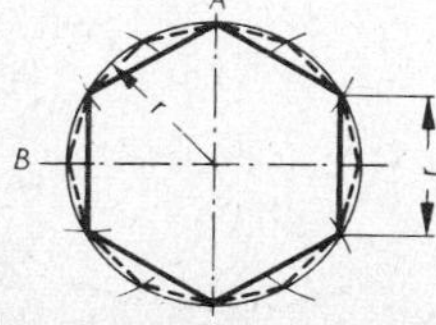

k) Sechseck — Zwölfeck

Halbmesser *r* des Umkreises von *A* aus auf dem Kreis 6mal abtragen und die Schnittpunkte miteinander verbinden. Beginnt man danach mit dem Abtragen von *B* aus, so erhält man die übrigen Eckpunkte des Zwölfecks.
12-Eck: $s = D \cdot \sin 15°$

Fortsetzung: Geometrisches Zeichnen

l) Fünfeck — Zehneck

Um die Mitte *A* (des Halbmessers) mit *AB* als Zirkelöffnung Bogen schlagen: ergibt *C*. Die Strecke *BC* ist die Fünfeckseite, die Strecke *CM* ist die Zehneckseite.
5-Eck: $s = D \cdot \sin 36°$; 10-Eck: $s = D \cdot \sin 18°$.

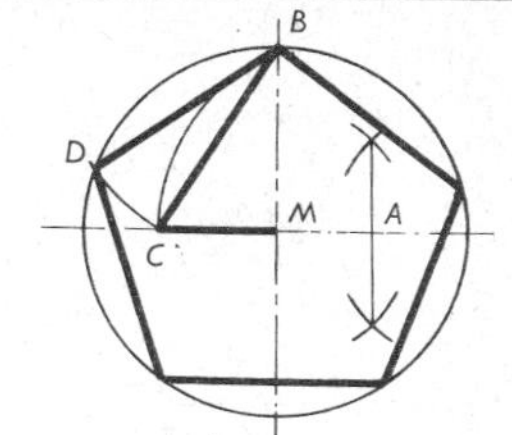

m) Beliebiges regelmäßiges *n*-Eck zeichnen

Durchmesser in so viele Teile (= *n*), wie das Vieleck Ecken haben soll (im Beispiel = 9), teilen. Von *A* um *B* und von *B* um *A* Bogen schlagen. Von ihrem Schnittpunkt *stets* über den Punkt 2 hinaus Gerade ziehen: ergibt *D*. *BD* ist die gesuchte Vieleckseite.

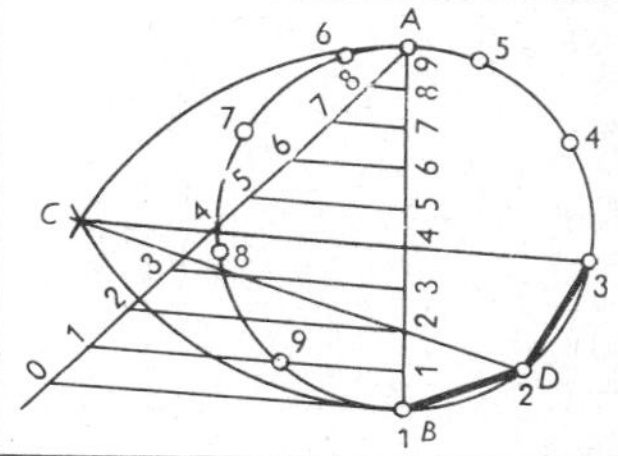

n) Gratlänge und Eckauswinklung bei Gratdächern, Gehrungslänge und -winkel bei schrägwandigen Behältern zeichnerisch ermitteln.

Gegeben: *h* und als Draufsicht *a* u. *b* (nicht wahre Breite). In der Draufsicht bilden *a* und *b* einen rechten ∢.

I. In 2 die Senkrechte 2-3 = *h* auf 1-2 errichten; dann ist $1\text{-}3 = c = \sqrt{a^2 + b^2 + h^2}$ = wahre Länge von Grat oder Gehrung.

II. An beliebiger Stelle (zweckmäßig größer auf den Verlängerungen der Strecken) den Schnitt 4-5 senkrecht zu 1-2 legen, ergibt 6. Die Senkrechte 6-7 auf 1-3 fällen, mit 6-7 als Radius um 6 den Bogen $\widehat{78}$ schlagen:

Der ∢ 4-8-5 ist die gesamte Auswinklung.

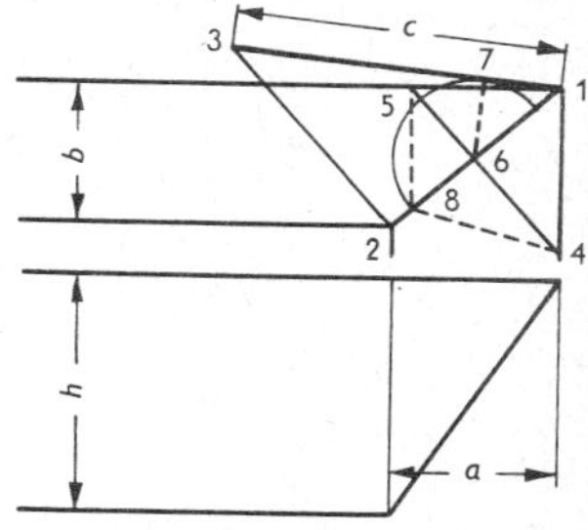

o) Segmentbogen mit unzugänglichem Mittelpunkt zeichnen

Gegeben: Sehne *AB*, Höhe *CD* = *h*.
Lege 2 Leisten in Richtung *AC* und *BC*, so daß ihre Kanten die Punkte *A*, *B* und *C* berühren und verbinde die Leisten fest miteinander. In *A* und *B* Stifte einschlagen. Leistenkante *AC* fest an *A*, Leistenkante *BC* fest an *B* entlanggleiten lassen: Scheitel *C* (Ort der Bleistiftspitze) beschreibt dann den Bogen.

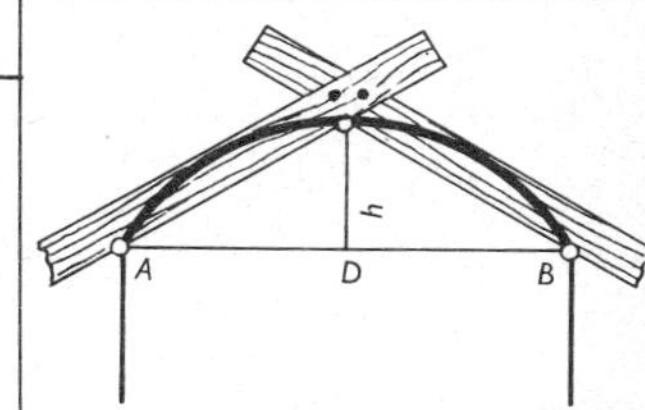

p) Ellipse mit „Bindfaden" zeichnen

Gegeben: große Achse *AB* = 2 *a*
kleine Achse *CD* = 2 *b*
Um *C* (oder *D*) mit *a* Bogen über *AB* schlagen, ergibt die Brennpunkte F_1 und F_2. In F_1 und F_2 Stifte schlagen. Um die Stifte spannungsfreien, endlosen Faden legen von der Länge $F_1 \ldots F_2 + 2a$. Mit dem Bleistift Faden straff führen und dabei Ellipse zeichnen.

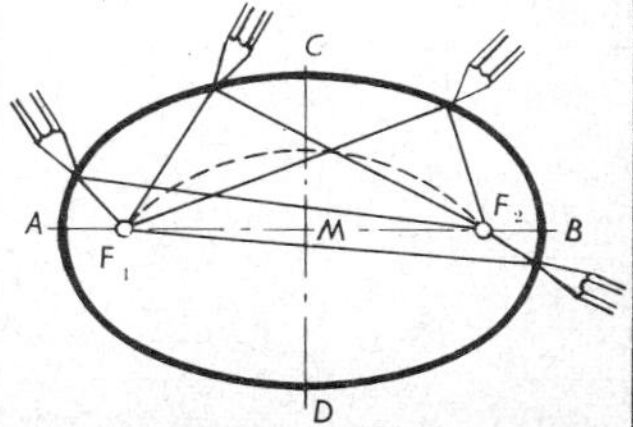

Fortsetzung: Geometrisches Zeichnen

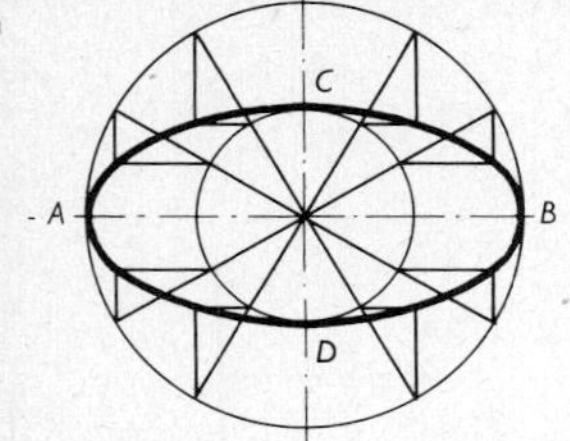

q) Ellipse mit Hilfe zweier Kreise zeichnen

Zwei Kreise mit Durchmesser *AB* (große Achse) und *CD* (kleine Achse) schlagen. Beliebig viele Durchmesser ziehen. Durch ihre Schnittpunkte mit dem großen Kreis senkrechte, durch ihre Schnittpunkte mit dem kleinen Kreis waagerechte Linien ziehen. Die erhaltenen Schnittpunkte sind Punkte der Ellipse.

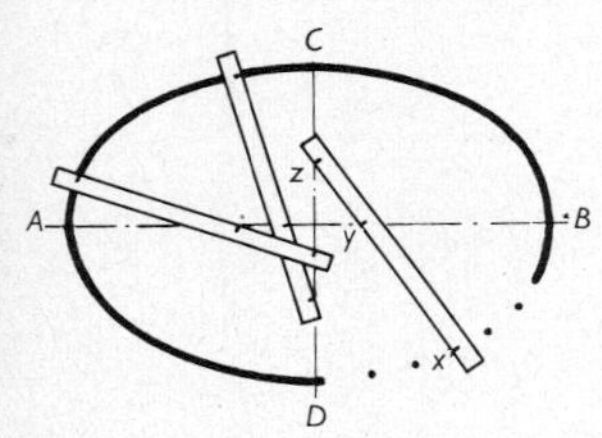

r) Ellipse mit Papierstreifen (Furnierstreifen, Richtscheit) zeichnen

Gegeben: große Achse $AB = 2\,a$, kleine Achse $CD = 2\,b$
Papier- oder Furnierstreifen mit gerader Kante erhält
3 Marken x, y, z
Strecke $xy = a$, Strecke $xz = b$
Läßt man den Punkt y auf der kleinen Achse *CD*, den Punkt z gleichzeitig auf der großen Achse *AB* wandern, so beschreibt die Marke x einen Ellipsenbogen: Punkte anzeichnen, nachziehen.

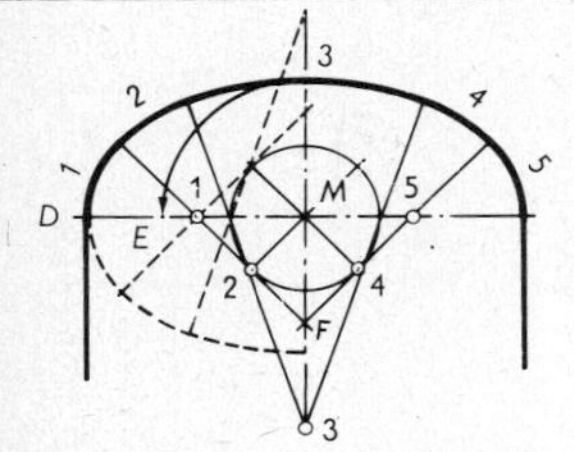

s) Korbbogen mit 5 Mittelpunkten zeichnen

Mit Achsendifferenz *D—E* als Radius Kreis um *M* schlagen. Im 45°-Winkel seine Durchmesser ziehen und die Tangenten an den Kreis legen, ergibt *F*. Mit *MF* Bogen schlagen, ergibt Punkt 3. Punkte 1, 2, 3, 4, 5 sind die Teilbogen-Mittelpunkte.

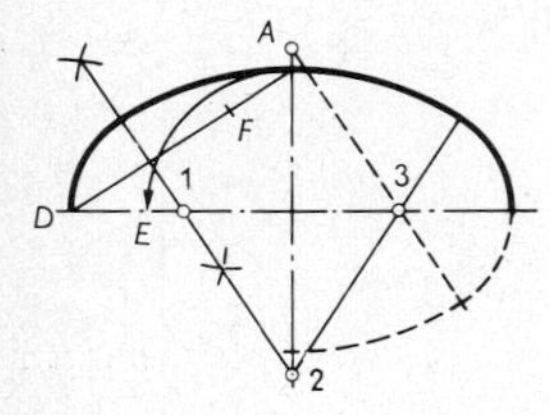

t) Korbbogen mit 3 Mittelpunkten zeichnen

Achsendifferenz *DE* von *A* bis *F* abtragen. Durch Mittelsenkrechte auf *DF* ergeben sich die Mittelpunkte 1 und 2 auf den Achsen, durch Übertragen 3.

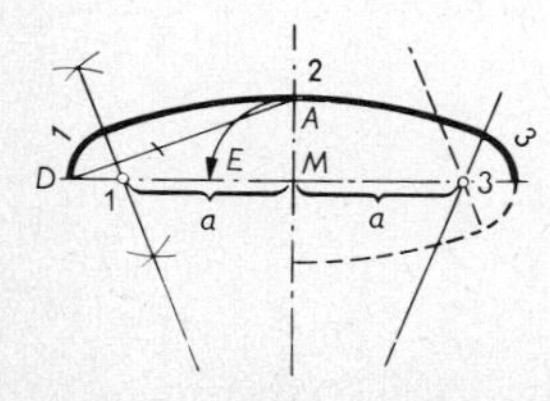

u) Korbbogen mit 3 Mittelpunkten zeichnen[1])

Beispiel kleinerer Höhe. Durch a (= doppelte kleine Halbachse) wird 1 (und 3) festgelegt und durch ihn die Senkrechte zu *AD* gefällt, die auf der Verlängerung der kleinen Achse den Mittelpunkt 2 ergibt.

[1]) Anmerkung: Korbbogen sind keine Ellipsenteile, da sie aus Kreisbogen bestehen. Für die untere Hälfte (gestrichelte Linie) werden die fehlenden Mittelpunkte übertragen.

Fortsetzung: Geometrisches Zeichnen

v) Aufmessen eines gemauerten Korbbogens

In gleichen Abständen werden auf dem in Höhe der Kämpferlinie befestigten Richtscheit (Oberkante) mit Winkeldreieck die Höhen gemessen und auf dem Richtscheit notiert.
In der Werkstatt wird der Bogen aufgerissen.

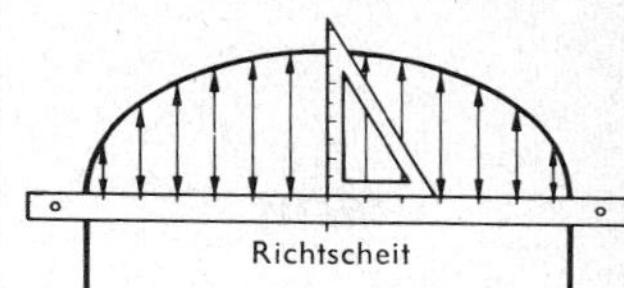

w) Ovalriß: 7 Stich

AB in 5 gleiche Teile geteilt. M_1 im 2. Teilpunkt von A und B; Bögen um A, M_1 und B ergeben die Wechsel (W) von den runden zu den flachen „Seiten".
Die Strahlen durch die Punkte M_1 und W liefern die Einsetzpunkte M_2 der flachen Seiten.

Ovalriß: 8 Stich

AB wird in 3 gleiche Teile geteilt. Die Kreise um M_1 ergeben die Schnittpunkte M_2, die Bogen um A und B die „Wechsel" (W); sonst wie oben.
Die Stichzahl gibt an, wievielmal sich die Zirkelspanne (Radius) der „runden Seite" auf der Peripherie des Ovalrisses herumstechen läßt.

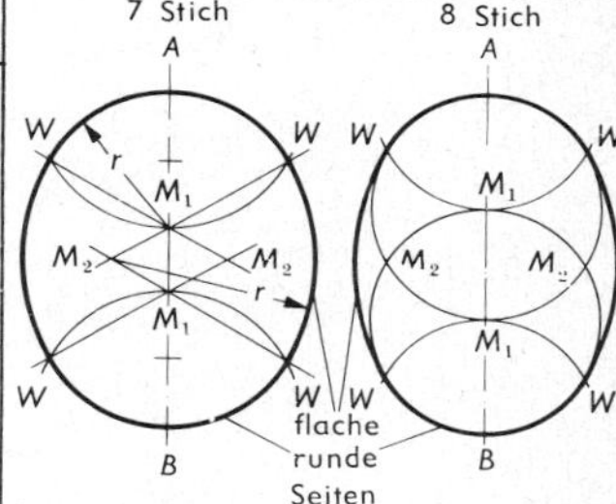

x) Ovalriß: 10 Stich

AB in 4 gleiche Teile geteilt; Radius BM_1, um A, B und M_1 geschlagen, liefert die Wechsel; die Strahlen die Punkte M_2; in die Draufsicht auf den Wannenrand sind die Fugen der „Stäbe" (Dauben) eingezeichnet; dazu: Fügemodell I für die flache, -modell II für die runde Seite.
Bei vorstehenden Rissen ist die Breite abhängig von der zugeordneten Stichzahl.

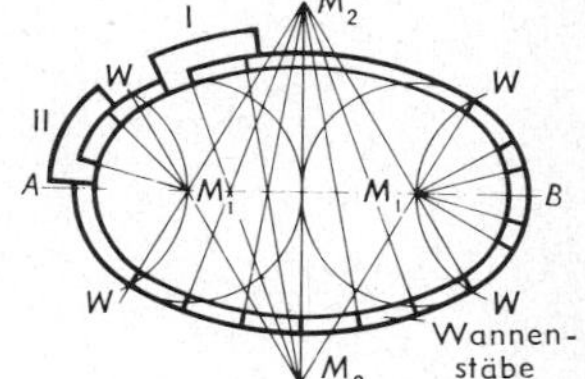

y) Eiovalriß

Sämtliche Mittelpunkte sind durch die Kreislinie und Durchmesser festgelegt. Auf den Strahlen M_2 über M_3 hinaus liegen die Wechsel, die durch Bogenschläge um M_2 mit dem Kreisdurchmesser ermittelt werden. M_3W ist Radius der „runden Spitze".
Anmerkung: M_3 wird bis zu $^2/_3$ des Radius r außerhalb des Kreises verlegt.

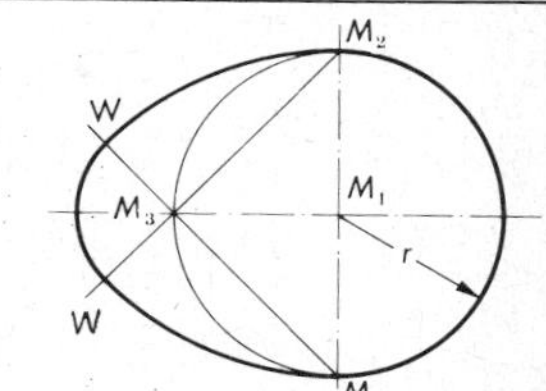

z) Buttenriß

AB:	in 6 gleiche Teile geteilt
M_1:	im ersten Teilpunkt von A und B
$AM_1 = BM_1 = r$	
M_2:	im zweiten Teilpunkt von A und B
W_1 und W_2:	lotrecht über und unter M_1
W_2:	festgelegt durch Zirkelschlag mit AM_2 um M_2
M_3:	festgelegt durch Zirkelschläge um die Punkte W_2 mit ihrem Abstand $= M_1 \ldots M_1 = \frac{2}{3} AB$
W_1—W_1:	eine Gerade (auch leicht gewölbt).

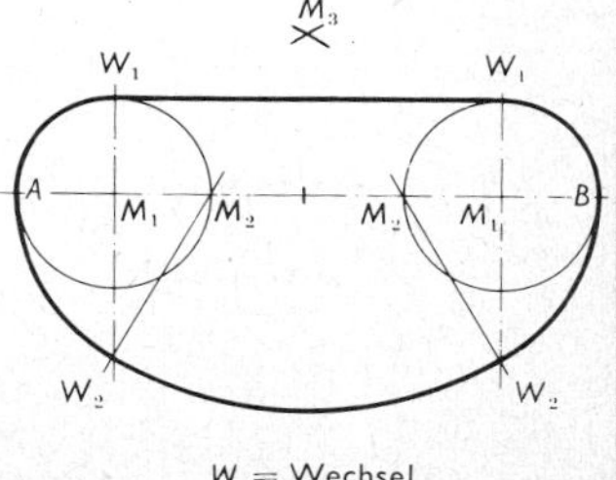

Herstellung der Furnierlade für gewölbte Tischlerplatten

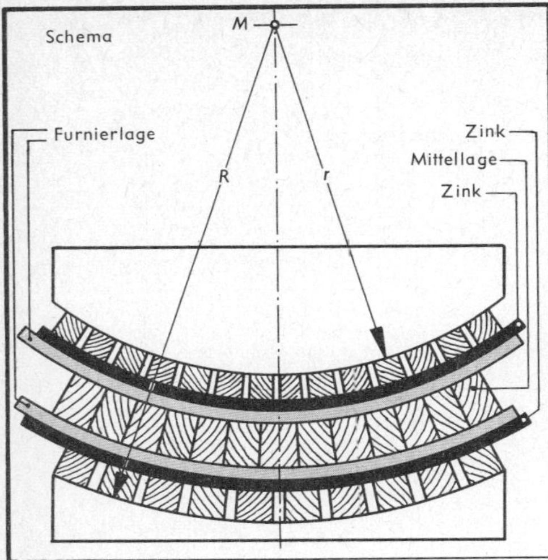

Die Bogenstücke sind Teile konzentrischer Kreise mit gleichem Mittelpunkt *M*. Starke Druckhölzer werden durch Aufnageln von Leisten untereinander verbunden und bilden Unter- und Oberteil der gewünschten Form. Die gesamte Stärke der Zinkzulagen und des Furniergutes ist beim Aufreißen zu berücksichtigen. Beim Absperren fehlende Furnierstärken (Außenfurniere!) sind durch Beilegen gleichstarker Furniere unbedingt zu ersetzen.

Profile verhältnisgerecht vergrößern oder verkleinern

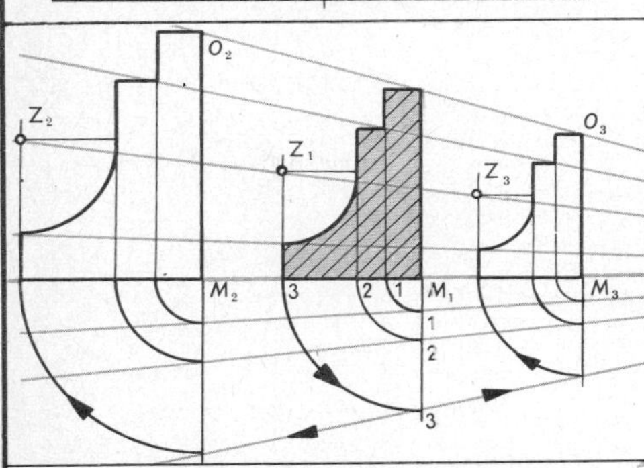

Ziehe durch bestimmte Punkte des gegebenen Profils (hier schraffiert) Strahlen von *P* und Lote auf die Waagerechte, schlage um M_1 wie angegeben Viertelkreise und von *P* durch 1, 2, 3 Gerade.
Trage die gewünschte Profilhöhe (hier M_3O_3 und M_2O_2) an passender Stelle ein, verlängere sie und übertrage die Punkte im umgekehrten Sinne.

P

Profilverzerrungen bei Kehl- und Profilmessern

Austragungen für Profilmesser

Profilmesser im Futter und Gerade durch die Spindelmitte parallel zur Längsrichtung des Profilmessers gezeichnet

r

Senkrechte

Spannbackenfutter

gewünschtes Profil

verzogenes Profil

Je nach Flugkreisdurchmesser und Schnittwinkel ändern sich die Profiltiefen. Die Breitenmaße bleiben bestehen.

Von den Endpunkten des gewünschten Profiles und beliebig dazwischen liegenden Punkten zieht man senkrechte Linien hoch bis zur Parallele durch die Spindelmitte. Diese werden mit dem Zirkel um den Frässpindel-Mittelpunkt bis zu dem Profilmesser verlängert. Vom Profilmesser fällt man in den Schnittpunkten Senkrechte. Vom gewünschten Profil werden von den Austragungspunkten waagerechte Linien gezogen, und die neuen Schnittpunkte, miteinander verbunden, ergeben das verzogene Profil.

Sachwortverzeichnis

In der Buchstabenfolge stehen die Umlaute ä, ö, ü wie a, o, u

C

D

E

F

G

H

I

N

O

P

Q

R

S

T

U

V

W

Z